Klassische Texte der Wissenschaft

Gründungsherausgeber

Olaf Breidbach, Institut für Geschichte der Medizin, Universität Jena, Jena, Deutschland

Jürgen Jost, Max-Planck-Institut für Mathematik in den Naturwissenschaften, Leipzig, Deutschland

Reihe herausgegeben von

Jürgen Jost, Max-Planck-Institut für Mathematik in den Naturwissenschaften, Leipzig, Deutschland

Armin Stock, Zentrum für Geschichte der Psychologie, Universität Würzburg, Würzburg, Deutschland

Die Reihe bietet zentrale Publikationen der Wissenschaftsentwicklung der Mathematik, Naturwissenschaften, Psychologie und Medizin in sorgfältig edierten, detailliert kommentierten und kompetent interpretierten Neuausgaben. In informativer und leicht lesbarer Form erschließen die von renommierten WissenschaftlerInnen stammenden Kommentare den historischen und wissenschaftlichen Hintergrund der Werke und schaffen so eine verlässliche Grundlage für Seminare an Universitäten, Fachhochschulen und Schulen wie auch zu einer ersten Orientierung für am Thema Interessierte.

Weitere Bände in der Reihe https://link.springer.com/bookseries/11468

Georg Schwedt
(Hrsg.)

Johann Adam Reum

Forstbotanik

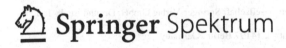

Hrsg.
Georg Schwedt
Bonn, Nordrhein-Westfalen, Deutschland

ISSN 2522-865X   ISSN 2522-8668   (electronic)
Klassische Texte der Wissenschaft
ISBN 978-3-662-64470-6   ISBN 978-3-662-64471-3   (eBook)
https://doi.org/10.1007/978-3-662-64471-3

Die Deutsche Nationalbibliothek verzeichnet diese Publikation in der Deutschen Nationalbibliografie; detaillierte bibliografische Daten sind im Internet über http://dnb.d-nb.de abrufbar.

Planung: Stefanie Wolf
Springer Spektrum ist ein Imprint der eingetragenen Gesellschaft Springer-Verlag GmbH, DE und ist ein Teil von Springer Nature.
Die Anschrift der Gesellschaft ist: Heidelberger Platz 3, 14197 Berlin, Germany

Vorwort

Der Kommentator hat während seines Chemiestudiums Botanik im Nebenfach studiert (Examen im Vordiplom 1967). In seinen Forschungen zu den Bindungsformen von Metallen hat er sich in der Universität Göttingen im Institut für Anorganische Chemie (Abt. Analytische Chemie) ab 1980 in Zusammenarbeit mit Botanikern bzw. Forstwissenschaftlern u. a. mit Fragen der Bleibindungen an Zellorganelle des Knaulgrases an Autobahnen sowie zur Mobilisierung des Aluminiums in Böden infolge des *Sauren Regens* in Wäldern beschäftigt. In den 1980er Jahren bestand in Göttingen ein Schwerpunkt zur Waldschadensforschung in der Fakultät für Forstwissenschaften und Waldökologie.

Bereits in dieser Zeit interessierte er sich für Herbarien (ein eigenes Herbarium stammt aus den Jahren 1956/1957) und Xylotheken (Baumherbarien) und daraus entstand Jahrzehnte später eine *Einführung in die Forstbotanik* [Springer Spektrum 2021] mit einem ausführlichen Kapitel über Xylotheken, in der auch historische Beschreibungen zur Botanik der Bäume eine wichtige Rolle spielen. Unter den Werken zur frühen Forstbotanik war auch das Lehrbuch von Johann Adam REUM, Professor in Tharandt, dessen Forstbotanischen Garten der Kommentator im Jahre 2011 besuchte.

Inhaltsverzeichnis

Aus der Geschichte der Forstbotanik

Georg Schwedt

Als angewandte Botanik ist sie sowohl ein Teilgebiet der Botanik als vor allem der Forstwissenschaft. Sie beschäftigt sich mit den botanischen Aspekten des Waldes – von der Aufforstung bis zum Kahlschlag und betrifft heute vor allem das Ökosystems insgesamt. Standen noch in den vergangenen Jahrhunderten, seit der Begründung der Forstwissenschaft im 18. Jahrhundert, ökonomische Aspekte im Vordergrund, so spielen heute ökologische Ansätze eine zunehmend wichtige Rolle. Die Begründer der Forstwissenschaften hatten meist Natur- und Kameralwissenschaften studiert, waren oft auch Botaniker, die mit ihren Werken die Forstwissenschaften entwickelten.[1]

1.1 Begründer der Forstwissenschaft und Forstbotanik

Die folgenden Darstellungen an einer Auswahl herausragender Persönlichkeit aus der frühen Zeit der Forstwissenschaft machen auch deutlich, welche Netzwerke bereits damals entstanden bzw. bestanden, wobei auch die Ausbildungsstätten (s. Kap. 2) eine wesentliche Rolle spielten – s. auch in [1a].

G. Schwedt (✉)
Bonn, Nordrhein-Westfalen, Deutschland
E-Mail: georg.schwedt@t-online.de

1.1.1 Forstwissenschaftler

H. C. von Carlowitz

Der Kameralist und Oberberghauptmann eigentlich *Johann Hannß Carl von CARLOWITZ* (1645–1714) veröffentlichte 1713 sein Werk *Sylvicultura oeconomica, oder haußwirthliche Nachricht und Naturmäßige Anweisung zur wilden Baum-Zucht*, welches als erste umfassende Darstellung der Forstwirtschaft gilt, in dem bereits Gedanken zur „Nachhaltigkeit" zu finden sind.

Der Untertitel weist auf den *Grossen Holtz-Mangel* hin und wie man durch *Sae-Pflantz- und Versetzung vielerhand Bäume* eine Vorsorge erreichen könne.

Carlowitz, auf Schloss Rabenstein bei Chemnitz in einer alten Adelsfamilie geboren, die seit Generationen im kursächsischen Jagd- und Forstwesen tätig war, studierte in Jena Naturwissenschaften, Jura und Sprachen. Nach der damals üblichen *Grande Tour* durch die Niederlande, Frankreich und England wurde er in Sachsen Vize-Berghauptmann und erlebte 1710 Naturkatastrophen infolge niederschlagsarmer Sommer, Stürme und auch durch Borkenkäferbefall. Bereits damals wurde der wirtschaftlich bedeutende Fichten- und Tannenbestand beträchtlich geschädigt. Auch machte sich der verstärkte Holzeinschlag (u. a. auch für den Bergbau und das Hüttenwesen) als Raubbau deutlich bemerkbar. Sein Werk – Carlowitz war inzwischen 1711 zum Oberberghauptmann ernannt worden – war sein Vermächtnis an die nachfolgenden Generationen. [2]

J. G. Gleditsch

Johann Gottlieb GLEDITSCH (1714–1786) hatte ab 1728 in Leipzig Philosophie (Promotion 1732) und Medizin studiert, war zunächst als Arzt tätig (1742 Dr. med. in Frankfurt/Oder) und erwarb bei einer Reise durch Thüringen erste forstbotanische Kenntnisse. 1746 wurde er Professor am Collegium medico-chirurgicum in Berlin und Direktor des Botanischen Gartens und hielt ab 1768/1770 auch forstwissenschaftliche Vorlesungen. Er führte planmäßige Versuche zur Einbürgerung fremdländischer Nutzhölzer durch und gilt vor allem durch sein Werk *Systematische Einleitung in die neuere, aus ihren eigenthümlichen physikalisch-ökonomischen Gründen hergeleitete Forstwissenschaft* in zwei Bänden (Berlin 1775) als einer der Begründer der Forstwissenschaft und auch Forstbotanik. [3]

IOHANN GOTTLIEB GLEDITSCH.

Porträt Gleditsch (Stich von Daniel Berger 1783)

F. A. L. von Burgsdorff

Friedrich August Ludwig von BURGSDORFF (1747–1802) trat in den gothaischen Forstdienst ein und wurde nach 1762 zunächst Jagdpage am gothaischen Hof. Gleichermaßen wie von Carlowitz begab sich auch von Burgsdorff auf die Kavaliers-tour des europäischen Adels, die Grande Tour, bevor er in Berlin Vorlesungen bei J. G. Gleditsch (s. o.) hörte. 1777 übernahm er die Forstratsstelle in der Oberförsterei Tegel und begann dort auch Baumsamen zu sammeln. 1787 erhielt er von Friedrich Wilhelm II. (1744–1797; seit 1786 König von Preußen) den Auftrag, „die unwissenden Jagdpagen in der Forstwissenschaft zu unterrichten" und ein Forsthandbuch zu verfassen, das in zwei Bänden 1788/1796 erschien: *Forsthandbuch oder allgemeiner theoretisch-praktischer Lehrbegriff sämmtlicher Försterwissenschaften.* Er wurde Direktor der Forstakademie in Berlin und 1797 zum Oberforstmeister der Kurmark Brandenburg und zum Geheimrat ernannt. Die Forstbotanik behandelte er in seinen Schriften *Versuch einer vollständigen Geschichte vorzüglicher Holzarten* (1783 u. 1787/1800) und *Einleitung in die Dendrologie oder systematischer Grundriß der Forstnaturkunde und Naturgeschichte…* (1800).[4]

Porträt Burgsdorff (um 1800 – Wikimedia Commons)

Vier Generationen Hartig
Mit dem Namen HARTIG sind vier Generationen an Forstwirten verbunden:

Georg Ludwig HARTIG (1764–1837) dessen Vorfahren bereits Förster gewesen waren (Vater Friedrich Christian H. (1734–1815) und Großvater Ernst Friedrich H. (1698–1759) übten den Beruf im Hessischen Hinterland/Region Mittelhessen aus) studierte nach seiner Lehre an der Universität Gießen Kameralwissenschaft, trat 1786 als Oberförster in Hungen (Landkreis Gießen) in den Dienst des Fürsten zu Solms-Braunfels und gründete eine forstliche Meisterschule. 1797 wurde er Landforstmeister des Fürsten von Oranien-Nassau in Dillenburg, 1806 Oberforstrat der württembergischen Forstverwaltung in Stuttgart, von wo er 1811 als Oberlandforstmeister und Mitdirektor für Forst- und Jagdangelegenheiten in der preußische Generalverwaltung der Domänen und Forsten berufen wurde. 1821 richtete er an der 1809 gegründeten Universität zu Berlin (heute Humboldt-Universität) einen Lehrstuhl für Forstwirtschaft ein. Aus ihm entstand 1840 die Höhere Forstlehranstalt Eberswalde.[5]

Wegweisend war Hartigs Werk *Anweisung zur Holzzucht für Förster* 1791. Er setzte in seinen Werken auch den von dem sächsischen Oberberghauptmann Hans Carl von Carlowitz (1645–1714) bereits 1711 geprägten Begriff der *Nachhaltigkeit* in Zusammenhang mit der Bewirtschaftung von Wäldern ein. Seine Werke sind jedoch nicht speziell der Forstbotanik gewidmet.

Ernst Friedrich HARTIG (1773–1843) war der vierte Sohn von Friedrich Christian H., trat als erster Zögling 1789 in das neugegründete forstliche Institut seines Bruders Georg Ludwig H. zu Hungen ein und studierte ab 1792 bis 1794 in Göttingen und Marburg. 1797 wurde er Adjunct seines Vaters und machte anschließend Karriere bis zum fürstlichen Landforstmeister in Fulda (1802), wo er 1808 auch ein Forstinstitut gründete, das 1816 zum Staatsforstinstitut erhoben wurde. Von 1822 bis 1844 wirkte er als Landforstmeister in Kassel.

Georg Ludwigs Söhne Friedrich Karl Theodor HARTIG (1788–1850) und Theodor HARTIG (1805–1880) wurden ebenfalls Forstwirte. Friedrich studierte Forstwissenschaften in Dillenburg, wurde nach einem Studium in Berlin Oberförster in Pommern, war von 1832 bis 1844 Forstinspektor in Schwedt/Oder und zuletzt Oberförster in Düben. Sein Bruder Theodor hatte nach einer Forstlehre in Pommern und in der Mark Brandenburg in Eberswalde und Berlin studiert und wurde 1838 Prof. für Forstwissenschaft am Collegium Carolinum in Braunschweig, wo er das Arboretum in Riddagshausen bei Braunschweig schuf.

Heinrich Julius Adolph Robert HARTIG (1839–1901) Sohn von Theodor Hartig, wurde als Forstbotaniker und Pflanzenpathologe bekannt. Er hatte nach dem Studium in Berlin 1866 an der Universität Marburg promoviert und wurde 1867an die Forstakademie Eberswalde berufen, wo er ab 1869 Vorlesungen in Forstbotanik hielt und 1871 die Leitung der pflanzenphysiologischen Versuchsanstalt übernahm. 1878 bekam er die Professur für Forstbotanik an der Ludwig-Maximilian-Universität München. Ein Lehrbuch zur Forstbotanik schrieb er nicht, jedoch ein *Lehrbuch der Baumkrankheiten* (2. Aufl. 1889), ein Buch über *Das Holz der deutschen Nadelwaldbäume* (1885) sowie über ein *Lehrbuch der Anatomie und Physiologie der Pflanzen unter besonderer Berücksichtigung der Forstgewächse* (1891).

H. Cotta

Johann Heinrich COTTA (1763–1844) wurde im Forsthaus Kleine Zillbach bei Wasungen (Thüringen, Landkreis Schmalkalden-Meiningen) als Sohn eines Fürstlich-Weimarischen Försters geboren, der ihn ab 1778 ausbildete. 1780 wurde er als Jäger-bursche freigesprochen. 1784/1785 konnte er an der Universität in Jena Kameral- und Naturwissenschaften sowie Mathematik studieren und wurde dann in der Forstver-waltung mit Vermessungen beauftragt. Ab 1786 erteilte er zusammen mit seinem Vater auch forstlichen Unterricht, 1789 wurde er Herzoglich-Weimarischer Forstläufer und ab 1795 erhielt er die Stelle seines Vaters in Zillbach. Zugleich stellte ihm der Großherzog Carl August von Sachsen-Weimar-Eisenach das dortige Jagdschloss und den Garten für den forstlichen Unterricht zur Verfügung. Daraus entstand eine private forstliche Lehranstalt, zu deren Schülern spätere bedeutende Forstwissenschaftler wie Gottlob König (1779–1849; ab 1830 Direktor der Großherzoglich-Sächsischen Lehranstalt in Eisenach – Landesforstschule) und August Adolph Freiherr von Belepsch (1790–1867; Oberlandforstmeister der sächsischen Staatsforste ab 1854) zählten – zu beiden Schülern Cottas s. auch in Abschn. 2.2.2. Als 1809 von der königlich-sächsischen Verwaltung zur Zeit des Kurfürsten August I. ein neuer Leiter der Forstvermessungsanstalt gesucht wurde, erhielt Cotta 1810 die Stelle als Forstrat und Direktor der Forstvermessung und Taxation und die Erlaubnis seine Lehranstalt weiterzuführen. Er wählte dafür das Städt-chen Tharandt aus und es gelang ihm seine Lehranstalt zu einer weltweit bekannten Akademie weiterzuentwickeln (s. Abschn. 2.1). Zu den berühmtesten Besuchern zählten Johann Wolfgang von Goethe 1813 und Alexander von Humboldt 1830.[6]

1.1.2 Forstbotaniker[7]

H. L. Duhamel du Monceau und C. Chr. Oelhafen von Schöllenbach

Zu den Begründern der Forstbotanik zählt der französische Botaniker, Chemiker und Ingenieur Henri Louis DUHAMEL du Monceau (1700–1782). Er studierte zunächst die Rechtswissenschaften. Als Besitzer eines großen Landgutes entwickelte er dort neue Methoden des Gartenbaus und auch der Land- und Forstwirtschaft. Nachdem er 1728 von der Akademie der Wissenschaften mit der Untersuchung der Ursache von Schäden beim Safrananbau beauftragt worden war, beschäftigte er sich mit der Physiologie von Nutzpflanzen und führte zusammen mit dem Naturforscher Georges-Louis Leclerc de BUFFON (1707–1788) Untersuchungen zum Dickenwachstum von Bäumen durch.

Einige Werke du Monceaus wurden auch ins Deutsche übersetzt – so u. a. von Carl Christoph OELHAFEN von Schöllenbach (1709–1785), Naturforscher und Forstwissen-schaftler sowie Waldamtmann der freien Reichsstadt Nürnberg:

- *Natur-Geschichte der Bäume, darin von der Zergliederung der Pflanzen und der Einrichtung ihres Wachsens gehandelt wird als einer Einleitung zur vollständigen Abhandlung von Wäldern und Hölzern* (2 Bde., Nürnberg 1764/1765)

Eine eigene Abhandlung Schöllenbachs erschien 1767 ebenfalls in Nürnberg:

- *Abbildung der wilden Bäume, Stauden und Buschgewächse, welche nicht nur mit Farben nach der Natur vorgestellet, sondern auch nach ihrer wahren Beschaffenheit...*

Schöllenbach hatte in Altdorf, der Universität der Reichsstadt Nürnberg, von 1724 bis 1732 studiert und übernahm zusammen mit seinem Bruder eine *Grande Tour* und danach verschiedene Ämter in der damaligen freien Reichsstadt Nürnberg. Zuletzt errichtete er als Waldamtmann ökonomische Anstalten und verbesserte durch Pflanzungen den Obstbau und die Forstzucht in Franken. Vor allem durch seine Übersetzungen von insgesamt fünf Werken Duhamels zur Forstwirtschaft schuf er einen Wissenstransfer zur Entwicklung einer Forstwissenschaft in Franken.

J. Ph. Du Roi

Johann Philipp DU ROI (1741–1785) war Arzt und Botaniker mit dem Schwerpunkt in der Dendrologie. Er studierte an der damaligen Universität in Helmstedt östlich von Braunschweig Arzneiwissenschaft, promovierte dort 1764 zum Dr. med. und wurde 1765 Aufseher der Pflanzung ausländische Bäume und Sträucher im Schlosspark Harbke. Schloss Harbke (ins Sachsen-Anhalt – nicht weit von Helmstedt, nur noch als Ruine vorhanden) wurde von dem Adelsgeschlecht Veltheim im 14. Jahrhundert errichtet und war bis zur Enteignung nach dem Zweiten Weltkrieg in Familienbesitz. Der Schlosspark wurde im 18. Jahrhundert von Friedrich August von Veltheim angelegt. 1803 war er unter Rüttger von Veltheim weitgehend vollendet. Durch die Kultivierung zahlreicher ausländischer Baumarten wurde Harbke zu einem der wichtigsten Pflanzenlieferanten Deutschlands. Von den ehemals 300 Baumarten sind noch etwa 100 vorhanden. Die 1830/1831 angelegte Orangerie blieb erhalten. Du Rois wurde durch sein Werk *Harbke'sche wilde Baumzucht theils Nordamerikanischer und anderer fremder, theils einheimischer Bäume, Sträucher und Strauchartiger Pflanzen, nach den Kennzeichen, der Anzucht, den Eigenschaften und der Benutzung beschrieben* (in zwei Bänden 1771/1772) als Begründer der Dendrologie bekannt. 1777 ließ er sich in Braunschweig als praktischer Arzt nieder und wurde dort Garnisonsarzt, Stadtphysikus, Hofmedicus. [8]

F. v. Paula Schrank (1747–1835)

Franz de PAULA SCHRANK (1747–1835), ab 1808 Ritter von Schrank, war Botaniker und zugleich römisch-katholischer Geistlicher. Er wurde als Sohn eines Klosterrichters am Inn geboren, besuchte das heutige Gymnasium Leopoldinum in Passau und trat in den Jesuitenorden ein. 1769 wurde er Lehrer in Linz, 1774 empfing er die Priesterweihe und 1776 wurde er in Wien zum Dr. theol. promoviert, wurde Professor für Mathematik und Physik am Lyzeum in Amberg und 1784 Professor an der Universität Ingolstadt, wo er Kameralwissenschaften (dazu in Abschn. 3.1) mit Schwerpunkt Landwirtschaft, Bergbau, Forstwirtschaft und Naturgeschichte lehrte. Nach der Verlegung der Universität 1800 nach Landshut setzte er dort seine Tätigkeit fort. Von 1809 bis 1832 war er der erste Direktor des Botanischen Gartens in München. In der Ruhmeshalle in München ist seine Büste aufgestellt. Zu seinen wichtigen Publikationen zählen u. a. *Vorlesungen über die Art die Naturgeschichte zu studieren* (1780) bzw. *Anleitung die Naturgeschichte zur studieren* (1783), *Anfangsgründe der Botanik* (1785), *Bayerische Flora* (1789).[9]

Titel des Werkes von Paula-Schrank

Weitere bedeutende Forstbotaniker[10]

Moritz Balthasar BORKHAUSEN (1760–1806) studierte Jurisprudenz und Kameralwissenschaft in Gießen, wirkte ab 1781 zunächst als Hauslehrer, bekam Kontakt zu dem Arzt und Pomologen August Friedrich Adrian Diel (1756–1839) sowie auch zu dem

Forstmeister Ernst Friedrich Hartig (1773–1843 – s. in Abschn. 1.1.1) und begann sich intensiv mit der Botanik zu beschäftigen. 1793 erhielt er die Stelle als Assessor bei der Landesökonomie-Deputation in Darmstadt. Zuvor hatte er für seine botanischen Arbeiten den Doktortitel der Universität Erlangen erhalten. In Darmstadt bestand seine Hauptaufgabe in der Abfassung eines Naturgeschichte Hessens. 1796 erhielt er die Stelle eines Assessors beim Oberforstamt Darmstadt und 1806 den Titel eines Raths beim Oberforstkollegium. Zwischen 1800 und 1803 veröffentlichte er sein *Theoretisch-praktisches Handbuch der Forstbotanik und Forsttechnologie* in zwei Bänden, auf welches auch J. M. Bechstein (s. in Abschn. 2.2.1) in seinem Werk *Forstbotanik oder vollständige Naturgeschichte der deutschen Holzpflanzen* (ab 1810 mehrmals aufgelegt) Bezug nimmt.

Heinrich MAYR (1854–1911) war Forstwissenschaftler und wurde vor allem als Forstbotaniker bekannt. Er wurde als Sohn eines königlich bayerischen Forstbeamten in Landesberg am Lech geboren, besuchte das humanistische Ludwigs-Gymnasium in München und studierte in Aschaffenburg (zur Lehranstalt s. in 5.1) und Staatswirtschaft in München. Nach dem Examen 1880 wurde er Assistent bei dem bekannten Forstwissenschaftler Robert Hartig (s. in Abschn. 1.1.1) in der botanischen Abteilung der Forstlichen Versuchsanstalt. Mayr promovierte und habilitierte sich in München 1884. Der Ministerialrat August Ganghofer (1827–1900, ab 1887 Ritter von Ganghofer, Vater des Dichters Ludwig Ganghofer), Forstwissenschaftler und Leiter des bayerischen Forstwesens ab 1879, ermöglichte Mayr ein Stipendium für eine Weltreise, auf der er die Möglichkeiten zur Einführung ausländischer Baumarten nach Deutschland erkundete. Darüber erscheinen mehrere Bücher – z. B. *Die Waldungen von Nordamerika, ihre Holzarten, deren Anbaufähigkeit und forstlicher Werth für Europa im allgemeinen und Deutschland insbesondere* (1890). Nach der Emeritierung von Karl Gayer (s. in Abschn. 2.1) erhielt er dessen Lehrstuhl für Waldbau und Forstliche Produktionslehre (1892). Zusammen mit Robert Hartig schuf er im Lehrrevier Grafrath die Anlage eines forstlichen Versuchsgartens für ausländische Baumarten. 1902 unternahm er zusammen mit dem Kronpinz Rupprecht von Bayern (1869–1955; Sohn König Ludwig III., 1845–1921) eine weitere Weltreise, aus der das mit eigenen Zeichnungen versehene Buch *Fremdländische Wald- und Parkbäume für Europa* (1906) entstand. Und schließlich ist sein Lehr- und Handbuch *Waldbau auf naturgesetzlicher Grundlage* (1909, 2. Aufl. 1925) besonders erwähnenswert.

Moritz Heinrich Wilhelm Albert Emil BÜSGEN (1858–1921)[10a] studierte in Bonn, Berlin und Straßburg, wo er bei Heinrich Anton de Bary (1831–1888, Mediziner, Mykologe und Botaniker) 1882 promovierte. Er war an der Zoologischen Station Neapel tätig, habilitierte sich in Jena, wirkte dort von 1886 bis 1892 als Privatdozent bzw. ao. Professor für Botanik, war 1893 bis 1901 Professor an der Großherzoglich-Sächsischen Forstlehranstalt Eisenach (s. in Abschn. 2.1) und ab 1901 Professor an der Königlich Preußischen Forstakademie in Hannoversch Münden (s. Abschn. 2.2.4) tätig. Als sein

Hauptwerk gilt das Buch *Bau und Leben unserer Waldbäume* (1897), in dem er sich kritisch mit der Literatur über Waldbäume auseinandersetzt. Nach Büsgen wurde ein Institut der Fakultät für Forstwissenschaften und Waldökologie der Universität Göttingen (mit 10 Abteilungen – u. a. zur Forstbotanik und Baumphysiologie) benannt, ebenso eine Straße im Nordbereich der Universität.

Theodor SCHMUCKER (1894–1970) Naturforscher und Forstwissenschaftler, ist ebenfalls als Forstbotaniker besonders bekannt gewesen. Er studierte an der Ludwig-Maximilians-Universität München Naturwissenschaften (Staatsexamen in Biologie, Chemie, Geographie 1921), promovierte 1923 „Zur Biologie und Morphologie geophiler Pflanzen" und wurde 1927 Privatdozent in Göttingen. Von 1937 bis 1962 war er als Professor Inhaber des Lehrstuhls für Forstbotanik und technische Mykologie an der Forstlichen Fakultät am Standort Hann. Münden (s. Abschn. 2.2.4) und Direktor des dortigen Instituts für Forstbotanik und Forstpflanzenzüchtung, wo er die genetische Richtung der Forstpflanzenzüchtung einführte. 1942 erschien sein Werk *Die Baumarten der nördlichen gemischten Zone*.

Frühe Ausbildungsstätten der Forstwissenschaft

2

Georg Schwedt

2.1 Meister-, Waldbau- und Försterschulen (Beispiele)

Meyers Großes Konversations-Lexikon von 1906 enthält einen ausführlichen Beitrag zu *Forstschulen*.[11)]

Als *niedere Forstschulen* werden *Försterschulen* und *Waldbauschulen* genannt. In ihnen wurden Förster ausgebildet, „die keine selbständige Verwaltung führen, sondern Forstschutzbeamte und Aufsichtsbeamte bei der Betriebsführung sind. Sie erfordern die Vorbildung einer guten Volksschule und erteilen den Unterricht nach rein empirischer Methode."

Meisterschulen wurden von Privatleuten errichtet und bestanden nur aus einem Lehrer. So gab bereits um 1765 der gräflich-stolbergischer Oberforst- und Jägermeister Hans Dietrich von *Zanthier* (1717–1778) im Waldhof von Ilsenburg am Harz forstlichen Unterricht. Ab 1748 hatte er die Oberaufsicht für den Wernigeröder und Hohensteinischen Forstbesitz von 16.000 ha. 1767 veröffentlichte er seine *Anweisung zur Forstwirtschaft* (vorhanden in der Bibliothek der Hochschule in Eberswalde). Der Zanthierplatz mit Gedenkstein bei Ilsenburg erinnert an sein Wirken.

In Herzberg am Oberharz richtete Julius Heinrich von *Uslar* (1752–1829) um 1790 im Harzforsthaus an der Forstplantage (gegenüber der Herzberger Papierfabrik) eine Musterschule ein, der hier ab 1782 als Oberförster tätig war. Außerdem werden die Forstschulen von G. L. Hartig (s. in Abschn. 1.1.1) in Hungen (1789–1797), bestand noch bis 1806 in Dillenburg, und von H. Cotta in Zillbach (1785–1811; s. in Abschn. 1.1.1) und die erste öffentliche Forstschule in Berlin ab 1770, welche der

G. Schwedt (✉)
Bonn, Nordrhein-Westfalen, Deutschland
E-Mail: georg.schwedt@t-online.de

© Der/die Herausgeber bzw. der/die Autor(en), exklusiv lizenziert durch Springer Fachmedien Wiesbaden GmbH, ein Teil von Springer Nature 2022
G. Schwedt (Hrsg.), *Johann Adam Reum,* Klassische Texte der Wissenschaft, https://doi.org/10.1007/978-3-662-64471-3_2

Botaniker Gleditsch (s. Abschn. 1.1.1) bis 1786 leitete, genannt. Sein Nachfolger war der Botaniker und Forstwissenschaftler F. A. L. von Burgsdorff (s. Abschn. 1.1.1). An das Wirken des Herberger Forstmannes von Uslar erinnert ein Gedenkstein im forstbotanischen Garten „Juesholz", einem alten Eichenpflanzwald.

Aus einer Meisterschule ging auch die bis 1915 bestandene Großherzoglich-Sächsische Forstlehranstalt Eisenach hervor. Gründer war Gottlob König (1779–1849), der auch zu den „Forstlichen Klassikern" gezählt wird. Er erhielt als erster Schüler Cottas (s. Abschn. 1.1.1) den Lehrbrief in Zillbach. 1803 bis 1805 lehrte er Geometrie an Cottas Lehranstalt, dessen Schwager er wurde. Danach wurde er Revierförster in Ruhla (Thüringen) und begann nach dem Vorbild Cottas mit der Ausbildung junger Forstleute. 1813 erhielt er vom Herzog von Sachsen-Weimar-Eisenach der Anerkennung seines Privatlehrinstituts und wurde 1819 zum Forstrat ernannt. Als Großherzoglich-Sächsische Forstlehranstalt erhielt sie, nach Eisenach verlegt, den Rang einer Landesforstschule und wurde von König als Direktor bis 1849 geleitet. Er veröffentlichte u. a. *Die Waldpflege aus der Natur und Erfahrung neu aufgefasst,* (Gotha 1849). An sein Wirken erinnert ein Gedenkstein im Mariental bei Eisenach.

An die Geschichte der Forstschule in Groß-Schönebeck erinnert noch heute das „Kortenbeitel-Denkmal" an der Feuerwache, worüber Rainer Klemke auf der Webseite des Bürgervereins Groß Schönebeck/Schorfheide e. V. 2014 berichtete. Carl Friedrich Kortenbeitel (1837–1887) war der Dorfschullehrer von Groß Schönebeck. Der Ort war bereits seit dem 15. Jahrhundert für große Jagden in der Schorfheide bekannt. 1680 wurde ein Jagdschloss erbaut, das ab 1868 auch als Oberförsterei genutzt wurde. 1877 regte Kortenbeitel an, in Bezug auf die lange forstliche Tradition des Ortes, eine Ausbildungsmöglichkeit für Lehrlinge der Forstwirtschaft zu schaffen, was die beiden ortsansässigen Oberförster Sachse und Witte unterstützten. Und so wurde der Lehrer Kortenbeitel von der Preußischen Forstverwaltung beauftragt, „mit staatlicher Unterstützung eine erste Forstlehrlingsschule zu gründen und diese zunächst privat zu führen." Der Unterricht begann am 1. Oktober 1878 zunächst in der Wohnung des Lehrers, in der örtlichen Schule und im Dorfkrug mit ca. 80 Schülern. 1881 eröffnete Kortenbeitel ein privates Schullehrerseminar, um auch Fachlehrer für die Forst- und Landwirtschaft auszubilden. 1881 wurden 195 Schüler durch zehn Lehrer unterrichtet. Die Forstschule wurde über Preußen hinaus bekannt und im Königsreich Bayern wurde das „Groß Schönebecker Modell" für die Einrichtung eigener Forstausbildungsstätten übernommen. Die Forstschule wurde 1907 u. a. aus Raummangel geschlossen und in eine umgebaute Burganlage in Spangenberg (im nordhessischen Schwalm-Eder-Kreis) verlegt. Die Forstschule im Schloss Spangenberg bestand bis 1939. 1200 junge Forstbeamte erhielten dort ihre Ausbildung.

Die Entwicklung von Forstschulen bis zu einer Akademie beginnt in Württemberg mit Herzog Karl Eugen (1728–1793), welcher 1772 der 1770 gegründeten Militärakademie zu Solitude eine Forstschule angliederte. 1775 wurde die Akademie als „Hohe Karlsschule" nach Stuttgart verlegt, wo die Forstschule eine eigene Fakultät erhielt. Johann Friedrich Stahl (1718–1790), leitete ab 1758 das württembergische

Forstwesen, und nach ihm Johann Georg August von Hartmann (1764–1849) ab 1790. Die Karlsschule wurde jedoch 1893 aufgelöst.

1814, als Aschaffenburg zu Bayern kam, war die dort 1807 privat gegründete Forstlehranstalt einzige Einrichtung dieser Art im Königreich und wurde 1818/1819 als Königlich Baierische Forst-Lehranstalt zu Aschaffenburg (mit 143 Studenten) bezeichnet. Wegen revolutionärer Aktivitäten der Studenten war sie zwischen 1832 und 1844 geschlossen. 1878 wurde ein Teil der Hochschule nach München verlegt und 1910 die Hochschule insgesamt in die forstwissenschaftliche Fakultät der Ludwig-Maximilians-Universität München eingegliedert. Das Gebäude an der Alexanderstraße wurde für die Oberrealschule genutzt, jedoch 1968 abgerissen.

Zu den bekannteren Lehrern zählen u. a. (zu *Döbner* s. in Abschn. 5.1.):

Sebastian *Mantel* (1792–1860), Forstmann, ab 1822 Forstmeister ab 1844 Direktor der Lehranstalt und Professor der forstlichen Hauptkollegien;

Hermann *Dingler* (1846–1935), Arzt und Botaniker, ab 1889–1910 Professor in Aschaffenburg, gründete 1907 den Kreisausschuss für Naturschutz im westlichen Unterfranken;

Stephan *Behlen* (1784–1847), Forstpraktiker, 1821–1833 Professor für Naturgeschichte, Gründer und Herausgeber der *Allgemeinen Forst- und Jagdzeitung* ab 1825:

Johann Christian Karl *Gayer* (auch Geyer; 1822–1907), zunächst Revierförster, ab 1855 Professur für Forstwissenschaft in Aschaffenburg und ab 1878 an der Universität in München, dessen Rektor er 1890 war. Seine Hauptwerke verfasste er über *Die Forstbenutzung* (1868) und den *Waldbau* (1880, 4. Aufl. 1898), die lange Zeit als Standardwerke galten.

Im letzteren Buch ist bereits aus forstlicher Sicht der Begriff *Nachhaltigkeit* enthalten:

„Nachhalt. Es gehört nothwendig zum Begriff des forstwirthschaftlichen Betriebes, daß er seine Produktion für alle, oder doch wenigstens für sehr lange Zeit auf der selben Stelle bethätigt. Soll dieses möglich werden, und von Waldgeneration zu Waldgeneration die Produktion weder in quantitativer noch in qualitativer Beziehung eine Abnahme erfahren, so setzt dieses eine gleichmäßige Bewahrung der Produktionmittel und eine haushälterische Benutzung derselben voraus; und hierin allein ist das echte Nachhaltsprinzip, dem die Holzzucht bestmöglich zu genügen hat, zu suchen."
(Der Waldbau, 4. Aufl., 1898, S. 4–5)

2.2   Forstakademien

Die meisten der Forstakademien entwickelten sich aus den frühen Forstschulen und sind mit den herausragenden Persönlichkeiten der Forstwissenschaften im Kap. 1 verbunden.

Von den historischen Forstakademien sind zwei Einrichtungen in Universitäten als Fakultäten bis heute erhalten geblieben (Tharandt in der TU Dresden und Hann. Münden in der Universität Göttingen) und eine dritte wurde zu einer Fachhochschule (Eberswalde).

2.2.1 Dreißigacker

Die Entstehung und Geschichte der Forstakademie ist eng mit der Person von Johann Matthäus BECHSTEIN (1757–1822) verbunden.[11] Er studierte von 1776 bis 1780 in Jena Theologie, Naturwissenschaften und auch Forst- und Kameralwissenschaft. Zunächst wirkte er als Lehrer für Naturwissenschaften und Mathematik am Philanthropin in Schnepfenthal (heute Salzmannschule als Sprachengymnasium im Ortsteil von Waltershausen/Thüringen). 1794 gründete er in der Kemenate bei Waltershausen die Öffentliche Lehranstalt für Forst- und Jagdkunde als Privatforstinstitut (s. auch in 2.1), die er bis 1799 leitete. Die Kemenate ist eine zweiflügelige Anlage mit einer rundbogigen Tordurchfahrt (Tennebergstr. 2), die bis zum 17. Jahrhundert als Wohnung landgräflicher Burgleute genutzt und danach aus- und umgebaut wurde. 1796 wurde Bechsteins Forstschule von Ernst II. von Sachsen-Gotha-Altenburg (1745–1804) als öffentliche Lehranstalt der Forst- und Jagdkunde anerkannt.

1799 berief Herzog Georg I. von Sachsen-Meiningen (1751–1803) Bechstein zum Meiningener Forstrat und 1801 fand der Umzug der Lehranstalt als erste Thüringer Forstakademie (ab 1803) in das 1710 erbaute Jagdschloss Dreißigacker statt. Der spätere Dichter Ludwig Bechstein kam 1810 nach Dreißigacker und wurde von seinem Onkel adoptiert. Ludwig Bechstein veröffentlichte auch die erste Biografie seines Adoptivvaters (erschienen 1855): „Dr. Johann Matthäus Bechstein und die Forstacademie Dreißigacker. Ein Doppel-Denkmal."[12]

1801 wurde die Forstlehranstalt eröffnet – angeschlossen ein Tierpark und eine Fasanerie. 1802 lehnte Bechstein einen „Antrag zu einer Professur auf der (von) S. Churfürstl Durchl. zu Sachsen zu Freyberg zu errichtenden Forstacademie mit einem Gehalt von 1000 Rth." ab.[12a] Bis 1822 ist Bechstein Direktor der *Forstacademie* mit Aufsichtspflicht im Forstdistrikt. 1810 erscheint seine „Forstbotanik" (s. Abschn. 3.2), die bis 1843 11 Auflagen erfährt. 1816 werden der Forstakademie ein Lehrforst und 1818 auch eine landwirtschaftliche Lehranstalt angegliedert. Nach dem Tod von Bechstein 1822 tritt der Oberforstmeister von Mannsbach die Nachfolge an.[12a,b] Die Forstakademie wird 1843 von Herzog Bernhard II. von Sachsen-Meiningen (1800–1882) aufgelöst. In den 42 Jahren ihres Bestehens wurden etwa 1000 angehende Forstleute ausgebildet.

2.2.2 Tharandt (1811)

Der hohe Holzbedarf im Bergbau und des Hüttenwesens im 18. Jahrhundert führten infolge der Übernutzung zu Planungen einer geregelten Forstwirtschaft, die auch eine entsprechende Ausbildung von Forstleuten erforderte. Als 1809 in Sachsen die Direktorenstelle der sächsischen Forst- und Vermessungsanstalt frei wurde, bemühte sich die sächsische Regierung den weit über die Grenzen von Thüringen bekannt gewordenen Forstmann Johann Heinrich Cotta (s. in Abschn. 1.1.1) für diese Aufgabe zu gewinnen.

Bereits um 1800 gab es Bestrebungen, eine Forstakademie an der Bergakademie Freiberg/Sachsen einzurichten. Als Forstlehrer wollte man den Grillenburger (bei Tharandt) Forstschreiber Wilhelm Friedrich Lingke dafür gewinnen, der jedoch bereits 1802 verstarb. Das Finanzministerium sah sich 1803 veranlasst, Vermessung und Taxation der Staatswaldungen intensiver zu betreiben und setzte dafür den Premier-Leutnant Carl Friedrich von Schellig als *Directeur des Vermessungs- und Taxationsgeschäftes* ein. Schellig fiel 1809 in der Schlacht bei Wagram (im Krieg gegen Napoleon). Erhard Schuster stellt fest[13]: „Es darf wohl vermutet werden, dass ohne den Tod dieser beiden Männer Heinrich Cotta nicht nach Sachsen berufen worden und Tharandt nicht Sitz einer forstlichen Ausbildungsstätte geworden wäre."

Tharandt – Holzstich 1867 (Illustration in der Leipziger Zeitung 29.6.1867)

Am 12.12.1810 wird Heinrich Cotta in Dresden als *Forstrath und Director der Forst-Vermeßung und Taxation* vereidigt. Er erhält die Erlaubnis, seinen Wohnsitz selbst zu bestimmen und wählt *nach vielfacher Prüfung aller Local-Umstände das Städtchen Tharant im Amte Grillenburg* zum Wohnort und Sitz seiner Forstlehranstalt. In dieser Zeit wird auch eine neue Chaussee von Dresden durch den Plauenschen Grund bis Tharandt gebaut. In der Zeit in Zillbach von 1786 bis 1810 hatte Cotta in seiner Forstlehranstalt nachweisbar 129 Schüler gehabt. Im Frühjahr 1811 siedelt er mit seiner Familie, zusammen mit Adam Reum, der seit 1805 bei ihm Mathematik und Botanik gelehrt hatte, und seinen *Gehülfen* sowie den meisten seiner Schüler nach Tharandt um.

Tharandt (erstmals 1216 durch den Namen des meißnerischen Vasallen Boriwo de Tharant urkundlich erwähnt) war bis 1568 und wieder ab 1827 Sitz des Amtes Grillenburg-Tharandt. 1792 entdeckte der Amtschirurg Johann Gottfried Butter zwei Mineralquellen – die Sidonien- und Heinrichs-Quelle. Mit dieser Entdeckung erlebte Tharandt auch eine kurze Blütezeit als Badeort.

Die Forstlehranstalt Cottas wird am 24./25. Mai 1811 feierlich eröffnet – mit dem Ziel, *dem jungen Forstmanne Gelegenheit zu verschaffen, nicht nur die nöthigen Hülfswissenschaften studiren zu können, sondern auch die eigentliche Forstwissenschaft und das Jagdwesen zu erlernen.* Diesen Zweck könne man nicht anders erreichen, *als durch eine wohlgetroffene Vereinigung von Theorie und Praxis. 1*[3)]

1811 begann Reum mit der Anlage des forstbotanischen Gartens (s. Abschn. 4.3). Im selben Jahr hatte Cotta zunächst den Saal des Gasthofs Zum Hirschen (heute Dresdner Straße 4) für seine Lehrtätigkeit angemietet. 1812 erwirbt er das *Alte Bad,* lässt Lehrräume einbauen und verlegt seine Lehranstalt dorthin.

Zunächst bildete Cotta in seiner *Meisterschule* (s. Abschn. 2.1) auch noch Forstlehrlinge neben seinem höheren Lehrbetrieb aus. Das sächsische Finanzkollegium ist jedoch trotz der schwierigen Zeiten infolge der napoleonischen Kriege daran interessiert, das Cottasche Institut für staatliche Zwecke nutzbar zu machen. Dazu berichtet E. Schuster[13)]:

„1814/15 In einer politisch unruhigen Zeit – Sachsen ist besetzt und wird im Ergebnis des Wiener Kongresse geteilt (es verliert 187 801 ha Staatswald an Preußen und Thüringen; nur 143 357 ha Staatswaldfläche verbleiben dem Königreich) – antwortet das sächsische Finanzkollegium auf das Anliegen H. Cottas nach Angliederung des Tharandter Waldes an die Direktion der Forstlehranstalt mit dem Anbieten, das Cottasche Privatinstitut auf königliche Rechnung in einer königliche Forstakademie umzuwandeln..."

Am 17.6.1816 wird die *Königlich Sächsische Forstakademie* feierlich eröffnet. Am 19.6. beginnt der Lehrbetrieb mit 62 *Akademisten,* von denen noch 22 als Gehilfen bei der Forstvermessung tätig sind. Zwischen 1811 und 1816 hatte das Cottasche Forstlehrinstitut bereits 137 Studierende verzeichnet.

2.2.3 Eberswalde (1830)

Die Vorgeschichte der heutigen Hochschule für nachhaltige Entwicklung – zuvor Forstakademie – Eberswalde beginnt in Berlin. 1821 begann der Forstwissenschaftler Friedrich Wilhelm Leopold PFEIL (1783–1859) dort Forstwissenschaft zu lehren. Pfeil hatte zunächst von 1801 bis 1804 eine Jägerlehre in den königlich preußischen Oberförstereien bei Elbingerode im Ostharz absolviert und wurde dann Förster (bis zum Forstmeister 1816) in Niederschlesien. Aufgrund seiner Veröffentlichungen aus der Praxis wurde Georg Ludwig Hartig (s. in Abschn. 1.1.1) auf ihn aufmerksam und auf sein Betreiben wurde Pfeil 1821 Direktor der Preußischen Forstakademie an der Universität Berlin, die seit 1806 geschlossen war. Von Alexander von Humboldt unterstützt, gelang es Pfeil, der eine universitäre Ausbildung für Forstleute ablehnte, die Akademie in eine waldreiche Gegend zu verlegen, um die Lehre mit der Praxis im Wald verbinden zu können. 1830 erreichte er, dass die Königlich Preußische Höhere Forstlehranstalt nach Neustadt-Eberswalde verlegt wurde.

2.2.4 Hannoversch Münden (1868)

Mit der Einrichtung einer Forstschule durch die Abspaltung von der Bergschule in Clausthal 1844 wird der Grundstein für die spätere Königlich Preußische Forstakademie Hannoversch Münden gelegt. 1849 muss sein aus Mangel an Schülern zunächst wieder schließen.

Infolge der Gebietszuwächse Preußens nach dem Deutschen (preußisch-deutschen) Krieg 1866 wurde die Gründung einer weiteren Forstakademie im Westen erforderlich. Dafür setzte sich insbesondere der Forstmann Heinrich Christian BURCKHARDT (1811–1879) ein.

Burckhardt wurde als Sohn des Reitenden Försters (Oberförster) beim Freiherrn von Adelebsen auf der Burg Adelebsen am Südrand des Sollings geboren, machte eine praktische Forstlehre und besuchte ab 1831 die zum Königreich Hannover gehörende Forstschule in Clausthal. Nach Stationen als Hilfskraft bei Vermessungs- und Taxationsarbeit für den Nörtener Oberförster (bei Göttingen) und als Hilfsjäger bei der Königlich Hannoverschen Domänenverwaltung in Westerhof (Kalefeld/Landkreis Northeim) übernahm er 1834 die Stelle seines Vaters in Adelebsen. 1844 kam er als Reitender Förster nach Hannoversch Münden und leitete das Revier Kattenbühl. Zugleich wurde er Lehrer an der Forstschule. 1849 kam er als forstliches Mitglied zur Domänenkammer in Hannover, wo er 1851 zum Leiter des Forstdepartements aufstieg. Als 1858 die Domänenkammer abgeschafft wurde, ernannte man ihn zum Forstdirektor und Generalsekretär für Forsten im Finanzministerium. Nach der Annexion Hannovers durch Preußen war Burckhardt für die Forstverwaltung der preußischen Provinz Hannover zuständig und setzte sich in dieser Funktion für die Gründung der Forstakademie in Hannoversch- Münden ein, die am 27. April 1868 erfolgte.

Die neue Forstakademie in Münden (Provinz Hannover). Originalzeichnung von G. Theuerkauf. (S. 7.)

Hann. Münden, Holzstich nach einer Zeichnung (Gottlob Theuerkauf um 1870)

1922 erhielt sie als Forstliche Hochschule eine Rektoratsverfassung, Promotions-, Habilitations- und Berufungsrechte. 1939 wurde sie als Forstliche Fakultät der Georg-August-Universität Göttingen angegliedert, jedoch erst 1970/1971 auch nach Göttingen verlegt.

Zwei bedeutende Botaniker lehrten an der Forstakademie: Nicolaus Jacob Carl Müller (1842–1901)[14] und Moritz Büsgen (1858–1921) – nach Büsgen ist auch der Büsgenweg im Göttinger Norden benannt, wo sich die fünf neuen Gebäude der forstlichen Fakultät befinden.

N. J. C. Müller (1842–1901) machte zunächst eine Apothekerausbildung und begann 1864 ein Studium der Naturwissenschaften in Heidelberg. Er promovierte zum Dr. phil. habilitierte sich in Botanik und lehrte als Privatdozent bis 1872. Danach war als Professor für Forstbotanik an der Königlichen Forstakademie in Münden und Direktor des Forstbotanischen Gartens tätig. Er verfasste u. a. ein *Handbuch der allgemeinen Botanik* (1880).

Der *Forstbotanische Garten* wurde auf dem Gelände der Forstakademie 1870 eröffnet – aus einem kleinen Garten als Arboretum und einem großen Garten mit etwa 5 ha Fläche. 1895 befanden sich im Forstgarten 210 Arten von Eichen, 881 Formen von Rosengewächsen, 312 Arten Heckenkirschen und 574 Weidenarten. Bei Bomben-angriffen auf dem nahen gelegenen Güterbahnhof wurde im Zweiten Weltkrieg auch der Garten getroffen. Durch den Straßenbau verkleinerte er sich auf 2,5 ha. Nach dem Abriss des Fakultätsgebäudes 1974 blieb jedoch Rest als Forstbotanischen Garten erhalten und steht seit 1988 als Naturdenkmal unter Schutz.

Von der ökonomischen Botanik zur Forstbotanik

Georg Schwedt

3.1 G. A. Suckow und die *Oekonomische Botanik* 1777

Als Holz durch den Raubbau in den Wäldern nicht mehr im Überfluss verfügbar wurde, entstanden in der zweiten Hälfte des 18. Jahrhunderts auch die ersten Forstschulen. Die ersten wissenschaftlichen Ansätze zu einer Forstwirtschaft gingen unter ökonomischen Gesichtspunkten jedoch von kameralistisch gebildeten Nichtforstleuten aus. Dazu zählte von der Kameral-Hohen-Schule zu Lautern (gegründet 1774 in Kaiserslautern), später als Staatswissenschaftliche Fakultät in der Universität Heidelberg, Georg Adolph SUCKOW (1751–1813) mit seinem Lehrbuch *„Oekonomische Botanik"* (1777). Er hatte in Jena ab 1769 Medizin und Naturwissenschaften studiert und 1772 promoviert. Bereits 1770 – noch als Student – wurde er Sekretär der *Churpfälzischen Physikalisch-Oekonomischen Gesellschaft* in Kaiserslautern. Am 11. April wurde die *Kameral Hohe Schule zu Lautern* gegründet und am 3. Oktober 1774 eröffnet. Als erster Professor für Mathematik, Naturlehre, Naturgeschichte, Chemie und Landwirtschaft sowie Bibliothekar wurde Suckow berufen. 1784 wurde die Schule auf Erlass des Kurfürsten Carl Theodor nach Heidelberg verlegt, um sie als *Staaswirtschafts Hohe Schule* der Philosophischen Fakultät anzugliedern.

Unter *Kameralwissenschaften* ist im 18./19. Jahrhundert Folgendes zu verstehen – darüber ist im „Bilder-Conversations-Lexikon" aus dem Brockhaus-Verlag in Leipzig zu lesen (Stichwort *Kammer*):

„… Die Staatsverwaltung und die mit derselben beauftragten Behörden sind in neuerer Zeit streng von der Gerechtigkeitspflege und den mit diesen beauftragten

G. Schwedt (✉)
Bonn, Nordrhein-Westfalen, Deutschland
E-Mail: georg.schwedt@t-online.de

Behörden gesondert worden, und man hat diejenigen, welche sich dem Verwaltungsfache widmen, *Kameralisten,* die Gesammtheit der ihnen nöthigen Kenntnisse, aber *Kameralwissenschaften* genannt. Da die Gegenstände der Verwaltung so unendlich mannichfaltig sind, indem nicht allein die Verwaltung der Domainen, des Steuerwesens, der Staatsschulden, des **Forstwesens,** des Militairs, sondern auch der Policei, der Kirchen- und Schulangelegenheiten, des öffentlichen Medicinalwesens, des Bergbaus, der öffentlichen Bauten u. s. w. hierher gehören, so ist der Umfang der Kameralwissenschaften außerordentlich groß und können dieselbe von den Einzelnen nur in einzelnen Fächern gründlich betrieben werden. –"

Als Vorläuferin eines Lehrbuches zur Forstbotanik kann auch das Werk von Joseph Friedrich ENDERLIN (1731–1808) über *Die Natur und Eigenschaften des Holzes und seines Bodens, nebst seiner Nahrung und Ursachen des Wachsthums* (1767) bezeichnet werden, das den Untertitel *Zu mehrerer Aufnahme des Forstwesens und Gebrauch der Forstliebhaber, aus Anlaß eines überall einreissenden Holzmangels entworfen* wurde. Enderlin hatte in Jena Botanik, Physik und Kameralwissenschaften studiert, wo der Vater von Suckow, Lorenz Johann Daniel Suckow (1722–1801) lehrte, und erreichte im badischen Staatsdienst die Stellung eines Forst- und Kammerrates (1766) und Hofrats (1779). Seine Arbeiten beziehen sich auf Duhamel du Monceau (Abschn. 1.1.2) und Gleditsch (Abschn. 1.1.1). Damit gehört er auch zu den Pionieren der Forstbotanik.

In seinem Lehrbuch *Oekonomische Botanik zum Gebrauch der Vorlesungen, auf der hohen Kameralschule zu Lautern* (1777) formuliert SUCKOW den Zweck seines Werkes wie folgt:

(...) Da wir die Botanik auf eine mehr angewandte Art in Ansehung der Landwirthschaft vortragen mußten, so war es nicht hinlänglich nur bei den ersten Gründen derselben stehen zu bleiben, und Anfängern bloß die botanische Sprache und die Systeme zu erläutern. Um daher den theoretischen Theil durch eine Anleitung zur praktischen Kenntnis brauchbar zu machen, entschloß ich mich zu gegenwärtigem Versuche, nach Art der medicinischen Materien, das Gewächsenreich in Rücksicht auf die Oekonomie und der Gewerbe zu behandeln. (...)

Bei allen den Gewächsen welche man in den folgenden Abschnitten verzeichnet findet, sind sowohl die botanischen Kennzeichen, als auch der ökonomische Gebrauch bemerkt. (...)

Mit diesen Sätzen charakterisiert Suckow die *angewandte Botanik* und stellt die *Gewächse* in neun Abschnitten vor:

Einheimische wilde Bäume und Sträucher. – Ausländische bei uns ausdauernde Bäume und Sträucher. – Obstbäume. – Küchengewächse. – Getreidearten. – Futterkräuter. – Fabriken- und Handlungsgewächse. – Farbgewächse. – Oelgebende Gewächse.

Auch wenn in diesem Lehrbuch noch nicht die Forstbotanik als Begriff genannt wird, behandelt es in den genannten Abschnitten bereits dieses Fachgebiet unter ökonomischen Aspekten.

In der Einleitung ist über die Vorgehensweise bei der Darstellung der einzelnen Bäume und Sträucher u. a. zu lesen:

Da die Kenntnis der wilden Bäume und Sträucher in Ansehung der Forstwissenschaft von so vorzüglicher Wichtigkeit ist, so habe ich sie in gegenwärtigem Abschnitt auf solche Art abzuhandeln gesucht, daß man dies Verzeichnis zugleich als eine Einleitung in selbige benuzzen kann. Der Gebrauch, den man von den Waldbäumen, zu so mannigfaltigen Bedürfnisse des gemeinen Lebens zu machen pflegt, veranlaßte mich, diejenigen Eintheilungen beyzubehalten, welche hierauf gegründet, und in dem Forstwesen gebräuchlich sind. Damit man diese, so wie die vielfachen Benuzzungsarten unserer einheimischen Hölzer in einem Blicke zu übersehen im Stand sey, will ich die Anzeige derselben zu mehrerer Deutlichkeit diesem Abschnitte vorausschicken.

Im daran anschließenden Text werden folgende Aspekte bzw. Einteilungen behandelt:

Oberholz: Bäume von besonderer Stärke und Höhe.

Buschholz: Sträucher.

Unterholz: oft durch Zufälle im Wuchs behinderte Bäume bzw. Sträucher, teils zum *Brennen,* teils als *Schlagholz* zu verwenden.

Ausserdem wird bei dem Forstwesen vorzüglich das Nutz- und Brennholz *unterschieden, wo von jenen das* Oberholz *seiner Größe und Stärke wegen zum Bauen, das übrige aber für die Gewerke gewählt zu werden pflegt.* – Mit den *Gewerken* sind Handwerker und Künstler gemeint. Auch werden weitere Verwendungen wie die Gewinnung von Säften, Terpentinöl, Harz, Pech, Teer und Ruß, von Blüten, Blätter und Früchten genannt.

Die Darstellungsweise der einzelnen Bäume und Sträucher soll das Beispiel für die Tanne verdeutlichen – auch unter dem Aspekt der heutigen Fragen zur Auswahl von Baumarten für unsere Wälder im Hinblick auf den Klimawandel (z. B. Vergleich Tanne-Fichte):

1) **Die Tanne;** *Weißtanne, Edeltanne, Silbertanne (P.picea. L.P. Abies. Du Rois)*

Die Nadeln sind am Ende hohl ausgeschnitten, auf der untern Seite mit zwei weissen, vertieften, und drei grünen erhabenen Streifen gezeichnet, die Zapfen **länglich,** *stehen aufwärts in die Höhe, du haben beinahe runde, platte, an dem untern Theile zugespitzte Schuppen.*

Du Roi. II. 95. v. Oelhafen. Tab. 5.8. Cramer. Tab. 25

[Du Roi; v. Oelhafen s. Abschn. 1.1.2;]

Sie wächst auf mäßigen Gebürgen und hohen Gegenden, in der Schweiz, in Schwaben, Baiern, Tyrol, Böhmen, Mähren, Franken, und auf dem Thüringer Walde; nach Gmelins Berichte auch in Siberien, wiewohl nicht über dem 58 Grad nördlicher Breite. Ihr Wuchs ist sehr hoch und gerade; sie spitz sich nicht so scharf als die Fichte, und widersteht auch wegen ihren etwas tiefer gehenden Wurzeln, stärker als diese den Winden. Sie hat eine aschgraue, glatte, und spröde Rinde, ihr Holz eine weissere Farbe, als das von Fichten und Kiefern; hingegen ist es leichter und biegsamer, daher es zur Ver-

fertigung musikalischer Instrumente, zu Schachteln und Siebrändern gebraucht wird. In einem Alter von 70–100 Jahren dienen die Stämme zum Schiff- und Häuserbaue; die Balken sind elastischer als anderes Holz; sie gehen aber stark zusammen, oder faulen auch, wenn sie nicht vorher wohl ausgetrocknet worden. Ausserdem dient das mittlere Tannenholz zu Röhren, Dachrinnen, Brettern, Schreiner-Dreher- und Faßbinder-Arbeit; so wie es auch zu Brenn- und Kohlholz vernutzt wird.

Die Blasen, welche auf der Rinde der Tannen zum Vorschein kommen, enthalten den Terpentin, den man am häufigsten in der Schweiz zu sammlen pflegt. Aus den Zapfen fließt zuweilen von selbst ein flüßiger Balsam heraus, der noch besonders durch das Abziehen mit Wasser gewonnen wird, und das bekannte Terpentinöl geben soll.

Die Fortpflanzung der Tanne geschieht durch den Samen, welchen man zur Herbstzeit ausäest

Du Hamel Abhandlung von Bäumen, Stauden und Sträuchern. I. 1. [s. in Abschn. 1.1.2]

C. v. Lengefeld Anmerkungen von den auf dem Thüringer Walde bekanntesten drei Arten Nadelhölzern, der Tanne, Fichte und des Kiehnbaumes. Nürnberg. 1762. 8oo. [*Kiehnbaum* = Kiefer]

Gleditsch Forstwissenschaft. I. 385. [s. in Abschn. 1.1.1]

Johann Andreas CRAMER (1710–1777) war eigentlich Metallurge, ab 1743 als Kammerrat in Blankenburg am Harz in braunschweigischen Diensten, und veröffentlichte 1766 auch eine *Anleitung zum Forst-Wesen...* (2. Aufl. 1798) mit einem Schwerpunkt zur Waldbaulehre, die 60 Kupfertafeln enthielt.

Carl Christoph von LENGEFELD (1715–1775) war Forstmeister, gilt als Pionier der Forstwissenschaft und war der Schwiegervater von Friedrich Schiller. Er wirkte ab 1740 als Oberforstmeister im Fürstentum Schwarzburg-Rudolstadt. Zu seiner Schrift wird im Wikipedia-Eintrag vermerkt, dass nur das auch von Suckow genannte Werk, bereits 1748 verfasst, aber erst 1762 im Druck erschienen, gedruckt worden und die übrigen Schriften nur im Goethe- und Schiller-Archiv Weimar sowie im Thüringischen Staatsarchiv Rudolstadt vorhanden seien – so u. a. *Von der Eiche und Buche (1755)*.

Der Text von Suckow verdeutlicht, dass in seinem Werk nicht so sehr die Botanik, sondern vor allem der Nutzen im Vordergrund stand. In späteren Werken – wie auch bei BECHSTEIN und REUM – finden wir dagegen sehr ausführliche Beschreibungen der einzelnen Baumarten und Pflanzen.

In Kaiserslautern wirkte zur gleichen Zeit wie Suckow der Augenarzt Johann Heinrich JUNG (1740–1817), Jung-Stilling als Dichter genannt. Er lehrte an der Kameral Hohen Schule von 1778 bis 1784 Landwirtschaft, Technologie, Fabriken- und

Handelskunde, wechselte mit der Verlegung der Schule nach Heidelberg an die dortige Universität und lehrte von 1787 bis 1803 als Professor für ökonomische Wissenschaften an der Universität Marburg. Er gründete zusammen mit dem Oberforstmeister Friedrich Ludwig von Witzleben (1755–1830) 1798 die Forstlehranstalt zu Waldau (Stadtteil von Kassel), ab 1816 in Fulda, 1825–1868 in Melsungen. 1787 erschien sein *Lehrbuch der Forstwirthschaft* in zwei Teilen, in dem auch die Forstbotanik, z. B. im Kapitel Waldsaat, einen wesentlichen Teil einnimmt.

3.2   Die Forstbotanik von Johann Matthäus Bechstein 1810

Das vom Gründer der Forstakademie zu Dreißigacker (s. in Abschn. 2.2.1) 1810 veröffentlichte Werk als *Vollständige Naturgeschichte der deutschen Holzgewächse und einiger fremden. Zur Selbstbelehrung für Oberförster, Förster und Forstgehülfen* umfasst **1456 Seiten** (bei Suckow: 436 Druckseiten ohne Register). Der Preis wird sogar auf der Titelseite mit *4 Rthlr. Sächs. oder 7 Gulden 12 kr. Rhl.* angegeben (Rthlr.: Reichsthaler; kr. Rhl.: Kreuzer (preuß.) Rheinland) – das Werk wird heute in Antiquariaten je nach Ausgabe zu Preisen zwischen 150 bis zu 1400 € angeboten. Eine 5. Auflage erschien noch 1848.

Gewidmet ist dieses umfangreiche Werk dem Botaniker Carl Ludwig Wildenow (1765–1812), ab 1798 Professor für Naturgeschichte am Berliner Collegium medico-chirurgicum und seit 1801 Direktor des Königlichen Botanischen Gartens der Königlichen Akademie der Wissenschaften in Neu-Schöneberg (heute Kleistpark in Berlin). 1810 wurde Wildenow zum ersten o. Professor der Botanik an der neu gegründeten Friedrich-Wilhelms-Universität (heute Humboldt-Universität) in Berlin ernannt.

Bechstein (aus: Sylva, ein Jahrbuch für Forstmänner, Jäger und Jagdfreunde, Krüger, Marburg und Kassel 1815)

Wie auch in dem Werk von Suckow sind bei Bechstein keine Abbildungen zu finden. Jedoch wird u. a. auf *Reitter und Abel* hingewiesen: Von Johann Daniel von Reitter (1759–1811) und Gottlieb Friedrich Abel (1763 bis nach 1803) stammen die „Abbildungen der hundert deutschen wilden Holz-Arten nach dem Nummern-Verzeichnis im Forst-Handbuch von F. A. L. von Burgsdorf" – u. a. herausgegeben: „Als eine Beilage zu diesem Werke, (…)" „und Sr. Durchlaucht dem regierenden Herzog von Wirtemberg unterthänigst zugeeignet. Stuttgart: Druckerei der Herzoglichen Hohen Karls-Schule, 1790[-1794]."

J. D. Reitter gab als Hofjäger in Hohenheim forstlichen Unterricht und wurde 1794 Forstkommissar, später Forstrat bei der Rentkammer in Stuttgart, ab 1803 als Wirklicher

Rat im neueingerichteten Forstdepartement der Hof- und Domainenkammer. G. F. Abel war württembergischer Hof-Kupferstecher.

Bechsteins Werk unterscheidet sich von allen anderen zuvor beschriebenen Büchern durch den allgemeinen Teil zur Botanik, was er auch in seiner Vorrede betont. Es fehle zwar nicht an *sogenannten Forstbotaniken, aus denen man die Kenntniß derjenigen Gewächse schöpfen kann, die man Holzpflanzen oder Holzarten nennt...* Und es fehlten den meisten Forstleuten die Grundkenntnisse: *Für alle die (...) ist diese meine Forstbotanik bestimmt. Es soll das Leichteste, Nöthigste und Nützlichste aus der allgemeinen und besondern Naturgeschichte derjenigen Holzarten, die dem deutschen Forstmann vorzüglich interessiren, enthalten, und zwar in einer Ordnung, Zusammenstellung und Sprache, die demjenigen, der nur einigermaßen an Bücherlesen und Büchersprache gewöhnt ist, faßlich und deutlich seyn müssen.*

Im ersten Abschnitt vermittelt er daher eine allgemeine Botanik von der Wurzel bis zur Anleitung einer *Sammlung und Aufbewahrung der Holzgewächse zum Erkennen derselben* – auf insgesamt 174 Druckseiten.

Bechstein gliedert die umfangreichen Texte zu den einzelnen Bäumen nach Angaben zu Wildenows (s. o.) und Borkhausens Werken (s. in Abschn. 1.1.2) sowie nach der Angabe der Tafel-Nr. bei Reitter und Abel wie folgt:

Namen – Beschreibung – Varietäten – Verbreitung und Standort – Fortpflanzung – Feinde – Krankheiten – Abtrieb – Nutzen.

In dieser Art wird sein Lehrbuch, vor allem im Hinblick auf den Umfang, zu einem Nachschlagewerk – mit einem Register auf 64 Druckseiten.

Zum Vergleich mit dem entsprechenden Text sowohl bei SUCKOW als auch bei REUM wird hier die Beschreibung der *Weißtanne* von BECHSTEIN (S. 758–761) zitiert (bei Reum S. 124–129):

„*95. Die Weiß- oder Edeltanne.*

(...)

Beschreibung: Unter den deutschen Nadelhölzern wird dies der höchste, stärkste und älteste Baum, denn man hat ihn von 160 bis 180 Fuß Höhe und 6 bis 8 Fuß im Durchmesser angetroffen, und ich kenne selbst noch Weißtannen auf dem Thüringerwalde, wovon eine 12 bis 16 Klafter Holz lieferte. In passendem Boden bleibt er 200, ja 300 Jahre gesund. Er ästet sich hoch hinauf rein aus, treibt aber im Alter keine so pyramidenförmige Krone, wie die andern Nadelhölzer, sondern mehr eine walzenförmige, oben stumpf zugespitzte. Die *Pfalwurzel* so wie die Seitenwurzeln dringen 4 Fuß und tiefer in den Boden ein und machen ihn dadurch Stürmen trotzend. Die *Rinde* ist aschgrau oder vielmehr dunkelbraun, weißgrau überzogen und sieht daher von weitem weiß aus (daher der Name Weißtanne), unten am alten Stamme springt sie blättrig auf, bleibt aber 40 bis 50 Jahre lang glatt und ist nur mit kleinen rauhen Blättern oder Warzen versehen, an jungen Trieben und Zweigen fällt sie ins grünlichgraue und ist mit kurzen rostfarbenen Haaren besetzt. Die innere Rinde ist dünn, spröde, rothbraun und mit vielem Harz durchdrungen. Das *Holz* ist weiß, lang feinfaserig, leicht und elastisch nicht sehr harzreich. Die *Zweig-* und *Blüthenknospen* sind stumpf eirund, rötlich oder rostbraun und 16 bis 20 gekielten stumpfen Schuppen bedeckt. Die *Nadeln* stehen an den Zweigen zweireihig oder kammförmig, doch auf jeder Seite neben oder hinter einander zwei, am Schaft aber rund herum, sind einzeln, ohne Scheide, an der Einfügung etwas gedreht und dünner, dann linienförmig, breit gedrückt, steif, an der Spitze ausgeschnitten, auf der Oberfläche mit einer tiefen Furche versehen, und glänzend dunkelgrün, auf der Unterseite heller, mit drei etwas erhabenen Streifen, die zwischen sich zwei bläulichweiße Striche, aus den feinsten weißen Punktreihen bestehend, haben, versehen, ein Zoll und etwas darüber oder darunter lang. Die *Blüthen* erscheinen im Mai. Die männlichen stehen als kleine, drei Viertel Zoll lange, eirunde, in der Mitte durch eine Furche getheilte Kätzchen unten und vorne an den Zweigen, haben kleine rothe, zurückgebogene Schuppen, an welchen inwendig zwei zweihörnige, kammartige Staubbeutel sitzen, die einen grüngelben Blumenstaub ausstreuen. Sie sind schon den Herbst vorher als dicht und traubenartig stehende, rostfarbene, eirunde, runzlich geschuppte Knospen gar sehr bemerklich. Die weiblichen sitzen ebenfalls schon im Herbst als länglich braune, bauchige Knospen oben an der Spitze der zwei- bis vierjährigen Gipfelzweige, und werden größere, ein Zoll lange, eirunde, braunrothe Zäpfchen, mit herzförmigen Schuppen und hinter ihnen stehenden spitzigen Deckblättchen, die auch noch in den 6 bis 8 Zoll großen, aufrecht stehenden, fast walzenförmigen, nach der Spitze zu etwas verdünnten *Zapfen* sichtbar sind und diesen ein doppeltschuppiges Ansehen geben. Zu Ende des Septembers und Anfang des Oktobers haben die gewöhnlich auf der Sommerseite braune und auf der Winterseite olivengrüne Zapfen reifen Saamen und lassen mit demselben die einzelnen dreieckigen, oben abgerundeten Schuppen abfallen, so daß nach Abfallen des Samens Spindeln derselben wie dürre Reißer auf dem Baume stehen. Die Saamenkörner sind groß, fast dreieckig oder vielmehr keilförmig, zusammengedrückt, glänzend kaffeebraun, und haben breite, oben schief abgeschnittene und unten dieselbe fast ganz umfassende, rostgelbe, brüchige Flügel. Unter jeder Schuppe befinden sich derselben zwei. Sie sind voller, stark und balsamisch riechenden Harzsaftes, daher sie sich auch nicht lange halten, und entweder im Herbste oder höchstens im künftigen Frühjahre ausgesäet werden müssen."

Man lese den Text in Bezug auf die von ihm selbst gestellten Anforderungen aus der Vorrede!

Johann Adam Reum in Tharandt und sein Lehrbuch der Forstbotanik (³1837)

4

Georg Schwedt

4.1 Zur Biografie

Johann Adam REUM (1780–1839) wurde in Altenbreitungen (Ortsteil der Gemeinde Breitungen/Werra im heutigen Landkreis Schmalkalden-Meiningen in Thüringen) geboren. Zunächst erhielt er Unterricht bei Carl Friedrich August Mosengeil (1773–1839), einer von den Erfindern der deutschen Kurzschrift (Stenografie) im benachbarten Frauenbreitungen. Ab 1798 besuchte er das Lyzeum illustre in Meiningen (gegründet 1705), das Mitte des 18. Jh. eine *Selekta* (Klasse zur Vorbereitung auf das Universitätsstudium) erhalten hatte (bis 1945 Gymnasium Bernardinum, heute Henfling-Gymnasium). Ab 1802 studierte er in Jena Theologie, daneben auch Philosophie und Naturwissenschaften, u. a. bei Schelling. Reum legte zwar das theologische Staatsexamen ab, folgte Schelling (ab 1803/1804 bis 1806 Professor für Philosophie in Würzburg) dann jedoch für ein Semester an die Universität Würzburg.

1805 nahm er ein Angebot von Heinrich COTTA (1763 an dessen privates Forstinstitut in Kleine Zillbach (bei Wasungen im Landkreis Schmalkalden-Meiningen) als Lehrer für Mathematik und Botanik an und promovierte 1808 an der Universität Jena zum Dr. phil. 1811 siedelte er mit Cotta nach Tharandt um, wo von Cotta die Forstliche Lehranstalt gegründet hatte (s. Abschn. 2.2.2).

In der Allgemeinen Deutschen Biographie (ADB – 1889) wurde er von Richard HESS (1835–1916, ab 1869 Prof. für Forstwissenschaft in Gießen) wie folgt charakterisiert:

G. Schwedt (✉)
Bonn, Nordrhein-Westfalen, Deutschland
E-Mail: georg.schwedt@t-online.de

„R(eum) war Nen reich begabter, scharfsinniger und äußerst anregend wirkender Lehrer. Seine Lehrmethode war nicht auf einseitige Schulung, sondern auf Anleitung der akademischen Jugend zum selbständigen Denken gerichtet. Dabei war er zugleich ein warmer und väterlicher Freund seiner Hörer. Sein lebhaftes Interesse für die Wissenschaft riß ihn zwar zweitweise zum heftigen Disputiren hin, wobei er sich durch Widerspruch leicht verletzt fühlte; der besseren Begründung lieh er aber stets ein williges Ohr. Sein Lieblingsfach war die Botanik und zwar namentlich die beschreibende und die angewandte. Seine schriftstellerische Thätigkeit war eine ziemlich umfangreiche. 1814 veröffentlichte er einen ‚Grundriß der deutsche Forstbotanik‘ (2 Theile), welcher 1825 in zweiter und 1837 in dritter Auflage erschien und in das Französische übersetzt wurde. Der rein wissenschaftliche Theil dieses Werkes, welches sich lange Zeit eines vorzüglichen Rufes erfreute, entbehrt zwar der wünschenswerthen Vertiefung; der beschreibende Theil hingegen überragt alle früheren forstbotanischen Schriften. 1819 ließ er ‚Die deutschen Forstkräuter‘ als selbständiges Werk erscheinen, welches später wesentlich verbessert und vermehrt als 3. Abtheilung der ‚Forstbotanik‘ neu aufgelegt wurde…"

Büste Reum im Forstbotanischen Garten. (Foto: Ulrich Pietzarka, Tharandt)
A. Reum in einer Zeichnung 1839. (Quelle: E. Schuster, Chronik der Tharandter forstlichen Lehr- und Forschungsstätte 1811–2011, S. 35)

Die folgenden Ergänzungen zu Reums Wirken stammen aus der „Chronik der Tharandter forstlichen Lehr- und Forschungsstätte 1811–2011" von Erhard Schuster[13]:

1811	Reum beginnt mit der Anlage des forstbotanischen Gartens (Einzelheiten s. in Abschn. 4.3)
1814	Erscheinen von Reums *Grundriß der deutschen Forstbotanik,* 2 Teile, Dresden, 300 und 111 S
1816	14.5.: Reum wird per Dekret wird mit dem Titel Professor bei der zur *Königlich Sächsischen Forstakademie* erhobenen Lehranstalt angestellt
1816/1817	Zum „Gang der Unterrichts": A. Reum lehrt mathematische Teilgebiete, Forstbotanik, Forsttechnologie sowie *„einzelne Lehren aus der Forstwissenschaft"*

1820	Reums Lehrveranstaltungen: Mathematik, Forstbotanik nebst Pflanzenphysiologie, Enzyklopädie des Forstwesens, Forsttechnologie, Benutzung der Waldprodukte
1823	Erscheinen: *Grundlehren der Mathematik für angehende Forstmänner. 1. Theil: die Zahlenlehre, 2. Theil: die Raumgrößen-Lehre (Geometrie)*, Dresden, 142 u. 161 S., zum 2. TC. 5 Tafeln
1824	Im Forstgarten wird eine Hütte zum *Gartenhaus* umgebaut, in dem Reum im Sommer forstbotanische Vorlesungen hält
1827	Erscheint: *Uebersicht der Benutzung der Waldprodukte. Eine Zugabe zu der Lehre der Forstbenutzung*, Dresden, 52 S. *Uebersicht des Forstwesens. Ein wissenschaftlicher Versuch.* Dresden, 141 S
1830	Reum führt die Vorlesung *Ökonomische Botanik* für Landwirte in den Lehrplan ein
1835	Erscheint: *Pflanzen-Physiologie, oder das Leben, Wachsen und Verhalten der Pflanzen, mit Hinsicht auf deren Zucht und Pflege.* Dresden u. Leipzig, 262 S
1839	Am 26.7.: Reum verstirbt schnell und unerwartet
1851	Im Forstgarten wird am sogenannten Rundteil, 50 m vom Cotta-Platz entfernt, die Büste von ADAM REUM feierlich enthüllt

4.2   Zur Charakteristik seines Lehrbuches

Reum beginnt sein Lehrbuch mit einer Einführung in die allgemeine Botanik, welche allen bisher vorgestellten Werken weitgehend fehlt. Daher ist dieses Buch auch als LEHRBUCH zu bezeichnen, einführend und vom Umfang auch auf die wichtigsten Gewächse sich beschränkend. Jedoch sind auch in diesem Buch keine Abbildungen enthalten, so dass die beschreibenden Texte deshalb ausführlicher ausfallen mussten.

Aus der Rezension in ISIS – zur 2. Aufl. (1826, VI, Sp. 0598–0601):

Aus der ausführlichen Rezension sollen hier nur einige wesentliche Ausschnitte zitiert werden:

Der Rezensent beginnt mit einer Einschränkung:

„Dr. J. A. Reum

Forstbotanik, 2te sehr verbesserte und vermehrte Auflage, Dresden bey Arnold. 1825. 8. 486.

Begreiflicherweise ist uns das Ganze der Forstliteratur nicht bekannt, und wir können daher keine Vergleichung dieser Schrift mit andern anstellen. An sich betrachtet, ist sie aber mit großem Fleiß und mit viel Sachkenntniß bearbeitet, wohlgeordnet, in einer klaren, fließenden Sprache geschrieben, und begreift in wohlüberdachter Vollständigkeit Alles, was zu diesem Fache gehört, so daß man überhaupt sagen kann, sie werde ihrem Zwecke als Lehrbuch vollkommen entsprechen, und auch dem einzelnen Forstmann Auskunft über Alles geben, worüber er sich Raths zu holen nöthig hat. Der Verf. hat im practischen Theil das Alte, Bewährte durch die neueren Erfahrungen vermehrt und sich im theoret. Theil vorzüglich an das Neuere angeschlossen, was seit einigen Jahren sowohl in der Gesammt-Nat. Geschichte als in der Botanik besonders, gearbeitet worden ist. Auf diese Art ist es dem Verf. gelungen, frey von allen Vorurtheilen, eine Vollständigkeit und Klarheit in sein Lehrbuch zu bringen, welche schon in Rücksicht auf die Zeit der Erscheinung demselben eigenthümlich seyn müssen.

Das Buch zerfällt in 2 große Abtheilungen, in die allgemeine und besondere Forstbotanik; jene enthält das Anatomische, Physiologische und Oeconomische der Pflanzen, diese die Beschreibung der Holzarten und der Forstkräuter.

[Daran anschließend werden die einzelnen Kapitel sehr ausführlich dargestellt, an manchen Stellen mit kritischen Anmerkungen versehen – und zum Schluss ist dazu dann zu lesen:]

Die geringen Ausstellungen, welche wir gemacht haben, sollen dem Werke nichts von seinem Werthe entziehen, sondern nur zur Berücksichtigung des Verfassers dienen, wenn er einst zur 3ten Auflage, die gewiß nicht lange ausbleiben wird, schreitet."

Die dritte Auflage kam 1837 heraus, zu der in ISIS (1837, Nr. XII, Sp. 901) nur die kurze Anmerkung erschien:

„Wir haben die erste Auflage [richtig: 2. Auflage, s. o.] dieses erfahrungs- und kenntnißreichen Werkes seiner Zeit nach Verdienst angezeigt. Da es in so kurzer Zeit die 3te Auflage erlebt hat, so ist ein Weiteres darüber nicht zu sagen.

Nach dem Allgemeinen über die Pflanzenkunde, die Anatomie und Physiologie, Zucht und Benutzung der Holzarten folgt das Besondere über die Hölzer und die Forstkräuter, welche einzeln aufgeführt und in diesen Bedingungen für das Forstwesen geschildet werden."

ISIS war die erste enzyklopädische Zeitschrift mit Beiträgen zu Naturwissenschaft und Medizin, Technologie und Ökonomie sowie auch Kunst und Geschichte von 1817 bis 1848, die von dem Naturforscher Lorenz OKEN (1779–1851) herausgegeben und von Friedrich Arnold BROCKHAUS (1772–1823) verlegt wurde.

Die Texte sind auch heute noch gut lesbar und verständlich. Reums Lehrbuch ist didaktisch wie folgt aufgebaut:

Der erste Abschnitt ist der allgemeinen Botanik gewidmet, an deren Ende er auch kurz auf die nötigen Sammlungen in der Ausbildung – Herbarium, Samensammlung und Holzsammlung – eingeht. Im zweiten Abschnitt beschreibt er aus anatomischer und physiologischer Sichte die Besonderheiten von *Holzpflanzen*, womit in erster Linie die Bäume, aber auch ausgewählte Sträucher gemeint sind. Ein grundlegender, noch heute gültiger Satz in diesem Abschnitt lautet: *Der kunstgerechte Forstbetrieb hat nun die Aufgabe zu lösen, wie jeder Holzart der rechte Stand zu ihrem vollkommenen Gedeihen gegeben und durch gehörige Durchforstungen erhalten werde...* Ein spezieller Paragraph beschäftigt sich mit den damals verbreiteten Krankheiten, mit Missbildungen sowie auch mit den Feinden der Forstgewächse. Der vierte Abschnitt umfasst den gesamten Bereich von *Zucht, Pflege und Benutzung der Holzpflanzen...* – und somit ein klassisches forstbotanisches Themenfeld.

Die zweite Abteilung handelt dann von den *Holzarten* im Einzelnen. Reum gliedert die Beschreibungen der einzelnen Bäume und Sträucher in die Abschnitte über wesentliche Merkmale (*Unterscheidung* und *gewöhnliche Zustände*), *Verhalten,* worunter er

Anforderungen an den Boden, Lage und Witterung versteht, und die speziellen *forst-lichen Beziehungen* einschließlich Züchtung *(Zucht)* und Pflege sowie schließlich Verwendung *(Benutzung)* aufgrund der besonderen Eigenschaften – hier weist er auch auf die Arbeiten von *Hartig* (s. auch in Abschn. 1.1.1) hin. Er gliedert diese Abteilung dann in *Nadelhölzer* (von 1. Weiß-Tanne bis 15. Gemeine Eibe), *baumartige Laubhölzer* (von 16. Sommer-Eiche bis 122. Zwerg-Mispel), große *Sträucher* (von 123. Gelber Hartriegel bis 160. Stachelige Johannisbeere) sowie *schwache Sträucher* (161. Gemeine Heckenkirsche bis 189. Kletternder Nachtschatten), die er von *Erdhölzern, als kleine Sträucher, noch nicht mannshoch, gewöhnlich nicht viel über den Boden erhoben* unterscheidet (190. Gemeine Heide bis 205. Kleines Sinngrün *(Vinca minor))* unterscheidet. Und schließlich werden auch zwei *Schmarotzerpflanzen* – Mispel und Riemenblume *(Loranthus)* beschrieben.

Die dritte Abteilung handelt dann von den *Forstkräutern,* die Reum als *diejenigen nichtholzigen Waldpflanzen* (definiert) *zu den Forstpflanzen* (rechnet), *die auf irgend eine Weise in der Forstwirthschaft wichtig sind, oder es werden können.* Er teilt sie in die Gruppen Dicotyledonen, Monocotyledonen, Farne, Moose, Flechten und Pilze ein.

Reum beschränkt und begründet seine Auswahl dieser Pflanzen auf diejenigen, die er selbst als richtig und zweckmäßig erkannt habe und merkt darüber hinaus an, dass er aufgrund der Anerkennung seiner Bemühungen über Forstkräuter von den angesehensten Forstmännern Aufmunterung erfahren habe und er diesen weiterhin seine Aufmerksamkeit widmen wolle:

Wahrscheinlich werden auch praktische Forstmänner künftig diesen Gegenstand mehr beachten, und es kann erst durch ihre allseitigen Erfahrungen und Beobachtungen der endliche Zweck, richtige Würdigung der Forstkräuter in Absicht auf den Forstbetrieb und zweckmäßige Benutzung derselben erreicht werden.

Beide Teile dieses grundlegenden Lehrbuches zur Forstbotanik werden durch Register mit den deutschen und lateinischen Namen der Pflanzen ergänzt.

4.3   Reum und der forstbotanische Garten in Tharandt

Sein Biograf Richard Hess schrieb auch zu dieser Tätigkeit von Reum in der ADB (1889) folgende Sätze:

„Rühmlicher Erwähnung bedarf noch seine unermüdliche Thätigkeit in bezug auf den botanischen Garten in Tharand(t). Er richtete denselben sehr zweckmäßig ein, wendete ihm dauernd eine sachgemäße Behandlung zu und erteilte vortrefflichen praktischen Unterricht namentlich über Zucht und Pflege der forstlich wichtigen Pflanzen, wodurch er viele Generationen späterer Pfleger des Waldes befruchtete…"

Zur Zeit der Gründung des Forstbotanischen Gartens betrug die Fläche des Grundstückes im Nordosten, zur Stadt Tharandt gelegen (an der nach Cotta benannten Straße), nur 1,7 ha. A. Roloff und U. Pietzarka berichten (Gartenführer, 2. Aufl. 2006)[15], „das für die jungen Pflanzen nötige Gießwasser Wild (musste) in Kübeln den sehr mühsamen

Weg vom Tharandter Schlossteich den Hang herauf geschafft werden." 1815 konnte der Garten durch den vom Zeisigbach durchflossenen Zeisggrund um 0,7 ha erweitert und durch einen Weg mit dem älteren Teil verbunden werden. Bis 1831 kamen der West-abhang zum Zeisiggrund und der Rücken des Kienberges zum Forstgarten hinzu, so dass eine Fläche von etwa 11 ha in vier Phasen entstanden war – ursprünglicher Garten (1811), Erweiterung am Westhang (1817), Zeisiggrund „Kleiner Forstgarten" 1835 und eine weitere Erweiterung (bis 1839). Zum Schutz vor Wild wurde der Garten mit einem Zaun umgeben. Sandsteinsäulen rechts und links der Hauptwege kennzeichnen noch heute diesen historischen Teil des Forstbotanischen Gartens. In dieser ersten Phase der Entwicklung zur Zeit von REUM wurde auch das Problem der Wasserversorgung für die oberen Gartenteile gelöst. Vom sächsischen Finanzministerium wurde die Anlage mehrerer Brunnen im Tharandter Wald und der Bau einer Wasserleitung in der Forst-garten genehmigt. Das Überschusswasser aus diesen Brunnen konnte den Anwohner der jetzigen Cotta-Straße gegen Entgelt zur Verfügung gestellt werden. Durch diese Anlage wird der Forstgarten noch heute versorgt. 1830/1831 ließ REUM aufgrund der Ein-richtung der landwirtschaftlichen Lehranstalt im Forstgarten, verteilt auf drei Flächen, einen *ökonomisch-botanischen Garten* anlegen (mit über 300 Arten an Feld-, Wiesen-, Garten-, Handels- und Medizinalpflanzen). Aus den frühen Beschreibungen des Forst-gartens von COTTA bzw. REUM ist zu entnehmen, dass der Rücken des Kienbergers als *Räumde* (also baumlos) beschrieben und neben „Ausschlägen von Hainbuchen, Buchen und Eichen nur einige große Buchen, Tannen und Fichten den Garten" beschatteten.

Nach dem Tod von REUM 1839 versuchte sein Kollege E. A. Roßmäßler (1806–1867; ab 1830 Prof. für Zoologie, ab 1839 mit Lehrveranstaltung zur Botanik bis 1848; danach Schriftsteller) die *„Direction des botanischen Gartens"* zu erhalten, was jedoch abgelehnt wurde. Und so wurde die *specielle Aufsicht* und die Verwaltung des Forst-gartens Reums Adoptivsohn Valentin Reum übertragen, der bei seinem Adoptivvater bereits seit 1827 als Gehilfe tätig gewesen war. Valentin Reum (gest. 1873) wird 1822 als „Eintretender" in die Königl. sächs. Forstakademie genannt.

1833 werden von A. Reum 714 Arten und Varietäten, 1845 von V. Reum über 900 kultivierte Gehölzarten aufgeführt.

Nachfolger von V. Reum wird Gustav Büttner (1852–1940), der zuvor einige Zeit im Fürst Pücklerschen Park zu Muskau tätig gewesen war. Er prägte in fast 50 Dienst-jahren, zuletzt als Forstgarteninspektor, das Bild des heutigen Gartens. 1951 und 2001 wurde er nochmals wesentlich erweitert – durch „Neue Geographische Quartiere" (4,3 ha) bzw. die „Nordamerikanische Gehölzflora" (2,9 ha) und zuletzt durch die „Waldformation Nordamerikas" (mit Urwald) (15,4 ha im Tharandter Wald). 2002 wurde der Forstbotanische Garten Tharandt zum *Sächsischen Landesarboretum* – ausführliche Informationen s. in[15].

Ausgewählte Werke zur Forstbotanik und ihre Autoren bis in das 21. Jahrhundert

Georg Schwedt

5.1 E. Ph. Döbner: Lehrbuch der Botanik für Forstmänner (1853, ⁴1882)

Der vollständige Titel dieses 1853 erstmals erschienenen Buches lautet:
Lehrbuch der Botanik für Forstmänner, nebst einem Anhange: Die Holzgewächse Deutschland's und der Schweiz, unter Zufügung einiger besonders häufig cultivirter Arten, nach der analytischen Methode bearbeitet (Verlag Krebs, Aschaffenburg 1853, 2. Aufl. 1858, 3. Aufl. 1865, 4. Aufl. 1882).

Eduard Philipp Döbner (1810–1890), geboren in Meiningen, wurde zum Apotheker ausgebildet, praktizierte bis 1834 in verschiedenen Apotheken in Thüringen, in Regensburg und in Salzburg. Ab 1834 studierte er Botanik, unternahm Wanderungen durch die österreichischen Alpenländer und Oberitalien, legte an der Universität München die Oberlehrerprüfung ab. Danach lehrte er an der Landwirthschafts- und Gewerbeschule in Regensburg und ab 1844 als Professor für Naturlehre in der Forstlehranstalt Aschaffenburg, die als privates Forstinstitut 1807 gegründet wurde.

Döbners Lehrbuch ist in folgende Kapitel gegliedert:
In der *Einleitung* wird über die „Bedingungen des Pflanzenlebens" berichtet.
    Es folgt die *Allgemeine Botanik,* die in folgende Abschnitte unterteilt ist: *Pflanzengeographie – Organographie – Physiologie – Systemkunde.*
    Mit der *analytischen Methode* ist die Einteilung nach der *Systemkunde* gemeint.

G. Schwedt (✉)
Bonn, Nordrhein-Westfalen, Deutschland
E-Mail: georg.schwedt@t-online.de

© Der/die Herausgeber bzw. der/die Autor(en), exklusiv lizenziert durch Springer Fachmedien Wiesbaden GmbH, ein Teil von Springer Nature 2022
G. Schwedt (Hrsg.), *Johann Adam Reum,* Klassische Texte der Wissenschaft, https://doi.org/10.1007/978-3-662-64471-3_5

Im Hauptkapitel *Spezielle Botanik* sind als *Abtheilungen* enthalten: *Phanerogamen* in zwei *Classen:*

Zweisamlappige Gewächse und *Einsamlappige Gewächse* (mit Ordnungen in ausschließlich lateinischen Bezeichnungen) und *Kryptogamen* (mit Gefäß- und Zellen-Kryptogamen) gegliedert.

Neu im Vergleich zu anderen Lehrbüchern der Forstbotanik ist der Abschnitt zur Pflanzengeographie (1805 von Alexander von Humboldt geprägt), woraus ein kurzer Auszug zitiert werden soll:

„Pflanzengeographie.

Da die zum Gedeihen der Pflanzen erforderlichen Bedingungen, namentlich Feuchtigkeit und Wärme, in verschiedenem Verhältnisse über die Erdoberfläche verbreitet sind, so wird dadurch auch eine Verschiedenheit der Pflanzenwelt in den verschiedenen Regionen der Erde bedingt…

[Eine Einteilung der verschiedenen Regionen erfolgt nach Breitengraden und mittleren Temperaturen – so auch für Europa:]

	Südl. u. nördl. Breite	Mitteltemperatur
(…)		
4) in 2 wärmere gemäßigte Zonen von	34–45°	+12–17°
5) in 2 kältere gemäßigte Zonen von	45–58°	+6–12°
6) in 2 subarktische Zonen von	58–66°	+6–12°

[34–58° nördl. Breite entspricht etwa der Region von Malta bis südl. Norwegen – und in Bezug auf die Flora ist dann zu lesen.]

(…)

Die *wärmere temperirte Zone* zeigt auf der nördlichen Halbkugel immergrüne, sehr verschiedenartige Laubhölzer mit Reben, Bigonien und dornigen Rosen, Kräuter und Sträucher mit Stacheln und schönen Blüthen und auch hie und da Wiesen. Auf die südlichen Halbkugel strauch- und baumartige Gräser und Farren mit schamrotzenden Orchideen, Myrten und Mimosen.

In der *kälteren temperirten Zone* treten auf der nördlichen Halbkugel Laubwälder aus Buchen, Eichen u. dgl. neben Nadelwäldern, ausgedehnte Wiesen, große Haiden mit *Calluna vulgaris,* und Moore mit Torfsträuchern, wie *Andromeda polifolia, Ledum palustre* etc. auf. (…).

„Die *subarktische Zone* zeichnet sich durch Vorherrschen der Nadelhölzer aus; unter den Laubbäumen sind hauptsächlich Birken und Weiden häufig, während die Buche nur noch an ihrer Gränze erscheint. Wiesen sind vorhanden und ganze Strecken Landes werden von der isländischen Flechte überzogen."

Die vierte Auflage erschien 1882 – herausgegeben von dem in Tharandt tätigen Professor Friedrich NOBBE (1830–1922, 1868 bis 1904 Prof. der Botanik, bis 1876 auch der Zoologie). Nobbe war zunächst als Lehrer in einer Schule bei Osnabrück tätig, studierte ab 1854 in Jena Naturwissenschaften und promovierte dort 1858. Ab 1861 war er Lehrer an der staatlichen höheren Gewerbeschule in Chemnitz und zugleich an der landwirtschaftlichen Versuchsstation angestellt, wo er pflanzenphysiologische Untersuchungen durchführte. In Tharandt gründete er eine pflanzenphysiologische Versuchsstation. Er wurde sowohl als Botaniker als auch Agrikulturchemiker und Saatgutforscher bekannt.

5.2   O. H. (von) Fischbach/Hohenheim: Forstbotanik (1862–1905[6])

Otto Heinrich (von) Fischbach (1827–1900), Sohn eines Hofgärtners, erhielt seine Schulausbildung in der Lehranstalt zu Stetten im Remstal und im Stuttgarter Gymnasium, absolvierte ein forstwissenschaftliches Studium und war zwei Jahre lang Assistent bei den Forstämtern Weingarten und Neuenbürg. 1851 erhielt er eine Professur für Forstwissenschaft an der land- und forstwirtschaftlichen Akademie Hohenheim, trat 1866 in den praktischen Forstdienst ein, war Forstmeister in Rottweil und Schorndorf und gehörte ab 1875, zunächst als Forstrat, später als Oberforstrat der Forstdirektion Stuttgart an, wo er sich insbesondere mit dem Waldbau befasste. Als Verfasser eines Leitfadens der Forstbotanik wurde er über die Region hinaus bekannt. Als Forstdirektor ging er 1900 in den Ruhestand. Im Nachruf (Deutscher Nekrolog) wird besonders vermerkt, dass er für Stuttgart und Umgebung durch die „Schöpfung herrlicher Anlagen und wohlgepflegter Waldwege, Außerordentliches geleistet" habe. (R. Krauß)

In Hohenheim (heute Stuttgart-Hohenheim) wurde 1847 die Landwirtschaftliche Unterrichts-, Versuchs- und Musteranstalt (seit 1818) durch Erlass von König Wilhelm I. von Württemberg zur Landwirtschaftlichen Akademie erhoben. Zu den sieben Lehrenden zählten auch zwei Professoren für Forstwirtschaft. 1820 war in Hohenheim bereits eine niedere Forstschule (s. in Abschn. 2.1) entstanden, die 1825 zu einer akademischen Ausbildungsstätte erweitert worden war, in der offensichtlich von Beginn an Tendenzen zu einer Verselbstständigung bestanden. 1881 erfolgte dann auch eine Verlegung der akademischen Ausbildung im Forstwesen an die Landesuniversität in Tübingen (bis 1920). Damit erklärt sich möglicherweise auch der Wechsel von Fischbach in den Landesforstdienst. 1852 wird Fischbach in der Datenbank des Universitätsarchivs Hohenheim Fischbach als *Professorratsverweser* bezeichnet.

Zwischen 1841 und 1881 hatte Hermann von *Nördlinger* (1818–1897) eine Professur für Forstwirtschaft. Nördlinger war der Sohn des Berg- und Forstrats Julius Simon von Nördlinger (1771–1860), der als Reformator des württembergischen Forstwesens bezeichnet wird. Der Sohn absolvierte eine Lehre bei einem Revierförster, studierte in Tübingen Forst- und Staatswissenschaften, wo er auch promovierte. Er setzte seine Studien in Hohenheim und beim Forstamt Tübingen fort. Nach einer Anstellung an der land- und forstwirtschaftlichen Anstalt in Grand-Jouan (Bretagne) erhielt er auf Bestreben seines Vaters 1845 zunächst die Stelle des zweiten Forstlehrers in Hohenheim. Nach längerer durch Krankheit unterbrochener Tätigkeit wurde er 1855 erster Professor der Forstwirtschaft in Hohenheim. Ab 1888 wirkte er in Tübingen.

1862 veröffentlichte Fischbach sein Lehrbuch der Forstbotanik, das bis 1905 sechs Auflagen erlebte.

Die letzte Ausgabe wird von Richard Beck (1867–1923) herausgegeben, seit 1894 in der Forstakademie zunächst als forstlicher Assistent, ab 1896 auch mit der Verwaltung der Bibliothek beauftragt, von 1901 bis 1923 hält er die Vorlesung „Einführung in die Forstwissenschaft", 1902 wird er zum ao. Professor, 1904 zum o. Professor ernannt. Beck hält Vorlesungen zur Forstgeschichte, Forstschutz (1895–1923), die Einführung in die Forstwissenschaft und ab 1905 zur Jagdkunde sowie 1907 zum Waldbau.

R. Beck führt im Vorwort die „nachgerühmten Eigenschaften" dieser *Forstbotanik* an: „Knappheit, Handlichkeit, Brauchbarkeit für Forstwirte und Laien". Hinzuzufügen ist die große Anzahl hervorragender und detaillierter Abbildung en (76 auf 395 Druckseiten im Kleinformat DIN A6).

Als Beispiel für diese Aussagen sei hier ein Auszug aus dem Abschnitt über die *Weißtanne* zitiert, den man mit dem Text aus Bechsteins Werk (in 3.2) vergleiche:

„2. Weißtanne (Abies pectinata *DC.*, Abb. 25)."
Ihren Namen hat die Weißtanne von den Blättern, da dieselben unterseits zwei weiße Spaltöffnungsreihen tragen, und ferner von der lange Zeit, oft auch noch im aufgerissenen Zustande hell bleibenden Rinde, *pectinata* heißt sie von den an beschatteten Seitentrieben kammförmig (gescheitelt) gestellten Nadel.

Blüte und Frucht. Die Blütezeit (Ende April, Anfang Mai) fällt mit derjenigen der Fichte nahezu zusammen.

Die weiblichen finden sich fast nur im Gipfel älterer Bäume auf der Oberseite der vorjährigen Zweige, sind hellgrün oder grünlichgelb und aufgerichtet. Die Deckblätter sind viel mehr entwickelt als bei der Fichte, so daß zur Blütezeit die Karpelle vollständig verdeckt sind. Während die Deckblätter bei der Fichte nach der Blütezeit verkümmern, wachsen sie bei der Tanne fort, so daß ihre Spitzen noch am reifen Zapfen über die Fruchtschuppen hinausragen und ihm dadurch das eigentümlich zierliche Aussehen verleihen. Beim Zerfallen des Zapfens bleiben die Deckblätter mit ihrer Schuppe in fester Verwachsung. Der Same ist groß, dreieckig und von dem auffallend beriten Flügel nicht bloß auf der oberen, sondern teilweise auch noch auf der unteren Seite umhüllt. Der reife Zapfen ist vollkommen walzig und oben meist etwas eingedrückt; seine Reifezeit fällt gewöhnlich in den September; bald darauf (Anfang Oktober) zerfällt der Zapfen ganz, nur die Spindel bleibt auf dem Baum. Die Nadeln sind breit, an der Spitze eingekerbt, diejenigen der Krone einspitzig.

(Abb. 25. Weißtanne.

Weißtanne. 1 männliche Blüte, 2 weibliche Blüte, 3 ein Deckblatt derselben, 4 ein Karpellarblatt mit den beiden Samenknospen (viermal vergrößert), 5 der ausgebildete

Same mit dem Flügel, 6 Zapfenschuppe von unten mit dem Deckblatt zur Reifezeit, 7 der reife Zapfen, 8 Spindel des zerfallenen Zapfens, 9 beblätterter Zweig (die männlichen Blüten zu lang und nicht zahlreich genug), 10 die Keimpflanze im Herbst des ersten Jahres. Maßstab außer bei 4 ½ der natürlichen Größe

[Es folgen Beschreibungen zu *Same, Die junge Pflanze, Standortsansprüche, Geographische Verbreitung, Bewirtschaftung, Erziehung* – und danach:]

- Das *Holz der Weißtanne* findet ähnliche Verwendung wie das der Fichte, hat aber einen etwas geringeren Gebrauchswert, In manchen Gegenden gilt es zwar für dauerhafter, tragfähiger und brennkräftiger, im allgemeinen aber wird es weniger geschätzt, weil es mit der Zeit grau wird. Es ist etwas schwerer als das der Fichte.

- *Nebennutzungen:* Die jungen, benadelten Zweige liefern eine vortreffliche Schneidelstreu, die Rinde älterer Stämme ein gutes Brennmaterial. Außerdem gewinnt man aus letzterer das in den beulenartigen Auftreibungen und Lücken enthaltene, unter dem Namen ‚Straßburger Terpentin‘ bekannt Harz.

- *Feinde der Weißtanne:* Von Insekten schaden vor allen *Tomicus lineatus* [Borkenkäfer: Kleiner Waldgärtner] und *Sirex gigas* [Riesenholzwespc], die ihre Gänge im Holz anlegen; unter der Rinde werden *Tomicus curvidens* [Borkenkäfer: Großer Waldgärtner] und *Pissodes piceae* [Weißtannen-Rüssler] gefährlich, doch sind Jahre erforderlich, bis es gelingt, einen lebenskräftigen Baum zu töten. Bei der großen Fähigkeit der Tanne, erlittene Beschädigungen auszuheilen, werden ihr störende Einflüsse verhältnismäßig wenig verderblich; auch von dem durch Verbeißen und Tritt durch Wild und Weidvieh angerichteten Schaden erholt sie sich bei Fernhaltung der Schädlinge rasch wieder. In späteren Jahren aber leidet sie in hohem Maße durch den *Aecidium elatinum* [Weißtannen- Hexenbesen; Pilz] hervorgerufen ‚Krebs‘, der vielfach Veranlassung zu Windbruch ist. Endlich wird die Mistel häufig auf der Tanne gefunden und vermag durch Entwertung der starken Nutzhölzer schädlich zu werden.

Mit den beiden beschriebenen Werken von DÖBNER bzw. FISCHBACH, deren spätere Herausgeber NOBBE (⁴1882) bzw. BECK (⁶1905) beide Professoren der Forstakademie Tharandt waren, schließen diese Lehrbücher der Forstbotanik unmittelbar an das Werk von REUM (³1857) an.

5.3 H. J. Braun/Freiburg: Lehrbuch der Forstbotanik (1982)

Helmut Josef BRAUN (1924–2010) hatte in München Biologie, Chemie und Geographie studiert und 1953 am Forstbotanischen Institut im München promoviert. Von 1953 bis 1961 wirkte er als Assistent in den Forstwissenschaftlichen Fakultäten in München, Hann. Münden, Göttingen und Freiburg. In Freiburg habilitierte er sich 1961 im Fach Forstbotanik, hatte von 1963 bis 1965 eine o. Professur für Allgemeine Botanik

(Pflanzenanatomie) an der Agrar-Universität Wageningen in den Niederlanden, bevor er das Ordinariat für Forstbotanik in Freiburg erhielt.

Sein Lehrbuch widmete er dem „Altmeister der Forstbotanik *Robert Hartig*...". In seinem Vorwort weist er vor allem auf die Schwierigkeiten des universitären Unterrichts im Fachgebiet Forstbotanik hin – die geringen Vorkenntnisse der Studierenden in Botanik, die damals nur dreisemestrige Ausbildung im Fach und die daneben ebenfalls zu lehrenden naturwissenschaftlichen Fächer (Forstzoologie, Chemie, Geologe, Meteorologe usw.).

Sein Lehrbuch gliedert sich in: Allgemeinbotanische Grundlagen – Bäume und Sträucher – Fortpflanzung – Systematik – Schwerwiegende Krankheiten wichtiger Waldbäume aufgrund anatomischer oder anatomisch-physiologischer Gegebenheiten – Einige Grundlagen der Geobotanik – Grundlagen der Fortpflanzungszüchtung.

Das 244 Druckseiten umfassende Lehrbuch ist zweispaltig, mit zahlreichen Abbildungen und auch Schwarz-Weiß-Fotos versehen.

Bereits 1980 veröffentlichte Braun sein Buch „Bau und Leben der Bäume" ([3]1992), welches er mit der Frage „Seit wann gibt es Bäume?" beginnt. An den Text auf 118 Seiten schließen sich 172 Seiten Abbildungen an, die durch grundlegende Texte veranschaulicht werden.

5.4   Vom Lehrbuch zum Lexikon: P. Schütt/München et al. (1992/2011)

Der Forstwissenschaftler Peter SCHÜTT (1926–2010) hatte 1954 in Berlin an der Freien Universität über Dendroklimatische Untersuchungen an Eichen promoviert und arbeitete zunächst bis 1961 als Assistent an der Bundesforschungsanstalt für Forst- und Holzwirtschaft in Reinbek bei Hamburg, wo er sich auf Kiefernzüchtungen spezialisierte. Nach der Habilitation 1963 in Saarbrücken wurde er 1969 an die Ludwig-Maximilians-Universität in München auf den Lehrstuhl für Anatomie, Physiologie und Pathologie der Pflanzen, später Forstbotanik, berufen. Hier wirkte er bis 1994 und wurde vor allem in der Debatte um das „Waldsterben" bekannt.

Zusammen mit weiteren Autoren veröffentlichte er ein „Lexikon der Baum- und Straucharten", das als „Das Standardwerk der Forstbotanik" bezeichnet wird. Im Untertitel werden die Bereiche „Morphologie, Pathologie, Ökologie und Systematik wichtiger Baum- und Straucharten" genannt. Im Vorwort betonen die Autoren, dass sie in lexikalischer Form vor allem die „Vorgänge in Waldökosystemen" in ihrer komplexen Natur darstellen wollen und mit ihrem Lexikon für all jene, „die in irgendeiner Weise für den Wald Verantwortung tragen, ein Nachschlagwerk (…) über die Baum- und Straucharten Europas, Nordamerikas und der gemäßigten Zonen Asiens" schaffen wollten.

In diesem Lexikon sind neben den klassischen Zeichnungen auch zahlreiche farbige Abbildungen zu finden.

In ähnliche Weise, jedoch mit über 860 Seiten und im Großformat, erschien 1998 bzw. 2002 auch „Das Kosmos Wald- und Forstlexikon" von Reinhold Erlbeck (als Forstfachmann beim Bayerischen Staatsministerium für Landwirtschaft und Forsten tätig), Ilse E. Haseder und Gerhard K. F. Stinglwagner. Hierbei handelt es sich nicht mehr um ein Lehrbuch, sondern um ein umfangreiches Lexikon mit zahlreichen Verweisungen.

Zum Stellenwert der Botanik in der Forstwissenschaft heute

6

Georg Schwedt

Die *Forstbotanik* ist an folgenden deutschen Universitäten vertreten:

Universität Göttingen: Abteilung Forstbotanik und Baumphysiologie, Fakultät für Forstwissenschaften und Waldökologie.

Als Forschungsschwerpunkte werden angegeben; Molekularphysiologie der Stressadaption – Biotische Interaktionen und funktionelle Diversität.

Universität Freiburg: Fakultät für Umwelt und natürliche Ressourcen, Professur für Forstbotanik im Institut für Forstwissenschaften.

Als Projektansätze werden genannt: Abbaumuster holzzersetzender Pilze an verschiedenen Holzarten *in vivo* und *in vitro* – Bedeutung und Diagnose holzzersetzender Pilze in Stadtbäumen – Pathogene Rindenpilze an Laubbäumen. Schwerpunkte sind die mikroskopische Untersuchung der Interaktion zwischen Bäumen und Mikroorganismen.

TU Dresden: Fachrichtung Forstwissenschaften in *Tharandt* in der Fakultät Umweltwissenschaften mit Forstbotanischem Garten/Sächsisches Landesarboretum sowie u. a. den Instituten für Forstbotanik (Professur für Forstbotanik) und Forstzoologie und Institut für Pflanzen- und Holzchemie.

Als Schwerpunktthema wird genannt: „Bäume – Biologie der Anpassung und Optimierung" – mit Untersuchungen zu den Reaktionen der Bäume auf Witterung und Klima, zu individuenbezogenen, baumspezifischen sowie ökologischen Prozessen und Strukturen mit der daraus resultierenden Konkurrenzdynamik und der molekularen

G. Schwedt (✉)
Bonn, Nordrhein-Westfalen, Deutschland
E-Mail: georg.schwedt@t-online.de

43

Gehölzphysiologie. Als weiterer Schwerpunkt wird die Erforschung der Kronenentwicklungen und -reaktionen genannt.

Ein spezielles Programm bildet die Erfassung „alter Bäume".

TU München (TUM School of Life Science in Weihenstephan): Studienfakultät Forstwissenschaft und Ressourcenmanagement. Vernetzung mit „Fakultät Wald und Forstwirtschaft" der Hochschule Weihenstephan-Triesdorf und Bayerische Landesanstalt für Wald und Forstwirtschaft. Professur für Ökophysiologie der Pflanzen (bis 1999 für Forstbotanik) sowie für Waldbau.

Zur Professur gehört auch die Forstbotanische Sammlung.

Die kurzen Informationen zu den Forschungsschwerpunkten zeigen die Verschiebung von der beschreibenden Forstbotanik (mit schon ersten pflanzenbiochemischen Ansätzen) zur molekularen, physiologischen Forstbotanik mit zugleich ökologischen Schwerpunkten.

Johann Adam Reum: Forstbotanik

Georg Schwedt

G. Schwedt (✉)
Bonn, Nordrhein-Westfalen, Deutschland
E-Mail: georg.schwedt@t-online.de

© Der/die Herausgeber bzw. der/die Autor(en), exklusiv lizenziert durch Springer Fachmedien Wiesbaden GmbH, ein Teil von Springer Nature 2022
G. Schwedt (Hrsg.), *Johann Adam Reum,* Klassische Texte der Wissenschaft,
https://doi.org/10.1007/978-3-662-64471-3_7

Forstbotanik

von

Dr. Joh. Ad. Reum,

Professor in Tharand und Mitglied mehrer wissenschaftlichen
Vereine.

———

Dritte sehr verbesserte und vermehrte Auflage.

Dresden und Leipzig,

Vorwort
zur zweiten Auflage.

Bei der neuen Ausgabe dieses Lehrbuchs der Forst=
botanik schien es mir durchaus nöthig, Alles nachzu=
tragen, was die neueste Naturforschung in dieser Hin=
sicht Wahres und Wichtiges hervorgebracht hat, und die=
ses allermeist in der Anatomie und Physiologie der Ge=
wächse. Eingedenk, daß der, welcher den Fortschritten
einer Wissenschaft nicht folgt, veraltet und in ohnmäch=
tigen Widerstreit gegen die Wahrheit und bessere Einsicht
verfällt. Selbst in Darstellung und Sprache mochte
ich das Neuere und Bessere nicht vermissen lassen.

Die einzelnen und kleinen Verbesserungen und Zu=
sätze verbreiten sich über alle Abschnitte dieses Buches.
Dabei leitete mich das eigentliche Bedürfniß angehender
Forstmänner, und die Mittel dazu gab mir eine fast
zwanzigjährige Erfahrung, theils als Lehrer dieser Wis=
senschaft, theils als eifriger Forscher auch in den prakt=
ischen Theilen des Forstwesens. Möge nun meine Be=
mühung nicht verkannt, vielmehr von jungen Forstmänn=
ern fleißig benuzt werden. — Das erkannte Unwahre
oder Unrichtige, auch wenn es von angesehenen Forst=
männern herrührte, ließ ich stillschweigend von jeher weg,
um allen Streit zu vermeiden; diese Bemerkung für
diejenigen, welche ihre vorgefaßten Meinungen abermals

**

IV

vermiſſen und mir Mangelhaftigkeit nachzuweiſen geneigt
ſein möchten.

Bei meinen Vorträgen benutze ich dieſes Lehrbuch
alſo, daß ich zuvörderſt die §§. 1 — 41. genau erkläre,
um die Anfänger in Kurzem mit dem bekannt zu machen,
was zur richtigen botaniſchen Unterſcheidung der Gewächſe vor Allem zu wiſſen nöthig iſt.   Davon mache
ich hierauf Anwendungen im hieſigen Forſtgarten und
auf Excurſionen, um Pflanzen analyſiren und die Forſtgewächſe kennen zu lehren.   Sind nun meine Zuhörer
im botaniſchen Unterſcheiden geübt, und kennen ſie eine
hinlängliche Menge der Forſtgewächſe, wie ſolche in der
zweiten und dritten Abtheilung aufgeführt ſind, dann
erſt erkläre ich die Abſchnitte von §. 42. an im Zu-
ſammenhange, indem ſonſt nur das Einzelne daraus zufällig oder gelegentlich Erwähnung und Erklärung findet.

Ueberhaupt geht beim forſtbotaniſchen Unterrichte
mein Streben dahin, daß der junge Forſtmann lerne,
jede ihm vorkommende Waldpflanze richtig zu beſtimmen,
ferner die forſtlich = wichtigen Gewächſe nach allen Haupt-
beziehungen zu kennen, und insbeſondere über Zucht,
Pflege und Benutzung der Holzarten ein verſtändiges
Urtheil zu fällen, auf daß nach und nach richtigere Ein-
ſichten in die Natur der Forſtgewächſe und eine ange-
meſſenere Behandlung derſelben auch hierdurch befördert
werden möge.

v

Vorwort
zur dritten Auflage.

Auch in dieser neuen Auflage sind viele Verbess=
erungen und Erweiterungen, selbst einzelne Umarbeit=
ungen vorgenommen worden, namentlich über Leben,
Wachsen und Verhalten der Forstpflanzen so wol in
wissenschaftlicher, als in rein forstlicher Hinsicht, um
den Zweck dieser Schrift immer mehr und mehr zu
erreichen.

Bei der Zusammenstellung und Beurtheilung der
aufgeführten Pflanzen in der 2ten und 3ten Abtheil=
ung ist mehr Rücksicht auf die natürlichen Familien ge=
nommen worden, weil dadurch die Einsicht über die
Bildungen und Erzeugnisse der Gewächse nicht nur er=
leichtert wird, sondern weil auch Vieles zusammen ge=
lehrt werden kann, was sonst zerstreut vorkommen
müßte. Dadurch und durch einen gedrängten und doch

VI

scharfen Druck wurde zugleich eine Vermehrung der Bogenzahl vermieden.

Möge auch diese, vom Verleger so trefflich ausgestattete Auflage wiederum Beifall und Beachtung finden.

Tharand, im Julius 1837.

Der Verfasser.

VII

Uebersicht des Inhaltes.

VIII

Dritte Abtheilung.

Von den Forstkräutern.

———

Erste Abtheilung.

Allgemeine Forstbotanik.

Erster Abschnitt.

Das Nöthigste aus der allgemeinen Pflanzenkunde enthaltend.

A.   Von den Pflanzen im Allgemeinen.

§. 1.
Begriff.

Pflanzen (Gewächse) werden solche organische Körper genannt, die im Dunkeln entstehen (im Boden wurzeln); dem Lichte entgegen wachsen, und dabei keine willkührliche Bewegung haben. Denn die verschieden gebildeten Theile einer Pflanze unterhalten durch Wechselwirkung zwar eine eigene Lebendigkeit, aber ihre Bewegungen hängen ab von den die Pflanze umgebenden Naturkräften, so daß die Pflanze nur Bewegung zeigt, wann und indem die Elemente auf sie wirken. Die Lebendigkeit der Pflanzen äußert sich allermeist in zweipoliger Thätigkeit, sowol beim Wachsen selbst, als auch bei der Erzeugung ihres Gleichen.

Der Masse nach bestehen die Pflanzen größtentheils aus Zellgewebe, dessen Bläschen sich mehr oder weniger eckig gestalten; in ihr herrscht Kohlenstoff vor, der die anderen Stoffe gleichsam einschließt; und sie wird, jung genommen, beim Kochen zum Theil in Schleim aufgelöset, wie thierische Massen in Gallert. Als Unterschied der Thiere von den Pflanzen kann man noch annehmen: daß jene eine willkührliche Bewegung und einen Mund haben, der zu einem Darmkanal führt, während diese ohne eigentliche Oeffnungen sich längs der ganzen Oberfläche ernähren.

§. 2.
Pflanzenkunde.

Die Pflanzenkunde (Botanik) lehrt nicht nur das Wesen der Pflanzen im Allgemeinen und Besonderen kennen, sondern

1 *

4

sie giebt auch Auskunft über den Bau der Pflanzentheile und deren Bestimmung, und zeigt, wie mit gewissen Hülfmitteln und mit einer bestimmten Kunstsprache alle Pflanzen der Erde deutlich zu unterscheiden, zu beschreiben und für menschliche Zwecke zu erziehen, zu pflegen und zu benutzen sind.

Zur Kenntniß der Pflanzen gehört also: die Kunstsprache, die Systemkunde und die kunstgerechte Beschreibung der Gewächse, so wie die Lehre vom innern Bau derselben (Anatomie). Zur Einsicht in das Wesen und Verhalten der Pflanzen führt: Pflanzen-Physiologie; und zur rechten Benutzung leitet hin: Phyto-Chemie, d. h. Umwandlung der natürlichen Pflanzenprodukte in künstliche und Zerlegung der Pflanzengebilde in Grundstoffe.

Geographie der Pflanzen und Geschichte der Pflanzenkunde dürfen bei einer gründlichen Einsicht in die wissenschaftliche Botanik nicht fehlen; nur sind solche Kenntnisse mehr nüzlich für den Kenner der Pflanzen als für Anfänger.

Anwendungen dieser allgemeinen Gewächskunde werden gemacht in jeder besonderen Gewächskunde, z. B. in der medicinischen und ökonomischen, wie in der Forstbotanik, welche letzte ihre Anwendungen auf die Kenntniß, Zucht, Pflege und Benutzung, auch wol Vertilgung, der Forstgewächse zu machen hat.

§. 3.
Entstehung einer Pflanze.

Kommen je zwei körperliche Dinge, oder auch nur zwei Grundstoffe zu einander, so wirkt jedes Ding nach seiner Weise auf das andere, und zwar nach dem Begriffe der Entgegensetzung, so daß eins das andere überwindet oder gebunden hält. Eine solche binäre Verbindung wirkt nun beim Zusammenkommen mit einem neuen Dinge, oder Stoffe, ebenfalls entgegengesezt, und die endliche Gestaltung, eine scheinbare Ruhe, ist eine wirkliche Befangenheit in der eingegangenen Verbindung. Im Spiel solcher Verbindungen entgegengesezter Wirkungen der Dinge besteht die ganze Masse der uns umgebenden Natur. Das Thätigsein der vier Elemente unter und gegen einander äußert sich aber für unsere Wahrnehmung als mechanische Gewalt im Allgemeinen, und als Kräfte im Besondern. Jeder unorganische Körper ist diesen Kräften also unterworfen, daß er eine Bewegung nur im Gefol-

5

ge dieser Kräfte darstellen kann. (Man denke z. B. an Schwere,
Magnetismus, Chemismus, Electricität, Galvanismus u. s. w.).

Jeder organische Körper hat aber das Eigenthümliche, daß
er als solcher alle Kräfte auf eine bestimmte Weise in sich vereinigt, daß er durch die Einheit seines Wesens auf selbständige
Weise thätig sein kann, und daß er gleichsam das allgemeine Leben im Besonderen darstellt.

Wie aber die allgemeine Thätigkeit der drei Elemente, Wasser, Luft und Erde, im Pflanzen-Organismus eine besondere geworden ist, so hat sie auch aus den Grundstoffen jener Elemente
ihren besonderen Leib, die Pflanzenmasse, gebildet. Jene drei Elemente sind jedoch in der Natur durch das vierte Element, das
Feuer, mit seinen drei Erscheinungen: Schwere, Licht und Wärme, in ihrer Thätigkeit allgemein modificirt; mithin muß auch
jeder Pflanzenorganismus durch diese bedingt, ja ohne sie nicht
möglich sein.

Soll also eine Pflanze entstehen, so müssen Erde, Wasser
und Luft in einem solchen Zustande sein, daß sie, mit Hülfe
der Schwere, des Lichts und der Wärme, in eine innige und
selbständige Verbindung nach polaren Gesetzen eingehen, und einen
besonderen Organismus bilden können, der auf eigenthümliche
Weise thätig sein kann. Diese Thätigkeit der Pflanze äußert sich
nun dadurch, daß sie in sich neue Produkte erzeugt, die außer
ihr auf solche Weise nicht vorhanden sind, und die erst nach dem
Verlöschen des Pflanzenlebens wieder gänzlich den Gesetzen der
Elemente anheimfallen, aus welchen sie genommen wurden.

Der Pflanzenkörper bildet sich also mit Hülfe der binären
Verbindungen, und löset sie nach dem Absterben der Pflanze wieder in solche Verbindungen auf; aber im lebenden Zustande besteht er nicht aus ihnen.

Weil ferner jedes Besondere in der Natur als ein Ganzes
durch eine eigenthümliche Gestalt ausgezeichnet ist, die eine äußere
Form und ein inneres Gefüge hat; so muß auch dem Pflanzen-
organismus je eine solche zukommen, und wir schließen mit Recht
von einer besonderen Gestalt auf einen besonderen Organismus.

Jede besondere Gestalt, in der jeder unorganische Körper erscheint, ist durch die Wechselwirkung der ihn bildenden Stoffe
nebst den durch diese Stoffe wirkenden allgemeinen Kräften bedingt,
und es stellen höchst wahrscheinlich bestimmte Kräfte an bestimmten Massen immer dieselbe Gestalt dar. Mithin müßte man

6

auch von der besonderen Gestalt eines Körpers und seinen Massen auf die bestimmenden Kräfte, und bei bekannten Kräften und bestimmten Stoffen auf die (künftige) Gestalt schließen können. Ist nun bei der Entstehung einer Pflanzengestalt, und auch eines besonderen Organs derselben, ein Element vorherrschend thätig, so muß auch deren Gestalt allermeist die Form dieses Elementes an sich tragen; und der Zukunft bleibt es zu erforschen vorbehalten, wie sich der Stoff allmählig zum höheren Organ bildet, und welcher Gleichlauf (Parallelismus) zwischen Stoffen und Organen herrscht.

§ 4.
Das Wachsen einer Pflanze.

Wie das Entstehen der Pflanzen durch irdische allgemeine Thätigkeit bedingt ist, so auch ihr Wachsen und Bestehen. Das Wachsen der Pflanzen geschieht allseitig, und nur vorherrschend stärker nach gewissen Richtungen unter bestimmten Umständen. Um die Gesetze, nach welchen das Wachsen und das Gestalten der Pflanzen stattfindet, nur einigermaßen begreiflich finden zu können, muß man die folgenden naturwissenschaftlichen Ansichten sich deutlich gemacht haben.

1) Jeder stoffige Körper ist seinem Wesen nach der Schwere unterworfen, und auch der Pflanzenkörper folgt ihr, und die Pflanze überwindet nur theilweise durch eigene Selbthätigkeit diese Kraft.

2) Das Licht offenbart sich in der Natur als das unendlich Schaffende, so daß es (nach Steffens) das für die Natur ist, was das Bewußtsein für das geistige Leben. Durch Licht ist daher alles Leben erst möglich, und jede Pflanze verlangt ihrem Wesen nach eine bestimmte Einwirkung des Lichtes, so daß bei zu viel Licht die Pflanze an Ueberreiz, und bei zu wenig Licht aus Mangel an Reiz stirbt.

3) Kälte und Wärme sind begleitende Erscheinungen der Dinge beim Uebergange theils zum Formlosen, theils zum Besonderen mit innerem Gegensatze, und sie zeigen überhaupt nur Zustände der Dinge an. Da nun im Zustande der Kälte Alles erstarrt, und nur in dem der Wärme etwas thätig oder flüssig sein kann, so können auch Pflanzen nur im Zustande der Wärme thätig sein, also entstehen und wachsen, und jede besondere Pflanze wird einen besonderen Zustand der Wärme verlangen.

7

4) Das Erdige, zusammengesezt aus Kohlenstoff, Sauerstoff und Wasserstoff, ist ein Hauptbestandtheil der Pflanze. Weil jedoch der **Kohlenstoff** als die Grundlage der Erde, als Element, erscheint, so ist dieser die unentbehrlichste Nahrung für die Pflanzen; darum sind auch alle Pflanzen verbrennlich und verwandeln sich durch das Verbrennen in Kohle. Im luftförmigen Zustande (als Gas) ist der Kohlenstoff nicht rein, sondern mit dem Sauerstoffgas als **kohlensaures Gas** (Kohlensäure, Ursäure, wie Schwere die Urkraft ist) verbunden, und diese Kohlensäure ist ja so ungemein günstig zum Gedeihen der Pflanzen.

5) Das **Wasser** ist der sichtbarste Bestandtheil (oft $\frac{7}{8}$) der Pflanzen, so daß ohne dasselbe ebenfalls keine Pflanze möglich ist. Da mithin das Wasser hauptsächlich aus **Sauerstoff**, etwas vom sogenannten Wasserstoff und einem Minimum des Kohlenstoffs besteht; so stellt der Sauerstoff die Grundlage des Wasser-Elements dar. Ohne den Sauerstoff keimt nicht einmal ein Samen, geschweige, daß eine Pflanze ohne ihn wachsen könnte.

6) Durch die **Luft**, als Element, wird beim Einathmen jedes Leben der Pflanzen (und Thiere) erhalten, und wenn durch ihre Einwirkung, wegen ihrer großen Leichtigkeit, auch die Pflanzenmasse nicht sehr vergrößert wird, so müssen, zum Belebtsein, doch alle Theile von ihr stetig durchdrungen und umgeben sein. Die Grundlage der Luft ist das **Stickgas**; da dieses aber nicht einfach, sondern mit dem Sauerstoff gemengt, erscheint, welche luftförmige Verbindung dann **Wasserstoff** genannt wird (weil sie beim Zersetzen des Wassers in einer glühenden eisernen Röhre entsteht!), so kann man sagen, die Luft bestehe aus Sauerstoff, Wasserstoff (Stickstoff) und Kohlenstoff, und der **Wasserstoff** macht einen wesentlichen Bestandtheil der Pflanzen aus.

§. 5.
Die Pflanzenkörper und deren Zerlegung.

Jeder Pflanzenkörper ist demnach gebildet durch's Pflanzenleben aus **Kohlenstoff, Sauerstoff** und **Wasserstoff** (und in gewissen Verhältnissen äußert sich auch das **Stickgas**), und jede eigentliche Nahrung der Pflanzen läßt sich auf die Gasarten dieser drei Stoffe zurückführen. Das **Thätige** in den Pflanzen wird unterhalten durch Wärme und Licht, so wie durch die galvanischen, electrischen und magnetischen Zustände.

8

Die aus den Grundstoffen der (drei) Elemente durch das Pflanzenleben erzeugten Pflanzenkörper lassen sich nun durch Kunst zerlegen, und zwar mit Hülfe der Oxydation, und überhaupt des Chemismus. Die dadurch erhaltenen Gebilde sind freilich nicht als solche in den Pflanzen enthalten; aber die dadurch gewonnenen Produkte sind auf vielfache Weise dem Menschen nutzbar, hauptsächlich als Nahr= und Heilmittel.

§. 6.
Wie erzeugt eine Pflanze ihres Gleichen?

Da eine jede Pflanze eine zeitliche organische Erscheinung ist, so kann sie sich nur bis zu einer gewissen Vollendung entwickeln, und sie würde als solche unter den organischen Erscheinungen verschwinden, wenn sie nicht ihres Gleichen erzeugen könnte, wie es bei den ersten gleichsam Pflanzen=Anfängen wirklich der Fall ist. Aber jede etwas vollendete Pflanzenbildung vermag durch Erzeugung des Samens den Grund zu neuen, ihr gleichen Pflanzen zu legen. Denn die niederen Pflanzen beginnen ihr Dasein aus einfachen Bläschen und am Schluß ihrer Bildungen erzeugen sie wieder solche fortbildungfähige Bläschen, die man Keimpulver nennt. Bei den höheren Pflanzen hingegen wird als leztes Erzeugniß der Samen ausgebildet, der den Keim der Entwickelung eines der Mutterpflanze ähnlichen Individuums in sich trägt. Wenn man nun beobachten kann, daß die drei Hauptglieder der Gewächse, als Wurzel, Stengel und Blatt, immer zugleich entstehen, und daß sich doch zuerst die Wurzel, dann der Stengel und zulezt das Blatt völlig entwickelt, so läßt sich auch bemerken, daß die Blüthe, als Entwickelung der Pflanze auf einer höheren Stufe, jene drei Glieder im Entwurf zugleich in sich enthält, und daß sich nun das Blattartige, die Blume, zuerst entfaltet, dann das Stengelartige, der Gröps, und zulezt das Wurzelartige, der Samen. Mithin sind die Pflanzen in der Samenbildung wieder auf den Anfang ihrer Entwickelung zurückgekehrt, und darum hört auch mit der Samenbildung entweder die ganze Pflanze oder doch ein Glied von ihr auf, selbthätig fortzuleben.

§. 7.
Vom Absterben einer Pflanze.

Der anschaulichste Beweis, daß die Thätigkeit der Pflanzenorgane nicht durch mechanische Wirkungen allein erklärt werden

9

möge, ist dadurch gegeben, daß nach dem Absterben einer Pflanze noch dieselben Organe vorhanden sind, und daß doch keine eigentliche Pflanzenthätigkeit mehr stattfindet, sondern vielmehr der ganze Pflanzenkörper von den Erdprocessen nach und nach ergriffen und zulezt ganz aufgelöset wird. Dieses Aufhören der Lebenthätigkeit der Pflanzenorgane ist also das sichtbare Zeichen vom Absterben derselben.

Der Tod jeder Pflanze ist gesezt, wann sie ihre zeitliche Vollendung erreicht hat. Beschleunigt wird das Absterben einer Pflanze theils durch Mangel, theils durch Ueberfluß derjenigen Stoffe und Einwirkungen, die zu ihrer Nahrung und ihrer Erregung gehören.

§. 8.
Von der Dauer der Pflanzen.

Die Dauer der Pflanzen wird botanisch so unterschieden, daß man darauf sieht, ob sie einen, zwei oder mehrere Sommer leben. Sommer=Gewächse nennt man solche, die in demselben Sommer erscheinen, blühen und wieder vergehen; das Zeichen dafür ist ☉.

Eine Pflanze heißt eine zweijährige, wenn sie erst im 2ten Sommer nach ihrem Erscheinen Früchte entwickelt und dann abstirbt; das Zeichen für solche ist ♂.

Ausdauernde (perennirende) Pflanzen schlagen alljährlich aus der Wurzel aus, und werden mit ♃ bezeichnet.

Endlich werden solche ausdauernde Gewächse, deren Stamm wahres Holz hat, Holzarten genannt, und zwar heißen diese Bäume, wenn sich aus der Wurzel nur ein einziger Schaft erhebt, hingegen Sträuche, wenn der Stamm gleich an der Wurzel vieltheilig ist; ihr Zeichen ist ♄.

B. Von den Pflanzen=Eingeweiden.
§. 9.
Grundformen.

Wenn irgend eine Flüssigkeit die lebendige Körpergestalt annehmen, oder diese sich aus jener entwickeln soll, so geschieht dieß immer in rundlicher oder strahliger Gestalt, und zwar in Kügelchen und Bläschen, oder in strahligen oder röhrigen Körpern. Bei der Pflanze heißt jene Grundform Zelle, diese ge=

10

streckte Zelle. Die niederen Pflanzen bestehen blos, und die höheren meist aus solchen geschlossenen Bläschen und Röhren.

Wie und wo nun Pflanzenschleim zu einem Bläschen gerinnt, also eine Zelle entsteht, da ist der Anfang von Pflanzenbildung zu suchen.

§. 10.
Vom Zellgewebe.

Wenn viele gleichförmige und feinhäutige Zellen sich gegenseitig berühren, sich anziehen und zusammen verwachsen, so daß sie vereinigt ein Ganzes ausmachen, dann heißt diese Masse Zellgewebe. Drücken bei der Berührung die gleichgroßen (und rundlichen) Zellen ganz gleichförmig auf einander, so wird jede Zelle die Gestalt eines mathematischen Rauten=Zwölfflachs (Dodekaëder) annehmen, indem jede solcher Zellen nur von zwölf anderen berührt werden kann. Darum erscheint jedes ordentliche Zellgewebe, durchschnitten und unter das Mikroscop gebracht, in lauter sechseckigen Gestalten.

Wenn gestreckte Zellen so weit in die Länge ausgedehnt sind, daß sie gleichsam Schläuche darstellen, und sich solche zu Zellgewebe verbinden, so nennt man diese Verbindung der Zellen Bast, und solche Zellen Bastzellen. Die Zellenwände sind im Zellgewebe doppelt, und die Zellen sind durch keine sichtbare Oeffnung mit einander verbunden.

Uebrigens unterscheidet man noch regelmäßiges, unvollkommenes und lockeres Zellgewebe.

Der Inhalt der Zellen ist anfänglich einfacher Pflanzenschleim, der aber später fortgebildet, und immer Zellensaft genannt wird, wenn er nicht etwa in Luft umgewandelt wurde.

Durch Zusammenziehung des Zellgewebes entstehen, namentlich im Alter, Lücken, die sich durch ihre Unregelmäßigkeit auszeichnen und die nicht mit Luftzellen zu verwechseln sind.

§. 11.
Von den Adern.

Indem die Zellen im Zellgewebe eine eckige Gestalt annehmen, so berühren sie sich je an drei Seiten nicht vollkommen, und dadurch entstehen um jede Zellenform Zwischengänge, welche an ihren Seiten die benachbarten Zellen zu Wänden haben. Die=

11

se Zwischen-Gänge finden sich in jedem vollkommenen Zellgewebe, und sie vertreten die Stelle der Adern bei den Pflanzen, indem in diesen Adern der Saft sich dahin bewegt, wo ihn die Pflanze durch Selbthätigkeit gebraucht.

Dieser Saft in den Adern der Pflanzen ist bei jeder Pflanze, und fast in jedem Organe ein eigenthümlicher, der Wasser, Schleim, Salze u. f. w. enthält, und gewöhnlich hell, zuweilen aber auch gefärbt ist.

§. 12.
Von den Drosseln.

Im Zellgewebe entstehen walzenförmige Röhren, die durch schraubenförmig gewundene Fasern gebildet sind, die in natürlichem Zustande immer Luft in sich enthalten, und die deswegen Drosseln (Luftröhren), oder wegen ihrer Form Schraubengänge (Spiralfasern) heißen.

Die schraubenförmige Faser selbst ist außerordentlich fein (eigentlich eine sich windende gestreckte Zelle) ihre Windungen liegen bald dicht an einander, bald etwas von einander entfernt, und dann durch eine zarte Haut verbunden, und bei vollkommenern Pflanzen machen auch mehrere Fasern wie ein Band die Windungen aus. In der Jugend lassen sich meist diese Fasern leicht abrollen.

Die Drosseln stellen in sich geschlossne Schläuche dar, die gleichförmig durch den Pflanzentheil laufen, in welchem sie sich befinden, die nur in den Knoten der Gewächse verengt sind, und die sich niemals verästeln. Sollen neue Drosseln neben den alten entstehen, so legen sich immer ein Paar neue zu beiden Seiten der alten Drosseln an.

Diese Drosseln finden sich in den niederen Pflanzen gar nicht, und erst bei den Farren-Kräutern machen sie, wie bei allen höheren Pflanzengebilden, einen sehr wesentlichen Bestandtheil aus. Im Stamme solcher Pflanzen z. B. sind die Drosseln im Innern derselben, gewöhnlich bündelförmig beisammen, theils in Dreiecken, Vierecken u. f. w., theils kreisförmig gestellt. Die Drosseln sind allseitig von Bastzellen umgeben, und bleiben immer hinter der Oberfläche der Pflanze zurück, so daß sie nirgends mit der äußeren Luft unmittelbar in Verbindung stehen, oder mit der Umgebung der Pflanze in Berührung kommen.

12

§. 13.

Fortbildungen.

Aus diesen drei Grundbildungen, Zellen, Adern und Drosseln entwickelt die Natur jede Pflanze, so jedoch, daß die niederen Pflanzen ohne Drosseln bleiben. Nur in Größe, Gestalt, Verbindung, Lage und Richtungen ändern diese Grundformen bei den verschiedenen Pflanzen und ihren Theilen ab, so daß man an der Art der Ausbildung dieser Grundorgane, so wie an der Vereinigung derselben nach größerer und geringerer Menge, nicht nur die Pflanzenglieder, sondern die Pflanzen selbst unterscheiden muß.

Diese Vereinigung und Gestaltung der Grundorgane zu einem Ganzen mit eigenthümlicher Verrichtung an einer Pflanze heißt Glied, und solche Hauptglieder sind: Wurzel, Stengel und Blatt, und deren Wiederholung auf höherer Stufe in umgekehrter Entfaltung: Blume, Gröps und Samen. Alle übrigen nicht wesentlichen Fortbildungen an einer Pflanze heißen Nebenbildungen.

Die einfachsten Fortbildungen gehen aus dem Zellgewebe hervor, z. B. bei unseren Holzpflanzen: Mark, Spiegelfaser und Rinde; dagegen geben einfache und gestreckte Zellen vereinigt schon: Bast; so wie bündelförmig beisammenstehende und Drosseln einschließende gestreckte Zellen darstellen die Längenfaser; und eine aus Spiegelfasern und Längenfasern gebildete und verhärtete Pflanzenmasse giebt: Holz.

C. Von den Pflanzen als selbthätigen Organismen.

§. 14.

Bestimmung der Zellen.

Da die Zellen in jeder Pflanze sind und sie die größte Masse der Pflanzen ausmachen, auch im Zellgewebe erst die Drosseln entstehen, so ist Zelle und Zellgewebe der wesentlichste Theil der Pflanzen. Da ferner die Zellen ohne (sichtbare) Oeffnungen sind, und die Zellenwände eine Pflanze nach allen Enden hin umgeben, so isoliren gleichsam die Zellen die Gewächse, und halten alle jene Stoffe von ihnen ab, die nicht auf dem Wege der Pflanzenthätigkeit in sie aufgenommen werden.

Die Bestimmung der Zellen ist sondernde Thätigkeit, und diese, nach außen gerichtet, erscheint als ein Aufnehmen dessen,

13

was durch die Zellenwände gleichsam durchschwitzen kann. Die
sondernde Thätigkeit der Zellen, nach innen gerichtet, erscheint als
ein Bilden, so daß man (mit Oken) wol sagen kann, das
Zellgewebe vertritt die Stelle des Verdauungs=Processes
im Thiere. Da ferner die Zellen, und durch sie auch die Adern
im lebendigen Zustande Säfte enthalten, die als solche außer ih=
nen nicht gefunden werden, so muß man schließen: sie sind hier
in den Zellen von der ganzen Pflanzen=Thätigkeit also bereitet
worden. In den ersten Zellen der ernährenden Organe ist aber
nur eine flüssige Masse, die hauptsächlich aus Wasser mit etwas
Schleim besteht, der nichts als ein in vielem Wasser aufgelöseter
Kohlenstoff ist. Die erste Wirkung der Thätigkeit des Zellgewe=
bes ist also Anhäufung des Kohlenstoffs im Wasser.

§. 15.
Bestimmung der Drosseln.

Weil die vollständigen Drosseln (Spiral=Gefäße) in den
Pflanzen erst mit dem vollständigen Zellgewebe erschienen, so ist
auch ihre Verrichtung nur an und mit diesem zu erkennen.

Wie aber in den Zellen und Adern eigenthümliche Säfte
sind, so ist in den Drosseln eigenthümliche Luft. War nun die
sondernde Thätigkeit der Zellen ein Desoxydiren, so ist die der
Drosseln eine bindende Thätigkeit, nämlich ein Oxydiren, wodurch
das Flüssige aufs Veste zurückgeführt oder gebunden werden soll.
Wenn nun das Flüssige durch die Adern als Aussonderung in
Aneignung und Ausscheidung erscheint, so wird durch Oxydation
zum Vesten das Aneignen eigentlich gesteigert und gleichsam voll=
endet, und das Produkt ist Bildung im Organismus, woduch
dieser wächst, und wodurch er das Entfremdete oder Unbrauchba=
re auswirft.

Eine begleitende Erscheinung dieser Oxydation ist die Bewe=
gung der Pflanzensäfte. Wo also in einem Theile der Pflanze
die Drosseln sich mehren oder häufen, da ist auch erhöhte Oxy=
dation, erhöhte Verwandlung der Pflanzenstoffe und Bildung der
Pflanzentheile.

Durch die Drosseln ist mithin gleichsam ein Proceß des Ath=
mens in der Pflanze gesezt, und dieses erscheint als thätige Ursa=
che der Bewegung in der Pflanze.

14

§. 16.

Von bem Boben als Bedingung zum Pflanzenleben.

Ohne unmittelbare ober mittelbare Verbindung einer Pflanze mit dem Boden ist ebenso wenig vollendetes Wachsthum möglich als ohne Waſſer. Die Einwirkung des Bodens, als veſte Maſſe wird Irbwirkung genannt, und dieſe wird um ſo größer auf die Pflanze ſein, je zuſammengeſezter dieſer Boden iſt, weil die gegenſeitig erregte und geſtörte Spannung der entgegengeſezten Bodentheile als Wirkung auf die Pflanze angeſehen werden muß, welche die Erde als Element ausübt. Die nächſte Folge der Irbwirkung iſt Geſtaltung des Veſten bei den Pflanzen. — Die beſte Bodenart würde im Allgemeinen eine ſolche ſein, die alle Theile des Steinreichs enthielte, und zwar in ſolchen (Meng=) Verhältniſſen, wie es der eigenthümlichen Natur je einer Pflanzenart am zuträglichſten ſein würde. Aus dem nämlichen Grunde iſt die reine einfache Bodenart die unfruchtbarſte.

Ein fruchtbarer Boden muß enthalten:

a) Die vier Erden, Thon, Kieſel, Kalk und Talk in gehöriger Mengung; obgleich die lezte oft zu fehlen ſcheint;

b) Salze;

c) Brenze, Kohle in der Dammerde oder dem Dung; und

d) Erze, Eiſen, oder Braunſtein.

Da nun im Boden zugleich auch Waſſer und Luft thätig ſein ſoll, ſo wird ein Boden um ſo weniger zum Pflanzenwachsthume geſchickt ſein, je mehr er ſeiner Beſchaffenheit nach die Wirkung eines dieſer Elemente verhindert. So z. B. iſt ein ſehr thoniger Boden hauptſächlich darum weniger fruchtbar, weil er abwechſelnd zu trocken, alſo dem Waſſer ſchwer zugänglich, oder zu naß, alſo der Luft ſchwer zugänglich, iſt. In der rechten Lockerheit und Veſtigkeit des Bodens für je eine Pflanzenart beſteht zum großen Theil ſeine Fähigkeit, fruchtbar zu werden, wenn das noch hinzu kömmt, was die Ernährung und Thätigkeit der Pflanzen ſteigert.

Indem jedoch die Erdoberfläche in ſtetiger aufſteigender Umwandlung begriffen iſt, ſo wird durch allmähliges Binden und Löſen der veſten Maſſen ein Boden erzeugt, der die weſentlichen Bedingungen enthält, wenn auch nur im geringen Maße, welche ein Pflanzenleben vorausſezt. Alles, was wir durch Düngung, Ruhe und Bearbeitung dem Boden zu geben glauben, iſt nur

15

Erhöhung und Veränderung dieser Grundeigenschaft des Bodens
für das jedesmalige Pflanzenleben.

§. 17.
Von der Nahrung als Bedingung zum Pflan=
zenleben.

Nach den neuesten Erfahrungen sind es nicht die zusam=
mengesezten Bestandtheile des Bodens, was das Nährende für
die Pflanze ausmacht, sondern es sind vielmehr die einfachen
Stoffe, in welche sie zerlegt werden können und müssen, ehe sie
der Pflanze als Nahrmittel zu dienen vermögen.   Die größte
Masse der von den Pflanzen eingenommenen Nahrmittel besteht,
wie man auch durch Versuche nachgewiesen hat, hauptsächlich aus
kohlensaurem, mit Stickstoff verbundenem, Was=
ser.   Aus diesen einfachen Stoffen bildet die Pflanze ihre Be=
standtheile und Massen auf selbthätige Weise, und zwar auch
dann noch, wenn der Boden das nicht enthält, was doch aus
einer bestimmten Pflanze bei ihrer Zerlegung gefunden wird.   So
z. B. kann man Pflanzen in unauflöslichen vesten Massen, nur
mit kohlensaurem Wasser begossen, erziehen, die nachher dieselben
Bestandtheile enthalten, wenn auch in andern Verhältnissen, als
wenn sie im Boden erzogen worden wären.   Ebenso haben die
im Sande und auf Granit erwachsenen Pflanzen so gut´einen
Gehalt an Kalk, als wenn sie auf Kalkboden erwachsen wären.
Auch kann man schließen, da der einfache Pflanzensaft in der
Umgebung der Pflanzen sich als solcher nicht vorfindet, so haben
ihn die Zellen selbst bereitet aus den sie umgebenden Elementen.
Das bessere Ernähren der Pflanzen sezt also eine erhöhte Thätig=
keit der Zellen voraus, so wie eine Umwandlung der sie umge=
benden Massen.   Was mithin im Boden nicht umgewandelt wer=
den kann, oder nicht zu verwesen vermag, das dient den Pflan=
zen nicht zur Ernährung.

§. 18.
Wirkung des Wassers und der Luft auf das Pflan=
zenleben.

Wo das Wasser mit Luft oder Westen zusammentritt, da=
hin bringt es den Proceß der Auflösung, und es wird dabei selbst
zum Theil aufgelöset oder umgewandelt.   Die Umwandlung wirkt

16

erregend auf die Pflanzenzellen und erleichtert diesen die Ernähr=
ung, weßhalb durch vermehrte Wasserwirkung die Zellen immer
größer und weicher werden, wie man es z. B. beobachten kann,
wenn die Wurzeln der Holzpflanzen das fließende Wasser erreichen.
Daß aber nicht blos die Zellen der Wurzeln, sondern auch die der
übrigen Glieder auf dieselbe Weise erregt werden, sieht man an er=
schlafften Pflanzen, die, beregnet oder mit Wasser besprizt, sogleich
zellenthätig werden und sich aufrichten. — Je niedriger die Pflan=
zenbildung ist, desto zellenreicher wird sie sein, und desto mehr be=
darf sie der Wasserwirkung,

Die Luft wirkt, in so fern sie frei und positiv thätig ist,
auf ähnliche Weise wie das Wasser auf die Pflanzenzellen, näm=
lich erregend und ernährend, und zwar am günstigsten auf höhere
Pflanzenbildungen. Darum wachsen alle höheren Pflanzenglieder
am meisten dahin, wo die freie Luftwirkung am gleichförmigsten
ist, wie z. B. am Waldrande und in den Lücken der Bestände
nach der freien Seite hin, so wie in geschlossenen Beständen am
meisten nach oben. — Bei sehr verminderter Luftwirkung verküm=
mern deßhalb die höheren Pflanzen ebenso sicher, wie bei zu ge=
ringer Wasserwirkung, z. B. in zu dichten Saaten und Pflanz=
ungen.

§. 19.
Wirkung des Lichts auf den Pflanzenkörper.

Das Licht ist der mächtigste Reiz für die Thätigkeit der
Pflanze, so daß ohne Licht eine Pflanze weder entstehen, noch
lange dauern kann, und nach dem Lichte hin ihre Thätigkeit grö=
ßer und selbst ihr Wuchs kräftiger ist.

Durch die Einwirkung des Lichtes werden die Pflanzenglieder
vollendeter gestaltet, ihre Farben erhöht und ihre Säfte mehr ver=
edelt. Nur die Wurzeln und keimende Samen gedeihen im Dun=
keln. Ohne Licht wäre gar keine Pflanze möglich, weil diese nach
polaren Gesetzen sich entfalten, und Licht die Polarität hervorruft.

Durch die Einwirkung des Lichtes, bei erhöhter Wärme,
dünsten die Pflanzen aus, so nämlich, daß von den Pflanzen im
Lichte Sauerstoffgas frei wird, bei Nacht dagegen Kohlensäure aus
ihnen entweicht.

§. 20.
Wirkung der Wärme.

Wie Wärme, so wenig ein Stoff wie das Licht, vielmehr
ebenfalls eine Urthätigkeit, ist gleicherweise ein wesentlicher Reiz

17

für das Pflanzenleben, indem ohne eine gewiſſe Wärme keine
Pflanze entſtehen und gedeihen kann.

Allgemein beſchleunigt ein erhöhter Wärmegrad die Pflan=
zenthätigkeit, und ein verminderter hemmt ſolche.

Jeder Pflanzenorganismus widerſteht aber auch auf ſeine
Weiſe dieſer Einwirkung der Wärme, daher die Temperatur einer
Pflanze nicht immer gleich der der äußeren Umgebung iſt, und
deßhalb erſtarren zwar in einer gewiſſen Kälte die Pflanzen, ſie er=
frieren aber darum noch nicht, und je concentrirter der Pflanzen=
theil iſt, deſto mehr widerſteht er der Einwirkung der Kälte, wie
z. B. die Samen.

Jede Pflanze ſcheint als individueller Organismus beſondere
Wärmezuſtände zu verlangen, und in ſo fern kann man wol nicht
eine Pflanze an ein Klima gewöhnen wollen.

§. 21.
Pflanzenprodukte, durch ihre Lebensthätigkeit
erzeugt.

Indem die Pflanzenthätigkeit im Ganzen genommen, aber
auch im Beſonderen durch die Thätigkeit der Zellen, der Adern
und der Droſſeln, die eingeſäugten einfachen Stoffe fortwährend
umwandelt, gleichſam durch Athmen und Verdauen zugleich, ſo
werden in der Pflanze eigenthümliche Produkte erzeugt und theil=
weiſe abgeſetzt.   Die allgemeine Nahrflüſſigkeit wird auf dieſem
Wege in Schleim, dieſer in Gummi und Stärke (Kleber) ver=
wandelt. Ebenſo geht auch der Schleim in Zuckerſtoff über, und
ähnliche Erzeugniſſe des Pflanzenlebens ſind: Oele, Harze, ſcharfe
Stoffe, Gerbe= und Färbe=Stoffe und die ſogenannten Pflanzen=
ſäueren, unter welchen lezten ſich auszeichnen: die Eſſigſäuere,
Aepfelſäuere, Weinſäuere, Gerbſäuere, Harzſäuere und Waid=
ſäuere.

D. Von den Pflanzengliedern.

§. 22.
Grundbegriffe.

Die unentfaltete Pflanze heißt **Stöck**, ſei es nun, daß die
Grundformen der Gewächſe nur eine wenig entwickelte Maſſe,
wie bei den Pilzen, darſtellen, oder daß man nicht auf die Or=

2

18

gane ſieht, in welche der Stock zerfallen iſt. Trennen ſich nem⸗
lich die Grundgebilde der Gewächſe in ſolche Theile, daß jeder
derſelben eine beſondere Verrichtung erweiſen kann, ſo heißt ein
ſolcher Theil ein Glied.

So wie nun eine vollkommene Pflanze nur dreierlei anato⸗
miſche Bildungen haben kann, ſo giebt es auch drei weſentliche
oder Hauptglieder, nemlich Wurzel, Stengel und Blatt.

Die Wurzel ſtellt das überwiegend ausgebildete Zellgewebe
bar, und ſie iſt vornemlich das Organ der negativen Thätigkeit.
Der Stengel zeigt das überwiegend ausgebildete Syſtem geſtreck⸗
ter Zellen, und er iſt gleichſam das Organ der poſitiven Thätig⸗
keit. Das Blatt iſt das überwiegend ausgebildete Droſſelgewebe
und alſo gleichſam das Organ der geſteigerten Thätigkeit.

Die Blüthe ſtellt die ganze Pflanze wieder, und zwar auf
einer höheren Stufe, bar, und ſie beſteht daher ebenfalls aus
drei weſentlichen Theilen, nemlich aus dem Samen, dem
Gröps (der Kapſel) und der Blume. Wird nach dem Ver⸗
blühen einer der Blüthentheile fleiſchig, oder verbinden ſich drei
derſelben zu einem Ganzen, ſo heißt dieß die Frucht.

Wenn endlich die Oberfläche der Pflanze mit allerlei klei⸗
nen, meiſt einfachen, bald dicht, bald zerſtreut ſtehenden Fortſätzen
bekleidet iſt, ſo werden dieſe der Ueberzug genannt.

Bei den Pflanzen kann man das Athmen und Ernähren
nicht von einander trennen, indem bei jeder Verrichtung beides
zugleich ſtattfindet; nur tritt eine dieſer Verrichtungen beziehweiſe
mehr in einem Organe hervor. So iſt in der Wurzel, verſchloſ⸗
ſen im Boden, das Athmen zum Theil verdrängt, und die Er⸗
nährung herrſcht vor; im Blatte, aufgeſchloſſen an der Luft, iſt
das Ernähren zurückgehalten und das Athmen iſt herrſchende Ver⸗
richtung. Im unentfalteten Stocke, als ſolchem, iſt die indiffe⸗
rente Grundlage der Hauptverrichtungen gebunden, wie im indi⸗
duell verſchloſſenen Geſchlechte die Geburt begründet wird.

§. 23.

Von der Wurzel.

Wurzel iſt alſo derjenige Theil der Pflanze, der, gewöhnlich
im Boden, das Dunkele ſucht und ſich der Einwirkung der at⸗
moſphäriſchen Luft auf gewiſſe Weiſe entzieht, um Kohlenſtoff auf⸗
zunehmen und Waſſer zu zerſetzen. Jede Wurzel vertrocknet ohne

19

diese Nahrung.   Wo nun jene Stoffe, Waſſer und Kohlenſtoff,
am reichlichſten ſich finden, da verbreiten ſich die Wurzeln vorzugweiſe, es ſei nach oben, oder nach unten, oder zur Seite, oder
am Berge aufwärts, und zwar immer in der Richtung des Dunkelen, welche der Natur einer Pflanze am angemeſſenſten iſt.

Die feinen Würzelchen, Zaſern genannt, endigen gewöhnlich in viele ſehr feine Härchen, oder, wie bei einigen niederen Pflanzen, in einen ſchwammigen Ueberzug, in Form einer
Haube.   Dieſe geſchloſſenen Härchen ſieht man gewöhnlich für
die Saugadern an, die das Einnehmen der Nahrflüſſigkeit durch
ein organiſches Durchſchwitzen bewerkſtelligen.   Weil man aber
auch an den Enden dieſer Zaſern ſehr oft ordentliche Tropfen bemerkt, ſo ſchließt man, daß die Zaſern zum Theil oder zu gewiſſen Zeiten auch die Fähigkeit haben müſſen, gewiſſe für die Pflanze unbrauchbare Stoffe auszuſcheiden; aber es ſind zellige Gebilde
und haben auch die Verrichtung danach.

Uebrigens zeichnen ſich die Wurzeln durch ein zartes Zellgewebe aus, das einen centralen Haufen geſtreckter Zellen umſchließt, und das mit dieſen ſehr eigenthümliche Säfte enthält.

Die Wurzeln ſelbſt ſind ſehr verſchieden gebildet, und man
unterſcheidet: holzige, fleiſchige, mehlige und ſchleimige Wurzeln,
und beſonders heißt Knolle eine verdickte Hauptwurzel, die einen
feſten Kern und eine lockere Umgebung hat und auf der Oberfläche Knospen entwickelt, ſo wie Zwiebel, wenn verdickte Schuppen um den Kern der Wurzel gelegt ſind, zwiſchen welchen der
Stengel zum Vorſchein kommt.   Bei Holzpflanzen unterſcheidet
man noch Pfahl- und Herzwurzeln, auch tiefeingehende, ſtrei-
chende ꝛc.

§. 24.
Vom Stengel.

Der Stengel erhebt ſich allzeit über den Boden, bald mehr,
bald weniger, ſo daß ſich viele Theile aus ihm in der Luft entwickeln können.   Da im Stengel die Adern am regelmäßigſten
gebildet ſind, ſo werden in ihm die Saftbewegungen am ſicht-
barſten, und dieſe Säfte ſind um ſo mannigfacher zerſezt und
fortgebildet, je weiter ſie ſich vom Punkte der erſten Entſtehung
entfernt befinden.

Im Allgemeinen iſt jeder Stengel mit einer Oberhaut be-

2 *

20

kleidet, unter welcher sich die Zellen- und Gefäßbildungen nach der Achse zu verdichten, nur in diese Achse entweder selbst h o h l oder mit einem lockeren Zellgewebe, dem M a r k e, ausgefüllt.

✗ Der S t e n g e l selbst ist jedoch verschieden gestaltet, und er heißt insbesondere: S t a m m, wenn er einfach aus der Wurzel kömmt und dabei ästig und holzig ist, H a l m, wenn er Knoten wie die Gräser, und S c h a f t, wenn er keine Aeste hat. In der äußeren Form erscheinen die Stengel meist rund, doch giebt es auch Pflanzen mit viereckigem, andere mit dreieckigem, einige mit zweischneidigem, viele mit gefurchtem Stengel. Theilt sich der Stamm in kleinere Theile, A e s t e, so können diese q u i r l - f ö r m i g, d. h. mehrere im Kreise um den Stengel, oder g e g e n - ü b e r, d. h. je zwei einander entgegen, oder a b w e c h s e l n d, oder auch zerstreut s t e h e n. Kleinere Aeste werden Z w e i g e, und einjährige werden T r i e b e genannt; das obere Ende des Stam- mes sammt Aesten und Zweigen heißt W i p f e l. Die noch nicht entwickelte Anlage eines Zweigs auf einer Pflanze heißt K n o s - p e, und diese Knospen sind entweder unter der Oberhaut ver- borgen, oder sie treten in den Blattwinkeln hervor, umgeben und bedeckt mit blattartigen S c h u p p e n. Aus den sogenannten B l a t t k n o s p e n entwickeln sich unmittelbar nur Zweige mit Blättern, hingegen aus den sogenannten B l ü t h e n k n o s p e n nur sehr kurze Triebe mit alsbaldiger Blüthebildung.

Nicht ausgebildete Zweige, die in scharfe Spitzen ausgehen, werden D o r n e genannt. Sie heißen übrigens E n d d o r n e wie beim Wegdorn, s e i t e n s t ä n d i g e Dorne wie bei der Schlehen- Pflaume, und g e t h e i l t e Dorne wie beim Ginster.

Die Stengel der Gewächse werden mannigfach benuzt, und sie sondern öfters selbst, oder auch in ihren Aesten, eigenthümliche Flüssigkeiten ab, als Harz, Gummi, Manna u. s. w.; aber die Borken oder Rinden der Holzpflanzen enthalten die eigenthümlich- sten Erzeugnisse, als zum Gerben, zum Färben, zur Arznei u. s. w.

§. 25.

V o m B l a t t e.

Das Blatt entsteht allzeit am Stengel oder, in Ermangel- ung dessen ordentlicher Ausbildung, am Stocke. In der Blatt- bildung zerfallen die Drosselbündel immer mehr, so daß sie, an- fänglich noch mit den gestreckten Zellen umgeben, die Blattner-

21

ven darstellen, aber zulezt möglich vereinzelt und dann nur auf zwei Seiten durch Zellgewebe verbunden sind.

Die Blätter bilden sich ebenso am Stengel, Stock oder Zweige, wie diese aus der Wurzel, so daß im Blattstengel häufig dieselbe Anzahl der Gefäßbündel beibehalten ist.   Nur bleibt das Streben der Blattbildung immer nach der Entfaltung in einer Ebene gerichtet und es ist das Blatt gleichsam ein in die Breite ausgedehnter Seitenzweig.

Da im Blatte die Drosselbildung am freiesten sich darstellt, so herrscht auch hier die Luftthätigkeit vor, und die Spaltdrüsen finden sich darum hier so häufig als regelmäßig ein.   Man unterscheidet die Blätter hauptsächlich nach:

1) ihrer Entstehung, als Stockblätter und Stammblätter;
2) ihrer Anheftung, ob sie nemlich den Stengel umfassen oder daran herunterlaufen, und ob sie aufsitzen oder gestielt sind;
3) ihrer Stellung, ob sie abwechselnd, oder je zwei gegenüber, oder zu drei und mehren quirlförmig um den Stengel und ob sie büschelweise u. s. w. am Stengel stehen;
4) ihrem Bestandwesen, ob sie häutig, fleischig, lederartig u. s. w. sind;
5) ihrer Dauer, ob sie hinfällig, abfallend oder ausdauernd;
6) ihrer Gestaltung, ob sie nemlich einfach oder zusammengesezt, und wie sie sonst in einer Form sich darstellen, die sich mit einem bekannten Begriffe andeuten läßt; und endlich nach
7) ihrer Bekleidung, ob sie nemlich rauh oder glatt, ob sie mit Drüsen, Haaren u. s. w. besezt sind.

Ein einfaches Blatt, oder auch das Blättchen eines zusammengesezten Blattes, wird überdieß noch betrachtet und benannt:

1) nach der Spize: zugespizt, stumpf, abgestuzt, ausgerandet, oder gespalten u. s. w.;
2) nach dem Grunde: herzförmig, keilförmig, ungleich u. s. w.;
3) nach dem Rande: ganz, gezähnt, gesägt, gekerbt, gefranzt u. s. w.;
4) nach dem Umfange: rundlich, eiförmig, nierenförmig, länglich, linienförmig u. s. w.;
5) nach der Zertheilung: buchtig, lappig, zerrissen, halbgefiedert;
6) nach der Farbe.

Bei den zusammengesezten Blättern nennt man die einzelne

22

Blatibildung ein Blättchen, und nach der Zahl und Anheftung dieser Blättchen an einem gemeinschaftlichen Stiele heißt ein
solches Blatt:

 a) zweizählig wie bei der Mistel;

 b) dreizählig wie beim Bohnenbaum;

 c) gefingert wie bei der Roßkastanie;

 d) gefiedert, wenn an zwei Seiten eines ungetheilten Blatt-
  stieles mehre Blättchen befestigt sind, wie z. B. bei der
  Esche; paarig gefiedert heißt aber ein Blatt, das an der
  Spize niemals ein Blättchen hat.

Wiederholen sich diese Zusammensetzungen an einem Blatte
ein- oder etlichemal, so heißt das Blatt ein doppelt oder dreifach
zusammengeseztes.

Außerdem betrachtet man noch die Größe und Gestalt und
die Bekleidung des Blattstiels, und man nennt jene blattartigen
Bildungen:

 a) Scheide, wie die Streifenblätter solche als Fortsetzung
  haben, womit sie den Stengel umschließen;

 b) Blattansätze, wie solche an den Zweigen der Rosen,
  Hagedorne, Weiden ꝛc. stehen;

 c) Nebenblätter, wie solche an den Blüthestielen, z. B.
  der Linden, sich entwickeln; und

 d) Ausschlagschuppen, wie solche bei dem Aufbrechen der
  Knospen sich bilden.

Solche blattartige Bildungen, oder vielmehr Blattstiele ohne
blattförmige Ausbreitung, sind auch die Ranken, die mehr oder
weniger gedreht und theils einfach, theils getheilt erscheinen, und
womit sich die Pflanze an benachbarten Gegenständen festhält.

In den Blättern finden sich sehr eigenthümliche Säfte und
Bestandtheile, daher sie gar mannigfach benuzt werden können,
theils als Nahr- und Heilmittel, theils zur Befriedigung anderer
menschlicher Bedürfnisse. Manche Blätter geben einen besonderen
Geruch von sich, und andere scheiden eigenthümliche Säfte aus.

§. 26.
Der Blüthenstand.

Die Art und Weise, wie die Blüthen am Stock und Stengel, an Zweigen und Blättern vorkommen, heißt Blüthenstand.
Unverbunden stehen die Blüthen nemlich entweder

23

einzeln, und zwar am Ende des Stengels oder Zweiges, oder
in den Blattwinkeln, oder am Rande der Blätter, oder auf
deren Fläche, und sie sind in solchen Fällen entweder sitzend
oder gestielt; oder

quirlförmig (als ein Wirtel), wenn mehre kurzgestielte Blü=
then, wie aus einem Ring, aus dem Stamme kommen; oder
paarig oder gehäuft, wenn zwei oder mehre beisammen stehen.

Bei den durch einen gemeinschaftlichen Stiel verbundenen
Blüthen unterscheidet man hauptsächlich:

1) den Kopf, wenn viele kurzgestielte Blüthen am Ende ei=
   nes Stieles dicht zusammengedrängt vorkommen, wie bei
   dem Klee, und den Knopf, wenn das Ganze einen ge=
   meinschaftlichen Kelch hat, wie bei der Weberdistel;

2) den Büschel, wenn die am Ende des Stiels zusammen=
   gedrängten Blüthen gestielt sind;

3) die Aehre, wenn ungestielte Blüthen an einer gemeinschaft=
   lichen Achse dicht beisammen stehen;

4) das Kätzchen, eine Aehre, die statt der Blumen blos
   Schuppen enthält, wie bei Haseln und Weiden;

5) den Kolben, eine Aehre mit saftiger Achse;

6) die Traube, wenn gestielte Blüthen auf einer Achse un=
   regelmäßig beisammen stehen, wie bei der Trauben=Kirsche;

7) die Doldentraube, sie ist eigentlich eine Traube, aber
   die unteren Blüthenstielchen sind so verlängert, daß sie mit
   den oberen fast in einer Ebene endigen;

8) die Dolde, wenn mehrere gleich lange Blüthenstiele aus
   einem Punkte entspringen; macht ein solcher Stiel wieder
   eine kleinere Dolde aus, so heißt sie eine zusammengesetzte;
   und

9) die Rispe, eine sehr lockere und verzweigte Aehre, die bei
   dichtgedrängten Blüthen ein Strauß, und bei Endigung
   derselben in einer Ebene eine Trugdolde genannt wird.

§. 27.
Von der Blüthe im Allgemeinen.

Vergleicht man die wesentlichen Theile einer vollkommenen
Blüthe mit denen der ganzen Pflanze, so wiederholt sich gleich=
sam, in Bestandtheilen und Verrichtungen, die Wurzel in dem
Samen, der Stengel in dem Gröpse, das Laub in der Blume,

24

und der Stock in der Frucht. So wie nun jede Pflanze, wenn
auch unvollkommene Wurzeln hat, so erzeugt auch jede Pflanzengattung, selbst Pilze, ihren Samen, woraus sich, wie aus der
Wurzel, eine neue Pflanze entwickeln kann. Wie Wurzeln so
wachsen die Samen im Dunkeln und Feuchten, und so bestehen
die Samen aus feinen und zum Theil unentwickelten Zellen.

Der Gröps ist derjenige Theil der Blüthe, welcher den
Samen bei seiner Entwickelung einschließt. Er besteht gewöhnlich aus mehren stengelartigen Stücken, und er platzt erst nach
der Entwickelung des Samens, oder er vertrocknet.

Die Blume ist diejenige blattartige Bildung, welche den
Gröps oder, wenn dieser fehlt, nur den Samen einschließt. Sie
zerfällt bei vollständigen Blüthen gewöhnlich in den Kelch und die
Blume, auch Krone genannt, so daß der Kelch immer unter der
eigentlichen Blume steht und meist grün gefärbt, auch dick und oft
weniger getheilt ist, hingegen die Blume ein feineres, gefärbtes und
oft vielfach getheiltes Blattgebilde darstellt, das gewöhnlich bald abfällt, aber vor dem Abfall sich ausbreitet. Bei einigen Pflanzen
erscheint auch der Kelch blumenartig und bei andern die Blume
kelchartig; die Blume selbst zerfällt wieder in Blumenblätter und
Staubfäden.

Der Samen stellt gleichsam eine Pflanze im Entwurf dar,
welcher sich wie eine Knospe nach und nach entwickelt, und zwar
eingehüllt vom Gröpse, der wieder aus der Kapsel und dem Griffel besteht.

Die Frucht endlich ist daran zu erkennen, daß man die
Hüllen beobachtet, welche mit dem Samen als Ganzes abfallen.

Blüthen werden vollkommen genannt, die das ausgebildet
an sich tragen, was die wesentlichen Bestandtheile des Samens,
des Gröpses und der Blume ausmacht; hingegen unvollkommene
Blüthen, wenn sie keine deutlichen Blumen und Staubfäden haben. Zwitterblüthen heißen solche Blüthen, die Griffel und
Staubfäden ausgebildet enthalten; und eben so zeigen männliche
Blüthen keinen Fruchtknoten und weibliche Blüthen keine Staubfäden.

§. 28.
Von dem Fruchtknoten und dessen Verlängerung, dem Griffel und der Narbe.

Der Fruchtknoten, als der knospenartigen Grundlage

25

der künftigen Frucht, ruht auf dem Boden des Kelchs; er be=
steht aus dem Gröpse, so weit dieser die Anfänge der in ihm lie=
genden Samen umschließt, und dem Griffel, der eine blattrippen=
artige Verlängerung des Gröpses ist. Im Fruchtknoten ist jeder
Samenkeim durch eine stielartige Verlängerung mit dem Gröpse
verbunden. Jeder Fruchtknoten verlängert sich, in entgegengesez=
ter Richtung des Fruchtbodens, mehr oder weniger, und diese
Verlängerung nennt man Griffel, und das Ende des Griffels
heißt Narbe, welche Narbe einen lockeren und schwammigen Bau
hat und gewöhnlich zur eigentlichen Blüthezeit schleimig ist.

Oefters verwachsen in einer Blüthe die Griffel mehrer Frucht=
knoten in einen einzigen Griffel, der dann hohl sein kann, und
welche dadurch entstandene Röhre nun in die Höhlung zur nach=
herigen Kapsel, aber nicht in die Samen= oder Gröpsmasse führt.

In je einer Blüthe kann es einen, oder zwei, oder mehre
Griffel geben, und diese können einfach oder getheilt, und sonst
eigenthümlich gestaltet, auch mit Haaren bekleidet sein; ebenso
die Narben, und die sind zuweilen sitzend, d. h. fast ohne Grif=
fel mit dem Fruchtknoten verbunden.

§. 29.
Von Kelch, Blumenblatt und Staubfäden.

1) Der Kelch, als äußere Blüthendecke, ist entweder ein=
fach, eine Schuppe bei den Zapfenbäumen, oder am Rande ge=
spalten oder zähnig, oder in einzelne Kelchblätter abgesondert.
Steht, wie gewöhnlich, der Kelch frei, so sagt man, er sei un=
ten, z. B. bei den Kirschen; ist er aber mit dem Gröpse ver=
wachsen, so sagt man, er sei oben, z. B. bei den Rosen. Ist
der Kelch eine um einen nackten Samen tutenförmig zusammen=
geschlagene Schuppe, so heißt diese ein Balg wie bei den Grä=
sern; ist eine solche Schuppe vest mit dem Samen verwachsen,
so daß sie, haar= oder borstenförmig verlängert, bis nach der Sa=
menreife ausdauert, dann nennt man dieß eine Haarkrone,
z. B. beim Löwenzahn.

2) Die Blumenblätter werden hauptsächlich unterschie=
den nach Anheftung, Zertheilung und Gestalt. Steht nemlich
das Blumenblatt über der Frucht, so heißt es fruchtständig;
am Rande des Kelches: kelchständig; im Boden des Kelches:
bodenständig; und auf dem Blüthenstiel: stielständig.

26

In Abſicht auf die Zertheilung hat die Blume entweder eine röhrenförmige, oder mehrblättrige, oder ſchuppen= förmige Bildung. Das röhrenförmige Blumenblatt iſt entwe= der durch drei oder fünf Einſchnitte regelmäßig oder unregelmäßig getheilt oder gezähnt; oder ſie iſt durch zwei Einſchnitte lippen= förmig, wie bei der Taubneſſel, geworden, und wenn dieſe Lip= pen durch ihr nahes Beiſammenſein die Oeffnung der Röhre ver= ſchließen, ſo heißt eine ſolche Blume Rachenblume.

Die mehrblättrigen Blumen ſind urſprünglich nur drei= und fünfblättrig, und dann dieſe Zahlen verdoppelt oder wiederholt; ſo daß es von jenen auch ſechs=, neun= u. ſ. w. zählige, und von dieſen zehn=, funfzehn= und zwanzigzählige giebt. Iſt aber ein Blumenblatt bei der Geſtaltung einer Pflanzenart verkümmert, ſo entſtehen dadurch zwei=, vier= und achtzählige Blumenblätter. Zu den unregelmäßigen Blumen wird auch die Schmetter= lingsblume, z. B. beim Bohnenbaum, gerechnet, wovon das äußere große Blatt die Fahne, die beiden Seitenblätter die Flü= gel und das innere Blatt das Schiffchen genannt wird. Außer= dem benennt man die mehrblättrigen Blumen, nach der Aehn= lichkeit mit allgemein bekannten Blumenformen, als: roſenar= tige, nelkenartige, lilienartige u. ſ. w.

Wenn die Blumenbildung einen dreifachen Kreis zuläßt, und alſo auf den ausgebildeten oder zurückgetretenen Kelch ein wahrer Blumenblattkreis ausgebildet, und dann noch ein innerer Blumenblattkreis entwickelt iſt, ſo heißt dieſer lezte Nebenkro= ne. Bei ſolchen Blumen ſtellt der Kelch die untere Fläche eines Blattes dar, eben ſo das Blumenblatt gleichſam das verwandelte Blattgerüſte, und endlich die Nebenkrone die freigewordene Ober= fläche jenes Blattes.

Die Hauptfarben der Blumen ſind: gelb, weiß, blau und roth, und man hält die gelbe Farbe für die niedrigſte, und die rothe für die höchſte.

3) Die Staubfäden ſind ihrem Bau' und Stande nach die freigewordenen Rippen der Blumenblätter, und es herrſcht da= her bei ihnen allgemein die geſtreckte Stengelform. Darum fin= det man ſie auch entweder zwiſchen die Blumenblätter geſtellt oder mit der Röhre des Blumenblattes verwachſen, oder wenn das Blumenblatt da fehlt, wo ſolches ſtehen würde. So viel mithin das Blumenblatt gleichſam Rippen hatte, ſo viel Staub= fäden entwickeln ſich aus ihm. Bei je einer Pflanzengattung

27

sind jedoch nicht immer alle Staubfäden ausgebildet, weßhalb ihre
Zahl unregelmäßig wird; auch sind sie dann in der Größe unter einander verschieden; und öfters sind sie mehr oder weniger in
Bündel verwachsen. — Ihre Verrichtung ist die eines verfeiner-
ten Blattstieles.

An den Enden der Staubfäden steht wieder eine eigenthümliche Bildung, die Staubbeutel heißt, und die äußerlich von
häutigen Wänden zusammengehalten, aber innerlich von einer
körnigen Masse, dem Samenstaube, ausgefüllt ist.   Wenn
die Staubbeutel in ihrer Ausbildung vollendet sind, so springen
jene häutigen Wände auf und der Samenstaub fällt heraus.

Bei gefüllten und verkrüppelten Blumen gehen theilweise
oder auch gänzlich die Staubgefäße wieder in Blumenblätter über,
so daß man, wie bei den Rosen, öfters noch halbentwickelte Staubfäden wahrnimmt.

§. 30.
Von den öfters kaum sichtbar ausgebildeten
Blüthentheilen.

Da die Blüthe gleichsam eine ganze Pflanze auf höherer
Stufe mit umgekehrter Entfaltung vorstellt, so können auch alle
Pflanzenorgane an ihr, obgleich eigenthümlich gebildet, erscheinen,
nur zuweilen mehr angedeutet, als entwickelt.   Solche Organe
sind: Blüthenstiel, Haare, Drüsen u. s. w.

Solche eigenthümliche Bildungen der Blüthe sind auch die
Honiggefäße (Nectarien), die gewöhnlich am Grunde der
Blumenblätter stehen, oder gar mit dem Fruchtboden, auch
wol mit den Fruchtknoten verwachsen sind, und die eine Art
Honigsaft abscheiden. Der Bau, die Gestalt und die Stellung der Honiggefäße ist bei den verschiedenen Pflanzen gar
sehr abweichend, und ihre Bedeutung scheint die zu sein, daß
sich hier die oxydirten Säfte niederschlagen müssen, wann die
flüchtigen Stoffe der Befruchtung auftreten sollen, und daß sie
das für die Befruchtwerkzeuge vorstellen, was die Blume für die
ganze Blüthe ist, indem sie auch mit dieser entstehen und vergehen.   Außer den eigentlichen Honiggefäßen giebt es öfters auch
Theile der Blume, die den Saft aufbewahren, nemlich Saft-
hälter, als Grübchen und Sporen.   Zuweilen finden sich
in den Blüthen auch Saftdecken, als Schuppen, Haarbüschel
oder Blättchen, die gleichsam den Honigsaft verschließen. Endlich

28

zeigt sich auch oft ein Saftmahl (ein gefärbter Strich oder
Flecken) welches nach dem Honiggefäße hinweiset.

§. 31.
Von der Bestäubung.

Lezter Zweck des Blühens ist Erzeugung des Samens, und
dieser wird bei den höheren Pflanzen nur durch Bestäubung
erreicht. Diese Bestäubung ist eine Vermischung des Samenstaubes mit der schleimigen Feuchtigkeit der Narbe, und erst dann,
wenn diese Bestäubung stattgefunden hat, entwickelt sich im Gröpse
der Samen, außerdem vertrocknet der Entwurf des Samens.
Diese Bestäubung scheint auf eine nichtkörperliche Art zur Beleb-
ung des Samens zu wirken, gleichsam wie durch galvanisch-elek-
trische Erregung, oder doch so, daß von nun an die Thätigkeit
der Blüthe nach innen auf die Entwickelung der Samen gelenkt
wird.

Zur Erleichterung dieser Bestäubung lassen sich viele merkwürdige Erscheinungen an den Blüthen selbst nachweisen. Dahin
gehört: das regelmäßige Neigen der Staubfäden zum Griffel kurz
vor dem Zerplatzen des Staubbeutels und wieder das nachherige
Zurückgehen bei vielen Blüthen; ebenso das Neigen der Griffel
zu den Staubbeuteln bei andern Blüthen; das Aufrechtstehen der
Zwitterblüthen mit langen Staubfäden und kurzen Griffeln, und
das Hängen derselben im umgekehrten Falle; die große Menge
des erzeugten Samenstaubes bei Blüthen in getrennten Geschlechtern; Geruch und Farbe der Blume und Saftmähler laden die
Insekten zur Aufsuchung des nährenden Honigsaftes ein, wobei
sie den Staub an und mit sich zur Narbe führen u. s. w.

Der auffallendste Beweis, daß die Bestäubung wirksam zur Samenbildung sei, besteht darin, daß unbestäubt gebliebene weibliche
Blüthen keinen keimfähigen Samen erzeugen. Daß aber Bastard-
Pflanzen entstehen sollen, wenn die Narbe einer Pflanzengattung
bestäubt würde durch den Samenstaub einer ihr ähnlichen Gattung, daß die dadurch erhaltenen Pflanzen das Zeichen beider Gattungen an sich trügen, und daß solche Bastard-Pflanzen nach
und nach wieder in die eigentlichen Stamm-Gattungen übergin-
gen; dieses ist dadurch zweifelhaft geworden, daß man in der
freien Natur keine Bastarde gefunden hat und daß dieselben Folgen hervorgehen durch Kultur und Pflege der Pflanzen überhaupt.

29

§. 32.
Vom Samen.

Jeder Samen besteht aus dem eigentlichen Samenkern und aus den solchen umgebenden Häuten, der Schale. Die Samen= kerne der höheren Gewächse enthalten immer zwei dicke S a m e n= l a p p e n (Cotyledonen) und den K e i m, und zuweilen liegen noch zwischen den Samenlappen zwei sehr kleine Blättchen, die B l a t t= f e d e r ch e n heißen. Die Spitze des Keimes, welche sich beim Keimen selbst immer nach der Erde zu verlängert, wird S ch n ä= b e l ch e n genannt. Die innere Schale des vollkommenen Sa= mens ist weich, aber die äußere mannichfach gefärbt und zuwei= len sehr hart. Bei den niedren Gewächsen enthält der Samen nur e i n e n scheibeartigen Kern, e i n e n Samenlappen, mit dem Keime, und die niedrigsten Pflanzen haben keine Samenlappen, sondern nur den Keim.

Nach dieser verschiedenen Ausbildung des Samens nennt man die Gewächse:
1) Z w e i = S a m e n l a p p i g e (Dicotyledonen), wenn sie zwei Samenlappen haben; und da dieses nur bei solchen Gewäch= sen vorkommt, die Netzblätter tragen, so heißt man sie auch N e t z p f l a n z e n, z. B. Laubhölzer;
2) E i n = S a m e n b l ä t t r i g e (Monocotyledonen), wenn sie beim Keimen nur ein scheibeartiges Blatt entwickeln, z. B. der Waizen, welche Pflanzen immer geradstreifige Blätter ha= ben; und
3) O h n = S a m e n b l ä t t r i g e (Acotyledonen), wenn sich aus dem Keime ohne Samenlappen nur das Pflänzchen entwi= ckelt; solche Pflanzen haben auch keine oder nur unvollkom= mene Blätter, wie Pilze, Mose und Farn.

Die Masse der Samen ist hauptsächlich Stärkemehl; dann findet sich noch in verschiedenen Samen Oel, Harz, Kleber, Schleim, Zucker und andere bittere, scharfe u. s. w. Stoffe.

§. 33.
Von der Frucht.

Da nach dem Verblühen entweder die Fruchtknoten, oder auch Kelch oder Blüthenboden sich ausdehnen, und die Hüllen des Samens so lange fortwachsen, bis der Samen selbst reif ge=

30

worden, d. h. der Ernährung der Hüllen entwachſen iſt, ſo ver=
halten ſich die Hüllen zur Frucht, wie die Blume zur Blüthe, und
es iſt das Fruchtreifen gleichſam ein Nachblühen der Pflanze.
Während dieſer Ausbildung des Samens dienen die einzelnen
Hüllen ſo dem Samen, wie die Wurzeln und Blätter (mit ih=
ren Theilen) dem Stengel oder Stocke; ſo z. B. haben die Sa=
menflügel zu dieſer Zeit eine eigenthümliche Blattverrichtung.
Oft enthalten die Hüllen noch einen beträchtlichen Ueberſchuß
deſſen, was zur Nahrung des Samens hätte verwendet werden
können, wie z. B. die fleiſchigen Früchte. Vor der Reiſe ſind
die einfachen Säfte der Früchte wenig verſchieden von dem übri=
gen Safte der Pflanze; aber nach der Reiſe enthalten ſie: ſüße,
ſaure und bittre, milchige, mehlige, ſcharfe und giftige Stoffe, die
dem Menſchen zur Nahrung und Heilung, auch zur Tödung die=
nen können.

Neuerlich werden die einfachen Früchte nach den Fortbild=
ungen des Gröpſes und des Kelches um einen oder mehre Sa=
men eingetheilt. Wenn nemlich ein einfacher, dünngebliebener
und trocken gewordener Gröps einen einzigen Samen umſchließt,
ſo heißt die Frucht:

1) ein Korn (eine Balgfrucht) bei enger Umſchließung, wie
   bei den Gräſern;
2) ein Schlauch, wenn die hautartige Samenſchale vom
   Kerne ganz abgelöſet iſt, wie beim Wegerich;
3) eine Nuß, wenn der Schlauch verhärtet oder holzartig ge=
   worden iſt, wie bei den Eicheln und Haſeln; und
4) eine Taſche (Flügelfrucht), wenn der Schlauch ſeitwärts
   in Flügel ausgebreitet iſt, wie bei Ahornen und Rüſtern.

Die Beere iſt eine vom fleiſchig (ſaftreich) gewordenen
Gröpſe entſtandene Frucht mit gewöhnlich zwei und mehren, ſel=
ten einem Samen; und zwar mit nacktem Samen, wie bei
der Wein= und Johannisbeere; mit Nüſſen wie beim Kreuz=
dorn; und mehrfächrig wie bei Heidelbeeren und Citronen.

Früchte, bei denen der Gröps ſo fortgebildet iſt, daß ſie ſich
öffnen bei der Reiſe, ſind hauptſächlich folgende:

1) die Balgkapſel (Schlauchfrucht), einklappig, mehrſamig
   und in einer Längsritze ſich öffnend, wie bei den Askle=
   piaden;
2) Kapſel, aus mehr als zwei kreisſtändigen Klappen beſte=
   hend, die ſich mehr oder weniger tief öffnen.

31

3) die Hülse, aus zwei Längsklappen gebildet und die Samen abwechselnd an der einen Naht stehend — den
schmetterlingsblüthigen Pflanzen eigenthümlich; und

4) die Schote, ebenfalls zweiklappig, aber mit einer dünnen,
zuweilen schwindenden Scheidewand, und die Samen dieß-
seits und jenseits der Wand abwechselnd — den kreuzblüth-
igen Pflanzen eigen.   Die Schötchen ebenso und nur
ziemlich solang als breit.

Die Steinfrucht (Pflaume) ist ein- oder wenigsamig mit
der Anlage zu zwei Klappen, wobei aber der Gröps nach innen
holzig und nach außen fleischig wurde; und zwar blieb der holzige Theil des Gröpses noch einfächrig, aber zweiblättrig, wie bei
Kirschen, Pflaumen und Schlehen, hingegen zweifächrig wie beim
Hartriegel.

Die Kelchfrüchte (Aepfel) sind häutige Gröpse von dem
vergrößerten Kelche umschlossen, und zwar den Kelch umhüllend:

1) ein Kern, wie bei zusammengesezten Blüthen, der Sonnenblume, dem Löwenzahn;

2) zwei Samen, wie bei den Doldengewächsen;

3) zwei- oder fünftheilige Gröpse, wie z. B. bei den
Saxifrageen;

3) einen einfachen Gröps, aber mit fleischig gewordenen
Kelchen, wie bei Myrten; und

5) einen mehrfachen Gröps und wieder mit fleischigge-
wordenem Kelche, wie bei den Rosaceen.

Die zusammengesezten Früchte entstehen dadurch, daß sich
die Früchte mehrer Blüthen in eine einzige Frucht zusammen-
drängen, dahin gehören z. B. die Doppelbeeren der Alpen-
Heckenkirsche; die Feige, die in einer fleischigen Hülle viele
Schläuche vereinigt; der Zapfen, eine Kätzchenfrucht mit harten und deckenden Schuppen, z. B. bei den Fichten; und die
Zapfenbeere, ebenfalls eine Kätzchenfrucht, aber mit fleischiggewordenen Schuppen, z. B. bei dem Wachholder.

§. 34.

Von den Früchten der geschlechtslosen Pflanzen.

Die unvollkommenen Pflanzen entwickeln keine eigentlichen
Blumen, sondern höchstens blüthenartige Andeutungen, aus denen sich ein Samen bildet, der freie Keimkörner, ohne Sa-

32

menhälter und Samenstrang, darstellt. Solche Pflanzen sind
Pilze, Flechten, Mose und Farn.

1) Die Pilze haben ihren Samen entweder in Blasen,
wie beim Bovist und Brand, oder er hängt an losen Fäden, wie
beim Schimmel, oder es machen diese Samenschläuche einen eigenen Ueberzug oder eine Schicht aus, die man Schlauchschicht
nennt, wie bei den eigentlichen Schwämmen.

2) Bei den Flechten ist die ganze Blattbildung fähig,
Keimkörner zu entwickeln, doch liegen diese gewöhnlich auf becher-
förmigem Fruchtboden, dessen innere Lage in Körner zerfällt und
dessen obere Schicht aus Schläuchen mit aufrechten Keimkörnern
besteht.

3) Die Mose entwickeln eine Art Kapsel, die Büchse
genannt wird. Diese Büchse ist durch einen Deckel geschlossen,
der bei der Reife abgeworfen wird, und dann ist die Mündung
derselben entweder nackt oder mit Zähnen und Wimpern besezt.
Die Samen sind sehr klein und staubartig und sitzen an den
Wänden der Büchse.

4) Die Früchte der Farn sind dünne, häutige und zellige Kapseln, die meist durch einen gegliederten Ring quer zerrissen werden, woraus sich dann braune Keimkörner ergießen,
Solche Früchte stehen gewöhnlich in Häufchen beisammen, und
sind dann oft mit einer Haut überzogen, die Schleier genannt
wird.

§. 35.
Vom Ueberzug.

Der Ueberzug wird eingetheilt in Haare und Borsten, Drüsen, Warzen und Stacheln.

1) Haare und Borsten erscheinen als dünne und röhrige
Fortsäze der Oberhaut, nur daß jene walzenförmig und weich,
hingegen diese kegelförmig und steif sind. Sie werden aus einfachen oder auf einander gesezten und in die Länge ausgedehnten
Zellen gebildet, und sie scheinen plötzlich hervorzutreten, ohne eigentlich fortzuwachsen. Trockene und hohe Standorte begünstigen die Haar- und Borstenbildung, so wie überhaupt eine gewisse Hemmung des Pflanzenwachsthums. Ihre Verrichtung
scheint Absonderung nach innen und Aussonderung nach außen
zu sein, und sie sind gleichsam Haarwurzeln. Man unter-

33

scheidet sie hauptsächlich noch, ob sie einfach oder getheilt, aufrecht oder liegend sind, ob sie verworren (also wollig), oder dicht beisammen (also filzig), oder auf besondern Drüsen oder Warzen stehen, oder wie sie sonst beschaffen sein mögen.

2) Drüsen sind rundliche Anhäufungen auf der Oberfläche, die eigenthümliche Säfte enthalten oder absondern. Sie bestehen aus erweiterten rundlichen Zellen, und ihre Verrichtung ist Aussonderung und Ausscheidung auf der Oberfläche.

Man nennt sie sitzende oder gestielte, je nachdem sie unmittelbar auf der Oberhaut aufsitzen, oder durch besondere Stiele unterstützt sind.

3) Warzen sind stumpfe Erhabenheiten, die niemals einen merklichen Saft absondern, und die so lange dauern als der Pflanzentheil, auf dem sie erscheinen. Sie bestehen aus einem gedrängten unregelmäßigen Zellgewebe. Bei verkümmertem Wuchse einer Pflanze, besonders auf trockenem Boden, vermehrt sich oft ihre Anzahl. Ihre Verrichtung scheint eine gleich der der Rinde, nur eine verminderte, zu sein.

4) Stacheln sind steife und stechende Verlängerungen, die auf der Oberhaut entspringen, sich mit dieser ablösen lassen, keine Umwandlung eingehen, und auch nicht durch Kultur, aber öfters an älteren Stämmen, verschwinden. Sie bestehen aus einem unregelmäßigen körnigen Zellgewebe, das an der Oberfläche in eine hornartige Masse übergeht. Sie scheinen eine Entladung der Zellenmasse zu sein, und weiter keine eigenthümliche Bestimmung zu haben, weßhalb sie auch nach ihrer Entwickelung alsbald absterben.

Man unterscheidet einfache und zusammengesetzte (z. B. handförmig bei den Berberitzen), gerade und gekrümmte Stacheln.

E. Von den Hülfsmitteln zur Kenntniß der Pflanzen.

§. 36.

Im Allgemeinen.

Jedes Unterrichten und Lernen wird erleichtert durch Aufstellung und Befolgung allgemeiner und vester Begriffe und Grundsätze und durch bestimmte Benennung der unterschiedenen Dinge. Je mannichfaltiger und zahlreicher diese Dinge sind, desto nützlicher wird es, eine wissenschaftliche Anordnung aufzustellen und

3

34

zu befolgen, theils zur leichteren und besseren eigenen Uebersicht, theils zur Verständigung und zum Verstehen anderer. Da nun die Pflanzen aus bekannten Hauptorganen bestehen, die bei gewissen Pflanzen entweder vollkommen oder unvollkommen ausgebildet sind, oder die zum Theil bei andern fehlen; so nennt man eine Anordnung der Pflanzen nach ihren Hauptorganen ein na= türliches System, z. B. das von Oken. Wird aber ein Hauptorgan zur Grundlage der Anordnung angenommen, und stellt man die Pflanzen nach dieses Organs Vorkommen, Gestalt, Zahl u. s. w. zusammen, so heißt das ein künstliches System, z. B. das von Linné. Jenes befördert die Einsicht in das We= sen und die schöne Ordnung des Pflanzenreichs, dieses erleich= tert das schnelle Auffinden des Namens einer unbekannten Pflanze.

Zur Erwerbung botanischer Kenntnisse dienen beim Studium in der freien Natur und in botanischen Gärten, Bücher und Kupferwerke, Herbarien und Samensammlungen.

§. 37.
Begriffe und Grundsätze der Unterscheidung und Benennung.

1) Die wesentlichsten Unterschiede werden bei den Pflanzen von dem Dasein oder dem Fehlen der Hauptorgane, nämlich: Mark (anatomische Theile), Stock, Blüthe und Frucht mit ih= ren Theilen, hergenommen. Da nun alle Pflanzen zwar Samen haben können, aber je eine Pflanze von jenen Haupttheilen nur einen, oder etliche oder sämmtliche derselben ausgebildet hat, so daß die übrigen gänzlich fehlen oder nur verkümmert vorhanden sind; so gehören nur die Pflanzen zusammen, die gleichviele Or= gane auf ähnliche Weise ausgebildet haben, und die Pflanzen, welche mehre Organe entwickeln, stehen höher als solche, denen eins dieser Organe fehlt.

2) Haben Pflanzen gleichviele Hauptorgane, so werden solche Pflanzen wieder zusammen gehören, deren Hauptorgane in Form und Gestalt ziemlich übereinkommen. Ihre Unterscheidung unter einander aber wird hergenommen aus der abweichenden Gestalt dieser Organe.

3) Weil die Gewächse während ihrer Lebenszeit Umwandel= ungen eingehen in der Ausbildung ihrer Organe, diese Ausbild=

35

ungen aber am beharrlichsten sind in der Zeit zwischen Blühen-
und Samenreifen, so werden alle unterscheidenden Merkmale
hauptsächlich in dieser Zeit aufgefaßt und behalten. Außer dieser Lebenszeit sind die Unterscheidungen bei vielen Gewächsen unsicher.

4) Weniger wichtig und nur beiläufig in einer Beschreibung
brauchbar ist zur Unterscheidung der Gewächse alles das, was
durch Geruch, Geschmack oder Gefühl erkannt werden mag.
Ebenso ist die Größe kein sicheres Unterscheidungzeichen, weil
sie sehr oft durch Wachsthumsumstände abgeändert wird; höchstens vergleichweise ist sie wichtig, z. B. der Kelch ist länger
als die Blume, der Blattstiel kürzer als das Blatt u. s. w.

5) Das Fehlschlagen, Verwachsen und Ausarten einzelner
Organe bei je einer Pflanze, sei es durch Kultur oder andere
störende Einwirkungen, giebt keinen zureichenden Grund zur
Trennung von der eigentlichen Pflanzengattung.

6) **Wenn eine aus dem Samen gezogene Pflanze in der Entwickelung und Ausbildung ihrer Organe immer dieselbe bleibt, so wird sie eine Gattung (Species, sonst Art) genannt.** Pflanzen hingegen, die
solche veränderliche Ausbildungen in Gestalt, Farbe, Größe u. s. w.
an sich tragen, werden als Untergattungen, Abarten und Spielarten jener vesten Gattungen angesehen.

Die richtige Bestimmung dieser Gattungen ist nun für die
Wissenschaft und das Lernen derselben sehr wichtig, und man
muß den Ausspruch befolgen: Es darf keine Pflanze als Gattung aufgenommen werden, bis ihre Ständigkeit durch Zucht aus
dem Samen erwiesen ist. Würde dieses auch immer bei den
Holzpflanzen befolgt, so würden nicht so oft Pflanzengattangen
beschrieben worden sein, die es gar nicht gab.

Auch muß man, wie es schon aus dem Begriffe folgt, ein-
für allemal merken, daß **Untergattungen, nur unter bestimmten Umständen aus Samen gezogen, sich treu
bleiben und daß Abarten nur künstlich, als durch
Stecklinge, Ableger, Pfropfen u. s. w., vermehrt
werden können**, hingegen Spielarten nur zufällig.

7) Wenn zwei oder mehre Gattungen in allen wesentlichen Theilen der Blüthe und Frucht übereinstimmen, so
machen sie zusammen eine **Sippe** (Genus, Geschlecht,) aus.

3 *

36

8) Bei der Benennung der Pflanzen bekommt die Sippe einen Hauptnamen und jede dazu gehörige Gattung einen Beinamen, und zwar im Lateinischen gewöhnlich zum Sippennamen ein Hauptwort und zum Gattungnamen ein Beiwort, aber im Deutschen vor den Sippennamen am schicklichsten einen bezeichnenden Grundlaut, oder ein ungebeugtes Haupt= oder Beiwort, und nur ungern ein gebeugtes Beiwort, z. B. Betula alba, und Weißbirke. Untergattungen und Abarten erhalten zu jener Benennung noch ein bezeichnendes Beiwort. Ueberhaupt sollte man allgemein veststellen, daß die einmal angenommenen und botanisch richtigen Namen beibehalten werden müßten, damit nicht fortwährend neue Synonyme entständen.

§. 38.
Vom natürlichen Systeme.

Zur Kenntniß der Pflanzen gehört es wohl, die Gewächse nach ihren Formen in Grund=, Haupt= und Nebengliedern zu unterscheiden, ihr Leben, Wachsen und Fortbilden nach Zeit und Ort zu beobachten und ihre Erzeugnisse für bestimmte Zwecke zu würdigen. Aber der geistige Mensch will auch wissen, wie das ganze Gewächsreich in allen seinen Organen sich darstellt, welche Pflanzen mit den nämlichen, aber verschieden ausgebildeten Gliedern eine Einheit der Entwickelung und Entfaltung befolgen und somit auf gleicher Stufe der Ausbildung stehen, und wie man nach dieser Gliederung das ganze Gewächsreich leicht überschauen könne, um sich an der schönen Einheit des Pflanzenlebens, bei aller Mannichfaltigkeit der Pflanzengebilde, zu erfreuen. Die ersten Mittel zu dieser vielseitigen Kenntniß bieten die Pflanzensysteme dar, nämlich das natürliche, das methodische und das künstliche System.

Ein natürliches System ist eine Darstellung der Pflanzen nach ihren Organen, so daß alle Pflanzen beisammenstehen, die gleichviele Organe auf ähnliche Weise ausgebildet haben, und zwar theils nach den Grundorganen und den daraus gebildeten Geweben, theils nach den aus diesen Geweben gebildeten Gliedern. Ein solches System hat zuerst Oken gegeben, und es mögen die hier betrachteten Sippen (Genera) nach dessen neuester Aufstellung dieses Systems (Oken's Lehrbuch der Na-

37

turphilosophie, 2te Auflage, Jena 1831.) übersichtlich aufgeführt
hier folgen.

Ein methodisches System (auch natürliches genannt)
scheidet die Pflanzensippen nach allgemeinen Rücksichten und ord=
net sie auf gleichartige Haufen, natürliche Familien genannt.
Ein solches Zusammenstellen der Pflanzensippen in Familien nach
gewissen (nicht allen) Gliederausbildungen haben Mehre mit
Glück versucht, namentlich Jussieu, Batsch, Kurt Sprengel,
de Candolle, Broun und Reichenbach, und die nachher ausgeführt=
ten Familiennamen sind meist nach lezterem angegeben. (Vide
Conspectus regni vegetabilis per gradus naturales evo-
luti. Auctore Reichenbach. Lipsiae 1828.)

Ein künstliches System geht von nur wenigen Glied=
ern aus und ordnet danach alle Pflanzensippen in Klassen und
Ordnungen, um schnell danach die Pflanzennamen aufsuchen zu
können, wie etwa in einem alphabetischen Wortbuche die Be=
deutungen einzelner Worte. Ein solches z. B. ist das Linné'sche
System, wonach im folgenden §. die Sippennamen der Forstpflanz=
en zusammengestellt sind.

Wie eine Pflanze, die nur ein einziges Organ oder Gewebe
ausgebildet hat, auf einer niedern Stufe des Pflanzenlebens
steht als eine andere, die zwei oder mehre derselben entwickelte,
so ist überhaupt diejenige unter mehren Pflanzen die höhere,
welche die meisten Glieder ordentlich entfaltete. Denn die Pflanze
besteht nur aus Gliedern, und die Zahl dieser Glieder vermehrt
sich bei höheren Gewächsen, und die höchsten Gewächse vereinigen
in sich alle Glieder, welche Pflanzen hervorzubringen vermögen.
Aber die Art, wie in eine Sippe je ein solches Glied sich ent=
wickelt, gestaltet und vollendet hat, dieß giebt keinen Anspruch
auf eine höhere Stufe unter den Pflanzen, sondern nur auf den
Rang einer höheren Ausbildung unter ihres Gleichen. Betrach=
tet man nun die Pflanzen nach den Grundorganen, so giebt es
erst einfaches Zellgewebe, dann auch Zellgewebe mit Adern und
hierauf Zellgewebe mit Adern und Drosseln in sich, und somit
Zellen=, Ader= und Drosselpflanzen. Bilden sich ferner die Ge=
webe röhren= und kreisförmig aus und sind diese gleichsam in
einander eingeschachtelt, wie Rinde, Bast und Holz, so giebt es
demnach Rinden=, Bast= und Holzpflanzen. Treten diese Bild=
ungen aus einander, stellen sie sich über und neben einander und
bilden sich die Hauptglieder deutlich aus, so hat man Wurzel=

38

Stengel= und Blattpflanzen. Wiederholen sich diese Bildungen embryonisch auf einer höheren Stufe der Ausbildung in der Blüthe mit umgekehrter Entfaltung, als Samen, Gröps und Blume, so stellen sich Samen=, Gröps= und Blumenpflanzen dar. In der Frucht vereinigen sich wieder diese aus einander getretenen Glieder, und zwar als Nuß, Pflaume und Apfel (oder Beere) und es zeigen sich nun wieder Nuß=, Pflaumen= und Apfelpflanzen. Diese Bildungen bestimmen in Oken's System die Klassen. Das Streben der Pflanzen ist endlich darauf gerichtet, ihre Glieder auszubilden: zuerst nach den Grundorganen, Mark genannt; dann nach Gewebe, wie im Schaft; dann nach der Stellung der Gewebe, wie im Samen; hierauf nach der Wiederholung dieser lezten Glieder, wie in der Blüthe, und endlich nach der Ausbildung der Gewebe zur Frucht; und diese Bildungen geben in Oken's System die Ordnungen, worunter sich die forstlichen Pflanzen etwa auf folgende Weise vertheilen, wobei die eingeklammerten Namen nur zur Ausfüllung der Ordnungen aufgeführt sind.

Erstes Land.
Zellen=, Ader= und Drossel=Pflanzen.
Acotyledonen.

I. **Klasse.** **Zellenpflanzen.** Mit bloßen einfachen Zellen (Pilze).

1. Brandpilze. Urebineen: **Aecidium. Roestelia. Peridermium.**
2. Faserpilze. Byssaceen: **Erineum. Antennaria, Byssus. Rhizomorpha. Himantia. Xylostroma.**
3. Schimmelpilze. Mucedineen: **Mucor.**
4. Knorpelpilze. Sclerotiaceen: **Albigo. Sclerotia.**
5. a. Bauchpilze. Lycoperbaceen: **Scleroderma. Tuber.**
   b. Schlauchpilze. Sphäriaceen: **Xyloma. Sphaeria.**
   c. Morchelpilze. Morchellinen: **Peziza.**
   d. Hutpilze (Hymenini):
      α. Stachelpilze. Hydneen: **Thelephora. Hydnum.**
      β. Löcherpilze. Polyporen: **Daedala. Boletus. Merulius.**
      γ. Blätterpilze. Agaricineen: **Agaricus.**

39

II. **Klaſſe. Aberpflanzen.** Auch mit geſtreckten Zellen und Abern.

1. Gallertpflanzen. Tremellen.
2. Waſſerfäden. Conferven.
3. Tange. Floriden und Fucoiden.
4. Flechten. Lichenen.
   - a. Schorfflechten. Verrucarineen: Arthonia. Verrucaria.
   - b. Schriftflechten. Graphideen: Opegrapha. Graphis.
   - c. Kopfflechten. Lecideen: Lecidea. Cenomyce.
   - d. Schüſſelflechten. Parmeliaceen: Sticta. Parmelia. Cetraria. Usnea. Ramalina. Everina. Alectoria.

5. **Moſe (Musci).**
   - a. Schirmmoſige. Splachnoiden: Gymnostomum. Splachnum.
   - b. Torfmoſige. Sphagneen: Sphagnum.
   - c. Gabelzähnige. Dicranoiden: Dicranum. Trichostomum.
   - d. Apfelmoſige. Bartramineen: Bryum. Mnium. Bartramia. Webera.
   - e. Widerthonige. Polytrichoiden: Pogonatum. Polytrichum.
   - f. Aſtmoſige. Hypnoiden: Leskea. Hypnum.

III. **Klaſſe. Droſſelpflanzen.** Auch mit Droſſeln.

1. Lebermoſe. Hepaticae: Marchantia. Jungermannia.
2. Schaftfarn. Lycopodiaceen: Lycopodium. Equisetum.
3. Farnkräuter. Filices.
   Wedelfarn. Polypodiaceen: Aspidium. Pteris. Asplenium. Polypodium.
4. Waſſerfarn. Rhizospermen.
   Traubenfarn. Osmundaceen: Osmunda.
5. Waſſerpflanzen. Najaden (Hippuris. Najas).

Zweites Land.

Schaftpflanzen, Röhren- und Streifenpflanzen.
Monocotyledonen.

IV. **Klaſſe. Rindenpflanzen.** Rohr-, Halm- und Knotenpflanzen. (Zunächſt die Gräſer, Gramineen.)

1. Aehrengräſer (Spicatae): Triticum. Nardus. Elymus.
2. Rispengräſer (Paniculatae): Agrostis. Milium. An-

40

thoxanthum. Melica. Bromus. Poa. Festuca. Aira. Dactylis. Avena. Holcus. Arundo.

3. Riedgräſer. Cyperoiden: Scirpus. Carex. Schoenus.

4. Simſenartige. Junceen: Juncus. Luzula.

5. Fruchtgräſer (Nymphäaceen, Alismaceen).

V. Klaſſe. Baſtpflanzen (Lilien).

1. Marklilien. Colchiaceen: Liliaceen.

2. Schaftlilien. Alliaceen; Allium.

3. Stocklilien. Smilaceen: Paris. Convallaria.

4. Blüthenlilien. Orchideen: Orchis. Ophrys.

5. Fruchtlilien. (Gewürzpflanzen: Scitamineen, Muſaceen.)

VI. Klaſſe. Holzpflanzen. Mit holzigem Schaft und holziger Frucht.

1. Ariſtolochien: Aristolochia.

2. (Saurureen. Pfeffer.)

3. (Typhaceen. Pandanen. — Aroiden: Arum; Calla.)

4. (Asparagoiden. Dioscoreen.)

5. Palmen. (Bei uns nur in Gewächshäuſern, und vornehm= lich benutzen wir von ihnen Sago und Datteln).

Drittes Land.

Netz= und Zweigpflanzen. Dicotyledonen.

a. Stammpflanzen. Monopetalen, Röhrenblumen:

VII. Wurzelpflanzen. Meiſt mit ſaftreichen, dicken Wur= zeln.

1. Lactuceen: Hieracium. Eupatorium.
Anthemideen: Achillea.
Inuleen: Inula.
Senecioneen: Senecio. Arnica.

2. Aſtereen: Solidago.

3. (Carduaceen: Carduus. Centaureen: Cnicus.)

4. Campanulaceen: Phyteuma. Jasione. Campanula.

5. (Cucurbitaceen: Bryonia. Cucumis. Cucurbita.)

VIII. Klaſſe. Stengelpflanzen. Der Stengel überwie= gend ausgebildet; die Wurzel feinfaſerig, und die Blätter ſchmal.

1. (Coffeaceen. Guettarden.)

2. Stellaten: Galium. Asperula.

41

3. Sambuceen: Sambucus. Viburnum. Valeriana.
  Corneen: Cornus.
  Caprifoliaceen: Lonicera. Caprifolium.
  Lorantheen: Viscum. Loranthus.
  Vaccineen: Vaccinium. Empetrum.
  Buxeen: Buxus.
4. Ericeen: Erica. Andromeda. Arbutus. Ledum.
5. Fraxineen: Fraxinus.
  Aquifoliaceen: Ilex.
IX. Klasse. Laubpflanzen. Meist Kräuter mit breiten
  Blättern; Blumen frei und Kapseln zweifächerig.
  1. Primulaceen: Trientalis. Veronica.
  Solaneen: Lycium. Solanum. Atropa.
  2. Personaten: Melampyrum. Digitalis. Pedicularis.
  Antirrhinum. Verbascum.
  3. Jasmineen: Ligustrum. Syringa. (Jasminum.)
  Vinceen: Vinca.
  4. Asperifolien: Echium. Pulmonaria.
  Labiaten: Ajuga. Clinopodium. Lamium. Stachys.
    Galeobdolon. Galeopsis.
  Asclepiaden: Asclepias.
      b. Blüthenpflanzen.
  Kelch, Blume, Staubfäden und Gröps ganz von einander
    getrennt. (Hypogynische Polypetalen.)
X. Klasse. Samenpflanzen. Mit überwiegend ausgebil=
  deten Samen.
  1. Clematideen: Clematis. Atragene.
  Anemoneen: Hepatica.
  Helleboreen: Actaea.
  Geranien: Geranium.
  2. (Büttnerien. Hermannien.)
  3. Oxalideen: Oxalis. — (Malvaceen.)
  4. (Anonen. Magnolien.)
  5. Berberideen: Berberis. — (Laurineen.)
XI. Klasse. Gröpspflanzen. Der Gröps mehrzählig und
  verwachsen; die Blumen 5zählig.
  1. (Drosereen. Violaceen.)
  2. (Rutaceen.)
  3. (Quassien. Ochnaceen.)

42

4. Celaſtreen: Evonymus. Celastrus.
Staphylaceen: Staphylea.

5. Acerineen: Acer. Aesculus.
Viteen: Hedera. Vitis.

XII. Klaſſe. Blumenpflanzen. Die Blumen vollkommen, die Staubfäden frei und die Gröpſe verwachſen.

1. (Nelken.) — Charlophyllaceen: Lychnis.

2. Siliquoſen: Cardamine. Erysimum.

3. (Papaveraceen. Polygalen.)

4. Tiliaceen: Tilia. Corchorus.
Hypericineen: Hypericum.

5. (Guttiferen. Pomeranzen.)

c. Fruchtpflanzen.

Blume im Kelch. Mit Nüſſen, Pflaumen oder Aepfeln.

XIII. Klaſſe. Nußpflanzen. Der Gröps holzig und ein
ſamig.

1. Tamariſceen: Tamarix.

2. Taxeen: Taxus. — Daphneen: Daphne.
Myriceen: Myrica. — Eläagneen: Hippophaë.

3. Strobilaceen. Zapfenfrüchtige: Pinus. Juniperus.
Amentaceen. Kätzchenblüthige: Salix. Populus. Betula.
Alnus. Carpinus. Corylus. Platanus. Quercus,
Fagus. Castanea.

4. Urticeen: Ulmus. Morus. Celtis. Humulus. Urtica.

5. Euphorbiaceen: Mercurialis. Euphorbia.

XIV. Klaſſe. Pflaumenpflanzen. Die Grundform die
ſer Früchte iſt die Hülſe, die oft in eine Fleiſchfrucht,
pflaumenartig, verwandelt wird.

1. Trifolien: Trifolium, Lotus.
Vicien: Vicia. Orobus. Lathyrus.

2. Galegeen: Robinia. Colutea.

3. Geniſteen: Ulex. Spartium. Genista. Cytisus. Ononis.

4. Rhamneen: Rhamnus. Paliurus.

5. Terebinthaceen: Juglans. Rhus.

XV. Klaſſe. Apfelpflanzen. Der häufige Gröps mit
wenigen Samen; mit 5 Blumenblättern und mäßig vielen
Staubfäden.

1. Umbellaten: Chaerophyllum. Laserpitium. Selinum.
Sanicula.

43

2. Ribesiaceen: **Ribes.** — Philadelpheen: **Philadelphus.**
3. Onagreen: **Epilobium. Circaea.**
4. (Melastomen. Myrtaceen.)
5. Amygdalaceen: **Cerasus. Prunus.** (Amygdal us.)
   Rosaceen: **Tormentilla. Fragaria. Spiraea. Rubus. Rosa.**
   Pomaceen: **Crataegus. Mespilus. Sorbus. Pyrus. (Cydonia).**

§. 39.
Von Linné's künstlichem Systeme.

Das Linné'sche Pflanzensystem ist, trotz seiner Mängel, immer noch unter den künstlichen, so vielfältig versuchten Systemen das beßte, weil es durch die vereint aufgestellten Kennzeichen nicht nur alle bekannten Gewächse umfaßt, sondern es auch zuläßt, daß die neu entdeckten Pflanzen leicht eingeschaltet werden können, und weil es so leicht und schnell zum Ziele der Unterscheidung und dem Auffinden der Namen von noch nicht erkannten Gewächsen führt. Darum sind auch in den meisten botanischen Handbüchern die Gewächse danach aufgeführt. Linné nannte es systema sexuale, ein Geschlechts-System, weil die Haupteintheilungen von den Befruchtwerkzeugen hergenommen sind.

Uebersichtlich ist das Linné'sche System folgendes, wo bei jeder Klasse die deutschen Sippennamen unsrer Holzarten oder sonst forstlich wichtiger Gräser, Stauden und Kräuter eingeklammert stehen.

A. Mit kenntlichen Befruchtwerkzeugen.
a. Zwitterblüthen.

α. Die Staubfäden stehen auf dem Fruchtboden (oder Kelche), sind frei, von gleicher Länge, und werden gezählt.

I. **Monandria.** Ein Staubfaden.
   (Wasserstern.)
II. **Diandria.** Zwei Staubfäden.
   (Eisenbeere. Flieder. Waldkletten. Salbei.)
III. **Triandria.** Drei Staubfäden.
   (Binse. Baldrian. Schmiele. Borstengras. Knopfgras. Straußgras.

44

Hirsegras. Rohr. Perlgras. Rispengras. Haargras. Honiggras. Schwingel. Trespe. Knaulgras. Queke.)

IV. Tetrandria. Vier Staubfäden.

(Hartriegel. Hülse. Waldmeister. Labkraut.)

V. Pentandria. Fünf Staubfäden.

(Wegdorn. Johannisbeere. Rüster. Hollunder. Schneeball. Tamarisken. Sinngrün. Pfaffenhütchen. Heckenkirsche. Geisblatt. Epheu. Weinstock. Nachtschatten. Natterkopf. Tollkirsche. Schwalbenwurzel. Sanickel. Faserkraut. Kälberkropf. Lungenkraut. Rapunzel. Jasione. Glockenblume.)

VI. Hexandria. Sechs Staubfäden.

(Sauerdorn. Riemenblume. Simse. Hainsimse. Bärenlauch. Maiblume.)

VI. Heptandria. Sieben Staubfäden.

(Roßkastanie, Schirmkraut.)

VIII. Octandria. Acht Staubfäden.

(Heide. Heidelbeere. Seidelbast. Eberich. Einbeere.)

IX. Enneandria. Neun Staubfäden.

(Lorbeer.)

X. Decandria. Zehn Staubfäden.

(Porst. Host. Sandbeere. Sauerklee.)

XI. Dodecandria. Zwölf Staubfäden.

(Resede. Wolfsmilch.)

XII. Icosandria. Zwanzig und mehre auf dem Kelche befestigte Staubfäden.

(Kirsche. Pflaume. Eberesche. Mispel. Pfeifenstrauch. Hagedorn. Birne. Rose. Himbeere. Spierstaude. Blutwurz.)

XIII. Polyandria. Viele Staubfäden.

(Linde. Doppelblume. Waldrebe. Wolfswurzel. Leberkraut.)

Die Ordnungen dieser 13 Klassen werden nach der Zahl der Griffel gemacht, und zwar ob die Blüthe sei Monogynia, eingriffelig, **Digynia,** zweigriffelig, **Trigynia,** dreigriffelig, **Tetragynia,** viergriffelig, **Pentagynia,** fünfgriffelig, **Hexagynia,** sechsgriffelig, oder **Polygynia,** vielgriffelig, d. h. mehr Griffel, als die der zuletzt gezählten Ordnung.

β. Die Staubfäden von ungleicher Länge.

XIV. Didynamia. Zwei lange und zwei kurze Staubfäden.

1. Ordnung: Gymnospermia. Offensamige Blüthen.

(Günsel. Waldnessel. Hohlzahn. Ziest. Taubnessel. Wirbeldosten. Walddosten. Gauchheil.)

2. — — Angiospermia. Bedecktsamige Blüthen.

(Kuhweizen. Fingerhut. Läusekraut.)

XV. Tetradynamia. Vier lange und zwei kurze Staubfäden.

45

1. Ordnung: **Siliculosae**, mit Schötchen.
(Rettig. Kreſſe.)

2. — — **Siliquosae**, mit Schoten.
(Schaumkraut. Häderich.)

γ. **Die Staubfäden am Grunde verwachſen.**

XVI. Monadelphia. In eine Röhre verwachſene Staubfäden.
(Storchſchnabel. Malve.)

XVII. Diadelphia. Ein Staubfaden frei und die übrigen
verwachſen.
(Bohnenbaum. Schotendorn. Blaſenſtrauch. Pfrie-
me. Heckſame. Hauhechel. Ginſter. Erve. Platt-
erbſe. Wicke. Klee.)

XVIII. Polyadelphia. Die Staubfäden in mehre Bündel
zuſammengewachſen.
(Hartheu.)

Die Ordnungen in dieſen 3 Klaſſen werden nach der Zahl
der Staubfäden gemacht, ſo daß man in der ſechszehnten mit
Triandria, und in der 17. und 18. mit **Pentandria** anfängt,
und nachher, wie bei den Kennzeichen der 13 erſten Klaſſen, zu
zählen fortfährt.

δ. **Die Staubbeutel in eine Röhre verwachſen.**

XIX. Syngenesia. Die Staubfäden frei, aber die Staubbeutel verwachſen.

Dieſe Klaſſe hat meiſt zuſammengeſezte Blüthen, welches
man **Pglygamia** nennt, und nun die Ordnungen folgenderma-
ßen beſtimmt:

1. **Polygamia aequalis.** Lauter Zwitterblüthen.
(Habichtkraut. Waſſerboſt.)

2. **Polygamia superflua.** Zwitter- und weibliche Blüthen
fruchtbar.
(Goldruthe. Kreuzwurz. Wolverlei.)

3. **Polygamia frustranea.** Blos die Zwitterblüthen fruchtbar.
(Sonnenblume.)

4. **Polygamia necessaria.** Blos die weiblichen Blüthen
fruchtbar.
(Ruhrkraut.)

5. **Polygamia segregata.** Die Blüthen durch beſondere
Kelche getrennt.
(Kugeldiſtel.)

46

a. Die Staubgefäße stehen auf dem Griffel.

XX. Gynandria. Die Staubfäden mit dem Griffel verwachsen.
(Knabenkraut. Ragwurz. Osterluzei. Natterwurz.)

b. Blüthen in getrennten Geschlechtern.

XXI. Monoecia. Männliche und weibliche Blüthen getrennt
auf **einem** Stamme.
(Erle. Eiche. Buche. Birke. Fichte. Hornbaum. Platane. Wallnuß. Maulbeerbaum. Hasel. Riedgras. Nessel.)

XXII. Dioecia. Männliche und weibliche Blüthen auf verschiedenen Stämmen.
(Weide. Pappel. Wachholder. Gagel. Rauschbeere. Mistel. Sandborn. Hopfen. Roßgras. Bingelkraut.)

Die Ordnungen in der 20sten — 22sten Klasse werden gerade
so nach den Staubfäden gemacht, wie vorher die Klassen nach
ihnen bestimmt wurden, so daß das dortige Kennzeichen der
Klasse hier Kennzeichen der Ordnung wird, nachdem freilich die
Bestimmung dieser Klassen schon erfüllt ist; also **Monandria,
Diandria, Triandria** u. s. w.

XXIII. Polygamia. Vermischte Geschlechter.
(Ahorn. Zürgelbaum. Esche. Honiggras.)

Die Ordnungen dieser Klasse heißen **Monoecia, Dioecia**
und **Trioecia.**

B. Mit unkenntlichen Befruchtwerkzeugen.

XXVI. Cryptogamia. Die Befruchtwerkzeuge fehlen entweder
gänzlich, oder sie sind nur unvollkommen ausgebildet.
Die Ordnungen sind:
1) Farn;
2) Mose;
3) Flechten und Wassergewächse; und
4) Pilze.

Bei jeder vorkommenden und zu bestimmenden Pflanze wird
also zuerst nach der Blüthe untersucht, in welche Klasse und
Ordnung sie gehört; dann vergleicht man sie mit den, in der
aufgefundenen Ordnung befindlichen Sippenbestimmungen, und
sucht endlich in der herausgefundenen Sippe die Gattung (oder
Art) selbst anzugeben, zu welcher die betrachtete Pflanze gehört.

47

§. 40.

Von einem Blättersysteme.

Ausdauernde und namentlich Holzpflanzen ist man zuweilen versucht, auch dann bestimmen oder unterscheiden zu wollen, während sie eben nicht blühen, dazu hat man vielfältig versucht, ein System nach den Blättern aufzustellen, aber man ist im Allgemeinen nicht weit damit gekommen, und nur etwa für wenige Holzarten, wie für unsre einheimischen und forstlich wichtigen ausländischen, - mag eine Zusammenstellung der Sippennamen nach dem Bau und Stande der Blätter einigen Werth haben, wie solche hier aufgeführt sind. Ist man nämlich beim Aufsuchen einer solchen Holzart nach Bau und Stellung eines Blattes an eine Stelle gekommen, wo ein oder mehre Sippennamen stehen, so sucht man diese der Reihe nach im Register auf, und vergleicht die daselbst gegebenen Beschreibungen, bis man die gesuchte Pflanze daran erkannt hat.

I. Einfache Blätter.

A. Wechselweisstehende und

1. ganze: Faulbaum. Quitte. Sanddorn. Rosmarin- und kriechende Weide. Nachtschatten. Heidelbeere. Porst. Host. Ginster. Sinngrün. Hecksame. Bocksdorn.

2. gezähnte oder gesägte: Buche. Rüster. Zürgelbaum. Erle. Birke. Hornbaum. Pappel. Weide. Birne. Kirsche. Pflaume. Linde. Hasel. Wegdorn. Mispel. Pfaffenhütchen. Spierstrauch. Heidelbeere. Gagel.

3. buchtige: Eiche. Maulbeere. Hülse. Sauerdorn.

4. lappige: Silberpappel. Elzbeerbirne. Platane. Hagedorn. Johannisbeere. Epheu. Wein.

B. Gegenüberstehende und

1. ganze: Hartriegel. Buchsbaum. Eisenbeere. Flieder. Heckenkirsche. Geisblatt. Gemeine Heide. Mistel. Riemenblume.

2. gezähnte und gesägte: Einblättrige Esche. Wolliger Schneeball.

3. lappige: Ahorne. Gemeiner Schneeball.

C. Quirlförmig stehende: Sumpf- und Berg-Heide. Wachholder.

D. Zerstreut stehende: Kiefer. Fichte. Tanne. Buche. Eibe. Seidelbast. Rauschbeere. Sandbeere.

48

II. Zusammengesezte Blätter.

1. **Gedreite:** Bohnenbaum. Ackerbrombeere. Besenpfrieme.

2. **Gefingerte:** Brombeere. Roßkastanie.

3. **Gefiederte und wechselweisstehende:** Eberesche. Schotendorn. Wallnuß. Rose. Gemeine Himbeere.

4. **Gefiederte und gegenüberstehende:** Esche. Hollunder. Pimpernuß. Waldrebe.

§. 41.

Von den nothwendigsten botanischen Hülfmitteln.

1. **Bücher.** Ohne literärische Hülfmittel läßt sich in unseren Zeiten dasjenige weder übersehen noch lernen, was die Naturwissenschaften Wichtiges und Nützliches aufgefunden und ausgebildet haben. Auch in der Botanik muß man daher gute Bücher zur Hand haben und sie fleißig benutzen, wenn man sich gründlich unterrichten will. Denn ein mündlicher Unterricht kann zwar schnell und sicher das Wesentliche geben, aber Selbstudium und eigenes Erfahren und Beobachten muß solche erlangte Kenntnisse erweitern und vervollkommnen. Dazu sind die nachstehenden auch von mir nebst vielen anderen mit Dank benuzten Schriften, als für den gründlichen Forstmann die wichtigeren, hier aufgeführt. Dabei ist dem Anfänger zu rathen, sich vorerst an die neuesten botanischen Schriften zu halten, damit er das nicht aus älteren für wahr annehme, was in neueren als unstatthaft erwiesen ist. Ein solches gutes Buch ist aber nicht blos zum einmaligen Lesen, sondern zum wiederholten Studiren zu verwenden, bis man sich alles das angeeignet hat, was man zu seinem jedesmaligen Zwecke bedarf.

Zu den nothwendigsten Schriften würden gehören über

a. **allgemeine Botanik**, etwa von Kurt Sprengel, oder Nees v. Esenbeck, oder Zenker, Bischoff u. s. w;

b. **Anatomie**, z. B. von Kieser, oder Moyen;

c. **Pflanzenphysiologie**, vom Verfasser (Dresden bei Arnold. 1835); die zu gleicher Zeit erschienene von Treviranus ist gleichsam nur eine Geschichte der Meinungen darüber.

d. **ausländische Holzarten**, von Wildenow, Hayne, Borchmayer u. s. w., nur ist dabei zu bedauern, daß immer auch ausländische Holzarten zum forstlichen Anbau empfohlen werden, die es gar nicht verdienen.

49

Schriften mit Abbildungen der einheimischen Holzarten, wie
von Guimpel, Krebs und Dietrich find ziemlich überflüf-
fig, da man biefe wenigen Pflanzen in der Natur nachfehen kann
und foll.

Zur Kenntniß der wildwachfenden Kräuter, Stauden u. f. w.,
bedarf man einer guten Flora von ganz Deutfchland, wie von
Reichenbach, Koch und andern, oder doch einer Flora von
der Gegend, in welcher man lebt.

Will man fich über Pflanzen auch anderer Erdgegenden unterrichten, fo bedient man fich dazu eines der neueften guten
Handbücher der Botanik. — Zur genaueren Kenntniß befon-
derer Pflanzen wählt man fpecielle Schriften darüber aus; namentlich auch über einzelne Sippen oder Familien: die Mono-
graphieen, die auch von manchen Holzpflanzen' zu wünfchen
wären, aber freilich kürzer und gründlicher, als es von Burgsdorf über die Buche, und von Medicus über den Akazienbaum
gefchah.

2) Von den zur Pflanzenkenntniß nöthigen Sammlungen im Allgemeinen.

Genaue Kenntniß einer Pflanze wird weder durch Befchreib-
ung, noch durch Abbildungen, fondern durch eigne Anficht und
burch Vergleichung der Theile, fowol unter fich als auch mit be-
nen ähnlicher Gattungen, erlangt. Da man dazu die nöthigen
Theile nicht immer in der Natur zugleich vor fich haben kann,
fo muß man folche zu fammeln und aufzubewahren verftehen,
und dazu bienen vorzüglich folgende Sammlungen.

3) Kräuterfammlung. (Herbarium).

Eine folche befteht aus getrockneten Blüthen und Blättern,
auch Zweigen von größeren und aus getrockneten kleineren ganzen
Pflanzen. Das Anlegen einer Kräuterfammlung gewährt dem
Anfänger eigenthümliche Vortheile, und das Benutzen berfelben
ift auch dem Kenner unentbehrlich. Bei der Anlegung und Aufbewahrung ift aber Folgendes zu berückfichtigen:

a) Die zu trocknenden Theile der Gewächfe müffen vollkommen gebildet und unverlezt fein, das Eigenthümliche der Gattung oder Art enthalten, und am fchicklichften in ben Morgen-
ober Nachmittagftunden eingefammelt werden, wann fie weber
vom Thaue oder Regen naß, noch von der Hitze erfchlafft find.
Die Blätter unfrer Laubhölzer, nicht ungewöhnlich groß oder klein,

4

50

sammelt man erst nach dem Johannistag, und die Blüthen, wenn sie sich eben entfalten wollen, d. h. in oder kurz vor der Bestäubung.

b) Die abgebrochenen und zum Trocknen ausgesuchten Theile werden zwischen Druck- oder Löschpapier gelegt, und dabei so ausgebreitet, daß ihre natürliche Richtung oder Stellung wo möglich beibehalten wird. Dann muß das Papier in der ersten Woche täglich, nachher aber seltener gewechselt, und das Ganze anfangs wenig und hierauf stärker gepreßt werden. — Sehr saftige und leicht schwarz werdende Gewächstheile taucht man, nur die Blume nicht, erst einige Minuten in kochendes Wasser, trocknet sie mit Löschpapier wieder ab und behandelt sie nun wie andere. — Das Fortlegen und Pressen muß an einem luftigen, sonnigen und mäßig warmen Orte bis zur gänzlichen Trockenheit der Gewächse fortgesezt werden, wodurch diese dann ein frisches und natürliches Ansehen behalten.

c) Die so getrockneten Pflanzentheile werden nun, ohne sie anzukleben oder anzuheften, frei und einzeln in ganze Bogen Schreibpapier gelegt, und diese außen mit dem botanischen, lateinischen und deutschen Namen beschrieben. Dazu kann man etwa noch den Ort und die Zeit der Einsammlung und andere dabei gemachte Beobachtungen schreiben.

d) Eine so verfertigte Kräutersammlung wird am besten an einem wohlverschlossenen Orte aufbewahrt, und daselbst beständig mit einem angemessenen Gewichte beschwert. Das Erste schüzt sie (wie auch ein fleißiger Gebrauch derselben) am sichersten vor dem Zerfressen von Insekten, und das Zweite erhält die Pflanzentheile bei der ihnen gegebenen Form.

4) Samensammlung.

Zu einer vollständigen Kenntniß der Holzarten und besonders zur Zucht derselben gehöret namentlich auch die des Samens, und es wird die Mühe, die man auf das Sammeln und Aufbewahren derselben verwenden muß, hinlänglich belohnt. Das Einsammeln geschieht natürlich gleich nach der Reise, und zwar, wo es angeht, mit der Samenhülle; die fleischigen und beerartigen Früchte aber werden theils getrocknet, theils die Samenkörner ausgewaschen aufgenommen. Die Sammlung selbst bewahrt man an einem luftigen, trocknen und dem Ungeziefer unzugänglichen Orte auf.

51

5) Holzsammlung.

Eine genaue Kenntniß des Holzes, wenigstens von den größeren und vorzüglich nützlichen Holzarten, ist dem Forstmanne in vielen Hinsichten durchaus nothwendig. Diese Holzkenntniß kann aber nur durch wiederholtes Betrachten und Vergleichen der verschiedenen Hölzer erlangt werden, und dazu sind eigentliche Holzsammlungen, neben einem aufmerksamen Beobachten im Großen in den Forsten, am geschicktesten. Die einzelnen Stücke einer anzulegenden Holzsammlung müssen aber weder von zu jungen noch zu alten Stämmen, und überhaupt so genommen und zugerichtet sein, daß sie, halb= oder viertelspaltig, Mark, Holz, Splint, und Borke auf der einen Seite im natürlichen, auf der anderen aber im verarbeiteten Zustande zeigen; auch behält das eine Ende den Sägeschnitt, und das andere wird ebenfalls geglättet. Dann erhält jedes Stück eine mit einem Namensverzeichniß gleiche Zahl. — Masern und ausgezeichnete Wurzelstücke dienen geschliffen, und mit oder ohne Beize nebenbei noch zur Zierde einer solchen Sammlung.

Endlich dürfen bei den in den Forsten selbst anzustellenden Beobachtungen aber nicht übersehen werden von dem Forstbotaniker die eigentlichen Forstgärten, weil man hier so manche Holzarten beisammen findet und sie mit einander vergleichen kann, die man wol außerdem nicht so leicht vereinigt antrifft. Auch Gartenanlagen und Lustpflanzungen bieten, wenn deren in der Nähe sind, zu manchen eigenthümlichen Beobachtungen Gelegenheit dar.

Zweiter Abschnitt.

Von den Holzpflanzen und ihren Theilen, besonders in anatomischer und physiologischer Hinsicht.

§. 42.
Im Allgemeinen.

Die Holzpflanzen sind der hauptsächlichste Gegenstand der Forstwirthschaft, und darum muß sie der Forstmann nicht nur botanisch unterscheiden können, sondern er muß auch Alles wissen, was die Zucht, Pflege und Benutzung derselben bedingt, um dem gemäß auf sie einwirken zu können. Da nun dieses Wissen nicht wol ohne genaue Kenntniß der Theile der Holzpflanzen erlangt werden kann, so müssen diese vorerst genauer betrachtet und die wichtigsten, auch forstlichen, Beziehungen eingesehen sein.

Die bei uns einheimischen und im Freien ausdauernden fremden Holzpflanzen gehören zu den vollkommneren Pflanzen, die alle wesentlichen Theile ausbilden; sie haben nämlich: Wurzel, Stamm mit Aesten und Knospen, Blatt und Blüthe, auch Früchte mit zweilappigen Samen. Bei jedem solchen Theile soll jezt das Wichtigste angegeben und zulezt sollen die Erscheinungen beim Wachsen der ganzen Holzpflanzen übersichtlich zusammengestellt werden.

§. 43.
Von den Wurzeln.

Die Wurzeln bestehen äußerlich aus Oberhaut ohne Spaltöffnungen, und innerlich aus gedrängtem Zellgewebe mit etwas

53

erweiterten Droſſelbildungen; das Mark der Stämme, ſo wie deren Luftbehälter, fehlt der eigentlichen Wurzel. Nur die Pfahlwurzel zeigt, als Fortſetzung des Stocks, im Anfange das Mark. Bei jungen feinen Würzelchen iſt das noch lockere Zellgewebe in der Mitte durchzogen von einem fadenförmigen Bündel geſtreckter Zellen, in dem (ſpäter) die Droſſeln ſich entwickeln. — Die Zaſern beſtehen nur aus verſchieden geſtalteten Zellenbildungen ohne Droſſeln. Dieſe Zaſern werden, wie die Blätter am Stamme, öfters von den Wurzeln abgeworfen und durch neue erſezt; zu welcher Jahreszeit dieſes bei jeder Baumgattung geſchieht, iſt noch nicht ausgemacht, nur ſcheint es, daß die meiſten im Frühlinge ſich entwickeln, und bei ſommergrünen Bäumen im Herbſte abzufallen anfangen. — Nur die ſogenannten Wurzelausläufer haben ſchon, z. B. bei Roſen, Brombeeren u. ſ. w., eine ſichtbare Markröhre, ſelbſt während ſie ſich noch unter der Oberfläche des Bodens befinden. Solche markige Auswüchſe vermögen allein ſich über den Boden zu erheben und Stengel zu bilden, aber nicht wahre Wurzeln; dieſe müſſen erſt ſolche markige Sprößlinge entwickeln, ſo wie Stämme zwar Wurzeln treiben, aber nicht ſelbſt zu Wurzeln werden können.

Wenn man ſeine Wurzeln, auch Zaſern, trocken werden läßt, was ſehr ſchnell geſchieht, ſo zerreißt ihr gedrängtes Zellgewebe. Bringt man ſolche wieder ins Waſſer, ſo ſaugen ſie nur mechaniſch ein wie trockene Waſchſchwämme, aber nicht lebenthätig, indem dieſe Lebenthätigkeit mit dem Zerreißen der Zellen, wie beim Mark, verſchwindet.

Das entgegengeſezte Streben der Wurzel mit dem Stamme, ſich im Dunkel des Bodens zu entwickeln, offenbart ſich bei allen Pflanzen, nur daß jede Gattung eine eigenthümliche Weiſe befolgt, und daß dieſe Weiſe abgeändert werden kann theils nach den verſchiedenen Verhältniſſen und Zuſtänden der Bodentheile, theils nach den damit gemengten Stoffen. Durch ſolche zufällige Einwirkungen wird die urſprüngliche Richtung und Bildung einer Wurzel ſo mannigfach abgeändert, daß manche merkwürdige Erſcheinungen entſtehen; dahin gehört: das Aufſteigen der Wurzeln an Bergwänden — das Wenden und Verlängern der Wurzeln nach dem Orte hin, wo eine ihr ſehr günſtige, d. h. ſie reizende Stelle iſt — die größere Verlängerung der Wurzeln in grob lockerem Boden, und deren geringe Ausdehnung, aber größere Veräſtelung in ſehr feinem und gut geſättigten Boden — die größere Aus-

54

breitung derſelben auf derjenigen Seite einer Pflanze, auf welcher
die meiſte Freiheit ſtattfindet, z. B. an Waldrändern.

So ſehr das höchſte Gedeihen der Wurzeln durch ein kräftiges Wachſen der Stämme bedingt iſt, ſo hat doch auch der
Wurzelſtock eine eigenthümliche und ſelbſtändige Lebenthätigkeit,
welche geweckt und unterhalten wird durch das Dunkel und die
Kraft des Bodens, aber geſtärkt und erhöht werden kann durch
Reiz von Wärme und durch gährende Stoffe. Dieſe eigene Thätigkeit der Wurzeln offenbart ſich theils in ihren Säften, die zwar
nicht immer bedeutend, aber oft ſehr abweichend von denen des
Stammes gebildet ſind, theils in dem zeitweiligen Fortwachſen
des Wurzelſtocks nach der Wegnahme des Stammes. Darum
ſchlagen viele Safthölzer wieder aus, und die Harzhölzer verkümmern nach und nach. So z. B. wachſen die Wurzelſtöcke der
Weißtanne an ſchattigen friſchen Stellen noch viele Jahre fort,
bilden Jahresringe und ſchließen den Abhieb mit einem Wulſte,
beſonders wenn eine Wurzel eines ſolchen Stocks mit denen eines
ungeſtörten Stammes verwachſen iſt, — und die Kieferſtöcke erzeugen den Kien. Ueberhaupt muß man den Wurzelſtock als
eine ganze unterirdiſche Pflanze, entgegengeſezt der oberirdiſchen,
anſehn, ſo daß die Zaſern eine ähnliche Verrichtung wie die Blätter verſehen (nämlich aneignen, verarbeiten und ausſcheiden) und
die eigentlichen Wurzeln thätig wie Stämme und Aeſte ſind.
Darum bedarf es auch zum Wachſen der Wurzeln keiner rückgängigen Bewegung der Säfte aus dem Stamme nach ihnen,
wie man ſolches im geſtörten Zuſtande bemerkt haben mag.

Daß Wurzeln etwas aus dem Boden aufnehmen, iſt gewiß; daß ferner dieſes Aufgenommene als Nahrmittel dient und
ſolches hauptſächlich beſteht aus zerſeztem kohlenſauren Waſſer mit
(dem ſogenannten) Stickgas verbunden, das iſt durch Erfahrung
bewieſen; und daß dieſes Aufnehmen kein mechaniſches ſein könne, folgt ſchon aus dem Begriffe einer lebendigen Pflanze, die
das Aufnehmen und Verarbeiten der einfachen Stoffe zu neuen
Gebilden lebenthätig auch in den Wurzeln verrichtet. Der Bau
und die Lage der Wurzeln, ſo wie Wärme, Reizmittel u. ſ. w.
ſind nur erleichternde Hülfsmittel, nicht Urſache, dieſer Thätigkeit. Weil auch die Wurzeln nach außen hin als geſchloſſen er
ſcheinen, und alſo das Aneignen nur organiſch geſchehen kann,
wobei nothwendig eine Zerſetzung ſtattfinden muß, ſo beruht

55

das Vorgeben, als könnten z. B. Kupfer, Gifte, Kalk u. s. w. als solche in gesunde und unverlezte Pflanzen übergehen, auf Täuschung.

Eine Verrichtung der Wurzeln ist auch das Ausscheiden derjenigen Stoffe, die für die Pflanzenthätigkeit unbrauchbar oder überflüssig wurden, und dieses läßt sich durch Folgendes nachweisen:

1) Im Wasser gezogene Pflanzen erzeugen an den Spitzen der feinen Wurzeln einen Schleim, der sich niederschlägt, und den z. B. junge Holzpflanzen viele Wochen lang in Menge ausscheiden.

2) Mehrere im dürren Sande wachsenden Pflanzen erhalten um sich herum den Boden etwas feucht, z. B. Sand-Haargras, Sandrohr.

3) Ein bestimmter Boden enthält, nach der Ausbildung einer bestimmten Pflanze in ihm, andere Bestandtheile als vorher.

So fand schon Saussure d. J. Erden in einem Boden, welche vor dem Wachsen der Pflanzen nicht in ihm, auch nachher nicht in den Pflanzen, enthalten waren. Siehe Scherer's Journ. d. Chem. Bd. 9. S. 644 u. s. w.

Daraus, und daß eine Pflanze ein stärkeres Vermögen zum Aneignen als eine andere hat, läßt es sich erklären, wie der Pflanzenwechsel so vortheilhaft für die Erzeugnisse einer Bodenfläche werden kann, und wie selbst im Forstwesen theils vom Pflanzenwechsel, theils von der Erziehung gemischter Bestände die Gewinnung der größten Massen in einer bestimmten Zeit abhängt. Nur fragte es sich hier noch: Welche Holzpflanzen sich einander entgegengesezt in Hinsicht der Wurzelthätigkeiten? In welcher Ordnung müssen diese Gattungen auf einander folgen, und welche Gattung kann unter anderen entgegengesezten Gattungen, gemäß dem Boden, die herrschende sein?

Kommen die Wurzeln theilweise so zu liegen, daß sie nicht mehr im Dunkeln sich befinden, so sterben sie entweder ab, oder sie bilden auf ihrer Oberfläche eine dicke Kruste wie z. B. Erlen an Ufern, wodurch sie sich selbst schützen, und woraus sich oft neue Stämme entwickeln. Ja mehrere Safthölzer schlagen schon von der Wurzel aus, wenn nur ein Theil der Bodenbedeckung weggenommen wird. — Auf dieses Vermögen der Wurzeln, Knos-

56

pen, und nachher auch einen Stamm, aus sich zu entwickeln,
gründet sich auch die Vermehrung mancher Holzpflanzen durch
Wurzelpflanzung, z. B. mit einigen Kernobstgattungen.

§. 44.
Vom Stamme (mit Aesten und Knospen).

Die einzelnen Theile, aus welchen ein Stamm unsrer Holzarten zusammengesezt ist, lassen sich am Querdurchschnitte leicht
erkennen, indem von außen eine feine Zellenbildung, die Oberhaut, den Stamm umgiebt, dann eine lockere Zellenbildung, die
Rinde, folgt, und unter dieser wieder eine veste Zellenmasse, der
Bast liegt; der innere Körper des Stammes heißt Holz, mit
der Markröhre in der Mitte. Die Oberhaut, die Rinde und
der Bast machen zusammen die Schale oder Borke des Stammes aus. Das Holz zunächst unter und an der Borke heißt der
Splint, und das übrige bis zum Mittelpunkte, Kernholz;
der Splint zeichnet sich gewöhnlich durch eine blassere Farbe und
geringere Dichtigkeit aus. Am Holze selbst werden die ringförmig um das Mark gelegten Holzschichten Jahrringe genannt,
und die von der Mitte des Stammes nach dem Umfange strah-
lenförmig gerichteten Schichten heißen Spiegelfasern, wie
bei den Kräutern Markstrahl. Diese Bestandtheile und die
Verrichtungen dieser Massen einzeln und gegen einander sind, so
wie die der Knospen und Aeste, jezt näher anzudeuten.

1) Die Oberhaut ist nur an jungen Stämmen und
Zweigen befindlich, indem sie späterhin abfällt, und dann die
blose Rinde das Ganze umgiebt. Sie isolirt gleichsam die junge
Pflanze und ist jung, so wie mit ihren Spaltdrüsen und Haaren, zur Ernährung und Ausscheidung behülflich, indem sie die
Wirkungen der Umgebung empfängt und weiter leitet; jede Spalt-
öffnung steht durch solche mit der Luft in Verbindung.

2) Die Rinde besteht aus vollkommenem Zellgewebe (auch
Rindezellen genannt), nur daß die Zellen selbst nach außen am
kleinsten, und nach innen zu immer größer, und daß sie sammt
den Adern mit den eigenthümlichsten Säften angefüllt sind, an
welchen sich eine große Lebenthätigkeit offenbart. Die Rinden-
masse ist Anfang und Grund alles eigentlichen Wachsens, indem
erst nach und mit der Rindenbildung neue Theile entstehen und

57

Verletzungen sich ausheilen, sei es nun auf= oder abwärts, nach
innen oder nach außen. Die Rinde selbst vergrößert sich von
innen an der Bastseite, und nach außen hin reißt sie nach und
nach auf, und es vertrocknen die alten Lagen gänzlich, z. B. bei
der Eiche, Birke und Kiefer.

3) Der Bast ist aus langgestreckten Zellen, auch Bastzellen
genannt, gebildet, die je eine kreisförmige Schicht ausmachen,
welche Schicht aber von Rindezellen, die als Markstrahlen erscheinen, durchschnitten wird. Diese Bastzellen sind von vesterem
Baue und von spröderem Gefüge als die Rindezellen, daher sie
der Fäulniß länger widerstehen; darauf ist z. B. das Rösten des
Flachses und das Bereiten des Bastes zum Binden gegründet.
Die Adern des Bastes sind oft größer als die Bastzellen selbst,
und beide enthalten mehr oxydirte (mit Neutralsalzen geschwän-
gerte) Säfte; selbst die sogenannten eignen Gefäße, die Milchsaft
und Harz führen, sind nichts Anderes als solche erweiterte Bastadern. — Auf der inneren Seite des Bastes, nämlich nach dem
Holze zu, entsteht jährlich eine neue Bastschicht, wodurch die älteren Schichten etwas gedrängt werden; je älter daher der Stamm
ist, desto (größer) dicker seine Basthaut. — Die Verrichtung des
Bastes ist eine ähnliche, aber erhöhte und gleichsam positive, wie
die, gleichsam negative, der Rinde, so daß im Baste vorzugweise
das begründet ist, was das Wachsen fördert, und daß in den
Bastadern die deutlichste Saftbewegung stattfindet, ohne daß man
dabei an einen sogenannten Kreislauf (oder eine Circulation) der
Säfte denken darf. — Bast und Rinde entstehen neben einander, nicht eins aus dem andern, auch gehen sie nicht in einander über.

4) Das Holz besteht theils aus Rindezellen, theils aus
Bastzellen und theils aus Drosseln (Spiralgefäßen), und es entsteht also, daß in der Masse der Rindezellen die gewöhnlich rundlich gestellten Bündel der Bastzellen sich entwickeln, und daß in
diesen Bündeln der Bastzellen die Drosseln anschließen. Jene
Rindezellen liegen also auch zwischen Mark und Rinde, verbinden
diese beiden Theile, und erscheinen im vesten Holze als Spiegelfasern (Markstrahlen); diese Bastbündel mit ihren Drosseln
machen dagegen im vesten Holze die Längenfasern aus. Die
ersten Spiegelfasern des jungen Triebes (z. B. vier beim Feld-
Ahorn und sechs bei der Rothbuche) gehen durch die Jahrringe

58

bis zur Borke, und mit jedem Jahrringe gestalten sich neue, die
dann kürzer erscheinen.   Die Längenfasern des Triebes sind im
ersten Jahre einfach und gleichsam kreisförmig, oder mehr oder
weniger eckig, um das Mark gestellt; in jedem folgenden Jahre
bildet sich nach außen hin ein neuer Ring solcher Längenfasern,
und zwar im Frühjahre mit den größten Bastzellen und Drosseln,
und später mit nach und nach immer kleineren, wodurch das
Holz ungleich dichter wird, und so die Jahrringe das Alter des
Stammes aussprechen.*)

Da nun alles Wachsthum der Pflanzen durch polarische
Entgegensetzungen bedingt ist, so bildet auch Holz und Borke einen solchen Gegensatz, und auf der Grenze zwischen Holz und
Borke, nämlich zwischen Splint und Bast, bilden sich die neuen
Jahrringe so wol des Holzes als des Bastes. Es sondert sich
nämlich, besonders im Frühjahre auf dieser Grenze des Holz-
und Borkenkörpers der sogenannte Bildungsaft, das Cambium,
nämlich ganze Massen noch unentwickelter Zellenhaufen ab, die
sich nach und nach entwickeln und in welchen gleichzeitig Bastzellen entstehen, die zwischen sich an der Holzschicht die neuen
Drosseln zeigen; denn mit dem allmähligen Verschwinden der körnigen und faserigen Masse, zwischen Holz und Borke, hat sich
hier der neue Holz- und Bastring durch fortwährende Entstehung
und Entwickelung ihrer Organe gebildet. — Holz und Borke
sind mithin als geschieden anzusehen, und sie gehen nicht in einander über. —   Die Thätigkeit des Holzes ist eine erhöhtere
im Vergleich mit der Borke, weil dasselbe ein Organ mehr hat,
nämlich die Drosseln, mit welchen überhaupt bei den Pflanzen
erhöhte Lebenthätigkeit und vermehrtes Wachsen eintritt. Was
also durch die ruhig ernährende Thätigkeit der Rinden- und
Bastzellen nur unvollkommen bewirkt werden kann, das wird
nun durch das Hinzukommen der Drosseln im Holze vollendet
dargestellt.

Im Holze selbst wird diese Thätigkeit bis zum Absterben

---

*) In warmen Ländern, in welchen Sommer und Winter nicht so
bestimmt geschieden sind, wie bei uns, verschwindet dieser Unterschied der Jahrringe für's Auge gänzlich; und bei unsern Holzarten haben diejenigen die auffallendsten und am bestimmtesten
abgesonderten Jahrringe, welche nur kurze Zeit in die Länge
wachsen.

fortgesezt, nur daß die Wände der Bastzellen und der Drosseln sich verdicken, undurchsichtiger und dunkler von Farbe werden, wobei die Höhlung der Bastzellen allmählig so verengt wird, daß solche Zellen beim Durchschnitt als dunkle Punkte zwischen den Wänden der helleren Rindezellen erscheinen.   Darum ist älteres Holz immer vester und dauerhafter als Splintholz, und nur abgestorbenes Kernholz hat wieder an Güte verloren; ja es steht die Vestigkeit mit dem Gewichte des Holzes im geraden Verhältnisse.

Wird auf einer Stelle das Holz von der Borke getrennt, so kann, wenn der freie Zutritt der Luft verhindert ist, so wol am Holze neuer Splint mit Borke, als auch an der Borke neue Borke mit Splint entstehen, nur freilich wenig, bis der große Gegensatz zwischen Holz und Borke auf's Neue wieder hergestellt ist, wie z. B. die Harzgallen zeigen.   Wird dagegen die Borke auf einer Stelle vom Holze ganz weggenommen, so entsteht auf ihr keine neue Borke wieder.   Bei der Rothbuche z. B. bleiben, wenn man die Borke wegnimmt, kleine Stellen vom Baste in den Vertiefungen des Splintes bedeckt, und es bilden sich dann unter diesen Resten der Borke neue Wulste; aber solches geschieht niemals, wenn die Borke gänzlich weggenommen wurde.   Indem man dieses nicht genau beobachtet hatte, war die Meinung entstanden, es könne Bast am Splinte beim freien Zutritt der Luft sich bilden.

5) Das M a r k ist die innerste und erste Zellenbildung; es besteht aus solchen Zellen, wie die Rinde sie hat, und es wird nur durch Bastzellen und Drosseln von dieser zum Theil getrennt. Sobald aber der Holzring völlig geschlossen ist, dann vertrocknet das Mark und die Zellen zerreißen oft schichtweise, wie z. B. bei dem Wallnußbaume. . Obgleich am ersten Holzringe, nach innen zu, keine neue Holzschicht angelegt wird, so erscheint doch bei älteren Stämmen die Markröhre kleiner, weil die alten Längen- und Spiegelfasern sich beim Verhärten zusammengezogen und dadurch jene verengt haben. — Die Verrichtung des Markes gleicht, so lange es saftig ist, der jungen Rinde; trocknes Mark ist unnütz für den Stamm. — Die Markröhre erscheint z. B.: dreiseitig bei der Weißerle; fünfseitig bei der Schwarzpappel; fünfkantig bei der Wintereiche; eiförmig beim Flieder; elliptisch bei der Esche u. s. w.

6) Die K n o s p e n entstehen auf der Grenze zwischen Holz

60

und Borke dadurch, daß Bastzellen mit Drosselbündeln in seitli-
cher Richtung sich absondern; sie sind also nicht Fortsezungen des
Marks oder der Markstrahlen, sondern stengelartige Bildungen mit
neuer Markröhre.   Diese stengelartige Bildung ist oft sehr sichtbar, z. B. bei den Erlen, und es vereinigen sich gar erst mehre
Bündel außerhalb des Bastes, wie beim Epheu.   Die Blätter
der Knospen, als einer stengelartigen Bildung, sind unvollkommen
und erscheinen meist nur als Schuppen.   Eine Knospe kann
mehre Jahre als solche fortwachsen; dann findet man aber, wie
es das Fortwachsen der Jahrringe verlangt, ihren Punkt der Entstehung um so viele Jahre nach innen in das Holz gerückt, wie
z. B. bei Obstbäumen und bei der Weißtanne und überhaupt
bei Masern. — Aus diesem Begriff der Knospe erklärt es sich,
daß sie, wie Stengel, unter günstigen Umständen für sich fortwachsen und daß man durch sie eine Abart vermehren könne.

Soll sich am Abhiebe des Stammes eine Knospe bilden,
so muß vorher ein rindiger Wulst entstehen, unter dem sich eine
Bast= und Splintlage gebildet hat, woraus sie sich wie am
Stamme absondert. — Auch bemerkt man mehr Neigung zur
Knospenbildung bei vermindertem oder gehemmtem Längenwuchse;
darum stehen am Ende eines Zweiges die Knospen näher beisammen, und daher hat auch das Umbiegen der Zweige in wag-
rechte Lage, so wie das Unterbinden, das Beschneiden u. s. w.
eine häufigere Knospenbildung zur Folge.

7) Die Aeste sind stengelartige Fortsätze aus der Knospe;
sie unterscheiden sich in Bildung und Verrichtung ihrer Theile
nicht vom Stamme, und sind gleichsam eine Vervielfältigung des
Stammes, wodurch ein erhöhtes Wachsthum der ganzen Pflanze
möglich wird.

§. 45.
Von den Blättern.

Die Blätter entstehen wie die Zweige durch eine seitliche
Absonderung einiger Bastzellenhaufen mit Drosselbündeln, umgeben von Rindezellen, nur daß diese Organe sich in einer Ebene,
umgeben von der Oberhaut, auszubreiten suchen, und daß von
der Vertheilung dieser Drosselbündel, in Rippen und Nerven, die
Gestalt des Blattes abhängt.   Aus diesem Bau der Blätter folgt
schon, daß sie die wesentlichen Organe des Stengels enthalten,
und daß sich, unter günstigen Umständen, eine neue Pflanze bie-

61

ser Art aus ihnen entwickeln könne.   Wie es nun einjährige,
auch zwei= und mehrjährige Stengel giebt, so auch ein=, zwei=
und mehrjährige Blätter, und nach dem ungestörten Verlauf die=
ser Zeit ist ihr natürlicher Abfall gesezt.

Wie aber in der ganzen Pflanze alle Thätigkeit durch Ent=
gegensetzung sich offenbaret, so auch im Blatte durch Oberfläche
und Unterfläche.   Die Oberfläche besteht nämlich aus in die
Länge gedehnten und senkrecht stehenden Zellen, welche den ge=
streckten sich nähern, und die Unterfläche ist aus in die Breite
gedehnten Zellen gebildet, die den Wurzelzellen nahe kommen.
Man kann daher wol sagen, die Oberfläche entspricht der Luft=
und Lichtwirkung, die Unterfläche der Wasser= und Irdwirkung,
weßhalb auch jedes Blatt, nach jeder Störung, diese Lage zu be=
haupten sucht.   Darum bleiben Blätter, mit der Unterfläche auf
das Wasser gelegt, auch länger frisch, als umgekehrt mit der Ober=
fläche auf dasselbe gelegt, und darum ist die Unterfläche mehr zur
Zersetzung der Umgebung und die Oberfläche mehr zum Aus=
scheiden geeignet.

In und an den Blättern zeigt sich eine große Lebenthätig=
keit, die sich besonders äußert durch Aneingen der Nahrstoffe aus
der Luft, durch Ausscheidung überflüssiger oder gebrauchter Stoffe,
und allermeist durch einen erhöhten Proceß des Bildens, wodurch
es möglich wird, die Glieder und Pflanzensäfte in Menge und
in erhöhter Vollkommenheit auszubilden und so das Wachsen der
Pflanze zu beschleunigen, auch Samen zur Vollkommenheit zu
bringen.   Darum entstehen auch die Blätter bei vermehrter
Lebenthätigkeit der Pflanzen, und sie verkümmern oder fallen
ab bei Verminderung derselben.   Mithin kann Alles, was die
Thätigkeit einer Pflanze stört, den Abfall der Blätter verursachen,
als: zu viel oder zu wenig Reiz, schnelle Uebergänge vom Zu=
stande der Wärme in Kälte und umgekehrt, auch zu viel oder
zu wenig an Licht, Wärme, Feuchtigkeit und Nahrmitteln.   Nur
widerstehen lederartige und schmale Blätter mehr diesen nachtheil=
igen Einwirkungen, die leztern, weil sie weniger Oberfläche dar=
bieten, und die ersten wegen der gedrängten Zellenwände.

Daß die Blätter zur Ernährung und Fortbildung dienen,
läßt sich durch folgende Beobachtungen anschaulich machen:

a) Saftreiche Gewächse nehmen nur wenige Feuchtigkeit durch
    die Wurzeln ein, weil sie nur an trockenen Orten ge=
    deihen.

62

b) Verwelkte Gewächse werden durch Thau oder Anfeuchtung der Blätter ebenso erfrischt, als wenn die Wurzeln angefeuchtet worden wären; hingegen sterben mit Oel bestrichene Blätter bald ab;

c) Abgeschnittene Zweige bleiben, mit den Blättern auf das Wasser gelegt, weit länger grün als ohne Blätter (versteht sich, daß der Abschnitt verklebt oder nicht in's Wasser gelegt wird); und

d) Pflanzen ohne Blätter wachsen kaum oder doch nur unbedeutend.

Das Zersetzen des Wassers in luftförmige Stoffe durch Blätter wird dadurch anschaulich, daß man frische Blätter in's Wasser bringt, an welchen dann überall Luftblasen entstehen, und zwar meist an der Unterfläche. Diese Luftbläschen zeigen sich vorzüglich an gesunden Blättern und im Sonnenlichte, weniger im Schatten, und in der Nacht gar nicht, wie auch nicht an gebleichten oder gelben Blättern; diese Luftblasen nehmen ab, wie die Blätter abzusterben anfangen. Unter Glas gebrachte Blätter dünsten so aus, daß sich Tropfen zeigen und der mit unter das Glas gebrachte Kalk sich löscht. Darum, sagt man, vermehren große Waldungen die Feuchtigkeit für eine Gegend. — Auch eigentliche Säfte scheiden die Blätter unter gewissen Umständen aus; man denke z. B. an den Honigthau; durch eine ähnliche Ausscheidung entsteht der Geruch mancher Blätter. — Daß umgekehrt die Processe der Luft auch auf die Blätter wirken, läßt sich aus dem Aufrichten der Blätter bei Gewittern abnehmen, was noch früher geschieht, als es regnet.

Ein zu starker oder zu schwacher Reiz hat bei mehren Pflanzen den Schlaf der Blätter zur Folge, welcher sich durch Zusammenschlagen oder Niederhängen der Blätter äußert, z. B. zur Nachtzeit oder bei zu stark wirkendem Sonnenlichte. Dieser Pflanzenschlaf äußert sich allermeist bei zusammengesezten, doch auch bei einfachen, aber eingelenkten Blättern, z. B. beim Schotendorn und bei der Melde.

Der Stand der Blätter wird verursacht durch die Absonderung der Gefäßbündel, und zwar ob diese Absonderung geschieht an einem Punkte oder an zwei und mehren (entgegenstehenden) Punkten zugleich. Im ersten Falle stehen die Blätter abwechselnd, im zweiten gegenüber, dann zu dreien u. s. w.

63

Das Ausschlagen der Blätter hängt zum Theil, aber nicht einzig, von der Wärme ab, und jede Pflanzengattung befolgt, freilich unter Modification der Wärme, der Feuchtigkeit und überhaupt der Jahreszeit, ihr eigenes Gesetz.

Der Abfall der Blätter im natürlichen Zustande, wie gewöhnlich bei uns im Herbste, ist ein natürlicher Tod zu nennen, und ist Folge, wie z. B. das Mausern bei den Vögeln und das Häuten bei den Schlangen, von der eigenen Lebensthätigkeit; es kündigt sich an durch veränderte Farben, besonders durch gelbe und braune, auch schwarze Flecken auf der Oberfläche. Holzarten, die im Frühling schnell ihre Blätter vollenden, verlieren solche gemeinhin auch zeitig im Herbste, z. B. die Roßkastanie; und wenn Blätter, die noch nicht ihr Sommerleben vollendet haben, im Herbste der Tod überrascht, besonders durch Kälte, so bleiben solche verwelkt länger an den Zweigen hängen; z. B. beim Stockausschlag und bei jungen Pflanzen der Buchen und Eichen.

Aus dem Allen geht die Wichtigkeit der Blätter, ja ihre Nothwendigkeit zum kräftigen Wachsen und zum Ausbilden guter Früchte hervor, und daß mithin eine jede Störung der Blattbildung oder ein Verletzen oder Abnehmen der thätigen Blätter immer von nachtheiligen Folgen für die Pflanze selbst sein müsse. Diese nachtheilige Folge kann zwar in vielen Fällen kaum sichtbar sein und öfter wieder von der Kraft der Pflanze überwunden werden; aber vermindertes Wachsen ist dennoch unausbleiblich, und bei oftmaligem Wiederholen wird dieser Nachtheil gewiß auch sichtbar; und wenn man die Blattbildung gänzlich verhindert, so stirbt die Pflanze. Soll dennoch das Laubstreifen als Benutzung eingeführt werden, so darf dasselbe erst vom August an geschehen.

§. 46.
Von den Blüthen.

Die Holzarten tragen theils vollkommene Zwitterblüthen, theils männliche und weibliche Blüthen, und zwar die lezten auf einem Stamme oder auf verschiedenen Stämmen stehend. Die Geschlechtverschiedenheit der Stämme ist außer der Blüthezeit nicht immer zu erkennen; doch zeichnen sich die blos weiblichen Stämme durch einen schlankeren Wuchs und eine feinere Zweigbildung aus. Da blos männliche Stämme einer Gegend und ebenso blos weibliche Stämme keinen Samen tragen können, so

64

ist dieses bei der Zucht derselben, besonders auf Feldern und Wiesen, sehr wichtig.   Die Blüthen selbst erscheinen entweder an den
vorjährigen oder diesjährigen Trieben, so daß jene im Sommer,
gleichsam im Entwurfe, schon für das nächste Frühjahr ausgebildet und in Blüthenknospen aufbewahret wurden, diese dagegen
gleichzeitig mit der Entwickelung des Zweiges entstehen; jene blühen daher vor oder mit dem Ausbruche des Laubes auf, diese
aber bei oder nach dem Ausbruche desselben.   Bei der Pflege
der Bäume, besonders beim Beschneiden der Obstbäume, kommt
jener Unterschied sehr in Betrachtung.

    Der Bau der Blüthe wiederholt nur die Organe des Blat-
tes, der Rinde, des Bastes und der einfachen Drosseln; nur daß
ihre Größe immer mehr abnimmt, je mehr der Pflanzentheil sich
der Blüthe nähert, daher die Zartheit des Blüthenbaues und die
Feinheit der Blüthentheile.   Auch die Verrichtung dieser Grundformen bleibt dieselbe, nur eine gleichsam mehr zusammengezogene (con-
centrirte); darum mehr ausgebildet als die der Pflanze selbst.   Die
Kelchblätter haben Spaltdrüsen, den Blumenblättern fehlen solche.
So wie die Staubgefäße zur Bestäubung der Narbe und dadurch zur Entwickelung des Samens nothwendig sind, so die
Kelche und Blumen zur Ernährung und Beschützung jener zar-
ten Theile der inneren Blüthe; denn werden diese Kelch - und
Blumenblätter zeitig verlezt oder abgenommen, so kömmt die
Frucht niemals zur Vollendung.

    Jüngere und noch in steigendem Zuwachse begriffene Holz-
pflanzen sind zu kräftig, als daß sie zu einer Zusammenziehung
der Organe in eine Blüthenbildung sehr geschickt wären, und sehr
alte und schwache Holzpflanzen entbehren die nöthigen Kräfte,
um neue, zum Leben außerwesentliche, Bildungen zum Blühen
entwickeln und vollenden zu können; darum fällt das reichlichste
Blühen der Holzpflanzen in die Lebenszeit, in welcher der Wendepunkt ihres Wachsthums überhaupt liegt.   Darum kann bei
jüngern Holzpflanzen alles das die Blüthenbildung befördern, was
das Wachsthum derselben theilweise beschränkt oder hemmt, als:
etwas ungünstiger Boden und Standort, Beschneiden, Verletzen,
Veredeln u. s. w.; dagegen können sehr günstige Wachsthumsumstände solche Blüthenbildung bei ihnen eine Zeit lang verhindern.   Umgekehrt können alte Holzpflanzen durch sehr günstig
für sie veränderte Wachsthumsumstände nochmals zum Blühen
aufgeregt werden, wie manchmal z. B. alte im Schluß erwachsene

und nun mehre Jahre frei gestandene Bäume. — Kranke Zustände können jedoch Aenderungen in diesen natürlichen Hergang
bringen.

Jede Pflanze verwendet einen bedeutenden Theil ihrer Kräfte
auf die Entwickelung und Ausbildung ihrer Blüthen, daher solche
Holzpflanzen, die sehr reichlich blühen, weniger Holzmasse anlegen, als sie außerdem in dieser Zeit erzeugt haben würden.

Das Versetzen der Holzpflanzen in der Jugend hat den Einfluß, daß solche früher blühen als die Nichtversezten; und auf
ähnliche Weise wirkt das öftere Beschneiden und Stutzen der
Zweige, noch mehr aber das sogenannte Veredeln.

Wurzelbrut und durch Ableger erzogene Pflanzen blühen
ebenfalls eher als Samenpflanzen von gleichem Alter; versteht
sich von einer und derselben Gattung.

Frei stehende Stämme blühen ebenfalls reichlicher als solche,
die im Schlusse unter sich oder mit anderen Holzarten stehen.

§. 47.
Vom Früchtetragen.

Indem durch die vollbrachte Bestäubung die höchste Entfaltung der Blüthe begrenzt ist, und die Pflanzenthätigkeit wieder
mehr nach innen gerichtet wird, so beginnt der Fruchtknoten sein
eigenthümliches Streben, und alle seine nachherigen Häute, als
Hüllen, Kapsel, Hülse, Flügel u. s. w., dienen nunmehr dem Kerne
ebenso, wie die Oberhaut, die Rinden und Blätter dem Stamme
oder Stocke. Dieses Ernähren und Ausbilden des Kernes durch
Hülfe der Samenhüllen ist hauptsächlich so lange sichtbar, als
die Oberhaut der Frucht grün bleibt. Mit der Abnahme der
grünen Farbe an der Frucht tritt der Anfang zur Reife ein, und
zu der Zeit findet auch die Umänderung der Fruchtsäfte in eigenthümliche Säfte statt. Licht und Wärme sind die äußeren
Bedingungen der Fruchtreife; doch bewirkt zu viel davon, wie
ein zu starker Drang der Pflanzenthätigkeit dahin eine Noth-
oder Frühreife, wie solches z. B. auch durch Stutzen der Zweige
bewirkt werden kann. Zu viel Feuchtigkeit stört ebenso das Reifen der Früchte wie das Entwickeln der Blüthe.

Da die Frucht durch den Fruchtstiel mit der Lebenthätigkeit
der Pflanze verbunden wird, so ist die Trockenheit dieses Frucht-

66

ſtiels ein ſicheres Kennzeichen der völligen Fruchtreife. Der Abfall der Früchte hat mit dem Abfall der Blätter gleichen Grund,
nämlich das Vertrocknen und Aufreißen der Bindezellen.

Das Früchtetragen ſchwächt jede Holzpflanze in Abſicht auf
die Thätigkeit zum Fortbilden anderer Theile, ſo daß nach einem
reichlichen Samenjahre der Holzwuchs ziemlich gering ausfällt. —
Die meiſten Früchte trägt je eine Holzpflanze nach oben hin,
und wenig oder gar keine an den unteren Aeſten; ja manche
Holzarten tragen nur am äußerſten Wipfel ihre Früchte. — Die
Größe der Früchte wird bedeutender bei je einer Holzpflanze durch
ſolche Wachsthumsumſtände, welche überhaupt Einfluß haben auf
eine vermehrte Bildung der Rindezellen, als: Verſetzen, Beſchneiden, Veredeln u. ſ. w. — Wenn nach einer gewiſſen Entwickelung der Frucht der eigentliche innere Kern abſtirbt, ſo fällt deswegen die Frucht noch nicht ab, ſondern ſie wird vielmehr öfters
um ſo größer und ſaftiger. — Bei unbefruchteten Zapfenfrüchten
wächſt zuweilen die Achſe derſelben als Zweig fort, z. B. beim
Lärchenbaume. — Von Inſekten angeſtochene Früchte fallen allezeit früher ab. —

§. 48.

Vom Samen.

Der Samen unſerer Holzpflanzen beſteht immer aus dem
Kerne, nämlich aus zwei Samenlappen nebſt dem mehr oder
weniger ſichtbaren Keime und der Samenhülle, welche eine
doppelte iſt, und wovon die äußere immer härter als die innere,
ja öfters holzig oder gar ſteinhart erſcheint. Der durch Beſtäubung in der Blüthe keimfähig gewordene Samen wird ausgebildet, allermeiſt durch die ihn umgebenden Häute und nachherigen Samenhüllen, ſo daß dieſe Samenhüllen ihre Beſtimmung erfüllt haben, wenn ſie anfangen zu trocknen; höchſtens
ſchützen können ſie den Kern gegen ſchnelle Uebergänge von Wärme zu Kälte und von Trockenheit zu Näſſe. Darum haben
auch die Flügel der Samen, als die verlängerten Samenhüllen,
keinen Einfluß mehr auf's Keimen derſelben, und es iſt in ſo
fern einerlei, ob man geflügelt oder abgeflügelt einen Samen
ſäet.

Das Einſammeln des Samens zur Saat ſollte nie vor der
vollen Reife geſchehen, aber auch nicht ſpäter als zur Zeit des na-

67

türlichen Abfalles. Denn zu früh gesammelte Samen keimen gar nicht, oder sie liefern schwächliche Pflänzchen, und zu spät gesammelte Samen lassen sich nicht so lange aufbewahren als zur rechten Zeit gesammelte.

Die reifen Samen enthalten in den Samenhüllen noch einige Säfte, die unabhängig vom Kerne vertrocknen oder in Gährung gerathen. Damit nun dabei die Kerne nicht mit ergriffen und unfähig zum Keimen würden, so müssen diese Feuchtigkeiten auf eine unschädliche Weise entfernt werden, als durch das Abtrocknen an luftigen Orten, durch flaches Aufschütten und fleißiges Umwenden u. s. w. Dieses nennt man: dem Samen die Nachreife geben, und man sollte den Holzsamen weder verpacken und verschicken, noch aufbewahren, ohne daß er vorher diese Nachreife überstanden habe.

Ohne Wärme, Feuchtigkeit und Luft (besonders Sauerstoffgas) keimt kein Samen, und um also das Keimen zu verhüten, wie beim Aufbewahren des Samens, muß eins dieser drei Dinge, oder zwei derselben vom Samen entfernt oder abgehalten werden. Dieses kann geschehen allermeist auf folgende Weise, daß man

1) den Samen gleich nach überstandener Nachreife in den Boden eingräbt, und zwar schichtweise mit Sand oder lockerem Boden untermengt, je tiefer desto besser; auch zur Abhaltung der Mäuse entweder in Fässern oder ausgemauerten und gut bedeckten Gruben. Hier erhält man, z. B. im nächsten Frühjahre gesäet, die meisten und kräftigsten Pflanzen.

2) den Samen, in Säcke oder Fässer eingeschlossen, tief in's Wasser, am liebsten in kalte Brunnen versenkt. Dieses Verfahren eignet sich besonders für ölige Samen in der Zeit eines halben Jahres, und man erhält viele kräftige Pflanzen.

3) die Feuchtigkeit abhält durch Aufbewahrung unter Dach. Dieses geschieht besonders bei feinen Samen am beßten nicht auf gedielten, sondern mit trockenem Sande bedeckten Flächen. Dadurch verkümmern schwächliche Samen und man erhält weniger Pflanzen.

Am leichtesten wird ein Samen seine Keimfähigkeit verlieren, wenn er etwas zum Keimen gereizt und wieder abgetrocknet wird. Dieses ist auch der Grund vom Verderben des natürlichen

5 *

68

Anflugs und vieler Herbstsaaten, besonders in gelinden Wintern. Ueberhaupt fault jeder Samen in lauem Wasser, und in rasch-faulenden Düngstoffen erstickt der Keim aus Mangel der athem-fähigen Gasarten.

Am sichersten keimen unsere Holzsamen bei mäß-iger Bedeckung mit einem nahrhaften lockeren Bo-den. Dabei ist im Allgemeinen zu merken, daß diese Bedeckung nicht viel stärker sein darf, als die Größe des Samens beträgt; nur vertragen diejenigen Samen, welche ihre Samenlappen nicht mit über den Boden bringen, eine stärkere Bedeckung als solche, die bei gleicher Größe ihre Samenlappen über den Boden er-heben. Bei sehr feinen Holzsamen ist eine Bedeckung von zer-hacktem Mose nüzlicher als eine von Boden. — Warum ein-ige Samenarten gleich in den ersten Wochen nach der Saat, an-dere hingegen viel später, oft erst im nächsten Jahre und später keimen, davon ist der Grund zu suchen in dem mehr oder wen-iger fortgebildeten Grundorganen. — Erst nach dem Beginnen des Keimens entwickeln sich Drosseln im Samen.

Bald nach der Saat im frischen Boden rösten diejenigen Zellen, welche die Samenhüllen verbinden, und nun wird es den aufschwellenden Samenlappen leicht, diese Hüllen auseinander zu rücken und dem entfalteten Schnäbelchen und Blattfeder-chen Platz zu machen. Zuerst wird der Keim und nachher auch das Schnäbelchen und das Blattfederchen so lange von den Sa-menlappen selbst ernährt, bis sich Zasern und Blätter entwickelt haben und so das eigentliche Pflanzenleben eingeleitet ist. Dar-aus ist erklärlich, warum aus solchen Keimen nichts werden kann, bei denen die Samenlappen zu früh stark verlezt oder gar abge-nommen wurden, z. B. durch Insekten, oder Hize, oder Kälte.

Das Einweichen der Samen in Wasser kurz vor dem Säen, und der Gebrauch der Laugen zum Beleben fast verwelkter Sa-men zum Keimen, bleibt bis jezt noch immer mißlich, wenn es länger als wenige Stunden geschieht.

§. 49.

Lebengeschichte der Holzpflanzen.

Das Leben der Holzpflanzen ist, wie bei allen Pflanzen, ein stilles und nach innen gekehrtes, das zwar kein sichtbares Athmen, keine pulsirende Bewegung und kein eigentlicher Kreislauf der

69

Säfte verräth, das aber an seinen Wirkungen, als Ernähren und
Wachsen, auch in einzelnen Fällen an nicht mechanisch erklärbaren
Bewegungen und in der Fortpflanzung deutlich genug sich offen-
baret.   Die Empfänglichkeit der Pflanzen für Reize, als z. B.
des Lichts, der Wärme, der Elektricität u. f. w. kann ebenfalls
angesehen werden als ein Beweis für die Lebenthätigkeit einer
Pflanze, desgleichen das Bewegen der Säfte dahin, wo sie zum
Wachsen und Ausheilen nöthig sind, ungerechnet der zeitweilige
Pflanzenschlaf, die Bewegung der Staubgefäße und der Bestäubung selbst.

Das Ernähren der Holzpflanzen ist ein Aneignen der Elemente und ein damit verbundenes Ausscheiden der verbrauchten
Stoffe; es geschieht auf der Oberfläche der ganzen Pflanze, und
zwar im Boden und in der Luft, allermeist durch die Wurzeln
und die Blätter.   Daß dieses Aneignen von jeder Pflanze auf
eigenthümliche Weise geschehen müsse, folgt schon daraus, daß in
denselben Wachsthumsumständen von mehren Pflanzen jede ihre
eigenen Produkte bildet, welche sich auf diese Weise nur in dieser
Pflanze finden.

Mit der Ernährung zugleich ist auch das Wachsen gesetzt,
so daß man von einem kräftigen Wachsen auch auf eine tüchtige
Ernährung schließen darf.   Reichliche Nahrung ist Bedingung
eines kräftigen Wachsens bei gesunden Organen.

Beim Wachsen der Holzpflanzen aus dem Samen entwickelt
sich zuerst der Keim, der allein durch die aufschwellenden Samenlappen ernährt wird.   Dieser Keim ist weder Wurzel noch Stengel, sondern indifferent, gleichsam ein verlängerter Knoten, aus
welchem nunmehr Wurzel und Stengel zugleich entstehen.   Jener Keim richtet sich bei einigen Holzpflanzen mehr abwärts (Eichen), dann bleiben die Samenlappen im Boden, hingegen bei
andern mehr aufwärts (Buchen), dann erscheinen die Samenlappen über dem Boden.   Sind Wurzel und Stengel soweit
ausgebildet, daß sie das begonnene Leben fortsezen können, dann
sterben die Samenlappen ab.

Mit dem Wachsen der Wurzeln, sowol in die Länge, als in
die Dicke, beginnt auch das des Stengels mit seinen Blättern,
und zwar nicht blos in der Jugend, sondern auch in jedem Jahre
von Neuem.   Beim Wachsen in die Länge ist die Lebenthätigkeit
an den Endpunkten der Holzpflanzen am sichtbarsten, nämlich in
der Nähe der Zasern und der Blätter; hingegen beim Wachsen

70

in die Decke ist die größte Lebenthätigkeit zwischen Borke und Holz, und diese nimmt ab theils nach dem Marke und theils nach der Oberhaut zu.

Indem das Wachsen von Statten geht und neue Theile sich aus den alten entwickeln, kann man Folgendes allgemein beobachten: Das Einfache fängt an, dann folgt die Theilung und es schließt wieder das Einfache eine Entwickelung, so z. B. bei den Blättern, Zweigen und Wurzeln, sowol in der Jugend und im Alter, als im Frühjahre und im Sommer. Sind bei dieser Theilung und Entfaltung Zahlenverhältnisse ausgedrückt, so herrschen die Zahlen eins, drei und fünf, nebst deren Verdoppelung und Verdreifachung vor.

Einen mächtigen Einfluß auf das Wachsen unserer Holzarten üben aus die Witterungzustände in den verschiedenen Jahreszeiten, so daß es im Frühjahre am meisten nach außen, auf Vergrößerungen, im Sommer mehr nach innen, auf Verdichtung gerichtet ist, und daß solches im Herbste immer mehr abnimmt, bis im Winter das Pflanzenleben sich wie ein förmliches Schlafen, nämlich möglich geringstes Thätigsein nach innen und außen, darstellt. Denn mit der Frühjahrswärme und mit dem wieder kräftig reizenden Sonnenlichte beginnt nach diesem Schlafleben im Winter nicht nur das Wachsen des Sommertriebes mit seinen Blättern und ebenso der Wurzelfasern, sondern auch das des Jahresringes und der Bastlage, so daß von nun an bei jeder Holzart auf eigenthümliche Weise der Wuchs bis zum Herbste vollendet erscheint, obgleich auch noch im Winter die Thätigkeit selbst nicht gänzlich aufhört, wie man an der Zunahme eines wenig schleimigen Saftes und an dem allmähligen Aufschwellen der Knospen bemerken kann.

Dieses verminderte Wachsen im Winter ist blos Folge des Zustandes der Kälte, wobei die Holzpflanzen außerordentlich in ihren Theilen zusammengezogen sind und so gleichsam erstarrt erscheinen. Nur wirklich gefroren, d. h. wie zu Eis krystallisirt, sind im Winter die Säfte eines lebenden Stammes nicht, sondern nur durch Mangel an Wärme so zusammengedrängt, daß eben dadurch jede Zelle und Ader gegen das Gefrieren der Säfte gesichert ist. Diese Erscheinung läßt sich schon zum Theil aus dem physischen Gesetze erklären, nach welchem selbst Wasser unter einem gewissen Drucke nicht gefriert, und daß überhaupt Alles, was die Flüssigkeit des Wassers vermindert, auch dessen Gefrier-

71

punkt erniebrigt. — Mit bem wirklichen Gefrieren ber Pflanzen=
fäfte ift bas augenblickliche Abfterben einer Pflanze verbunben,
und zärtliche ober im Herbfte nicht genug ausgebilbete (verholzte)
Pflanzen ober beren Theile erfrieren eben barum, baß fie zu faft=
reich unb in ben Grunborganen nicht berb genug finb, um jene
fo nöthige Zufammenziehung in ber Kälte vollführen zu können.
— Daß man im Winter bei großer Kälte an eben gefälleten
unb gefpalteten Stämmen bie Säfte gefroren fieht, kommt ba=
her, baß mit bem Zutritte ber atmofphärifchen Luft jene zufamm=
engebrängten Säfte fich nunmehr ausbehnen unb augenblicklich
gefrieren. — Wie aber bie Bereitung ber Säfte unb bamit bas
Wachfen gefchehe, wie ferner bie Säfte bewegt werben, unb welche
auffallenbe Erfcheinungen babei noch zu erklären finb? Darauf
einige Worte.

Wirb eine Pflanze in ihrem Wachfen auf irgenb eine Weife
geftört, fo geht immer ihre Lebenthätigkeit barauf aus, biefe Stör=
ung fo viel möglich zu überwinben unb ben etwa entftanbenen
Schaben wieber auszuheilen.   Durch folche Anftrengungen ber
Pflanze wirb ihr Wachsthum fehr aufgehalten, oft ganz erfchöpft.
Dahin gehört: baß Verlezungen am Stamme unb an Wurzeln
von einem Wulfte umzogen werben, unb fie nach unb nach wie=
ber, wenigftens von außen, verfchwinben; baß bei gewaltfamer
Verminberung ber Wurzeln unb Zweige (als beim Verpflanzen,
Schneibeln unb Köpfen) biefe allererft burch neue Bilbungen er=
fezt werben; baß beim gewaltfamen Verlufte ber Blätter fogleich
wieber neue vorbereitet unb entwickelt werben (oft ftirbt bie Pflanze
über biefer Anftrengung); baß Wurzeln unb Aefte unb Blätt=
er fich bahin wenben, wohin fie bie Ueberwinbung bes Wiber=
ftanbes richtet u. f. w.

Diefes Wachfen ber Holzpflanzen im geftörten ober kranken
Zuftanbe läßt nun gleichfam einen Blick in ihre Thätigkeit felbft
thun, wenn man gehörig zu unterfcheiben weiß unb nicht voreilig
aus einzelnen Erfcheinungen auf's ganze Leben fchließt.   Befon=
bers ift es zu vermeiben, wie man fonft immer fchloß: fo habe
ich es im geftörten Zuftanbe (z. B. bei ber Saftbewegung an ben
in gefärbte Flüffigkeit gefteckten Zweigen) gefunben; alfo muß es
auch fo im gefunben fein; baburch hat man viele Irrthümer unb
Einbilbungen lange für Wahrheit gehalten.

Daß bie Grunbftoffe, Sauer=, Kohlen= unb Wafferftoff, theils

72

aus dem Boden, theils aus der Luft in die Holzpflanzen kommen, läßt sich begreifen, auch allenfalls, wie sie in solche kommen; wie aber die Pflanzen aus diesen Stoffen ihre Säfte eigentlich bilden, und wie sie daraus ihre Bestandtheile nach und nach entwickeln, darüber wissen wir im Grunde so viel wie nichts zu sagen; nur scheint es nicht nach chemischen Gesetzen, sondern auf dynamische Art zu erklären möglich. Eben so wenig läßt sich bis jezt angeben, wodurch die Säfte des einen Gliedes oder Organs verschieden von je einem anderen in derselben Pflanze sind, indem sich der Saft kaum ohne das Glied oder Organ darstellen läßt. Denn was wir aus verlezten Holzpflanzen ausfließen sehen, das ist theils ein Gemenge aus den Adern und zerrissenen Zellen, theils auch ein durch die Drosselwände gedrungener und also gleichsam durchgeseiheter Saft, den man auch roh er Saft nennt, der aber schwerlich als solcher in einer gesunden Pflanze sich befindet. Daß auch mit dem Zutritt der atmosphärischen Luft die Säfte sogleich verändert werden, ist eine bekannte Sache.

Da alle Lebenthätigkeit und alles Wachsen mit dem Zustande des Flüssigen beginnt und dieses bei den Pflanzen schlechthin der Saft, oder auch auf einer mehr entwickelten Stufe der Bildungsaft genannt wird, so ist es seit lange eine Frage der Untersuchung gewesen: wie bewegen sich die Säfte überhaupt, und wie kommen sie dahin, wo ein neues Glied entstehen soll?

Der Grundirrthum bei der Erklärung der Saftbewegung war die Annahme, daß die Wurzeln ausschließlich zur Ernährung der Pflanzen dienten, und daß dann der von ihnen eingesogene rohe Saft aufwärts geführt werden müsse. Weil man aber jezt weiß, daß auch Stamm und Blätter, wie Wurzeln, Organe der Ernährung sind, daß aus je einem dieser Organe die anderen sich entwickeln können, und daß es hauptsächlich der gleichsam galvanisch ausgeübte Reiz (des Jrd's) des vesten Bodens ist, weßhalb die Pflanzen ohne veste Verbindung mit dem Boden durch die Wurzeln nicht lange wachsen können; darum muß auch die Erklärung der Saftbewegung dem gemäß geführt werden, und das Wesentliche ist Folgendes:

1) In den Adern ist der von und mit den Zellen bereitete Saft, und die Drosseln wirken wie Athemwerkzeuge auf diese ununterbrochene Bereitung; nur geschieht dieß Alles kräftiger oder langsamer, gemäß den äußeren Einwirkungen nach Zeit und Ort, und entsprechend dem inneren Pflanzenleben.

73

2) Alle Adern der ganzen Holzpflanze stehen fortwährend in offener Verbindung unter sich, nur stellenweise ist diese Verbindung verengt, wie z. B. in den Knoten der Gräser, in den Astwinkeln und im Stocke, jedoch nicht aufgehoben. Wird nun ein Theil der Zellen einer Pflanze thätiger aufgeregt und also sie und ihre Adern mehr ernährt, so theilt sich dieser Ueberschuß allmälig jeder gesunden Ader- oder Zellenreihe mit, so nämlich, daß immer die nächste Ader und Zelle nur auf die nächste wirkt, also ohne Sprung.

3) Wo an der Holzpflanze ein neues Glied entsteht, sei dieses Wurzel oder Zweig oder Blatt, oder nur ein Theil derselben; daselbst wird der Saft in Adern und Zellen vermindert, weil sie den Stoff zu diesen Bildungen hergeben; dahin wendet sich nun der dadurch gewordene Ueberschuß der übrigen Zellen und Adern, entweder nur des einzelnen Gliedes oder mehrer Glieder. Diese Bewegung der Säfte dahin, wo eine verhältnißmäßige Minderung entstanden ist, geschieht so gut nach oben und nach unten, als von innen nach außen, und umgekehrt.

4) Wird die Borke an einer Stelle zerschnitten, so fließt der in den verletzten Adern und Zellen befindliche Saft so lange aus, bis mechanisch nichts mehr ausfließen kann, oder bis durch Zusammenziehung der Zellen und Adern, auch durch Wiederbildung, das Ausfließen verhindert ist. Darum fließen die Säfte von oben stärker aus der Borke als von unten, und die Ausheilung von oben ist augenfälliger. Von oben geht das Fließen und Ausheilen mit dem Gesetze der Schwere, von unten aber gegen diese Kraft.

5) Wird das Holz am lebenden Stamme durchschnitten, so sind die Erscheinungen der Saftbewegung des zelligen Theils wie bei der Borke; aber die Längenfaser bewirkt hier eine neue Erscheinung. Denn da jeder Drosselbündel eine selbständige, im Holze mehr oder weniger verhärtete Röhre ausmacht, die ringsum von Bastzellen umgeben ist, und da meist die Längenfasern aus so vielen Drosselbündeln bestehen, daß zwischen diesen sich noch Zellen befinden, die beim Verhärten der Fasern zerreißen und Luftlücken bilden; so können sich bei Durchschneidung des Holzes diese Röhren und Luftlücken nicht ganz zusammenziehen, und nun entladen sich auch die Adern durch die Drosselwände und in diese Lücken, und zwar um so länger, je mehr die Aus=

74

heilung nach diesem Punkte gerichtet bleiben kann.   So z. B.
am abgehauenen Stamme fließt der Saft länger aus dem Stocke
als aus dem Schafte, länger dieser wieder im Frühjahre als in
jeder anderen Jahreszeit, und endlich im Fortgang des Frühlings
stärker an kühlen als an warmen Tagen. — Dieser Saft, der
am durchschnittenen Schafte aus den Drosselröhren und Luftlücken
fließt, ist also gleichsam ein durchschwitzter, und als solcher so wenig in den Pflanzen enthalten, als der Schweiß bei den Thieren
in den Blutadern es war.   Bezeichnend wird dieses Ausfließen
am beschnittenen Weinstocke im Frühjahre ein T h r ä n e n genannt *).

6) Steckt man einen abgeschnittenen belaubten Zweig in gefärbte Flüssigkeit, so setzen allermeist dessen Blätter das Ernähren
und Bilden im Sonnenscheine fort und verbrauchen die Luft in
den Drosseln und Lücken; dabei tritt nun die gefärbte Flüssigkeit
darin aufwärts, wie im luftverdünnten Haarröhrchen.   Dieses
geschieht aber nicht in der gesunden Pflanze, weil die Drosseln
geschlossene Röhren sind und auch in den Wurzeln nicht (so zu
sagen) zu Tage gehen.

Aus diesen Sätzen und aus den vorher gegebenen Erscheinungen und Erklärungen über das Wesen und Verhalten der
Pflanzen im Allgemeinen lassen sich nun viele Erscheinungen leicht
erklären, die sonst räthselhaft blieben oder doch falsch erklärt wurden; die folgenden mögen beispielweise hier stehen.

a) Jeder gesunde Theil einer Holzpflanze lebt, getrennt vom
Ganzen, für sich noch eine Zeitlang fort und sucht aus sich die
ganze Pflanze herzustellen. — Dahin gehört das Ausschlagen der
abgeholzten Stöcke, und im Schatten liegender Schafte; das Gerathen der Stecklinge (auch verkehrt in den Boden eingesezt) und
der Ableger; das längere Vegetiren der in Wasser gestellten Zweige
und Blätter, auch wenn die Abschnittflächen tüchtig verklebt sind,
so daß mechanisch nichts eindringen kann; und das Veredeln der
Obst- und Zierbäume.

b) Je mehr Adern (im Zellgewebe) einer Holzpflanze durchschnitten oder unterbunden werden, desto gestörter ist ihr Wachsen; so lange aber noch Adern der Pflanze an einem Theile thätig
sind, so lange lebt dieser fort.   Daraus erklärt sich: das zeitweilige Fortleben entborkter oder unterbundener oder verschiedentlich

---

*) Mehr darüber siehe in meiner Pflanzenphysiologie §. 74. u. §. 106.

75

eingehauener Stämme; das Fortwachsen eines ablaktirten Zweiges, auch unterhalb der Stelle, wo dieser mit dem Grundstamm zusammen wuchs; das kräftige Ausschlagen hohler Stämme; und das geringe Wachsen der von außen angehauenen Bäume.

c) Die Thätigkeit je eines (organischen) Gliedes kann auf gewisse Zeit mehr erhöht oder vermindert werden, als es diesem Gliede in Vergleichung mit den übrigen Gliedern zukäme, und zwar kann diese besondere Thätigkeit veranlaßt sein durch äußere oder innere Ursachen. Dahin gehört z. B. das excentrische Wachsen der Bäume und überhaupt die größere Ausdehnung derselben nach einer Seite hin; das frühere oder spätere Entwickeln der Zasern gegen das der Blätter; ferner die meisten Mißbildungen und Auswüchse.

d) Wird ein wesentlicher Theil überreizt oder kränk, so werden die übrigen Theile nach und nach ebenfalls ergriffen. (Unwesentliche Glieder werden in solchem Falle abgesondert).

Dahin gehört z. B. das übermäßige Wachsen der Wurzeln, oder der Blätter, und das sogenannte Uebertreiben der Pflänzlinge; die eigentlichen Zellen=, Ader= und Drosselkrankheiten, die auf einem Punkte anfangen und sich zuletzt auf einzelne Theile oder das Ganze der Pflanze verbreiten.

e) Ist durch eine Wirkung auf die Holzpflanze eine Veränderung in dem Verhältnisse und der Richtung der Grundformen vorgegangen, so bleibt die Veränderung so lange, bis diese Pflanze durch eine entgegengesezte Wirkung wieder auf den Urstand zurückgeführt ist. Z. B. beim Pfropfen werden die Drosselbündel durchschnitten, und die Folge ist vermehrte Zellenbildung; dieses bleibt, bis wieder einmal die Drosselbildung gehoben wird. Herrschte dagegen am Pfropfreise die Drosselbildung vor, wie z. B. bei den Abarten mit vielfältig geschlizten Blättern, als Fagus silva. cristata oder Fagus silva. quercoides; dann heilt sich durch's öftere Pfropfen diese Mißbildung wieder aus. — Hierher ist auch zu rechnen das drehsüchtige Wachsen der Schafte und manche Spielart.

f) Ein Organ kann unter bestimmten Umständen die Verrichtungen eines anderen auf eine Zeitlang zugleich übernehmen und ausüben. Hierher ist zu zählen das Wachsen des Wurzelstocks ohne Stengel; desgleichen des Wurzelstocks und Stengels ohne Blätter.

76

Dritter Abschnitt.

Vom Verhalten der Holzpflanzen, besonders in forst-licher Hinsicht.

§. 50.

Im Allgemeinen.

Das Wachsen und Gedeihen der Holzarten wird, wie bei allen Pflanzen, bestimmt theils durch die Natur der Pflanze selbst, theils durch die in der Umgebung wirkenden Kräfte, näm-lich in Boden und Luft. Weil nun das Maß und die Wirk-samkeit dieser Kräfte in Boden und Luft, sowol nach der Be-schaffenheit des Bodens selbst, als auch nach Lage, Witterung und Jahreszeit, sehr verschieden ist, und weil überdieß so viele Jahre zur völligen Entwickelung einer Holzpflanze erforderlich sind, so wird es zur Zucht und Pflege derselben höchst nöthig, zu wissen, wie sich eine Holzart in den verschiedenen Lebensperioden, unter bestimmten Wachsthumsumständen, verhält, und zwar im gesun-den und kranken Zustande. Denn wird dieses Verhalten einer Holzart nicht richtig erkannt, so kann man ihr auch z. B. keinen angemessenen Standort anweisen, und es wird also schon hier-durch der Zweck der Zucht zum Theil oder gänzlich vereitelt. Soll umgekehrt für bestimmte Wachsthumsumstände eine Holzart aus-gewählt werden, die diesen Umständen am meisten entspricht, so muß man nicht nur jenes Verhalten der Holzarten überhaupt kennen, sondern auch im Besonderen wissen, wie je eine Holzart nach allen Hauptrücksichten sich eigenthümlich erweiset. Diese Kenntniß wird also nöthig, wenn ein gegebener Zustand gewisser Holzpflanzen beurtheilt, oder ein anderer herbeigeführt werden soll, der einem gewünschten Zwecke mehr entspricht.

77

Jenes allgemeine Verhalten der Holzarten betrachtet dieser Abschnitt, das Besondere wird in der zweiten Abtheilung bei jeder Holzart nachgewiesen werden.

§. 51.
Von den Stufen der Entwickelung.

Wenn je eine Holzart einen solchen Standort bekömmt, der ihr in jeder Hinsicht am angemessensten ist, und wenn sie hier nicht von zufälligen Einwirkungen in ihrem Wachsthume gestört wird; so erreicht sie ein ihr eigenthümliches Alter, so daß sie nach und nach abstirbt, wie sie nur allmälig erwuchs. — Diesem natürlichen Absterben geht eine Verminderung des Wuchses und eine geringere Entwickelung Aller Theile voraus, indem kurz vor diesem Wendepunkte noch Alles in gleichförmiger und hoher Vollendung sich ausbildete, d. h. alle Theile und deren Erzeugnisse von je einer Holzpflanze sind dann am meisten entwickelt oder ausgebildet und also gewissermaßen vollkommen. Kennt man aber von je einer Holzart das Alter, in welchem sie diesen Gipfelschwung ihres Wachsthums erreicht', und theilt diese Zahl der Jahre in 4 gleiche Theile, und nennt solche von der Jugend an die erste, zweite, dritte und vierte Lebensstufe (Periode) dieser Holzart, so lassen sich viele Erscheinungen beim Wachsen der Holzarten auf allgemeine Sätze zurückführen, auch leichter begreifen und behalten. Würde z. B. der Wendepunkt des größten Wuchses bei der Rothbuche in die Zeit des 140sten Jahres fallen; so würde ihre erste Lebensstufe mit 35, die zweite mit 70, die dritte mit 105, die vierte mit 140 Jahren und die fünfte mit dem Absterben geschlossen sein. Bei der Eiche dauert die erste Lebensstufe wenigstens 50 und bei der Sommerlinde noch mehr Jahre.

Durch sehr günstige Wachsthumsumstände wird der Wuchs einer jeden Holzart beschleunigt, aber ihre Lebensdauer, und also auch ihre Stufen verkürzt; umgekehrt können bestimmte Umstände den Wuchs gleichsam aufhalten und so die Lebensdauer verlängern. Wenn nun blos von Lebensstufen, ohne weitere Angabe der Umstände, die Rede ist, so werden die gewöhnlichen Umstände vorausgesetzt, außerdem sind die bestimmenden Umstände anzugeben.

Folgende Sätze dürften die wichtigsten sein:

1) Auf der ersten und zweiten Lebensstufe wachsen

78

unsere Holzarten mehr in die Länge und der Schaft bleibt kegel-
förmiger; Schaft- und Wurzelbildung herrscht vor. Schnellwüchsige Holzarten nennt man gewöhnlich solche, die besonders in der
ersten Periode auffallend wachsen.

2) Auf der dritten und vierten Lebensstufe nimmt der Längenwuchs ab, und der Breitenwuchs stellt fast das Umgekehrte der
ersten und zweiten Periode dar; mithin nähern sich die Stämme
der Walzenform.

3) In der ersten Periode schlagen alle Safthölzer sicher vom
Stocke aus, wenn sie zur rechten Zeit und auf die rechte Weise
abgehauen werden.

4) Je eine Baumart erzeugt erst in der zweiten Periode vollkommene Blätter, aber noch wenig Blüthen; in der dritten den
beßten Holzwuchs; in der vierten die meisten Früchte; in der
fünften Periode hört der Zuwachs nach und nach auf, Blätter und
Früchte werden kleiner, die lezten auch seltener, und das Holz wird,
vom Kern aus, immer unbrauchbarer.

5) Baumstämme die auf der ersten Lebensstufe zu schnell
erwuchsen, werden leicht kernfaul. Daher werden in urbarge-
machtem Lande nicht leicht alte Baumstämme erzogen werden
können.

6) Für die Zucht verschiedener Holzarten in einem Bestande
ist es nun höchst wichtig, zu wissen, welche dieser Arten in den
verschiedenen Lebensperioden ziemlich gleichen Wuchs haben, damit man nicht solche zusammenbringe, wovon eine die andere
überwächst.

7) Obgleich den Pflanzen nicht, wie einigen Thieren, eine
eigentliche Wiedererzeugung eines verlorenen Gliedes auf derselben
Stelle zukömmt, so können doch die Holzarten neue Glieder bilden
in der Nähe der verlorenen, und dieses Vermögen kömmt ihnen
vorzüglich auf der ersten Lebensstufe zu. Darum vertragen alle
Holzpflanzen höchstens in ihrer ersten Lebensperiode das Verpflanz-
en und Beschneiden ohne sonderlichen Schaden.

8) Auf der zweiten und dritten Stufe liefern die Harzhölzer
das meiste Harz bei gehörig angebrachten Verlezungen; später
nimmt dieser Harzfluß ab, wie der Holzwuchs sich vermindert.
Bei den Safthölzern ist es derselbe Fall zur Saftgewinnung.

9) Wenn in der vierten Lebensperiode der größte Zuwachs einer
Holzart erreicht ist, so läßt sich solches äußerlich meist daran er-

79

kennen, daß die Wulstbildung, welche jeder Ast anfänglich mit
dem Stamme macht, fast gänzlich verwachsen ist und also der
Stamm zwischen den Aststellen keine Bogen mehr zeigt.

§. 52.
Gegen einander und gegen Kräuter.

Wenn eine Holzpflanze, unter übrigens günstigen Wachsthumsumständen, zur Vollkommenheit gelangen soll, so muß sie
auch in der rechten Umgebung von anderen Holzpflanzen und
Kräutern sich befinden. Denn einige Holzpflanzen leiden mehr
vom gedrängten Stande unter sich, andere vom zu freien Stande,
und wieder andere vom Graswuchse, und in dieser Hinsicht dürfte
das Folgende als wesentlich zu bemerken sein.

1) Holzarten, die einen freien Stand zu ihrer Ausbildung
verlangen und dabei die nachtheilige Einwirkung des Graswuchses
leicht überwinden, könnte man Wiesenhölzer nennen. Dahin
gehören vornehmlich unsere Kopfholz- und Uferweiden, die Schwarzpappel und die kanadische und Pyramidenpappel.

2) Feldhölzer könnte man solche Holzarten nennen, die
zu ihrem beßten Gedeihen einen freien Stand und einen urbar
gemächten Boden verlangen. Dahin gehören die meisten unserer
Obstarten, und vornehmlich Aepfel, Birnen, Pflaumen und Sau-
erkirschen.

3) Waldbäume und Sträucher heißen solche Holzarten,
die zwar nicht im gedrängten Stande unter sich, aber doch auch
nicht ganz frei stehen wollen, um ihre höchste Vollkommenheit zu
erreichen; diese bilden unsere beßten Mittelwälder. Dahin gehören
vornehmlich: Ahorne, Aspe, Erlen, Birken, Esche, Hornbäum, Linde, Vogelkirsche und die meisten nutzbaren Waldsträuche.

4) Forstbäume würden endlich solche Holzarten genannt
werden müssen, die im Schluß unter sich ihre höchste Vollkommenheit erreichen, und diese bilden unsere Hochwälder. Dazu sind
vornehmlich zu zählen: Eichen, Rothbuche, Fichte, Kiefer, Tanne und Lärchen.

5) Der kunstgerechte Forstbetrieb hat nun die Aufgabe zu
lösen, wie jeder Holzart der rechte Stand zu ihrem vollkommenen
Gedeihen gegeben und durch gehörige Durchforstungen erhalten
werde, wobei noch Folgendes eine Berücksichtigung verdient.

80

a) Im freien Stande wird die Astverbreitung größer und die Wurzeln gehen tiefer ein und verbreiten sich nicht sehr weit.

b) Im geschlossenen Stande wird die Astverbreitung geringer und die Wurzeln liegen flacher und verbreiten sich weiter.

c) Holzarten, die ihre meisten Zasern nach der Oberfläche des Bodens hin haben, wie z. B. Buche und Tanne, verdrängen im Alter ziemlich alle Kräuter unter sich, leiden aber allermeist in der Jugend vom Graswuchse und von den forstlichen Erdhölzern.

d) Im zu dichten Schlusse wird der Wuchs jeder Holzart ungemein aufgehalten, die Flechten finden sich häufig (auch an jungen Pflanzen) ein, und Früchte werden nicht ausgebildet.

e) Werden solche Holzpflanzen, die im dichten Schlusse unter sich erwuchsen, auf einmal zu frei gestellt, so liegen ihre Wurzeln zu flach, die meisten Zasern sterben ab, und dann kümmern sie einige Jahre, doch erholen sich die meisten zu einem freudigen Wuchse, wenn sie noch kräftige Knospen ausbilden und sie die zweite Periode noch nicht überlebt haben; ältere Stämme werden dabei leicht am Wipfel dürre, indem nun die unteren Aeste kräftig wachsen.

f) Sind Holzpflanzen auf einer Fläche erwachsen, die mit Erdhölzern, oder Kräutern, oder Mosen dicht überzogen war, so ist's gefährlich für den Wuchs dieser Holzpflanzen, solchen Ueberzug wegzunehmen, weil dadurch die Wurzeln derselben mehr oder weniger frei werden und solche dadurch von der Witterung leiden.

§. 53.

Gegen den Boden.

Wie Luft, Licht und Wärme, und Wasser zum Wachsen des Stammes, der Aeste und der Blätter nothwendige Dinge sind, so gehört der Boden als solcher, ferner Wasser, auch Luft und etwas Wärme ebenfalls zu den wesentlichen Bedingungen beim Wachsen des Wurzelstockes.

Da nun ein Boden (§. 16.) nach seinem Hauptbestandtheile entweder Thon-, oder Sand-, oder Kalkboden heißt, ferner ein Gemenge aus Thon und Sand den Lehmboden, und aus Kalk, Thon und Sand den Mergelboden giebt, so werden auf einem solchen Boden beim Zutritt der Luft, des Was-

81

fers und der Wärme nur die niederſten Pflanzengebilde wachſen
können, nicht aber Kräuter, Sträuche und Bäume. Zu jedem,
für höhere Pflanzen geeigneten Boden gehört eine
gewiſſe Menge von Dammerde, die ſich aus verfaulten
Thier= und Pflanzentheilen gebildet hat, und danach heißt ein
Boden fruchtbar, oder ſehr fruchtbar, oder mager.
Denn bei der immer fortgeſezten Verweſung der Dammerde, mit
Boden gemengt, entwickelt ſich die für das Pflanzenwachsthum
ſo wichtige ſtickſtoffige und eigenthümliche Luft, die für je eine
Pflanze wichtig wird. Enthält ein Boden noch andere Beſtand-
theile, als: Eiſen, Salze und Kohle (verkohlte Dammerde), ſo
können dieſe für das Wachsthum einer Pflanze nützlich oder ſchäd=
lich werden, je nachdem ſolche in rechter oder in großer Menge
vorhanden ſind.
      Ferner iſt Waſſer in Dampfgeſtalt am vortheil=
hafteſten für das Wachſen der Wurzeln. Hat nun
ein Boden faſt immer mehr Waſſer, als er verdampfen kann,
ſo heißt er ein naſſer, und nur wenige Pflanzen gedeihen in
einem ſolchen; doch wird er noch unfruchtbarer, wenn durch Mang=
el an Zu= und Abfluß des Waſſers der Boden zugleich ſauer
wird. Wenn dagegen ein Boden faſt immer eine gewiſſe Feucht=
igkeit zeigt, ſo heißt er ein friſcher, wie z. B. Lehmboden an
unteren Bergabhängen, oder Sandboden in durchwäſſerten Nie=
derungen, oder Kalk= und Baſaltboden im Schatten; in ſolchen
friſchen Lagen gedeihen die meiſten Pflanzen. Wenn aber einem
Boden die meiſte Zeit das Waſſer zum Verdampfen fehlt, ſo
heißt er ein trockener, wie Thon=, Kalk= und Sandboden auf
etwas hochliegenden freien Ebenen; hier gedeihen nur magere und
ſonſt genügſame Pflanzen.
      Ohne Luft beſteht kein Wachſen der Wurzeln
im Boden, daher zu jedem fruchtbaren Boden eine gewiſſe
Lockerheit gehört, welche durch die Anweſenheit theils von kleinen
Steinen (Grus und Grant), theils durch Sand und theils durch
Dammerde hervorgebracht und erhalten wird. Jede Pflanze ver=
langt nun zu ihrem beſten Gedeihen eine beſtimmte Lockerheit bei
einer ihr angemeſſenen Bodenart. Der Thon= und Kalkboden
ſchließt im angefeuchteten Zuſtande leicht die Luft zu ſehr ab,
und läßt im trockenen Zuſtande, wo er ſtrichweiſe aufreißt, die
Luft zu ſtark einwirken, daher ein ſolcher den zärtlichen und
feinen Pflanzen nicht zuſagt.

82

In Abſicht auf Wärme heißt ein Boden ein kalter, wenn das Waſſer in ihm nur langſam verdampft, wie im thonigen; hingegen ein milder, der vermöge ſeiner Beſchaffenheit weder ſchnell heiß, noch ſchnell kalt wird, wie z. B. ein Lehm= oder Mergelboden; und endlich ein hitziger, wenn er leicht trocken und nachher zu ſehr erwärmt wird im Vergleich mit anderen Bodenarten, wie z. B. ein Sand= und Kalkboden.

Ueberhaupt iſt ein der Farbe nach ſchwarzer oder dunkler Boden leichter vom Sonnenlichte zu erwärmen, als ein hellfarbiger, und vielleicht iſt auch darum ein an Dammerde reicher Boden wärmer als ein daran armer.

Endlich wird ein Boden tief= oder flachgründig heißen, je nachdem ſeine Aufhäufung ſo groß iſt, daß darin entweder der größte Wurzelſtock ſich auch in der Tiefe ausbreiten, oder daß nur ein Wurzelſtock mit in der Oberfläche hinſtreichenden Wurzeln ſich erhalten kann. Der Untergrund, auf dem ein fruchtbarer Boden ſich befindet, iſt ebenfalls ein Gegenſtand der Unterſuchung, und zwar, ob er etwa veſt und gegen das Waſſer undurchläſſig oder locker und alſo durchläſſig iſt, indem beſonders durch einen veſten Untergrund ein ſonſt fruchtbarer Boden leicht kalt und naß und mithin weniger fruchtbar bleibt. Das Gebirge ſelbſt, aus dem ſich ein Boden bildete, kommt beſonders in ſo fern in Betracht, als es einfach oder zuſammengeſezt in ſeinen Maſſen iſt. Denn aus dem zuſammengeſezten Geſtein entſteht ein fruchtbarerer Boden als aus dem einfachen, wegen der entgegengeſezten Maſſenwirkung auf die Wurzeln.

Nach dieſen allgemeinen Andeutungen und Beſtimmungen dürfte Folgendes wegen des Verhaltens unſerer Holzarten gegen den Boden zu bemerken ſein:

1) Je fruchtbarer ein Boden iſt, deſto ſchneller wachſen darin alle Hölzer; aber ihre Lebensdauer wird kürzer und ihr Holz iſt weicher und weniger dauerhaft. Im mittelmäßig fruchtbaren Boden wachſen dagegen unſere Holzarten langſamer, aber ſie erreichen ein höheres Alter und liefern dann das beßte Holz. Im mageren Boden bilden ſich nur wenige Holzarten ordentlich aus.

2) Im friſchen Boden gedeihen unſere meiſten Holzarten am beßten, bei naſſem Grunde gedeihen viele (bei flachem Stande) dann noch, wenn ein fortwährender Zu= und Abfluß ſtattfindet (man denke an den Spreewald); und an trockenen Orten müſſen

83

die Holzpflanzen tief stehen können, wenn sie nicht verkrüppeln
sollen.

3) Ein kalter Boden verlangt einen weitläufigen Stand,
und ein hitziger Boden einen engen Stand der Holzarten, die
sonst auf ihm gedeihen können.

4) Da die Wurzeln einer jeden Holzart nur im Dunklen
eine bestimmte Einwirkung der Luft verlangen, so gehen sie um
so tiefer im Boden fort, je lockerer er ist, und bleiben flacher
im vesten Boden. Deswegen muß man im lockeren Boden tiefer
säen und pflanzen als im vesten. Auch verästeln sich die Wurzeln im lockeren Boden vielfältiger als im vesten, und darum
bleiben sie in diesem einfacher und werden stärker. An mechanischen Widerstand, der auf die Bildung der Wurzeln in so fern
Einfluß haben soll, ist dabei gar nicht zu denken; ein solcher Widerstand zwingt nur zu Umgehungen, wie z. B. neben Steinen
zu sehen ist.

5) Nur im tiefgründigen Boden kommen Holzarten mit
Pfahl- und starken Herzwurzeln zur Vollkommenheit; im flachgründigen hören solche schon auf der zweiten und dritten Lebensstufe auf, ordentlich zu wachsen. Für einen flachgründigen Boden gehören Holzarten mit streichenden Wurzeln, und auch diese
nicht in weitläufigem Stande. Dennoch läßt der Wuchs daselbst
in einem gewissen Alter bedeutend nach.

6) Ein thoniger Untergrund ist im Walde der schlechteste,
weil er nicht auf die Wurzeln reizend wirkt, auch die Luft verschließt, und also jene nicht in ihn eindringen, und weil ferner
so leicht nasse Stellen oder gar Versumpfungen entstehen, wodurch der Wuchs entweder gestört oder gar verhindert wird. Ist
dagegen der Untergrund ein Gestein, so ist derselbe um so vortheilhafter für den Pflanzenwuchs, je klüftiger oder vielmehr zer-
bröckelter es vorliegt.

7) Wie aber der Boden als solcher auf der Pflanzen Form
und Gestalt, auf deren Größe, Farbe u. s. w. wirke, ist noch
wenig oder nicht beobachtet, darum ist es auch bis jetzt noch
nicht möglich, mit Sicherheit aus dem Vorkommen und Ansehen bestimmter Gewächse auf die Beschaffenheit des Bodens
zu schließen. Denn wenn man jezt von einer Pflanze sagt:
ihr Vorkommen oder freudiges Wachsen zeige diesen oder jenen Boden an, so kann man gewiß gegen einen richtigen Fall
zehn andere auffinden, wo solches nicht stattfindet. Auf jeden

6 *

84

Fall scheint die Wirkung des Bodens für sich allein, d. h. ohne die übrigen Wachsthumsumstände, auf eine eigenthümliche Ausbildung oder gar auf Veränderung der Pflanze sehr unbedeutend zu sein, wenn man schnelleres oder geringeres, überhaupt mehr oder minder kräftiges Wachsen ausnimmt, welches lezte aber nicht auf die Art des Bodens schließen läßt, sondern nur auf dessen Fruchtbarkeit.

8) Unsicher und in vielen Fällen ganz ungegründet ist der Schluß: wenn eine Holzpflanze auf einem bestimmten Boden zur Vollkommenheit gelangte, also wird sie daselbst nochmals ebenso gut erzogen werden können. Denn dieses wird nur dann richtig sein, wenn sämmtliche Wachsthumsumstände dieselben geblieben sind, welches aber nicht den Holzpflanzen und der dermaligen Bodenbeschaffenheit jezt angesehen werden kann, sondern solches müßte wo anders her gewußt sein.

9) Daß die Gebirgsart, aus deren Verwitterung ein Boden entstand, einen bedeutenden Einfluß auf die darauf wachsenden Holzarten äußere, ist erfahrungsmäßig richtig; doch hat man das Wie und Warum noch lange nicht genug erforscht, um allgemein richtige Ergebnisse aufstellen zu können. Denn es will wenig sagen, daß man gesehen hat: Granitgebirge vorzüglich kahl und nackt; Gneusgebirge besser bewachsen; Glimmerschiefergebirge aber noch besser; Urthonschiefer mit fruchtbaren Wiesen, Feldern oder Wäldern bewachsen; auf Kalkgebirgen gedeihen die meisten Gewächse, und das Holz auf solchen sei immer vester; und auf Basalt standen die Holzarten am üppigsten.

10) Wie endlich ein Boden in seinen Bestandtheilen, durch das Wachsen einer Holzart in ihm, verändert werde, ist ebenfalls noch nicht untersucht. Bis jezt sah man immer auf die größere oder geringere Menge der im Boden gebliebenen Dammerde. (Vergleiche §. 43. 3.)

§. 54.

Gegen Lage.

1) Je näher oder entfernter ein Landstrich unserer Erdoberfläche einem der Erdpole liegt, desto kälter oder wärmer ist er, und diese daraus für eine bestimmte Gegend hervorgehende Wärme und Kälte nennt man ihr geographisches Klima; dieses aber wird durch Berge und Thäler, durch Seen, Flüsse und

Sümpfe, durch große Wälder und den eigenthümlichen Boden sehr verändert, und heißt dann das örtliche Klima, oder besser Witterung. Demnach hätte in erster Hinsicht von Deutschland Oesterreich, Kärnthen, Krain, Schwaben und zum Theil Baiern und Franken ein warmes, hingegen Sachsen, Böhmen, Schlesien, Westphalen, die Rheingegend und zum Theil Franken ein gemäßigtes, und Preußen sammt den übrigen Ländern an der Ost- und Nordsee ein kaltes Klima; aber dieses wird überall durch das örtliche Klima so abgeändert, daß man fast in jedem der angeführten Länder kalte Stellen auf Bergen, gemäßigte an Bergwänden und warme in Thälern nachweisen kann. Das geographische sowol als das örtliche Klima hat nun einen solchen unleugbar großen Einfluß auf das Wachsen und Gedeihen der Holzarten, daß jede nur in einem ihr angemessenen Klima zur höchsten Vollkommenheit gelangt, und daß daher die in einem kalten Klima heimischen Holzarten nicht in einem warmen, und umgekehrt, die aus einem warmen nicht in einem kalten oder doch nur kümmerlich gedeihen. Denn die Wärme ist zwar allen Pflanzen ein nothwendiges Reizmittel zum Wachsen und Gedeihen, aber durch zu viel Wärme entsteht Ueberreiz und nachherige Erschlaffung der Gefäße; hingegen bei zu wenig Wärme stockt der Gang und die Ausbildung der Säfte wie der Grundorgane, und in beiden Fällen wird die vollkommene Ausbildung einer Pflanze gehindert. So z. B. gedeiht die im nördlichen Europa heimische gemeine Kiefer durchaus im südlichen nicht, und auch in zu kalten Lagen auf hohen Bergen zeigt sie jederzeit, unter dem Namen Bergkiefer bekannt, einen zwerghaften Wuchs.

Darum muß man beim Anbau und bei der forstlichen Kultur einer Holzart jedesmal auch das Klima berücksichtigen, in welchem sie in ihrem Vaterlande gewöhnlich und am vollkommensten angetroffen wird, um sie nicht in ein ihr ungünstiges Klima zu bringen, und schon dadurch ihrem vollkommenen Gedeihen ein unübersteigliches Hinderniß in den Weg zu legen. Ob man eine Holzart nach und nach an ein anderes Klima gewöhnen könne, scheint sehr zweifelhaft zu sein, indem das, was man bisher auf Rechnung der Angewöhnung schrieb, sich auch durch eine angemessenere Zucht und Pflege erklären läßt, wenn eine solche Holzart jezt da erzogen werden kann, wo man sie sonst nicht erhalten konnte.

86

2) Die Lage eines Ortes nennt man die Richtung seiner
Fläche, entweder nach der Erdoberfläche (gleichlaufend mit der
Horizontalfläche) oder nach der Himmelsgegend hin betrachtet,
und im ersten Falle ist sie eben und schief, hoch (wie auf
Bergen) oder tief (wie in Thälern).   Jede dieser Lagen hat
einen wichtigen Einfluß auf das Gedeihen der Holzarten, und
die Erfahrung hat gelehrt, daß z. B. in sandigen Ebenen die gemeine Kiefer und Birke — in tiefen Gegenden die Erlen und
Weiden, — in Thälern und auf Vorgebirgen die meisten unserer
Laubhölzer, — auf sanften Abhängen und Mittelgebirgen die
Edeltanne, die Buche, die Rüstern und Ahorne, der Hornbaum,
die Esche und die Sommereiche, — und auf höheren Lagen die
Wintereiche, die gemeine Fichte und der Lärchenbaum am besten
gedeihen. An Seen, Flüssen und Sümpfen leiden auch die Holzarten, die sonst eben nicht zärtlich sind, häufig von Spätfrösten.

Außerdem muß die schiefe Lage noch besonders beachtet
werden, weil sie (wie die Abhänge der Berge und einige andere
von Erhöhungen gedeckten Stellen) nur einer gewissen Himmelsgegend ausgesezt ist, und in so fern die östliche, südliche, westliche
oder nördliche, und mit den Zwischenlagen wieder eine nordöst-
liche, südöstliche, nordwestliche oder südwestliche genannt werden
kann.   Die östliche Lage (Morgenseite) wird durch die Ost-
winde leicht ausgetrocknet, weil gewöhnlich nicht mit diesen, sondern mit Winden aus entgegengesezter Richtung häufiger Regen
verbunden ist; und darum kann sie eben nicht den reichlichsten
Holzwuchs gewähren.   Auch wird an solchen Lagen der Früh-
lingstrieb durch Spätfröste gar leicht vernichtet.

Die südliche Lage (Sommerseite) hat gewöhnlich einen
weniger fruchtbaren Boden, weil die Sonnenstrahlen den größten
Theil des Tages und in der geradesten Richtung auf ihn einwirken, dadurch Nahrung und Feuchtigkeit schnell verflüchtigen
und ihn austrocknen. Darum kann das Wachsen der Holzpflanz-
en hier nur langsam von Statten gehen.   Auch werden hier die
Säfte im Frühling am ersten thätig, und späte Frühlingsfröste
sind dann am gefährlichsten. Eben so thut hier auch das Glatt-
eis zuweilen großen Schaden und verursacht meist den Brand.
Darum schicken sich zärtliche Holzarten am wenigsten in diese
Lage. Durch einen geschlossenen Stand wird aber der Nachtheil
dieser Lage sehr vermindert, und unter dem Schutze dauerhafter
Stämme gedeihen die zärtlichen auch hier sehr gut.

87

Die westliche Lage ist bei einem angemessenen Boden dem Wachsthume der meisten Holzarten am zuträglichsten; nur sind gewöhnlich die West= und Nordwestwinde die heftigsten und daher den flachwurzelnden Bäumen hier besonders gefährlich.

Die nördliche Lage (mit der vorigen die Winterseiten) hat, weil sie der Sonne am wenigsten ausgesezt ist, verhältniß= mäßig einen feuchteren Boden. Der Holzwuchs beginnt hier im Frühlinge spät, schließt im Herbste zeitig und ist darum etwas gering, aber doch sicher; nur junge Pflanzen leiden zuweilen von den rauhen Nord= und Nordostwinden.

Da nun jede dieser Lagen auf eine und die andere Holzart mehr oder weniger günstig oder nachtheilig einwirkt, so gehört dieses zur vollständigen Kenntniß der Holzgewächse, damit man in der Forstwirthschaft jede Holzart auch in eine ihr günstige Lage bringe, oder den schädlichen Einwirkungen einer ihr ungünstigen Lage durch Stellung der Schläge, durch hinlängliches Ueberhalten der Mutterbäume zum Schutze der jungen Pflanzen u. s. w. mög= lich vorbeuge.

3) Noch einige wichtige Ergebnisse von dem Verhalten der Holzarten gegen Klima und Lage dürften folgende sein:

a) In nördlichen oder hohen Lagen geschieht das Wachsen langsamer, und ein Bestand verlangt deßhalb an solchen Orten einen lichteren Stand und einen längeren Umtrieb, wenn er sich gehörig ausbilden soll. Man denke z. B. an die Fichte in Ge= birgen und an die Erle, welche im Norden bei 40jährigem Um= triebe noch recht gut vom Stocke ausschlägt.

b) In hohen Lagen werden die Schafte aller Holzarten kürzer, wie solches auch bei allen Kräutern der Fall ist; man denke nur an die eigentlichen Alpenpflanzen; auch sind daselbst reichliche Samenjahre um so seltener, je höher die Lage ist.

c) Unter den ähnlichen Holzpflanzen, welche in Gebirgen wachsen, gedeihen gemeinhin diejenigen am beßten, die in der kürzesten Zeit ihren Sommerwuchs vollenden können.

d) Ebene Flächen geben, bei übrigens gleichen Umständen, einen geringeren Ertrag als hügelige und bergige Flächen, weil die lezten, wegen der größeren Lufteinwirkung, dichtere Bestände zulassen.

e) An der unteren Seite der Bergabhänge wird die Höhe der Bäume, wie in Thälern, gewöhnlich größer, als solche in an=

88

deren Lagen bei denselben übrigen Umständen geworden sein würde. Auch trocknet der Boden an solchen Orten immer schwer oder gar nicht aus, und darum zeigt sich meist schon ein freudiger Wuchs an den darauf stehenden Holzarten.

f) An südlichen Lagen muß bei Saaten und Pflanzungen eine stärkere Bedeckung (des Samens und der Wurzeln) stattfinden, damit die Wurzeln dadurch gehörig gesichert werden.

g) An steilen und sonnigen Lagen ist Erhaltung eines dichten Schlusses nothwendig, um den Boden frisch zu erhalten und so einen möglich großen Ertrag zu sichern.

§. 55.
Gegen Witterung, besonders in den verschiedenen Jahreszeiten.

Innerhalb der Vegetationgrenze verlangt je eine Holzart einen eigenthümlichen Standort zu ihrem beßten Gedeihen und auch in den verschiedenen Jahreszeiten eine angemessene Witterung. Je unangemessener der Standort, desto nachtheiliger ist auch der Einfluß der Witterung. Bei der Zucht einer Holzart hat man es nun in seiner Gewalt, ihr einen möglich angemessenen Standort anzuweisen, oder für einen gegebenen Standort die rechte Holzart auszuwählen. Um aber auch eine ungünstige Witterung ziemlich unschädlich zu machen, dürfte es nützlich sein, das Verhalten der Holzarten gegen dieselbe im Allgemeinen hier aufzustellen, und das Besondere würde in der Naturgeschichte bei je einer Holzart anzugeben sein.

1) Die Einwirkung des Lichtes auf das Wachsen der Holzpflanzen ist nur dann nachtheilig, wann dadurch schnell eine zu große Wärme erzeugt wird, oder eine schnelle Abkühlung darauf folgt, oder wann im Schatten erwachsene Holzpflanzen auf einmal, und nicht nach und nach, frei gestellt werden, wie solches z. B. an Morgenwänden, bei Regen im Sonnenschein und bei Lichtschlägen zuweilen der Fall ist. Das Mittel bei Holzpflanzen dagegen ist dichter Stand und Erhaltung der Bodendecke durch Laub, Moss ꝛc., auch zeitiges Gewöhnen der Pflänzlinge an einen freieren Stand, und wenn nicht Pflänzlinge aus dicht stehenden Orten in's Freie versezt werden.

2) Die Wärme wirkt dann am vortheilhaftesten auf die Pflanzen, wann ein regelmäßiger und allmähliger Wechsel der

Witterung stattfindet.   Wechselt dagegen große Wärme mit be=
deutender Kühle schnell und oft ab, so schrumpfen die Blätter
zusammen und das Wachsen wird sehr beeinträchtiget.   Dagegen
läßt sich aber nur das thun, daß man zärtliche Holzpflanzen
an solchen Orten nicht erzieht, und überhaupt eine angemessene
Beschattung des Bodens oder eine stärkere Bedeckung der Wurz=
eln zu erhalten sucht, und zwar allermeist durch Schonung des
abgefallenen Laubes und der etwa eingefundenen Benarbung des
Bodens durch Kräuter, Moße u. f. w.

3) So günstig der Regen zum Gedeihen der Holzpflanzen ist,
so verhindert doch eine anhaltend nasse Witterung die Bestäub=
ung der Blüthen und die Ausbildung eines vollkommenen Sa=
mens, schadet jedoch dem Holzwuchse wenig.   Eine zu trockene
Witterung ist weder der Samenbildung noch dem Holzwuchse
förderlich.

4) Solche Orte, die dem Winde besonders ausgesezt sind,
trocknen leichter aus; daselbst werden auch Thauniederschläge öft=
ers verhindert, und überdieß die Bäume zu einer größeren Aus=
dünstung und einem fast einseitigen Astwuchse veranlaßt, welches
einen freudigen Wuchs verhindert, wenn sonst der Boden zur
Trockenheit geneigt ist.   Ein dichterer Stand vermindert dieses
Uebel, so wie die Zucht solcher Holzarten, die magere Blätter
haben, wie Birken und Fichten. — Heftige Stürme wirken am
nachtheiligsten auf langschaftige Stämme, besonders auf immer=
grüne Nadelhölzer, wegen ihrer reichlichen Belaubung, und auch
dieses wieder mehr zur Zeit der Tagesgleichen, wann der Boden
aufgeweicht ist; ein lichter Stand von Jugend auf verhindert
diese Wirkung zum Theil.   Uebrigens trägt der Wind viel zur
Verbreitung des Samens bei.

5) Die Wirkung der elektrischen Spannung und die
Entladung der positiven Elektricität ist eines der kräftigsten Mit=
tel zur Erregung des Pflanzenlebens (K. Sprengel's Grundzüge
der wissenschaftlichen Pflanzenkunde S. 308.).   Daher befördern
öftere Gewitterregen einen kräftigen Baumwuchs; nur wirkt das
Wetterleuchten nachtheilig auf offene Blüthen, wie man solches
am leichtesten an Kirschbäumen bemerken kann, an denen sie
nach solchem leicht taub blühen.

6) Im Frühjahre schadet eintretende Kälte nach warmen
Tagen den Holzpflanzen, und zwar den Blüthen beim Ansetzen

90

der Früchte, z. B. ben Haseln und Rüstern; besonders aber schad-
en die Spätfröste nach dem Ausbruche des Laubes, indem schon
viele Blätter beschädigt werden, sobald die Witterung nur den
Gefrierpunkt und wenig darunter am Wärmemesser zeigt.   Am
nachtheiligsten erscheinen diese Wirkungen in zugigen Thälern
und an Sommerwänden, wenn solche mit empfindlichen Holzpflanzen, wie z. B. Eschen, Eichen u. a., besezt sind.   Durch Anzucht unempfindlicher Holzarten und durch Ueberhalten von Schutz-
bäumen für junge Pflanzen wird im Walde jener Schaden ge-
mindert.

7) Im Sommer ist der Thau für das tüchtige Wachsen
der Holzpflanzen fast eben so zuträglich als die Niederschläge der
Atmosphäre durch Regen; daher die unter älteren Stämmen stehenden Pflanzen schon wegen Entbehrung des Thaues nicht kräftig
wachsen können.   Treten in den Sommermonaten nach kalten
und trockenen oder trüben Nächten heiße Tage ein, so entladen
sich die Blätter durch den sogenannten Honigthau, wodurch
die natürliche Verrichtung der Blätter gestört und also das Wachsen der Holzpflanzen vermindert wird.   Ein trockener oder unbe-
narbter Boden oder lichter Stand vermehrt dieses Uebel. — Nach
trockenen Sommern leiden unsere Holzpflanzen am wenigsten von
harten Wintern.

8) Mit der Abnahme der Wärme im Herbste reift und
fällt ab, was die Winterkälte nicht übersehen kann, namentlich
Blätter und Früchte; Frühfröste beschleunigen diese Verrichtung
und schaden dabei dem verspäteten Längenwuchse, welches nachher
an dem Hängenbleiben des vertrockneten Laubes zu erkennen ist.
Durch den Abfall des Laubes deckt jede Holzart ihre Wurzeln
gegen die Kälte des Winters. — Einige Holzarten entwickeln
schon mit dem Herbste ihre neuen Saugwurzeln, und diese müßten eigentlich zu dieser Zeit verpflanzt werden (wie z. B. die Rüstern); übrigens sind Herbstpflanzungen nur mit Einschränkung
und unter besonderen Umständen zu dulden.

9) Im Winter befinden sich unsere Holzpflanzen gleichsam
im Zustande des Schlaflebens, in welchem alle Verrichtungen derselben durch Mangel an Reiz nur höchst langsam von Statten geh-
en, besonders wachsen sie kaum sichtbar und dünsten nur wenig aus.
Eine allmählig entstehende und ebenso wieder abnehmende Kälte
ertragen unsere Holzpflanzen auf angemessenen Standorten sehr

91

gut, und zwar bis über 20° unter dem Gefrierpunkte, nur erst bei 30° sterben einige bis auf die Wurzeln ab. Schnelle und große Zu= und Abnahme der Kälte schadet vielen Holzpflanzen, besonders bei flachliegenden Wurzeln oder in aufgelockertem Boden und bei mangelnder Schneebedeckung. Denn der Schnee ist bei der Kälte wohlthätig zur Erhaltung der Wälder; nur wirken große, bei warmer Witterung gefallene Schneemassen nachtheilig durch Druck, und verursachen, besonders in zu dichten Beständen, den sogenannten Schneebruch. Anhaltend kalte Winter sind im Ganzen genommen den Holzpflanzen weniger nachtheilig als gelinde Winter, in welchen es öfters aufthauet und einige Tage immer wie= der bedeutende Kälte eintritt; und solches ist wieder denjenigen Holzpflanzen am nachtheiligsten, die im Sommer üppig gewachsen sind. Holzarten mit starken Spiegelfasern springen bei schnellen Abwechselungen der Witterung leicht auf, und diesem Zufalle sind besonders Randbäume (an Wäldern und Blößen), ferner solche ausgesezt, die an Bächen sind, wie Spalierbäume an Wänden stehen, weil sie im Holze des Schaftes excentrisch gewachsen sind.

Verlezte Stämme leiden besonders im Winter an den krank= en Stellen, deßhalb soll man im Herbste und Winter sie weder beschneiden noch ausästen.

Obst= und andere Bäume, die man gegen Winterkälte schütz= en will, soll man im Herbste an den Wurzeln, z. B. mit Laub oder Nadelreißig, oder mit grobem Miste bedecken, und solche Be= deckungen nur erst dann wegnehmen, wann im Frühjahre keine harten Fröste mehr zu fürchten sind. Sehr nachtheilig wirkt in dieser Hinsicht das fast allgemein übliche Aufhacken des Bodens um die Obstbäume im Herbste. Aus dem nämlichen Grunde darf man in Saat= und Baumschulen von Ende August an nicht einmal mehr jäten, geschweige den Boden sonst noch auf= lockern lassen.

Samen und Knospen widerstehen (wie die Zwiebeln bei den Kräutern) der Kälte am meisten. Daher erfrieren in gewöhn= lichen Wintern die Samen der Holzpflanzen nur dann, wann sie durch Wärme und Feuchtigkeit zum Keimen gereizt und nach= her nicht hinlänglich bedeckt waren, um gegen schnelle Abwechsel= ung gesichert zu sein.

02

§. 56.

Im kranken Zustande.

Wenn das eigenthümliche Wachsen einer Pflanze, und also auch der Holzpflanzen, auf irgend eine Weise anhaltend gestört wird, sei es durch Ueberfluß oder durch Mangel theils an Nahrung, theils an Reizmitteln, so geräth sie selbst dadurch in einen Zustand, den man Krankheit nennt. Der Krankheitzustand einer Pflanze wird aber daran erkannt, daß einige oder alle ihre Theile eine widernatürliche Beschaffenheit annehmen, und daß sie dann bei fortwirkender Krankheitursache gleichsam verkrüppeln oder auch gänzlich absterben. Die Ursache einer Baumkrankheit muß man theils in der ersten Anlage einer Pflanze, theils in dem suchen, was störend auf die Lebensverrichtungen einzelner oder aller Organe wirken kann. Zu jenen Krankheiten, die aus der ersten Anlage hervorgehen, sind solche zu rechnen, welche schon durch die Fortpflanzung entstehen, als durch Saat, Stecklinge, Pfropfen u. s. w.; zu den Krankheiten, die durch störende Einwirkung entstehen, gehören alle die, welche verursacht: ein ungünstiger Standort wegen Boden, Lage und Witterung, ferner Hitze und Kälte, die Jahreszeiten, Stürme und einzelne Beschädigungen.

Die Krankheiten der Holzgewächse selbst aber heißen entweder allgemeine, wenn sie über alle oder die meisten Theile einer Holzart verbreitet sind, oder örtliche, wenn sie nur einen einzelnen Theil derselben befallen.

Die Heilung der Pflanzenkrankheiten geschieht nun im Allgemeinen dadurch, daß man die Krankheitursachen möglich wegzuräumen, und die störenden Wirkungen abzuhalten oder zu vermindern sucht. Jenes Wegschaffen und Verhüten der Ursachen, die bei den Holzarten gewisse Krankheiten erzeugen, ist es eigentlich, was im Forsthaushalte mit großem Nutzen angewandt werden kann und soll. Denn sowohl die physiologische Kenntniß der Holzgewächse im Allgemeinen, und die besondere Kenntniß jeder einzelnen Holzart, als auch die Kenntniß der Einwirkung von Lage, Witterung und Boden auf dieselbe, und ein sorgfältiges Beobachten und Vergleichen im Walde selbst — verbunden mit den Regeln der Forstwissenschaft, — muß allein dem denkenden Forstwirthe das Verfahren vorschreiben, wie er jene Krankheiturfachen entfernen soll, die etwa eine Krankheit über ganze Bestände verbreitet hätten. Dieses Kennen der Ursachen von den

Baumkrankheiten ist also eine gar wichtige Sache, um richtig von den Erscheinungen bei kranken Beständen auf· jene schließen und Anstalt zu ihrer Entfernung treffen zu können. — Einzelne kranke Stämme aber verdienen im Walde in dieser Hinsicht weiter keine Beachtung, und sie müssen sich entweder selbst ausheilen, oder sie werden möglich bald zur Benutzung gebracht.

Anders ist's bei seltenen oder sonst wichtigen Holzpflanzen, wie z. B. in Forstgärten und Gartenanlagen, und bei Obstsorten, — da muß man außer jenem allgemeinen Verfahren noch künstliche Heilmittel anwenden, wovon das hauptsächlichste darin besteht, daß man die kranken Theile wegschneidet und die Wunden gut bedeckt; die beste Zeit dazu ist die des Frühjahrs kurz vor dem Ausbruche des Laubes.   Mehr von der natürlichen und künstlichen Heilart bei der nachstehenden Aufzählung der einzelnen Krankheiten.

I. Krankheiten der Organe im Allgemeinen. Nach den Grundorganen der Holzpflanzen, den Zellen, Adern und Drosseln, giebt es eben auch Krankheiten dieser Organe und überdieß noch die Wunde, welche mehren Organen zugefügt werden kann. Nämlich:

1) Zellenkrankheiten.   Diese äußern sich durch ungewöhnlich große oder kleine Ausbildung der Zellenmassen bei zu viel oder zu wenig Nahr= oder Reizmitteln, und es entsteht in jenem Falle die Saftfülle und in diesem das Kümmern. Bei stattfindender Saftfülle bildet sich ein schwammiges und leicht verderbliches Holz; Blüthen und Früchte gelangen nicht zur Vollkommenheit und die Pflanze selbst erreicht kein hohes Alter. Kümmernde Pflanzen bilden keinen ihrer Theile vollkommen aus; erzeugen entweder frühzeitig schwache Samen, oder sterben gänzlich ab. — Kann die Ursache dieser Krankheiten, besonders bei jungen Pflänzlingen, entfernt werden, so heilen sie sich gewöhnlich wieder ziemlich aus.

2) Aderkrankheiten.   Sie entstehen unter sehr günstigen Wachsthumsumständen dadurch, daß die Adern zu groß erwachsen, und daß nun bei schnellen Uebergängen von Wärme in Kälte stellenweise Zerreißungen stattfinden, die z. B. den Saftfluß, auch den Krebs und den Rindenbrand zur Folge haben können.

3) Drosselkrankheiten.   Wenn Verhältnisse in Luft

94

und Elektricität stattfinden, welche der Drosselbildung eine abweichende Richtung geben, oder deren Entwickelung theilweise verhindern, so entsteht bei den Holzpflanzen an Stämmen und
Aesten die Drehsucht, oder ein sogenannter Kollerbusch.
Durch die Drehsucht werden die sonst gerade gerichteten Längenfasern mehr oder weniger gewunden, so daß solches drehsüchtig
erwachsene Holz als Nutzholz nicht füglich gebraucht werden kann,
weil es nicht gerade spaltet, und auch im verarbeiteten Zustande
sich noch bedeutend wirft. Merkwürdig ist, daß, wenn einmal
die Holzfasern gewunden erwuchsen, auch alle folgenden Jahresringe eben so gewunden sind, daß man aber von den lezt gewundenen Jahresringen nicht schließen kann auf das Gerade-
oder Gewundensein der darunterliegenden, und daß also zuweilen
der Splint, aber darum nicht immer auch das Kernholz, drehsüchtig erwuchs. Oft sind auch einzelne Aeste, aber nicht der
Stamm, drehsüchtig. — Der Kollerbusch (auch Donnerbesen genannt) entsteht durch sehr verminderte Drosselbildung, besonders
in feuchten und hohen Lagen; der Längenwuchs wird dadurch
sehr vermindert, und solche Holzpflanzen oder Theile derselben
sind gar nicht besonders nutzbar. — Hängende Zweige und
Aeste sind zum Theil Folge von einer geringen Ausbildung der
Längenfasern.

4) Die Wunde. Sie ist eigentlich eine gewaltsame
Trennung der vesten Theile, und die Veranlassung dazu sind die
Stürme, der Blitz, das Reiben und andere zufällige Beschädigungen von Menschen und Thieren, oder ein absichtliches Abschneid-
en einiger Theile. Die Heilung frischer Wunden wird dadurch
befördert, daß man die verlezten Theile glatt wegschneidet und
dann durch eine künstliche Bedeckung den Zutritt der Luft, des
Regens und der Insekten abhält. Bei älteren Wunden müssen
auch die schon ausgetrockneten und vielleicht gar schon in Fäulniß
übergegangenen Holz- und Rindetheile bis auf die gesunden weg-
geschnitten werden. Eine Bedeckung der Wunde, wie z. B. durch
Baumwachs, ist um so vorzüglicher, je mehr sie ihrer Beschaffenheit nach den Zutritt der atmosphärischen Luft abhält.

II. Wurzelkrankheiten. Die auffallendsten kranken
Zustände äußern sich in folgenden Erscheinungen:

1) Wurzelbrand. Er ist ein stellenweises Verderben der
Wurzelrinde, das durch gewaltsame Verletzungen, besonders auch

beim Ausheben und Verpflanzen, verursacht wird, und das vergrößert oder gar nicht ausgetheilet werden konnte, wenn die Wurzel in einem ihr durchaus ungünstigen Zustande erhalten wurde.
Das Kümmern oder ein gänzliches Absterben der Pflanze ist
Folge davon.

2) Wurzelrost. Wenn die Wurzeln in einem sehr nass-
en, auch wol eisenschüssigen oder saueren Orte stehen, der ihrem
Gedeihen nicht angemessen ist, so werden sie gleichsam mit einem
rostigen Ueberzuge bedeckt gefunden, und eine solche Pflanze stirbt
nach und nach ab. Auch entwickeln sich an solchen feuchtsteh-
enden Wurzeln Blätterschwämme, so wie Rhizomorpha sub-
corticalis.

3) Wurzelsprosse. Wenn die Wurzeln sehr flach oder
in einem zu lockeren Boden liegen, und dabei die Stammbild-
ung, z. B. durch Beschneiden, Stutzen oder Abhieb vermindert
wurde, dann entstehen aus ihnen bei vielen Holzarten Sprößlinge. Folge davon ist oft Gipfeldürre, oder doch ein geringeres
Wachsen des Stammes.

Anmerk. Durch Verletzung der Wurzeln von Thieren, z. B.
von Mäusen, den Engerlingen 2c., entstehen nur Wund-
en, aber nicht eigenthümliche Krankheiten.

III. Stamm- und Astkrankheiten. Hierher sind
hauptsächlich zu rechnen:

1) Die Kernfäule. Wenn aus irgend einem Grunde das
Kernholz, oder auch nur einige Jahresringe, zu schnell erwuchsen
oder nicht gehörig ausgebildet wurden, so stirbt solches Holz ab
und geht in eine gewisse Fäulniß über. Diese Fäulniß greift
nach und nach mehr um sich, und der Stamm zeigt die Roth-
fäule. Auf den Wuchs der Pflanze hat diese Krankheit keinen
bedeutenden Einfluß, aber solches Holz ist auch als Brennholz
sehr wenig werth. — Wird dagegen ein Stamm so sehr verletzt, daß die Wunde nicht wieder ausgeheilt werden kann, so geht
das freiliegende Holz in die Weißfäule über, und diese Fäulniß verbreitet sich auf- und abwärts im Stamme; die Folge davon ist wie vorhin.

2) Der Baumbrand. Er ist ein stellenweises Vertrocknen und Schwarzwerden anfänglich der Borke und später auch
des darunter befindlichen Splintes; er entsteht durch allerlei
schwächende Ursachen, namentlich nach schnellen Uebergängen der

96

Wärme in Kälte und umgekehrt; ferner zeigt er sich häufig in flachgründigem oder sehr lockerem Boden, wobei ein zu geringes Bedecktsein der Wurzeln stattfindet; und endlich ist er im Walde die Folge davon, daß im Schlusse erwachsene Stämme auf einmal frei gestellt, oder wenn den Wurzeln die schützenden Laub- und Mosdecken entzogen wurden. Nach Entfernung der Ursachen heilt sich der Brand öfters von selbst wieder aus.

3) **Der Baumkrebs.** Anfänglich ein Verhärten der Borke an einzelnen Stellen, wodurch hier die Säfte in Gährung gerathen, die dann durch die entstandenen Ritzen hervorquellen, auch den Splint angreifen; hierauf verbreitet sich das Uebel in der Bastlage immer weiter. Die Ursachen sind, wie beim Baumbrande, nur wenn sie schneller und heftiger sich äußern. Er findet sich besonders bei Obstbäumen, die eine zu kleine Krone und also zu wenig Blätter haben, ferner bei Wildlingen, die in Gärten versezt und veredelt wurden. Er ist selten zu heilen, doch versucht man es bei sonst wichtigen Holzpflanzen, indem man die angegriffenen Stellen ausschneidet und gut bedeckt, und auch die Ursachen davon zu entfernen sucht. Außerdem sterben die damit befallenen Stämme nach und nach ab.

4) **Die Trockniß.** Sie ist gleichsam ein beschleunigtes Verkümmern, und wird durch sehr ungünstige Wachsthumsumstände hervorgebracht; bei den Harzhölzern wird dieses Uebel noch gar sehr vermehrt, wann Insekten sich einfinden, wie z. B. der Borkenkäfer bei der Fichte. Diese Krankheit ist unheilbar, und die angegriffenen Stämme müssen möglich bald entfernt werden.

5) **Die Frostrisse.** Sie entstehen vornehmlich an excentrisch gewachsenen Stämmen bei großen und schnellen Uebergängen einer kalten Witterung in wärmere (auch im umgekehrten Falle), und zwar immer auf der Seite des Stammes (§. 55. 9.), auf welcher sich, vom Marke aus, der größere Halbmesser befindet, indem diese Seite sich nicht so schnell auszudehnen oder zusammenzuziehen vermag als die kleinere. Solche der Länge nach gehende Spalten im Stamme überwachsen im Sommer ganz oder zum Theil, und nun zeichnen sie sich durch einen wulstigen Wuchs aus. Auf den Wuchs der Pflanzen haben sie keinen sonderlichen Einfluß, nur das Holz eignet sich an dieser Stelle nicht wol zu Nutzholz. In gleichförmigen Beständen können Frostrisse nicht leicht entstehen.

6) Die Harzbeulen. Wenn bei Harzhölzern in der Borke und dem Holze, oder zwischen Borke und Holz, Lücken sich bilden, und zwar bei abwechselnder Witterung durch ungleiches Ausdehnen und Zusammenziehen, ferner bei Quetschungen und Verletzungen, dann füllen sich dieselben mit Harz aus, das nach und nach sich immer mehr verdichtet, auch verhärtet. Sie schwächen den Wuchs und können bei großer Menge eines Stammes Verdorren zur Folge haben.

7) Der Rindenschwamm. Wenn Stämme oder Zweige in ihrer Rinde eine kränkliche Neigung haben, so daß auf einer Stelle die Säfte gleichsam verderben, dann entwickeln sich Schwämme, z. B. Boletus betulinus an der Birke, B. alneus an der Erle. Gewöhnlich stirbt der Stamm oder Zweig an der mit Schwämmen bewachsenen Stelle ab. Der Rindenschwamm ist also Folge, nicht Ursache, eines Krankheitzustandes der Rinde.

8) Der Aussatz (Schurf). So nennt man die Erscheinung, wenn Stamm oder Zweige gänzlich mit Flechten bewachsen sind. Dadurch wird die Thätigkeit der Rinde vermindert und die damit befallenen Pflanzen kümmern gar sehr. Ein zu magerer Boden und ein zu feuchter Standort, so wie ein zu dichter Schluß, bringen dieses Uebel hervor.

IV. Blattkrankheiten. Dazu sind vorzugweise zu zählen:

1) Die Bleichsucht. Wenn die Blätter nicht ihre natürliche, sondern eine blasse gelbliche Farbe bekommen. Davon sind Ursache: Wurzel- und Stammkrankheiten, auch ein nasser Standort und ein zu tiefes Versetzen. Die Folge davon ist ein geringer Wuchs und ein allmähliges Absterben.

2) Das Schütten. So wird die Erscheinung genannt, wenn Holzpflanzen, wie z. B. bei jungen Kiefern, zu ungewöhnlicher Zeit ihre Blätter oder Nadeln abfallen lassen. Ungünstige, besonders feuchte Witterung bei ungünstigem Standorte bringt zuweilen diese Erscheinung mit sich.

3) Der Honigthau. Er ist ein klebriger, durchsichtiger und süßlicher Saft, der sich öfters auf den Blättern (z. B. der Linde) zeigt, und wenn es nicht bald darauf regnet, mehlartig wird und dann zuweilen das Verderben der Blätter zur Folge hat. Der Honigthau entsteht dadurch, daß in heißen Sommertagen die Blätter sehr stark ausdünsten, und daß die Ausdünst-

98

ungen, durch plötzlich erkaltete Abend = und Morgenluft verhind=
ert, nicht verfliegen können, sondern auch, verbunden mit den
Feuchtigkeiten in der Luft, niedergeschlagen werden und so auch
wieder zum Theil auf die Blätter zurückfallen. Auffallend größ=
er und nachtheiliger in den Folgen ist die Erscheinung des Ho=
nigthaues bei schwächlichen Bäumen, weil diese der veränderten
Einwirkung des Dunstkreises weniger widerstehen können. —
Wenn nicht ein baldiger Regen den Honigthau abwischt, so ver=
trocknet er und es wachsen kleine Pilze in ihm, die dann als
ein weißlicher Mehlthau erscheinen. Auch hielt man den Honig=
thau sonst für Absonderungen der Blattläuse, — aber das ist
nur auf kleinen Stellen der Fall, z. B. auf dem schwarzen Holl=
under. Der Honigthau stört immer die Blätter in ihren Ver=
richtungen, doch ist diese Störung unbedeutend bei sonst gesund=
en und kräftigen Holzpflanzen.

4) Der Rost. Er zeigt sich auf den Blättern unserer
Holzarten in hell = und dunkelfarbigen Flecken, die nichts als
Staubpilze aus den Geschlechtern Uredo, Xyloma, Accidium
u. s. w. sind. Solche Pilze haben ihren Ursprung in einer Aus=
artung der Säfte an dieser Stelle, wodurch sich keine eigentlich=
en Zellen, sondern diese Massen bilden, die wir theils unter,
theils auf der Oberhaut sehen. Der Rost ist nur Folge eines
krankhaften Zustandes, und wo er häufig erscheint, da hat die
damit befallene Pflanze einen unangemessenen Standort; er selbst
ist unwichtig in Absicht auf das Wachsen der Holzpflanzen.

V. Blüthenkrankheiten. Davon verdient hier nur
angeführt zu werden: das Blüthenabstoßen, welches zuweilen
nach rauher und trockener Witterung an den gesundesten Bäum=
en, oft aber auch aus Schwäche, erfolgt, wogegen sich aber kaum
etwas thun läßt.

VI. Fruchtkrankheiten. Forstlich wichtig ist hier nur,
daß Raupen und Käfer die jungen Früchte anfressen und dadurch
deren Abfall verursachen; ferner daß bei flachem Stande manch=
er Holzarten oft im Sommer bei einer trockenen Witterung ge=
wöhnlich die Früchte abfallen. Verhindert kann das lezte zum
Theil dadurch werden, daß man die Bedeckung der Wurzeln
durch Kräuter, Mose und Blätter zu erhalten sucht.

99

§. 57.

Ausartung und Mißbildung bei Holzpflanzen.

Wirken gewisse Zustände, veranlaßt durch eigenthümlichen Standort und besondere Behandlung, ferner Beschädigungen der Thiere, vorzüglich der Insekten, anhaltend auf eine ganze Pflanzengattung oder eine einzelne Pflanze ein, so erhalten solche Pflanzen abweichende Eigenschaften in Form und Gestalt, auch in Farbe und Beschaffenheit, welche Abänderungen der vollkommen ausgebildeten Pflanze nicht zukommen. Dahin gehören unsere Ab- und Spielarten (§. 37. 6.), auch die sogenannten Bastarde (§. 31.) und alle Mißbildungen; das Wesentliche davon mag hier aufgeführt stehen.

1) **Abarten.** Sie haben etwas Abweichendes in Form oder Farbe, das bei künstlicher Vermehrung erhalten wird, sei es in Stamm und Aesten (z. B. Hang-Esche und Gold-Esche), oder in den Blättern (z. B. Blut-Buche und Farn-Buche), oder in den Blüthen (z. B. gefüllte Rosen und voller Schneeball), oder endlich in den Früchten (z. B. unsere Obstsorten). Solche Abarten sind entweder zufällig entstanden, oder sie sind durch vieljährige Zucht auf Feldern und vornehmlich in Gärten erzeugt worden, wie unsere Gemüse- und Getraidearten, ferner die gefüllten Blumen und auch die Obstsorten erweisen.

2) **Spielarten.** Bei diesen geht das Abweichende einer Pflanze mit ihr selbst zu Grunde, oder es läßt sich doch nicht künstlich erhalten. Das Entstehen solcher Abweichungen in Gestalt, Größe, Farbe, Zahl u. s. w. ist immer zufällig, indem durch nicht erkannte Ursachen ein Organ in der Ausbildung verhindert oder ungewöhnlich beschleunigt, oder gar auf Kosten eines anderen vergrößert wird. Solche zufällige Abweichungen trifft man bei jeder Holzart an; z. B. Fichten mit rothen oder grünen Zapfen im Sommer, Kiefern mit ungleichen Nadeln u. s. w.

3) **Mißbildungen.** Sie finden sich bei den Holzpflanzen an allen Theilen, sie entstehen bei einem sonst gesunden Zustande je einer Holzpflanze, und verlieren sich wieder, wenigstens bei der Vermehrung durch den Samen. Sie werden bei üppigem Wuchse entweder durch störende Einwirkungen der Wachsthumsumstände oder durch Einwirkungen der Insekten hervorgebracht. Die folgenden Mißbildungen sind die gewöhnlichen bei Holzpflanzen.

7 *

100

a) Der Maſer. Wenn bei mehrmaliger Verhinderung des Längenwuchſes am Wurzelſtocke oder am Schafte eine Neigung zu Seitentrieben entſteht, und dieſe Seitentriebe zwar immer erneuet und vermehrt, aber doch nicht ordentlich ausgebildet werden, ſo entſtehen auf dieſer Stelle im Holze viele kleine Aſtknoten, die zuſammen das Maſerholz geben. Einige Holzarten, wie Schwarz-Pappeln, Feld-Ahorn, Birken, Erlen, Hollunder u. ſ. w., erzeugen leicht ſolche Maſern, deren Anſatz und Wuchs man durch Stutzen und Beſchneiden im Sommer befördern kann. Das Maſerholz iſt ſehr veſt und zähe, es reißt auch nicht ſo leicht auf und wirft ſich weniger; darum iſt es, und wegen des ſchönen Anſehens bei gehörigem Durchſchnitte, ein mit Recht ſehr geachtetes Kunſtholz.

b) Der Wimmer. Werden an einer Stelle des Stammes nach irgend einer Störung die Längenfaſern von ihrer geraden Richtung abgelenkt, und dadurch dieſe gezwungen, eine gekrümmte Richtung anzunehmen, wie z. B. da, wo der Stamm ein Knie oder einen Knoten hat; müſſen ferner die darüber angelegten Jahresringe immer eine ſolche abweichende Richtung beibehalten, ſo entſteht ein wimmerig gewachſenes Holz. Solche Wimmer haben keine Knospen auf ſich, und man trifft ſie an vielen Stämmen, auch in der Nähe des Wurzelſtockes, häufig an, beſonders an Buchen, Erlen, Ahornen, doch auch an Fichten und anderen Holzarten. Solche wimmerige Holzſtücke geben, geſchliffen, ſchöne kleine Kunſtſachen, und ſind vorzüglich geſchickt zu eingelegten Arbeiten.

c) Breite Zweige. Sind die erſten Droſſelbündel bei einem Zweige in einem länglichen Oval um das Mark angeſchoſſen, ſo wird davon der Zweig ſelbſt nicht rund, ſondern breit. Solche Zweige zertheilen ſich öfters in kleinere handförmige Zweige und ſterben ſpäter ab.

d) Gefüllte Blumen. Sie entſtehen durch Kultur bei einem ſehr üppigen Wachsthum und vermehrter Blattbildung, indem die Befruchtwerkzeuge ganz oder zum Theil in Blumenblätter verwachſen, z. B. gefüllte Roſen, Kirſchen u. ſ. w.

e) An Früchten. Wenn durch zu üppigen Wuchs die Früchte eine ſamenloſe Beſchaffenheit annehmen, wie z. B. bei Berberitzen und Pflaumen. — Dahin iſt auch zu rechnen das Fortwachſen des Zweiges durch einen unbefruchteten Zapfen, z. B. Lärchen.

f) **Durch Insekten.** Hierher sind vornehmlich die Aus=
wüchse zu rechnen, welche durch die Gallwespen (Cynips) da=
durch entstehen, daß sie ihre Eier in die jungen Blätter, Blatt=
stiele u. s. w. legen.   Dann überwächst das Bestandwesen der
Pflanze diese Eier, und dadurch bilden sich eigene Zellenmassen,
die sich an jeder Holzart von besonderer Gestalt zeigen, als z. B.
die Galläpfel an den Eichen, die spitzigen Auswüchse auf den
Buchenblättern.   Solche Auswüchse hindern eine Pflanze im
Wuchse, wenn sie in Menge auf ihr angetroffen werden. — Auf
ähnliche Weise entstehen auch die Schlafrosen (Schlafäpfel)
an den Rosen durch Cynips rosae, und die Weidenrosen an
den Weiden durch C. Salicis, indem eine solche Gallwespe im
Frühjahre ihre Eier in die Blattknospen legt, wodurch der Läng=
enwuchs verhindert wird,-und nun die Blätter sich in eigenthüm=
licher Form, gleichsam auf einem Punkte entfalten.

§. 58.
Feinde der Forstgewächse.

Feinde der Forstgewächse werden diejenigen Thiere genannt,
welche die von den Menschen zu irgend einem Zwecke gezogenen
oder gepflegten Holzpflanzen so beschädigen oder so in ihrem
Wachsthume stören, daß diese den von uns beabsichtigten Zweck
nicht erfüllen können.   Als solche Feinde dürfen daher auch jene
zahme oder wilde Säugethiere, jene Vögel, Insekten und Würm=
er betrachtet werden, die sich ganz oder zum Theil von den Holz=
pflanzen ernähren, und die alle mehr oder weniger nachtheilig,
z. B. auf die Holzzucht, einwirken können, besonders wenn sie in
zu großer Menge vorhanden sind.   Welche Thiere nun aber
hauptsächlich als Feinde dieser oder jener Holzart anzusehen sind,
die werden am schicklichsten bei der Beschreibung der einzelnen
Holzarten namentlich angeführt, ihre eigentliche Kenntniß aber
aus der Naturgeschichte der Thiere erlernt werden können. —
Mit den Verwüstungen selbst aber, und mit den in forstlicher
Hinsicht dagegen anzuwendenden Mitteln macht die Lehre vom
Forstschutze bekannt.   Werden nun Holzpflanzen von Thieren ver=
letzt, so entstehen Wunden, und diese werden ausgeheilt werden
können, wenn sie im Ganzen unbedeutend sind, oder doch zu
einer Zeit geschehen, wo diese Ausheilung leicht stattfinden kann;
so z. B. leichter geschieht die Ausheilung im Frühlinge und im

102

Anfange des Sommers, schwerer im Spätsommer oder Herbste oder Winter. Sind dagegen die Verletzungen bedeutender, so wird die Pflanze selbst krank oder stirbt auch gänzlich ab.

Am nachtheiligsten wirken Verletzungen auf die Holzpflanzen, wenn diese Pflanzen selbst schon aus anderen Ursachen geschwächt sind, oder wenn dadurch einige Haupttheile derselben größtentheils oder gänzlich zerstört werden, dahin gehören die Beschädigungen:

a) an den Wurzeln, z. B. durch Mäuse oder Engerlinge (die Larven der Maikäfer, Melolontha vulgaris);

b) an den Stämmen, z. B. der Borkenkäfer (Bostrichus typographus) bei den Harzhölzern: der grüne Prachtkäfer (Buprestis viridis) bei den jungen Buchen;

c) an den Blättern, z. B. mehre Raupen aus der Zunft der Falter, vornehmlich aus den Sippen: Noctua, Bombyx, Sphinx, Papilio.

Die Mittel gegen Verheerungen der Insekten im Forste werden hergenommen sein müssen, theils aus dem Wesen und Verhalten dieser Thiere, theils aus dem, wodurch kräftige Holzpflanzen erzogen und erhalten werden können, weil die kräftigen Pflanzen solche nachtheilige Einwirkungen am sichersten überwinden. — Die verderblichen Folgen der Waldhut sind wol jetzt überall beseitigt, wo man den Werth der Forste erkannt hat, und die Forstpflege als nützlich in Anwendung zu bringen weiß. Selbst die schädlichen Wirkungen der Jagdthiere werden immer mehr beseitigt. — In Forstgärten endlich weiß man durch Umzäunung und durch alle jene Mittel die Holzpflanzen gegen Thiere zu schützen, die durch Haus- und andere Gärten ziemlich allgemein bekannt sind.

Vierter Abschnitt.

Von der Zucht, Pflege und Benutzung der Holzpflanzen.

§. 59.

Im Allgemeinen.

Die Zucht der Holzpflanzen ist bedingt theils durch die Art der Vermehrung, als durch Samen, Wurzelbrut, Stecklinge oder Ableger, theils durch die richtige Herbeiführung derjenigen Wachsthumsumstände, welche das Entstehen und Gedeihen der jungen Holzpflanzen befördern können. Bei der Darstellung dieses Gegenstandes kann hier nur das angeführt werden, was aus der Natur der Holzpflanzen folgt und was erfahrungmäßig sicher zum Zweck führt. Wie solches aber in den besonderen Fällen beim Forstbetriebe auszuführen sei, und welche Mittel dabei zweckmäßig in Anwendung, besonders im Großen, zu bringen sind, das lehrt die Forstwissenschaft.

Die Pflege der Holzpflanzen soll das begründen, was wesentlich geschehen müsse, um einen zweckgemäßen Wuchs des Stammes, auch des Schaftes und der Aeste, zu sichern. Dabei kommt vorzüglich das in Betracht, was als Hinderniß eines tüchtigen Wuchses angesehen werden muß, um solches zu entfernen, und was als Förderung desselben dient, um solches herbeizuführen; und namentlich auf keiner Lebensstufe das Wachsen sehr beschleunigen oder verhindern, wenn kräftige und lange dauernde Stämme gewonnen werden sollen.

Die Benutzung der Bäume und Sträuche hat das namhaft zu machen, was von ihnen benutzt werden kann. Wie

104

aber die Benutzung geschehen könne, das hat die Forstbenutzung zu lehren.

§. 60.

Von der Vermehrung durch Samen.

Die Vermehrung der Holzpflanzen durch den Samen ist nicht nur die sicherste und natürlichste Weise, sondern es werden auch dadurch allein sehr dauerhafte und solche Stämme erzogen, die dem eigenthümlichen Wuchse einer Holzart am meisten ent= sprechen. Denn hat die Mutterpflanze durch zufällige Einwirk= ungen etwas Abweichendes in Form und Bildung ihrer Theile bekommen, so geht dieses bei der Zucht aus dem Samen, wen= igstens nach und nach, gänzlich verloren, und man erhält so natürlich erwachsene Pflanzen. Solche aus Samen erzogene Holzpflanzen werden auch am ältesten; sie wiederstehen den nach= theiligen Einwirkungen von Wind und Wetter am längsten; sie geben das dauerhafteste Holz und die eigensten Säfte, und sie tragen die kleinsten Früchte und Blätter.

Soll nun eine Holzart durch Samen vermehrt werden, so gehört dazu, daß der keimfähige Samen nach völliger Reife ein= gesammelt, bis zur Saat gehörig aufbewahrt, bei der Saat selbst auf einen angemessenen Boden gebracht und dann so bedeckt werde, wie es jede Samenart verlangt (Vergl. §. 48.).

Dabei ist zu merken, daß ältere Samen längere Zeit bis zum Keimen brauchen als frische, und daß bei längerer Aufbe= wahrung die Zahl der keimfähigen Samen immer mehr ab= nimmt, weil die schwächlichen früher absterben. Im Herbst ge= säete Samen leiden öfters bei gelinden Wintern; auch gehen sie im Frühjahre zeitig auf und dann sind die Pflänzchen dem Verderben leicht unterworfen. — Alle Samen wollen bedeckt sein; aber zu stark bedeckte Samen keimen gar nicht, und zu wenig bedeckte springen, wie man sagt, leicht ab. Eine geringere Bodenbedeckung wird unschädlicher, wenn die Stelle an sich et= was beschattet, oder wenn solche mit Reissig bis zum Aufgehen der Pflänzlinge belegt ist. — In Saatschulen begießt man die besäeten Stellen bei trockener Witterung, doch so, daß man sie niemals eher von Neuem anfeuchtet, bis sie trocken geworden sind; denn ein starkes einmaliges Begießen ist besser, als ein öft= ers wiederholtes schwaches Bespritzen. Auf die Pflege der

Saatpflänzchen muß schon in der Vorbereitung des Bodens zur
Saat dadurch Rücksicht genommen werden, daß man auf Ent=
fernung der Unkräuter Bedacht nimmt, und daß daher alle solche
Vorbereitungen im Spätsommer oder Herbste, nicht aber im
Frühjahre, vorgenommen werden sollten. — Finden sich dennoch
auf den Saaten viele Unkräuter ein, so müssen freilich die grö߻
eren entfernt werden, und dazu ist das Ausraufen das Sicherste;
das Abschneiden aber das Bequemste. Ist aber der Boden mit
kleinen Kräutern benarbt, so soll man diese, wenigstens von Ende
August an, schonen, weil eine solche Benarbung den Pflänzchen
den beßten Schutz im Winter gewährt.

Wenn ein Samen obendrauf gesäet oder nicht hinlänglich
bedeckt wurde (wie auch, wenn er natürlich angeflogen ist), dann
stehen gewöhnlich die Pflänzchen zu flach, und sie leiden am
Wurzelstocke theils durch Hitze und Frost, theils durch anhalt=
end trockene Witterung, so daß die meisten nach und nach ver=
derben. Dieses Flachstehen der Pflänzchen wird im Walde ziem=
lich unschädlich gemacht durch Schutz und Schatten der überge=
haltenen Mutterbäume, und man hat solche Bäume, die in der
Jugend das Flachstehen nicht vertragen können, mit zu den
schattenliebenden gezählt. Bei der Saat kann jener Zweck des
tieferen Standes der Pflänzchen dadurch erreicht werden, daß man
in angemessene Furchen säet, die nach dem Aufgehen künstlich
zugestoßen oder nach und nach vom Wetter zugeschwemmt werd=
en können, wie z. B. bei der Saat der Roth=Buchen in's Freie.
In Saatschulen trägt es sehr viel zum besseren Wachsen der
Pflänzchen bei, wenn man jedesmal nach dem Jäten die Saat=
beete mit feiner Erde überstreuen und nachher begießen läßt.
Sind zu viele Pflänzchen auf einer Stelle aufgegangen, und
man kann oder will sie im nächsten Frühjahre nicht versetzen, so
läßt man die kleinen und schwächlichen im Sommer mit dem
Unkraute ausjäten, um weniger, aber kräftigere Pflänzlinge zu
erhalten. — Will man zum besseren Schutze die Saatpflänzchen
im Herbste mit Nadeln oder Laub umstreuen, so darf diese Um=
streuung nie so hoch ausfallen, daß die Pflänzchen gänzlich zu=
gedeckt sind, wenn man sich nicht eines großen Verlustes im
Frühjahre aussetzen will. Denn die Pflänzchen sind durch zu
starkes Bedecken verzärtelt, auch ist ein zu frühes oder zu spätes
Aufdecken dann jederzeit nachtheilig.

Daß kräftig erwachsene und gesunde Pflänzlinge besser wachs=

166

sen, wenn sie an einen anderen Ort versezt werden, als kümmerlich erwachsene, das ist jezt keinem Zweifel mehr unterworfen;
nur sind übertrieben aufgeschossene Pflänzlinge nicht gesunde und
kräftige zu nennen.   Darum muß eine Pflanzschule immer in
einem fruchtbaren Boden, und wo möglich in einer etwas geschützten Lage angelegt werden, wo Wasser zum Begießen in
der Nähe ist.   Thonige, nasse und saure Stellen sind nicht geeignet zu einer Baumschule.   Daß eine Baumschule durch gehö-
ige Umzäunung gegen Thiere geschützt werde, versteht sich von
selbst.

§. 61.
Von der Vermehrung durch Wurzelbrut.

Viele Safthölzer treiben aus solchen Wurzeln, die an der
Oberfläche des Bodens liegen, neue Stöcke mit Knospen und
Stengeln, wodurch sich eine junge Pflanze, nach Trennung von
der Mutterpflanze, bildet.   Solche durch Wurzelausschlag erhaltene junge Pflanzen nennt man gewöhnlich Wurzelbrut, und
diese entsteht bei einigen Holzpflanzen schon, wenn sie in flachgründigem Boden stehen, z. B. bei der Weiß-Erle, dagegen bei
anderen Holzarten allermeist nach Abholzung des Stammes, z. B.
bei der Zitter-Pappel, und wieder bei anderen vorzüglich nach Bearbeitung des Bodens, z. B. bei der Sauer-Kirsche, und beim
Schotendorn.

Die Wurzelbrut eignet sich dann zum Versetzen, wenn sie
aus jungen Wurzeln entstanden und bald, d. h. noch jung, von
der Mutterpflanze getrennt worden ist.   Werden solche Schößlinge nicht so jung versezt, daß sie oberhalb der alten Wurzeln
neue zu treiben vermögen, so kümmern sie lange oder verderben
meist gänzlich.   Dann wachsen aber solche Pflänzlinge anfänglich recht gut und tragen bald keimfähigen Samen; doch werden
sie nie so alt, groß und schön, als wie aus Samen erzogene
Pflanzen.

Beim Trennen der Wurzelbrut von der Mutterpflanze muß
man von der alten Wurzel zu beiden Seiten ein Stück an der
jungen Pflanze lassen, damit solche nicht einen einseitigen Wurzelstock bekomme; auch sezt man sie etwas tiefer als Samenpflänz-
linge ein, damit aus dem Stamme selbst noch neue Wurzeln
entstehen können. — Für den Nieder- und Mittelwald ist Wurzelbrut willkommen.

107

§. 62.
Von der Vermehrung durch Ableger.

Wenn ein Zweig oder ein schwacher Ast in die Lage ge=
bracht wird, daß er den Boden berührt, und man ihn an dieser
Stelle mit Erde bedeckt, so schlagen alle Saft= und auch einige
Harzhölzer an dieser bedeckten Stelle Wurzeln, wenn auch zuweil=
en erst nach 1 oder 2 Jahren.   Trennt man nun einen solchen
bewurzelten Zweig (etwa nach 2 bis 5 Jahren) von der Mutter=
pflanze, oder läßt ihn auf dieser Stelle als selbständige Pflanze
fortwachsen, so nennt man dieß eine Vermehrung durch Ableg=
er (Absenker). — Bei harten Holzarten kann man auch die ab=
zulegenden Aeste an der Stelle, wo sie mit Boden bedeckt werd=
en, unten einschneiden oder klopfen, damit hier ein Wulst und
also leichter eine Wurzel entsteht.

Solche durch Ableger erhaltene Pflanzen wachsen viele Jahre
gut; doch haben sie niemals den Wuchs der Samenpflanzen;
werden auch nicht so alt wie diese, sondern leicht kernfaul; auch
tragen sie zu bald Früchte. — Das Ablegen kann im Früh=
jahre, Sommer und Herbste geschehen. — In Buchen=Nie=
derwaldungen hat man das Ablegen schon mit scheinbarem Vor=
theil angewandt, und in Gartenanlagen ist es in lückenhaft ge=
wordenen Büschen ein sicheres Mittel, solche wieder dicht zu
machen.

§. 63.
Von Vermehrung durch Stecklinge.

Die Vermehrung durch Stecklinge geschieht dadurch,
daß man junge Zweige oder Aeste im Frühjahre (selten auch im
Herbste, z. B. bei Weiden) scharf abschneidet, und sie so in einen
lockeren Boden sezt, daß sie leicht Wurzeln schlagen können.
Durch Stecklinge lassen sich die dazu geeigneten Holzarten, wie
z. B. alle Weiden und einige Pappeln, am geschwindesten ver=
mehren; nur wachsen solche Pflänzlinge in den ersten Jahren
leicht zu schnell und bekommen dadurch ein lockeres Kernholz, weß=
halb die Stämme später meist kernfaul werden und nicht so
lange als Samenpflanzen dauern können.

Alle Aeste und Zweige zu Stecklingen müssen zeitig im
Frühjahre (im März und April) vor dem Aufschwellen der Knos=

108

pen vom Mutterstamme abgenommen werden, und kann oder
will man die Stecklinge später einsetzen, und zwar einige Wochen
vor dem Ausbruche der Blätter, was in vielen Fällen das Rath=
samste ist; so stellt man solche Aeste und Zweige (unausgeästet,
wie sie sind) mit dem Abhiebe unter fließendes Wasser.

Zu größeren Setzstangen, wie auf Triften, werden ordent=
liche Pflanzlöcher gemacht, und sie werden glatt ausgeästet und
an beiden Enden scharf abgehauen; senkrecht in jene Löcher ge=
stellt und der lockerste Boden wird dann um sie angefüllt. —
Kleinere Stecklinge werden aus kräftigen Aesten und Zweigen,
etwa einen Fuß lang, ausgeschnitten, wohl ausgeästet, und etwa
mit zwei Dritttheilen schief in den lockeren Boden daburch ein=
geschoben daß man mit einem gespizten Holze gleichsam vorbohrt
und nachher durch wiederholtes Einbohren neben dem Steckling
den Boden sanft andrückt. Der untere Abschnitt wird am Steck=
linge immer schief und so geführt, daß eine Knospe hinter dem
Abschnitte sitzen bleibt; solche Stecklinge wurzeln am beßten. —
Will man Stecklinge in einen feuchten Boden einsetzen, oder will
man, was immer vortheilhaft ist, nach dem Einsetzen die Steck=
linge durch Begießen anschwemmen, so müssen die zugerichteten
Stecklinge einige Stunden bis zum Einsetzen in der Luft am
Abschnitte abtrocknen; außerdem geht der ausgelaufene Saft leicht
in Gährung über und verdirbt von unten her den Steckling. —
Schief eingesetzte Stecklinge gerathen beßer, als gerade oder gar
verkehrt eingesetzte. — Haben die jungen Triebe weite Markröhr=
en, so nimmt man vorjährige Zweige.

Solche aus Stecklingen gewonnene Pflanzen verhalten sich
wie die aus Ablegern erzogenen, und es lassen sich auf beiderlei
Weise die Abarten ziemlich sicher fortpflanzen, auch nach und
nach immer mehr verändern.

§. 64.
Vom Veredeln der Holzpflanzen.

Durch das sogenannte Veredeln, welches durch das Pfropf=
en, Copuliren und das sogenannte Ablaktiren mit Zweigen, oder
durch das Aeugeln (Okuliren) geschieht, wird eine Mutterpflanze
in ihrer eigenthümlichen Beschaffenheit auf eine jüngere Pflanze,
aus derselben oder aus einer ähnlichen Gattung, gleichsam über=
getragen. Da aber durch das Durchschneiden der Drosseln eines

109

Stammes und Pfropfreises oder Auges die bestehende Drossel=
bildung gestört und solche in Vergleich mit der Zellenbildung, et=
was verhindert wird, so hat es zur Folge: Vergrößerung der
Blätter, der Früchte und der Borke, Vermehrung der Haare und
Verminderung der Kräftigkeit und Dichtigkeit des Holzes. Dar=
um werden z. B. edle Obstsorten im Stamme nie so groß und
alt, wie Sämlinge.

Durch fortgeseztes Veredeln werden entstandene Abarten und
Fruchtsorten nicht nur erhalten, sondern auch die lezten allmählig
verbessert.

§. 65.

Vom Versetzen der Holzpflanzen.

Will man aus irgend einem Grunde an einer Stelle Holz=
pflanzen haben, ohne diese erst aus dem Samen zu erziehen, so
hebt man solche gewünschte Pflanzen an einem anderen Orte
aus, und versezt sie dorthin. Dieses Versetzen (Verpflanzen)
der Holzpflanzen gewährt gar manchen Vortheil und wird deß=
halb mit Recht jezt auch in den Forsten allgemeiner und viel=
fältiger als sonst angewandt; das Wesentliche, worauf es dabei
ankömmt, ist in Folgendem enthalten:

1) Junge Pflanzen gerathen leichter und wachsen besser
als ältere; je älter die zu versetzende Pflanze ist, desto sorgfält=
iger muß sie ausgehoben und eingesezt werden. Sind aber Holz=
pflanzen in einigem Schutz und Schatten erwachsen, und sollen
sie in's Freie versezt werden, so müssen sie, wie überhaupt die in
der Jugend zärtlichen Holzpflanzen, dazu erst die gehörige Größe
und Stärke erreicht haben. Sollen die zu versetzenden Pflanzen
mannshoch und höher sein, so eignen sich dazu solche am beßten,
die schon in der Jugend einmal versezt waren, wie solches in
den Baumschulen geschieht.

3) Zum Versetzen muß man nur kräftige Pflanzen, aber
keine Kümmerlinge, wählen, wenn aus der Pflanzung etwas Tücht=
iges werden soll. Eine kräftige Pflanze muß:

  eine ihrem Alter angemessene Größe und Stärke haben, auch
  mit wenigstens einigen tüchtigen Trieben und Knospen verseh=
  en sein, und überdieß einen ästigen Wurzelstock mit vielen
  feinen Würzelchen haben.

Kümmerlinge erkennt man theils an den vielen sehr kleinen

110

schwachen Aesten mit grauen oder braunen Stämmchen, theils an den kleinen fahlen Blättern, theils an den wenigen zaserlosen Wurzeln. — Schon beim Ausheben in der Saatschule muß man alle die sehr klein und schwächlich gebliebenen Pflänzchen wegwerfen, indem selten daraus ein tüchtiger Baum wird; noch nothwendiger wird diese Maßregel bei den aus Stecklingen, Wurzelbrut und Ablegern erhaltenen Kümmerlingen. — Alte, unterdrückt gewesene Pflanzen erholen sich, gut versezt, nur zuweilen bei solchen Gattungen, die lange Lebensperioden haben, wie z. B. Tannen und Eichen. Ueberhaupt sind es gewöhnlich alte Kümmerlinge, die aus dem Walde in's Freie versezt, nicht gerathen wollen; junge Pflanzen derselben Art gedeihen schon, wenn sie nur gut ausgehoben und sorgfältig auch etwas tiefer eingesezt werden.

3) Eine Vorbereitung des Bodens zur Pflanzung wird an sehr verraseten und verangerten Stellen, wie in einem sehr vesten Boden theils durch Bearbeitung, theils durch das Pflanzlöchermachen lange vor dem Einsetzen nothwendig. Will man ferner an solche Orte pflanzen, wohin die schon dabei stehenden Holzpflanzen ihre Wurzeln schicken können, wie solches oft im Nieder= und Mittelwalde der Fall ist, dann muß man wenigstens im Herbste die Pflanzlöcher machen lassen und erst im nächsten Frühjahre in solche pflanzen. Unterläßt man diese Vorbereitung, so überziehen die Wurzeln der nahestehenden Pflanzen die Pflanzstellen und der Pflänzling verkümmert.

4) Die Zeit des Versetzens fällt im Allgemeinen dahin, in welcher die jedesmalige Pflanze eben nicht in der Ausbildung neuer Blätter und Zasern begriffen ist. Diese schicklichste Zeit fällt bei unseren Holzarten theils in das Frühjahr vor dem Ausbruche der Blätter, theils in den Herbst zeitig nach dem Abfalle des Laubes. Die beßte Zeit des Versetzens muß daher von jeder Holzart besonders gewußt werden. Doch verdient im Allgemeinen eine Pflanzung im Frühjahr bei unseren Holzpflanzen den Vorzug vor einer Herbstpflanzung.

5) Beim Ausheben muß man darauf sehen, daß die Verletzungen so gering als möglich bleiben, damit eine Pflanze die entstehenden Wunden leicht auszuheilen vermöge. Dazu ist es gut, die entstandenen Verletzungen scharf auszuschneiden. — Sehr oft werden freilich die Holzpflanzen, auch sogar noch in

111

Gärten, schlecht ausgehoben, und das sogenannte Ausziehen der Pflänzlinge sollte nirgends mehr geduldet werden, weil man dabei besonders die so nöthigen feinen Würzelchen mehr oder weniger abreißt, und weil darum solche Pflänzlinge oft lange Zeit kümmern. — Das Ausheben mit Ballen ist in vielen Fällen, besonders auch für ungeschickte Pflanzer, sehr anzurathen.

6) In der Zeit zwischen dem Ausheben und Einsetzen muß man durch feuchte Bedeckung der Wurzeln dafür sorgen, daß die Wurzeln weder an der Luft vertrocknen, noch durch lange Entbehrung der Wasser- und Irdeinwirkung gleichsam erstarren. Das Lezte geschieht bei Spätpflanzungen fast augenblicklich, wenn man ohne Ballen pflanzen will; auch tritt solches Erstarren bei Harzhölzern leichter als bei Safthölzern ein.

7) Durch das Beschneiden der Pflänzlinge wird jezt allgemein noch viel Unfug getrieben, indem man nicht bedenkt, daß Zweige ebenfalls Organe der Ernährung sind, und weil man sich täuschen läßt von den starken Trieben, die man im ersten Jahre an gestuzten Setzlingen wahrnimmt. — An gut ausgehobenen Pflänzlingen soll man die kleinen Wurzeln niemals beschneiden, und von den größeren Wurzeln nur die verlezten an der beschädigten Stelle wegnehmen, und zwar in der Nähe einer kleineren Wurzel.   Pfahlwurzeln soll man, wie andere Wurzeln, so viel als möglich schonen, wenn man einst kräftige Bäume erziehen will.   Beim Einsetzen ist eine umgebogene Wurzel nützlicher als eine beschnittene. — Von den Zweigen sollte man kaum mehr abschneiden, als man in der Baumschule an einer stehenbleibenden Pflanze ausästen würde.   Jeder Abschnitt eines Zweiges wird nahe am Stamme über dem Astwulste vollführt (und zwar von unten nach oben), weil solche Abschnitte am leichtesten ausheilen.   Sollen größere Aeste weggenommen werden, so stuzt man sie, d. h. das stehenbleibende Aststück behält wenigstens einen kleinen Zweig oder einige Knospen an sich. — Die Harzhölzer können darum das Beschneiden weniger vertragen, weil sie nicht so leicht eine Wunde auszuheilen vermögen, darum stuzt man die Aeste, wann solche zu lang sind. — Soll aber eine Holzpflanze, wie bei Kopfholz und oft bei Obstbäumen, eine niedrige Krone haben, so ist's am besten, das Einschneiden oder Abstutzen ein Jahr vor oder nach dem Versetzen zu vollführen. — Die Spitze des Pflänzlings soll man nur bei Buschholz, z. B. in Nieder- und Mittelwaldungen, abschneiden; ver-

112

trocknet aber die Spitze nach dem Versetzen, wie z. B. oft bei Birken, so ist dieß ein sicheres Zeichen, daß man eben schlecht gepflanzt hat.

8) Beim Einsetzen einer Pflanze muß Folgendes geschehen:

a) Das Pflanzloch wird weiter und tiefer, als die Größe der Wurzel reicht, gemacht, und es muß überhaupt wieder etwas eingetrocknet sein, wenn es naß ist; darum soll man nicht pflanzen, wenn es eben geregnet hat; doch gerathen Pflänzlinge, bei trüber Witterung versezt, am sichersten, weil diese der Wurzelthätigkeit günstig ist.

b) Mit lockerem guten Boden wird das Pflanzloch wieder so weit ausgefüllt, daß die darauf gesetzte Pflanze eher etwas tiefer wie flacher zu stehen kommt, als sie vorher gestanden hat.

c) Die Wurzeln des Pflänzlings werden gleichförmig ausgebreitet, und zuerst bloß die untersten Wurzeln mit gutem Boden bedeckt, hierauf ebenso nach und nach die folgenden oberen, bis zu den lezten. Sind sämmtliche Wurzeln bedeckt, dann erst werden sie angedrückt oder getreten, doch so, daß man mit diesem Andrücken nicht dem Stamme nahe kommt und so die Wurzeln abbrücke oder quetsche. — Ist die Pflanze mit einem Ballen einzusetzen, so muß dieser mit gutem lockerem Boden gänzlich unter- und umfüllt und diese Füllung sorgfältig angedrückt werden. — Dabei ist alles Schütteln und Rütteln am Pflänzlinge, wie es sonst fast allgemein üblich war, gänzlich zu vermeiden, weil dadurch die feinen Wurzeln in eine gebogene und gekrümmte Lage kommen.

d) Nachdem das Andrücken erfolgt ist, dann wird noch so viel Boden um die Pflanze gethan, als für sie in diesen Wachsthumsumständen nöthig ist. Dabei muß man eher zu viel als zu wenig anhäufeln, besonders in lockerem Boden und an trockenen und sonnigen Lagen, zu welcher Bedeckung man im lezten Falle auch noch Kräuter, Mose und Reißig nicht verschmähen darf. Vertiefungen um die eingesezten Pflänzlinge, zur angeblichen Auffassung des Regenwassers, soll man gänzlich vermeiden.

e) Kann man eine so gesezte Pflanze anschlämmen, d. h. so viel Wasser um sie gießen, bis Alles um sie durchnäßt ist, so wird das jedesmal vortheilhaft sein, nur darf man den angeschlemmten Boden nicht mehr vesttreten wollen.

f) Soll ein Pflänzling durch einen Pfahl gestüzt werden,

113

so wird dieser erst in das Pflanzloch geschlagen und nun dazu
die Pflanze eingesezt. Das Anbinden darf nicht zu vest sein, und
dazu legt man unter das Band etwas Mos. Das beßte An-
bindemittel sind Weiden, besonders von der Band-Weide und auch
von der Braunen-Weide.

g) Zur Pflege einer gemachten Pflanzung gehört, daß man
die entstehenden Vertiefungen im Boden ausfüllt, die im Herbste
gepflanzten Stämmchen im Frühjahre wieder andrückt und gerade
richtet, wenn sie der Wind losgemacht oder schief gebogen hat,
daß man ferner das Anbinden von Zeit zu Zeit erneuert, auch
die entstandenen Unkräuter entfernt, und endlich das Ausästen
oder Stutzen der Aeste einige Jahre fortsezt.

§. 66.
Von der Pflege der Holzarten.

Die Pflege der Sträuche ist ganz leicht, weil sie sich
oft und vielfältig durch neue Aufschößlinge gleichsam verjüngen,
und man nur von Zeit zu Zeit die alten Stengel, die ein fahles
Ansehen mit kleinen Blättern und unvollkommenen Früchten bekommen, im Frühjahre herausschneiden darf. Auch größere
Strauchbüsche treiben kräftigere, aber wenigere Schossen, wenn
man einen oder ein paar ältere Stengel stehen läßt, als wenn
man Alles auf einmal abschneidet. Das nächste oder folgende
Jahr nimmt man auch diese übergehaltenen Stengel weg, wenn
der Strauch eine schöne Laubmasse darstellen soll. — Diejenigen
Sträuche, welche Wurzelbrut treiben können, reizt man zu neuen
Ausschlägen dadurch, daß man den Boden im Frühjahre um sie
auflockert; dagegen verhindert man die Wurzelbrut, wenn man
solche Sträuche tiefer als gewöhnlich pflanzt, den Boden nicht
auflockert und noch zuweilen etwas Boden um sie anschüttet. —
Sträuche, baumartig ausgeschnitten, tragen zwar einige Jahre
viele und gute Früchte, aber sie dauern nicht lange, wenigstens
kümmern sie leicht, und dann müssen solche durch neue Pflänzlinge ersezt werden.

Außer dem, was schon von der Pflege der Bäume
bei der Zucht derselben vorkam, dürfte noch Folgendes anzuführen
sein:

1) Die Wurzeln der Bäume soll man immer unter
einer angemessenen Bedeckung zu erhalten suchen. Dazu ist's

8

114

gut, daß sie in der Jugend nicht in dichtem Schluſſe unter sich stehen, weil dann die Wurzeln zu flach streichen und solche im Alter faſt bloß liegen. — Je lockerer der Boden an sich ist, desto nothwendiger wird die Erhaltung der natürlichen Blätter-, Mos- und Kräuterdecke, und eine solche Decke ist das sicherste Schutzmittel gegen die nachtheilige Einwirkung des Froſtes und der Hitze; mithin ist im Forſte eine Bodenbedeckung, freilich nur von einer mäßigen Stärke, schon nützlich für den Baumwuchs, ohne daß man darauf sieht, wie sie zur Vermehrung der Frucht- barkeit beitragen könne. — Will man den Wurzeln durch Boden- bearbeitung oder Düngung zu Hülfe kommen, so muß solches nicht in der Nähe des Stammes, wie man es gewöhnlich bei Obſtbäumen macht, sondern da geschehen, wo die größeren Wurz- eln sich veräſteln und zu Ende gehen. — Stehen die Wald- bäume im Schluſſe unter sich, so soll man den Unterwuchs nicht dulden, weil dieser die nothwendige Einwirkung der Luft ver- mindert. — Iſt durch das Abmähen des Grases, wie auf Wie- sen und in Grasgärten, eine so dichte Rasendecke entstanden, daß die daselbſt stehenden Bäume nicht mehr wachsen wollen, so ist es für diese sehr vortheilhaft, wenn solche Benutzung einige Jahre ausgeſezt werden kann, oder wenn man doch einmal die Gras- ſtöcke blühen und Früchte tragen läßt, wodurch sie selbſt zum Theil eingehen, oder wenn man nur im Nachsommer nicht mehr abmähen läßt. — Das Hüten mit Vieh unter den Bäumen ist den Wurzeln immer nachtheilig, am meiſten aber solchen Bäum- en, die ihre Zasern meist in der Oberfläche haben; und solches Hüten ist wieder nachtheiliger im Frühjahre und bei naſſer Witt- erung.

2) Um schöne und gesunde, auch langschaftige Stämme zu erziehen, muß man sie von Zeit zu Zeit ausäſten, und zwar nahe am Wulſte des Stammes im Frühjahre und niemals im Winter, damit die entstehenden Wunden ausheilen können, und damit keine dürren Stummel stehen bleiben. Daß solches zweck- mäßige Ausäſten auch im Walde geschehen könne, das beweisen schon mehre Forſte, wo man Nutzholz wirklich erzieht. Da- bei iſt's rathsam, niemals viele Aeſte auf einmal wegzunehmen, sondern dieses Ausäſten nach einigen Jahren zu wiederholen. Hat man zu viele Aeſte weggenommen, so schlagen die Stämme der Safthölzer wieder aus, wie beim Schneidelholze zu sehen ist. — In Garten nüzt es den Obſtbäumen in mehren Rückſichten,

115

wenn man die Schafte bei nasser Witterung von Flechten, alter Borke u. s. w. reinigt.

3) Zu wenig Aeste verursachen ein vermindertes Wachsen der ganzen Holzpflanze. Darum muß man durch rechten Schluß der Forstbäume auf Erhaltung einer tüchtigen Laubkrone sehen.

4) Alles Pflegen will wenig sagen, wenn die Holzart nicht einen angemessenen Standort hat; darum ist's so wichtig, für jeden Ort die schicklichste Holzart auszuwählen. — Die in der Jugend zärtlichen Baumarten bringt man in eine geschüzte Lage, oder man erzieht sie mit anderen dauerhaften Gattungen.

5) Um ein reichliches Blühen und Früchtetragen erwarten zu können, müssen die Stämme einen etwas freien Stand bei einer geschüzten Lage haben, und gerade bei solchen Bäumen darf den Wurzeln ihre bisherige Decke nicht entzogen werden, wenn man nicht den Abfall der Früchte im Sommer befördern will. Auch das Gras unter solchen Stämmen darf in der heißen Jahreszeit nicht weggenommen werden, besonders bei einem flachgründigen Boden.

6) Ueberhaupt ist die rechte Pflege vollführt, wann alle die Bedingungen erfüllt sind, unter welchen je eine Holzart ihre höchste Ausbildung erreicht, und wann Alles abgehalten oder entfernt wird, was den gesunden und kräftigen Wuchs einer Holzpflanze stören kann. Dazu müssen jedoch die allgemeinen sowol wie die besonderen Bedingungen des Pflanzenlebens erkannt sein, und bei jeder Holzart müssen unter den jedesmaligen Umständen Anwendungen davon auf eigenthümliche Weise gemacht werden. Dazu gehört nun freilich ein richtiges Urtheilen und Schließen vom Allgemeinen auf je ein Besonderes, und dieses ist nicht wol zu lehren und zu lernen, als im wirklichen Leben durch Beobachtung und praktische Uebung.

Anmerk. Zur anfänglichen Erreichung dieses Zweckes der praktischen Uebung werden daher in dem hiesigen K. S. Forstgarten fortwährend allerlei Holzpflanzen gezogen, versezt und gepflegt, und auf den K. S. Forsten geschieht jezt in dieser Hinsicht auch gar Vieles, was zur Bildung jener Einsicht in die Zucht und Pflege von großer Wichtigkeit ist.

§. 67.
Von der Benutzung der Holzarten.

1) Der größte Nutzen der Gewächse besteht darin, daß sie

8*

116

zur Erhaltung und Beförderung des thierischen Lebens dienen,
und in den großen Proceß der organischen Natur greifen auch
die Holzpflanzen unverkennbar ein, indem die Wälder eine ungleich größere Pflanzenmasse erzeugen, als es Kräuter allein auf
gleicher Fläche vermöchten.   Auch geben die baumartigen Holzgewächse den Menschen und Thieren Schutz gegen Stürme, gegen heftigen Regen und andere rauhe Wetter, und besonders
wirken mit Baumwäldern besezte Berge wohlthätig für viele Gegenden dadurch, daß sie die Stürme brechen, den Gewittern als
Ableiter dienen, auch die Entstehung der Nebel und die Entladung der Wolken befördern und so das Klima mancher Gegend für Menschen bewohnbarer machen.   Ein wesentlicher Nutz-
en der Pflanzen überhaupt, und der Bäume und Sträuche insbesondere, besteht noch im Schatten, den sie im Sonnenschein
über die von ihnen bewachsene Fläche verbreiten, und wodurch
theils das schnelle Austrocknen des Bodens verhindert, theils die
Erzeugung der zum Wachsthume so nöthigen Dammerde befördert wird.   Und die Kunst, stehende Wasser und Sümpfe für
das thierische Leben unschädlich zu machen, besteht allein darin,
daß man die Einwirkung der Sonne auf dieselben durch den
Schatten der Gewächse verhindert, wodurch dann die Oberfläche
und auch das Innere des Wassers von der Lebensluft durchdrungen wird, welche die Wurzelzasern, die Stengel und das
Laub unaufhörlich freimachen bei der Zersetzung der Umgebung.
Diesen Dienst thun hauptsächlich die Wassergewächse, unter den
Bäumen vorzüglich die Weiden, Pappeln und Erlen und überhaupt schnellwüchsige Pflanzen.

2) Der eigenthümliche Nutzen der Holzgewächse für den
Menschen besteht hauptsächlich im Holze, und man unterscheidet
dieses in Hinsicht seiner Verwendung als Brenn-, Bau-, Werk-
und Nutzholz.

Zum Verbrennen können zwar alle veste Theile der Holzgewächse verwendet werden; doch kommen nur Wurzeln, Stamm
und Aeste als eigentliches Brennholz in Betrachtung.   Es
dient das Brennholz hauptsächlich zur Erwärmung unseres Körpers und zur Bereitung unserer Nahrmittel, so daß es zur Erhaltung des menschlichen Lebens um so nothwendiger wird, je
rauher und kälter das jedesmalige Klima ist.   Darum muß auch
das Vorhandensein der nöthigen Wärmemittel für wohleingericht-
ete Staaten in nördlichen Ländern ein eigener Staatszweck sein,

117

weil das Dasein der Staatsglieder ohne dasselbe gefährdet ist. Die Güte und der Werth des Brennholzes wird meist nach dessen Wärmfähigkeit bestimmt, die man aus dem Gewichte gewisser Massen im trockenen Zustande zu erforschen hat, d. h. die Wärmfähigkeit zweier Holzsorten verhält sich wie die Gewichte ihrer Kubikfuße, nachdem sie gut ausgetrocknet sind. Eben so wird es mit dem Brennholze gehalten werden, das erst in einen verkohlten Zustand gebracht und dann als Holzkohle verbrannt wird. — Die beim Verbrennen des Holzes zurückbleibende Asche wird entweder als Düngmittel angewendet, oder ausgelaugt, theils zu Potasche gesotten, theils zu Seife, oder zum Waschen, Bleichen, Färben u. s. w. benuzt.

Als Bauholz werden gewöhnlich nur gesunde und gerade Stammstücke, und zwar am liebsten von ausgewachsenen, d. h. reifen Stämmen, benuzt, weil es sich von diesen am dauerhaftesten bei jeder Holzart erweiset. Auch unterscheidet man das Bauholz noch nach seinen verschiedenen Zwecken, als zum Land= oder Hausbau, zum Schiffbau, zum Gruben=, Wasser= oder Mühlenbau, indem es zu allen diesen verschiedenen Zwecken immer die eine oder die andere Eigenschaft in einem vorzüglich hohen Grade besitzen muß.

Als Werkholz wird das von den verschiedenen Handwerkern zu verarbeitende Holz betrachtet, das gewöhnlich in größeren Stücken aus Baum= und Schlagholzwäldern genommen und dann zu den jedesmaligen Zwecken geschnitten oder gespalten wird.

Als Nutzholz endlich werden alle kleinere Holzstücke angesehen, die von Künstlern oder anderen Ständen zu häuslichen, oder ökonomischen, oder anderen Zwecken verwendet werden.

Der Werth der Bau=, Werk= und Nutzhölzer richtet sich gewöhnlich nach der Größe und Wichtigkeit, theils nach der Seltenheit der jedesmaligen Holzstücke, theils aber auch nach der Menge der Abnehmer u. s. w., so daß der Preis an verschiedenen Orten auch verschieden ausfallen muß.

3) Auch benuzt man noch von den Holzgewächsen die Blüthen als wohlthätig wirkenden Thee, z. B. von Hollunder, Linde, Schlehen u. s. w., — die Früchte, z. B. als Nahrmittel, das Obst, ferner zu Oel, Essig, Wein und Brandwein, zur Mast u. s. w., — die Säfte zu Terpentin, Pech, Theer, Kien=

118

ruß, Holzsäure u. s. w., — das Bast zum Binden, zu Flecht=
werk u. s. w.

Eben so dienen Rinde, junge Zweige und Früchte mehrer
Holzarten theils zum Gerben, theils zum Färben, und wie
auch einige Blüthen zu Arzneimitteln. — Endlich benuzt
man auch Bäume und Sträuche in Gärten und Gartenanlagen
zu Verschönerungen und das Auge ergötzenden Abwechselungen, je
nachdem sich nämlich eine Holzart entweder durch eigenthümlichen
und gefälligen Wuchs, oder durch Blätter, Blüthen und Früchte
auszeichnet.

Doch auch nachtheilig wirken einige Theile der Holzgewächse
auf den menschlichen Körper, und es ist hauptsächlich zu warnen
vor dem Genusse der Früchte des Seidelbast, des Bittersüß, der
Heckenkirsche, des Ibenbaums und des Sadebaums.

Daß man auch die übrigen Waldprodukte nicht unbenuzt
lasse, so weit solche nämlich nicht zum Gedeihen der Bestände
erhalten werden müssen, das versteht sich eigentlich so von selbst,
daß man sich verwundern muß, wenn es hie und da noch ver=
hindert wird, und namentlich in der dritten Abtheilung dieser
Schrift werden mehre solcher Nebennutzungen angedeutet werden,
die man gemeinhin übersieht.

Zweite Abtheilung.

Von den Holzarten.

Einleitung.

Die Kenntniß der forstlich = wichtigen Holzarten
fängt an mit der botanischen Unterscheidung, und geht dann über
zu dem, was der Forstmann wissen muß, um jede solche Holzart
für den Forstzweck richtig würdigen und nöthigenfalls auch erzieh=
en, pflegen und benutzen zu können. Um diese Kenntniß nach
dem Zweck einer Forstbotanik einzuleiten, dürfte es rathsam sein,
jede solche Holzart nach folgenden Rücksichten zu betrachten.

1) **Unterscheidung.** Diese beschränkt sich auf die An=
gabe der wesentlichen Merkmale an Blatt, Blüthe und Frucht;
giebt an die Zeit des Blühens und der Samenreife, und fügt
etwa noch bei das Abweichende oder Eigenthümliche an Stamm
und Aesten, an Knospen und Wurzeln. Eine kurze Würdigung
der Abarten darf nicht fehlen, und diese werden am beßten gleich
nach der Unterscheidung der Gattung unter a, b, c, u. s. w.
aufgeführt.

2) **Gewöhnliche Zustände.** Dabei würde anzugeben
sein: Vaterland, Standort, Art des Vorkommens, Alter, Wuchs
in den verschiedenen Lebensperioden, Beschaffenheit der Samen=
pflanzen, des Stockausschlags und der Wurzelbrut; also Eigen=
thümlichkeiten im Ganzen.

3) **Verhalten.** Hierbei müßte Rücksicht genommen wer=
den auf das Verhalten gegen Boden, Lage und Witterung, fer=
er gegen die Umgebung anderer Pflanzen, so wie gegen Thiere,
endlich auch solches Verhalten in der Jugend und im kranken
Zustande.

4) **Forstliche Beziehung.** Ob nämlich die betracht=
ete Holzart geeignet sei zu Hoch= oder Nieder= oder Mittelwald,
ferner zu Kopf= oder Scheidelholz, und zwar begründet theils

122

in der Natur der Pflanze, theils in den bisher gemachten Beobachtungen; oder wie sonst eine Holzart im Forste nützlich oder
schädlich sei.

5) Zucht und Pflege.   Vorzüglich sich verbreitend an-
deutweise über: Art und Zeit der Saat und der Pflanzung; Behandlung der Saaten und Pflazungen; und über eigenthümliche
Vorkehrungen unter bestimmten Umständen.

6) Benutzung.   Wie nämlich eine Holzart im Ganzen
und Einzelnen benuzt werden könne; dabei würde namentlich anzugeben sein: die Eigenschaften des Holzes nach Farbe, Gefüge
und Gewebe, ferner dessen Vestigkeit, Spaltigkeit und Dauer, so
wie dessen Gewicht (hier öfters nach Hartig's Versuchen für den
rhein. Würfelfuß sowol im frischen, als auch im ganz trockenen
Zustande), um danach die Wärmfähigkeit zu beurtheilen; deß-
gleichen von einzelnen Theilen einer Holzart, wozu man sie benutzen kann.

7) Anhang.   Enthaltend (berichtigende und vergleichende)
Bemerke sowol über die Gattungen selbst als über ihr Verhalten.

Damit aber Wiederholungen und Weitläufigkeiten möglich
vermieden werden, so wird bei jeder Gattung nur das Wesentliche und Abweichende zu geben, und Alles wegzulassen sein, was
ein geringes Nachdenken von selbst finden kann.

Die forstlich-unwichtigen einheimischen Holz-
arten können hier nur in Absicht auf botanische Unterscheidung
und in so fern in Betracht kommen, als sie einen gewissen ökonomischen, oder technischen, oder sonstigen Nutzen gewähren.

Zur leichteren Uebersicht der Baum- und Strauchgattungen
sind solche hier in folgenden Abschnitten aufgeführt:

I. Nadelhölzer; d. h. solche Geschlechter, die nadelförmige
Blätter, aber nicht am Grunde jeder Nadel eine Knospe
haben, und wovon die meisten einen harzigen Saft erzeugen.

II. Baumartige Laubhölzer; d. h. Laubholz-Geschlechter,
deren Gattungen, wenn auch nur zum Theil, zu Bäumen
erwachsen.

III. Große Sträuche, auch mit dazu gehörigen kleinen.

IV. Niedrige Sträuche (Erdhölzer).

V. Schmarozerpflanzen.

123

Jede aufgeführte Pflanzengattung hat die Benennung erhalten, welche unter den gebräuchlichen am meisten entspricht
den in der Botanik jezt geltenden Grundsätzen, von Synonymen
sind nur die nothwendigsten angegeben und die Provinzialnamen
sind fast gänzlich übergangen, weil sie eher hinderlich als förderlich bei der botanischen Unterscheidung sind, und weil sie doch
nach und nach in Vergessenheit kommen müssen.

Bei den aufgestellten Unterschieden der Sippen (Geschlechter)
bezeichnet die beigedruckte römische Ziffer die Klasse und die deutsche
Ziffer die Ordnung des Linné'schen Systems; ebenso bezeichnet
eine folgende Zahl bei den Familiennamen die Klasse und Ordnung des natürlichen Systems.

Am Ende dieser zweiten Abtheilung ist eine Zusammenstellung der aufgeführten Sippennamen deutsch und lateinisch in al-
phabetischer Ordnung aufgestellt, um zu den gekannten Namen
die Darstellung der Pflanze nachsehen zu können.

124

I.

Nadelhölzer.

Die Wurzeln stark, aber nicht sehr zahlreich; die Stämme Anfangs kegelförmig, später walzig und überhaupt wenig knospig; die Blätter nadelförmig; die Blüthen mit vielen Staubgefäßen, und die männlichen nach unten, die weiblichen nach oben am Stamme. Sie sind genügsam wegen des Bodens und nützlich besonders wegen des Holzes.

a) Zapfenbäume. Strobilaceen. Mit zapfenartigen Früchten, verkümmerten Samenlappen und harzigen Säften. XDI. 3.

Tanne. Fichte. Kiefer. Lärche. Pinus.

Männliche und weibliche Blüthen in Kätzchen auf einem Stamme; jene mit vielen schlangenförmig um eine gemeinschaftliche Achse stehenden Schüppchen, worauf immer je zwei aufgerichtete Staubbeutel sitzen, — diese mit vielen steifen, in einander geschobenen Schuppen, aber unter jeder Schuppe wieder zwei schuppenartige Blüthchen und jedes Blüthchen mit einem Griffel. Die Frucht ein holziger Zapfen mit zwei, meist geflügelten, Nüssen unter jeder Schuppe; im Samen der Keim verkehrt. (XXI. 9.).

*) Tannen; mit einzelnen, breiten, meist kammförmig gerichteten und immergrünen Nadeln.

1.
Weiß-Tanne. Pinus Abies.
(Edel-Tanne. P. Picea L.)

Die Nadeln linienförmig, an der Spitze stark ausgeschnitten, oben dunkelgrün und glänzend, unten von zwei weißen und vertieften Strichen durchzogen, und auf kurzen etwas gewundenen

en Stielen stehend.   Die Blüthen erscheinen im Mai; die
männlichen einzeln zwischen den Nadeln in kleinen rothbraun-
en Kätzchen; die weiblichen in etwas längeren weißgrünlichen
Kätzchen; auch die lezten zeigen sich schon im Herbste des Jahres
vorher als braune Köpfe.   Die Zapfen fast walzenförmig, an
6 Zoll lang, aufrecht stehend, mit abgerundeten, dicht anliegenden
Schuppen und schmaleren Deckblättchen versehen; sie sind bei
der Reife, Ende Septembers oder Anfang Octobers, braunroth
und enthalten braune, eckige und breitgeflügelte Samen. —
Schuppen und Samen fliegen zugleich ab.   Die Rinde aschgrau, glatt und nur an alten Stämmen etwas aufgerissen, und
an jungen Trieben mit kurzen rostbraunen Haaren besezt.

In gebirgigen Gegenden Deutschlands ist die Weiß-Tanne
eine Zierde der Wälder, indem sie daselbst theils allein, theils
mit der Roth-Buche oder der Roth-Fichte untermischt, bedeutende
Flächen bedeckt.   Außerdem kommt sie nur im mittleren Europa,
und nicht im nördlichen oder südlichen vor.   In Niederungen
trifft man sie gar nicht an, und bei 3000 Fuß Meereshöhe wird
sie noch vollkommen, obgleich sie auf den Alpen und Pyrenäen
über 5000 Fuß Meereshöhe noch sparsam sich findet.   Ueberhaupt liebt sie frische und zwar westliche und nördliche Lagen
und dabei einen tiefgründigen, nahrhaften und lockeren Boden;
dann zeigt sie, besonders auf Urgebirgen, einen kräftigen Wuchs,
so daß sie in 120 bis 150 Jahren ihren größten Wuchs vollendet!, ob sie gleich 300 Jahr alt werden kann.   Unter günstig-
en Umständen erreicht sie gewöhnlich eine Höhe von 100 bis
120 Fuß, bei einer Stärke von 3 bis 4 Fuß im Durchmesser;
doch hat man auch Stämme von mehr als 140 Fuß Höhe,
und wieder andere bis zu 12 Fuß im Durchmesser Stärke angetroffen. — In den ersten 50 Jahren wächst sie nur spärlich,
aber in dem zweiten und dritten Lebensalter (Stufe, Periode)
ziemlich rasch. —

Sie treibt einen geraden, ziemlich walzenartigen Schaft und
eine dichte, stufige Krone mit starken und aufrechten Aesten, die
an den Astwinkeln ein sehr hartes und sprödes Holz haben.   Sie
hat gewöhnlich eine kurze Pfahlwurzel und viele starke Seitenwurzeln, die tief eingehen und sich ziemlich weit ausbreiten. —
Eigentlichen Ausschlag treibt sie, wie alle Harz-Hölzer, zwar nicht,
aber sie hat oft schlafende Knospen, die, bei sonstigen Verletzung-
en, fortwachsen; auch kann sie an jungen ausgeästeten oder

126

abgebissenen Stämmen neue Knospen entwickeln. — Die Samenpflanzen erscheinen mit 3 bis 5 breiten Samen-Nadeln; sie sind, wenn sie flach stehen, wie beim natürlichen Anflug, aber bei Saaten obendrauf, am Wurzelstocke gegen Frost und Hitze, wie die Roth-Buche, sehr empfindlich. — Verkrüppelte und zum Versetzen untaugliche Pflänzchen zeichnen sich durch weiße Stämme und sonst durch Mangel an kräftigen Knospen und Trieben aus.

In einem lehmigen und von Sand oder Grant etwas lockeren Boden gedeiht sie am beßten, wie z. B. auf Urgebirgen, auf älterem Sandstein, auch auf Porphyr, wenn dabei der Boden zugleich frisch, tiefgründig und etwas nahrhaft ist, dagegen kaum oder gar nicht auf Flötzkalk, im eigentlichen Sandboden, und gewiß nicht auf nassen Stellen. Auch wächst sie besser an nördlichen als an südlichen Lagen, und sonst ist sie ein Gebirgsbaum zu nennen, wo sie mit der Roth-Buche in gleich hohen Lagen erzogen werden kann, aber nicht in so hohen wie die Roth-Fichte. Unsere Witterungs-Zustände verträgt sie auf angemessenen Standorten recht gut; und wenn auch durch Spätfröste die Seitentriebe zuweilen erfrieren, so ist doch solches selten an der Hauptspitze der Fall. Auch Stürme und andere atmosphärische Einwirkungen schaden ihr nicht. In Absicht auf Umgebung verlangt sie einen vollkommenen Schluß unter sich oder auch mit ähnlichen Holzarten; denn im Halbschluß wird sie kein schöner Baum und im freien Stande bleibt sie gänzlich zurück. Junge Pflanzen leiden sehr leicht durch den Graswuchs; später verdrängt sie ziemlich Alles unter sich, besonders durch die, beim gehörigen Schluß, auch in der Oberfläche des Bodens sehr häufigen feinen Wurzeln. — Das Wild und Weidevieh verbeißt junge Pflanzen sehr gern. Von Insekten sind es hauptsächlich: Bombyx monacha, Tortrix piceana und Bostrichus abietiperda, die sie zuweilen heimsuchen und im Wuchse beeinträchtigen. — Kernfäule, Trockniß, Brandstellen und Schurf sind ihre gewöhnlichen Krankheiten, und in heißen Sommern werden die Nadeln zuweilen mit Honigthau befallen.

In forstlicher Hinsicht ist die Weiß-Tanne für die Hochwaldwirthschaft eine gar wichtige Holzart, indem sie große Holzmassen liefert, die sehr vielfältig benuzt werden können. Sie ist ihrem Wesen nach ein eigentlicher Forstbaum, und sie wird künftig mehr angebaut werden, wenn man es allgemeiner verstehen wird, sie wie Roth-Buchen zu erziehen und zu pflegen.

Zur Saat werden die Zapfen kurz vor oder bei ihrem Aufbruche gesammelt, und die Samen werden wie die der Rothbuche behandelt und gesäet; sie lassen sich nicht wol länger als bis zum nächsten Frühjahre aufbewahren. Auch die Pflänzchen verlangen eine Behandlung wie die der Roth=Buche, und dann lassen sie sich ebenfalls bei mildem Klima im Freien, wenigstens in Baumschulen, erziehen, wie meine mehrjährigen Saaten und Pflänzungen zeigen. Im Bestände, wo sie, durch natürlichen Anflug, zu flach stehen, verlangen und vertragen sie mehrjährigen Schatten. — Auch lassen sich 1 — 3 Fuß hohe Pflänzlinge recht gut an schickliche Stellen verpflanzen, wenn sie nur tief und gut ausgehoben und sorgfältig, bald nach dem Ausheben, wieder eingesezt werden, und zwar eher tiefer als weniger an den Wurzeln bedeckt. Nur gegen das Versetzen alter Kümmerlinge muß man warnen, so wie gegen das Verpflanzen aus sehr schattigen Orten in's Freie.

Das Holz von reifen Stämmen ist weiß, feinfaserig und von gleichförmigem Gefüge, ziemlich zähe und spannkräftig; der rhein. Würfelfuß wiegt frisch 59 und trocken 30 Pfund. Als Bauholz ist es auch wegen seiner Dauerhaftigkeit geschäzt zu: Balken, Mastbäumen und Mühlwellen; außerdem wird es zu Bretern geschnitten und als solche gar mannigfach verarbeitet. Da es so zähe, leicht und gutspaltig ist, so wird es als Werk= und Nutzholz vielfältig verbraucht, namentlich auch zu Böttcherarbeiten, zu Schindeln, Siebrändern, Schachteln und zu musikalischen Instrumenten. — Als Brenn= und Kohl=Holz verhält es sich etwa zum buchenen wie 81 zu 100; doch verbrennt es mit Geräusch. — Die Borke dient zum Gerben. — Der gemeine Terpentin wird aus dem Harze dieser Tanne bereitet, das sich in vorzüglicher Güte und Menge unter der Rinde in den sogenannten Beulen befindet. Die jungen Zapfen geben, um Johannistag gebrochen, zerhackt und gekocht, das sogenannte Terpentinöl. Aus den Samen kann man ein wohlriechendes Oel pressen.

Zu den Eigenthümlichkeiten dieser Tanne im Walde gehört auch, daß man oft solche Stöcke antrifft, die am Sägeschnitte durch einen Wulst gänzlich überwachsen sind; wenn nämlich eine Wurzel des abgeschnittenen Stammes mit der einer dabeistehenden unverlezten Tanne zufällig verwachsen war, wie man das in Beständen häufig antrifft; daß die abgebissenen Spitzen leicht wieder ersezt werden; daß man auch manchmal Absprünge mit

128

abgefreſſenen Blüthenknoſpen unter haubaren Stämmen findet, und daß die Zapfen nur am äußerſten Wipfel ſich zeigen und die Spindeln nach dem Abfall der Schuppen noch ſtehen bleiben.

2.

Balſam-Tanne. Pinus balsamea.

Die Nadeln kurz und dick (im Vergleich mit der Weiß-Tanne) und ſtarkriechend, wenn man ſie zerquetſcht. Die Zapf-en 2¼ Zoll lang und mit angedrückten geradeabgeſchnittenen Schuppen und kleineren Samen, die im Herbſte mit den Schupp-en zugleich abfallen. Die Knospen mit Harz überzogen.

Dieſe in Virginien und Kanada einheimiſche Tanne iſt unſ-erer Weiß-Tanne in vielen Stücken ſehr ähnlich, und allermeiſt im äußeren Anſehen, im Verhalten und im Wuchſe. Sie liebt auch etwas gebirgige und friſche Lagen mit lehmigem Boden, und an trockenen ſandigen Orten wird ſie bald wipfeldürr und ſtirbt ab; ſie wächſt langſam in der Jugend und wird doch ein eben ſo großer Baum wie die Weiß-Tanne. Sie liefert ein et-was veſteres Holz und aus ihren Harz-Beulen den ſogenannten Balſam von Gilead. Auch dieſe Tanne hat man zum An-bau empfohlen, und man mag für Gärten und Anlagen Recht haben, aber in unſeren Forſten dürfte ſie nicht mit unſerer Weiß-Tanne wetteifern können.

3.

Schierlings-Tanne. Pinus canadensis.

Die Nadeln linien-lanzettförmig, zugeſpizt, am Grunde breiter und abgerundet, unten mit zwei weißen Streifen durch-zogen. Der Zapfen länglichrund, 1 Zoll lang und mit gerad-en zugerundeten Schuppen, die nicht mit dem Samen abfallen. Die einjährigen Zweige abwärts gebogen und fein behaart.

Dieſer in Nordamerika heimiſche und daſelbſt 80 bis 100 Fuß hoch werdende Baum gewährt ein ſehr ſchönes Anſehen, lief-ert ein ziemlich hartes und zähes Holz, verträgt trockene Lagen und einen lockeren, nicht ſehr fruchtbaren Boden, und dauert auch bei uns vollkommen gut aus. So ſehr dieſer Baum zu Luſt-Pflanzungen empfohlen zu werden verdient, ſo wenig dürfte in forſtlicher Hinſicht ein reeller Gewinn von ihm zu erwarten und

129

daher höchſtens nur einzeln wegen des Nutzholzes anzubauen ſein. — Die Samen bei allen Tannen ſind eckig geſtaltet.

) **F i ch t e n; mit einzelnen, vierkantigen, zerſtreut um die Zweige ſtehenden und immergrünen Nadeln.

4.

R o t h ⸗ F i ch t e. **Pinus Picea.**
(Roth⸗Tanne. **P. Abies L.**)

Die Nadeln linienförmig, geſtreift, ſcharf zugeſpitzt, ſteif und ſtehend; ſie ſitzen auf ſchuppenartigen und mit der Rinde verwachſenen Erhabenheiten und ſind an Seiten⸗Aeſten etwas gekrümmt. **Die Blüthen** erſcheinen Ende Mai's; die **männ**⸗**lichen** zwiſchen den Nadeln der vorjährigen Triebe und beim Aufbruch durch ihre hellrothen Schuppen beerähnlich, ſpäter gelb⸗**lich**; die **weiblichen** an den Spitzen der Zweige in etwas größeren, länglichen und dunkelrothen Kätzchen; dieſe waren ſchon im Spätherbſte ſichtbar und neigen ſich nach der Beſtäubung abwärts. **Die Zapfen** faſt walzenförmig, 5 bis 6 Zoll lang, abwärts !hängend, anfänglich hellgrün, dann röthlichbraun und mit am Rande wellenförmigen, auch öfters gezähnten Schuppen verſehen; ſie reifen zwar ſchon im October, aber der Samen fliegt meiſtens erſt im folgenden Frühling ab. **Die Rinde** braunroth und an älteren Stämmen ſchuppig aufgeriſſen. — Abarten ſind:

a) **Aſchgraue Fichte.** Mit feinen kurzen Nadeln, weiß⸗licher Rinde und kleineren Zapfen, und von niedrigem Wuchſe; z. B. auf dem Harze und in Schleſien, bei un⸗günſtigem Standorte.

b) **Hange⸗Fichte.** Mit wenigen und feinen, aber herab⸗hängenden Aeſten.

Dieſe Fichte wird im mittleren und nördlichen Europa und auch in Aſien in gebirgigen Gegenden häufig gefunden, und in Deutſch⸗land bildet ſie bedeutende Waldungen theils allein, theils mit anderen Holzarten gemiſcht, und zwar zwiſchen 1000 bis 4500 Fuß Meer⸗erhöhe; in der Schweiz ſteigt ſie bis 5500 Fuß. Bei einem ſteinigen, mäßig friſchen und fruchtbaren, wenn auch flachgründ⸗igen Boden in nicht zu tiefen Lagen vollendet ſie ihren größten Wuchs etwa in 100 Jahren, und wird dann gewöhnlich ein

130

Baum von etwa 80 bis 100 Fuß Höhe bei 2 bis 3 Fuß im Durchmesser Stärke; doch kann sie unter günstigen Umständen auch viel älter, höher und stärker werden, wie man dergleichen hohe und starke Stämme noch hie und da antrifft. Sie wächst besonders in der Jugend sehr langsam, dann aber rascher und allermeist auf der zweiten, auch noch dritten Alterstufe rasch. — Sie bildet einen kegelartigen Stamm und Wipfel mit fast quirl= förmig stehenden und im Alter etwas abwärts gebogenen zähen Aesten; auch treibt sie nur flach unter der Oberfläche hinstreich= ende und weit ausgebreitete Wurzeln. — Sie hat ein sehr ge= ringes Vermögen, abgenommene Theile wieder zu ersetzen, so daß bei verlezter Spitze nur ein nächster Seiten=Trieb den Wipfel er= gänzen kann; doch schlagen auf der Erde liegende und bedeckte Aeste zuweilen wieder Wurzeln. — Die Samenpflanzen erschein= en im Frühjahre 4 bis 6 Wochen nach der Saat mit höchstens 9 Nadeln, die sternförmig gestellt und etwas größer sind als die nachherigen Stamm=Nadeln. Solche Pflänzchen vertragen nur in den ersten Jahren etwas Schatten, aber schon nach dem vierten Jahre wollen sie ganz frei stehen; außerdem sind sie sehr dauerhaft. Verkrüppelte Pflänzchen haben sehr feine Nadeln und zeigen keinerlei kräftigen Trieb.

In jedem nicht ganz vesten Boden, wenn er nur etwas fruchtbar und nicht ganz trocken ist, gedeiht die Roth=Fichte, und sie ist zu ihrem eigenen Beßten so genügsam; denn auf fetten Bodenarten, so wie auf Kalk= und Trapp=Gebirgen, wächst sie zwar außerordentlich schnell, aber ihr Holz wird so schwammig, daß auf der zweiten und dritten Lebensstufe die Stämme schon roth und kernfaul werden. Im trockenen heißen Sande, so wie auf nassen thonigen Stellen verkrüppelt diese Fichte gänzlich. — In gebirgigen Gegenden verträgt sie jede Lage gut, und nur bei niedrigen Lagen wächst sie an Sommerwänden merklich geringer. — Unsere Witterung ist dieser Fichte im Ganzen genommen jed= erzeit nicht ganz ungünstig, und nur in nassen zugigen Thälern leiden die jungen Triebe zuweilen durch Spätfröste. — Zur größ= ten Vollkommenheit gelangt die Roth=Fichte im angemessenen Schlusse unter sich und mit ihr im Wuchse ähnlichen Holzarten. Bei lichtem Stande treibt sie zu sehr in Seiten=Aeste und be= kommt deßhalb keinen schlanken Schaft, und im zu dichten Stande bleibt sie zurück und wird frühzeitig mit Flechten überzogen. Ein kräftiger Graswuchs beeinträchtigt die jungen Fichten sehr, weil

deren Wurzeln auch in der Oberfläche streichen; ist die Fichte
aber erst in Schluß gekommen, dann unterdrückt sie ziemlich All=
es unter sich, was nicht Moos und Flechte ist. — Sturmwinde,
Schnee= und Duft=Anhang schaden den Fichten=Wäldern sehr
leicht, besonders bei forstlich-unrichtiger Behandlung. Zu den
Feinden der Roth=Fichte muß man rechnen: Wildpret und Wei=
devieh für junge Pflanzen, auch Rüsselkäfer, die solche Stämm=
chen von unten benagen; dagegen für ältere Fichten hauptsächlich
Bostrichus typographus durch Verletzung des Bastes, dann
auch **Bombyx monacha** durch Abfressen, **Tortrix abietina**
durch Aushöhlung der Nadeln, und **Chermes Abietis** durch
Verletzung der jungen Triebe. Endlich schadet der Kreuzschnabel
(**Loxia curvirostra**), das Eichhörnchen (**Sciurus vul-**
garis) (und zuweilen auch Dohlen, Schildkrähen), den Fichten
öfters dadurch, daß diese Thiere vom Spätherbste bis in's Früh=
jahr die schwachen Aestchen abreißen, die man dann oft haufen=
weise unter haubaren Stämmen antrifft, und die man Ab=
sprünge nennt. Dieses Abreißen der Zweigspitzen geschieht eig=
entlich nur mit solchen, die männliche Blüthenknospen an sich
tragen, von welchen jene Thiere im Winter sich größtentheils
nähern. Genaue Beobachtung dieser Thiere, und noch mehr
das Oeffnen derselben zu dieser Zeit, kann Jeden von der Richt=
igkeit der Sache überzeugen. Von der Menge solcher Absprünge
kann man freilich auf ein reichliches Blühen der Fichten, aber
deßwegen noch nicht nothwendig, jedoch mit Wahrscheinlichkeit,
auf ein gutes Samen-Jahr schließen. — Selbst das Schälen
und Benagen der Borke an den Spitzen ist von Eichhörnchen
beobachtet worden im Sommer. — Kernfäule und Trockniß sind
ihre gewöhnlichen Krankheiten.

In forstlicher Hinsicht ist die Roth=Fichte für den Hoch=
waldbetrieb eine unserer wichtigsten Holzarten, und zwar wegen
ihrer Genügsamkeit in Absicht auf Boden und Lage, wegen der
Leichtigkeit, mit welcher sie aus dem Samen erzogen werden kann,
und wegen der großen und nutzbaren Holz= und Harz=Massen,
die sie in kurzer Zeit liefert. Auch darf man hoffen, daß durch
eine kunstgerechte Behandlung der Fichtenwälder die Uebel immer
mehr abnehmen werden, an welchen bisher so viele Bestände zu
Grunde gingen.

Zur Saat werden die Zapfen entweder im Spätherbste, oder
im Frühjahre noch vor dem Aufspringen gebrochen, und der Sam=

132

en an der Sonne oder in besonders dazu eingerichteten Darrstuben
ausgeklengt; sorgfältig aufbewahrter Fichten-Samen läßt sich
7 — 8 Jahr keimfähig erhalten.   Diesen säet man nun im
April oder Mai (denn früher schaden die Vögel zu viel) auf
einen Boden, der schon im Herbste vorher zubereitet sein, oder
eben wund gemacht, aber nicht aufgelockert werden muß.   Denn
da er nur eine geringe Bedeckung verträgt, so würden die Pflänzchen zwar gut aufgehen, aber in dem zu lockeren Boden von der
Sonnenhitze bald vertrocknen oder im Winter vom Froste ausgezogen werden.   Auch lassen sich die Fichten mit Vortheil verpflanzen, und dazu ist die beßte Zeit im April und noch im Mai
bis mit dem Wachsen der neuen Triebe oder der Zasern.   Herbstpflanzungen leiden oft dadurch sehr, daß der Frost die Pflänzchen
aufzieht oder der Wind solche los macht.   Am leichtesten gerath-
en 6 bis 10 Zoll hohe Pflänzlinge; doch gedeihen sie auch noch
bei 2 bis 4 Fuß Höhe recht gut, wenn sie nur sorgfältig ausgehoben und gepflanzt werden.   Sogar 8 bis 10 Fuß hohe und noch
höhere gerathen noch, wenn sie hinlänglich mit Umsicht und Vorsorge versetzt und durch Pfähle vor dem Umfallen gesichert werden
können. — Eine vermischte Ansaat von Fichten und Kiefern ist
nicht vortheilhaft, weil diese in der ersten Periode zu schnell wachsen
und jene unterdrücken.   Eher könnte man auch noch (an freien
Sommer-Wänden vorzüglich) Fichten mit Birken vermischt säen,
wenn, diese zur rechten Zeit herauszunehmen, nicht immer ver-
säumt würde.

Zur Benutzung liefert die Noth-Fichte hauptsächlich Holz,
Harz und Lohe.   Das Holz ist weißlich, oder auch röthlichweiß,
ziemlich leicht, von feinem Gefüge, langfaserig und etwas harzig,
und das vom Januar bis in die Mitte des März gefällete ist
das Beßte zu Bau- und Nutz-Holz, denn früher oder später gehauen, ist es zu saftreich und zum Schwamme geneigt, wenn die
Stämme nicht unausgeästet liegen bleiben dürfen, bis die Nadeln
verwelkt sind.   Frisch wiegt der rhein. Würfelfuß 57 und trock-
en 31 Pfund.   Benutzt wird das Fichtenholz sehr vielfältig; denn
die größten und schlanken Stämme geben ein treffliches Bau-
und Schiff-Holz, vorzüglich Tragbalken; dann liefert es ein gutes
Tischler- und Böttcher-Holz; und mit Recht ist es auch geschätzt
zu Bretern und Latten, zum Orgelbau und bei musikalischen Instrumenten zu Resonanzboden u. s. w.   Als Brenn- und Kohl-
Holz verhält es sich zum buchenen etwa wie 75 zu 100.

Aus bem Harze biefer Fichte wird das Pech gewonnen, und man rechnete biefes fonft zur Hauptbenußung der Fichtenwälder; allein es haben neuere Unterfuchungen an den Orten, wo das Holz nur in mittelmäßigen Preifen fteht, gelehrt, daß der Ertrag des Pechs meift den Verluft an Holzwerth nicht übertrifft. Denn burch das Harzfcharren werden die Bäume nicht nur beträchtlich in ihrem Wachsthume gehindert, fondern auch das Holz wird mürbe, ift zu Bau= und Nutz=Holz faft untauglich und hat als Brennholz ebenfalls wenig Werth. Daher dürfte in einem forft= lich behandelten Walde das Harzfcharren nur 6 bis 8 Jahre vor der Hauung, und das höchftens mit 5 bis 6 Lagen, erlaubt werden; hingegen die zu Bauftämmen beftimmten Orte müßten gänzlich verfchont bleiben. — Die Aefte find gut zu Faßreifen und als Drechslerholz zu gebrauchen. Die Borke wird zu Gerb= erlohe benutzt. Den Blüthenftaub verbrauchen die Bienen zu Wachs. — Unreife Zapfen liefern ein Oel, welches mit Maftix einen guten Firnis giebt. — Die Nadeln werden zur Streu be= nutzt. — In Gebirgs=Gegenden erzieht man aus bicht zufamm= engepflanzten und unter der Schere gehaltenen Fichten fehr fchöne Zäune, deren Wurzeln aber in urbares Feld ausftreichen, wenn fie nicht burch Gräben davon abgehalten werden.

5.

Weiß=Fichte. Pinus alba.

Die Nadeln linienförmig, ftumpf zugefpizt, ⅓ Zoll lang, fteif und auf jeder der 4 Kanten mit einem Streifen bläulich= weißer Punkte gezeichnet; fie fitzen auf fchuppenartigen und mit der Rinde verwachfenen Erhabenheiten an gelblichen, glatten und geftreiften Zweigen. Die Blüthen erfcheinen im Mai an den Enden der Zweige; die männlichen in gelblichen und die weib= lichen in grünen und ⅓ Zoll langen Kätzchen. Die Zapfen länglich, 2 bis 3 Zoll lang, abwärts hängend und mit abgerund= eten Schuppen verfehen, worunter fehr kleine, geflügelte und fchwärzliche Samen liegen; fie reifen im September, und der Samen fällt im Herbfte noch aus. Die Rinde weißer als bei der vorigen.

Im nörblichen Amerika, namentlich in Kanada, wächft biefe Fichte auf hohen und kalten Lagen in einem mittelmäßig frucht= baren Boden faft zu einer Höhe und Stärke, wie fie unfere

134

Roth=Fichte an einem ihr angemessenen Standorte erreicht. Darum verdient sie vielleicht auf jenen hohen, kalten und trockenen Bergen Deutschlands, wo unsere Fichte nicht mehr gedeihen will, und öfters vom Froste leidet, im Großen gezogen zu werden, und es wäre wol der Mühe werth, daß man an jenen Orten Versuche mit ihr anstellte, wozu man leicht den Samen schon aus deutschen Garten=Anlagen bekommen könnte, indem man sie daselbst ihres schönen Wuchses und ihrer bläulichweißen Nadeln wegen schon lange angepflanzt hat.

Uebrigens kommt die Weiß=Fichte in Zucht, forstlicher Behandlung und in Benutzung des Holzes, der Borke und des Harzes ganz mit der vorigen überein. Auch kocht man in Nordamerika aus den jungen Nadeln und Zweigen einen Extrakt, den man S p r u c e nennt, und wovon man ein gesundes, nicht berauschendes und dem Biere ähnliches Getränk bereitet.

***) **K i e f e r n**; mit zwei, drei, oder fünf immer=grünen Nadeln aus einer Scheide.

6.

G e m e i n e   K i e f e r. Pinus sylvestris.
(Fohre.)

Die N a d e l n zu zwei, selten zu drei aus einer häutigen Scheide; sie sind halbrund, fein gestreift, kurz zugespizt, steif und am Rande scharf. Die B l ü t h e n erscheinen im Mai; die m ä n n l i c h e n in aufrechten Kätzchen am Anfange der dießjährigen Triebe und sehr vielen schwefelgelben Samenstaub enthaltend; die w e i b l i c h e n einzeln oder zu zwei an der Spitze der jungen Triebe in kleinen röthlichen Kätzchen, und zwar Anfangs aufgerichtet, aber nach der Bestäubung auf die Seite geneigt. Die Z a p f e n eiförmig, zugespizt und mit länglichen, abgestumpften und oben erhabenen Schuppen versehen, worunter je zwei schwärzliche und geflügelte Samen liegen. Sie reifen eigentlich im October des zweiten Jahres (also 18 Monate nach der Blüthezeit), bleiben aber noch bis zum nächsten März oder April geschlossen; sie sind dann zimmetbraun, springen auf und lassen den Samen ausfliegen, obgleich die Zapfen selbst noch bis zum folgenden Frühjahre hängen bleiben. Die R i n d e blätterig aufgerissen und rothbraun. Die Aeste ausgebreitet und quirlförmig stehend. Eine Abart ist:

Berg-Kiefer (falsche Krummholz-Kiefer). P. s. montana.
Mit kurzen, dicken und steifen Nadeln, mit kleineren Zapfen,
einem schwachen krummen Stamme, fast niederhängenden Aest-
en und sehr harzigem Holze. So verkrüppelt trifft man diese
Kiefer auf hohen und sumpfigen Lagen.

Diese im mittleren und nördlichen Europa häufig verbreitete Kiefer bildet in Deutschland ansehnliche Waldungen, und
zwar theils für sich allein, theils mit Eichen und, jedoch seltener,
mit Birken oder Roth-Fichten vermischt. Ihre Verbreitung ist
aber bei uns mit 1000 bis 2000 Fuß Meereshöhe begränzt, so
daß sie schon bei 1600 Fuß verkrüppeln kann. Sie liebt eigentlich
einen lehmigen Sandboden, der warm, frisch, fruchtbar und nied-
erig gelegen ist; dann vollendet sie ihren größten Wuchs innerhalb 100 bis 200 Jahren, und wird gewöhnlich ein Baum von
etwa 90 bis 120 Fuß Höhe bei 2 bis 3 Fuß im Durchmesser
Stärke, obgleich sie in einzelnen Fällen über 200 Jahre dauern
und unter günstigen Umständen viel höher und stärker werden
kann. Am schnellsten wächst sie in der ersten Lebens-Periode
und auch noch ziemlich rasch in der zweiten; späterhin aber langsam, und erst mit der Zeit wird ihr Holz gut. — Sie bildet
einen geraden walzenförmigen und langen Schaft und eine kurze
starkästige Krone, die sich im freien Stande ziemlich breit aus-
dehnt. Die Zweige sind quirlförmig gestellt, und nur junge
Zweige haben, bei verlezten Knospen, das Vermögen, aus den
Blattscheiden zwischen den Nadeln neue Knospen zu treiben. —
Die Wurzeln sind starkästig, sie bringen tief ein und breiten sich
weit aus; ja öfters trifft man auch eine 3 bis 4 Fuß tief eingeh-
ende Pfahlwurzel. — Die Samenpflanzen erscheinen im Frühjahre innerhalb 5 bis 6 Wochen nach der Saat mit 5 bis 6
feinen Samennadeln; die Keimnadeln sind sichtbar gesägt, die
folgenden ebenfalls einfach, und erst im zweiten Jahre treiben sie
je zwei Nadeln aus einer Scheide. Die Kieferpflänzchen sind
sehr dauerhaft und bedürfen sehr wenig Schutz und Pflege. Verkrüppelte Pflänzlinge erkennt man an den kurzen blassen Nadeln,
an mangelnden Trieben in den lezten Jahren, an sehr schwachen
Knospen und mißfarbigen Stämmen.

Diese Kiefer verlangt durchaus einen lockeren und tiefgründigen Boden, der weder sehr fruchtbar noch sonderlich frisch zu
sein braucht; am bessten gedeiht sie daher im lehmigen Sande
und in aufgeschwemmten Sandgegenden. Im dürren Sande

136

wächst sie zwar noch, aber freilich gering, so wie auf eisenschüss=
igem Sandsteinboden; je fruchtbarer der Boden, desto kräftiger
ihr Wuchs, aber ihr Holz hat dann einen geringeren Werth.
Am wenigsten gedeiht diese Kiefer auf buntem Thonlager, auf
Kalk= und Trapp=Gebirgen und in sehr vesten und nassen Stell=
en.   Niederungen und kleine Anhöhen sind die Heimath dieser
Kiefer; auf Bergen bleibt sie im Wuchse zurück und in Gebirg=
en verkrüppelt sie fast immer. — Unsere Witterung verträgt sie
an angemessenen Standorten vollkommen gut; doch leidet sie in
nördlichen feuchten Gegenden vom Schneedruck und Duftanhang,
auch an zugigen Orten vom Winde. — Zur höchsten Vollkomm=
enheit gelangt diese Kiefer nur im lichten Schlusse unter sich oder
mit ähnlichen Holzarten; denn in freiem Stand wächst sie zu
sehr in die Aeste, bildet keinen tüchtigen Schaft und erschöpft
sich im Samentragen. Im dichten Schluß wächst sie zwar auch
noch, aber sie wird so schlankschaftig, daß sie den nachtheiligen
Einwirkungen des Schneedrucks und des Duftanhangs nicht wi=
derstehen kann. — Kräuter, die den Boden leicht benarben, sind
der Kiefer immer zuträglich, indem sie das Ihrige dazu beitrag=
en, daß der lockere Boden nicht so leicht austrockne, und solche
Benarbung ist allermeist jungen Kieferpflänzchen höchst nützlich.
Hoher und starker Graswuchs wirkt auf die jungen Kiefern nur
in den ersten Jahren nachtheilig, später verdrängen sie ziemlich
alle Kräuter und Sträuche unter sich. — Zu den Feinden der
Kiefer sind zu rechnen: wegen Abfressung der Nadeln allermeist
Bombyx pini, und dann auch **Bombyx monacha** und **B.
spreta,** ferner **Geometra piniaria,** **Sphinx pinastri,** Noctua piniperda und **Thentredo pini**; wegen Verletzung der
Borke **Bostrichus pinastri**; wegen Durchfressung der Mark=
röhre an jungen Trieben **Hylesinus piniperda.** Außerdem
machen sich noch bemerklich: **Tortrix Resinana,** Kiensprossen=
Wickler; er verursacht die Harzanschwellungen an den Zweigen;
und **Luperus Pinicola Andersch,** ein Käfer (2 — 2¼ Linie
lang), der seine Nahrung in der Basthaut der neuen Jahres=
triebe sucht, und später auch an den Nadeln nagt. Uebrigens
schaden den jungen Kiefern noch Auer= und anderes Wild, auch
Weidevieh u. s. w. An fetten Standorten wird die Kiefer von
der Kern= und Roth=Fäule befallen, an feuchten Orten leiden
nach gelinden Wintern und bei sonst ungünstiger Witterung die
jungen Kiefern durch das Schütten, und wenn sich Pilze an

Schafte oder Wipfel zeigen, dann sind diese ein sicheres Zeichen vom nahen Absterben desselben an dieser Stelle.

In forstlicher Hinsicht kann die gemeine Kiefer für den Hochwald-Betrieb nie genug beachtet werden, weil sie so genügsam in Absicht auf den Boden ist, und selbst auf solchen dürren Sandlagern noch wächst, wo sonst keine forstlich nützliche Holzart mehr gedeiht; weil sie so leicht zu erziehen ist, und weil sie im Ganzen genommen doch so große nutzbare Massen liefert. Bessere Einsichten in Behandlung, Pflege und Schutz der Kiefer-Forste haben die Uebel, wodurch schon so viele Kiefer-Bestände zu Grunde gingen, bis jezt sehr zu vermindern gelehrt, und in Zukunft wird man noch mehr verstehen, die Ursachen dieser Uebel zu entfernen oder die Folgen davon möglich unschädlich zu machen.

Zur Zucht der Kiefern werden die Zapfen im Frühjahre bis zum natürlichen Aufbruch derselben gesammelt, und der Samen wird an mäßiger Wärme in Samendarren oder auch an der Sonne ausgeklengt. Die Samen selbst werden fleck- oder rinnweise im Mai gesäet, und zwar auf einen angemessen zubereiteten Boden, wenn solcher nicht von selbst schon zur Saat empfänglich ist. Diese Bedeckung darf nur gering sein. In ebenen Sandgegenden wendet man auch die Zapfen-Saat mit gutem Erfolg an; und oft mit besserem Erfolge die Zapfen-Saat, weil diese gewöhnlich tiefer gemacht wird und also die Pflänzchen seltener zu flach stehen. — Verpflanzen lassen sich 3- bis 5jährige Pflänzlinge sehr gut, wenn sie nur sorgfältig ausgehoben und bald darauf gut eingesezt werden; die beßte Zeit dazu ist etwas spät im Frühjahre, d. h. kurz vor oder bei dem Ausbruche der Nadeln, oder auch zeitig im Herbste. Solche Pflänzlinge beschneidet man gar nicht. Mannshohe Pflanzen gerathen zwar auch noch bei einem sehr sorgfältigen Versetzen, doch müssen solche an den unteren Aesten gestuzt werden, und dennoch kümmern sie leicht einige Jahre; solchen großen Pflänzlingen sind sogar ein- und zweijährige Pflänzchen vorzuziehen, womit man neuerlich sehr glückliche Versuche gemacht hat. Bei allen Kiefern-Pflanzungen wird es besonders nothwendig, im lockeren Boden die Wurzeln mehr zu bedecken, als sie es vor dem Ausheben waren, wenn in trocknen Jahren nicht viele Pflanzen, selbst in vorjährigen Pflanzungen, verderben sollen.

Das Holz der Kiefer von reif-gewordenen Stämmen ist

138

im Splinte weiß, im Inneren aber gelblich und mit röthlichen dichten Jahrringen durchzogen, übrigens harzreich, grobfaserig, leichtspaltig und sehr dauerhaft; der rhein. Würfelfuß wiegt frisch 60 und trocken etwa 36 Pfund. Es liefert die Kiefer schöne Mastbäume, überhaupt in's Trockene und Nasse ein gutes Bauholz; auch wird sie zu Bretern, Latten und Pfosten häufig benutzt, so wie als sonstiges Werk= und Nutz=Holz. In England hält man für das beßte Holz zu Mastbäumen das der gemeinen Kiefer, und zwar aus dem nördlichen Europa; darunter schätzt man am höchsten jenes, das aus den ukrainischen und liefländischen Forsten auf der Dwina nach Riga verschifft wird. Als Brenn= und Kohl=Holz wird sie zur Rothbuche ungefähr wie 79 zu 100 im Werthe gehalten. Das untere Stammende und die Wurzeln, besonders an einige Jahre alten Stöcken, enthalten das meiste Harz, und man gewinnt daraus, so wie aus gestuzten Aesten und verlezten Stämmen, Kienspäne, Kienöl, Pech, Theer und Kienruß. — Endlich dient die Borke zu Gerberlohe, die Nadeln geben ein gutes Streumittel, und den Blüthenstaub benutzen die Bienen.

Zu den Eigenheiten der jungen Kiefern gehört, daß sie manchmal sehr lange, oder sehr kurze und dicke oder auch ungleiche Nadeln treiben; auch entstehen an solchen Zweigen, die Knospen aus den Blattscheiden zwischen den Nadeln bilden, zuweilen sehr viele Zapfen nebeneinander.

7.

Schwarz=Kiefer. Pinus austriaca. Host.

Die Nadeln zu 2 aus einer (größeren) Scheide; sie sind länger, dicker und dunkelgrüner als bei der gemeinen Kiefer. Die Blüthen erscheinen wie und mit denen der gemeinen, sind nur größer. Der Zapfen länglich=kegelförmig mit Schuppen, die einen kurzen Stachel auf der Mitte des freiliegenden und etwas erhabenen Theils haben; die Samen bräunlich, mit gestreiften Flügeln versehen, und von der Größe der Samen von der Weymuthskiefer. Die Rinde am Stamme stark und schuppig aufgerissen und von schwärzlicher, in's Aschgraue spielender Farbe.

Diese der gemeinen ähnliche Kiefer wächst in Süddeutschland wild, z. B. in ganzen Beständen in Niederösterreich im Unter=Wiener Wald, ferner rechts an der von Wien nach Neustadt

139

laufenden Triefter Straße von Baden bis gegen Wiener Neu=
ftadt; auch in den Beftänden des Wattenberges am Thurner=See
bildet fie große Stämme.   Wenn fie auf mäßig hohen Lagen
bei einem milden Klima in einem lockeren und fruchtbaren Bod=
en fteht, dann vollendet fie ihren größten Wuchs in etwa 90
Jahren und wird dann ein mäßig hoher und ziemlich ftarker
Baum, obgleich man 150jährige und ältere Stämme angetroffen
hat, die noch gefund und 100 Fuß hoch und über 3 Fuß im
Durchmeffer ftark waren.   In der erften Lebens=Periode wächft
fie langfam; dann aber etwas fchneller. — Diefe Kiefer hat
einen fperrigen Wuchs, fo daß fie einen breiten dichten Wipfel
bildet.   Ihre Wurzeln dringen nicht fonderlich tief ein.   Die
Pflänzchen erfcheinen wie bei der gemeinen Kiefer und find fehr
dauerhaft.

Freudig wachfend hat man diefe Kiefer angetroffen theils
auf lockerem Kalkboden, theils in fandigem Lehmboden, und zwar
auf füdöftlichen, füdlichen und füdweftlichen Bergabhängen und
auf fanft geneigten Bergebenen; an fehr trockenen Orten, fo wie
in feuchten Thälern verfchwindet fie nach und nach.   Von unf=
erer Winterkälte leidet fie nicht, wol aber defto leichter von Duft=
anhang und Schneedruck. — Im dichten Schluß wird fie eben fo
wenig als im ganz freien Stande ihre Vollkommenheit erreichen,
weil man fie nur im lichten Schluß kräftig wachfend antrifft. —
In der Jugend werden die Pflänzchen fehr vom Graswuchfe in
ihrem Wuchfe aufgehalten. — Als Feinde kann man bis jezt
den braune Rüffelkäfer, der junge Pflanzen benagt, und **Bom=
byx pini**, die fich nachtheilig in jungen Beftänden zeigte, an=
geben.

In **forftlicher** Hinficht verdient diefe Kiefer genauer be=
achtet zu werden, um entfcheiden zu können, wo und wie fie in
füddeutfchen Forften gezogen werden follte.   Denn die jezigen Er=
fahrungen beweifen nur, daß man fie vielfältig erziehen kann;
wie auch fchon ältere Saaten in Sachfen beweifen.

Saat und Pflanzung wie bei der gemeinen Kiefer.   Aus=
gezeichnet für die Benuzung ift diefe Kiefer in Abficht auf die
Harzgewinnung, indem man folche Kieferorte auf einen 90jähr=
igen Umtrieb fezt und folche in den lezten 10 bis 20 Jahren auf
Harz benuzt, wobei diejenigen Stämme, die fehr rauhe riffige
Rinde und viele Aefte haben, die meifte Ausbeute geben.   Dar=

140

aus bereitet man in Oesterreich Terpentin, Kolophonium, Terpen=
tinöl und den feinsten Kienruß; von leztem wird viel nach Leip=
zig zur Messe geführt.

Das Holz ist im Splinte gelblichweiß, im Kerne aber röth=
lich, ziemlich vest, leichtspaltig und sehr harzreich. Als Bauholz
in's Nasse ist's geschäzt, in's Trockene aber nicht, weil die Stämme
gewöhnlich drehsüchtig erwachsen sind und solches Holz sich sehr
wirft; überhaupt aber ist's dauerhaft zu nennen. Als Brenn=
und Kohl=Holz soll es Vorzüge vor dem der gemeinen Kiefer hab=
en, so daß die Kohlen in Wien von dieser Kiefer zur gemeinen
fast wie 3 zu 2 bezahlt wurden.

8.

Zürbel=Kiefer.   Pinus Cembra.

Die Nabeln zu fünf (selten zu drei) aus einer blättrigen
Scheide; sie sind dreiseitig, schmal, zugespizt, am Rande scharf
und an der äußeren Seite meergrün, glatt und glänzend. Die
Blüthen erscheinen im Mai an den Enden der Zweige; die
männlichen sind länglich und die weiblichen purpurfarbig. Die
Zapfen länglich=eiförmig, 3½ Zoll lang und mit braunrothen,
dicken und holzigen Schuppen versehen, worunter ½ Zoll lange,
harte und ungeflügelte Nüsse liegen, die einen wohlschmeckenden
Kern haben; sie reifen erst im Herbste des zweiten Jahres. Die
Rinde an jungen Stämmen aschgrau und glatt, an alten aber
aufgerissen; die Aeste stehen quirlförmig, und die jungen Zweige
sind mit einem braunen Filze überzogen.

Auf den Gebirgen Tyrols, der Schweiz, Sibiriens u. s. w.
wird diese Kiefer auf mäßig feuchten Stellen und in einem tief=
gründigen Boden gewöhnlich als ein Baum von 70 bis 80 Fuß
Höhe gefunden; sie ist auch bei einer ansehnlichen Dicke dennoch
schlank und fast bis zum Wipfel astlos. Ob sie gleich langsam
wächst und kaum in 120 bis 150 Jahren ihr Wachsthum voll=
endet, so dürften doch unsere kalten Gebirgswände und feuchte
Berggipfel mit ihr, zum großen Vortheil unserer Nachkommen,
kultivirt werden können.

Die Zucht aus dem Samen geschieht ganz wie bei der ge=
meinen Kiefer, nur daß man ihn ¼ Zoll hoch mit Erde bedeckt,
und daß die Pflänzchen mit 8 bis 12 Nadeln erscheinen und in
den ersten Jahren sehr langsam wachsen. Pflänzchen bis zu 1

141

oder 2 Fuß Höhe lassen sich wie gemeine Kiefern gut versetzen, auch ebenso behandeln. — Aeltere Samen keimen oft erst im folgenden Frühjahre nach der Saat.

Das Holz ist weiß, mittelmäßig vest und weniger zähe, doch zu gleichen Zwecken eben so brauchbar, als das der Edeltanne, aber von angenehmen Geruche, daher sich in den daraus verfertigten Kleiderschränken niemals Motten einfinden; auch verwenden es die Tyroler zu Bildschnitzerarbeiten; zu Bauten soll es sehr dauerhaft sein und zu Milchgefäßen der Hirten wird es jedem anderen Holze vorgezogen.

Ein aus den jungen Schößlingen gewonnenes Harz wird gegen krampfhafte Zufälle gerühmt, und aus den unreifen Schuppen wird der karpatische Balsam bereitet. — Die Nüsse sind nicht nur eßbar, sondern liefern auch ein gutes, aber freilich nicht lange dauerndes Oel.

9.

Weymuths-Kiefer. Pinus strobus.

Die Nadeln zu fünf in einer aus häutigen und bald abfallenden Blättern bestehenden Scheide; sie sind wie bei der vorigen Art gestaltet, nur ungleich schmaler und oben graugrün, und stehen an glatten Zweigen, denn nur die jungen Triebe sind etwas weniges behaart. Die männlichen Blüthen erscheinen in kleinen Kätzchen dicht beisammen um das Ende der vorjährigen Triebe, und die weiblichen einzeln oder zu mehren an den Spitzen der jungen Sprößlinge. Die Zapfen gestielt, an 6 Zoll und drüber lang, gekrümmt, mit abgerundeten, lose auf einander liegenden Schuppen versehen, und schwertförmig geflügelten Samen enthaltend, der gleich nach der Reife, im September des zweiten Jahres, abfliegt. Die Rinde an jungen Stämmen glatt und dunkelgrün, an alten aber bräunlich und unten her etwas aufgerissen.

Diese in kalten Ländern Nordamerika's heimische Kiefer wächst in 80 bis 100 Jahren zu einem Baum von 120 bis 150 Fuß Höhe, bei einer ansehnlichen Stärke; ja, v. Wangenheim sah ältere Stämme, die 200 Fuß lang und 4 bis 5 Fuß im Durchmesser stark waren. Ihr natürlicher Standort sind Thäler und Wände zwischen hohen Bergen, und die Seiten der Flüsse. Sie liebt einen lehmigen, mit Sand und anderen Erd-

142

arten gemiſchten und nahrhaften Boden, der eher locker und feucht als veſt und trocken, und wegen der Pfahlwurzel am beß= ten einige Fuß tief ſein muß, — dann aber wächſt ſie auch un= gewöhnlich ſchnell.

Der Samen wird entweder gleich nach der Reife im Herbſte, oder mit beſſerm Erfolg im nächſten Frühjahre geſäet, und nur wenig bedeckt; die Pflänzchen erſcheinen mit 6 bis 10 Nadeln, — übrigens iſt Zucht und Behandlung wie bei der gemeinen Kiefer einzurichten.

Das Holz iſt weißgelblich, ziemlich feinfaſerig, mittelmäßig hart und von feinen flüchtigen Harztheilchen geſchwängert; es läßt ſich gut verarbeiten, und wird dadurch glatt und glänzend. Es liefert die größten Maſten, iſt ein vorzüglich gutes Bauholz in's Trockene, und wird als ein gutes Werk= und Stab=Holz ge= ſchäzt. Als Brenn= und Kohl=Holz ſoll es dem der gemeinen Fichte gleich kommen. — Aus dem Harze läßt ſich ein ſehr gut= er Terpentin bereiten.

Dieſe Kiefer, verdient wol ihres ſchnellen Wuchſes und ihres Holzes wegen an ſchicklichen Orten im Großen gezogen zu werd= en, denn im Kleinen ſind ſchon mehre glückliche Verſuche mit ihr gemacht worden, wovon die in Harbke gemachten als die an= ſehnlichſten bekannt ſind. Den Samen zum Anbau bezieht man aus ſolchen gelungenen Anlagen; die Pflänzchen erzieht man in Baumſchulen und verſezt ſie, 2= bis 5jährig, an den Ort ihrer Beſtimmung. — Zu ſchnell und excentriſch erwachſene Stämme reißen zuweilen längs des Schaftes auf, auch im Sommer, ähn= lich den ſogenannten Froſtriſſen.

10.

Krummholz=Kiefer. Pinus Mughus. Scop.

Die Nadeln zu zwei aus einer Scheide, ſchmalhalbrund, ſtumpf zugeſpizt, ſehr ſteif und glänzend grasgrün; ſie ſtehen ſehr dicht, an den Zweigen und ſind oft einwärts gebogen. Die Blüthen brechen ſpäter als bei der gemeinen auf; die männ= lichen in dichten und großen Haufen am Anfang der jungen Triebe, ſind Anfangs röthlich und überhaupt größer als bei der gemeinen Kiefer, die weiblichen ſehr kurz geſtielt. Die Zapfen dick=kegelförmig, kürzer als die Nadeln, rothbraun und abwärts geneigt; die Schuppen auf der oberen Seite des Zapfens höck=

143

erig und an der Spitze verdickt; die Samen schwarzgrau, kurz=
geflügelt und im Herbste des zweiten Jahres reifend. Die Rinde
an den Zweigen braun und glatt, an den Stämmen aber bräun=
lich=grau und nicht blätterig rissig, sondern glatt. Die Zweige
sehr zähe.

Diese auf Moorgrund der Gebirge des südlichen Deutsch=
land, z. B. auch in der Schweiz, heimische Kiefer, wo sie höher
als die Zürbelkiefer nahe an der Schneegrenze angetroffen wird,
wächst daselbst strauchartig, und ihre Aeste kriechen weit auf dem
Boden hin, an mehren Stellen Wurzeln schlagend. In Nieder=
ungen gezogen, wächst sie zwar baumartiger, aber doch nicht viel
über mannshoch, und trägt hier sehr bald Samen, der theils
im Herbste, theils zeitig im Frühjahre abfliegt. — Man hat
diese Kiefer oft mit der Abart der gemeinen Kiefer P. s. montana verwechselt.

Das Harz dieser Kiefer wird, gereinigt, als ein natürlicher
Balsam verkauft, und aus den jungen Trieben wird ein Oel be=
reitet, das unter dem Namen Krummholzöl bekannt ist. Das
Holz fein und weißlich gelb. — Forstlich kommt sie bei uns
nicht in Betracht; aber in Gartenanlagen wird sie der Mannig=
faltigkeit wegen gezogen.

Anmerk. Neuerlich hat man noch andere auf Gebirgen wachs=
ende und der vorigen ähnliche Kiefern als selbständige Gatt=
ungen aufgeführt, als z. B. Kegelzapfen=Kiefer, P. ro-
tundata. Lk., mit kegelförmigen und unten abgerundeten
Zapfen; die Haken=Kiefer, P. uncinata. Ram., mit
Zapfenschuppen, an denen der Höcker in einen Haken aus=
läuft. — Doch ist deren Ständigkeit noch nicht erwiesen und
forstlich haben sie keinen Werth. Selbst die früher schon un=
terschiedene Rothe Kiefer, P. rubra. Mill. wird jetzt auch
für selbständig gehalten; sie hat rothbraune Zweige, kleine
stumpfe und röthliche Zapfen, und wird in nördlichen Gebirgs=
wäldern als 30 bis 40' hohes Bäumchen angetroffen.

****) Lärchen; mit sommergrünen Nadeln, die an den
jungen Zweigen einzeln, an den älteren aber büschel=
weise stehen.

11.

Gemeine Lärche. Pinus larix.

Die Nadeln flach, weich, stumpf zugespizt, hellgrün, 1 bis

144

1¼ Zoll lang, und oben und unten mit einem erhabenen Striche durchzogen; sie stehen eigentlich einzeln, an den Knospen der Zweige aber, aus welchen sich kein junger Zweig entwickeln konnte, stehen sie büschelweise, und im Spätherbste fallen sie ab. Die **Blüthen** erscheinen Ende Aprils oder Anfangs Mais mit den Nadeln; die **männlichen** in runden, gelben und ½ Zoll langen, die **weiblichen** aber in länglichen, schön rothen und ⅜ Zoll langen **Kätzchen,** — beide aus den Seitenknospen und die lezten von Nadeln umgeben. Die **Zapfen** länglich-eiförmig, etwas über einen Zoll lang, auf kurzen Stielen in die Höhe gerichtet, mit länglich-runden, etwas rauhen Schuppen und dazwischen von längeren eiförmigen und langzugespizten Deckblättern umgeben; sie reifen Ende Octobers, lassen aber den Samen, der sehr klein und leicht ist, erst im nächsten Frühjahr abfliegen, und bleiben leer noch lange an den Zweigen. Die **Rinde** am Stamme braunroth oder rothgrau und stark aufgerissen, an den Zweigen gelblichweiß und gestreift.

In Schlesien, Oesterreich, **Tyrol,** der Schweiz, **Sibirien** ꝛc. dauert der Lärchenbaum über 200 Jahre aus, und wächst schon in 60 bis 80 Jahren zu einem geraden schlanken Baume von 80 bis 100 Fuß Höhe und einer ansehnlichen Stärke; nach dieser Zeit wächst er langsam, und das Holz nimmt dann verhältnißmäßig mehr an Güte als an Masse zu. Er liebt, ob er gleich auch in Ebenen fortkommt, eigentlich hohe, und eher kalte als warme Lagen, und einen lockeren, mit Sand und Dammerde gemischten und wegen seiner Pfahlwurzel etwas tiefgründigen Boden; hingegen ist ihm ein nasser oder vester Boden gänzlich zuwider.

Obwohl die Zapfen schon im Herbste reif sind, so sammelt man sie doch erst im Frühjahre, weil sie dann (bei einer gelinden Wärme) leichter aufspringen und den Samen fallen lassen. Bisher hat man den Lärchenbaum bei uns meist nur in Baumschulen gezogen, nämlich den Samen Anfang Mai's rinnenweise auf einen lockeren Boden gesäet, wenig oder nicht bedeckt und anfänglich etwas feucht gehalten, worauf die Pflänzchen nach 4 bis 6 Wochen mit 6 bis 7 Nadeln zum Vorschein kommen. Hierauf werden die größten Pflänzchen im nächsten Frühjahr, und im folgenden die übrigen, in 1 Fuß Weite verpflanzt, und nach 3 bis 4 Jahren versezt man sie wieder an ihren zukünftigen Plaz in eine Weite von 5 bis 6 Fuß. Das Versetzen muß zeitig im

145

Frühjahre geschehen. — Da aber dieser vortreffliche Baum seines schnellen Wuchses und seines überhaupt guten Holzes wegen an schicklichen Orten Deutschlands überall im Großen angezogen zu werden verdient, so muß man dazu den Boden rinnenweise wund machen, den Samen ohne weitere oder mit nur geringer Bedeckung und nicht zu dicht darauf streuen, und nach zwei oder drei Jahren die etwa leeren Stellen von den zu gedrängt stehenden auspflanzen.

In forstlicher Hinsicht scheint dieser Baum sehr wichtig werden zu können; nur müssen erst noch vielseitigere Erfahrungen gemacht werden, ehe man sagen kann, wo und wie er forstlich gezogen und behandelt werden solle.

Als Feinde der Lärche kann man anführen: Wildpret und Weidevieh, Bostrichus laricis und Tenthredo pini. Gewöhnliche Krankheiten sind: Kernfäule und Schurf.

Das Holz ist in der Jugend weißlich und nicht viel werth, im Alter aber röthlich, vest und sehr dauerhaft. Als Bauholz, in's Nasse und in's Trockene, nimmt es dann einen vorzüglichen Rang ein, indem es zu Schiffen, Häusern, Mühlwellen, Salinen-, Gruben- und anderen Gebäuden mit Vortheil verwendet werden kann, und im Wasser selbst dauerhafter als Erlen- und Eichenholz ist. Als Nutzholz kann es wie andere Nadelhölzer verwendet werden, und als Brenn- und Kohlholz wird es sich zum buchenen wie 76 zu 100 verhalten.

Die Borke der nicht ganz alten Stämme kann zur Gerberlohe und zum Braunfärben benutzt werden. Das Harz liefert einen feinen, sogenannten venetianischen Terpentin. Der Lärchenschwamm, Agaricus laricinus, ist officinell. Von den männlichen Blüthen nehmen die Bienen Stoff zum Wachs.

Die in Nordamerika heimische schwarze Lärche (Pinus microcarpa) hat zum forstlichen Anbau keine Vorzüge vor der unserigen und bleibt sogar im Wuchse zurück.

Anhang. Die Vermehrung der Pinus-Gattungen geschieht mit Nutzen allein aus Samen, weil die durch Stecklinge oder Ableger gewonnenen Stämme nur einen geringen Wuchs haben.

10

146

Wachholder. Juniperus.

Männliche und weibliche Blüthen getrennt auf ver=
schiedenen Stämmen, jene in kleinen kegelförmigen Kätzchen mit
schuppenartigen Kelchen und unter jeder Schuppe 3 bis 7 ver=
wachsene Staubfäden, — diese mit 3theiligen Kelchen und 3blätter=
igen Blumen, auch 3griffelig. Die Frucht eine aus dem Kelche
erwachsene Zapfen=Beere. Die Blätter nadelförmig und immer=
grün (XXII. 12.).

12.

Gemeiner Wachholder. Juniperus communis.

Die Nadeln zu dreien quirlförmig sitzend, linien=lanzett=
förmig, scharf zugespizt, stechend und platt; außen grün und ge=
streift, inwendig aber bläulich=grau. Die Blüthen erscheinen
im April und Mai aus den Blattwinkeln an den vorjährigen
Trieben. Die Beeren rundlich, bläulich und drei längliche
Steinsamen enthaltend; sie reifen erst im zweiten Jahre. Die
Rinde rothbraun, an alten Stämmen aufgerissen und bei jung=
en Aesten unter jeder Nadel mit einem Streifen versehen.

Dieser an verschiedenen Orten Deutschlands und in mehr=
eren Ländern Europa's wildwachsende Wachholder wird meistens
als ein vielästiger Strauch gefunden; doch erwächst er im Schluß
oder bei künstlicher Nachhülfe auch zu einem Baume von 15 bis
20 Fuß Höhe und von 6 bis 10 Zoll im Durchmesser Stärke.

Er liebt einen leichten sandigen Boden, gedeiht auch auf
öden und verangerten Plätzen bei sehr verschiedenen Lagen, und
wird leicht durch den Samen vermehrt, der, im Herbste gesäet,
theils gleich im nächsten, theils im folgenden Frühjahr, oder noch
später, aufgeht. — In forstlicher Hinsicht wird er niemals
besonders gezogen, und wo er von selbst vorkommt, muß er im=
mer anderen Hölzern weichen, die besser ihren Platz verzinsen.
Ein Anderes wäre es freilich, wenn man eine Fläche zum Samm=
elplatz der großen Schneuß= und anderer Vögel bestimmt hätte,
wie es sich von einem Liebhaber gar wohl denken läßt, und dann
dürfte dieser Wachholder wohl nicht fehlen.

Das Holz ist weißlich, bräunlich geadert, gelbkernig, dicht
und schwer; im Mai gehauen, ist's hellroth und wird knochen=
hart. Man schäzt es, wie das falsche Cederholz, zu feinen Tisch=

147

ler- und Drechslerarbeiten, und das unterste Stammholz und die
Wurzeln verbreiten beim Verbrennen einen angenehmen Geruch.
— Die Beeren benuzt man zu verschiedenen Speisen als Ge-
würz, dann zum Brandweinbrennen, zu Mus, zum Räuchern,
als Arzneimittel ꝛc.; auch sind sie vielen Vögeln, und namentlich
den Drosseln, eine angenehme Nahrung.

13.
Sabe-Wachholder. Juniperus Sabina.
(Sadebaum.)

Die Nadeln zu zwei oder drei einander gegenüber, und
angedrückt oder abstehend, lanzettförmig, scharf zugespizt, am
Grunde breit, zusammengewachsen und herunterlaufend. Die
Blüthen erscheinen im Mai an den Enden der Zweige; sie
sind sehr klein und die weiblichen zurückgekrümmt. Die Beeren
rund, bläulich schwarz und dicker als beim vorigen.

Dieser im südlichen Deutschland und in anderen südlichen
Ländern heimische Wachholder ist ein 6 bis 10 Fuß hoher Strauch
mit niederliegenden Aesten, der in forstlicher Hinsicht weder Nutzen
noch Schaden bringt, aber in Gärten und Anlagen allgemein
vorkommt, wo er in einem leichten Boden und an etwas schattigen Stellen am beßten gedeiht, und wo man auch eine Abart
mit geschäckten Nadeln erzieht. Man kann ihn zwar auch durch
Ableger und Stecklinge vermehren, doch erhält man nur aus dem
Samen ansehnliche und dauerhafte Stämme.

Nadeln und Zweige haben einen scharfen und durchbring-
enden Geruch, daher sie, zwischen Kleider gelegt, die Motten vertreiben, auch bereitet man daraus ein sehr heftig wirkendes Arzneimittel, das leicht Krämpfe erregt und vorzüglich die Brust an-
greift; daher ist dieser Strauch, des Mißbrauchs wegen, ein nachtheiliges Gewächs. —

14.
Virginischer Wachholder. Juniperus virginiana.
(Falsche Ceder.)

Die Nadeln einander gegenüber, oder zu dreien um die
Zweige, linien-lanzettförmig, sehr zugespizt, stechend, undeutlich
vierseitig und herablaufend; sie ändern übrigens sehr ab, so daß
sie bald sehr kurz, breit und dachziegelförmig über einander lieg-

10 ʻ

148

enb, balb viel länger, schmäler und abstehend, balb heller oder
dunkler gefärbt vorkommen, — und manchmal dieses Alles an
einem Stamme.   Die Blüthen erscheinen aus den Blattwink=
eln im Mai.   Die Beeren länglich=rund, bei der Reise im
Herbste des zweiten Jahres dunkel=purpurfarbig, hernach blau
und von der Größe der gemeinen.   Die Rinde ist röthlichbraun
und reißt sich blätternd auf.

Ein in Nordamerika heimischer und daselbst ein 80 bis
100 Fuß hoher und bei 2 Fuß und drüber im Durchmesser
starker Baum, der einen warmen sandigen und mageren Boden
auf Anhöhen, wie der gemeine Wachholder, liebt, und der zwar
in den ersten 20 Jahren ziemlich rasch, aber hernach weit lang=
samer wächst. — Bei der Vermehrung säet man den Samen
nach dem Abnehmen im Spätherbste oder Frühjahre gleich an
den Ort seiner künftigen Bestimmung (weil bei einem tiefgründ=
igen Boden er gern eine starke Pfahlwurzel schlägt), oder in ein
lockeres Beet einer Baumschule, worauf er im nächsten oder erst
im folgenden Frühjahre aufgeht.   Am besten verpflanzt man ihn
bei einer Höhe von 1 bis 2 Fuß, denn größere und ältere Stämme
verderben leicht.

Das Holz ist röthlichbraun, fein, vest, wohlriechend, sehr
dauerhaft und wird von keinem Wurme gefressen.   Zu Tischler=
und Drechslerarbeiten, zu Vertäfelungen und zu anderen großen
und kleinen Dingen ist er sehr geschäzt, und gewöhnlich sind die
englischen Bleistifte damit überzogen.   Die Beeren kommen in
Geschmack und Benutzung mit den gemeinen überein.

Da dieser Wachholder unser Klima sehr gut verträgt, so
daß die jungen Pflänzchen nicht einmal von der Kälte leiden,
und er in Hinsicht des Bodens und der Pflege so genügsam ist,
so hat man ihn zur Zucht im Großen und namentlich auf solchen
Stellen empfohlen, wo unser Wachholder herrscht und andere
unserer Holzarten nur kümmerlich gedeihen.   Auch könnte man
den Samen dazu schon aus deutschen Gartenanlagen nehmen,
und wenn solche, wirklich etwas im Großen gemachte, Versuche
gelängen, so ließe sich allerdings ein beträchtliche Vortheil, frei=
lich erst nach vielen Jahren, daraus erwarten.

b) **Eiben. Taxeen.** Mit einzelnen Früchten, nicht in Zapfen vereinigt und ohne harzige Säfte. ¡XIII. 2.

Eibe. Taxus.

Männliche und weibliche Blüthen in kopfförmiger Gestalt und getrennt auf verschiedenen Stämmen; jene mit einem dreiblätterigen Kelche und vielen verwachsenen Staubfäden, diese mit einem dreiblätterigen Kelche, einem eiförmigen Fruchtknoten und einer sitzenden Narbe, — beide ohne Blume. Die Frucht eine falsche Steinfrucht. Die Nadeln zerstreut. (XXII. 12.).

15.
Gemeine Eibe. Taxus baccata.
(Ibenbaum.)

Die Nadeln linienförmig, kurz und fein zugespizt, oben dunkelgrün und glänzend, unten hellgrün, beiderseits glatt und von einem erhabenen Striche durchzogen; sie sind immergrün und stehen an den Zweigen kammförmig gerichtet. Die Blüthen erscheinen im April an den Seiten der Zweige. Die Früchte eichelartig, bei der Reife im September länglichrund und schön roth; die schwärzliche Nuß ist dann größtentheils von einer fleischigen und saftigen Masse umschlossen. Die Rinde rothbraun und an alten Stämmen blätterig aufgerissen.

Ein in Deutschland und anderen gemäßigten Ländern heimischer Baum, der so langsam wächst, daß er erst in 100 und mehr Jahren kaum 30 bis 40 Fuß hoch und nicht viel über 1 Fuß im Durchmesser stark wird. Doch kann er unter günstigen Umständen ein außerordentlich hohes Alter (man sagt an 500 Jahre) und eine ungewöhnliche Stärke erreichen; so z. B. steht in Sommsdorf bei Dresden ein noch ziemlich gesunder männlicher Stamm, der zwar nur 42 Fuß hoch, aber, in Brusthöhe gemessen, 12 Dresdener Fuß im Umfang stark ist. — Zum vollkommenen Gedeihen verlangt er einen steinigen oder sandigen oder frischen und guten Boden bei einer eher etwas schattigen als der Sonne zu sehr ausgesezten Lage.

Die Vermehrung geschieht entweder durch Ableger oder durch den Samen, der, gleich nach der Reife gesäet, doch meist erst im zweiten Frühling keimt. Man erzieht ihn wegen seines zu langsamen Wuchses zwar nicht in Forsten (daher er auch leider da-

150

daselbst gänzlich verschwinden wird, und man sollte ihn doch da schonen, wo er von selbst vorkommt), aber häufig zur Zierde in Lustgebüschen und Gärten, in welchen lezten man ihn, weil er den Schnitt verträgt, sonst gewöhnlich zu allerlei künstlichen Gestalten stuzte.

Das Holz ist röthlichbraun, geflammt, sehr fein und vest, und hat einen gelblichweißen Splint. Es läßt sich sehr schön verarbeiten, indem es dadurch einen Glanz bekommt, auch Lack und Beize sehr gut hält und schwarz gebeizt dem Ebenholze gleicht. Zu feinen Tischler= und Drechslerarbeiten und zu zierlichen häuslichen und anderen Geräthschaften wird es daher vom Kenner ganz vorzüglich geschäzt und theuer bezahlt.

Laub und Früchte haben für Menschen und Thiere giftige Eigenschaften, und sie können, frisch in Menge genossen, sogar tödtlich werden; doch sollen sie in vielen Krankheiten wirksam sein, und die Thiere kann man allmählig an den Genuß derselben gewöhnen.

II.

Baumartige Laubhölzer.

Mit vollkommenen Netz=Blättern, zweilappigen Samen und nicht harzigen Säften.

a) **Kätzchenblüthige. Amentaceen.** Die Blüthen getrennt, in Kätzchen, und die männlichen mit zwei und mehr Staub=fäden unter jeder Schuppe. **XIII. 3.**

Eiche. Quercus.

Männliche und **weibliche** Blüthen auf einem Stamme; jene in Kätzchen mit 6theiligen Kelchen und 5 bis 10 Staubfäden, — diese einzeln mit 3 bis 5 Narben in einer aus Schuppen verwachsenen Hülle, — beide ohne Blume. Die Frucht eine lederartige Nuß, am Grunde von der erweiterten Hülle umgeben. Die Blätter wechselweise. **(XXI. 8.).**

16.

Sommer=Eiche. Quercus pedunculata.
(Stiel=Eiche.)

Die Blätter länglich, nach der Spitze hin breiter, am Grunde etwas abgerundet, an beiden Seiten ungleich buchtig ein=geschnitten, glatt und sehr kurz gestielt; an Sommer= und üpp=igen Trieben aber theils größer und schmaler, theils tiefer einge=schnitten. Die Blüthen erscheinen im Mai mit dem Aus=bruche des Laubes; die männlichen gehäuft am Ende der vor=jährigen Triebe, die weiblichen hingegen einzeln an den jungen Trieben zu 2 bis 3 oder zu mehren auf einem an 1½ Zoll langen Stiele. Die Eicheln länglich, fast walzenförmig und von einem kurzen und mit vesten Schuppen bedeckten Becher umschlossen; sie

152

ſitzen gewöhnlich zu 2 bis 3, doch auch zu mehren, an der Spitze eines dicken Stiels und reifen Ende Septembers. Die Rinde an jungen Trieben und Aeſten lichtgrün, an alten Stämmen aber graubraun und tief aufgeriſſen. — Abarten ſind:

a) **Raſen-Eiche.** Quercus altera tenerius dissecta. Die Blätter kleiner, ſchmaler und mit tiefen ſpitzigen Buchten verſehen. — Die Früchte länger.

b) **Geſchäckte Eiche.** Q. pedunc. foliis variegatis. Die Blätter weißgeſchäckt.

c) **Pyramiden-Eiche.** Q. pyramidalis. Die Aeſte ſtehen angedrückt. — Die erſte dieſer Abarten trifft man hin- und wieder wild an, und die beiden andern werden durch's Pfropfen auf die Hauptart zur Zierde in Gartenanlagen gezogen.

Die Sommer-Eiche wächſt durch ganz Deutſchland theils einzeln, theils als herrſchende Holzart in den Waldungen. Sie iſt auch über andere Länder des gemäßigten Europa verbreitet, und ſie kommt überhaupt in nördlichen Gegenden kaum über 1000 und in ſüdlicheren nicht viel über 3000 Fuß hoch über der Meeresfläche vor; und zwar beſonders auf Mittelgebirgen, in Thälern und auf Ebenen. — Sie vollendet ihren größten Wuchs ungefähr in 200 Jahren und kann dann eine Höhe von 100 bis 120 Fuß bei einer Stärke von 3 bis 4 Fuß im Durchmeſſer erreichen. Doch wird ſie unter günſtigen Umſtänden 300 Jahre und darüber alt, auch beträchtlich ſtärker. Dabei wächſt ſie in der Jugend etwas langſam wie alle Bäume, die ſehr alt werden wollen. Ihr kräftigſter Wuchs fällt in die zweite und dritte Lebens-Periode. Wenn daher junge Pflanzen einen kärglichen Wuchs zeigen, ſo ſind ſie darum noch nicht als verkrüppelt anzuſehen, ſondern erſt, wenn ſie mißfarbig oder mit Flechten überzogen erſcheinen. — Samenpflänzchen haben kürzere Blattſtiele als ältere Eichen, und der Stockausſchlag treibt große und tiefbuchtige Blätter. — Durch kräftige Seitenwurzeln, wie durch eine ſtarke, wo möglich bis zu 8 Fuß tiefgehende Pfahlwurzel zeichnet ſie ſich aus; am Stamme verbreitet ſie ſich leicht in ſtarke Aeſte, und ſie bildet im Ganzen keine dichte Laubkrone. Ueberhaupt ſind alle ihre Theile ſo kräftig und gleichförmig gebaut, daß ſie allen Stürmen trozt, und darum als ein Symbol der Kraft gilt.

153

Diese Eiche verlangt im Allgemeinen zu ihrem kräftigen Gedeihen einen lockeren, fruchtbaren, frischen und wenigstens 4 Fuß tiefen Boden; ferner eine sonnige, warme und fast geschüzte, Lage und eine gemäßigte Witterung. Sind diese günstigen Wachsthums-Umstände nicht vereinigt, so wird sie mehr oder weniger langsam wachsen, keinen schönen Stamm bilden und auch einen weit geringeren Ertrag geben.   So z. B. ist in einem bindigen Boden die Wurzelausbreitung gering, und im flachgründigen stirbt die Pfahlwurzel vor der Zeit ab; auf mageren Stellen, sie bestehen aus einem thonigen, sandigen oder lehmigen Boden, zeigt sie jeder Zeit einen kümmerlichen Wuchs, und im Kalkboden trifft man sie selten von freudigem Wuchse an.   Bei zu hohen und kalten Lagen ist ebenfalls ihr Wuchs nur gering, und an ungeschüzten Standorten leiden die jungen Blätter und Triebe leicht und öfters von Spätfrösten.   Außerdem verträgt sie unsere gewöhnlichen Aenderungen in der Witterung sehr gut.   Gegen Elektricität muß sie eine große Aneignung haben, da der Blitz leicht in sie einschlägt. —   In Absicht auf Umgebung kann sie frei und geschlossen stehen; doch darf im ersten Falle ein allmähliges Ausästen und im zweiten ein öfteres Durchforsten nicht unterlassen werden, wenn man schlanke und doch kräftige Stämme erziehen will.   Im freien Stande sind ihr Kräuter und Sträuche viel weniger hinderlich als manchen anderen Forstbäumen, weil ihre Wurzeln tief eingehen; und im Schluß unterdrückt sie wegen ihrer etwas lichten Krone nicht so leicht allen Graswuchs. Mit der Kiefer scheint sie entgegengesezt auf den Boden zu wirken. —   Junge Eichen-Pflanzen vertragen nur in den ersten Jahren etwas Schatten; doch können sie solchen auch gänzlich entbehren, wenn sie auf einem günstigen Standorte erzogen und die Pflänzlinge eher tiefer als zu flach eingesezt wurden. —   An ungünstigen Standorten bedürfen sie dagegen des Schuzes und Schattens anderer Holzarten, und dazu scheint die Kiefer am geeignetsten.   Bei störenden Einwirkungen leidet sie zuweilen durch Kernfäule, Frostrisse, Gipfeldürre, Krebs und Galläpfel. — Zu den Feinden der Eichen darf man rechnen: Wildpret (besonders Rehe), Mäuse, Engerlinge und Weidevjeh; auch bei großer Vermehrung: **Bombyx processionea, Tortrix viridana** und **Cynips Quercus corticis.**   Ueberhaupt leben auf unseren Eichen mehr Insekten als je auf einer anderen unserer Wald-

154

baum=Gattungen.   Anzeigen von örtlich kranken Stellen sind die
Schwämme: Agaricus quercinus und Boletus igniarius.

In forstlicher Hinsicht ist die Sommer=Eiche eine gar
wichtige Holzart, theils für reine und gemischte Hochwald=Be=
stände, theils für Mittel= und Nieder=Wälder, wo der Stockaus=
schlag innerhalb 40 Jahren reichlich und sicher am Stocke aus
den Furchen der Borke erfolgt, der besonders in den ersten 10
Jahren sehr üppig wächst, theils zu Schneidelholz, so daß sie zu
unseren vorzüglichsten Schneidelhölzern, wegen ihres reichlichen
Ausschlags am Stamme, zu rechnen ist, und theils zu Kopfholz,
wo sie wenigstens mit anderen Holzarten für die Benutzung wett=
eifert.   (Was bei diesen verschiedenen Betriebs=Arten vom Forst=
manne Alles zu wissen, zu bedenken und zu thun ist, das lehrt
der Waldbau).

Zur Saat sammelt man die Eicheln, nachdem sie am
Stamme eine kastanienbraune Farbe angenommen haben und
häufiger abzufallen anfangen.   Die Eicheln kann man gleich im
Herbste säen; versteht sich, in einem gehörig zubereiteten Boden
auf angemessene Stellen und bei einer 1 bis 1¼ Zoll hohen Be=
deckung.   Solche Herbst=Saaten leiden bei gelinden Wintern et=
was, und öfters noch mehr von den Mäusen.   Im Hannöver=
ischen hat man es zweckmäßig gefunden, auf sandigem Boden die
Eicheln unmittelbar auf den unversehrten Boden zu legen und sie
nun mit einem (umgekehrt aufgelegten) Stück Boden zu bedecken.
— Zur Saat im Frühjahre werden die Eicheln, nach überstand=
ener Nachreife, an vor Mäusen sicheren Orten, eingegraben, und
zwar schichtweise mit Boden untermengt, sei es nun in Fässern
oder in ausgetäfelten Gruben.   Aus solchen Samen erhält man
mehr und kräftigere Pflanzen, wie mich vieljährige Erfahrungen
gelehrt haben, als wenn gleichviele derselben im Wasser oder an
trockenen Orten aufbewahrt oder schon im Herbste gesäet wurden.
Die Saat geschieht im Frühjahre dann, wann nach dem, in
wenigen Wochen erfolgenden Aufgehen der Pflänzchen keine stark=
en Spätfröste mehr zu fürchten sind.   Säet man in Baum=
schulen, so wird dazu, wie am besten für alle Holzsamen, der
Boden im Herbste umgegraben und nun in Rinnen gesäet, die
man erst nach dem Aufgehen gänzlich zustoßen läßt.   Denn man
muß darauf sehen, daß die Saat=Eichen nicht zu flach stehen,
weil solche flachstehende Pflänzchen leicht kränklich und braun
werden, und nun einige Jahre kümmerlich wachsen oder gar ver=

berben. — Die Eichen laſſen ihre Samenlappen im Boden zurück. — Aus der Saatſchule werden die Eichen ſchon im zweiten
oder britten Frühjahre weiter, und zwar 1 bis 2 Fuß weit auseinander, verſezt. Dabei muß man ſich vor einer großen Ver-
kürzung der Pfahlwurzel hüten, wenn die Pflänzchen kräftig fortwachſen ſollen. Hier in der Pflanzſchule bleiben ſie ſtehen, bis
ſie etwa mannshoch erwachſen ſind, und daſelbſt werden in jedem
Frühjahre die ſtarken Seitenäſte geſtuzt und immer einige untere
Aeſte glatt abgeſchnitten. Will man größere Pflänzlinge erziehen,
ſo müſſen ſolche nochmals in der Baumſchule, und zwar weiter
auseinander, verſezt werden. Beſtreut man die Beete der Baumſchule etwas reichlich mit Laub oder Nadeln, ſo wird der Graswuchs
ſehr verhindert und das Wachſen der Eichen befördert. — Beim
Verſetzen der Eichen iſt ein ſorgfältiges tiefes Ausheben der Pflänzlinge zur Schonung der Wurzeln höchſt nöthig, und die Pfahl-
und Seiten-Wurzeln werden nur ſo weit, als ſie ſtark verlezt
ſind, ſcharf abgeſchnitten. Die meiſten Eichenpflanzuugen kümmern viele Jahre, theils wegen dieſer ſtarken Verkürzungen der
Wurzeln, theils wegen des zu flachen Bedeckens des Wurzelſtocks.
Die beßte Zeit zum Verſetzen iſt das Frühjahr, bis zum Auf-
ſchwellen der Knospen; läßt man dabei die Pflänzchen ſehr abtrocknen, oder ſchlägt man ſie lange ein, ſo treiben ſie oft erſt
um Johannis ihre Blätter, aber dieſelben verderben leicht oder kümmern lange. — Solche Eichenpflanzungen ſchicken ſich in Forſten
auf freie Plätze, in Gehäge oder Schonungen, in Schläge des
Mittelwaldes oder in Abtriebſchläge der Buchen-Hochwaldungen
u. ſ. w., um an dieſen Orten ein vortreffliches Bau- und Nutz-
Holz zu erziehen, und überdieß noch dahin, wo veralternde Schlag-
hölzer zu verjüngen oder Blößen in gemachten Saaten auszufüll-
en ſind; eben ſo auch in Garten-Anlagen, wo ſie eine wahre
Zierde ſein können wegen ihres kräftigen Laubes und wegen der
tüchtigen Stamm- und Aſt-Bildung.

Zur Benutzung liefert die Sommer-Eiche ein mit Recht
ſehr geachtetes Bau-, Werk- und Nutz-Holz, das, ausgewachſen
(oder reif), gelbröthlich von Farbe iſt, ein veſtes und feines Gewebe hat, und ſich durch ſtarke Spiegelfaſern und große Röhren
auszeichnet, welche lezten ſich auffallend in dem erſten Theile jedes
Jahrringes zeigen. Dieſe Röhren verengen ſich auch im alten
Holze wenig, und ſie ſind nur kleiner, wenn der Stamm langſam wuchs, wie z. B. gewöhnlich in der Jugend. Wegen der

156

stark und abgesondert ausgebildeten Längen- und Spiegel-Fasern
spaltet es sehr leicht und gerade; besonders im erwärmten Zustande ist es auch sehr biegsam.   Der Splint ist gewöhnlich
groß, sehr blaß von Farbe, nicht so vest und weniger brauchbar.
Verarbeitet sieht dieses Eichenholz etwas geflammt aus. Frisch
wiegt der rhein. Würfelfuß 69 bis 70 und trocken 44 bis 45
Pfund.   Das Wurzelholz hat, wie auch das Astholz, in jeder
Hinsicht einen bedeutend geringeren Werth als das Stammholz,
und die jungen Triebe sind fünfeckig im Holze. — Durch eine
große Dauerhaftigkeit zeichnet sich das ausgewachsene Eichenholz
ebenfalls aus; besonders wenn es zur rechten Zeit gefället und
gut aufgearbeitet wird.   Außerdem wird es noch dauerhafter,
wenn es in Salzwasser ausgelaugt oder im Rauch schnell und
gut getrocknet wird. — Den größten Nutzen gewährt das Eichenholz zum Bauen, indem es sowol im Trockenen als im Nassen
länger als jedes andere Bauholz gut bleibt; darum verwendet
man es auch allgemein zum Haus-, Schiff-, Mühlen-, Brücken-
und Gruben-Bau, jedoch nicht gerne zu solchen Stücken, die als
Querbalken eine Last zu tragen haben, indem sich solche leicht
biegen.   Die von selbst schicklich krumm gewachsenen Stämme
und Stücke werden besonders zum Schiffbaue theuer bezahlt.
Ferner wird dieses Eichen-Nutzholz, von dem unteren Theile eines
Stammes genommen, zu sehr vielen häuslichen, ökonomischen
und technischen Geräthschaften verbraucht, und auch von Wagnern, Tischlern und Böttchern häufig verarbeitet.   Eben so liefern die schlanken Stangen sehr gute Reifen und grobes Geflechte.
— Als Brennholz hat zwar das eichene scheinbar eine geringere
Wärmfähigkeit als das der Roth-Buche, doch ist es immer ein
gutes Brennholz zu nennen, indem es nur langsamer und ohne
helle Flamme verbrennt und sich im Werth zum buchenen wenigstens wie 92 zu 100 verhält; den geringsten Werth hat das
von überständigen und abgestorbenen Stämmen. — Die Eichen-
Kohlen geben eine matte Hitze, und sie verlöschen leicht in einem
Feuer ohne Zug; doch sind sie für Hoch-Öfen sehr nützlich. —
Die Eichen-Borke liefert uns das nützlichste Gerbmaterial,
besonders von jungen Stämmen, die im Frühjahre vor dem Ausbruche des Laubes gefället und geschält wurden. (Wird solche
Borke naß, so verliert sie viel von ihrer Kraft). Eichen-Laub
ist, wie Sägespäne von frischem Holze, ebenfalls ein gutes Gerb-
mittel. — Die Eicheln geben eine gute Mast für Schweine;

außerdem haben sie kaum einen Werth, ja man muß sogar warn-
en gegen den Genuß des Eichel-Kaffee ohne Zuziehung eines Arztes.
— Die Galläpfel, als durch den Stich der Gallwespen ver-
ursachte und verhärtete Auswüchse, dienen mit Eisenvitriol zum
Schwarzfärben; die beßten zur Dinte erhalten wir aus der Le-
vante von Quercus infectoria. Die Knoppern sind ähnliche und aus gleicher Ursache veranlaßte Auswüchse an den
Fruchtbechern, die vorzugweise, wie die Galläpfel, benuzt und in
Ungarn und in der Moldau von dieser Sommer-Eiche, die beßten aber im Orient von Q. Aegilops, gesammelt werden.

17.
Winter-Eiche. Quercus Rubor.
(Trauben-Eiche.)

Die Blätter länglich, stumpf zugespizt, am Grunde keilförmig, an den Seiten mit gleichförmigen und kurzbuchtigen Ein-
schnitten versehen, glatt und auf über ⅓ Zoll langen Stielen
stehend; an Sommer- und üppigen Trieben ungleicher und tiefer
eingeschnitten, und an älteren Stämmen länger gestielt. Die
Blüthen erscheinen mit dem Laube auf ähnliche Weise, jedoch
14 Tage später als bei der vorigen, nur sizen die weiblichen
kopfförmig in den Blattwinkeln beisammen. Die Früchte eiförmig, kleiner und spitziger als bei der vorigen, aber von einem
ähnlichen Becher mehr umschlossen; sie sizen auf sehr kurzen
Stielen traubenförmig, meist zu 2 bis 4, doch auch bis zu 12
beisammen und reifen im November. Die Rinde an jungen
Stämmen und Aesten röthlichgrün, an alten rauh, braungrau
ung stark aufgerissen.

Winter-Eiche wird diese Gattung genannt, weil Laub und
Blüthe später als bei der vorigen ausbrechen, und die Früchte
ebenfalls später reifen und abfallen. Sie ist wie die vorige in
deutschen Laubholz-Waldungen sehr gemein, leidet aber weniger
von späten Frühlingsfrösten, daher sie häufiger als jene auf hohen
Lagen und Bergen angetroffen wird, wo sie in einem tiefgründigen, guten und weniger lockeren Boden in 200 bis 250 Jahren
ihren Wuchs vollendet und eine Höhe von 80 bis 100 Fuß erreicht. In einem sehr mageren, oder vesten, oder kiesigen und
nicht tiefgründigen Boden hingegen erlangt sie eben so wenig, wie
die vorige, ihre Vollkommenheit, und stirbt als ein unansehnlicher

158

Baum vor der Zeit ab.   Sie wächst besonders in der Jugend langsamer als die Sommer = Eiche; hat eine stärkere Astverbreitung und weiter ausgebreitete Wurzeln; verträgt bei uns rauhere und Lagen und erzeugt jünger schon Samen.   Uebrigens hat diese Eiche ziemlich gleiches Verhalten mit der vorigen, so wie gleiche forstliche Zucht, Pflege und Behandlung, nur ist sie weniger als Schneidel= und Kopf=Holz zu empfehlen, weil die Stämme leichter kernfaul werden und die Triebe bei nasser Witterung leicht abbrechen, auch ist sie sonst mit jener gleichen Unfällen unterworfen.

In der Benutzung steht sie der vorigen etwas nach, indem die von ihr gewonnenen Produkte der Güte nach geringer ausfallen.   Ihr Holz ist grobfaseriger und hat stärkere Röhren und Spiegelfasern; es spaltet jedoch leichter, und es wiegt der rhein. Würfelfuß frisch 69 und trocken etwa 44 Pfund.   An diesem Holze kann man durch eine Vergrößerung recht deutlich sehen, wie die einzelnen Jahrringe selbst wieder aus ringförmigen Schichten bestehen, die immer an Größe nach außen hin abnehmen.

Weil diese unsere Eichen durch Wachsthum und Benutzung des Holzes so wichtig sind, so schließt man oft auf gleiche Nützlichkeit ausländischer Eichen, indem doch keine von diesen jenen beiden gleich kömmt.

18.

Desterreichische Eiche. Quercus austriaca.

Die Blätter länglich, 3 bis 4 Zoll lang und 1½ bis 2″ breit, an den Seiten häufig und tiefbuchtig eingeschnitten und die Einschnitte in eine stumpfe knorpelartige Spitze endigend, oben dunkelgrün und glänzend, unten hellgrün und besonders auf den schmuziggelben Nerven mit kurzen Härchen bekleidet. Die Blattstiele 2 Linien lang und von mehren fadenförmigen Afterblättchen umgeben. Die Früchte länglich, stumpf zugespizt und die Fruchtnäpfchen mit borstenförmig verlängerten Schuppen dicht besezt. Die Zweige warzig und jung fein behaart, und die Stämme mit rauher, dicker und im Alter fast schuppig aufgerissener Borke bekleidet.

Diese in Oesterreich und Kärnthen heimische Eiche ändert in der Blattbildung sehr ab und verlangt im nördlichen Deutschland eine geschützte Lage, außerdem erfrieren öfters die jungen Triebe zum Theil, wodurch ihr Wuchs sehr gestört wird. Sie liebt eigentlich hohe Lagen und einen Boden wie die Sommer-Eiche. Wachsthum und Verhalten, auch Zucht, Pflege und Benutzung hat sie ebenfalls mit der Sommer-Eiche gemein, nur ist ihr Holz fast noch vester und eben so dauerhaft, nur weniger fein, und ihre Eicheln sind süßer, sie bleibt aber im Wuchse gegen die vorigen zurück. Ueberhaupt wäre es wohl der Mühe werth, mit ihr an günstigen und schicklichen Orten im südlichen und mittleren Deutschland forstliche Versuche im Großen zu machen.

19.

Roth-Eiche. Quercus rubra.

Die Blätter länglich, grob-buchtig eingeschnitten und jeder größere Einschnitt wieder sparsam mit kleinen borstigen Zähnen besetzt, 6 bis 8 Zoll lang und halb so breit; beim Ausbruche sind sie ganz fein behaart, unten in den Astwinkeln verlieren sich die Haare am spätesten und im Herbste vor dem Abfalle werden sie roth. Die Blüthen erscheinen mit den Blättern auf dünnen Stielen. Die Eicheln rundlich-eiförmig, einen Zoll lang und ¾ Zoll breit auf rundlichen niedergedrückten Bechern; sie reifen erst im Herbste des zweiten Jahres.

In Nordamerika, vornehmlich in Kanada, wächst diese Eiche auf Ebenen und an Abhängen in einem frischen sandigen und lehmigen Mittelboden in 110 bis 150 Jahren zu einem Baume von 80 Fuß Höhe und über 3 Fuß im Durchmesser Stärke mit einer kegelförmigen Krone. Sie wächst besonders in der ersten und zweiten Lebens-Periode schneller als unsere Eichen, liefert aber kein so gutes Bau- und Nutz-Holz.

20.

Scharlach-Eiche. Quercus coccinea.

Die Blätter eiförmig, tief-buchtig eingeschnitten, und die größeren etwas schmalen Einschnitte wieder mit mehren borstigen Zähnen versehen, beiderseits kahl und nur unten in den Aderwinkeln abfallend bärtig, 4 bis 6 Zoll lang und kaum halb so breit; sie werden vor dem Abfall im Herbste schön roth. Die Blüthen erscheinen mit den Blättern, die weiblichen als kleine

160

braune ſitzende Knospen. Die Eicheln rundlich eiförmig, klein
und in rundlichen Bechern; ſie reifen erſt im Herbſte des zwei=
ten Jahres.

In Virginien und Karolina erreicht dieſe Eiche in 120
Jahren eine Höhe von 60 bis 80 Fuß, und wächſt am ſchnell=
ſten in der erſten Lebens=Periode. Ihr Holz iſt noch weniger
nutzbar als das der vorigen.

21.
Kaſtanien=Eiche. Quercus Prinus.

Die Blätter länglich=, faſt umgekehrt=eiförmig, ſtumpf
zugeſpitzt, am Grunde keilförmig, am Rande mit großen ſtumpf=
en und an der Spitze knorpeligen Zähnen verſehen und unten
weichhaarig; ſie ſind 5 bis 6 Zoll lang, noch nicht halb ſo breit,
und ſehen den Kaſtanien=Blättern ähnlich. Die Eicheln eiförm=
ig, geſtreift und groß, auf faſt halbkugelrunden Bechern; ſie ſitzen
einzeln und reifen in ihrem Vaterlande im October.

In Nordamerika, beſonders in Kanada und Neuengland
wächſt dieſe Eiche in allerlei Boden und Lagen theils im Schluſſe
unter ſich, theils zwiſchen Nadelhölzern zu einem 70 bis 90 Fuß
hohen Baume. Die ſchmalblätterige Abart Q. Prinus acuminata Mich. wächſt noch ſchneller und iſt dauerhafter.

22.
Quercitron=Eiche. Quercus tinctoria.

Die Blätter umgekehrt=eiförmig, ſchwach=buchtig einge=
ſchnitten und jeder Einſchnitt mit breiten ſtumpfen und borſtigen
Zähnen beſezt, unten, beſonders in der Jugend, weich behaart,
und 6 bis 9 Zoll lang und nach oben hin ⅔ ſo breit; ſie haben
Aehnlichkeit mit denen der Roth=Eiche, nur ſind ſie lederartiger
und veſter. Die Eicheln rundlich eiförmig in gedrückt=halb=
kugeligen Bechern.

Dieſe in Penſylvanien und auf hohen Lagen in Karolina
und Georgien heimiſche Eiche wird ein 60 bis 80 Fuß hoher
Baum, wächſt ziemlich raſch und liefert ein ziemlich gutes Bau=
holz und eine zum Gelbfärben im Handel unter dem Namen
Quercitron bekannte Borke.

Dieſe drei erſten nordamerikaniſchen Eichen hat man viel=
fältig, und auch neuerlich wieder, zum Anbau in unſeren Forſten

empfohlen, verführt durch den in Garten=Anlagen sich zeigenden schnellen Wuchs, besonders in der ersten Lebens=Periode. Man übersieht bei solchen Empfehlungen, daß in der Jugend schnell wachsende Holzarten nicht immer die nutzbarsten sind, und daß das Holz dieser ausländischen Eichen in Absicht auf Güte, Nutz=barkeit und Dauerhaftigkeit dem der Sommer=Eiche bei weitem nicht gleich kommt. Auch müssen ausländische Holzarten erst nach allen den Beziehungen, nach welchen der Forstmann seine Einrichtungen macht, beobachtet und erkannt sein, ehe man in forstlicher Hinsicht einen Gebrauch von ihnen machen kann. Nach meinen Erfahrungen ist auch ihr Wuchs auf einem gewöhnlichen Waldboden nicht bedeutend rascher als der von unseren Eichen bei gleicher Pflege. — Mit der Quercitron=Eiche ließen sich vielleicht noch eher vortheilhafte Versuche an schicklichen Stellen machen, wie man jezt in Frankreich schon angefangen hat, weil sie ebenfalls, wie jene, unsere Witterung gut verträgt und sowol ihr Holz als ihre Borke einen größeren Werth hat. Die hier in einem lehmigen und von Porphyr=Grant lockeren Boden meist an einer nordöstlichen Lage gezogenen Stämmchen haben sich entsprechend gehalten. — Uebrigens ist Zucht und Pflege dieser Eichen wie bei der Sommer=Eiche.

Anhang. Die Eichen haben sämmtlich eine große Aehn=lichkeit unter einander in den Zweigen mit Knospen ohne Blätter, daher man sicher an diesen im Winter das Geschlecht, wenn auch nicht die Gattung, erkennen kann. Alle Eichen zeigen mehr oder minder deutlich eine fünfeckige Markröhre an den Zweigen. An den Früchten, nämlich Eicheln mit Becher und Stiel, sind die Gattungen am sichersten zu unterscheiden, und am schwersten bei jungen Stämmen an den Blättern, weil diese an solchen er=staunlich abändern.

Buche. Fagus.

Männliche und weibliche Blüthen auf einem Stamme; die männliche mit einem fünfspaltigen glockenförm=igen Kelch, ohne Blume und mit 10 bis 20 Staubfäden; die weiblichen mit einer allgemeinen vierspaltigen Hülle, worin 2 bis 3 Blüthchen, jedes mit einem kleinen sechsblätterigen Kelch, keiner Blume und einem 3= oder 6spaltigen Griffel. Die Frucht

162

eine stachelige und vierklappige falsche Kapsel mit 2 oder 3 lederartigen Nüssen. Die Blätter wechselweise. XXI. 8.

23.

Roth-Buche. Fagus sylvatica.

Die Blätter eiförmig, etwas zugespizt, ganz oder balb
mehr, bald weniger undeutlich gezähnt, und vorzüglich in der
Jugend am Rande, auf den Hauptadern und am Blattstiele mit
weichen Haaren bedeckt. Die Knospen länglich und schuppig.
Die Blüthen erscheinen im Mai nach dem Ausbruche des
Laubes auf langen weißhaarigen Stielen; die männlichen hängend und die weiblichen aufrecht stehend. Die Frucht enthält gewöhnlich zwei dreieckige glänzendbraune Nüsse und reift im October. Die Rinde ist in der Jugend bräunlich, an alten
Stämmen aschgrau und glatt. — Abarten sind:

a) Blut-Buche. Fag. s. purpurea. Die Blätter beim
   Ausbruche hochroth, dann aber schmuzigroth.

   Die erste Blutbuche wurde im Walde bei Sondershausen
gefunden, und jezt trifft man sie fast in allen Garten-Anlagen
zur Zierde an.

b) Eichenblätterige Buche. Fag. s. quercoides.
   Die Blätter an den Seiten tief, fast wie ein Eichblatt,
   eingeschnitten-gezähnt.

c) Farren-Buche. Fag. s. asplenifolia. Mit theils
   linienförmigen, theils schmalen und einigemal tief eingeschnittenen und überdieß am Rande gekräuselten Blättern,
   wovon die an den Spitzen der Zweige stehenden eine entfernte Aehnlichkeit mit denen des Streif-Farren haben.

d) Kamm-Buche. Fag. s. cristata. Mit großgezähnten,
   zusammengeschlagenen und kammförmig gerichteten Blättern.

e) Hange-Buche. Fag. s. pendula. Mit hängenden
   Aesten; sie wird jezt in Gartenanlagen wie alle Abarten
   auf die Mutterart gepfropft und unterhalten als Neuigkeit.

f) Geschäckte Buche. Fag. s. foliis variegatis. Die
   Blätter weißgeschäckt. Man trifft solche hin und wieder,
   besonders bei Stockausschlag, aber meist nur schwach gewachsen an.

g) Stein-Buche. Mit rauher und aufgerissener Rinde.

Diese Abarten laſſen ſich leicht durch's Pfropfen auf die gemeine Buche vermehren.

Dieſe in der Forſtwirthſchaft ſo wichtige Buche wächſt durch ganz Deutſchland wild, ſo daß ſie oft theils allein, theils mit anderen Holzarten gemengt, anſehnliche Waldungen bildet; auch in den übrigen gemäßigten Gegenden Europa's wird ſie nicht ſelten angetroffen. In Deutſchland wächſt ſie am freudigſten bis bei einer Meereshöhe von nicht über 1000 bis 1500 Fuß; doch wird ſie auch noch mit der Weiß-Tanne 2000 und mit der Fichte über 3000 Fuß hoch über der Meeresfläche von anſehnlichem, nur etwas niedrigem Wuchſe angetroffen. An unſeren Vorbergen und Mittelgebirgen, ſie ſeien ein Ur- oder Kalk- oder Trapp-Gebirge, ſind es die nördlichen und weſtlichen Abhänge, ſo wie die friſchen Niederungen und Thäler, wo ſie am allgemeinſten ausgebreitet iſt. Dann vollendet ſie in 120 bis 150 Jahren ihren Wuchs als ein Baum von 80 bis 100 und mehr Fuß Höhe und von 2 bis 3 Fuß im Durchmeſſer Stärke; doch kann ſie unter günſtigen Umſtänden auch höher, ſtärker und viel älter werden. Sie wächſt in der erſten Lebens-Periode, und vornehmlich in der Jugend, langſam, dann aber ſchneller, ſo daß ſie etwa in 80 bis 100 Jahren ihren größten Längenwuchs und zwiſchen dem 60ſten bis 140ſten Jahre ihren größten Zuwachs vollendet. — Sie treibt ſtarke Herz- und Seiten-Wurzeln, wovon die lezten ſich weit ausbreiten und ſehr viele Zaſern nahe an der Oberfläche entwickeln. Auch bildet ſie eine regelmäßige dichte Laubkrone mit vielen und ſtarken Aeſten. Erſt nach dem 60ſten Jahre erzeugt ſie guten Samen; aber auch nicht jährlich, ſondern etwa zu 5 und 5 und mehr Jahren und in rauhen Gegenden bis zu 15 und 15 Jahren reichlich. — Die Samen keimen im nächſten Frühling nach der Reife und die Pflänzchen erſcheinen mit zwei dicken nierenförmigen Samen-lappen, und ſie ſind von dieſen Samenlappen abwärts am Stocke ſehr empfindlich gegen Froſt und Hitze, ſo daß ſie hier leicht braun werden, aufreißen und dann abſterben. — Innerhalb 40 Jahren ſchlägt ſie vom Stocke wieder aus, und zwar an der Seite deſ-ſelben, auch zuweilen am Abhiebe. Durch Ableger läßt ſie ſich auch noch vermehren.

Die Roth-Buche verlangt zu ihrem vollen Gedeihen einen fruchtbaren, mäßig-lockeren, friſchen und tiefgründigen Boden, wobei er dann ſandig, oder lehmig, oder kalkig, oder baſaltig ſein

164

mag.   Je nachdem eine oder etliche jener Haupteigenschaften des Bodens fehlen, desto spärlicher ist ihr Wuchs und desto weniger ist von ihr ein ergiebiger Nutzen zu ziehen.   Aber gänzlich zuwider sind ihr dürre und sandige, oder nasse und thonige Stellen. An unseren heißen Sommerwänden, so wie an östlichen trockenen Abhängen ist sie schwerer zu erziehen und sie leidet daselbst häufig von Spätfrösten, so wie bei einem flachen und lichten Stande nicht selten von großer Hitze. — Abwechselnd feuchte Witterung ist ihr am zuträglichsten; und bei schnellen Uebergängen der Wärme und Kälte im Winter entstehen häufig Frostrisse am Schafte, sobald er excentrisch gewachsen ist. — Nur im Schlusse unter sich oder mit anderen gleichwüchsigen Holzarten bildet sie einen langschaftigen schönen Baum; denn frühzeitig frei gestellt, wird sie nur kurzschaftig mit großer, astreicher und breiter Krone, die zuweilen durch das öftere Erfrieren der vorragenden Spitzen ordentlich gewölbt erscheint.   Auf verraseten Stellen, so wie überhaupt vom Graswuchse, leiden junge Buchen mehr als viele andere Holzarten; haben sie aber erst den Schluß unter sich erreicht, dann unterdrücken sie fast allen Graswuchs, und nur kümmerlich erhalten sich unter ihnen einige Gewächse.   Für Flechten sind die Buchen ein wahrer Sammelplatz, und je feuchter es um sie ist, desto mehr Flechten auf ihnen. — Den jungen Buchen schaden auch Mäuse durch Abnagen der Borke am Wurzelstocke, wie Engerlinge den jungen Saat-Pflänzchen; das Wildpret äset sie; die Buchfinken gehen dem Samen sehr nach; Maikäfer und Curculio fagi zerstören zum Theil die Blätter; Cynips fagi verursacht die spitzigen Auswüchse auf den Blättern, und Oniscus-Arten verletzen zuweilen die feinen Wurzeln. — Der Roth- und Weiß-Fäule, mehr an Winterwänden, so wie dem Brand und Krebs, mehr an Sommerwänden, ist sie nicht selten unterworfen; alte Stämme werden unten anbrüchig und sterben von hieraus ab.

In forstlicher Hinsicht ist die Roth-Buche zu Hochwald recht eigentlich bestimmt; im Mittel- und Niederwalde ist sie auf angemessenen Stellen sehr willkommen; nur als Kopfholz ist sie von geringem Werthe, und als Schneidelholz taugt sie gar nicht. Welche Behandlung die Roth-Buche bei diesen Betriebarten erleiden müsse, wie sie durch Samen- und Licht-Schläge zu erziehen und sonst zu pflegen und abzutreiben sei, das gehört in die Lehre vom Waldbau.

Die zur Saat eingesammelten Eckern werden entweder gleich im Herbste, oder vortheilhafter, nachdem sie den Winter über wie Eicheln aufbewahrt wurden, im nächsten Frühjahre gesäet, wenn nach der Zeit des Keimens keine starken Spätfröste mehr zu fürchten sind. Ihre Bedeckung darf ½ bis höchstens 1 Zoll hoch sein. Bei gewöhnlicher Saat und Bedeckung können die jungen Pflanzen eine Beschattung durchaus nicht entbehren, denn sie stehen dann zu flach. Säet man aber in schmale Furchen also, daß, nachdem die Pflänzchen erschienen sind, diese Furchen vom Regen oder künstlich so weit zugeschwemmt oder zugestoßen werden können, bis die Samenlappen auf dem Boden aufliegen, dann vertragen diese Buchen-Pflänzchen den freien Stand so gut wie unsere Eichen, wie mich vielfältige Versuche gelehrt haben, ja, sie wachsen dann auch weit rascher, und selbst die von Spätfrösten verlezten erholen sich wieder. In trockener Luft aufbewahrte, im Frühjahre spät gesäete und etwas stark bedeckte Eckern keimen zuweilen erst im nächsten Frühjahre. — Die beßte Zeit, Roth-Buchen zu verpflanzen, ist im Frühjahre, oder zeitig im Herbste, und zwar am sichersten bei sorgfältigem Ausheben mit vielen bleibenden Wurzeln und baldigem Einsetzen; eine Größe der Pflänzlinge von 3 bis 4 Fuß ist die beßte, doch gedeihen auch mannshohe Stämme noch gut. Das Ausästen und Stutzen vertragen die Pflänzlinge ebenfalls; nur muß man beim Einsetzen die Wurzeln etwas mehr bedecken, als sie es vorher waren. Bei zu flacher Bedeckung bekommen die Wurzelstöcke leicht den Brand. — Verkümmerte und zum Versetzen nicht geeignete Pflänzchen erkennt man theils am weißen oder ungewöhnlich dunkelrothen Schafte, theils an den vielen Knospen beim Mangel an ordentlichen Trieben; solche Kümmerlinge sind oft sehr alt.

Zur Benutzung liefert die Roth-Buche ein vortreffliches Brenn- und Nutz-Holz. Denn das Holz ist röthlich- (oder gelblich-) weiß, dicht, hart und ziemlich vest, auch von starken Spiegelfasern durchzogen, die in alten Stämmen theilweise in die Borke heraustreten; es reißt nicht leicht auf, läßt sich gut und glatt verarbeiten, und auch leicht färben und beizen, — jedoch muß es möglich bald gespalten, oder von der Borke befreit werden, weil es sonst leicht verstockt. Frisch wiegt der rhein. Würfelfuß 64 bis 65 und trocken 39 bis 40 Pfund. Als Brennholz ist es mit Recht als das beßte gesucht und geschäzt, weil es an Wärmfähigkeit nur von wenigen, aber nicht so allgemein verbreiteten

166

Holzarten übertroffen wird; weil es ferner eine helle Flamme giebt und die Hitze in den Kohlen sehr lange anhält. — Außerdem verarbeiten das Buchenholz vorzüglich die Wagner, Tischler, Drechsler, Stuhlmacher und andere Handwerker zu gar vielerlei Dingen; auch benutzt man es zum Bauen unter Wasser, aber nur im Nothfall zu Häusern, weil es im Trockenen bald, und der Witterung ausgesetzt noch eher, verdirbt. — Die Kohlen sind für Feuerarbeiter die beßten, weil sie sehr vest sind, stark hitzen und lange anhalten. — Auch die Asche liefert die beßte Lauge und die meiste Potasche. Dabei ist zu bemerken, daß durch Fäulniß der Gehalt des kohlensauren Kali oft um das Zehnfache größer ist als der im frischen Holze bei gleichen Raumverhältnissen. — Die Eckern dienen den Schweinen zur Mast und verschiedenen Thieren zur Nahrung, und in vielen Gegenden wird aus den vollkommeneren ein sehr gutes und schmackhaftes Oel bereitet, das sich mehre Jahre aufbewahren läßt, ohne zu verderben.

Anhang. Die Buchen zeichnen sich noch durch eigenthümliche langzugespitzte Knospen aus, an denen das allmählige Aufschwellen im Winter sehr sichtbar ist.

————

Kastanie. Castanea.

Männliche und weibliche Blüthen auf einem Stamme; jene in Kätzchen mit 10 bis 20 Staubfäden in 5blätteriger Hülle, diese am Grunde des männlichen Kätzchens mit 5 bis 6 weichstacheligen Hüllen, drei Fruchtknoten und pinselförmigen Narben. - Die Frucht aus drei lederartigen Nüssen von der Hülle umschlossen. Die Blätter wechselweise. (XXI. 8.).

24.

Zahme Kastanie. Castanea vesca.

Die Blätter länglich-lanzettförmig, stachelspitzig gezähnt, oben glänzend dunkelgrün, unten matter und erhaben gerippt. Die Blüthen erscheinen zu Ende Julius aus den Blattwinkeln in 5 Zoll langen aufrechten Kätzchen. Die Früchte reifen im Oktober. Die Rinde an den Zweigen braun und warzig, an alten Stämmen schwarzgrau und stark rissig.

167

Diese im südlichen Europa heimische und daselbst kleine Wälder bildende Kastanie findet sich in Süd-Deutschland nicht selten, und auch in Sachsen trifft man schon sehr alte und starke Stämme angebaut an, die in günstigen Jahren auch keimfähige Samen tragen.   Ihre Wurzeln gehen tief ein und breiten sich weit aus.   Sie liebt einen fruchtbaren, mäßig frischen und sandigen Lehmboden bei einer etwas bergigen und in nördlichen Gegenden geschützten Lage; auch verträgt sie eher einen freien, als dicht geschlossenen Stand.   In 60 bis 80 Jahren vollendet sie ihren größten Wuchs, obgleich sie viel länger gesund bleiben und ein Baum von 60 bis 70 Fuß Höhe bei sehr beträchtlicher Stärke werden kann.   Sie wächst besonders auf der ersten und zweiten Altersstufe sehr rasch.

In Absicht auf Zucht und Pflege wird die Kastanie wie unsere Eiche und Buche in Baumschulen behandelt, aber etwas mehr erwachsen erst in's Freie versetzt.

In forstlicher Hinsicht verdient diese Kastanie an schicklichen Stellen im Mittelwalde mit anderen Nutzhölzern gezogen und wie diese behandelt zu werden.

Das Holz, im Splinte weißlich und im Kerne gelbbraun, ist hart und ungemein dauerhaft; es hat im Gefüge große Aehnlichkeit mit dem Eichenholze und kann auch wie dieses zu Bau- und Nutz-Holz verwendet werden; es vermag, als Balken verarbeitet, schwere Lasten zu tragen.   Vorzüglich geschätzt ist es zu Fässern und Pfählen; aber weniger als Brennholz, weil es schnell, ohne helle Flamme und mit Geräusch verbrennt. — Die Früchte, die größten Maronen genannt, werden theils geröstet, theils auf mancherlei Art zubereitet verspeiset und sind vielen Thieren angenehm. — Die belaubten Zweige geben mit Zusätzen verschiedene Farben, die Borke dient zum Gerben und die Asche färbt blau.

In der Jugend leidet sie öfters von Spätfrösten und im Alter an Brandstellen, Gipfeldürre und Kernfäule.

————

Birke. Betula.

Männliche und weibliche Blüthen auf einem Stamme, und beide in walzenförmigen Kätzchen; jene mit rund-

168

en geſtielten Hauptſchuppen, wovon jede drei andere mit 10 bis
12 Staubfäden trägt und halb bedeckt, — dieſe mit 3theiligen
lanzettförmigen Schuppen, wovon jede zwei Fruchtknoten mit
zweiſpaltigen Griffeln trägt.   Der Samen iſt zuſammengedrückt
und auf zwei Seiten mit einem durchſichtigen Flügel verſehen.
Die Blätter an jungen Zweigen wechſelweiſe und an alten
Aeſten zu 2 und 3 aus einer Knospe. (**XXI.** 8.).

25.

Weiß=Birke. Betula alba.

Die Blätter eiförmig, lang zugeſpitzt, faſt breieckig, am
Rande doppelt geſägt, oben fein weißdrüſig und beiderſeits ohne
Haare.   Die Blüthen kommen Ende Aprils oder Anfang
Mai's mit dem Ausbruche des Laubes zum Vorſchein; die
männlichen in gepaarten und hängenden, die weiblichen in klein=
eren einzelnen und aufgerichteten Kätzchen.   Der Samen läng=
lich=eiförmig, breitgeflügelt und gelb von Farbe, reift theils im
Auguſt, theils ſpäter bis im Oktober.   Die Rinde in der Jug=
end braun und weißpunktirt, dann weiß und häutig, und im
Alter unten am Stamme ſtark aufgeriſſen.   Abarten ſind:

a) **Hange=Birke. B. pendula.**   Mit hängenden Aeſte
und Zweigen, wie ſie gewöhnlich im freien Stande wird.

b) **B. hybrida.**   Mit eingeſchnittenen, dem Spitz=Ahorn
ähnlichen Blättern.

c) **Großfrüchtige Birke. B. macro-carpa.**   Mit größ=
eren und früher reifenden Fruchtzapfen und Früchten.

d) **Gold=Birke. B. aurata.**   Mit gold= oder roſtgelber
Rinde der 4= bis 6jährigen Aeſte oder Stämme, wie man
ſolche häufig am Stockausſchlage ſieht.

Dieſe Birke kommt in ganz Deutſchland häufig vor, und
iſt überhaupt im nördlichen Europa (auch im nördlichen Aſien)
unter allen Bäumen am weiteſten verbreitet; ſie zeigt bei uns
den größten Wuchs auf niedrigen Ebenen und auf Mittelgebirgen
in trockenen und warmen Lagen bei einem lockeren und frucht=
baren Boden.   In höheren Lagen bleibt ſie im Wuchſe zurück,
ſo daß ſie bei 2000 Fuß Meereshöhe ſchon nicht mehr als Schlag=
holz gedeihen will und höher hinauf immer niedriger bleibt, bis
ſie bei und über 5000 Fuß Meereshöhe nur ſtrauchartig erſcheint.

Sie nimmt bei uns ganze Flächen allein ein und wird auch sehr oft mit allen unseren übrigen Holzarten untermischt angetroffen. — Als Baum wird sie nicht leicht über 60 bis 80 Fuß hoch und 2 Fuß im Durchmesser stark; sie wird jedoch über 100 Jahr alt, macht ihren größten Wuchs in den ersten 60 bis 70 Jahren und ist besonders in der ersten Lebens-Periode schnellwüchsig zu nennen. — Sie treibt einen sehr abfälligen und selten einen geraden Schaft mit wenigen starken Aesten, aber mit vielen schwachen biegsamen Zweigen, eine dünnbelaubte Krone und starke Seitenwurzeln, die nicht weit vom Stamme sich sehr verästeln, übrigens sich ziemlich weit ausbreiten, aber auch nicht sonderlich tief eindringen. — Die Samenpflänzchen erscheinen mit zwei runden und glänzenden Samenlappen, entwickeln eiförmige Stockblätter und sind sehr dauerhaft. — Der Stockausschlag erfolgt am Wurzelstocke, und zwar am reichlichsten innerhalb 15 bis 20 Jahren; später wird der Ausschlag spärlicher, und nach 30 Jahren erscheint kaum noch einiger; er treibt große herz- und wellenförmige Blätter und starkwarzige Zweige.

In einem lehmigen und etwas fruchtbaren Sandboden gedeiht sie am beßten; je mehr aber der Sand im Boden fehlt, oder je vester er durch dessen Mangel oder aus anderen Gründen ist, desto mehr läßt sie im Wuchse nach, so daß sie auf Urgebirgen, so wie auf eisenschüssigem, oder thonigem, oder nassem Boden gänzlich im Wuchse zurückbleibt. Obgleich sie bei uns eigentlich jede Lage, nur die ganz hohe ausgenommen, verträgt, so bleibt sie doch in feuchten Thälern und an kalten Wänden im Wuchse zurück, und sie wird dann häufig und vielfältig von allerlei Flechten überzogen, so wie auch wenn sie im zu dichten Schlusse unter sich steht. — Von den Einwirkungen der Witterung leidet sie kaum merklich etwas. — In Absicht auf die Umgebung will die Weiß-Birke lieber frei als im dichten Schlusse unter sich stehen, und am beßten gedeiht sie mit anderen Holzarten untermengt und zwar mit allerlei Laubholz, doch auch mit Fichten und Kiefern. Denn für sich allein macht sie fast den Boden unfruchtbar, indem unter ihr die Forstunkräuter ziemlich Alles überziehen, so daß sie zum zweiten und dritten Male kaum noch einträglich wächst. — Unter den Thieren hat die Birke keine bedeutenden Feinde, indem nur durch **Curculio betulae**, dessen Larve unter ihrer Rinde lebt, kranke Stellen entstehen, und dessen Käfer das Laub zerfrißt, so wie auch die Raupe von **Noctua**

170

betulae und **Geometra betularia.** — Von Krankheiten befällt sie zuweilen die Abzehrung, so wie Kernfäule und Gipfeldürre unter ungünstigen Wachsthums-Umständen.

In forstlicher Hinsicht ist die Weiß-Birke eine sehr wichtige, und, recht angewandt, eine gar nützliche Holzart. Denn wenn
sie sich auch nicht eigentlich zu Hochwald eignet, so ist sie um so
mehr zu schätzen im Mittel- und Nieder-Walde. — In gemischt-
en Saaten ist sie in der ersten Periode für viele Holzarten wohlthätig, als für Buchen, Eichen, Kiefern, Fichten u. s. w.; auch
gewährt sie dann bei den nöthigen Durchforstungen einen nicht
unbedeutenden Ertrag. — Zu Kopf- und Schneidel-Holz schicken
sich die Birken nicht.

Die Birken tragen oft und viel Samen, der sehr weit abfliegt, und wodurch viele Pflanzen entstehen, wenn nur der Sam-
en einen wunden Boden erreicht. Zur Saat wird der nach der
Reife eingesammelte und die Nachreife überstandene Samen in
der Luft aufbewahrt und im Frühjahre gesäet; Herbst- und
Schnee-Saaten gelingen selten gut, und der im Spätherbste noch
hängen gebliebene Samen ist gewöhnlich taub. Die meisten
Pflänzchen erhält man auf wundgemachten oder durch Abbrennen
gereinigten Stellen. Die Pflänzchen selbst bedürfen keiner eigentlichen Pflege, sondern wachsen so freudig heran, daß man sie
nach einigen Jahren schon versetzen kann, welches Versetzen junge
Birken, bis mannshoch, recht gut vertragen. Nur verkrüppelte
Pflanzen, die man am Mangel kräftiger Triebe und an den
hochrothen Zweigen erkennt, verderben gewöhnlich, oder gehen doch
bis auf die Wurzeln ein. — Größere Pflänzlinge verlangen eine
stärkere Ausästung als gewöhnlich, — das Abschneiden an der
Erde zu Ausschlagholz ist erst ein Jahr nach dem Versetzen anzurathen.

Das Holz ist weiß, ziemlich vest und sehr zähe; es wiegt
der rhein. Würfelfuß frisch 59 bis 60 und trocken 40 bis 41
Pfund. Ueberhaupt wird es zu Wagner-, Drechsler-, Schnitz-
und anderen Arbeiten, auch zu Reifen u. s. w. vielfältig benuzt.
Zum Bauen, besonders in's Trockene, ist es wenigstens besser als
Aspenholz, wenn nämlich die Stämme im Sommer gefället und
unausgeästet bis zum Verwelktsein der Blätter liegen bleiben. —
Als Brenn- und Kohl-Holz hat es zwar mit dem der Buche
nicht ganz gleichen, aber doch einen bedeutenden Werth, indem

es sich in so fern zum buchenen wie 95 zu 100 verhält. In der Borke darf man es zu keinem Gebrauch trocken werden lassen, und auch als Brennholz verliert es viel von seinem Werthe, wenn es nicht zeitig gespalten wird, — durch Räuchern und Auslaugen wird es zu Nutzholz dauerhafter. Auch verbraucht man das gemaserte Birken-Holz zum Einlegen, zu Gewehrschäften, Pfeifenköpfen u. s. w., — die jungen Reißer zum Binden und zu Besen, — die Borke zur Belegung der Balkenköpfe, zum Gerben, zu Fackeln u. s. w., — das Laub zum Färben, in der Sonne getrocknet zur Fütterung der Schafe und Ziegen, und frisch in Umschlägen angewandt als Wiederherstellungsmittel einer unterdrückten Ausdünstung — und den Saft, durch's Abzapfen im Frühjahre gewonnen, zu mancherlei. Ferner gewinnt man aus der Borke den Birkenther, welcher dem Juchten den eigenthümlichen Geruch giebt, und der Ruß des verbrannten Holzes liefert die beßte Druckerschwärze.

26.

Ruch-Birke. Betula odorata.
(Weichhaarige B. B. pubescens.)

Die Blätter eiförmig, kurz zugespizt, am Rande einfach ungleich stumpf und grob gesägt, oben dunkelgrün und glänzend, unten hellgrün; in der Jugend und besonders an üppigen Trieben sind sie fast herzförmig, und, wie auch die Blattstiele und die Triebe selbst, mit grauweißen weichen Haaren dicht besezt und haben vornehmlich beim Ausbruche einen angenehmen balsamischen Geruch. Die Blüthen erscheinen auf ähnliche Weise, nur etwas sparsamer und später als bei der vorigen. Der Samen rundlich-eiförmig dunkel braungelb und breit geflügelt in 1 Zoll und darüber langen rauhen Zäpfchen; er reift Anfang Septembers. Die Rinde in der Jugend kastanienbraun und an älteren Stämmen schöner weiß und mehr aufgesprungen als bei der vorigen.

Diese Birke kommt in Deutschland nicht selten mit der vorigen untermischt vor, und zwar namentlich in Franken, Thüringen, Sachsen, der Lausiz u. s. w. Sie liebt mehr niedrige und feuchte Lagen, so daß sie an trockenen mageren Orten leicht verkümmert, dagegen in feuchten und selbst nassen Stellen, wo die Weiß-Birke leicht zurückbleibt, ziemlich freudig wächst. Sie

172

vollendet ihren größten Wuchs etwa in 60 Jahren und kann so hoch und noch stärker als die vorige werden. Sie treibt einen geraden Schaft mit vielen aufrechtstehenden und sperrigen Aesten, woran sie schon in der Ferne zu erkennen ist. — Ihr Holz ist etwas grobfaseriger als bei der Weiß-Birke, doch eben so zu benutzen.

Uebrigens kommt sie in Verhalten, Zucht und Behandlung mit der vorigen überein, und in forstlicher Hinsicht dürfte sie für angemessene Stellen künftig mehr zu beachten sein.

27.

Strauch-Birke. Betula fruticosa.

Die Blätter eiförmig, glatt, am Rande ziemlich gleichförmig großgezähnt, klein und kurzgestielt. Die Blüthen brechen auf im April in kurzen Kätzchen, die männlichen allezeit einzeln. Der Samen kurzgeflügelt in eiförmigen kleinen Zäpfchen.

In Baiern, Mecklenburg, Sibirien und Kanada wächst dieser 3 bis 6 Fuß hohe Strauch auf kalten, feuchten und nassen Stellen. Im Forsthaushalte verdient diese und die folgende Birke keine Beachtung, und in Gartenanlagen erzieht man sie aus Samen und Ablegern zur Vermehrung der Mannigfaltigkeit.

28.

Zwerg-Birke. Betula nana.

Die Blätter kreisrund, kurzgestielt, klein, glatt und am Rande fast gleichförmig stumpfgezähnt. Die Blüthen erscheinen im Mai in kleinen Kätzchen. Die Fruchtzapfen walzenförmig mit tiefdreitheiligen Schuppen.

An sumpfigen Stellen und auf den höchsten Bergen Europa's, auch auf dem Harz und im Salzburgischen, wächst diese Birke als ein kleiner Strauch mit niederliegenden Zweigen, und wird selbst im kultivirten Zustande nicht viel über 2 Fuß hoch. — Den Schneehühnern giebt sie Schutz und Nahrung.

29.

Zähe Birke. Betula lenta.

Die Blätter eiförmig, länglich zugeſpizt, herzförmig, am Rande fein ungleichſcharf gezähnt, unten in der Jugend ſtark behaart. Die Blüthen kommen Ende Aprils zum Vorſchein. Der Samen iſt dick, eiförmig und ſehr kurzgeflügelt. Die junge Rinde und das friſche Holz geben einen angenehmen Geruch von ſich, die ältere Rinde iſt feinblätterig aufgeriſſen.

Dieſe in Nordamerika heimiſche Birke wächſt in der Jugend ſehr ſchnell und wird überhaupt ein Baum von 40 bis 60 Fuß Höhe bei einer angemeſſenen Stärke. Sie liebt einen friſchen, lehmigen, mit Sand und anderen Erdarten gemiſchten Boden bei einer etwas hohen und bergigen Lage. Ihr Holz iſt gelblich weiß, auch veſt und ſehr zähe.

30.

Hohe Birke. Betula excelsa.

Die Blätter eirund, kurz zugeſpizt, tief ungleich gezähnt, oben dunkelgrün und glatt, unten in den Nervenwinkeln behaart und auf behaarten Stielen ſtehend. Blüthe- und Reif-Zeit wie bei der Weiß-Birke.

Eine aus Nordamerika ſtammende Birke, die raſch wächſt, eine Höhe von 60 bis 70 Fuß erreicht, und in allerlei Lagen, vorzüglich in einem ſandigen, fruchtbaren Boden gedeiht. Außer einem guten Brenn-, Kohl- und Nutz-Holze ſoll ſie auch eine Rinde liefern, die zum Gerben ſich vorzüglich eigne.

31.

Pappel-Birke. Betula populifolia.

Die Blätter herz-eiförmig, lang zugeſpizt, ungleich und faſt doppelt ſägeförmig gezähnt, oben glatt und weißdrüſig und gut 3 Zoll lang; ſie haben an jungen Stämmen und am Stockausſchlag eine entfernte Aehnlichkeit mit den Blättern der Zitter-Pappel an jungen Wurzelſproſſen. Die Blüthen erſcheinen wie bei der Weiß-Birke, nur ſind die Samenzapfen länger und faſt glatt. Die Zweige glatt und mit harzigen Drüſen beſezt.

174

Eine in den kälteren Theilen Nordamerika's heimische Birke, die 40 bis 50 Fuß hoch wird, sehr rasch wächst, und einen fruchtbaren leichten Sandboden liebt.

. Diese drei nordamerikanische Birken kommen in Zucht und Benutzung mit der weißen überein; ob sie aber in forstlicher Hinsicht bei uns kultivirt, oder gar, wie man von der hohen rühmt, unserer Weiß= und Ruch=Birke vorgezogen zu werden verdienen, das müßten erst noch Versuche lehren, die man in Forsten selbst, aber nicht in Gartenanlagen, mit ihnen zu machen hätte. Denn jeder Forstwirth weiß es recht gut, welch ein großer Unterschied zwischen Wald= und Garten=Boden ist, und wie spärlich oft eine Holzart im Walde wächst, die doch in Gärten sich durch üppiges Wachsthum auszeichnete. Nach meinen bisherigen Beobachtungen dürften auch diese Birken für unsere Forste vergeblich empfohlen sein. Die durch Ableger erzogenen Birken haben vollends gar keinen Werth für Forste, indem solche zu unbedeutende Holzmassen liefern.

Anhang. Unsere Weiß= und Ruch=Birken sind am meisten durch ihre weißen und häutigen Stämme ausgezeichnet, und um den Stock herum wird nach und nach der Boden schwärzlich von Dammerde. — Sie liefern das wenigste Wurzelholz unter den Forstbäumen.

Erle. Alnus.

Männliche und weibliche Blüthen in walzenförmigen Kätzchen auf einem gemeinschaftlichen ästigem Stiele; die männliche Blüthe mit drei fast runden Schuppen an jedem Blüthenboden, der drei Blüthchen enthält, wovon jedes einen viertheiligen Kelch und 4 bis 6 oder auch 8 Staubgefäße hat, — die weibliche mit länglichen zweiblüthigen Schuppen und zwei Griffeln auf jedem Fruchtknoten. Die Frucht ein hartschuppiger Zapfen mit kleinen zusammengedrückten nußartigen Samen. Die Blätter wechselweise und die Knospen gestielt. (XXI.4.)

32.

Schwarz-Erle. Alnus glutinosa.

Die Blätter rundlich oder keilförmig, am Rande ungleich

doppelt sägeförmig gezähnt, an der Spitze ausgerandet oder abgerundet, oben glatt und unten in den Nervenwinkeln mit braunen Haarbüscheln versehen; sie sind in der Jugend, wie auch die Blattstiele und Zweige, klebrig. Die Knospen langgestielt. Die Blüthen im März aufgeblüht, obgleich schon im Herbste vorher sichtbar. Der Samen reift im Oktober und fällt den Winter über aus. Eine Abart ist:

> Lappen=Erle. A. laciniata. Mit am Rande ungleich= und tiefeingeschnittenen Blättern, die ziemlich groß sind und dem Stamme ein fremdes, fast eichenartiges, Ansehen geben. — Sie ist für Gartenpflanzungen eine wahre Zierde.

Diese über mehre Länder verbreitete Schwarz=Erle kommt durch ganz Deutschland häufig vor in feuchten Ebenen, an den Ufern der Bäche und Flüsse und in feuchten Thälern, wo sie theils einzeln steht, theils auch ganze Bestände ausmacht. Ist dabei der Boden locker und fruchtbar, so vollendet sie ihren größten Wuchs etwa in 50 bis 60 Jahren, ob sie gleich viel älter und ein Baum werden kann von 60 bis 70 Fuß Höhe; bei 2 bis 3 Fuß im Durchmesser Stärke; sie wächst nur in der ersten und zweiten Lebens=Periode ziemlich rasch. In hohen Lagen bleibt sie sehr niedrig und sie steigt überhaupt nur bis zu 3000 Fuß Meeres=Höhe. — Ihr Schaft ist ziemlich gerade und walzenförmig, ihre Krone starkästig aber nicht dicht, und ihre Bewurzelung fein= und vielästig, flach und weit ausgebreitet, und ausgezeichnet durch ihre starken Zasern. — Die Samenpflänzchen erscheinen mit zwei rundlichen blaßgrünen Samenlappen und mit fast zugespizten Stockblättern, und sind sehr dauerhaft. — Der Stockausschlag erfolgt innerhalb 30 (und in nördlichen Gegenden 40) Jahren reichlich am Wurzelknoten oder Stamme, zu jeder Jahreszeit abgehauen; freilich ist der Sommer=Ausschlag nicht immer dauerhaft.

Je vester oder trockener ein Boden ist, desto weniger gedeiht diese Erle, so daß sie im thonigen Boden kaum wächst, und selbst auf Kalkboden zeigt sie keinen guten Wuchs. Auch sind ihr solche nasse Waldorte nicht zuträglich, die durch stehendes Wasser sauer sind und im Sommer faulig werden. Westliche und nördliche Lagen sind ihr am angemessensten, wenn sie sonst einen feuchten nicht bindigen Boden haben. Gegen unsere Witterung ist sie weiter nicht empfindlich, wenn auch ja einmal, an nicht

176

ganz günstigen Standorten, einige Zweigspitzen durch Spätfröste erfrieren. — In Absicht auf Umgebung verlangt sie einen eher freien als ganz dichten Stand, sowol unter sich als mit ähnlichen Holzarten; vom Graswuchs leidet sie wol nicht leicht. — Von Thieren hat sie wenige zu Feinden; nur das Weidevieh nimmt sie gerne an; Chrysomela alni zerfrißt die Blätter und Curculio alni benagt die Knospen. Gipfeldürre und Abzehrung sind an ungünstigen Standorten ihre gewöhnlichen Krankheiten, und an Ufern bekommt sie nicht selten Frostrisse.

In forstlicher Hinsicht ist die Schwarz-Erle ein gar wichtiger Baum auf angemessenen Stellen, zu Niederwald allermeist, doch auch zu Mittelwald, wegen ihres großen und nutzbaren Ertrags. Zu Kopfholz ist sie wol nicht zu empfehlen, aber desto mehr zu Schneidelholz. — Außerdem wird sie mit Recht allgemein an Ufern, auch zu deren Bevestigung, erzogen.

Zur Saat wird der Samen im Spätherbste gesammelt, an der Luft aufbewahrt, im nächsten Frühjahre auf einen wundgemachten Boden gesäet und nur wenig bedeckt. Die Pflänzchen erscheinen nach wenigen Wochen und bedürfen keiner besonderen Pflege. — Zum Versetzen sind 2- bis 3jährige Pflänzlinge die geeignetsten; sie lassen sich aber auch größer gut verpflanzen, und zwar besser im Frühjahre als im Herbste. Zu beschneiden braucht man Erlen-Pflänzchen nicht, weil sie sich leicht reinigen. Ausgezogene, statt ausgehobene und schlecht versetze Pflänzlinge kümmern oft einige Jahre. — Die Vermehrung durch Stecklinge verdient keine Beachtung.

Das Holz dieses schätzbaren Baumes ist auf feuchtem Boden rothbraun, auf trockenem blasser, und überhaupt, zwar nicht besonders hart, aber doch ziemlich dicht und vest und sehr gut zu verarbeiten; der rhein. Würfelfuß wiegt frisch etwa 56 und trocken 41 Pfund. — Als Bauholz hat es in's Trockene oder der Witterung ausgesetzt, gar keine lange Dauer, aber in's Nasse desto mehr, so daß es da fast unglaublich lange der Vernichtung widersteht, daher es zu Pfahl- und Rost-Werken und zu Brunnen-Röhren ganz vorzüglich geschätzt ist. Als Brenn- und Kohl-Holz hat es nur einen Werth zum buchenen wie 75 zu 100, doch verbrennt es mit schöner Flamme; auch darf weder das Holz ungespalten, noch das Reißig im Wetter lange liegen. Als Nutzholz wird es benuzt zu Tischler-, Drechsler- und Schnitzer-

Arbeiten, auch zu Leisten, Holzschuhen, Schaufeln, Mulden ꝛc.; ferner läßt es sich trefflich beizen und daher zu schönen Hausge= räthschaften verarbeiten, vorzüglich die wimmerig gewachsenen Holz= stöcke, die man am unteren Theil des Schaftes und am Stocke zu suchen hat. — Oefters giebt es schöne Masern am Stock und Stamme, die zu Pfeifenköpfen', Dosen u. s. w. häufig be= nuzt werden. — Die Rinde dient zum Gerben und mit Eisen zum Schwarzfärben, hingegen mit Eisenvitriol zum Braunfärben. — Das Laub wird auch getrocknet noch von Schafen und vom Rindvieh gefressen.

33.

Weiß=Erle. Alnus incana.

Die Blätter rundlich=eiförmig, zugespizt, am Rande groß gezähnt und die Zähne wieder fein und scharf gesägt, oben glatt und unten weißlich behaart. Die Blattansätze hinfällig und lanzettförmig. Die Knospen stumpf und wenig gestielt. Die Blüthen wie bei der vorigen, nur größer und etwas früher. Der Samen reift Anfang Oktobers. Die Rinde des Stamm= es grauweiß und glatt.

Diese in Preußen und Schweden, auf den Gebirgen Oester= reichs, Kärnthens, der Schweiz u. s. w. heimische Erle trifft man nur selten auf niedrigen und meist auf hohen und bergigen Lagen an, so daß sie bei 4000 Fuß Meeres=Höhe noch baumartig wird. Auch sind die Stellen, wo sie theils einzeln, theils im Schlusse gut wächst, immer frisch, und mit einem lockeren Boden versehen, und sie wird daselbst in 50 bis 70 Jahren ein Baum von 60 bis 70 Fuß Höhe und 2 Fuß im Durchmesser Stärke. Sie wächst besonders in der ersten Lebens=Periode sehr schnell, und in ebenen Gegenden kann sie bei freiem Stande schon nach 15 bis 20 Jahren keimfähigen Samen tragen. Sie bildet einen geraden und schlanken Schaft mit einer lockeren runden Krone, und ihre Wurzeln breiten sich flach und weit aus. Die Sa= menpflänzchen erscheinen mit kleinen rundlichen Samenlappen und sind sehr dauerhaft. Unter günstigen Umständen erfolgt auch viele Wurzelbrut, und innerhalb 10 bis 20 Jahren treibt sie ganz unten am Boden, wenn sie im Frühjahre nicht zu spät abgetrieben wird, reichlichen Stockausschlag.

Am beßten gedeiht die Weiß=Erle in einem frischen und

178

fruchtbaren lehmigen Sandboden; doch wächſt ſie auch noch gut
im eigentlichen Sand= und in jedem anderen gemengten Boden,
wenn er nur fruchtbar, locker und eher trocken als feucht zu
nennen iſt; naſſe, dürre und magere Orte ſind ihr gar nicht
zuträglich. — Bei uns dürfte ſie in allerlei Lagen gut wachſen,
wenn dieſe nur ſonnig und nicht eigentlich feucht zu nennen ſind.
— Gegen unſere Witterung iſt ſie gar nicht empfindlich. Auch
verträgt ſie einen vollkommenen Schluß unter ſich; im freien
Stande bleibt ſie aber niedrig. Daß ſie beſonderen Zufälligkeiten
unterworfen ſei, hat man bisher noch nicht bemerkt, indem ſie
noch nicht lange genug forſtlich gezogen und beobachtet worden
iſt. Vom Graswuchſe leidet ſie nicht. Die Raupe der Chrysomela alni zerfrißt die Blätter zuweilen im Sommer.

In forſtlicher Hinſicht dürfte die Weiß=Erle für den
Nieder= und Mittel=Wald, beſonders bei einem niedrigen Umtriebe, künftig eine gar nützliche Holzart abgeben; wenigſtens
würde ſie für ſchickliche Stellen mehr zu empfehlen ſein, als viele
geprieſene ausländiſche Baum= und Strauch=Gattungen. Ja, es
iſt zu verwundern, daß man dieſes treffliche Schlagholz in unſeren Forſten nicht häufiger gezogen antrifft, da doch Burgsdorf mit einem ſo guten Beiſpiele voranging. — Zu Kopf-
und Schneidel=Holz iſt ſie nicht geeignet. Die Zucht dieſer
Erle aus dem Samen und die Pflege derſelben iſt ſehr leicht,
wenn man ſie wie die vorige in der Baumſchule behandelt und
bei der Saat ſehr genau darauf ſieht, daß der Samen nur ſehr
ſchwach bedeckt und bis zum Erſcheinen der Pflänzchen feucht erhalten wird; dann verſetzt man die Pflänzchen nach 2 bis ſpät-
eſtens 5 Jahren in's Freie, und zwar zeitig im Frühjahre. —
Das Verſetzen der Wurzelbrut, ſo wie das Vermehren durch
Stecklinge, iſt nicht anzurathen, da man aus Samen ſo bald
und ſicher kräftigere Pflanzen erhalten kann.

Das Holz iſt etwas weißer, veſter und zum Brennen etwas beſſer noch als das der vorigen. Als Nutz=Holz wird es
von den Tiſchlern gern verarbeitet, weil es ſich gut hobeln und
leicht beizen läßt, und übrigens wird es wie Birkenholz ver-
raucht, auch die ſchlanken Schüſſe zu Reifen. — Die Kohlen
bwerden vn Nagelſchmieden, Schloſſern u. ſ. w. gern genommen.
— Die Rinde kann wie bei der vorigen benutzt werden, und
das getrocknete Laub iſt ein geſundes Schaffutter.

34.

Alpen-Erle. Alnus alpina.

Die **Blätter** verkehrt eiförmig, schwach zugespizt, fein gezähnt, 2 bis 2¼ Zoll lang und 1½ bis 2 Zoll breit; sie sind
oben etwas glänzend und unten blasser. Die Zapfen rothbraun und mit wenig ausgebreiteten Schuppen versehen.

Diese auf den Alpen heimische und auf südbeutschen Gebirgen bei 1000 bis 1500 Fuß Meeres-Höhe an Winterseiten
erscheinende Erle, und zwar auf trockenem und lockerem Boden,
wird nur ein 10 bis 12 Fuß hoher Strauch. — Uebrigens
kommt sie mit der Schwarz-Erle überein, und an ihrem natürlichen Standorte gewährt sie einigen Ertrag, indem sie dort auch
vom Stocke ausschlägt.

Anhang. Die Schwarz-Erle gewährt jederzeit einen etwas düsteren Anblick, und selbst bei der Weiß-Erle können nur
die schönen glatten Stämme erfreuen.

Hornbaum. Carpinus.

Männliche und weibliche Blüthen in Kätzchen auf
einem Stamme; jene hat, statt Kelch und Blume, eine gefranzte Schuppe mit 6, 10 oder mehr Staubfäden, — diese hat
dreispaltige Schuppen und auf jedem Fruchtknoten zwei Griffel.
Die **Frucht** ist eine harte, einsamige und mit dem Kelche verwachsene Nuß. Die **Blätter** wechselweise. (**XXI.** 8.).

35.

Gemeiner Hornbaum. Carpinus Betulus.
(Hain-Buche.)

Die **Blätter** länglich-eiförmig, zugespizt, am Rande doppelt und an der Spitze einfach gesägt; sie erscheinen gefaltet durch
die unten erhabenen und gleichlaufenden Rippen, die, wie Blattstiele und jungen Triebe, mit einzelnen langen Haaren versehen
sind. Die **Blüthen** erscheinen im Mai mit dem Ausbruche
des Laubes, die männlichen in hängenden, lockeren und grünen
und die weiblichen in walzenförmigen engschuppigen Kätzchen.
Die **Früchte** stehen in lockeren Zapfen mit breittheiligen und

12 *

180

ganzen ober gezähnten Schuppen, wovon der mittlere Einschnitt noch einmal so lang als die beiden anderen ist.   Der Samen reift im Oktober und fliegt im Spätherbste und Winter mit der am Grunde verwachsenen Schuppe ab.   Der Stamm immer mehr ober weiger spannrückig, kurzschaftig und mit grauer Rinde und ausgebreiteten Aesten versehen. — Abarten sind:

  a) Eingeschnittener Hornbaum. C. incisa.   Die Blätter etwas kleiner und am Rande außer den doppelten Sägezähnen noch unregelmäßig tief eingeschnitten.

  b) Geschäckter Hornbaum.   Mit weißgeschäckten Blättern.

Dieser Hornbaum (gemeinhin auch Weißbuche genannt) kommt in unseren Laubholz-Waldungen auf milden Ebenen und an den unteren frischen Lagen der Mittelgebirge häufig vor, und zwar frei und im Schlusse, doch selten als herrschende Holzart. Er erhebt sich nicht so hoch wie die Rothbuche über die Meeresfläche, nämlich kaum 3000 Fuß. — Unter günstigen Umständen wird er ein 60 bis 80 Fuß hoher Baum bei beträchtlicher Stärke mit einer dichten und feinästigen Krone; seine Herz-Wurzeln bringen tief ein und die Seitenwurzeln breiten sich weit aus. Er wächst in den ersten 30 Jahren ziemlich rasch, dann aber weit langsamer, und vollendet seinen größten Wuchs etwa in 80 bis 90 Jahren, obgleich er 120 und mehr Jahre gesund bleiben kann. — Die Samenpflanzen erscheinen mit zwei fast herzförmigen dicken und unten weißgrünen Samenlappen, die ohne weiteren Schutz und Schatten gut gedeihen. — Der Stockausschlag erfolgt innerhalb 20 bis 30 Jahren sehr reichlich am Stamme und bei tiefem Abhiebe auch am Wurzelstocke, wodurch sehr dichte Büsche entstehen.

Zum bessten Gedeihen verlangt dieser Hornbaum ebenfalls einen fruchtbaren, frischen und lockeren Boden, der übrigens sandig, lehmig, grantig, kalkig u. s. w. sein kann.   An trockenen Lagen wächst er viel langsamer als an kühlen, feuchten Stellen; und nasse Orte sind ihm, so wie ein bindiger Boden, gänzlich zuwider. Gegen die Einwirkungen der Witterung zeigt er sich jederzeit sehr dauerhaft.   Trockene Sommer reizen ihn zum übermäßigen Samentragen und schwächen auch dadurch seinen Wuchs. — Er gedeiht zwar auch im freien Stande, und im Schlusse unter sich und mit ähnlichen Holzarten, doch ist ihm ein etwas lichter Stand am angemessensten. — Junge Pflänzchen werden leicht vom Graswuchſe unterdrückt; größer verdrängt dieſer Hornbaum ziemlich Alles unter ſich, ſo daß ſich Wald= und andere Kräuter und Sträuche nur kümmerlich unter ihm erhalten können. — Die Feld= und Wald=Mäuſe ſind jungen Hornbäumen oft gefähr= liche Feinde. — Bei zu raſchem Wuchſe in der Jugend, ſo wie bei alt gewordenem Stockausſchlage, leidet er an Kernfäule; fer= ner bei flach ründigem Boden und trockener Lage an Gipfelbürre. — Beim Stockausſchlag und bei jungen Pflanzen bleibt das nicht völlig au gebildete Laub, wie bei der Rothbuche, im Winter noch hängen.

In forſtlicher Hinſicht iſt dieſer Hornbaum mit Recht ſehr geſchäzt, und wenn auch weniger zu Hochwald, doch vorzüg= lich zu Mittel= und Nieder=Wald, wo er auf angemeſſenen Stell= en, beſonders mit anderen Holzarten gemiſcht, einen reichlichen und ſehr nutzbaren Ertrag ſicher und nachhaltig liefert. Auch zu Kopfholz iſt er ſehr geeignet, wenn die Stämme ſchon vor dem 30ſten Jahre als ſolches behandelt und alſo gleichſam an dieſen Zuſtand gewöhnt wurden.

Zur Saat ſtreift oder klopft man den Samen im Oktober ab; dann wird er am beßten alsbald geſäet und höchſtens ½ Zoll hoch mit Erde bedeckt. Meiſt erſt nach 1½ Jahren erſcheinen die Pflänzchen, und ſie vertragen keinen anhaltenden Schatten. Man kann ſie frühzeitig an den Ort ihrer Beſtimmung pflanzen, doch gedeihen auch noch beträchtlich ſtarke Pflänzlinge, und zwar im Frühjahr und Herbſte gepflanzt, recht gut.

Das Holz iſt weiß, ſehr hart und veſt, gleichförmig dicht, auch feinfaſerig, und es wiegt der rhein. Würfelfuß friſch 62 und trocken 46 bis 50 Pfund; in der Borke verſtockt es ziemlich leicht. Ob es gleich wegen ſeiner geringen Dauer höchſtens zum Bauen in's Trockene verwandt werden kann, ſo hat es doch als Werk= und Nutzholz einen ganz vorzüglichen Werth, indem es zu allen Arten von Getrieben, Schrauben, Rabkämmen, Walzen, Preſſen, Axt= und Hammerſtielen u. ſ. w. ſehr geſchäzt iſt, auch von Wagnern, Drechslern und Tiſchlern vielfältig verbraucht wird — und wobei ihm die lezten eine Politur und Beize zu geben verſtehen. Auch als Brenn= und Kohl=Holz hat es großen Werth, indem es dem der Rothbuche wenigſtens gleich zu achten iſt, oder ſich zu dieſem wie 105 zu 100 verhält.

Uebrigens benuzt man ihn zu Lauben und Verzäunungen gerne, weil er den Schnitt gut verträgt, und das Laub wird

182

grün und getrocknet von Schafen, Ziegen und vom Rindviehe gefressen.

36.

Hopfen=Hornbaum.   Carpinus Ostrya.
(Hopfenbuche.   Ostrya vulgaris. W.)

Die Blätter länglich=eiförmig, zugespizt und etwas rauh, am Rande scharf und ungleich gesägt, unten die Adern rostfarbig und behaart. Die Blattstiele kurz und behaart. Die Knospen stumpf= und braunschuppig. Die Blüthen erscheinen im Mai; die männlichen in fingerlangen Kätzchen zu 2 bis 3 an den Spitzen der Zweige; die weiblichen mit behaarten Griffeln und abfallenden Schuppen. Der Samen liegt in einer aufgeblasenen, aus dem Fruchtknoten erwachsenen Hülle, und reift im Oktober; die Samenzapfen haben ein hopfenartiges Ansehen. Die Rinde graubraun und mit Warzen besezt, die sich strichförmig um den Stamm ausdehnen; ältere Stämme fast blätterig aufgerissen.

Im südlichen Europa, namentlich in Krain und Innerösterreich, wächst dieser Hornbaum in Wäldern und an Flüssen als ein 30 bis 40 und mehr Fuß hoher Baum mit einem regelmäßigen kegelförmigen Wipfel. Er verträgt einen geschlossenen und freien Standort, liebt einen lockeren, aber fetten und mehr feuchten als trockenen Boden, und wächst dann ziemlich schnell.

Weil auch das braune Holz dieses Hornbaumes ebenfalls zähe, vest, dicht und schwer, und wie das des vorigen zu benuzen ist, so kann man ihn zu den trefflichen Schlaghölzern für das südliche Deutschland zählen, wenn er im Niederwalde, wie der vorige, forstlich erzogen und behandelt wird.

Anhang. Die Hornbäume zeichnen sich durch gedrängten Wuchs in allen ihren Theilen aus.

———

Pappel.   Populus.

Männliche und weibliche Blüthen getrennt auf verschiedenen Stämmen, beide in langen Kätzchen mit einer keilförmigen gezähnten Schuppe statt des Kelchs, und mit einer gestielten, becherförmigen und ungezähnten Blume; jene mit 8, in der Blume bevestigten Staubfäden, — diese mit einem Griffel und vierspaltiger Narbe auf einem eiförmigen Fruchtknoten. Die Frucht eine zweiklappige krummgebogene Kapsel mit vielem an der Spitze wolligen Samen. Die Blätter wechselweise. (XXII. 7.).

37.

Zitter-Pappel. Populus tremula.
(Aspe.)

Die Blätter rundlich, dick und beiderseits glatt, am Rande bogenförmig gezähnt und am Grunde meist mit zwei Drüsen besetzt; sie stehen auf langen zusammengedrückten Stielen, wodurch sie beim geringsten Lüftchen in eine zitternde Bewegung kommen (daher der Name). An jungen Samenpflanzen und an üppigen Aufschößlingen sind die Blätter groß, herzförmig, länglich, zugespizt und behaart. Die Blüthen erscheinen Ende Märzes oder Anfang Aprils in 3 bis 4 Zoll langen Kätzchen mit langbehaarten Schuppen. Der Samen reift Ende Mai's. Die Rinde am untersten Theil des Stammes grau und rissig, nach oben hin aber grünlichgrau und glatt.

Diese durch das nördliche Europa verbreitete Pappel kommt in unseren Forsten, besonders in Vor- und Feld-Hölzern, häufig vor, und zwar allen unseren Laubhölzern beigemischt, allermeist an frischen oder feuchten Stellen in Ebenen und auf Mittelgebirgen. Dann vollendet sie in 50 bis 60 Jahren ihren größten Wuchs als ein Baum von 60 bis 70 Fuß Höhe und bis 2 Fuß im Durchmesser Stärke; ob sie gleich älter werden kann. Sie treibt einen geraden walzenartigen und schlanken Schaft mit einer wenig ästigen lockeren Krone, und ihre Wurzeln breiten sich meist flach und weit aus; nur wenige Hauptwurzeln dringen einige Fuß tief ein. Sie wächst besonders schnell in der ersten und zweiten Lebens-Periode, dann langsamer und bildet nun ihr Holz ordentlich aus und fängt an zu blühen. — Die Samenpflänzchen erscheinen mit runden Samenlappen, sind sehr dauerhaft, vergehen aber im anhaltenden Schatten sehr leicht. Der Ausschlag erfolgt zuweilen am Knoten (des Stammes und der Wurzel), selten am Stamme, und sehr häufig aus der Wurzel.

Diese Zitter-Pappel gedeiht in allerlei Boden sehr gut, wenn er nur locker und etwas nahrhaft ist, dann im Kalk- und Trapp-Gebirge so gut wie im Sande, und im sandigen Lehmboden wächst sie dann um so freudiger, wenn zu jenen beiden Eigen-

184

schaften der Lockerheit und der Fruchtbarkeit noch ein frischer oder auch feuchter Zustand hinzu kommt. Auf vestem Boden wächst sie·nur kümmerlich, wenn auch eine flache Dammerden= Schicht vom Schatten frisch erhalten wird. — Niedrige und nicht allzu hohe Lagen sind ihr gleich günstig; aber bei 2000 Fuß Meeres=Höhe bleibt sich schon sehr im Wuchse zurück. — Bei unserer Witterung leidet sie gewöhnlich nicht. — Sie kommt weder im vollen Schlusse noch im freien Stande zur höchsten Vollkommenheit. Der Graswuchs schadet ihr nicht; im Gegen= theil verdrängt sie durch ihre streichenden Wurzeln ziemlich alle schwächlichen Kräuter und Sträuche. — Roth=, Damm= und Reh=Wild nimmt Laub, Knospen und Rinde gern an, besonders die lezten im Winter; auch Weidevieh frißt das Aspen=Laub gern. Chrysomela populi frißt die Zellenmasse aus den Blätt= ern. — Kernfäule und Wipfeldürre sind ihre gewöhnlichen Krank= heiten im Alter.

In forstlicher Hinsicht wird sie nur da geduldet, wo man nützlichere Holzarten eben nicht erziehen kann oder mag; denn kaum wird sie in Forsten selbst angebaut oder gepflegt. Selbst schädlich kann sie dem Forstbetriebe·da werden, wo sie im vollen Bestande nützlicherer Holzarten sich eindrängt und solche über= wächst und·beeinträchtigt, wenn sie nicht frühzeitig wieder her= ausgeschlagen wird. Nützlich hingegen und dem verständigen Forstwirthe willkommen muß die Zitter=Pappel sein:

a) wenn edlere Holzarten zu lichte, und bei einem schlechten Boden auch der Sonne zu sehr ausgesezt stehen; hier geb= en sie·den nöthigen Schatten, und treiben die edleren Holz= arten mit sich in die Höhe, — versteht sich, daß die As= pen auch hier zur´rechten Zeit weichen müssen;

b) in Schlagholz=Waldungen; hier vermehrt sie die Klafter= zahl erstaunlich, und einzelne übergehaltene Stämme geben doch immer ein brauchbares Nutzholz; und

c) in verödeten Waldbezirken; diese werden durch sie, besond= ers wenn der Boden leicht und sandig ist, schnell in Forst= ertrag gesezt und·für bessere Holzarten empfänglich gemacht, weil diese Pappel den Waldboden verbessert.

Zucht und Vermehrung zulezt bei den Pappeln.

Das Holz ist weiß, leicht, etwas zähe, und gerabspaltig und muß, wenn es nicht verstocken soll, sehr bald von der Borke

befreit oder gespalten werden; es wiegt der rhein. Würfelfuß frisch
50 und trocken 28 Pfund.   Es wird benutzt hier und da zum
Bauen in's Trockene, und vielfältig zu allerlei Tischler-, Drechs-
ler- und Schnitzer-Arbeiten, zu Hausgerähschaften, zu feinem
Flechtwerk, zu Mulden u. f. w.; auch sollen solche Brunnröhren
besonders in's Nasse, gar nicht übel sein, wie z. B. in Franken
nicht selten solche verbraucht werden; auch sind starke Klötzer zu
Bretern geschätzt. Als Brennholz verhält es sich zwar zum buchenen nur wie 65 zu 100, doch verbrennt es mit einer schönen
Flamme und giebt schnell eine flüchtige Hitze.   Die Kohlen
sind zur Verfertigung des groben Schießpulvers vorzüglich gut,
doch ist dabei nicht zu übersehen, daß sie sehr lange fortglimmen.
— Das frische Reißig wird, wie das der Erle, zum Ziegelbrenn-
en, wovon die Ziegel bläulich werden, geschätzt; die Asche ist für
Seifensiedereien sehr nützlich, und die Borke ist gerbstoffhaltig und
giebt jung, wie die Blätter, gelbe Farben.

38.
Schwarz-Pappel. Populus nigra.

Die Blätter fast dreieckig, lang zugespizt, hellgrün, glatt,
am Rande mit hackenförmigen und drüsigen Sägezähnen besezt
auf etwas zusammengedrückten Stielen stehend.   Die Knospen
schwitzen vor dem Ausbruche der Blätter einen balsamisch-riech-
enden Saft aus.   Die Blüthen erscheinen im April in 1½
Zoll langen Kätzchen mit zerschlizten und unbehaarten Schuppen;
nach der Bestäubung verlängert sich das weibliche Kätzchen und
wird traubenartig mit runden Samenkapseln.   Die Rinde in
der Jugend gelblich und im Alter schwarzgrau.   Die Aeste ausgebreitet und wagerecht stehend.

In ganz Deutschland wächst diese Pappel an den Ufern der
Flüsse und an feuchten Plätzen in einem fruchtbaren Boden und
in nicht rauhen Lagen.   Sie ist so schnellwüchsig, daß sie ihren
Wuchs, von 60 bis 80 Fuß Höhe und einer ansehnlichen Stärke,
schon in 40 bis 50 Jahren vollendet; sie wird aber viel älter
und alt sehr alt stark angetroffen.

In forstlicher Hinsicht verdient sie keinen weiteren Anbau, weil sie im geschlossenen Stande nicht wol gedeiht, und da,
wo man sie aus anderen Absichten erzieht, nimmt man ihr gewöhnlich alle 3 bis 4 Jahre die Seitenäste ab, theils zu Schaf-

186

futter im Winter, theils zu Faſchinen beim Waſſerbaue. Ge-
köpft wächſt ſie wie Weiden recht gut, doch wird der Hauptſtamm
auch leicht kernfaul.

Das Holz iſt weißlich und leicht, aber ziemlich zähe und
wirft ſich nicht. Als Brennholz verhält es ſich zum buchenen
nur wie 5 zu 10; doch benutzt man es außerdem zum Bauen
in's Trockene, zu Mulden, Backtrögen, verſchiedenen Tiſchler-
arbeiten u. ſ. w.; beſonders laſſen ſich die gemaſerten Wurzel- und
Stamm-Stücke ſchön verarbeiten.

Der im Frühjahre von den Knospen ausgeſchwizte Saft
giebt eine ſchmerzſtillende Salbe, und wird von den Bienen zur
Kütte benuzt. Auch hat man die Samenwolle dieſer und der
vorigen Pappel zu Papier, Hüten und anderen Dingen zu verarbeiten geſucht.

39.
Italiſche Pappel. Populus italica.

Die Blätter breieckig, oder manchmal faſt vierſeitig, zugeſpizt, ſtumpf gezähnt, beiderſeits glatt und auf flach zuſammen-
gedrückten Blattſtielen ſtehend. Die Blüthen ſind denen der
vorigen ähnlich und erſcheinen etwas früher. Die Aeſte ſtehen
angedrückt, und der ganze Baum hat einen pyramidenförmigen
Wuchs.

Dieſe eigentlich aus Italien ſtammende Pappel iſt jezt in
Deutſchland häufig in Gärten und zu Baumreihen gepflanzt.
Sie wächſt überaus ſchnell zu einem hohen ſchlanken Baume,
und gedeiht am beßten in einem friſchen, mit etwas Dammerde
gemiſchten Sandboden; überhaupt aber immer beſſer an trockenen
als naſſen Orten.

Das Holz iſt braun, etwas härter und dauerhafter, als
das der vorigen, d. h. wenn es nämlich langſam erwachſen iſt,
und wird zu gleichen Zwecken benuzt.

40.
Kanadiſche Pappel. Populus canadensis.

Die Blätter abgerundet breieckig, an der Spitze lang vorgezogen und ungezähnt, am Rande hackenförmig gezähnt, am
Grunde ſeicht herzförmig und meiſt mit zwei Drüſen beſezt, beid-

187

erſeits glatt und auf langen zuſammengebrückten Stielen ſtehend.
Die Blüthen erſcheinen Ende Aprils; die männlichen in 3
Zoll langen und rothen, die weiblichen in 1½ Zoll langen und
grünlichen Kätzchen; beide mit häutigen, unbehaarten und hin=
fälligen Schuppen. Die Rinde an alten Stämmen aſchgrau
und riſſig, an jungen aber glatt und grünlichgrau. Die Aeſte
ſtehen wagrecht, und die üppigen Triebe ſind öfters gefurcht.

Dieſe in Kanada heimiſche, und in Deutſchland häufig ge=
pflanzte Pappel wird ein Baum von 80 bis 100 Fuß Höhe,
bei einer angemeſſenen Stärke mit einem ausgebreitetäſtigen Wipfel,
und vollendet ihren Wuchs in 60 — 70 Jahren. Sie liebt ei=
nen milden, friſchen und lockeren Boden, und wächſt beſonders
in den erſten 30 Jahren außerordentlich ſchnell.

Wenn in forſtlicher Hinſicht eine ausländiſche Pappel
Aufmerkſamkeit und Anpflanzung verdiente, ſo wäre es dieſe.
Denn bei ihrem außerordentlich ſchnellen Wuchſe liefert ſie den=
noch ein feinfaſeriges und ziemlich zähes Holz, welches wie das
der Zitter=Pappel benuzt werden kann.

41.

Silber=Pappel. **Populus alba.**

Die Blätter länglich, mehr oder weniger dreiläppig und
übrigens am Rande unregelmäßig bogenförmig gezähnt; oben dun=
kelgrün und glänzend, unten ſchön weißfilzig, an jungen Stämm=
en meiſt lappig, aber an ältern mehr rundlich. Die Blüthen
erſcheinen Anfang Aprils in dünnen langen Kätzchen mit weiß=
behaarten Schuppen. Die Rinde an jungen Stämmen ge=
fleckt und an ältern der Länge nach aufgeriſſen. Ueppige Triebe
und junge im guten Boden ſtehende Stämme haben ausgezeich=
net große und drei=, auch faſt fünflappige Blätter.

Dieſe Pappel iſt eigentlich im ſüdlichen Europa und auch
im Orient heimiſch; doch kommt ſie auch in Deutſchland ver=
ſchiedentlich vor, und wegen ihres ſchönen und ſilberweißen Laubes
wurde ſie in Gärten und Anlagen ſo häufig erzogen, daß ſie
nunmehr häufig als verwildert angetroffen wird. Sie wächſt
ſchnell zu einem anſehnlichen Baume, und liebt einen fruchtbaren,
friſchen Boden, der aber locker ſein muß. — Ihr Holz iſt gelb=
braun, weich, leicht und von ſehr eingeſchränktem Nutzen.

188

Forstlich kommt sie wol nicht in Betracht. — Die zuweilen
als eigene Gattung aufgeführte Pop. canescens, von Will-
benow und Andern, ist weiter nichts als junge üppig wachsende
Stämme mit großen Blättern, während die wahre P. canescens. De C. eine in Ungarn heimische Pappel ist, deren Stamm
mit dem der Aspe große Aehnlichkeit hat.

42.

Balsam-Pappel. Populus balsamifera.

Die Blätter eiförmig, zugespizt, klein und stumpf gesägt,
oben dunkelgrün, unten weißlich und beiderseits glatt, und langgestielt; an alten Stämmen bekommen die Blätter ein ganz
anderes Ansehen durch die herzförmige und an der Spitze abge-
rundete Gestalt. Die Knospen und Blattansätze schwitzen,
besonders im Frühjahr, einen starkriechenden Balsam aus. Die
Blüthen erscheinen Ende Aprils in 2 Zoll langen Kätzchen mit
spizig gezähnten Schuppen.

Eine in Nordamerika und Sibirien heimische Pappel, die
einen guten, etwas feuchten Boden verlangt und dann schnell zu
einem 40 bis 50 Fuß hohen Baum erwächst. Sie ist in unseren Gartenanlagen ziemlich gemein, und ob sie gleich etwas feineres und festeres Holz als andere Pappeln liefert, so ist es
doch eben so leicht und besonders dem Wurmfraß unterworfen.
Der aus den Knospen gewonnene Balsam dient als Wundmit-
mittel und liefert den Takamahaka-Balsam. Auch sind, nach
Pallas, die Knospen den Birkhühnern (in Sibirien) die liebste
Nahrung im Winter. — Doch dürfte auch diese Pappel keine
forstliche Beachtung verdienen. Sie vermehrt sich leicht durch
Wurzelbrut.

Die Zucht aller Pappelarten aus dem Samen, der
mit zwei Monaten nach der Blüthezeit reift, ist einiger Schwier-
igkeit unterworfen, weil die den Samen umgebende Wolle sich
beim Einsammeln zusammenballt, und er dann nicht wol gesäet werden kann. Darum schneidet man die einzelnen Zweige,
woran sich reifer und durch die Bestäubung vollkommener Samen
befindet, ab, und steckt sie auf die dazu wundgemachten Plätze.
Wird hier der Samen nicht vom Winde verweht, so fliegt er
von selbst ab, und bald erscheinen viele Pflänzchen, die in den
ersten Jahren aber nur langsam heranwachsen. Außerdem läßt

man die trockenen Früchte mit Sand abreiben, und nun Samen und Sand zugleich säen. — Leichter, sicherer und schneller geschieht die Vermehrung durch Stecklinge, Ableger und Wurzelbrut. Die Stecklinge gedeihen am beßten, wenn junge Aeste und Zweige (wenigstens einen Fuß lang) von nicht alten Stämmen zeitig im Frühjahre abgenommen, und alsbald an den Ort ihrer Bestimmung gesteckt — oder in Pflanzschulen an schattigen Stellen, und nach 3 bis 4 Jahren weiter verpflanzt werden. Solche Stecklinge lassen sich auch ohne Nachtheil versenden, wenn sie dann vor dem Stecken einen halben Tag in's Wasser gelegt werden. — Will man keine Stämme, sondern nur dicht stehende Büsche erziehen, so nimmt man 3 Fuß lange Zweige, steckt sie mit beiden Enden etwa 8 bis 10 Zoll tief in die Erde, so daß der mittlere Theil des Zweiges auf der Erde aufliegt, und nöthigenfalls mit einem eingesteckten Haken befestigt werden kann. Auf diese Weise erhält man mehr Aufschößlinge. Alle Stecklinge müssen bei anhaltend trockner Witterung begossen werden. Auch darf man die Stecklinge entweder nur von männlichen, oder besser nur von weiblichen Stämmen nehmen, wenn sie sich später nicht durch befruchteten Samen weiter verbreiten sollen, wie z. B. bei Baumreihen an Wiesen und Feldern.

Gut ist's, daß in Deutschland das häufige Anpflanzen der Pappeln an Straßen und anderen freien Plätzen wieder nachgelassen hat; denn Schatten und Schutz gewähren sie wenig — Früchte liefern sie auch nicht — ihr Holz ist als Brenn= und Nutzholz von geringem Werthe — in jeder dieser Hinsichten haben wir vorzüglichere Holzarten, und an Straßen gehören solche Baumarten, die sich zu Schneidelholz eignen, damit man sie alle 3 oder 4 Jahre schneideln kann, wie Eichen, Rüstern, Linden, Eschen u. s. w.

Anhang. Die Pappeln haben das Eigenthümliche, daß die Samenpflanzen mehrere Jahre eine ganz abweichende Blattform zeigen gegen die schon herangewachsenen Stämme. Auch lassen die Pappeln, welche häufig Wurzelbrut treiben, sich viel schwerer als andere durch Stecklinge vermehren. — Die Pappeln haben mit anderen Holzarten, die getrennten Geschlechtes sind, das gemein, daß die weiblichen Stämme größer und schlanker auch mit vielen feinen Aesten, erwachsen, während die männlichen kurzschaftiger bleiben und wenigere, aber stärkere Aeste ausbilden.

190

Weide. Salix.

Männliche und weibliche Blüthen in Kätzchen getrennt auf verschiedenen Stämmen; jene mit einer länglichen
Schuppe, darunter gewöhnlich zwei, oder auch drei, vier oder
fünf Staubfäden, und auf dem Blüthenboden eines kleines Ho-
nigbehältniß, aber ohne Kelch und Blume — diese mit einem
eiförmigen Fruchtknoten und einem zweitheiligen Griffel, aber
übrigens wie die männlichen gestaltet. Die Frucht eine zweiklappige Kapsel, mit vielen an der Spitze wolligen Samen. Die
Blätter wechselweise; die Knospen angedrückt. (XXII. 2.)

*) Wald-Weiden.

43.

Sahl-Weide. Salix caprea.

Die Blätter eiförmig oder länglich-eiförmig und breit, etwas zugespizt, am Rande gezähnt und oft gewellt, die Zähne
nach der Spitze gebogen, oben grün, runzelig und behaart oder
fast glatt, unten stark behaart oder filzig und netzaderig. Die
Blattansätze rundlich-herzförmig und gezähnt. Die Blüthen
erscheinen Anfang Aprils vor den Blättern und zwar aus glänzend braunen Knospenschuppen in kurzen stumpfen Kätzchen; die
Blüthenschuppen länglich und mit langen weichen Haaren besezt.
Nach der Bestäubung dehnen sich die weiblichen Kätzchen bis auf
3 Zoll Länge aus. Die Kapseln bauchig. Die Rinde in
der Jugend graugrün und glatt; später warzig aufgerissen und
im Alter schwachrissig. Abarten sind.

a) Glattrandige Sahl-Weide. S. sphacelata.
Smith. Mit ganzrandigen, wenigstens fast unmerklich
gezähnten Blättern, die an der Spitze oft verwelkt und
mißfarbig sind. An Stämmen, die im besten Wuchse
sich befinden.

b) Breitblättrige Sahl-Weide. S. macrophylla.
Mit üppigen Schossen und sehr großen, breiten, herzförmigen und starkgezähnten Blättern, wie der Stockausschlag an fetten und feuchten Orten sie treibt.

c) Falsche Werft-Weide. S. acuminata. Willd. und
vieler Forstschriftsteller. Mit schmalen, fast lanzettförmigen

191

Blättern und langvorgezogenen Fruchtknoten. Auf freien Plätzen.

d) **Rundblätterige Sahl-Weide.** S. tomentosa rotundifolia. Ser. Mit rundlichen, etwas herzförmigen und kaum zugespizten Blättern. An älteren Stämmen.

Diese durch ganz Europa verbreitete Weide kommt in unseren Waldungen sehr häufig vor, und zwar allermeist in Vorhölzern mit anderen Laubhölzern gemischt. Auf frischen, nahrhaften und lockeren Stellen, wie z. B. auf Kalk- und Trapp-Gebirgen, auf lehmigen und sandigen Orten wird sie bei niedriger Lage und unter sonst günstigen Umständen in 30 bis 50 Jahren ein Baum von einigen 30 Fuß Höhe bei 1 Fuß im Durchmesser Stärke. Außerdem bleibt sie nur ein 15 — 20 Fuß hoher, sehr ästiger Strauch, und als solcher kommt sie in allerlei Boden und Lagen vor und fort. Dabei verbreitet sie sich durch Samen-Anflug sehr leicht, und treibt auch am Stocke reichlichen und kräftigen Ausschlag.

In forstlicher Hinsicht wird sie selten besonders gezogen und noch gepflegt wie Pappeln. Im Mittel- und Nieder-Walde wird sie zur Vermehrung des Reißigs geduldet, und allenfalls da gern gesehen, wo ihre Benutzung einen besonderen Ertrag gewährt. In jungen Hochwald-Beständen wird sie vorzugweise herausgehauen, weil sie eblere Holzarten leicht im Wuchse beeinträchtigt. — Auf freie Plätze, so wie zu Kopf- und Schneidel-Holz taugt sie gar nicht.

Die Zucht der Weiden siehe unten nach der lezten Weide.

Das Holz dieser Weide ist im Kerne röthlich geflammt, leicht spaltig, auch ziemlich zähe und fest; der rheinl. Würfelfuß wiegt frisch 47 und trocken 34 Pfund. Es wird zu Sieben, Körben und anderem Flechtwerk häufig benuzt, auch ist es ein mittelmäßiges Brennholz, und die Kohlen werden zu grobem Schießpulver verwendet. Die schlanken Aufschüsse geben gute Reife und die jungen Zweige dienen zu grobem Flechtwerke. — Die Rinde hat Heilkräfte, und enthält einen Färbestoff, der auf Wolle, die mit Wismuth gebeizt ist, eine schöne aprikosengelbe Farbe hervorbringt; mit Erlenrinde benuzt man sie auch zum Schwarzfärben. — Aus solchen Weiden erzieht man auch schnell leichte Zäune. — Die Blüthen werden von Bienen fleißig besucht. — Die Samenwolle hat man, besonders aber die der

192

Lorbeer = Weibe, wie schlechte Baumwolle zu benuhen ange=
rathen.

Auf dieser Weide trifft man nicht selten auch Zwitter= Käh=
chen an, so wie manchmal ein weiblicher Stamm auf einem
Aste blos männliche Kähchen hat. — An den Spihen der Sei=
tenäste sieht man häufig, wie auch an den beiden folgenden Gatt=
ungen, die sogenannten Weiden= Rosen.

44.

Salbei=Weide.   Salix aurita.

Die Blätter verkehrt eiförmig, entfernt und fast säge=
förmig gezähnt, am Grunde verdünnt, an der Spihe zurückgebogen
oben etwas runzelig und einzeln behaart, unten graugrün und
dicht behaart; die schwachen Seitenäste haben oft rundliche und
kaum gezähnte Blätter. Die Blattansähe groß, herzförmig
und gezähnelt. Die Blüthen erscheinen vor dem Ausbruche
der Blätter in $\frac{1}{2}$ Zoll langen Kähchen, die männlichen mit be=
haarten und unten verwachsenen Staubfäden, die weiblichen mit
langverdünnten Fruchtknoten. Die Zweige braun, und die
Stämme spannrückig. Abarten sind:

a) **Spatelblättrige Salbei=Weide. S. spathulata.**
   Willd. Mit mehr in die Länge gedehnten schmaleren
   Blättern und spihigeren Blattansähen; so an feuchten und
   schattigen Orten besonders die einzelnen Aufschüsse.

b) **Sumpf=Salbei=Weide. S. uliginosa. Willd.**
   Mit breiten und nach der Spihe zu wellenförmig gezähnt=
   en Blättern; so auf sumpfigen oder nassen Orten.

c) **Geschäckte Salbei=Weide.** Mit gelb und weiß ge=
   schäckten Blättern.

Ein an trockenen und feuchten Walborten in allerlei Boden und
Lagen nicht selten vorkommender sehr ästiger Strauch, der 5 bis
8 Fuß hoch wird. Er hat ein bräunliches, ziemlich festes Holz
und zähe Zweige, die zu allerlei Flechtwerk benuzt werden
können.

Forstlich kommt er nicht in Betracht; höchstens wird er
da mit anderen Hölzern abgeholzt, wo er vorkommt.

45.

Haar-Weide. Salix aquatica.
(S. cinerea L.)

Die Blätter länglich, kurz zugespizt, am Grunde ganz,
übrigens am Rande schwach gezähnt, oben grün und wenig behaart, unten graugrün und fein dicht behaart; an üppigen Trieben werden sie nach der Spize zu etwas breiter, und an schwachen Seitenästen feiner, schmaler und kaum gezähnt. Die
Blattansätze rundlich-herzförmig und gezähnelt. Die Blüthen
erscheinen vor dem Ausbruche der Blätter in dicken Kätzchen; die
weiblichen mit gestielten zottigen und verlängerten Fruchtknoten.
Die Zweige braun und in der Jugend weißlich von weichen
Haaren; die Stämme rund und warzig aufgerissen. Eine Abart ist:

Geschäckte Haar-Weide. Mit gelblich geschäckten
Blättern.

Diese Weide kommt an Waldbächen, an nassen und feuchten, aber ziemlich freien Waldorten nicht selten vor, z. B. in
Sachsen, Thüringen, in der Lausiz, und zwar als ein Strauch
von 8 bis 12 Fuß Höhe mit starken und ausgebreiteten Aesten.—
Die starken üppigen Schossen sind zu Reifen und grobem Flechtwerke sehr geschäzt. In der hiesigen Gegend trifft man sie oft
in lebendigen Zäunen an.

46.

Werft-Weide. Salix acuminata.

Die Blätter länglich-lanzettförmig, scharf zugespizt, am
Rande schwach wellenförmig und fein gezähnt, oben dunkelgrün
und glatt, unten fein graufilzig, 4 bis 5 Zoll lang und daumen-
breit; an schwachen Seitenästen sehr schmal. Die Blattansätze halb herzförmig und etwas zugespizt. Die Blüthen erscheinen vor dem Ausbruche der Blätter in dicken kurzen Kätzchen.
Die Kapseln ei-pfriemenförmig. Die Zweige in der Jugend
fein behaart.

Diese gewöhnlich verkannte und mit einer schmalblätterigen
Abart der Sahl-Weide verwechselte Weide ist richtig abgebildet in
„Guimpels Abbildungen der deutschen Holzarten 2c.“ auf der 193.
Tafel. Sie kommt an feuchten Stellen in Vorhölzern und an

194

Ufern der Flüſſe, Seen und Teiche ziemlich ſelten vor, und
zwar als ein 10 bis 16 Fuß hoher, zuweilen baumartiger,
Strauch. Durch Stockausſchlag macht ſie mannshohe Schoſſen,
die, wie bei der vorigen, benuzt werden können. Sie zeichnet
ſich im Sommer und Herbſt ſchon von Weitem durch viele ver-
trocknete Zweigſpitzen aus.

47.

Großblätterige Weide.   Salix grandifolia.

Die Blätter lanzettförmig, fein zugeſpizt, faſt ganz randig,
oben ziemlich glatt und mattgrün, unten von ſtarken Adern
durchzogen und graufilzig, gewöhnlich 6 Zoll lang und 1 bis 1½
Zoll breit; die Blattſtiele länger als bei der vorigen. Die Blattanſätze halb herzförmig, zugeſpizt und ziemlich groß. Die
Blüthen erſcheinen kurz vor dem Ausbruche der Blätter. Die
Zweige bräunlichgrün und in der Jugend fein behaart, und
die Stämme warzig aufgeriſſen.

Dieſe Weide kommt in einem lockeren oder ſandigen Boden
an feuchten Stellen nur einzeln vor, ſ. z. B. im Spree-Walde,
und bildet einen ſtarken Strauch, oder auch einen Baum von 16
bis 20 Fuß Höhe. In Gärten erzogen, wächſt ſie einige Jahre
außerordentlich ſchnell. Ihre Zweige ſind nicht zähe und ihr
Holz iſt zu ſchwammig, um ſehr nutzbar zu ſein.

** Kopfholz-Weiden.**

48.

Weiß-Weide.   Salix alba.

Die Blätter lanzettförmig, lang zugeſpizt, am Grunde
verdünnt, am Rande ſehr fein geſägt, oben dunkelgrün und mit
einzelnen anliegenden Härchen bedeckt, unten von dicht anliegenden Haaren ſilberweiß. Die Blattanſätze lanzettförmig,
drüſig gezähnt, ſehr klein und hinfällig. Die Blüthen erſcheinen Anfang Mai's nach dem Ausbruche des Laubes; die männlichen in 1½ Zoll langen und die weiblichen in 2 Zoll langen
Kätzchen; beide mit kurzbehaarten Schuppen, und dieſe mit zweiſpaltigen, aber viernarbigen Griffeln. Die Zweige braunroth
und behaart, die Rinde an dem Stamme aſchgrau und riſſig.

Nicht blos in Deutſchland, ſondern in ganz Europa wächſt

195

diese Weide theils an den Ufern der Flüsse und Teiche, theils
auf Wiesen und Triften. Sie liebt einen lockeren und feuchten
Boden, und wird auf solchem in 30 bis 40 Jahren ein Baum
von 40 bis 50 Fuß Höhe und 2 Fuß im Durchmesser Stärke;
doch kann sie viel älter, auch höher und weit stärker werden.
Zwar kommt sie auch in einem trocknen, nur nicht festen Boden fort, dann aber wächst sie etwas spärlich, liefert jedoch ein
um so besseres Holz. Das Holz ist weißlich, faserig, brüchig
und als Nutzholz nicht wol zu verarbeiten; als Brennholz verhält
es sich zum buchenen nur wie 64 zu 100, aber zu Kaminfeuern
wird es doch geschäzt, weil es leicht brennt und wenig Rauch
giebt. Die starken Schossen der geköpften Stämme sind ziemlich zäh, und geben gute Reife, Stiele ꝛc. — Die Rinde
liefert eine Zimmetfarbe auf Wolle und Seide.

49.

Bruch-Weide. Salix fragilis.

Die Blätter lanzettförmig, sehr lang zugespizt, am
Rande mit spizigdrüsigen Sägezähnen besezt, oben dunkelgrün
und glänzend, unten mattgrün und beiderseits vollkommen glatt.
Die Blattstiele oben gefurcht, glatt und meist mit Drüsen
besezt. Die Blattansätze fast nierenförmig, abgerundet oder
kurz zugespizt, schwach gesägt und hinfällig. Die Blüthen er-
'heinen Ende Aprils, oder Anfang Mai's mit den Blättern;
die männlichen in 1½ Zoll langen aufrechten Kätzchen mit doppeltem Honiggefäß am Grunde der behaarten Schuppe, die weiblichen in längeren Kätzchen mit ähnlichen Schuppen und glatten
Fruchtknoten. (Man hat auch Zwitter-Kätzchen angetroffen).
Die Zweige braungrün, vollkommen glatt, nicht zäh und in
den Gelenken sehr brüchig.

Diese Weide wächst durch ganz Europa, besonders aber in
Deutschland, sehr häufig wild. Sie liebt einen feuchten und
sandigen Boden, doch gedeiht sie auch in anderen Erdarten und
an trocknen Stellen. Ihr Wachsthum vollendet sie in 40 bis
50 Jahren, und sie wird dann ein ansehnlicher Baum mit einem sperrigen Wipfel, und wenn auch nicht viel höher, aber doch
weit stärker als die vorige; auch liefern solche Kopfholzbäume im
frischen und lehmigen Boden weit mehr Holzmasse. — Eben so
ist ihr Holz zwar weniger zäh, aber doch vester und als Brenn-

13 *

196

holz etwas beſſer als das der vorigen. — Ihre junge Rinde
ſoll unter den Weiden die meiſten Heilkräfte haben, und ihren
Blüthen gehen die Bienen vorzugweiſe nach.

50.

Dotter-Weide. Salix vitellina.

(Band-Weide.)

Die Blätter ſchmal-lanzettförmig, fein zugeſpizt, am
Rande (öfters nur nach der Spize) mit feinen drüſigen Säge-
zähnen beſezt, oben glänzendgrün, unten graugrün, und in der
Jugend beiderſeits mit feinen dichtanliegenden Härchen bedeckt.
Die Blattſtiele etwas behaart und öfters drüſig. Die Blatt-
anſätze linienförmig und ſehr hinfällig oder gänzlich fehlend.
Die Blüthen erſcheinen Ende Aprils mit den Blättern; die
männlichen Kätzchen mit länglich zugeſpizten und behaarten
Schuppen, die weiblichen mit glatten Fruchtknoten und zwei
ſtumpfen ſitzenden Narben.   Die Zweige ſehr biegſam und die
Rinde an denſelben ſchön gelb.

An der Ufern der Flüſſe, Seen und Teiche wächſt dieſe
Weide in einem lockeren Boden häufig als ein mäßig hoher
Baum, der ſich im Winter durch ſeine goldgelben und auch öf-
ters niederhängenden Aeſte ſehr auszeichnet.

Das Holz iſt zwar leicht und nicht ſonderlich hart, aber
doch feſter als das der vorhergehenden Arten; auch läßt es ſich
glatt verarbeiten und gut beizen. — Die Zweige ſind ſehr zähe
und daher zum Binden unter allen Weiden am meiſten geſchäzt.

51.

Braune Weide. Salix Russeliana.

Die Blätter lanzettförmig, an beiden Enden verdünnt,
am Rande drüſig geſägt, oben dunkelgrün, unten weißlichgrau;
die Blattſtiele wie die jungen Triebe fein behaart. Die
Blattanſätze länglich zugeſpizt und geſägt. Die Blüthen
erſcheinen beim Ausbruche der Blätter mit behaarten Stielen
und Schuppen; die Kätzchen ſind etwas kleiner als bei der
Bruch-Weide, und die männlichen haben zwei Staubfäden, aber
nur eine Drüſe unter jeder Schuppe. Die Zweige beſonders

im Winter dunkel braunroth; sie sind in den Gelenken etwas brüchig, aber sonst sehr zähe.

Dieser 40 bis 50 Fuß hohe Baum ist sehr gemein unter den Kopfholz=Weiden, und wächst auf einem lehmigfrischen Boden sehr rasch. Man schäzt dessen starke Schossen zu Reifen, und dessen Zweige zum Binden sehr, und erzieht ihn deßhalb da, wo die vorige nicht wachsen will.

52.
Breitblätterige Weide. Salix Meieriana.

Die Blätter breit und lanzettförmig zugespizt, am Grunde abgerundet, am Rande grob sägeförmig und drüsig gezähnt, oben dunkelgrün und glänzend, vollkommen nackt und die Blattstiele drüsig. Die Blattansätze halbherzförmig und drüsig gesägt. Die Blüthen erscheinen mit dem Ausbruche der Blätter; die männlichen Kätzchen mit 2 langen und 2 kurzen, oder 3 langen und 2 kurzen Staubfäden hinter jeder Schuppe. Die Zweige glänzend und besonders im Winter schmuzigbraun.

Ein 20 bis 30 Fuß hoher Baum, der mit anderen Kopfhölzern auch in der hiesigen Gegend gezogen und wie die Bruch-Weide benuzt wird. Dessen Stockausschlag treibt sehr große und breite (über 6 Zoll lange und 2 Zoll breite) Blätter.

53.
Lorbeer=Weide. Salix pentandra.

Die Blätter eiförmig, fein zugespizt, am Grunde abgerundet, am Rande ungleich knorpelig fein gesägt, oben dunkelgrün und glänzend, unten mattgrün und beiderseits glatt. Die Blattstiele breit und mit vielen gelben Drüsen besezt. Die Blattansätze groß, halbherzförmig und gezähnt. Die Blüthen erscheinen in der Mitte Mai's nach den Blättern; die männlichen mit 5 (—8) Staubfäden, die weiblichen mit glattgestielten Fruchtknoten und beide mit behaarten Schuppen. Der Samen reift im October und hat unter allen Weiden die längste und feinste Wolle.

Diese schöne Weide wächst in Deutschland hin und wieder an den Ufern der Flüsse, auch in Feldhölzern wild. Sie liebt einen guten, feuchten uud sandigen oder auch sonst lockeren Boden

198

in einer ebenen Lage, und wächst dann etwas langsam zu einem
20 bis 30 Fuß hohen Strauche oder Baume.

Das Holz ist weiß und leicht, aber ziemlich fest und zähe;
auch unter allem Weidenholze wol das dauerhafteste und nutzbarste.

54.
Früh-Weide.   Salix praecox.

Die Blätter länglich, zugespizt, am Grunde verdünnt,
glatt, drüsig gesägt, oben fast glänzendgrün, unten schimmelgrün;
sie sind in der Jugend, wie dann auch die Blattstiele und Triebe,
schwach und fein behaart. Die Blattansätze lanzettförmig
und gesägt. Die Blüthen erscheinen sehr frühzeitig, lange vor
den Blättern, in dichten Kätzchen; die männlichen mit langhaar-
igen Schuppen, die weiblichen mit kahlen Fruchtknoten und verlängerten Griffeln. Die Zweige rothbraun, glänzend, mit einem
Duft überzogen, und in den Gelenken zerbrechlich, aber sonst
ziemlich zähe.

Ein in Süd-Deutschland an den Ufern der Flüsse nicht selten vorkommender Baum, der besonders in der Jugend sehr rasch
wächst und 40 bis 50 Fuß hoch werden kann. — Er läßt sich
wie die braune Weide benutzen.

Diese Kopfholz-Weiden werden sehr häufig um die Dörfer,
auf Wiesen, Hutplätzen und an den Ufern der Flüsse gezogen,
weil sie, alle 4 bis 6 Jahre abgeholzt, allerlei nutzbare Dinge
und mittelmäßiges Brennholz in nicht unbedeutenden Massen liefern. — Man vermehrt solche schnell und sicher durch Stecklinge,
die man von der beabsichtigten Größe beim Abholzen aushält, und
bis zur Steckzeit in fließendes Wasser stellt, nachher aber sogleich
an den Ort ihrer Bestimmung bringt. Auch nimmt man hier,
wie bei den Pappeln, die Stecklinge entweder blos von männlichen
oder lieber blos von weiblichen Stämmen, damit sie sich später
nicht durch befruchteten Samen von selbst vermehren.

*** Nützliche Busch-Weiden.
55.
Korb-Weide.   Salix viminalis.

Die Blätter linien-lanzettförmig, 4 bis 6 Zoll lang und
¼ breit, an beiden Enden zugespizt, am Rande weitläufig schwach

und bogig, oft unmerklich gezähnt, oben bunkelgrün glatt und
glänzend, unten mit weißen seibenartigen Härchen dicht besezt.
Die Blattansätze lanzettförmig, sehr klein und hinfällig. Die
Blüthen erscheinen Ende Aprils von dem Ausbruche des Laubes in walzenförmigen Kätzchen mit langbehaarten Schuppen; bie
männlichen mit langen Staubfäden, die weiblichen mit behaarten Fruchtknoten.

Ein an ben Ufern ber Flüsse und Seen häufig vorkommen-
ber, 12 bis 15 Fuß hoher und manchmal baumartiger Strauch,
der grüngelbe, in der Jugend behaarte und sehr zähe Zweige
hat. Unter den Weiden vereinigt diese zum Uferbau, zu Flechtwerk, und nebenbei auch als Brennmaterial, die meisten Vorzüge in sich.

56.
Bach=Weide.   Salix helix.

Die Blätter länglich, über die Mitte hin etwas breiter
und von ba nach der Spitze zu stumpf gesägt, oben hellgrün,
unten graugrün und beiberseits glatt; sie stehen auf sehr kurzen
Stielen und öfters gegen einander über. Die Blattansätze
fehlen. Die Blüthen erscheinen Anfang Mai's kurz vor den
Blättern, die männlichen mit braunen langbehaarten Schuppen
und jebe nur mit einem Staubfaden, die weiblichen mit ähnlichen Schuppen und behaarten Fruchtknoten. Die Zweige grün
und röthlichbraun, schlank und biegsam.

Ein an den Ufern der Flüsse, Bäche und Teiche, auch auf
Wiesen und andern Plätzen häufig vorkommender Strauch, der
8 bis 12 Fuß hoch, und, wie der vorige, benuzt wird. — Von
diesen beiden Weiden werden die meisten weißen Körbe gemacht,
daher sie öfters sorgfältiger erzogen und behandelt werden. Dabei
geben sie einen ungewöhnlich hohen Geldertrag.

**** Gleichgültige, oder boch nur zufällig benuzte
deutsche Weiden.

a. Einmännige.

57.
Roth=Weide.   Salix rubra.   Willd.

Die Blätter länglich, unbeutlich gesägt, oben glänzenb-

200

grün, unten mattgrün, und in der Jugend etwas seidenartig be=
haart. Die Blüthen erscheinen kurz vor oder mit den Blätt=
ern, die männlichen vor dem Aufbruche röthlich und unter jeder
Schuppe einen oben zweispaltigen Staubfaden mit zwei Staub=
beuteln; der Griffel verlängert. Die Zweige glatt, grün und
ziemlich zähe.

Ein im südlichen Gegenden Deutschlands (auch an der Elbe)
zuweilen an sandigen Ufern der Flüsse vorkommender Strauch
von 8 bis 12 und mehr Fuß Höhe. — Er ist nur entfernt der
Bach=Weide ähnlich, und wird wie diese benuzt.

58.
Purpur=Weide. Salix purpurea. Willd.

Die Blätter länglich=lanzettförmig, scharf zugespizt und
nach der Spitze hin etwas breiter, am Grunde ganz, aber sonst
fein und scharfgesägt, oben dunkel= und unten graugrün; sie sind
etwa 2 Zoll lang und noch nicht ½ Zoll breit. Die Blüthen
erscheinen beim Ausbruche der Blätter; die weiblichen mit sehr
kurzen Griffeln. Die Zweige schön roth, schwach und sehr
zähe.

Ein an den Ufern der Flüsse gar nicht häufig vorkommender
Strauch, der nicht viel über mannshoch wird und der zwar der
Bach=Weide in Gestalt und Stand der Blätter ähnlich, aber
doch in Allem viel feiner und zarter gebaut ist. — Zu feinen
Körben.

b. Dreimännige.
59.
Schäl=Weide. Salix lanceolata. Sm.

Die Blätter schmal=lanzettförmig, lang=zugespizt, gleich=
förmig und fast hakenförmig fein gesägt, glatt, oben dunkel=, un=
ten hellgrün und am Grunde verdünnt; sie sind an 4 bis 5 Zoll
lang und ½ bis höchstens 1 Zoll breit und haben am Ende des
Blattstiels einige Drüsen. Die Blüthen erscheinen mit den
Blättern in lockeren dünnen Kätzchen. Die Zweige grünlich
oder hellröthlich, glatt und in den Gelenken zwar brüchig, aber
sonst zähe.

Ein 12 bis 20 Fuß hoher Strauch oder ein geringes Bäum=
chen mit schwacher Astbildung. Man trifft diese Weide an den

201

Ufern der Flüsse zuweilen an, wo sie mit der Mandel=Weide verwechselt wird. Die üppigen Schossen werden wie die der Korb=Weide als Schäl=Ruthen zu weißen Körben genommen.

60.

Krebs=Weide. Salix triandra. L.

Die **Blätter** breit=lanzettförmig, scharf zugespizt, am Grunde kurz verdünnt oder fast abgerundet, am Rande fein säge= förmig und drüsig gezähnt, oben dunkelgrün, unten schimmel= grün und beiderseits glatt; an Seitenzweigen stehen sie sehr ge= drängt. Die Knospe dick und die äußere Schuppe fein behaart. Die **Blüthen** erscheinen nach den Blättern in kegelförmigen steifen und aufrechten Kätzchen, und die männlichen gewöhnlich im August zum zweiten Mal. Die **Zweige** dick, gelblichbraun und nicht zähe, sondern brüchig wie in den Gelenken.

Ein starkästiger, schnellwüchsiger und 8 bis 12 Fuß hoher Strauch, der an den Ufern der Flüsse, Bäche u. s. w., be= sonders im lockeren Boden, nicht selten gefunden wird. Diese Weide hat das Ausgezeichnete, daß an 5jährigen Stämmen schon die Rinde sich abzublättern anfängt, daß darunter die Schale krebsroth aussieht, und daß ältere Stämme bis in die Aeste herauf sich also abschälen, wodurch sie ein fremdes Ansehen be= kömmt.

61.

Wellenblätterige Weide. Salix undulata. Ehrh.

Die **Blätter** lanzettförmig, lang=zugespizt, glatt, am Rande scharf gesägt und wellenförmig, oben dunkel= und unten hellgrün. Die **Blüthen** erscheinen mit den Blättern, und die weiblichen mit dichtweißhaarigen Fruchtknoten. Die **Zweige** grün oder gelblich, glatt und in den Gelenken sehr zerbrechlich.

Ein mannshoher Strauch; an den Ufern der Flüsse und Bäche nicht selten.

62.

Mandel=Weide. Salix amygdalina. L.

Die **Blätter** ei=länglich, schwach gesägt, kurz zugespizt, am Grunde nicht verdünnt, oben dunkel= und unten hellgrün,

202

beiderſeits glatt und glänzend.   Die Blattſtiele ½ bis 1 Zoll lang
und meiſt drüſig.   Die Blüthen erſcheinen beim Ausbruch der
Blätter.   Die Zweige glänzend, grünlichbraun, zähe und in
den Gelenken wenig brüchig.

Ein mannshoher Strauch mit vielen ſperrigen Aeſten; an
Flüſſen und Bächen nach den Gebirgen aufſteigend.

Anmerk.   Die Hoppen'ſche Weide, S. Hoppeana.
Willd., ein zierlicher Strauch mit ſchmal lanzettförmigen
Blättern und ſchwachen Zweigen, im Salzburgiſchen heimiſch,
gehört auch zu dieſen Weiden, ſo wie S. Villarsiana. Willd.
mit kleineren länglichen und vorn breiteren Blättern und mit
kurzen dickeren Zweigen. — An allen dieſen dreimännigen
Weiden reißt am Stamme unten die Rinde blätterig auf und
fällt ſtellenweiſe ab wie bei den Platanen.

c. Zweimännige.

63.

Sammet=Weide. Salix holosericea. Willd.

Die Blätter länglich=lanzettförmig, zugeſpitzt, von der
Mitte nach der Spitze gezähnt, oben faſt glatt und runzelig, un=
ten ſammetartig weichfilzig.   Die Blüthen erſcheinen vor den
Blättern; die Narben ſitzend, die Kapſeln verlängert und filzig.
Die Zweige mattbraun und in der Jugend weichhaarig.

Ein an den Ufern der Donau heimiſcher und 10 bis 15
Fuß hoher Strauch, und entfernt ähnlich der Werft=Weide.

64.

Fiſcher=Weide. Salix mollissima. Ehrh.

Die Blätter ſchmal=lanzettförmig, undeutlich gezähnt, un=
ten weich= und feinhaarig.   Die Blüthen erſcheinen kurz vor
dem Ausbruche der Blätter; die Schuppen der weiblichen Kätz=
chen langhaarig.   Die Zweige ziemlich zähe.

Dieſe Weide iſt nur kleiner und zarter gebaut, ſonſt der
Korb=Weide ziemlich ähnlich, mit der ſie auch Standort und
Benutzung gemein hat, nur daß deren lange Schoſſen vorzügliche
Fiſchreuſen geben.

203

65.

Dunkelbraune Weide. Salix fusca. Willd.

Die Blätter länglich, zugespitzt, am Rande ganz ober, wie an üppigen Trieben, undeutlich gezähnt, oben mit einzelnen anliegenden Härchen bedeckt, unten seidenartig weißfilzig, ¼ bis 1 Zoll lang und ⅓ Zoll breit. Die Blüthen erscheinen kurz vor den Blättern in sehr kleinen Kätzchen. Die Zweige dunkelbraun, in der Jugend seidenartig behaart und sehr zähe.

Nicht selten, an feuchten und trockenen Orten, trifft man diese Weide als einen 2 bis 4 Fuß hohen Strauch. Fälschlich nennt man ihn auch: Sand-Weide. S. arenaria. Hoffm.

66.

Matten-Weide. Salix incubacea. L.

Die Blätter lanzettförmig, an beiden Enden verdünnt, am Rande ganz und umgebogen, unten grau, fast seidenartig behaart. Die Blüthen erscheinen beim Ausbruche der Blätter in kurzen walzenförmigen Kätzchen. Die Zweige hellbraun oder röthlichgelb und in der Jugend weichhaarig und meist gebogen.

Ein 2 bis 3 Fuß hoher und mit dem vorigen zugleich vorkommender Strauch.

67.

Wiesen-Weide. Salix repens. L.

Die Blätter ei-länglich, fast stiellos, am Rande etwas umgerollt und schwach gezähnt, oben glatt, unten grau und in der Jugend etwas seidenartig behaart. Die Blüthen erscheinen kurz vor den Blättern in ⅓ Zoll langen Kätzchen mit wenig behaarten Schuppen. Die Zweige niederliegend, braun und in der Jugend behaart.

Auf sumpfigen und nassen Triften und Wald-Wiesen, 1 bis 2 Fuß hoch, ziemlich häufig.

68.

Rosmarin-Weide. Salix rosmarinifolia. L.

Die Blätter linien-lanzettförmig, fast ganzrandig, flach, oben schwach behaart, unten seidenartig. Die Blüthen er-

204

scheinen beim Ausbruche der Blätter in sehr kleinen Kätzchen, die Fruchtknoten zottig.   Die Zweige dunkelbraun, ausgebreitet und sehr zähe.

An feuchten Stellen und in Torfmooren nicht !selten als ein 1 bis 3 Fuß hoher Strauch.

Diese von Zahl 57. an aufgeführten Weiden werden da, wo sie vorkommen, theils zur Befestigung der Ufer, theils zu Flecht= werk, theils zu Brennholz wie andere Weiden benuzt, und die schönblätterigen erzieht man auch zur Abwechselung in Garten= anlagen. — Die übrigen Weiden, die noch in Deutschland einz= eln vorkommen sollen, sind theils ungewisse Gattungen, theils Gebirgs = oder auf den Alpen wachsende Weiden, die hier nicht weiter in Betracht kommen können; die Aufführung der lezten Gattungen dürfte hier schon in gewisser Hinsicht Entschuldigung verdienen.

Alle diese Weiden lassen sich auch, wie die meisten Pappeln, sehr leicht durch Stecklinge vermehren.   Die Stecklinge müssen im Frühjahre zeitig, wenigstens von dem Anschwellen der Knos= pen, abgenommen, und entweder alsbald eingesezt, oder besser bis zum späteren Einsetzen mit dem Abhiebe in fließendes Wasser ge= stellt werden.   Der mittlere Theil von ein = oder zweijährigen Zweigen geräth am beßten.   Jeder Steckling wird vor dem Einsetzen (was im Wasser stand, wird erst abgenommen,) schief abgeschnitten, und bei jungen Zweigen am beßten also, daß auf dem bleibenden Abschnitte eine Knospe sizt; diesen frischen Schnitt läßt man vor dem Einsetzen etwas abtrocknen.   Beim Einsetzen selbst muß man darauf sehen, daß der Boden locker ist, daß die Rinde nicht beschädigt wird, und daß sie tiefer zu stehen kommen, als der Boden gewöhnlich austrocknen kann; außerdem muß man, wie in Baumschulen, bei trockener Witterung durch Gießen den Boden frisch erhalten.   Das Anschwämmen der eingesezten Steck= linge ist immer vortheilhaft. — Die Zucht aus Samen, der bei fast allen Weiden schon im Mai, oder Anfangs Junius reift, geschieht wie bei den Pappeln.

Anhang.   Die Weiden ändern in der Form der Blatt= bildung außerordentlich ab, so daß Samenpflanzen, Stecklinge und Stockausschlag öfters abweichend gestaltete Blätter zeigen — Die Weiden sind von den Pappeln besonders durch die Blüthen unterschieden; auch haben jene längliche angedrückte Knospen.

———

Hasel. Corylus.

Männliche und weibliche Blüthen auf einem Stamme; jene in walzenförmigen Kätzchen mit dreitheiligen Schuppen und unter jeder 8 Staubfäden, — diese zu 4 bis 8 beisammen aus einer Knospe, zweigriffelig und mit einer erst später zu erkennenden zweilappig = zerschlizten Hülle. Frucht eine einsamige Nuß. Die Blätter wechselweise. (XXI. 8.).

69.

Gemeine Hasel. Corylus Avellana.

Die Blätter rundlich, herzförmig, kurzzugespizt, am Rande mit großen und wieder gesägten Zähnen versehen. Die Blatt= ansätze länglich und hinfällig. Die Blüthen gehen im März auf; die männlichen sind schon im Herbste und die weiblichen zur Blüthenzeit mit ihren rothen Griffeln aus den Blüthenknos= pen sichtbar. Die Nüsse von der fleischiggewordenen Hülle mehr oder weniger umschlossen. Die Zweige drüsig behaart und warzig.

Ein 12 bis 20 Fuß hoher Strauch, und öfters baumartig wachsend, häufig in Vorhölzern und Hecken; gedeihend in jedem fruchtbaren Boden und in allerlei Lagen, nur nicht an nassen Stellen. Diese Hasel läßt sich leicht durch Wurzelbrut oder durch Samen vermehren, der, im Herbste gelegt, schon im näch= sten Frühling keimt. Die durch Samen erzogenen Pflänzchen wachsen schnell heran und lassen sich leicht versetzen.

Obgleich diese Holzart in Forsten wol selten einen Anbau verdient, indem man statt ihr nützlichere Gattungen erzieht, so vermehrt sie doch in Schlaghölzern, wo sie von selbst vor= kömmt, das Unterholz beträchtlich wegen ihres dichtbuschigen Wuchses. Auch liefert sie ein mittelmäßig gutes Brennholz, und das ältere Holz, ziemlich zähe, vest und weiß, kann zu Schirrholz und vielen anderen Dingen verarbeitet werden. — An manchen Orten werden 3 bis 4 Zoll starke Stangen gut bezahlt, indem man sie fein zu spalten und daraus allerlei Flechtwerk zu fert= igen versteht. Uebrigens dienen die schlanken Schossen zu Reifen, zum Binden u. s. w., und die Kohlen sind zu Schießpulver und als Rußkohlen geschäzt.

206

Die bekannten und wohlschmeckenden Nüsse liefern ein treffliches Oel.

Durch Zucht und Pflege dieser Hasel in Gärten sind mehre
Abarten entstanden, als: die Mandelnuß, eine dünnschalige,
kegelförmige und von der Hülle sehr umschlossene Nuß mit man-
delsüßem Kerne; und die Zellernuß, eine große, rundliche, oben
platt gedrückte, gestreifte und weniger von der Hülle umschlossene
Nuß mit einem dicken Kerne.

70.

Lamberts-Hasel. Corylus tubulosa.

Die Blätter ebenfalls rundlich und herzförmig, aber mehr
nach der Spitze hin schwach doppelt sägeförmig gezahnt, oben
glatt und unten auf den Adern behaart; sie stehen auf behaarten
und braundrüsigen Stielen und werden vor dem Abfall bräunlich. Die Blüthen sind denen der vorigen sehr ähnlich, aber die
männlichen Kätzchen größer und später aufbrechend. Die Frucht
eine, gänzlich von der Hülle umschlossene, dünnschalige und längliche Nuß, die einen rothhäutigen, sehr süßen Kern hat. Die
älteren Aeste feinhäutig aufgerissen.

Diese in Süddeutschland heimische, aber in nördlichen Heck-
en und Gärten verwilderte Hasel wird als ein baumartiger Strauch
gezogen und behandelt wie die vorige.

In Gärten hat man auch eine Abart mit weißhäutigem
Kerne unter dem Namen: weiße Lamberts-Nuß.

Anmerk. Die Byzantische Hasel. Corylus Colurna L.,
kömmt in Oesterreich vor; sie wird ein nicht ganz geringer
Baum mit korkartiger rissiger Rinde, mit denen der gemeinen
ähnlichen Blättern und (nur größeren) Blüthen, und mit rundlichen niedergedrückten Nüssen in sehr zerschlizten und größeren
Hüllen, welche Nüsse aber wenig Werth haben.

Platane. Platanus.

Männliche und weibliche Blüthen auf einem
Stamme in kugelförmigen Kätzchen; jene mit einem schuppigen
Kelche, vielen Staubfäden und seitenständigen Staubbeuteln, —
diese mit einblüthigen Schuppen, vielen Fruchtknoten und eben
so vielen krummgebogenen Griffeln und Narben. Die Frucht

besteht aus mehreren nackten, am Grunde langbehaarten und durch den Griffel stachelspitzigen Samen. Die Blätter wechselweise. (XXI. 8.).

71.

Abendländische Platane. Platanus occidentalis.

Die Blätter fünflappig, am Grunde herz= und keilförmig, am Rande einzeln ungleich spitzig gezähnt, oben glatt und dunkelgrün, unten in der Jugend, wie auch die Blattstiele, mit einer feinen Wolle überzogen, die sich nach und nach verliert und nur auf den Nerven zurückbleibt. Die Blattansätze den Zweig umfassend, gezähnt und hinfällig. Die Blüthen erscheinen im Mai mit den Blättern auf 4 bis 5 Zoll langen Stielen. Der Same reift im Herbste, fällt aber erst im kommenden Frühlinge ab. Die Stammrinde aschgrau und blättert sich alljährig ab.

Diese aus Nordamerika stammende Platane liebt einen fetten, lockeren und feuchten Boden, und wächst dann sehr schnell zu einem 60 bis 70 Fuß hohen und ansehnlichen Baume mit einem ausgebreiteten Wipfel.

72.

Ahornblätterige Platane. Platanus acerifolia.

Die Blätter tief fünflappig, entfernt und ungleich gezähnt, am Grunde herzförmig oder abgestuzt, oben glatt und unten in der Jugend etwas behaart. Die Blattansätze tutenförmig, ungezähnt und hinfällig. Die Blüthen erscheinen im Mai und die Früchte reifen im Spätherbst.

Eine im Orient heimische Platane, die nicht ganz so hoch wie die vorige wird, aber gleichen Boden und Standort verlangt und etwas empfindlicher gegen unsere Winterkälte ist.

Beide Platanen trifft man als Zier= und Schattenbäume in deutschen Gartenanlagen, Lustwäldern, Baumreihen 2c. verschiedentlich angepflanzt, wo sie in einem milden Klima und in niedrigen und vor Stürmen geschüzten Lagen ihren Zweck erfüllen und gut gedeihen. Auch hat man sie wegen ihres schnellen Wachsthums, und weil sie ein gutes Nutz= und Brennholz liefern, zum forstlichen Anbau empfohlen; ob sie das aber mit Recht verdienen, darüber müßten erst im Walde selbst anzustellende

208

Verſuche entſcheiden, und den größten Vortheil würden ſie wol gewähren, wenn man ſie an ſchicklichen Plätzen, wie die Weiden= arten, als Schlag= und Klopfholz erzöge, und ſie im erſten Fall alle 12 bis 20, und im letzten alle 3 bis 4 Jahre abholzte.

Ihre Vermehrung geſchieht am beßten, um dauerhafte und ſchlanke Stämme zu erhalten, aus dem Samen, den man im Frühjahr, gleich nach dem Abfall bei der erſten, an einen feuchten ſchattigen Ort ſäet und wenig bedeckt. Die Pflänzchen, die zuweilen erſt im folgenden Jahr erſcheinen, wachſen ſchnell heran und laſſen ſich nach 3 oder 4 Jahren ſchon an den Ort ihrer Beſtimmung verpflanzen. Leichter und ſchneller vermehrt man ſie freilich auch, wie die Weiden, durch Stecklinge, aber die dadurch erhaltenen Stämme eignen ſich nur zu Kopf= und Schlagholz, aber nicht zu hohen Stämmen, weil dadurch Spitze, Holz und Aeſte brüch= iger werden und ſie dann vom Winde noch mehr leiden.

Anhang. Die Platanen zeichnen ſich aus durch ihre kugel= förmigen Früchte, durch eine ſich abblätternde Rinde und durch ſehr ſtarke Spiegelfaſern im Holze.

———————

b) Neſſelartige. Urticeen. Die Blüthen einzeln, im Kelch= boden ohne Blume, mit wenig Staubfäden und 2 Narben. Die Frucht, Schlauch oder Beere, aus dem Kelch gebildet.
XIII. 4.

Rüster. Ulmus.

Der Kelch glockenförmig und 4=, 5=, 6= oder 8ſpaltig; keine Blume. So viel Staubfäden als Kelchabſchnitte vorhanden. Ein Fruchtknoten mit zwei Griffeln. Die Frucht eine ein= ſamige, mit einer durchſichtigen Haut umgebene Flügelfrucht. Die Blätter wechſelweiſe und am Grunde ungleich. (V. 2.).

73.

Feld=Rüster. Ulmus campestris.
(Gemeine oder glatte Rüster.)

Die Blätter eiförmig, langzugeſpitzt, am Grunde ſchief, am Rande ungleichförmig und ſcharf doppelt geſägt, oben dunkel= grün, unten hellgrün und in den Nervenwinkeln mit feinen weißen Haarbüscheln versehen; an kräftigen Trieben sind sie nach der Spitze hin fast lappig. Die Blattstiele sehr kurz. Die Blüthen erscheinen im März und April büschelweise und kaum merklich gestielt mit fünftheiligen röthlichen Kelchen. Die Frucht ist ⅓ bis ½ Zoll lang, fast eben so breit, rundlich und glatt; sie reift Ende Mai's oder Anfang Junius. Die Rinde an den jungen Trieben mit steifen Haaren besezt, an den Aesten glatt und an alten Stämmen fein aufgerissen. — Abarten sind:

a) **Breitblätterige Rüster. U. scabra. Mit großen** breiten Blättern.

b) **Geschäckte Rüster. Mit weißgefleckten Blättern.**

In den gemäßigten Gegenden Europa's kommt diese Rüster häufig vor, und zwar freistehend, oder im Walde mit anderen Holzarten gemischt, vorzüglich in Niederungen, doch auch bis zu 2500 Fuß Meereshöhe, meist an Sommer=Wänden auf frischen und fruchtbaren Stellen. Sie vollendet ihren größten Wuchs in 70 bis 100 Jahren, ob sie gleich unter günstigen Umständen viel älter und ein Baum von 60 bis 90 Fuß (auch mehr) Höhe, bei 3 Fuß im Durchmesser Stärke, werden kann, der aber im Freien eine sperrige und breite Krone bildet und eine geringere Höhe hat. Ihre Wurzeln breiten sich weit aus, so wol flach als tief (wenn es sein kann); auch treibt sie zuweilen eine kurze Pfahlwurzel. — Die Samenpflänzchen erscheinen mit zwei verkehrt eiförmigen Samenlappen und mit einfach gesägten Wurzel=Blättern. — Der Ausschlag erfolgt innerhalb 30 bis 40 Jahren reichlich am Stocke und Stamme, zuweilen auch am Abhiebe. Im lockeren Boden kann auch Wurzelbrut entstehen.

Ist der Boden fruchtbar, locker und frisch und die Lage eine warme und niedrige, dann wächst sie außerordentlich schnell und treibt lange Schossen mit breiteren Blättern; in mageren und trockenen Orten, so wie auf hohen Lagen, bleibt sie dagegen sehr im Wuchse zurück, und in einem vesten Lehm= und Thon=Boden verkrüppelt sie beinahe. — An steilen Abhängen gedeiht sie ebenfalls nicht, weil da ihre flachstreichenden Wurzeln leicht frei zu liegen kommen. Gegen unsere Witterung ist sie ganz dauerhaft zu nennen, indem selbst die Samenpflänzchen nicht leicht leiden, und auch des Schutzes und Schattens nicht bedürfen. — Im dichten Schluß unter sich oder mit anderen Holzarten wächst diese Rüster nur spärlich, wenn sie nicht gar unter

14

210

drückt wird; dagegen ist ihr ein Halb-Schluß weit günstiger und im Freien erzeugt sie eine große Holzmasse. In der ersten Periode leidet sie leicht von einem starken Graswuchse, so daß sie in der Jugend sogar unter Gras verkümmern kann; später unterdrückt sie selbst ziemlich Alles unter sich. — Wächst diese Rüster in der Jugend sehr schnell, so wird sie später leicht kernfaul; außerdem wird sie durch Wildpret, Weidevieh und Mäuse öfters verbissen und beschädigt, und endlich verursachen die ungeflügelten Weibchen der **Aphis Ulmi** die Blasen an ihren Blättern, in welchen die Neffen wohnen; jene Blasen können die Blätter sehr verunstalten und den Wuchs beeinträchtigen; an jungen Stämmen sieht man oft große Haufen als Halbpuppen von **Chermes Ulmi**.

In forstlicher Hinsicht wird diese Rüster geschäzt, theils als Werk- und Nutz-Holz-Baum, theils wegen der Lieferung eines guten Brennmaterials, und man erzieht und pflegt sie deßhalb mit ähnlichen Holzarten, z. B. Buchen, Ahornen, Eschen u. s. w., sowol im Hoch- als auch im Mittel- und Nieder-Walde. Besonders verzinset sie auch ihren Platz auf freien Stellen und an Waldrändern; selbst zu Kopf- und Schneidel-Holz ist sie sehr nutzbar. Sie giebt auch schöne Baumreihen, an Wegen und Straßen.

Die Zucht aus dem Samen ist sehr leicht; nur muß man auf die Samenreife genau Acht geben, weil diese schnell eintritt und ein starker Wind dann plötzlich allen Samen abweht. Gleich nach der Reife säet man ihn in einen zwar wund-, aber nicht lockergemachten Boden, und bedeckt ihn nur wenig; dann erscheinen die Pflänzchen, wenn man wo möglich diese Stellen feucht und im Schatten erhält, nach 3 bis 4 Wochen und wachsen noch in demselben Sommer zu 4 bis 6 Zoll Höhe. Wird aber der Samen an einem luftigen Orte getrocknet und erst im nächsten Frühjahre eben so gesäet: so liegt er 6 bis 8 Wochen bis zum Keimen und man erhält viel weniger Pflänzchen. — Schon nach dem ersten und zweiten Jahre versezt man die Pflänzchen, wenn nicht gleich an den Ort der künftigen Bestimmung gesäet wurde, weiter in die Pflanzschule, wo man sie wieder 3 bis 4 Jahre oder so lange stehen läßt, bis sie die verlangte Stärke haben. Denn die Rüstern vertragen sämmtlich das Verpflanzen gut, nur muß es am beßten (im Herbste oder) im Frühjahre zeitig geschehen. Die Wurzelbrut der Rüstern ist zwar in Schlag-

holz = Waldungen willkommen, doch erhält man durch sie keine
schönen und starken Nutzholzstämme. — Beim Ausheben der
Rüster = Pflänzlinge muß man weit vom Stamme einstechen, damit
möglich lange Wurzeln bleiben; auch dürfen solche Pflänzlinge
durchaus nicht ausgezogen werden, wenn sie nicht mehrere Jahre
kümmern sollen. — Will man langschaftige Stämme erziehen,
so müssen sie öfters ausgeästet werden, was sie recht gut ver=
tragen.

Zur Benutzung liefert diese Rüster ein vortreffliches Bau=,
Werk= und Nutz=Holz. Denn das reife Holz ist bräunlich, fein=
faserig, mit starken Lücken durchzogen, vest und zähe und sehr
dauerhaft; zwar spaltet es schwer, doch läßt es sich ziemlich gut
verarbeiten. Der Splint ist gelblichweiß, weniger dicht und nicht
so dauerhaft. — Frisch wiegt der rhein. Würfelfuß 62 und trock=
en 38 Pfund. Als Bauholz ist es sogar dem eichenen vorzu=
ziehen, nur ist's dazu gewöhnlich zu selten und daher zu theuer;
doch wird es zu Wagner=, Tischler= und Schirr=Hölzern 2c. häufig
verarbeitet und mit Recht sehr geschätzt. — Als Brenn= und
Kohl=Holz steht es dem buchenen etwas nach, doch ist es auch in
diesen Rücksichten noch vorzüglich gut, weil es sich zu jenem im
Werthe verhält wie 97 zu 100. Die Masern am unteren Stamm=
ende sind brauchbar. — Das Laub ist, frisch und trocken, ein
gutes Schaf= und Rindvieh=Futter. Die Borke vom Reidelholz
ist ein gutes Gerbmaterial, und der Bast dient zu Flechtwerk
und zum Binden.

74.

Flatter=Rüster. Ulmus effusa.

Die Blätter eiförmig, an der Spitze dünn zugespizt, am
Grunde sehr ungleich und schief, am Rande gleichförmig und
tief, boglig und doppelt scharf gesägt, oben dunkelgrün und wenig
harsch, unten hellgrün und an den Nerven fein behaart und auf
höchstens ¼ Zoll langen Stielen stehend. Die Blüthen er=
scheinen im April an den Seiten der Zweige in einfachen sitzend=
en Dolden, auf fadenförmigen ungleich langen Stielchen, mit
braunrothen, meist 8=, seltener 6mal gezähnten Kelchen und eben
so vielen und eben so langen weißlichen Staubfäden. Die Frucht
¼ Zoll lang und ¼ breit, elliptisch=eiförmig, oben tief eingeschnitt=
en, am Rande mit weißen Härchen besezt, und reift Ende Ju=

14 *

212

nius.   Die Rinde an den Zweigen braun und wenig behaart, an alten Stämmen etwas breit aufgerissen.   An einjährigen Pflänzchen stehen die Blätter gegenüber.   Eine Abart ist:

Glatte Rüster. U. glabra.   Mit größeren breiteren Blättern und üppigen Schossen.   An frischen fetten Stellen.

Diese Rüster wächst in Deutschland, Frankreich und England mit der vorigen untermischt, und, obgleich in der Jugend etwas langsamer, doch in gleicher Zeit zu einem eben so hohen und starken Baume.   Sie liebt indessen mehr niedrige und ebene Lagen, und verlangt einen freieren Stand, so wie einen lockeren Boden, daher sie dann besonders auf Kalk- und Basalt-Boden gedeiht; selbst im sandigen Boden zeichnet sie sich durch frisches Ansehen aus und übertrifft daselbst die vorige durch einen kräftigeren Wuchs.   Ihre Aeste stehen mehr aufrecht, etwas steif und sperrig, und ihr Stamm ist nicht selten mit Masern bedeckt. — Ihr Holz ist etwas feiner und vester als bei der vorigen, ihr Bast ist ebenfalls besser und ihre Blätter werden nicht so sehr durch Aphis Ulmi verunstaltet.

Uebrigens dürfte diese Rüster im sonstigen Verhalten, auch in forstlicher Hinsicht, so wie in Absicht auf Zucht, Pflege und Benutzung mit der vorigen ziemlich gleich zu stellen sein.

76.

Kork-Rüster. Ulmus suberosa.

Die Blätter eiförmig, lang zugespitzt, am Grunde wenig ungleich, oben dunkelgrün und rückwärts gestrichen, auch harsch, unten hellgrün und in den Nervenwinkeln weißhaarig; sie sind viel kleiner als bei der ersten und stehen auf sehr kurzen Blattstielen.   Die Blüthen erscheinen etwas früher als bei der gemeinen, und zwar in kurzgestielten runden Köpfen mit braunrothen und viertheiligen Kelchen.   Die Früchte elliptisch, glatt und an der Spitze abstehend getheilt, sie reifen Anfags Junius.   Die Rinde an Stamm und Aesten meist graubraun und dickkorkartig aufgeborsten.   Abarten sind:

a) Großblätterige Korkrüster. U. hollandica.   Mit größeren, breiteren und am Grunde sehr ungleichen Blättern, und von schnellem und kräftigem Wuchse.   Sie entsteht unter sehr günstigen Wachsthums-Umständen.

b) Zwerg=Rüster. U. pumila. Mit sehr kleinen Blättern
und von sehr niedrigem Wuchse. Sie entsteht durch einen
ungünstigen Standort auf dürrem schlechtem Boden und
wird in Zäunen und Hecken angetroffen.

c) Geschäckte Korkrüster. U. sub. soliis variegatis.
Mit weißgeschäckten Blättern.

Diese auch in Deutschland heimische und in England häufig
zum Schiffbau gezogene Rüster wächst in ähnlicher Lage und in
gleichem Boden, wie die gemeine, in 100 Jahren zu einem
Baume von 80 bis 100 Fuß Höhe und einer angemessenen
Stärke mit sperrig=ästigem Wipfel. Sie liebt aber ein mehr
tiefgründiges und aufgeschwemmtes Land und einen nicht dichten
Stand. — Sie verdient in forstlicher Hinsicht mit der gemeinen
gleiche Aufmerksamkeit und Behandlung, weil sie gleichen Nutzen
gewährt und ihr Holz sogar noch zäher und vester, auch eben so
dauerhaft ist, und daher als Nutz= und Bau=Holz sehr in An=
sehen steht; besonders aber empfiehlt man es als das vorzüglich=
ste zu Dach= und Glocken=Stühlen, zu Wagner=Arbeiten 2c. —
Zucht und Pflege wie bei der Feld=Rüster.

Anhang. Die Rüstern ändern häufig in den Blättern
sehr ab, indem sie, besonders bei ungünstigen Wachsthums=Um=
ständen; sehr klein bleiben, und wieder unter günstigen sehr groß
werden; doch gehen obige drei Gattungen nicht in einander über,
sondern bleiben, aus Samen gezogen, dieselben. Aber mehr als
diese drei giebt es auch bei uns wol nicht. — Die Zweige sind
fast immer zweiseitig gerichtet.

―――――

Maulbeere. Morus.

Männliche und weibliche Blüthen auf einem
Stamme; jene in länglichen Kätzchen mit viertheiligem Kelche
und 4 Staubfäden, — diese büschelweise mit vierblätterigem
Kelche und zweigriffeligen Fruchtknoten. Die Frucht eine zu=
sammengesezte falsche Beere mit eiförmigen Samen. Die Blätt=
er wechselweise. (XXI. 4.).

214

76.

Weiße Maulbeere. Morus alba.

Die Blätter eiförmig, zugespizt, am Grunde herzförmig und meist schief, am Rande ein- oder etlichemal, oder auch gar nicht tief eingeschnitten und übrigens gleichförmig stumpf gezähnt, hellgrün und beiderseits glatt; höchstens unten in den Nervenwinkeln behaart. Die Blüthen erscheinen im Mai aus den Blattwinkeln. Die Früchte bei der Reife süßlich und eigentlich weiß, oder durch Kultur auch röthlich oder schwärzlich.

Dieser ursprünglich in Syrien, Persien und China heimische, aber auch in Deutschland häufig gepflanzte Baum erreicht nur eine mittelmäßige Höhe und hat einen sperrigen Wuchs. Er liebt einen lockeren, sandigen, fruchtbaren und mehr trockenen als feuchten Boden, und verlangt im nördlichen Deutschland einen geschützten Standort, wenn seine Zweige nicht öfters durch späte Fröste leiden sollen.

Der größte Nutzen dieses Baumes besteht darin, daß mit dessen Laube die Seidenraupen aufgefüttert werden, wodurch man die meiste und beßte Seide erhält, und weßhalb man ihn zum Theil auch durch den Schnitt niedrig und strauchartig erzieht. — Uebrigens ist sein Holz strohgelb und auch ein gutes Nutz- und Brennholz; die Früchte können zu Syrup und Essig verwendet werden.

Die dauerhaftesten Stämme erzieht man aus Samen, den man im Frühling rinnenweise in ein lockeres Beet säet und nur wenig bedeckt. Wird das Erdreich bei trockener Witterung durch gelindes Begießen feucht erhalten, so erscheinen die Pflänzchen nach 8 Wochen und wachsen freudig heran. Die Pflänzchen müssen in den ersten Wintern gut mit Laub bedeckt und im dritten Frühlinge weiter in die Baumschule oder auch alsbald an den Ort ihrer künftigen Bestimmung verpflanzt werden. — Auch läßt er sich durch Ableger und Wurzelbrut vermehren, und obgleich gepfropfte Stämme ein schöneres Laub liefern, so ist es doch den Seidenraupen nicht immer zuträglich, und zwar weil es saftiger sein mag.

Der jezt so sehr empfohlene strauchartige Maulbeerbaum, Morus multicaulis, mit kurzen und vielkantigen Stämm

215

en und mit viel größeren breiten Blättern, den man durch Stecklinge vermehrt, stammt ursprünglich aus China.

Zürgelbaum. Celtis.

Zwitter- und männliche Blüthen auf einem Stamme
mit 5theiligen Kelchen und 5 Staubfäden. Die Frucht einsamig und pflaumenartig. Die Blätter wechselweise. (XXIII. 1.).

77.

Gemeiner Zürgelbaum. Celtis australis.

Die Blätter länglich-lanzettförmig, scharf sägeartig gezähnt, lang zugespizt, am Grunde schief und oben scharf. Die
Blüthen beim Ausbruch der Blätter gelblichgrün und in den
Blattwinkeln. Die Früchte schwarz, kleiner als Kirschen und
unschmackhaft. Die Aeste ausgebreitet, die Zweige braun und
der Stamm fast korkartig aufgerissen.

Ein in Süddeutschland heimischer und daselbst 40 bis 50
Fuß hoher Baum auf Anhöhen und in Gärten von langsamen
Wachsthume. Das Holz ist schwärzlich im Kern, außerdem weiß,
sehr hart, zähe und schwer; man verarbeitet es zu allerlei Stöck-
en, zu Wagnerarbeiten, zu Instrumenten ꝛc. Erziehen läßt er
sich wie Hagedorne- und Hornbäume, indem die Samen auch erst
im 2ten Jahre keimen; aber sie gedeihen bei uns doch nur an
geschüzten Orten.

Für Gartenanlagen ein Zierbaum, aber unwichtig in forstlicher Hinsicht, weil er einen freien Stand und fruchtbare Stell-
en liebt und doch sehr langsam wächst.

---

c) Ahorne. Accrineen. Platte Flügelfrucht oder runde Kernfrucht, mit 7, 8 oder viel Staubfäden, und Blätter gegenüber. XI. 5.

Ahorn. Acer.

Männliche und Zwitterblüthen auf einem Stamme.
Der Kelch gewöhnlich fünftheilig, die Blume fünfblätterig und
beide gleichfarbig. Der Staubfäden gewöhnlich acht. Der

216

Griffel gespalten und zweinarbig. Der Fruchtknoten zwei=
theilig, und die Frucht besteht aus zwei, am Grunde mehr oder
weniger vereinigten Flügelfrüchten. Die Blätter gegenüber.
(XXIII. 1.).

78.

Gemeiner Ahorn. Acer pseudo-platanus.

Die Blätter fünflappig und herzförmig, die Lappen stumpf
zugespizt und ungleich stumpfgezähnt, oben dunkelgrün und glatt,
unten weißlichgrün und daselbst in der Jugend behaart; sie steh=
en auf langen röthlichen Stielen, die paarweise den Zweig und
die Knospen umfassen. Die Blüthen erscheinen im Mai nach
der Entwickelung der Blätter, sie sind grünlich=gelb, und stehen
auf ziemlich langen und behaarten Stielen in hängenden Traub=
en. Der Samen reift im September; seine Flügel sind breit=
lanzettförmig und stehen aufrecht nahe beisammen. Die Knos=
pe groß und von 3 weißgerandeten und braunspitzigen Schuppen
eingehüllt. Die Rinde an den Zweigen bräunlich, am Stamme
weißgrau und im Alter blätterig aufgesprungen. Eine Abart ist:

Geschäckter Ahorn. Mit weiß= und gelbgefleckten
Blättern.

Dieser in Deutschland und in mehren anderen Ländern Euro=
pa's nicht selten vorkommende Baum bildet nicht eigentliche Be=
stände, sondern ist entweder in lichten Waldungen mit Roth=
Buchen und anderen Holzarten gemischt, oder er steht auch frei.
Dabei trifft man ihn so hoch in Gebirgen ziemlich gut wachsend
an, wo schon die Roth=Buche nicht mehr gedeiht; bei 4500 Fuß
Meeres=Höhe bleibt er strauchartig. In einem fruchtbaren und
frischen Lehm=, Kalk= und Basalt=Boden und kühler, aber nicht
rauher Lage vollendet er seinen Hauptwuchs in 80 bis 100 Jahr=
en als ein Baum von 60 bis 100 Fuß Höhe und 2 bis 3 Fuß
im Durchmesser Stärke, ob er gleich viel älter (an 150 bis 200
Jahre), auch höher und stärker werden kann. — Er wächst be=
sonders rasch in der zweiten Lebens=Periode, und fängt auch da
schon an fruchtbaren Samen zu tragen. Er treibt eine schöne,
große, nicht dichte Laubkrone mit starken Aesten, auch eine kurze
Pfahlwurzel und starke weitausgehende Seitenwurzeln. Die Sam=
enpflänzchen erscheinen mit zwei länglichen Samenlappen und
treiben herzförmige ungelappte Stockblätter. — Der Stockaus=

schlag erfolgt reichlich am Stamme gleich über dem Wurzelstocke
in der erſten Periode.

So ſchnell und anſehnlich dieſer treffliche Baum wächſt bei
angemeſſenen Wachsthums-Umſtänden, als da ſind: ein fruchtbarer und etwas lockerer Boden, ein etwas freier luftiger Stand
und eine friſche weſtliche oder nördliche Lage; ſo ſehr bleibt er in
ungünſtigen Wachs-Umſtänden zurück. Zu den lezten ſind zu
rechnen: ein zu geringes Bedecktſein der Wurzeln, welches durch
Beſchattung gemildert wird; ein magerer Thon- oder Sand-
Boden; naſſe und zugige Stellen, weil er in lezten beſonders
durch Spätfröſte leidet, wie überhaupt die jungen Pflänzchen
manchmal. Uebrigens verträgt er alle atmoſphäriſche Einwirkungen recht gut. — Junge Ahorn-Pflänzchen leiden ſehr leicht
durch Graswuchs, ſo daß ſie in verraſeten Stellen leicht gänzlich
verkrüppeln; auch werden ſie von vielen Laub freſſenden Thieren
angenommen, und die Mäuſe ſchaden ihnen wie den jungen
Roth-Buchen. — An trocknen und heißen Lagen, ſo wie auch
an ſehr fetten Orten, leiden die Stämme durch Brand, und die
Blätter durch Mehlthau und Inſektenfraß.

In forſtlicher Hinſicht iſt er beſonders wichtig für den
Mittelwald, wo die ſchönen Stämme als Nutzholzbäume übergehalten werden; weniger nützlich iſt er für den Hoch- und Nieder-
Wald, und zu Kopf- und Schneidel-Holz iſt er nicht wol geeignet. Außerdem pflanzt man ihn mit Vortheil an Waldränder
oder in Vorhölzer, zu Baumreihen und auch in Gartenanlagen.

Die Zucht aus dem Samen iſt ſehr leicht, wenn man
dieſen gleich nach der Reife einſammelt, und alsbald, oder zeitig
im nächſten Frühjahre ausſäet und etwa ¼ Zoll hoch mit Erde
bedeckt. Im zweiten oder dritten Frühlinge verſezt man die
Pflänzchen weiter in die Baumſchule, und dann in's Freie, nachdem ſie 5 und mehr Fuß hoch geworden und etwa jährlich etwas
ausgeäſtet worden ſind. Die beßte Zeit zum Verſetzen iſt zeitig
im Frühjahre. Verfährt man aber beim Ausheben und Einſetzen
nicht ſorgfältig und ſchont die Wurzeln nicht, ſo kümmern ſolche
Pflänzlinge viele Jahre; auch können die Ahorne ein zu flaches
Einſetzen, wie die Roth-Buchen, nicht vertragen, und flachſteh-
ende Saatpflanzen wachſen oft deßhalb nur unbedeutend. Die
künſtliche Vermehrung durch Stecklinge und Ableger verdient
keine Beachtung.

218

Der Hauptnutzen dieses Baumes besteht in seinem Holze, das schön weiß, hart und vest, feinfaserig, schwerspaltig und am Stocke öfters wimmerig ist, das sich nicht wirft und wovon frisch der rheinl. Würfelfuß 59 bis 60, und trocken 43 Pfund wiegt; dessen Jahrringe sind nicht auffallend verschieden und dessen Spiegelfasern unbedeutend. Es ist zwar kein eigentliches Bauholz, aber desto vorzüglicher ist es zu Werk= und Nutzholz, besonders für Wagner, Tischler, Drechsler, Instrumentmacher und Schnitzer, namentlich zu Löffeln und Tellern, und als Brennholz kommt es an Wärmfähigkeit dem der Roth=Buche wenigstens gleich (etwa im Werthe wie 102: 100), obschon es nicht so mit heller Flamme verbrennt. Auch die Kohlen dieses Holzes sind vorzüglich gut. — Das im Sommer getrocknete und von Insekten nicht zerfressene Laub dient zu Schaffutter, und die Blüthen geben den Bienen Honig. Auch hat man den durch das Anbohren im Februar erhaltenen Saft dieses und des folg= enden Ahorns zu Zucker, Essig und Brandwein empfohlen, aber dieses ist kaum eine geringe Nebennutzung, und das Anzapfen selbst versezt immer die Stämme in einen krankhaften Zustand, daher es nur wenige Jahre vor dem Abtriebe ohne Nachtheil für die Holzkultur angewendet werden könnte, an Stämmen, die nicht zu Nutzholz verwendet werden sollen, wie bei Schlaghölzern.

79.

Spitz=Ahorn.   Acer platanoides.

Die Blätter fünf=, seltener siebenlappig, die Lappen wie= der bogig ausgeschnitten und die Ausschnitte in langvorgezogene Spitzen auslaufend, beiderseits schön grün und glatt, nur unten in einigen Aderwinkeln zottig und auf langen Stielen stehend, die paarweise den Zweig umfassen, und die Seitenknospen ver= decken. Die Blüthen erscheinen Ende Aprils vor den Blättern in gelben Doldentrauben, und es blühen erst die männlichen und dann die Zwitterblüthen auf. Der Same breitgedrückt und mit den schwerdtförmigen Flügeln sperrig ausgebreitet; er reift Ende Septembers. Die Rinde der Zweige glatt, braun und rostgelb, die Stämme aber fein aufgerissen. Abarten sind:

a) **Krausblätteriger Ahorn. A. laciniatum.** Die Blätter am Grunde mehr verdünnt, tiefer eingeschnitten und etwas zusammengerollt, wodurch sie ein krauses An=

sehen erhalten; die Blüthen, wie überhaupt Alles an ihm, kleiner und feiner.

b) Zerschlizter Ahorn. A. palmatum. Mit handförmig getheilten feinen Blättern und von niedrigem Wuchse.

c) A. platan. foliis variegatis. Mit geschäckten Blättern.

Dieser Ahorn wächst wild mit dem vorigen unter gleichen Wachsthums-Umständen, nur nördlicher, und in weniger hohen Lagen; er wird auch nicht ein ganz so hoher und starker Baum, der schon nach 120 bis 130 Jahren abzusterben anfängt. Besonders in der ersten Lebens-Periode wächst er schnell und vollendet seinen größten Wuchs innerhalb 60 bis 80 Jahren. Dabei verlangt er aber einen so guten Boden, wie ihn selten unsere Forste haben, wo er nur für den Mittelwald und an freien Stellen mit Nutzen zu erziehen sein dürfte. — Er treibt besonders lange Schossen beim Stockausschlag; doch brechen solche leicht ab. — Er bildet eine schöne Laubkrone, die nicht von Insekten verunstaltet, aber zuweilen von Maikäfern abgefressen wird. — Beim Versetzen muß man sich in Acht nehmen, weil seine Wurzeln sehr spröde sind und darum leicht abbrechen. — Das Holz dieses Baumes ist gelblich, nicht so fein und dicht als beim vorigen, doch hart und vest, daher es eben so, nur nicht zu feinen Sachen, benuzt werden kann. Das Stockholz ist fast immer wimmerig gewachsen. — Das Uebrige wie beim vorigen.

80.

Feld=Ahorn. Acer campestre.

Die Blätter herzförmig, fünflappig und die drei vorderen Lappen mehrmal stumpf eingeschnitten; oben dunkelgrün und glatt, unten blasser und mit feinen Härchen bedeckt, die sich im Alter meist verlieren; auf 1 bis 3 Zoll langen Stielen. Die Blüthen klein, gelblichgrün, und erscheinen im Dolbentrauben im Mai gleich nach den Blättern. Der Same reift im October und seine kurzen schmalen Flügel stehen wagerecht auseinander. Die Rinde gelbbraun und an jungen Aesten meist korkartig rissig. — Abarten sind:

a) Oesterreichischer Feld=Ahorn. A. austriacum. Mit tief fünflappigen größeren Blättern und größeren Blüthen.

b) Geschäckter Feld=Ahorn. Mit gelb= und rothgeschäckten Blättern.

220

In ganz Europa, und besonders in unseren Feldhecken und Vorhölzern wächst dieser Ahorn gewöhnlich als ein mäßiger Strauch; doch unter günstigen Umständen auch als ein 30 bis 40 und mehr Fuß hoher Baum von 1 bis 2 Fuß im Durchmesser Stärke. Er hat einen langsamen Wuchs, wird weit über 100 Jahre alt, und liebt eigentlich einen guten und frischen Waldboden, ob er gleich auch in einem etwas schlechteren noch fortkommt. Dieser Feld = Ahorn ändert nach der Verschiedenheit der Wachsthums=Umstände sehr ab, indem er bald größere oder kleinere, bald hellgrüne oder dunkelgrüne Blätter hat. Im reinen Niederwalde giebt er viel Stockausschlag, im vermischten aber müssen die schönsten Stämme übergehalten, und beim Abtriebe das Nutzholz derselben sorgfältig ausgesucht werden. Denn das weißliche, sehr zähe und veste Holz wird im Alter sehr braun und geflammt, und läßt sich sehr gut verarbeiten, daher es von Tischlern, Drechslern, Schnitzern u. s. w. sehr geschätzt wird. Vorzüglich hoch werden die Masern zu Pfeifenköpfen, Dosen u. s. w. gehalten, so wie man in Thüringen, besonders in einigen Dörfern des Röhn=Gebirges, das Stangenholz zu Peitschenstielen sehr theuer bezahlt; übrigens ist es auch ein gutes Kohl= und Brenn=Holz. Die jungen Schossen dienen zu Pfeifenröhren; die Blüthen geben den Bienen reichliche Nahrung, und die Blätter enthalten, wie die des vorigen, einen Milchsaft. Auch wird er, weil er den Schnitt gut verträgt, zu lebendigen Hecken gezogen, so wie zur Abwechselung in Gartenanlagen. — Zucht und Behandlung wie beim gemeinen Ahorne.

81.

Zucker=Ahorn.   Acer saccharinum.

Die Blätter fünflappig, die Lappen lang zugespizt und einigemal stumpf gezähnt, oben dunkelgrün und glatt, unten dicht mit feinen weißlichen Härchen bedeckt, und auf langen röthlichen Stielen stehend. Die Blüthen erscheinen im April in schlaffen Doldentrauben. Der Samen hat auswärtsstehende Flügel und reift im October.

Ein aus dem nördlichen Amerika stammender Baum, der unserem Spitz=Ahorn am ähnlichsten ist und ziemlich schnell wächst, so daß er 50 bis 60 Fuß Höhe in eben so vielen Jahren erreicht. Er liebt einen feuchten, mittelmäßig guten, mit Sand

221

und anderen Erdarten gemischten Lehmboden und eine hohe, mehr
bergige als ebene Lage.   Auch in der Benutzung kommt er mit
dem Spitz=Ahorne überein, nur daß sein Saft noch zuckerreicher
ist, wovon er auch den Namen hat.

82.

Rauher Ahorn.   Acer dasycarpum.

Die Blätter tief=fünflappig, die Lappen länglich, lang
zugespitzt, einigemal eingeschnitten und überdieß noch ungleich
sägeförmig gezähnt, oben dunkelgrün, fast glänzend und glatt,
unten silberweiß bereift, auf röthlichen Stielen.   Die Blüthen
erscheinen Anfang Aprils auf sehr kurzen Stielen, die männlichen
mit langen Staubfäden, die weiblichen röthlich mit rauh=weiß=
haarigen Fruchtknoten.   Der Same hat etwas in die Höhe
strebende Flügel, einen mit Haaren bekleideten Behälter, und
reift im Junius.

Dieser in Nordamerika heimische Baum ist in unsern Gärten
sehr gemein.   Er wird, ziemlich rasch wachsend, 50 bis 60 Fuß
hoch, hat ein schönes Ansehen, und liebt einen feuchten Boden
und Standort, wie die gemeine Erle.   Sein Holz ist fein, vest
und weißgelb, und sein Saft noch zuckerreicher als der des
vorigen.

83.

Rother Ahorn.   Acer rubrum.

Die Blätter drei= oder schwach fünflappig, ungleich stumpf
gezähnt, unten blaugrün, und in den Aderwinkeln behaart.   Die
Blüthen erscheinen vor dem Ausbruche der Blätter in schön
dunkelrothen Dolden mit glatten Fruchtknoten.   Der Same ist
zierlich und klein, und reift schon Anfang Junius, so daß er,
wie die Rüstern sogleich gesäet, noch in demselben Sommer
Pflänzchen treibt.   Die Zweige grauröthlich, und an Stämmen
die Borke fein aufgerissen.

Dieser Baum, von mittlerer Größe, stammt ebenfalls aus
Nordamerika, liebt frische Stellen, wächst nicht sehr rasch, und
liefert ein sehr feines Nutzholz.

222

84.
Gestreifter Ahorn.   Acer striatum.

Die Blätter herzförmig, runzelig und dreilappig, die Lappen kurz und mit langvorgezogenen Spitzen versehen; überdieß am Rande ungleich fein und scharf gesägt, glatt und nur in der Jugend unten behaart, kurzgestielt. Die Blüthen erscheinen im Mai mit den Blättern in hängenden Trauben; sie sind grünlich-gelb. Der Same ist dick und rund, und reift im September. Die Rinde an den Zweigen röthlichgrün und am Stamme grün- und weißgestreift.

Ein aus Nordamerika stammender, nur 20 — 40 Fuß hoher Baum, der ziemlich rasch wächst und einen frischen nahrhaften Boden liebt bei einer etwas geschützten Lage. Wegen seines schönen Ansehens der Rinde und des gutbelaubten Wipfels, und weil auch das Holz fein und als Nutzholz brauchbar ist, hat man ihn in Gartenanlagen gern gezogen und auch zu Baumreihen empfohlen.

85.
Eschenblätteriger Ahorn.   Acer negundo.

Die Blätter ungepaart gefiedert, und aus 3 bis 7 eilanzettförmigen Blättchen bestehend, die häufig tief eingeschnitten oder auch nur einfach gezähnt und unten an den Adern behaart sind. Die Blattstiele röthlich und glänzend, sie umfassen die grünen Zweige und bedecken die Knospen gänzlich. Die Blüthen erscheinen im Mai in langen hängenden Trauben, die männlichen nur mit 4 bis 5 Staubfäden. Der Same reift im August und hat lange schmale und gegen einander geneigte Flügel. Die Zweige hellgrün und glatt. Die Stämme grau und fein aufgerissen.

Dieser ebenfalls in Nordamerika heimische Baum wächst sehr schnell und erreicht, nach v. Wangenheim, im geschlossenen Stande 60 bis 80 Fuß Höhe. Er liebt einen feuchten Boden und einen etwas geschützten Standort. Das Holz ist vest und zähe, und nicht nur ein gutes Brennholz, sondern auch ein dem Eschenholze ähnliches Nutzholz.

86.

Russischer Ahorn.   Acer tartaricum.

Die Blätter länglich=eiförmig, am Rande ungleich säge=
förmig fast doppelt gezähnt und zuweilen auch etwas gelappt, bei=
derseits glatt und am Grunde herzförmig.   Die Blüthen
kommen im Mai nach den Blättern in aufrechten Doldentrauben
zum Vorschein.   Der Same reift im September und October,
und ist dann an den aufrechtstehenden Flügeln schön roth gefärbt.

Ein im nördlichen Asien, vorzüglich in Sibirien, heimischer
baumartiger Strauch, der bei uns 20 und mehr Fuß hoch und
sehr buschig wächst, auch unser Klima vollkommen gut verträgt,
ein gutes Brennholz liefert und fast in jedem mittelmäßig guten
Boden gedeiht.   Bei Anlegung eines Buschholzes, wo es mehr
auf Schönheit als Nutzen abgesehen wäre, würde dieser Ahorn
sehr zu empfehlen und dann alle 15 — 20 Jahre abzutreiben
sein.   In Gartenanlagen ist er schon häufig gepflanzt, und liefert
ein weißes zähes Holz.

Da diese ausländischen Ahorne auch in Deutschland aus=
dauern, und nach in Gartenanlagen gemachten Erfahrungen gut
wachsen, so hat man sie, vorzüglich die drei ersten, wegen des
bei jedem angegebenen Nutzens auch zum Anbau in unseren Wald=
ungen empfohlen; aber hier müssen erst noch Versuche im Kleinen
an schicklichen Stellen mit ihnen gemacht werden, ehe man sie
im Forste unseren einheimischen Ahornen an die Seite setzen, ge=
schweige sie diesen vorziehen kann.   Nach meinen Erfahrungen
kommen sie auf gewöhnlichen unbearbeiteten Waldstellen unseren
beiden ersten Ahornen im Wuchse nicht gleich.   Uebrigens ist die
Zucht die nämliche, wie bei den einheimischen, nur daß sich der
rauhe und der eschenblätterige Ahorn auch durch Stecklinge aus
zweijährigen Zweigen vermehren lassen.

Anhang.   Das Thränen (sogenanntes Steigen des Saftes),
im Frühjahre zeigt sich bei den Ahornen sehr auffallend, indem
aus ihnen, zu dieser Zeit angehauen, sehr viel Saft fließt.

Roßkastanie.   Aesculus.

Der Kelch röhrenförmig und fünfzähnig.   Die Blume
fünfblätterig und kelchständig; sieben (oder acht) Staubfäden und
ein pfriemenförmiger Griffel.   Die Frucht zwei= bis dreifächerig,

224

kapfelartig und mit 2 — 3 lederartigen Nüffen. Die Blätter gegenüber (VII. 1.)

87.

Gemeine Roßkastanie.   Acsc. Hippocastanum.

Die Blätter gefingert und aus 5 — 7 ausgebreiteten
Blättchen beftehend, die keilförmig, zugefpizt, ungleich ftumpfge-
zähnt und von ftarken unten erhabenen Rippen durchzogen find.
Die Blüthen erfcheinen mit den Blättern in aufrechten Trauben
mit verfchieden gefärbten Blumenblättern; die oberen öfters blos
männlich. Die Früchte reifen im September und find entweder glatt oder mit Stacheln befezt. Die Zweige graubraun
und gelb punktirt.

Diefe urfprünglich aus dem nördlichen Afien ftammende,
aber jezt in Deutfchland überall angepflanzte Roßkaftanie liebt
einen fruchtbaren, lockeren, tiefgründigen und mäßig feuchten
Boden, eine milde Lage und einen freien Standort; dann wächft
fie fehr fchnell und wird ein 60 — 80 Fuß hoher und anfehn-
lich ftarker Baum mit einem fchönen Wipfel. Auf magerem
Sand und auf veftem Boden, fo wie an naffen Stellen, gedeiht fie nur fpärlich oder gar nicht.

Ihre Vermehrung gefchieht leicht dadurch, daß man den
Samen noch in Herbfte, oder beffer, im Sande aufbewahrt, im
nächften Frühling einzeln auf tiefumgegrabene Beete 1 — 2 Zoll
tief in den Boden fteckt. Nach 2 Jahren fchon verfezt man die
Pflänzchen in die Baumfchule, und verpflanzt fie erft fpäter,
nachdem fie die gewünfchte Höhe erreicht haben, an den Ort ihrer
Beftimmung. Beim Ausheben und Einfetzen muß man aber
etwas behutfam mit den Wurzeln umgehen, weil fie leicht zu
befchädigen find, wodurch diefe Setzlinge einige Jahre im freudigen Wachfen gehindert werden.

Wegen des großen und dunkelgrünen Laubes, der fchönen
Blüthen und des dichten Wipfels wird fie allgemein in Gartenanlagen und zu Baumgängen angepflanzt. Auch in Thier-
gärten und Wäldern wird fie von Jägern gern gefehen zur
Aefung des Roth- und Schwarzwildes.

Das Holz ift weich, feinfaferig und weiß; als Nutzholz
wird es zu leichten Sachen verwendet und in's Trockene auch als

225

Bauholz; aber als Brennholz hat es nur einen geringen Werth.
— Die Samen dienen gestoßen dem Rindvieh zu Nahrung, bei
den Pferden gegen die Druse; und das daraus bereitete Mehl
wird unter Buchbinder = Kleister gemischt, um den sogenannten
Bücherwurm von den mit solchem Kleister gebundenen Büchern
abzuhalten.

Es giebt auch eine Abart mit gelbgeschäckten Blättern.

––––––––

d) Eschen. Fraxineen. Zweimännige Blüthen und Flügel=
früchte. VIII. 5.

Esche.　Fraxinus.

Der Geschlechtsstand wechselt, so daß ein Stamm blos
männliche, ein anderer blos Zwitterblüthen hat; jedoch sind die
lezten auch öfters mit unvollkommenen Staubgefäßen versehen,
und mithin weiblich. Die Zwitterblüthe hat keinen oder
einen viertheiligen Kelch, keine oder vier schmale Blumenblätter,
ferner zwei Staubfäden mit gefurchten Staubbeuteln und einen
Griffel mit doppelter Narbe. Auf gleiche Weise sind die männlichen und weiblichen Blüthen gestaltet, nur daß jenen der
Griffel, und diesen die Staubgefäße fehlen. Die Frucht eine
zungenförmige, einsamige Flügelfrucht. Die Blätter gegenüber.
(XXIII. 2.).

88.

Gemeine Esche.　Fraxinus excelsior.

Die Blätter ungepaart gefiedert, auf zu beiden Seiten
behaarten und oben gefurchten Stielen. Die Blättchen, an
der Zahl 9 bis 13, länglich = lanzettförmig mit vorgezogener
Spitze, am Grunde ungezähnt und verdünnt, am Rande ungleich
sägeförmig gezähnt, oben dunkelgrün und glatt, unten hellgrün
und meist längst der Mittelrippe weißbehaart; an jungen Stämmen
sind sie bald außerordentlich schmal, bald ungewöhnlich groß und
breit. Die Knospen schwarz. Die Blüthen erscheinen Anfang Mai's vor den Blättern in schlaffen Rispen, ohne Kelch
und ohne Blume. Der Samen reift im October und fliegt im
November und später ab. Die Rinde aschfarbig in's Bräunliche

15

226

spielend, glatt und erst an über 30 Jahre alten Stämmen aufgerissen. — Abarten sind:

a) **Hang-Esche. Fr. c. pendula.** Mit hängenden Aesten
und Zweigen.

b) **Gold-Esche. Fr. c. aurea.** Mit kleineren und blassen
Blättern und goldgelben braunpunktirten Zweigen und Aesten.

c) **Warzige Esche. Fr. c. verrucosa.** Mit warzig auf-
gesprunger Rinde an Zweigen, Aesten und jungen Stämmen.

d) **Krausblätterige Esche. Fr. c. crispa.** Mit schwarz-
grünen, sehr kraus zusammengebogenen und dicht gedrängten Blättchen, und von sehr langsamen Wuchse.

e) **Zwerg-Esche. Fr. c. nana.** Mit kleineren Blättern,
breiteren Blättchen und kurzen Zweigen. Von ganz niedrigem Wuchse.

Diese Esche wächst durch ganz Deutschland und weiter nörd-
lich, selbst in Asien, meist in Ebenen, Thälern, an Flüssen und
Vorbergen; in hohen Lagen, wo der gemeine Ahorn noch gut
wächst, bleibt sie in Größe und Ausbreitung zurück. Im Walde
trifft man sie immer mit anderen Holzarten gemischt, und zwar
am freudigsten wachsend in einem nahrhaften, etwas lockeren und
eher feuchten als trockenen Boden. Sie ist dabei so schnell wüchs-
ig, besonders in der ersten und zweiten Lebens-Periode, daß sie
in 70 bis 80 Jahren 80 bis 100 Fuß hoch und 2 bis 3 Fuß
im Durchmesser stark sein kann; auch wächst sie bis über 150
Jahre fort und bildet einen schlanken Schaft mit einer regelmäßigen locker belaubten Krone. Die Wurzeln sind fein ästig, dringen nicht sonderlich tief ein, breiten sich aber sehr weit aus. —
Die Samenpflänzchen erscheinen mit zwei länglichen Samenlappen
und treiben zuerst nur dreitheilige Stockblätter. — Der Stockausschlag erfolgt an der Seite des Stammes, und zwar reichlich
und kräftig innerhalb 20 bis 25 Jahren.

In einem dürren mageren Boden gedeiht diese Esche eben
so wenig als in einem nassen oder festen Thon- und Lehmboden.
In ungeschützten Lagen leidet sie, vornehmlich in der Jugend, öfters von Spätfrösten. Schatten vertragen junge Pflanzen
eben so wenig als einen zu dichten Stand, denn diese wollen etwas frei stehen, wenn sie kräftig wachsen sollen; auch leiden
solche leicht vom Graswuchse. — Wildpret und Weidevieh lieben
das Laub und die junge Rinde der Esche sehr, und verbeißen

junge Pflanzen außerordentlich; auch die Mäuse gehen ihnen nach, die spanischen Fliegen fressen zuweilen das Laub fast gänzlich ab, und die Hornisse umringelt nicht selten die üppigen Schossen. — Wunden und Beschädigungen heilt diese Esche unter allen unseren Holzarten am leichtesten aus. — Die Kernfäule befällt die Esche zuweilen von unten am Stamme.

In forstlicher Hinsicht eignet sie sich zu Hochwald, gemischt mit anderen Holzarten; doch wichtiger und nützlicher als gar manche beliebte Holzart ist sie für den Mittel- und Nieder-Wald, wo sie an schicklichen Orten einen hohen Ertrag giebt. Auch als Schneidel- und Kopfholzbaum ist sie nicht unergiebig. — Außerdem pflanzt man die Esche gern zur Zierde in Gartenanlagen, an Wege, auf freie Plätze u. s. w.

Die Vermehrung der Esche ist keineswegs schwer, obgleich von dem fast jährlich vielen und weit abfliegenden Samen im natürlichen Zustande nicht immer viele Pflänzchen aufkommen, weil theils der Samen 1½ Jahr bis zum Keimen liegt und dadurch mancher zufällig zu Grunde geht, theils die Pflänzchen meist vom Graswuchs und von Thieren vernichtet werden. Zur Saat in Forstgärten säet man den, im Herbste gesammelten, gut abgetrockneten und sorgfältig aufbewahrten Samen im nächsten Frühjahre rinnenweise und bedeckt ihn ¼ bis ½ Zoll hoch mit Erde und mit etwas Reisig oder Laub; dann erscheinen die Pflänzchen im Mai des folgenden Jahrs. Noch mehr und kräftigere Pflänzchen erhält man, wenn man den Samen nach überstandener Nachreife bis zur Saat nicht im nächsten, sondern im folgenden Frühjahre tief eingräbt, und zwar schichtweise mit etwas Boden gemengt. Nach einem oder zwei Jahren verpflanzt man die Pflänzchen weiter in einer fußweiten Entfernung, und wieder nach 4 — 6 Jahren an den Ort ihrer Bestimmung. Sollen sie aber sehr groß in's Freie verpflanzt werden, so versetzt man sie zweimal in der Baumschule, weil sonst die schon weit verbreiteten Wurzeln zu stark beschädigt würden. Ueberhaupt vertragen die Eschen, groß oder klein, das Versetzen und Beschneiden sehr gut.

Zur Benutzung liefert diese Esche ein vortreffliches Bau-, Werk- und Nutz-Holz. Denn von ausgewachsenen Stämmen ist das Holz sehr zähe und vest, zwar etwas grobfaserig, doch sehr dauerhaft; im Alter ist das untere Stammholz im verarbeiteten Zustande zuweilen geflammt oder schön geädert. Es zeich-

15 *

228

net sich durch lange und gerade Lücken aus, und es wiegt der
rheinl. Würfelfuß frisch 59 bis 60 und trocken 42 bis 43 Pfund.
Zum Bauen in's Nasse und Trockene ist es wegen der langen
Dauer sehr gut, nur gewöhnlich zu selten; als Werk= und Nutz=
Holz hat es für Wagner, Tischler, Drechsler u. s. w., ferner
zu Reifen, Stielen, Rollen u. s. w. sehr großen Werth, und als
Brenn= und Kohl=Holz kömmt es an Wärmfähigkeit und Nutz=
barkeit wenigstens dem der Roth=Buche gleich und verhält sich
zu ihr im Werth etwa wie 102 zu 100. — Das Laub ist, frisch
oder getrocknet, ein gutes Schaffutter. — Die Rinde giebt mit
Zusätzen verschiedene brauchbare Farben, und die Borke enthält
auch einigen Gerbstoff.

89.

Einblätterige Esche.   Fraxinus simplicisolia.

Die Blätter einfach, eiförmig, zugespizt, glatt, 4 bis 5
Zoll lang und 2 bis 3 breit, am Rande tief und ungleich ge=
zähnt, am Grunde ungezähnt und abgerundet oder schwach herz=
förmig; an jungen üppig wachsenden Stämmen sind sie öfters
nicht einfach, sondern unvollkommen gedreit. Der Blattstiel
gefurcht und über 2 Zoll lang.

Uebrigens gleicht diese in deutschen Gartenanlagen häufig
vorkommende Esche in allen Stücken der gemeinen, und ob sie
gleich Wildenow und andere für eigene Art halten, so bedarf dieß
doch einer Bestätigung durch Zucht aus Samen.

90.

Blumen=Esche.   Fraxinus Ornus.

Die Blätter ungepaart gefiedert, und aus 7 bis 9 Blätt=
chen bestehend, die länglich zugespizt, gestielt, am Rande ungleich
stumpf gesägt sind. Die Knospen grau. Die Blüthen sind
sehr wohlriechend und erscheinen Ende Mai's in dicht beisammen=
stehenden ästigen Rispen mit viertheiligen Kelchen und vier lang=
en weißen Blumenblättern. Die Rinde der Zweige grün oder
bräunlich=schwarz und gelb punktirt.

Ein im südlichen Europa und auch in Deutschland, z. B.
in Krain, heimischer Baum, der 20 bis 30 Fuß hoch wird und
sich zwar nicht zu einem forstlichen Anbau, aber wegen seiner

Blüthen zur Zierde in Gartenanlagen und zu niedrigen Baumreihen empfiehlt, wo er einen Boden und Standort, wie die gemeine, liebt, und außer dem Samen auch durch Pfropfen und
Aeugeln auf diese vermehrt wird.

Anhang. Die Eschen sind vor vielen Bäumen durch ihre
Knospen und Früchte ausgezeichnet.

————

c) Linden. Tiliaceen. Kelch und Blume 4 — 6blätterig
mit vielen feinen Staubfäden. Gröbsfrüchte mehrfächerig,
trocken oder fleischig. XII. 4.

Linde. Tilia.

Der Kelch fünftheilig. Die Blume fünfblätterig. Viele
auf dem Fruchtboden stehende Staubfäden und ein Griffel.
Die Frucht eine geschlossene, lederartige und meist einsamige
Kapsel. Die Blätter wechselweise. (XIII. 1.)

91.
Sommer-Linde. Tilia europaea.

Die Blätter rundlich, zugespizt, am Grunde schief herzförmig, am Rande scharf gezähnt, oben dunkelgrün und glatt,
unten mattgrün und fein behaart. Die Blüthen erscheinen
Ende Junius in einfachen langgestielten Dolden; sie sind schwefelgelb und wohlriechend; ihre Kelchabschnitte sind nachenförmig
gebogen und vertreten die Stelle der Honigbehältnisse, die Staubfäden am Grunde in Partieen verwachsen, und an der Mitte
des Hauptblüthenstiels steht ein lanzettförmiges stumpfzugespiztes
und gelbliches Nebenblatt. Die Früchte eiförmig, mit 5 erhabenen Streifen versehen und etwas behaart; sie enthalten bei
der Reife im October einen schwarzblauen glatten Kern. Die
Rinde an alten Stämmen stark und breit aufgerissen. Durch
Kultur entstandene Abarten sind:

a) Garten-Linde. T. pauciflora. Hayne. Mit gewöhnlich dreiblüthigen Blumenstielen und größeren Blättern.

b) Rothe Linde. Mit dunkelrothen Zweigen.

c) Gelbe Linde. Mit gelben Zweigen.

Diese in Deutschlands Waldungen (hauptsächlich in den südlichen, doch auch im Weißeritzthale um Tharand bei Dresden)

230

hin und wieder wild vorkommende und sonst häufig gepflanzte
Linde liebt einen guten, etwas frischen und nicht zu schweren
Boden und kömmt sowohl in einem geschlossenen, als in einem
freien Standorte auf Ebenen oder kleinen Anhöhen gut fort.
Sie gehört zu den stärksten Bäumen Europa's, und ob sie gleich
in 100 bis 150 Jahren ihr Wachsthum von 80 bis 100 Fuß
Höhe und 6 bis 9 Fuß im Umfang Stärke eigentlich vollendet,
so kann sie doch über 400 Jahre alt und so stark werden, daß
ihr Umfang 30 bis 40 Fuß beträgt. Sie treibt gewöhnlich einen
schönen geraden Schaft bei einem dichten und regelmäßigen
Wipfel, und weil ihre Wurzeln tief eingehen und sich weit ausbreiten, so kann sie den stärksten Stürmen widerstehen.

In forstlicher Hinsicht wird diese Linde nicht besonders erzogen und behandelt, sondern nur da, wo sie wild vorkömmt,
wie die sie umgebenden Holzarten bewirthschaftet, weil sie nur ein
mittelmäßiges Bau- und Brennholz liefert, und das nöthige Nutzholz gewöhnlich von den außer den Forsten gepflanzten Stämmen
genommen werden kann. Uebrigens wird sie mit Recht in Forsten
als Gränzbaum, und an Wegen und auf freien Plätzen zur
Zierde und zum Schattengeben schon von Alters her sehr geschäzt;
und als Schneidelholz wird sie hier und da besonders wegen
des Laubes zu Viehfutter, benuzt.

Zu solchen Pflanzungen nimmt man entweder die in Wäldern wild aufgewachsenen Stämmchen, oder man erzieht sich welche
aus dem Samen, den man gleich nach der Reife im Herbste in
einen lockeren und feuchten Boden säet und ½ Zoll hoch mit Erde
bedeckt. Die im nächsten, oder auch erst im zweiten Frühling
erscheinenden Pflänzchen werden nach 3 Jahren in die Baumschule versezt, daselbst zu der verlangten Höhe und Stärke erzogen, und dann im Herbste oder Frühjahre sorgfältig an den
Ort ihrer Bestimmung verpflanzt.

Das Holz ist weiß, leicht und weich, jedoch zähe, auch
dem Wurmfraße, dem Schwinden und Werfen wenig unterworfen, und läßt sich leicht verarbeiten und beizen. Von Tischlern und Drechslern wird es häufig verarbeitet und von Bildhau-
ern und Formschneidern ist es vorzüglich geschäzt. Als Bauholz
wird es jedoch in Ermangelung eines besseren nur in's Trockene
verwendet, wo es sich sehr dauerhaft erwiesen hat. Als Brennholz verhält es sich zum buchenen nur wie 71 zu 100. — Die

231

Kohlen sind ebenfalls leicht und dienen zu Schießpulver und zum Zeichnen.

Die Blüthen sind officinell und für die Bienen sehr ergiebig an Honig und Wachs. Die Früchte geben ein sehr feines Oel. Den Bast benutzt man zum Binden, zu Flechtwerk, Decken und Matten, zum Einwickeln der Kaufmannsgüter ꝛc.

92.
Winter-Linde. Tilia parvifolia.

Die Blätter rundlich, zugespizt, am Grunde tiefherzförmig, am Rande sägeförmig gezähnt, oben dunkelgrün und glatt, unten bläulichgrün und in den Nervenwinkeln zottig, aber übrigens glatt; sie sind beträchtlich kleiner als die der vorigen und brechen auch später aus. Die Blüthen erscheinen in vieltheiligen Schirmen im Julius, gleichen denen der vorigen Art, sind aber kleiner, und die Staubfäden gänzlich unverwachsen. Die Früchte wie bei der vorigen, nur etwas kleiner, weniger deutlich gestreift und mit einem rostfarbenen Kerne versehen; sie reifen Ende Octobers. Die Rinde an alten Stämmen feinrissig.

Im nördlichen Europa wächst diese Linde auf Bergen und in Thälern, und zwar am liebsten in einem lockeren und nahrhaften Boden. Ob sie gleich erst in 150 Jahren ihr Wachsthum vollendet und über 200 Jahre alt wird, so erreicht sie doch nur 60 bis 80 Fuß Höhe und auch niemals die Stärke der vorigen Art.

In Zucht und Benutzung kommt sie ebenfalls mit der vorigen überein, nur ist das Holz dieser, wegen ihres langsamen Wuchses, etwas zäher und vester.

Anhang. Die Linden haben gleichsam ein zähes Leben; indem sie auch bei starker Kernfäule immer freudig grünen und blühen, und im Frühjahre abgehauene Schäfte schlagen oft liegend wieder aus.

232

f) **Geißrautenartige. Galegeen.** Die Hülsen einfächer=
ig, 1 Staubfaden frei und die Blätter vielfiederig. XIV. 2.

Schotendorn. Robinia.

Der Kelch glockenförmig und vierzähnig, wovon der oberste
Zahn sehr breit und meist wieder etwas ausgerandet ist.   Die
Blume schmetterlingsförmig.   Zehn Staubfäden, wovon
einer frei und die übrigen verwachsen sind.   Ein in die Höhe
steigender und mit haariger Narbe versehener Griffel.   Die
Frucht eine höckerige Hülse mit mehren nierenförmigen Samen.
Die Blätter wechselweise. (XVII. 4.)

93.

**Weißblühender Schotendorn. Robinia pseudo-
acacia.**
(Unächte Akazie.)

Die Blätter ungepaart gefiedert, die Bättchen (9 bis
17) länglich=eiförmig, ungezähnt, an der Spitze ausgerandet und
mit einem kleinen krautartigen Stachel versehen, oben hellgrün,
unten weißlichgrün und beiderseits glatt; neben jedem Blättchen=
stiele ein kurzer fadenförmiger Blattansatz.   Die Blüthen
erscheinen im Junius in einfachen hängenden Trauben; sie sind
weißlich und wohlriechend.   Die Früchte sind zusammengedrückte
braune Hülsen mit schwarzbraunem Samen und reifen im Herbste,
fallen aber erst im folgenden Frühjahre ab.   Die Zweige, ge=
furcht, glatt und unter den Blattstielen mit breitgedrückten spitz=
igen Stacheln besezt.

Diese aus Nordamerika stammende und seit vielen Jahren
in Deutschland verschiedentlich angepflanzte Akazie liebt bei uns
eine etwas geschüzte Lage und überhaupt einen guten lockeren,
etwas feuchten Boden; doch gedeiht sie auch in einem mittelmäßig
guten, nur etwas tiefgründigen Erdreiche.   Sie wächst besonders
in der Jugend sehr schnell, und erreicht unter günstigen Umständ=
en in 30 bis 40 Jahren 40 bis 60 Fuß Höhe bei 6 Fuß im
Umfang Stärke; doch wird sie auch älter und dann höher und
stärker.

In forstlicher Hinsicht hat man sie theils über die Ge=
bühr erhoben, theils zu sehr herabgesezt.   Denn obgleich durch

die Zucht der Akazie allein weder einem befürchteten, noch wirklichen Holzmangel abgeholfen werden wird, wozu man sie vorge-
schlagen hatte, so kann sie doch die Masse des Brenn= und Nutzholzes vermehren helfen, und sie wird immer die aufgewandte
Mühe und Kosten belohnen, wenn man sie an schicklichen Orten
(nur nicht überall!) entweder in Masse als 20= bis 30jähriges
Schlagholz, oder einzeln als Nutzholz erzieht.   Nur verlangt sie
im ersten Falle einen durchaus geschlossenen, und im zweiten ein-
en geschützten Stand, weil Wind= und Schneebrüche ihr sehr
nachtheilig sind. — Die Akazie verträgt auch das Köpfen, und
wird dann alle 3 bis 4 Jahre abgeholzet.

Die Zucht der Akazie ist sehr leicht, indem man im Frühjahre den Samen einen Tag einwässert, ihn rinnenweise säet und
$\frac{1}{4}$ Zoll hoch mit Erde bedeckt, dann bei trockener Witterung
durch's Gießen feucht erhält, und eben so in den ersten Monat-
en die bald erscheinenden Pflänzchen.   Diese bedeckt man in den
nördlichen Gegenden Deutschlands im ersten Winter gut mit
Laub, hält sie im folgenden von Unkraut rein, und versezt sie
dann im 3ten Frühling entweder in die Baumschule, oder alsbald an den Ort ihrer Bestimmung. — Die Akazie treibt in
lockerem Boden viele Wurzelbrut, die durch Aufhacken desselben
noch befördert wird, welches aber nur dann von Nutzen ist, wenn
man sie als Buschholz behandeln will.

Das Holz ist gelblich, sehr vest und zähe, überaus dauerhaft und nimmt eine gute Politur an.   In Nordamerika wird
es vorzüglich zu Schwellen, Säulen und überhaupt zum Bauen
geschäzt, und nach angestellten Versuchen ist es ein treffliches
Nutzholz für Wagner, Tischler, Drechsler ꝛc.; auch als Brennholz hat es Werth, indem es sich (nach v. Werneck) zum buchenen wie $7\frac{1}{2}$ zu 10 verhält.   Die Akazie liefert auch sehr gute
Weinpfähle, und deßhalb erzieht man sie auch bei uns an einigen
Orten.

Dem Wildpret, Rindvieh ꝛc. ist das Laub sehr angenehm,
und die Hasen vernichten die jungen Stämme durch's Schälen,
daher muß jede Pflanzung oder Saat durch eine gute Vermach-
ung geschützt werden.

————————

234

Blaſenſtrauch. Colutea.

Der Kelch 5zähnig. Die Fahne flach, der Griffel hinten
bärtig und die Narbe hackenförmig. Die Hülſe dünn, aufge=
blaſen und vielſamig. Die Blätter wechſelweiſe. (XVII. 4.).

94.

Gemeiner Blaſenſtrauch. Coluten arborescens.

Die Blätter gefiedert, mit 5 bis 9 verkehrt eiförmigen
und an der Spitze ausgeranbeten Blättchen. Die Blüthen
gelb in Trauben aus den Blattwinkeln und erſcheinen nach dem
Ausbruch der Blätter faſt den ganzen Sommer. Die Hülſen
reifen nach und nach und enthalten viel Luft.

Ein 6 bis 8 Fuß hoher Strauch, auf walbigen Hügeln in
Süddeutſchland heimiſch und bei uns faſt verwildert, weil er häuf=
ig zur Zierde in Gärten unterhalten wird.

Man erzieht ihn wie den vorigen Schotenborn leicht aus
Samen und verpflanzt ihn auf fruchtbare Stellen.

---

g) Therebinthen. Terebinthaceen. Blüthen meiſt ge=
getrennt, 5 Blumen=Blätter unten im Kelch, und eben ſo
viele Staubfäden. Gröps pflaumenartig und Samen nuß=
artig. **XIV. 5.**

Wallnuß. Juglans.

Männliche und weibliche Blüthen auf einem
Stamme; jene ein lockeres walzenförmiges Kätzchen bildend und
aus einblüthigen Schuppen mit einem ſechstheiligen Kelche und
vielen Staubfäden beſtehend, — dieſe einzeln oder zu 2 bis 3
beiſammen ſtehend und mit einem kleinen viertheiligen Kelche
nebſt einer etwas größeren viertheiligen Blume verſehen, worunter
ein eiförmiger Fruchtknoten mit zwei kurzen Griffeln und ge=
ſchlizten Narben ſizt. Die Frucht eine Steinfrucht, die unter
einer fleiſchigen und auffſpringenden Haut eine gefurchte zweiſpalt=
ige Nuß mit einem vierlappigen Kerne enthält. Die Blätter
wechſelweiſe. (XXI. 8.).

95.

Gemeine Wallnuß. Juglans regia.

Die Blätter ungepaart gefiedert und aus 5, 7 oder 9 Blättchen bestehend, die eiförmig, zugespizt, am Grunde etwas ungleich, am Rande selten etwas gezähnt, beiderseits glatt, nur unten in den Nervenwinkeln mit kleinen Haarbüscheln versehen und wohlriechend sind. Die Blüthen erscheinen Anfang Mai's mit den Blättern, die weiblichen an den Spitzen der jungen und die männlichen an den Seiten der vorjährigen Triebe stehend. Die Früchte reifen im September, und man hat Abarten mit großen und kleinen, harten oder weichschaligen Nüssen. Die Rinde an jungen Stämmen glatt und aschgrau, an alten aber rauh und stark aufgerissen.

Diese eigentlich aus Persien stammende, aber in Deutschland häufig gepflanzte Wallnuß liebt einen frischen, nicht zu vesten und mittelmäßig guten, aber wegen ihrer Pfahlwurzel tiefgründigen Boden und verlangt bei uns einen etwas geschüzten Standort. Sie wächst ziemlich schnell und wird in 40 bis 60 Jahren ein ansehnlich hoher und starker Baum mit einem dichten Wipfel. In der Jugend und in harten Wintern leidet sie öfters vom Froste, besonders an einem unschicklichen Standorte und in Niederungen.

Weil Ableger und Wurzelsprossen dieser Wallnuß niemals schöne und dauerhafte Stämme geben, so erzieht man sie am beßten aus Samen, den man im Herbste einsammelt, den Winter über in Sand aufbewahrt und im Frühjahr einzeln zwei Zoll tief in die Erde steckt. Die nach 6 bis 8 Wochen erscheinenden Pflänzchen müssen bei dürrem Wetter gelind begossen und die ersten Winter durch eine gute Laubdecke geschüzt werden. Nach 3 Jahren verpflanzt man sie schon weiter, wenn nicht die Nüsse schon an den Ort ihrer künftigen Bestimmung gelegt wurden, entweder in die Baumschule, oder besser an den ihnen bestimmten Plaz. Beim Verpflanzen selbst, das am beßten im Frühjahre geschieht, hat man genau darauf zu sehen, daß die Wurzeln möglich gut erhalten, nicht gequetscht und die beschädigten Theile gänzlich abgeschnitten werden. Auch muß das beim Verpflanzen übliche Beschneiden des Wipfels hier unterbleiben und bis auf die warmen Tage im Mai verschoben

236

werden, wo man auch dann noch vorsichtig zu Werke gehen und die Hauptspitze wo möglich verschonen muß.

Die Orte, wo diese Wallnuß theils schon gezogen ist, theils doch gezogen zu werden verdient, sind Waldränder, Lustwälder, Baumreihen auf den Straßen, und auf Dörfern zwischen Gebäuden.

Das Holz ist in der Jugend weiß und weich, ausgewachsen aber dunkelbraun und hart, oft geflammt oder gemasert; es muß im Spätherbste oder Winter gefället werden. Es wird, besonders von den gemaserten Wurzelstöcken, für eins unserer beßten Nutzhölzer zu Tischler- und Drechslerarbeiten und zu Gewehrschäften gehalten; nur von erfrorenen Stämmen hat es als solches nicht viel Werth, weil es leicht vom Wurm angegangen und sehr brüchig wird.

Die Früchte dienen zum Verspeisen, zu Oel und zum Einmachen. — Die Rinde, Blätter und Fruchtschalen geben dauerhafte gelbbraune Farben.

96.
Schwarze Wallnuß. Juglans nigra.

Die Blätter ungepaart gefiedert und aus 15 bis 21 eilanzettförmigen langzugespizten Blättchen bestehend, die am Grunde etwas schief, am Rande fein sägeförmig gezähnt, oben kaum sichtbar und unten auf den Nerven fein behaart sind. Die Blattstiele und jungen Zweige braun und feinbehaart. Die Blüthen erscheinen im Mai. Die Früchte rund, von der Größe der vorigen, und mit einer rauhen, harten, gefurchten und schwarzen Nußschaale und einem kleinen öligen Kerne versehen; sie reifen im October. Die Rinde an jungen Stämmen glatt und mit weißlichen Punkten bedeckt, an alten aber dunkelgrau und rissig.

In Nordamerika wächst diese Wallnuß gewöhnlich an niedrigen, seltener an hochgelegenen Orten, und wird daselbst 50 bis 60 Fuß hoch und bei 3 Fuß im Durchmesser stark. Sie liebt einen fetten, etwas feuchten und lockeren Boden, nimmt aber auch mit einem mittelmäßig guten Erdreich fürlieb.

Da diese Wallnuß schnell, d. h. schon in 40 Jahren, zu einem ansehnlichen Baume erwächst, ferner ein sehr gutes Werk- und Nutzholz liefert, das schwärzlich, schön geflammt, leicht zu verarbeiten und besser noch als das der gemeinen ist, und da

enblich biese Art von unserer Winterkälte gar nicht leidet, so
verdiente sie wol, häufig gezogen und gepflanzt zu werden, und
zwar an solchen Orten, wo man Gras und Früchte unter und
neben ihr nicht achtet, wie z. B. in Dörfern zwischen den Häusern, auf Triften ꝛc.

Uebrigens kommt sie in Zucht und Benutzung mit der vorigen überein, nur daß freilich die Nüsse eine sehr harte Schale
und einen kleinen Kern haben, daher sie zwar wenig zum Verspeisen, aber doch zu Oel geeignet sind.

97.

Graue Wallnuß.   Juglans cinerea.

Die Blätter gefiedert und aus 13 bis 15 Blättchen bestehend, die länglich-lanzettförmig gezähnt und in der Jugend
von drüsigen feinen Härchen klebrig sind.   Die Blüthen erscheinen beim Ausbruch der Blätter.   Die Früchte länglich und
klebriger noch als junge Blätter; die Nuß länglich, tief gefurcht
und sehr hartschalig.   Die Rinde an Zweigen rauch und an
Stämmen nicht sehr aufgerissen.

Ein in Canada und Virginien heimischer Baum, von der
Größe des vorigen und nur in der Jugend noch schneller wachsend und gegen die Witterung-Zustände noch dauerhafter.

Zucht und Pflege wie bei der gemeinen Wallnuß; Benutzung wie bei der vorigen; und Anbau an sehr fruchtbaren, frisch-
en und tiefgründigen Stellen.   Wenn eine Wallnuß forstlichen
Werth, wenigstens im Mittelwalde, bekommen könnte, so wäre es
diese, die man jetzt auch in Gartenanlagen am häufigsten antrifft
und woher der Samen zu erhalten wäre.   Da aber diese Wallnüsse in der Jugend wol die stärksten und längsten Pfahlwurzeln haben, so ist bei der Versetzung der Pflänzlinge besonders
auf deren Schonung zu sehen, wenn sie nachher nicht viele Jahre
kümmern sollen.

Anhang.   Die Wallnüsse zeichnen sich noch aus im Holz
durch große und fachartig zerrissene trockne Markröhre.

Anmerk.   Die Gerber-Sumach, Rhus Coriaria, mit
ungepaart gefiederten Blättern, grünlichgelben Blüthen und
schönrothen Beeren, gehörte auch hierher als in Süddeutschland, und überhaupt im südlichen Europa heimischer, 8 bis 10
Fuß hoher, sehr nützlicher Strauch, der aber bei uns die harten

238

Winter nicht verträgt und wenigstens ohne Bedeckung nicht lange aushält.   Seine Nützlichkeit ist darin begründet: daß von ihm Holz, Zweige und Blätter zu Lohe gestoßen und unter dem Namen Schmack als ein vorzügliches Gerber= mittel, namentlich zur Bereitung des Corduans, sehr geschätzt wird.

―――――

h) Steinobst. Amygdalaceen. Die Blüthen 5zählig mit einigemal so viel Staubfäden im Kelchrande.   Die Früchte pflaumenartig. XV. 5.

Kirsche und Pflaume. Prunus.

Der Kelch 5theilig, unten. . Die Blume 5blätterig, 20 und mehr Staubfäden auf dem Kelche und 1 Griffel.   Die Frucht fleischig und mit rundlichem oder zusammengedrängtem Steine.   Die Blätter wechselweise. (XII. 1.)

* Kirschen mit rundlichen und glatten Steinen.

98.

Süß=Kirsche.   Prunus avium.
(Cerasus dulcis.)

Die Blätter länglich=eiförmig, lang=zugespizt und tief sägeförmig gezähnt; auf den unteren Zähnen stehen Drüsen, so wie zwei größere derselben auf dem Blättstiele.   Die Blüthen im Mai mit den Blättern in einfachen 3= bis 5blüthigen Dold= en an den Seiten der Zweige.   Die Früchte rundlich, klein, hell= oder schwarzroth, und bei der Reife im Julius von süßem Geschmacke.   Die Rinde glänzendglatt, aschgrau und lederartig abschälig.

In ganz Deutschland und in anderen Ländern des nörd= lichen Europa wächst dieser treffliche Baum in Wäldern und auf Feldern wild, in Dörfern und Gärten aber findet man ihn häuf= ig der Früchte wegen gezogen.   Er wird ansehnlich, oft über 70 Fuß hoch und beträchtlich stark, treibt einen hohen und geraden Schaft bei einem starkästigen Wipfel, und vollendet sein Wachs= thum ungefähr in 50 bis 60 Jahren.   Er verlangt zu seinem vollkommenen Gedeihen einen mittelmäßig guten und etwas trock= enen Boden, und gedeiht selbst im mageren Sande, denn ob er gleich im lezten etwas langsam wächst und nicht sehr hoch und stark wird, so ist er ihm doch zuträglicher, als ein zu fetter Boden, in welchem er durch den Brand oder die Saftfülle bald zu Grunde geht; auch gedeiht er durchaus nicht in einem feuchten, vesten und kalten Erdreiche.

Dieser Kirschenbaum wird ohne viele Mühe durch die Früchte vermehrt, indem man ihre Steine, mit oder ohne Fleisch, gleich nach der Reife oder doch noch in demselben Herbste an wundgemachte Stellen säet und sie ¼ Zoll hoch mit Erde bedeckt, wo sie dann im nächsten Frühjahre aufgehen. Die zweijährigen Pflänzchen versezt man nun weiter in die Baumschule, veredelt sie dann, oder verpflanzt sie wild, höher oder geringer als mannshoch, an die Orte ihrer Bestimmung. — In der Nähe eines alten Kirschbaums wachsen von selbst viele junge Samenstämme auf, und einige Vögel tragen ebenfalls zu ihrer weiteren Verbreitung bei.

In ökonomischer Hinsicht ist dieser Baum bekannt und geschäzt genug, aber in forstlicher Hinsicht verdiente er wol einen fleißigeren Anbau als seither, und in sehr vielen Fällen wenigstens mehr Berücksichtigung als mancher gepriesene Ausländer, indem er nicht nur auf einem mittelmäßig guten Boden schnell wächst, sondern auch ein so vortreffliches Nutzholz, und wenigstens kein schlechtes Brennholz liefert. In Schlaghölzern, wo er bis jezt vorkommt, müssen die schlanken Stämme auf jeden Fall übergehalten werden.

Das Holz ist zähe, hart, leichtspaltig, von feinem Gewebe, schön gefärbt, und eins unsrer beßten Nutzhölzer für Tischler, Wagner, Drechsler, Kunstarbeiter ꝛc. Die Früchte werden theils gegessen, theils eingemacht, theils gedörrt, theils zu Brandwein, Kirschsaft benuzt, so daß sie für manche Dörfer und ganze Gegenden einen wichtigen Handelszweig ausmachen; auch gehen ihnen viele Vögel nach und im Walde sind sie den Sauen eine angenehme Aesung. — Das sogenannte Kirschharz kann die Stelle des arabischen Gummi vertreten, und die Rinde wird zu mancherlei Farben verbraucht.

In Absicht der Früchte hat man durch Kultur viele Ab- und Spielarten erzeugt, wovon die Knorpelkirschen, Herzkirschen, und Wachskirschen mit ihren Unterabtheilungen die bekanntesten sind, und die alle durch's Pfropfen oder Aeugeln auf die wilde Süß-Kirsche erhalten und noch vervielfältigt werden.

240

99.

Sauer=Kirsche.   Prunus Cerasus.
(Cerasus vulgaris.)

Die Blätter eiförmig, stumpf zugespizt, am Grunde et=
was verdünnt und gewöhnlich mit zwei starken Drüsen versehen,
am Rande ungleich und drüsig gesägt, oben glänzend, unten
schwach behaart, und von festem Bestandwesen. Die Blüthen
erscheinen im Mai mit den Blättern in kurzgestielten meist drei=
blüthigen Dolden. Die Früchte sind rundlich, roth, von sau=
erem Geschmacke und reifen im Julius. Die Rinde an alten
Stämmen schwarzbraun, aufgerissen und in Querstreifen zurück=
gerollt, an jungen Stämmen und Aesten aber glänzendbraun und
punktirt.

In Deutschland wächst dieser 15 bis 20 Fuß hohe Baum
in Gebüschen bei Dörfern und in Gärten theils als verwildert,
theils mit Fleiß gezogen. Er hat dünne hängende Zweige, auch
ein hartes und vestes, aber nicht schön gefärbtes Holz, und ge=
deiht in allerlei Boden und Lagen.

Die Kirschen von diesem Baume, wovon in Apotheken und
Haushaltungen ein treffliches Mus bereitet wird, haben von je=
her zu häuslichen Zwecken viele Liebhaber gefunden, daher sie
häufig in Gärten kultivirt wurden, wodurch nach und nach viele
Abarten entstanden; dahin gehören hauptsächlich:

a) Die Weichselkirschen mit rothem Safte und dunkel=
rother Haut, in vielen Sorten;

b) die Süßweichsel mit ihren Sorten, beide nach Farben
und Geschmack und nach dem frühen oder späten Reifen
unterschieden; — und

c) gefüllte Kirschen mit halb oder ganz gefüllten Blüthen.

Die Sauer=Kirsche wird, wie die Süß=Kirsche, aus dem
Samen gezogen, und auf sie werden die Ab= und Spielarten
gepfropft und geäugelt, wenn sie reichlich Früchte tragen sollen,
also nicht auf Süß=Kirschenstämme.

100.

Ammern=Kirsche.   Prunus arborescens.
(Pr. acida, Ehrh.)

Die Blätter fast verkehrt= oder etwas länglich= eiförmig,

hellgrün, glatt, ungleich drüsig gesägt und entfernt ähnlich denen der Süß-Kirsche. Die Blüthen in sitzenden Dolden mit etwas kleinen Blumen im Mai. Die Früchte rundlich, wenig sauer und mit nichtfärbendem Safte. Der Stamm etwa 15 Fuß hoch, aber stark und mit steifen Aesten.

In Südeuropa heimisch, aber der Früchte wegen vielfältig in Gärten gezogen. Diese Kirsche liebt einen freien sonnigen Stand und einen steinigen tiefgründigen Boden und wird gezogen und veredelt, wie die vorige. Die durch Kultur von ihr entstandenen Sorten sind: Glaskirschen, Amarellen und Mandelkirschen.

101.

Strauch-Kirsche. Prunus fruticosa.

Die Blätter verkehrt eiförmig, kurz zugespizt, glatt und glänzend; am Rande mit ungleichen stumpfen und drüsigen Sägezähnen besezt, wovon die zwei untersten besonders in große Drüsen endigen. Die Blüthen erscheinen im Mai in sitzenden 3- bis 4blüthigen Dolden. Sie sind etwas kleiner als bei den vorigen. Die Früchte rund, roth, mit einem länglich-runden Steine und von säuerlichem Geschmacke; sie reifen Ende Julius oder im August. Die Rinde graubraun, weißpunktirt und die Aeste sparrig.

Eigentlich wächst dieser 3 bis 6 Fuß hohe Strauch auf den Gebirgen in Oesterreich und Sibirien wild; er ist aber in mehren Gegenden Deutschlands verwildert anzutreffen, namentlich in Ostheim, einer Stadt in Franken vor der Rhön, von wo aus Pflänzlinge unter dem Namen Ostheimer Kirsche durch einen großen Theil von Deutschland verschickt werden. Solche von dieser Gattung durch Kultur entstandenen Kirschen sind auch: Allerheiligenkirsche, Forellenkirsche, Maiweichsel u. s. w.

Diese Kirsche liebt einen nicht zu fetten Kalkboden, und ob sie gleich auch in anderen Erdarten fortkömmt und, besonders in Gärten, einen beträchtlich höheren Wuchs hat, so trägt sie dann doch nicht so reichlich Früchte. Die Vermehrung geschieht selten durch Samen, und gewöhnlich durch Wurzelbrut. Die Früchte werden wie die der beiden vorigen Arten geschäzt und benuzt.

242

102.

Trauben-Kirsche. **Prunus Padus.**

Die **Blätter** länglich-eiförmig, zugespizt, am Rande sehr fein scharf und fast doppelt gesägt, oben schön grün und glatt, unten graugrün und in den Aderwinkeln mit Haarbüscheln versehen. Die **Blattstiele** röthlich und am Ende mit zwei Drüsen besezt. Die **Blüthen** erscheinen im Mai nach den Blättern an den Spitzen der Seitenzweige in 4 Zoll langen vielblüthigen und schlaffen Trauben; sie haben weiße und feingezähnte Blumenblätter, gefranzte Kelcheinschnitte und einen starken Geruch. Die **Früchte** rund, erbsengroß und bei der Reife im August schwarz und von widrigem Geschmacke. Die **Rinde** graubraun und mit starken Warzen besezt.

In ganz Deutschland wächst die Trauben-Kirsche an niedrigen feuchten Orten in Feldbüschen und Vorhölzern theils strauchartig, theils als Baum von 30 bis 40 Fuß Höhe. Sie läßt sich durch Samen und Wurzelbrut sehr leicht vermehren, und ob sie gleich in forstlicher Hinsicht keine besondere Anzucht verdient, so ist sie doch da, wo sie unter Erlen, Weiden ꝛc. wild wächst, ein gutes Schlagholz. Auch dient sie zur Bevestigung der Dämme und Ufer an Flüssen und stehenden Wässern.

Das **Holz**, das röthlichgelb, ziemlich zähe und vest ist, und frisch unangenehm riecht, wird von Tischlern und Drechslern zu feinen Geräthschaften verarbeitet. Die schlanken Schößlinge geben gute Reifstangen.

Die **Früchte** können zu Brandwein benuzt werden, und sind vielen Vögeln angenehm. Die **Rinde** hat besondere Heilkräfte und giebt mit Zusätzen verschiedene Farben. Die **Kernschale** der Kirsche von dieser Gattung hat die meiste Blausäure, die bekanntlich als ein sehr starkes Gift wirkt.

103.

Felsen-Kirsche. **Prunus Mahaleb.**

Die **Blätter** rundlich-eiförmig, kurz zugespizt, am Grunde schwach herzförmig, am Rande stumpf und fein drüsig gezähnt, oben dunkelgrün und glänzend, unten hellgrün und an den Hauptadern etwas behaart. Die **Blattstiele** drüsig und fein behaart. Die Blüthen erscheinen im Mai in kleinen aufrechten Trauben; sie sind weiß und von angenehmen Geruche. Die Früchte eiförmig, erbsengroß und bei der Reife gegen den August glänzend schwarz und bittersüß.

In gebirgigen Gegenden des südlichen Deutschlands und in der Schweiz wächst diese Kirsche an steinigen und mageren Orten als ein 6 bis 8 Fuß hoher Strauch; in Gartenanlagen aber, wo man sie ihres schönen Ansehens wegen häufig erzieht, erreicht sie öfters eine Höhe von 18 und mehr Fuß.

Vermehrung und Benutzung des Holzes und der Früchte wie bei der vorigen; nur ist das Holz dieser Kirsche feiner, auch gelblicher und unter dem Namen St. Luzienholz bekannt. Die schlanken Schlößlinge geben die sogenannten Weichselröhre zu Tabakpfeifen.

** Pflaumen mit länglichen und rauhen Steinen.

104.
Zwetschen-Pflaume.   Prunus domestica.

Die Blätter elliptisch, an beiden Enden verdünnt, fast runzelig, einfach stumpf gesägt und beiderseits auf den Adern mit feinen Härchen besezt. Die Blattstiele behaart, aber niemals mit Drüsen besezt, wie sich zuweilen eine solche auf dem unteren Sägezahne befindet. Die Blüthen erscheinen im Mai an den Seiten der Zweige einzeln oder zu zwei beisammen auf behaarten Stielen. Die Früchte länglich, bei der Reife im September schwarzblau, mit einem länglichen und plattgedrückten Steine, wovon sich das gelbe Fleisch leicht ablösen läßt.

Diese jetzt über das ganze gemäßigte Europa verbreitete Pflaume wird der Früchte wegen bei uns in allen Obstgärten, auf Feldern, an Straßen 2c. gezogen, und hat in diesem kultivirten Zustande ihre starken Dornen gänzlich verloren, die aber im verwilderten wieder zum Vorschein kommen, wie man sie zuweilen in Vorhölzern antrifft. Sie verlangt zu ihrem vollkommenen Gedeihen, außer einem freien Standorte, noch einen trockenen, aber nahrhaften und kultivirten Boden, der, wegen der flachstreichenden Wurzeln, nicht tief zu sein braucht; hingegen in einem ganz mageren und ungebauten Boden geht sie bald ein, und in einem zu fetten Erdreiche liefert sie wenig Früchte.

16*

244

Die Vermehrung geschieht sehr leicht theils durch Samen, die man gleich nach der Reife mit dem Fleische, oder in Sand die Steine bis zum Frühling eingegraben, säet, theils durch Wurzelbrut. — Durch's Pfropfen wird das Fleisch der Früchte, wie bei allen Obstarten, vollkommener.

Das Holz ist hart, vest, schön rothbraun, oft geflammt, und muß, wenn es nicht aufreißen soll, langsam und nicht an freier Luft getrocknet werden. Zu feinen Tischler= und Drechslerarbeiten wird es sehr geschäzt.

Die Früchte werden häufig frisch gegessen, und gedörrt sind sie für manche Gegend eine bedeutende Handelswaare; dann benuzt man sie auch zum Einmachen, zu Mus ꝛc., und die schlechteren gebraucht man zu Brandwein und zur Schweinemast. Die Kerne derselben geben Oel, und dem darüber abgezogenen Brandwein einen Persikogeschmack; doch ist vor solchem Brandwein, der über Kirsch= oder Pflaumen=Kerne abgezogen wurde, sehr zu warnen.

Von diesem Pflaumenbaume sind durch Kultur mehre Ab= und Spielarten entstanden, die an Größe, Farbe und Geschmack der Früchte sehr verschieden sind, aber alle in der länglichen Frucht mit länglichem und plattgedrücktem Kerne, wovon sich das Fleisch gut ablösen läßt, übereinkommen, als: Eierpflaumen, Königspflaumen, Kaiserpflaumen, Spillinge u. s. w.; aber viele von den Obstkennern hierher gezogene Sorten gehören zu der folgenden Gattung.

105.

Kriechen=Pflaume.   Prunus insititia.

Die Blätter verkehrt=eiförmig, stumpf zugespizt, sägeförmig gezähnt, oben dunkelgrün und fast glatt, unten hellgrün und auf den hervorstehenden Adern stark behaart, am Grunde meist mit zwei gelben Drüsen besezt. Die Blattstiele gefurcht und behaart. Die Blüthen erscheinen im Mai zu zweien aus einer Knospe; sie sind weiß und kleiner als bei der vorigen Art. Die Früchte rundlich und mit einem eiförmigen, nicht zusammengedrückten Kerne versehen, woran das Fleisch vest anhängt; sie reifen früher als die der vorigen Art, und sind noch einmal so groß als die der folgenden. Die Zweige braunröthlich, feinhaarig, und öfters in kleine Dornen endigend.　Die Rinde an alten Stämmen der Länge nach aufgerissen.

In Deutschland, England und der Schweiz wächst diese Pflaume als eine 15 bis 20 Fuß hoher Baum hin und wieder in Hecken und in den Dörfern nahe liegenden Gebüschen; sie wird aber auch in Gärten der Früchte wegen gezogen, wo dann diese viel größer und schmackhafter werden und ihre Dornen sich gänzlich verlieren.

Boden, Standort und Vermehrung wie bei der vorigen. — Das Holz ist vest, hart, schön gefleckt, und wird vorzugweise wie das vorige benutzt. — Die Früchte werden theils roh gegessen, theils eingemacht oder zu Brandwein verbraucht.

Die Kriechen=Pflaume ist die Stammmutter von vielen durch Kultur entstandenen Ab= und Spielarten, deren Früchte der Größe nach sehr verschieden, der Farbe nach gelblich, röthlich, rothbunt oder blau, aber der Gestalt nach rundlich sind, und deren Abstammung daran zu erkennen ist, daß sie einen nicht zusammengedrückten Stein haben, woran etwas herberes Fleisch ziemlich vest anhängt, als: Mirabellen, Renekloden, Kriechlinge u. s. w.

106.
Schlehen=Pflaume.　Prunus spinosa.

Die Blätter länglich, an beiden Enden etwas zugespizt, am Rande sägeartig gezähnt, oben glatt und unten einzeln behaart; sie stehen auf kurzen behaarten, drüsenlosen Stielen an feinbehaarten Zweigen.　Die Blüthen erscheinen im April oder Mai vor den Blättern an den Seiten der Zweige einzeln oder zu zwei beisammen; sie haben flach ausgebreitete Kelche und einen süßlichen Geruch.　Die Früchte rundlich, klein und bei der Reife im October schwarzblau; sie haben dann ein grünliches und bitteres Fleisch.

Dieser 5 bis 10 Fuß hohe und sehr dornige Strauch wächst durch ganz Europa häufig an dürren Orten in Hecken, um die Dörfer, auf Feldern und in Wäldern.　Er breitet sich durch seine viele Wurzelbrut leicht weit aus, und wird dadurch den nahestehenden Gewächsen im Wachsthum sehr hinderlich.

Wo er in Buschhölzern vorkommt, wird er entweder unter das Brennholz mit abgehauen, oder besonders aufgemacht, und

246

zur Ausfüllung der Leckwerke an Salzwerke abgeliefert.   Das
starke Holz ist zwar vest, wie das der gemeinen Pflaume, läßt
sich aber nicht gut verarbeiten.   Die schlanken Aufschößlinge sind
zu Spazierstöcken geschäzt.

Die Blüthen werden als Arzneimittel gebraucht, und die
Früchte werden in manchen Haushaltungen eingemacht und verspeiset, auch zu Brandwein, Essig, Farben ꝛc. benuzt.   Rinde
und unreife Früchte haben zusammenziehende Eigenschaften.

Anhang.   Kirschen und Pflaumen werden zum Steinobst
gerechnet, und die großfrüchtigen, durch Kultur gegen ungünstige
Witterung empfindlich gewordenen Sorten müssen in Gärten an
geschüzte Stellen gepflanzt werden. — Hierher gehört auch die
Aprikose, Prunus Armeniaca. L., so wie Mandeln und
Pfirschen.

————————

i) Kernobst. Pomaceen.   Der Gröps ganz vom fleischigen
    Kelche umschlossen. XV. 5.

Eberesche. Sorbus.

Der Kelch fünftheilig.   Die Blumen fünfblätterig.
Zwanzig und mehre auf dem Kelch bevestigte Staubfäden
und meist 3, seltener 5 Griffel.   Die Frucht eine genabelte
und fleischige Kernfrucht, mit so vielen einsamigen Fächern, als
Griffel vorhanden waren.   Die Blätter wechselweise. (XII. 3.)

107.

Gemeine Eberesche.   Sorbus aucuparia.
(Vogelbeerbaum.)

Die Blätter ungepaart gefiedert und aus 11, 13 oder 15
Blättchen bestehend, die lanzettförmig, zugespizt, am Rande ungleich und scharf gesägt, sehr kurz gestielt und nur in der Jugend mit anliegenden Härchen bedeckt sind.   Die Blüthen erscheinen im Mai an den Spitzen der Zweige in einer ästigen,
vielblüthigen Doldentraube; sie sind weiß, von widrigem Geruche
und mit behaarten Kelchen versehen.   Die Früchte rundlich,
dreisamig, bei der Reife im September scharlachroth und bis in
den Spätherbst hängen bleibend.   Die Rinde des Stammes
aschgrau und die der Zweige rothbraun.   Der Stockausschlag

treibt nicht nur größere Blätter, sondern auch große rundliche, gestielte und tief gezähnte Blattansätze.

In Deutschland und dem übrigen nördlichen Europa wächst diese Eberesche in Hecken und Wäldern theils als Strauch, theils als ein 30 bis 50 Fuß hoher Baum mit einem rundlichen Wipfel. Sie kommt in allerlei Boden und Lagen, sogar auf Felsen und alten Mauern, fort; jedoch darf zu ihrem vollkommenen Gedeihen der Boden nicht ganz dürr und mager, auch nicht zu flach sein, weil ihre Wurzeln gern tief eindringen.

Die Vermehrung geschieht leicht durch die Samenkerne, die aus den Beeren ausgewaschen, noch im Herbste an einen lockeren Ort gesäet und ¼ Zoll mit Erde bedeckt werden. Die Pflänzchen wachsen schnell heran und müssen, weil die Wurzeln bald tief eindringen, schon im folgenden oder längstens im 2ten Jahre weiter versezt werden, wo sie stehen bleiben, bis sie zum Verpflanzen an den Ort ihrer Bestimmung groß genug sind.

In forstlicher Hinsicht wird diese Eberesche zwar nicht besonders bewirthschaftet, weil sie niemals die vorherrschende Holzart ausmacht; aber in vermischten Schlagholz-Waldungen wird sie geduldet, weil sie ziemlich schnell wächst, und reichlich Stockausschlag oder Wurzelbrut treibt. Die schönen schlanken Stämme werden dann daselbst zu Nutzholz und Fruchtbäumen übergehalten und das Uebrige mit anderen Schlaghölzern abgetrieben, welches ein gutes Brenn- und Kohl-Holz liefert.

Das Holz ist gelblichweiß, vest, ziemlich zähe und hart; es läßt sich auch gut verarbeiten, glätten und lackiren. Man benutzt es zu Wagner-, Tischler- und Böttcher-Arbeiten, auch zu Gewehrschäften, Walzen, Spindeln, Radkämmen und vielen anderen kleinen ökonomischen und Handwerks-Geräthschaften. Die Früchte sind ein allgemein angewandtes Mittel zum Vogelfang, indem sie von vielem Federwild und anderem Federvieh gern gefressen werden; doch verbraucht man sie auch zum Winterfutter für mehre Hausthiere, so wie man auch Brandwein daraus brennt, und aus ihnen die Landleute ein eßbares Mus kochen. Die Rinde ist zusammenziehend und wird von Einigen statt der Tamariskenrinde angewandt; auch dient sie, wie die unreifen Früchte und das Laub, zum Gerben.

Zu Baumreihen und Pflanzungen empfiehlt sich dieser Baum, weil er im Frühjahr immer reichlich mit Blüthen geschmückt und

248

im Herbſte burch ſeine ſchönen Früchte ausgezeichnet iſt; aber leider gewährt er im Sommer ein etwas trauriges Anſehen, weil faſt immer Tinea evonymella das Laub zerfrißt.

108.
Zahme Eberefche. Sorbus domestica.
(Speierlingsbaum.)

Die Blätter ungepaart gefiedert und aus 13 oder 15 Blättchen beſtehend, die ſehr kurz geſtielt, an der Spitze faſt ab-gerundet oder ſehr kurz zugeſpitzt, am Rande einfach und groß geſägt, oben dunkelgrün und glatt, unten, wie der Hauptblatt-ſtiel, weichhaarig ſind. Die Blüthen erſcheinen im Mai in weißen vielblüthigen, aber nur halb ſo großen Doldentrauben als bei der vorigen. Die Früchte bald rundlich, bald länglich, fünf-ſamig und bei der Reife im September gelblich und roth gezeich-net. Die Rinde aſchgrau und an älteren Stämmen ſtark auf-geriſſen und ſchwarzbraun.

In verſchiedenen gebirgigen Gegenden Deutſchlands, z. B. in Thüringen, am Harz, in Oeſterreich u. ſ. w., wächſt dieſe Ebereſche, obgleich langſam, zu einer Höhe und Stärke, die be-trächtlicher als bei der vorigen iſt; ja man hat über 150 Jahr alte, 80 Fuß hohe und über 3 Fuß im Durchmeſſer ſtarke Stämme gefället. Sie liebt einen friſchen und guten Boden bei einer etwas hohen und nicht beſtändig der Sonne ausgeſezten Lage.

Die Vermehrung geſchieht durch den Samen, wie bei der gemeinen Ebereſche; doch wachſen die Samenſtämme ziemlich langſam heran und tragen vor dem 50ſten Jahre nicht leicht Früchte. Schneller erreicht man den Zweck des Früchtetragens durch das Pfropfen und Okuliren dieſer Ebereſche auf die ge-meine und auf andere Kernobſtarten.

Im Forſthaushalte verdient dieſe Art wegen ihres zu lang-ſamen Wuchſes wol keinen beſonderen Anbau; aber wo ſie von ſelbſt vorkommt, da hält man gern die ſchönen Stämme zu Nutzholz und der Früchte wegen über.

Das Holz iſt bräunlich- oder röthlich-gelb, etwas geflammt, ſehr veſt, zähe und ziemlich ſchwer. Es läßt ſich gut verarbeiten und wird zu Tiſchler- und Drechsler-Arbeiten, zu Schrauben,

Walzen, Pressen und andern Geräthschaften sehr geschätzt. — Die Früchte werden, wenn sie eine Zeit lang gelegen haben und weich geworden sind, roh gegessen; auch geben sie einen starken Brandwein und eine Art Obstwein.

In Absicht der Früchte unterscheidet man zwei Abänderungen, nämlich die eine mit rundlichen oder apfelförmigen, die andere mit länglichen oder birnförmigen Früchten.

109.

Halbgefiederte Eberesche. Sorbus hybrida.

Die Blätter länglich-eiförmig, entweder am Grunde einigemal und bis zur Hälfte tief eingeschnitten oder auch halbgefiedert, und nach der Spitze hin die Einschnitte allmählig abnehmend; übrigens am Rande noch scharf gesägt, oben dunkelgrün, glatt und fast glänzend, unten fein und dicht behaart. Die Blüthen erscheinen Ende Mai's an den Spitzen der Zweige in vielblüthigen ästigen Doldentrauben; sie sind etwas größer als an den gemeinen und mit weißwolligen Fruchtknoten, Kelchen und Blüthenstielen versehen. Die Früchte rundlich, drei- bis vierfächerig, von der Größe der gemeinen, und bei der Reife im Herbste bräunlichroth. Die Rinde der Zweige braun und grau gefleckt.

Diese Eberesche wächst in Thüringen, Franken und am Harze, vorzüglich aber in Schweden und Norwegen, unter andern Laubhölzern wild, und erreicht unter günstigen Wachsthums-Umständen die Höhe und Stärke der gemeinen mit einer schönen dichten Krone. Sie liebt einen guten lockeren und frischen Boden bei einer freien Lage.

In Zucht, forstlicher Behandlung und Benutzung kommt sie mit der gemeinen Eberesche überein, nur daß man sie auch leicht auf diese pfropfen und okuliren kann. Ihre Früchte werden denen der gemeinen Eberesche von den Drosseln vorgezogen.

Diese Eberesche eignet sich sehr gut zu einem Baum an Straßen und Wege, indem sie einen schönen Baum bildet, den die Rüsselkäfer gleichsam stutzen durch das Umnagen der üppigen und hervorstehenden Zweige.

Die im hiesigen Forstgarten aus dem Samen von einem Stamme erzogenen Pflanzen zeigen in den Blättern alle die Verschiedenheiten, wie man solche in den Gartenanlagen bald

250

mehr oder weniger halbgefiebert antrifft; aber nach der Spitze zu
sizt niemals ein einzelnes Blättchen, wie bei der gemeinen Eberesche, sondern ein ungleich tief=eingeschnittener größerer Blatt-
theil

————————

Birne. Pyrus.

Der Kelch fünftheilig. Die Blume fünfblätterig. Zwanzig und mehre auf dem Kelche bevestigte Staubfäden, und
fünf Griffel. Die Frucht eine fleischige genabelte Kernfrucht
mit 5 ausgetäfelten Samenfächern. Die Blätter wechselweise.
(XII. 4.)

110.

Gemeine Birne. Pyrus communis.

(Birnbaum.)

Die Blätter eiförmig, zugespizt, sägeförmig gezähnt, oben
glänzendgrün, unten mattgrün, beiderseits glatt, nur in der Jugend unten weichhaarig, und von bestem Bestandwesen. Die
Blüthen erscheinen im April und Mai an den Spitzen der
Zweige in Doldentrauben an langen und dünnbehaarten Stielen;
jede mit fünf einzelnen Griffeln. Die Früchte länglich oder
rundlich und beim Stiele nicht eingedrückt; sie sind weichfünf-
fächerig und haben in einem Fache zwei schwärzliche Kerne. Die
Rinde an alten Stämmen tief aufgerissen.

α) Holzbirne. P. Pyraster. Mit kleineren Blättern
und dornigen Aesten.

β) Zahme Birne. P. domestica. Mit größeren Blättern und unbewaffneten Aesten.

Die gemeine Birne wächst durch ganz Europa in allerlei
Boden und Lagen, am liebsten in einem etwas frischen und guten
Boden bei einem freien Stande. In ihrem natürlichen Zustande
erreicht sie in 100 Jahren eine ansehnliche Höhe und Stärke,
treibt eine Pfahlwurzel, und die Zweige jüngerer Stämme sind
mit starken Dornen besezt, die sich aber im Alter, oder durch
Kultur gänzlich verlieren. Die Vermehrung geschieht durch den
Samen, den man in frischem Sande, den Winter gegen Frost
und Mäuse wohl bewahrt, im April aussäet und ¼ Zoll hoch mit

Erde bedeckt. Im nächsten oder hierauf folgenden Jahre werden die Pflänzchen weiter versezt, auf die bekannte Weise späterhin veredelt, und dann, wenn sie zur verlangten Größe herange= wachsen sind, an den Ort ihrer Bestimmung verpflanzt. Um sie als etwas große Stämme auszupflanzen, werden sie am beßten zweimal in der Baumschule versezt. — Von aus Holzungen ge= nommenen Pflänzlingen ist deswegen nicht viel Gutes zu erwar= ten, weil sie gewöhnlich zu alt und verkümmert sind, auch zu geringe Wurzeln haben. — Wenn der wohl unterrichtete Forst= mann seine Kenntnisse von der Zucht, Pflege und Behandlung der Holzarten auch verständig bei unserer Obstzucht anwendet, so kann er auf seine Weise viel dazu beitragen, daß eine beßere Obstbaum=Pflege allgemeiner werde, daß die gangbaren Irr= thümer, besonders bei'm Versetzen, Beschneiden, Aufhacken im Herbste u. s. w. nach und nach verschwinden, und daß selbst auf schicklichen Waldplätzen nutzbare Obstbäume keine Seltenheit mehr sind.

Im Niederwalde, wo diese Holzart öfters vorkommt, werden die schaftigen Stämme zu Nutzholz und der Früchte wegen, zur Aesung des Wildprets, übergehalten, die übrigen aber in's Schlag= holz mit abgetrieben.

Das Holz ausgewachsener Stämme ist röthlich, sehr hart, vest und schwer; es läßt sich dabei gut verarbeiten, vorzüglich schön schwarz beizen und es nimmt eine gute Politur an. Zu Holzschnitten, Modellen, Druckformen, mechanischen Instru= menten, Tischler= und Drechsler=Arbeiten u. s. w. wird es ganz vorzüglich geschäzt und benuzt. — Die wilden Früchte dienen zu Most, Essig, Brandwein und zur Mast; die Benutzung der ed= leren Sorten hingegen ist bekannt.

Von der gemeinen Birne sind durch Klima, Boden und vornehmlich durch Kultur fast unzählig viele Ab= und Spielarten entstanden, die sich in Absicht der Früchte durch Größe, Gestalt, Farbe und Geschmack unterscheiden, und die durch Propfen und Kopuliren auf Samenstämme erhalten und vermehrt werden. Denn alle diese Ab= und Spielarten gehen durch's Säen der Kerne wieder in die gemeine Birne über; zwar nicht auf das erstmalige Säen der Kerne von edlen Sorten, indem man da nur eine weniger gute, oft neue, Spielart erhält, aber wenn von dieser nicht gepfropften Spielart wieder Kerne in einen mageren

252

Boden gesäet werden, so kommt man auf die wilde Birne wieder zurück.

Die vorzüglichen Abarten sind unter den Namen Bergamotten, Christbirne, Eierbirne, Glasbirne, Glockenbirne, Königsbirne, Muscatellerbirne, Schmalzbirne, Zuckerbirne u. s. w. bekannt, wovon wieder mehrere Spielarten gezählt werden, z. B. von der Bergamotte die englische, holländische, große, runde u. s. w.*)

111.
Apfel=Birne.   **Pyrus malus.**
(Apfelbaum.)

Die **Blätter** eiförmig, zugespitzt, sägeförmig gezähnt, oben dunkelgrün, unten, wie die Blattstiele, fein und dicht behaart. Die **Blüthen** erscheinen im Mai an den Spitzen der Zweige in sitzenden Dolden; sie sind röthlichweiß und haben fünf glatte, am Grunde vereinigte Griffel. Die **Früchte** rundlich, glatt und beim Stiele eingedrückt; sie sind hart=fünffächerig und haben in einem Fache zwei braune Kerne. Die **Rinde** an alten Stämmen schuppenartig aufgerissen.

α) **Holzapfel. P. m. sylvestris. Mit dornigen Aesten.**

β) **Zahmer Apfel. P. m. domestica. Mit unbewaffneten Aesten.**

γ) **Johannis=Apfel. P. m. praecox.** Eine durch künstliche Vermehrung, besonders durch Stecklinge und Wurzelbrut strauchartig gewordene Abart mit kleinen süßen und frühreifenden Aepfeln.

Dieser unter dem Namen Apfelbaum bei uns allgemein gepflanzte Baum wächst durch ganz Europa von mittelmäßiger Höhe und Stärke in Wäldern wild; er ist dann hin und wieder mit starken Dornen besetzt. Er gedeiht in allerlei Boden und Lagen, doch ist ihm ein tiefgründiger, etwas frischer und guter Boden und ein freier Standort am zuträglichsten.

Zucht und Veredlung geschieht wie bei der gemeinen Birne, nur müssen weder Apfel auf Birne, noch umgekehrt diese auf jenen gepfropft oder kopulirt werden, auch nicht auf die Ab-

---

*) Mehr davon, so wie auch von anderen Obstsorten, siehe in meiner ökonomischen Botanik, Dresden bei Arnold. 1833.

arten, sondern auf Kernlinge, wenn etwas Gutes und Tüchtiges zu hoffen sein soll.

In Wäldern wird er zu gleichen Zwecken wie die gemeine Birne behandelt.

Das Holz ist bräunlich, zähe und vest, aber nicht so fein als das der gemeinen Birne; dennoch ist es für Tischler, Drechsler, Wagner, Müller u. s. w. ein geschäztes Holz.

Die wilden Früchte im Walde dienen zur Aesung des Wildprets und zu Essig; die Benutzung der edleren Sorten ist ebenfalls bekannt. — Auch giebt die innere Rinde, mit Alaun abgesotten, eine schöne gelbe Farbe, und aus den Blüthen sammeln die Bienen vielen und guten Honig.

In Absicht der Früchte ist auch diese Art die Stammmutter von sehr vielen Ab= und Spielarten, die auf gleiche Weise wie die der vorigen entstanden sind, auch noch entstehen, und in unseren Gärten eben so wie die Birnen vermehrt und erhalten werden. Die vorzüglichsten sind unter den Namen, Ananasapfel, Borsdorfer, Renette, Seidenapfel, Stettiner u. s. w. bekannt, auch giebts davon wieder mancherlei Spielarten, als z. B. der große, rothe, schwarze, edle Borsdorfer Apfel.

112.

Schnee=Birne. Pyrus nivalis.

Die Blätter elliptisch=eiförmig, ganzrandig oder nach der Spitze hin sehr fein und stumpf gezähnt, oben dunkelgrün und schwach behaart, unten weißfilzig. Die Blüthen erscheinen Anfang Mai's und sind groß, weiß und wohlriechend. Die Blüthenstiele, Fruchtknoten und Kelche weißbehaart. Die Früchte rund und grün, oder gelb und roth; sie reifen im October. Die jungen Triebe weißfilzig.

Ein mittelmäßig hoher Baum, der auf den österreichischen Gebirgen und in der Gegend um Wien und sonst hin und wieder in Deutschland wild wächst, und der in Zucht und Benutzung mit der gemeinen Birne übereinkommt, nur daß das Holz weißer und weniger vest ist.

Die Früchte sind, wenn sie weich geworden, sehr süß, doch häufig etwas steinig; sie lassen sich jedoch durch Kultur ebenfalls sehr veredeln, und sie verändern dann ihre Farbe, ihre Größe

254

und ihr Fleisch. Nach der Reife auf Stroh gelegt, werden auch die Früchte der wilden Stämme im Spätherbste eßbar, und um diese Zeit bringt man sie z. B. in Wien zu Markte. Auch giebt es von dieser Birne in unseren Gärten mehre veredelte Sorten, die man an den filzigen Blättern und Zweigen erkennen kann, und deren Stämme nicht sonderlich groß und stark werden.

<h3 style="text-align:center">113.</h3>

<h3 style="text-align:center">Mehl-Birne. Pyrus Aria.</h3>

Die Blätter eiförmig, kurz zugespizt, am Rande, besonders nach der Spitze hin, groß und doppelt gezähnt, am Grunde ganz und etwas verdünnt, oben glänzendgrün und meist glatt, unten graufilzig. Die Blüthen erscheinen im Mai an den Spitzen der Zweige in flachen ästigen Döldentrauben mit 2 bis 5 Griffeln, und mit weißfilzigen Kelchen und Blüthenstielen. Die Früchte birnförmig, bei der Reife im October schön roth und ihr Fleisch etwas mehlig. Die Rinde graubraun, glatt und weißgefleckt.

In verschiedenen Gegenden Deutschlands, namentlich in Thüringen, Franken und Schwaben, wächst diese Mehl-Birne wild, und zwar auf dürren und felsigen Bergen als Strauch, hingegen in einem mittelmäßig guten und nicht zu trockenen Boden, jedoch bei sonniger Lage, als 30 bis 40 Fuß hoher Baum mit einem regelmäßigen und kegelförmigen Wipfel.

Die Vermehrung geschieht am beßten durch den Samen, der, gleich nach der Reife in einen guten frischen Boden gelegt, im nächsten Frühjahre aufgeht, aber außerdem auch öfters noch ein Jahr bis zum Keimen liegt. Die Pflänzchen wachsen ziemlich schnell heran und können wie die der gemeinen Birne behandelt werden. Man pfropft auch diese Art auf gemeine Birnstämme, und erhält dadurch größere Früchte, aber auch Stämme mit breiteren und filzigeren Blättern, die auch tiefer eingeschnitten sind.

In Forsten wird die Mehl-Birne wegen ihres etwas langsamen Wuchses zwar nicht besonders erzogen, aber da, wo sie mit anderen Hölzern vermischt vorkommt, wird sie mit diesen abgetrieben, und, nachdem die guten Stücke zu Nutzholz ausgesucht sind, giebt das Uebrige noch ein treffliches Brenn- und Kohlholz.

255

Das Holz ist röthlichweiß, fein, zähe und vest; es wirft sich nicht, läßt sich gut verarbeiten, und wird als Nutzholz wie das der folgenden Art zu gleichen Zwecken verwendet. — Die Früchte werden theils roh gegessen, wenn sie weich geworden sind, theils zu Brandwein, Essig und zur Mast benutzt.

Wegen des silberfarbigen Laubes ist sie in Gärten und Anlagen eine wahre Zierde; auch schickt sie sich gut zu Baumgängen, die weder sehr hoch, noch sehr schattig werden sollen.

114.

Elzbeer=Birne. Pyrus torminalis.

Die Blätter rundlich=eiförmig und schwach herzförmig, fiederspaltig=lappig und die beiden unteren Lappen größer und abstehend, übrigens am Rande noch sägeförmig gezähnt, oben dunkelgrün und glatt, unten hellgrün und nur in der Jugend fein behaart; sie stehen auf 1½ Zoll langen, in der Jugend stark behaarten Blattstielen. Die Blüthen erscheinen im Mai an den Spitzen der Zweige in ästigen Doldentrauben mit 2 bis 5 Griffeln, weißen Blumenblättern, fein behaarten Kelchen und Blüthenstielen. Die Früchte länglichrund und bei der Reife im September braungelb, weißpunktirt und von herbem Geschmacke; sie haben so viele zweisamige Fächer, als Griffel vorhanden waren, und bleiben bis in den Spätherbst hängen. Die Rinde an den Zweigen rothbraun und weißpunktirt, am Stamme aber graubraun, und im Alter rissig. Die Knospen rundlich.

In mehren Gegenden Deutschlands wächst diese schöne Elzbeer=Birne einzeln unter andern Laubhölzern wild, und vollendet ihr Wachsthum in 80 bis 100 Jahren, ob sie gleich viel älter werden kann. Sie verlangt einen guten und frischen Boden bei schattiger oder nördlicher Lage, wo sie dann unter günstigen Umständen zu einem Baume von 50 bis 60 Fuß Höhe mit einem ausgebreiteten Wipfel erwächst; in trocknem und mageren Boden hingegen bleibt sie viel niedriger, und da findet man sie sogar als unregelmäßig gewachsenen Strauch von nur 12 bis 20 Fuß Höhe.

Die Vermehrung geschieht wie bei der vorigen Art; weil aber die Pflänzchen langsam wachsen, so versezt man sie erst nach 2 Jahren in die Baumschule, wo sie stehen bleiben können, bis sie zum Versetzen an den Ort ihrer Bestimmung groß genug

256

ſind. Pfropfen kann man ſie auch auf gemeine Birnſtämme (und Ebereſchen), wodurch dann die Früchte größer und wohlſchmeckender werden.

Wo dieſe Elzbeer=Birne in Wäldern vorkommt, da werden die Sträuche und die alten Stämme mit den andern Hölzern abgetrieben, die ſchönen und jungen Stämme aber zu künftigem Nutzholze ſorgfältig übergehalten. Ueberhaupt verdient dieſe Art wol da, wo ihr Nutzholz gut abgeſezt werden kann, im Mittelwalde häufig erzogen zu werden.

Das Holz iſt im Splint weißlich, im Kerne aber röthlich und öfters geflammt, übrigens fein, hart, veſt und zähe; es nimmt eine gute Politur an, wirft ſich faſt nicht, und iſt daher eins unſerer beßten und ſchönſten Nutzhölzer. Auch als Brennholz verhält es ſich zum buchenen wie 9 zu 10. Benuzt wird es zu Tiſchler= und Drechsler=Arbeiten, zu mechaniſchen Inſtrumenten, Getrieben, Walzen, Radkämmen, Preſſen, Schrauben u. ſ. w.; zum Formſtechen hat es noch Vorzüge vor dem gemeinen Birnbaumholze.

Die Früchte können eingemacht, und, wenn ſie weich geworden, roh gegeſſen werden — jedoch haben ſie zuſammenziehende Eigenſchaften; übrigens geben ſie eine gute Maſt und werden auch von Mardern und mehrern Vögeln gefreſſen.

Weil das Laub dieſer Art im Sommer fleckig wird und auch im Herbſte bald abfällt, ſo iſt ſie zu Baumreihen und in Gartenanlagen nicht ſehr geſchäzt.

115.

Oxel=Birne.   Pyrus intermedia.

Die Blätter eiförmig, ſtumpf zugeſpizt, am Rande etlichemal tief, und zwar nach der Spitze hin immer ſchwächer eingeſchnitten und übrigens noch ungleich geſägt, am Grunde abgerundet oder verdünnt und ganz, oben dunkelgrün, faſt glänzend, unten graufilzig. Die Blüthen erſcheinen in Doldentrauben an den Spitzen der Zweige zu Ende Mai's mit faſt dreigriffeligen Blumen. Die Früchte länglich=rund, bei der Reife im September roth, glänzend und warzig; ſie ſind von der Größe wie die der Elzbeer=Birne. Die Zweige rothbraun, behaart und warzig. Die Rinde an alten Stämmen wie bei einem gemeinen Birnbaum ſchwarzbraun und aufgeriſſen.

Diesen 30 bis 40 Fuß hohen Baum mit einer abgerund=
eten Krone trifft man im Mittelwalde oder in Vorhölzern zu=
weilen an, und zwar in Thüringen, Franken und am Rhein,
und außerdem in Schweden und Dänemark. Er liebt frucht=
bare und frische Stellen wie die Elzbeer=Birne und wächst dennoch
ziemlich langsam. — Gewöhnlich erzieht man ihn wie andere
Birnen aus dem Samen, oder man pfropft ihn auch auf Birn=
und Ebereschen=Stämme, um ihn zur Zierde in Gartenanlagen
zu pflanzen.

Ein eigenthümlicher Nutzen ist weiter nicht von ihm be=
kannt, als daß seine Früchte süß und eßbar sind, und daß das
Holz unter den Birnen=Gattungen ziemlich das feinste und zu
Tischler= und Drechsler=Arbeiten sehr geeignet ist.

116.

Hagebutten=Birne.   Pyrus Pollveria.

Die Blätter länglich, auch verkehrt ei=förmig, nach der
Spitze hin grob und ungleich, nach dem Grunde hin aber ein=
fach und flach sägeförmig gezähnt, oben dunkelgrün und glatt,
unten graufilzig, und auf 1 Zoll langen, gefurchten und filzigen
Stielen. Die Blüthen in gipfelständigen Doldentrauben nach
dem Ausbruche der Blätter. Die Früchte birnförmig, tiefge=
nabelt, und bei der Reife im September größtentheils glänzend=
roth und übrigens gelblich; sie haben ein röthliches Fleisch von
einem hagebuttenartigen Geschmacke. Die Zweige braun, glänz=
end, und aus den älteren Knospen kommen die Blätter büschel=
weise.

Ein 30 und mehr Fuß hoher Baum, der in einigen Geg=
enden Deutschlands einzeln wild wächst, z. B. im Oldenburgi=
schen, bei Bremen und am Ober=Rhein. Er hat eine entfernte
Aehnlichkeit mit dem Apfelbaume, und wird zur Zierde in Gärt=
en gezogen, weil er mit Früchten einen schönen Anblick gewährt.
Die Benutzung der Früchte und des Holzes ist eine sehr einge=
schränkte.

Man pfropft ihn gewöhnlich auf Birn= oder Ebereschen=
Stämme, aber dann trägt er nicht so reichlich Früchte, als
wenn er aus Samen erzogen ist, wie das bei allen Obstsorten
der Fall ist, die nicht auf die Mutter=Gattung veredelt wurden.

258

117.

Felſen-Birne.   Pyrus Amelanchier.

Die Blätter rundlich-elliptiſch, an der Spitze abgerundet, am Rande ſägeförmig gezähnt, oben dunkelgrün und glatt, unten in der Jugend weißfilzig. Die Blüthen erſcheinen im Mai an den Spitzen der Zweige in kurzen 4 bis 6blüthigen Trauben mit fünftheiligen Griffeln, länglich abgeſtumpften und weißen Blumenblättern, glatten Kelcheinſchnitten und behaarten Blüthen-ſtielen. Die Früchte rundlich, von der Größe einer Johannis-beere, und eigentlich fünffächerig, aber jedes Fach durch eine dünne Haut wieder in zwei einſamige Fächer getheilt; ſie reifen Ende Julius, ſind dann bläulich-ſchwarz, von ſüßem Geſchmack und eßbar. Die Zweige braun und in der Jugend filzig.

Dieſer 6 bis 10 Fuß hohe Strauch wächſt im ſüdlichen Deutſchland, in der Schweiz und in Frankreich an ſolchen trocke-nen und felſigen Stellen wild, wo viele andere Holzarten nicht wohl gedeihen, und er wird daſelbſt mit anderen Schlaghölzern als ein gutes Brennreißig abgetrieben.

In Gärten und Anlagen benuzt man ihn häufig als Zier-ſtrauch, wo er auch faſt in jedem etwas trockenen Boden gut gedeiht und durch Samen, wie die gemeine Birne, oder durch Ableger, die leicht Wurzel ſchlagen, oder auch durch Wurzelbrut vermehrt wird.

118.

Quitten-Birne.   Pyrus Cydonia.

Die Blätter eiförmig, ſtumpf zugeſpizt, ganzrandig, oben glatt und dunkelgrün, unten weißfilzig, und auf ¼ Zoll langen filzigen Stielen ſtehend. Die Blüthen erſcheinen im Junius einzeln auf kurzen wolligen Stielen; ſie haben am Grunde durch Wolle vereinigte Griffel, große weißröthliche Blumenblätter und dichtfilzige Kelche. Die Früchte ſehr kurzgeſtielt, mit einem wolligen Ueberzuge bekleidet, wohlriechend, und in jedem Samen-fache mehre Samen enthaltend; ſie reifen im October. Die Zweige dunkelbraun und warzig.

In verſchiedenen Gegenden Deutſchlands wächſt die Quitten-Birne in Wäldern und Hecken theils, wie im ſüdlichen, wild; theils, wie im nördlichen, nur verwildert, und zwar als 8 bis

12 Fuß hoher Strauch oder Baum von unregelmäßigem Wuchse. Sie liebt einen guten, lockeren und feuchten Boden und einen etwas schattigen Standort.

Diese Art läßt sich eben so, wie die gemeine Birne, aus dem Samen erziehen, nur daß dieser öfters über ein Jahr bis zum Keimen liegt, und daß die Pflänzchen wegen ihres langsamen Wuchses erst im 3ten Frühlinge weiter in die Baumschule versetzt und erst später veredelt werden können. Geschwinder und leichter geschieht die Vermehrung durch Ableger und Wurzelsprossen, welche lezten bei einem der Quitte angemessenen Standort reichlich zum Vorschein kommen.

In forstlicher Hinsicht verdient sie weiter keine Beachtung, als daß sie da, wo sie einmal wächst, mit den andern Hölzern als gutes Brennreißig abgetrieben wird.

Aber in Haushaltungen werden die Früchte zum Kochen, zum Einmachen, zu Quittensyrup, Brandwein ꝛc. benuzt; auch sind sie officinell, und die Rinde giebt mit Zusätzen braune Farben.

In Absicht der Früchte unterscheidet man drei Abarten; nämlich die Apfelquitte, mit apfelförmigen Früchten — die Birnquitte mit birnförmigen Früchten — und die portugiesische Quitte mit dicken, großen und weniger herben Früchten.

Hagedorn. Crataegus.

Der Kelch fünfspaltig. Die Blume fünfblätterig; 20 und mehr auf dem Kelch stehende Staubfäden und 1 oder 2 Griffel. Die Frucht fleischig und mit 1 oder 2 steinharten Samen. Die Blätter wechselweise. (XII. 2.)

119.

Spitzblätteriger Hagedorn. Cr. monogynia.

Die Blätter meist 2, auch 4 und mehremal fiederartig eingeschnitten, übrigens noch ungleich scharf gesägt, am Grunde schwach keilförmig verdünnt, oben dunkelgrün, unten mattgrün und nur in der Jugend dünn behaart. Die Blattansätze groß, fast halbrund und doppelt scharf gezähnt. Die Blüthen im

17*

260

Mai an den Spitzen der Zweige in ausgebreiteten Doldentrauben, meist nur mit einem Griffel. Die Früchte meist einsamig und bei der Reise im Oktober eiförmig und hochroth. Die Zweige graubraun und einzeln mit kurzen, steifen und scharfgespizten Dornen besezt.

Ein in Deutschland häufig vorkommender Strauch von 15 bis 20 Fuß Höhe, der aber unter günstigen Umständen auch ein Baum wird von 30 Fuß Höhe und 1 Fuß im Durchmesser Stärke. Er liebt eigentlich einen nahrhaften und frischen Sandboden; doch gedeiht er auch in einem andern Erdreiche und in sehr verschieden Lagen.

Man hat in Gärten auch eine Abart mit r o t h e n, eine andere mit weißen g e f ü l l t e n Blüthen und eine mit g e s ch ä ck t e n Blättern.

120.

S t u m p f b l ä t t e r i g e r H a g e d o r n.   Cr. Oxyacantha.

Die B l ä t t e r dreilappig, und der mittlere Lappen oft wieder zweimal seicht eingeschnitten; übrigens stumpf gezähnt, am Grunde keilförmig, oben dunkelgrün und glänzend, unten hellgrün und beiderseits glatt. Die B l a t t a n s ä z e lanzettförmig und drüsig gezähnt. Die B l ü t h e n erscheinen im Mai an den Spitzen der Zweige in kleinen dichten Doldentrauben; sie ·haben zwei Griffel und lanzettförmige zugespizte Kelchabschnitte, die, wie die Blüthenstiele, nicht behaart sind. Die F r ü ch t e zweisamig, bei der Reise im Oktober scharlachroth und walzenförmig. Die Z w e i g e graubraun und ·mit vielen kurzen dicken Dornen besezt.

Dieser in Deutschland sehr häufig wildwachsende Strauch liebt eigentlich einen schweren Lehmboden, doch gedeiht er auch in allerlei anderem Erdreiche und in den verschiedensten Lagen. Er wächst langsamer als der vorige, und wird nur 10 bis 12 Fuß hoch und nicht sonderlich stark.

Beide Hagedorne liefern ein sehr hartes, zähes und vestes Werk- und Nuzholz, das unter dem Namen Weißdornholz sehr bekannt, und besonders geschäzt ist zu Art- und Hammerstielen, Radkämmern, Drillingen rc. Ob sie nun gleich keinen forstlichen Anbau verdienen: so sind sie doch ganz vorzüglich zu lebendigen Zäunen und Vermachungen geeignet, indem sie theils

den Schnitt vertragen und sich dadurch zu undurchbringlichen
Wänden erziehen lassen, theils durch ihre Blüthen, Blätter und
Früchte einen schönen Anblick gewähren.

Vermehrt werden diese Hagedorne durch die im Herbste ge-
säeten und einen Zoll hoch mit Erde bedeckten Früchte. Die
Pflänzchen erscheinen erst nach 1½ Jahren und werden dann nach
2 oder 3 Jahren weiter an den Ort ihrer Bestimmung verpflanzt, wenn die Früchte nicht schon dahin gelegt wurden.

Mispel. Mespilus.

Der Kelch fünfspaltig. Die Blume fünfblätterig. Zwanzig und mehrere auf dem Kelch stehende Staubfäden und
fünf Griffel. Die Frucht eine genabelte und fleischige Beere
mit fünf knorpelhäutigen Samen. Die Blätter wechselweise.
(XII. 4.)

121.

Gemeine Mispel. Mespilus germanica.

Die Blätter ei-lanzettförmig, zugespizt, am Rande fein,
und doppelt, oder auch gar nicht gezähnt, oben dunkelgrün und
schwach behaart, unten aber dicht mit feinen weißen Härchen besezt; sie stehen auf kurzen Stielen, die wie die jungen Zweige,
dicht behaart sind. Die Blüthen erscheinen im Mai einzeln
an den Spitzen der Zweige; sie haben große weiße Blumenblätter, und die Fruchtknoten und Kelchabschnitte sind filzig. Die
Früchte bei der Reife im Spätherbste umgekehrt kegelförmig
und gelblich. Die Rinde weißgrau und die Zweige (im natürlichen Zustande) mit steifen kurzen Dornen besezt.

An verschiedenen Orten Deutschlands wächst diese Mispel
in Wäldern und Gebüschen wild, und zwar entweder strauchartig, oder als ein Baum von 12 bis 15 Fuß Höhe. Sie gedeiht fast in jedem nahrhaften Boden, liebt aber einen etwas
schattigen Standort.

Obgleich ihr Holz hart und vest, gelbbräunlich und dem
Birnbaumholze ähnlich ist — daher es schön zu kleinen Geräth-
schaften verarbeitet werden kann — und als Reißholz starke
Hitze und gute Kohlen giebt; so verdient sie doch in forstlicher

262

Hinsicht wegen ihres zu langsamen Wuchses weiter keine Aufmerksamkeit, als daß man die etwa vorkommenden schönen
Stücke zu Nutzholz aussucht.

Weil der Samen ein oder auch zwei Jahre bis zum Keimen
braucht, und auch die Pflänzchen sehr langsam heran wachsen,
so vermehrt man ihn in Gärten durch Pfropfen und Aeugeln
auf Birn= oder Hagedorn=Arten, und dann verlieren sich die
Dornen und die Früchte werden weit größer. Die letzten werden
theils eingemacht, theils, wenn sie eine Zeit lang gelegen haben
und weich geworden sind, roh gegessen, nur verursachen sie, häufig
genossen, Verstopfung.

122.

Zwerg=Mispel.   Mespilus Cotoneaster.

Die Blätter rundlich = eiförmig, stumpf= und stachelspitzig,
ganzrandig, oben dunkelgrün und glatt, unten wie der kurze
Blattstiel mit einem grau=weißen Filze überzogen. Die Blüth=
en erscheinen Ende Mai's einzeln oder zu 2 bis 5 an einem
gemeinschaftlichen Stiele; sie haben röthlich=weiße Blumenblätter,
behaarte Kelche und glatte Fruchtknoten. Die Früchte rund=
lich, erbsengroß und bei der Reife im August oder September
schön roth. Die Zweige braunroth und dornenlos.

Ein in Deutschland auf sonnigen Hügeln und felsigen
Bergen nicht häufig wildwachsender Strauch, der nur 4 bis 5
Fuß hoch wird, und von dem weiter kein eigenthümlicher Nutzen
bekannt ist, als daß man die schlanken Schossen zu Ladstöcken
nimmt, und daß man ihn zur Zierde in Gartenanlagen ver=
wendet und ihn deshalb durch Wurzelbrut oder Samen vermehrt.

III.

Große Sträuche
mit dazu gehörigen kleinen.

Wie die vorigen baumartigen Laubhölzer, nur daß aus einem Stocke mehre Stengel sich entwickeln, und zwar höher als mannshoch.

---

a) **Hartriegelartige.** Corneen. Mit vierblätterigen Blumen und einsamigen Beeren. **VIII. 3.**

Hartriegel. Cornus.

Der **Kelch** vierzähnig. Die **Blumen** vierblätterig. Vier Staubfäden und ein Griffel. Die **Frucht** eine fleischige Steinfrucht mit zweifächeriger Nuß. Die **Blätter** gegenüber. (IV. 1.)

123.

Gelber Hartriegel. Cornus mascula.
(Kornelkirsche.)

Die **Blätter** eiförmig, langzugespizt, ganzrandig, oben hellgrün, unten blässer und beiderseits mit einzelnen kurzen anliegenden Härchen bedeckt; die Adern laufen bogenförmig nach der Spize zu. Die **Blüthen** im März oder April an den Spizen der Nebenzweige in gelben Dolden mit einer 4blätterigen Hülle. Die **Früchte** länglich, anfangs grün, dann hellroth und bei der Reife im September schwarzroth. Die **Zweige** grün und röthlich. Die **Rinde** am Stamme gelbgrün und blätterig aufgerissen.

Ein in Deutschland und anderen Ländern heimischer Strauch, der 15 bis 20 Fuß hoch und öfters baumartig wird. Er liebt

264

einen lockeren, frischen und fruchtbaren Boden bei einer freien und sonnigen Lage.

Man erzieht ihn der frühen Blüthen und der wohlschmeckenden Früchte wegen, und weil er den Schnitt gut verträgt, in Gärten, und es werden die Früchte sowol frisch, als eingemacht verspeiset, oder man bereitet daraus, wie in Oesterreich, einen trefflichen Brandwein.

Es giebt auch eine Abart mit gelbgeschäckten Blättern.

124.

Rother Hartriegel.   Cornus sanguinea.

Die Blätter länglich eiförmig, zugespizt, ganzrandig, unten etwas behaart, und von nach der Spitze gerichteten Adern durchzogen; sie werden vor dem Abfall im Herbste blutroth.   Die Blüthen erscheinen im Junius in flachen Trugdolden mit weißen Blumenblättern und behaarten Kelchen.   Die Früchte rundlich, genabelt, klein und bei der Reife im Herbste blauschwarz. Die Zweige im Sommer grün oder braun und im Winter blutroth.

Ein in Deutschlands Hecken und Vorhölzern häufig vorkommender, 10 bis 12 Fuß hoher und nicht selten baumartiger Strauch. Er liebt einen guten, lockeren und feuchten Boden und gedeiht in allerlei Lagen.

Obgleich beide Hartriegel in Forsten nicht besonders gezogen zu werden verdienen, so geben sie doch da, wo sie in Schlaghölzern wild vorkommen, ein gutes Brennholz, und die gutgewachsenen Stücke ein knochenvestes Nutzholz, das ganz besonders zu Ladstöcken, Hammerstielen, zu Räderwerk in Uhren ꝛc. geschäzt wird.

Ihre Vermehrung geschieht entweder durch Wurzelbrut, die sie in lockerem Boden reichlich treiben, oder durch Samen, der noch im Herbste gesäet und 1 Zoll hoch mit Erde bedeckt werden muß.   Die Pflänzchen erscheinen aber erst nach $1\frac{1}{2}$ Jahren und lassen sich später leicht verpflanzen.

b) 𝕶𝖗𝖊𝖚𝖟𝖇𝖔𝖗𝖓𝖆𝖗𝖙𝖎𝖌𝖊. Rhamneen. Mit 5blätterigen Blum=
en im Kelche und dreifächerigen Gröpsen. **XIV. 4.**

𝖂𝖊𝖌𝖉𝖔𝖗𝖓. Rhamnus.

Der **Kelch** glockenförmig, 4= oder 5zähnig. Die **Blume**
aus 4 oder 5 kleinen, schuppenförmigen, zwischen den Kelchzähnen
stehenden und nach innen geneigten Blättern bestehend. **Vier**
oder fünf **Staubfäden** und ein zwei= bis viertheiliger **Griffel.**
Die **Frucht** eine 3= bis 4samige **Beere.** Die **Blätter** wechs=
elweise oder fast gegenüber. **(V. 1.)**

125.

𝕶𝖗𝖊𝖚𝖟=𝖂𝖊𝖌𝖉𝖔𝖗𝖓. Rhamnus catharticus.

Die **Blätter** eiförmig, zugespizt, gekerbt, in der Jugend
etwas behaart und unten die Adern flach und nach der Spize zu
laufend. Die **Blüthen** erscheinen im Mai und Junius auf
einblüthigen Stielen gehäuft an den jungen Trieben; sie sind
grünlichgelb und haben öfters blos männliche oder blos weibliche
Befruchtwerkzeuge. Die **Beere** rund, erbsengroß und bei der
Reife im October schwarz, mit grünem Fleische und viersamig.
Die **Rinde** graubraun, etwas aufgerissen und die **Zweige** meist
in starke Enddorne ausgehend.

Durch ganz Deutschland wächst dieser nutzbare **Wegdorn**
einzeln in Hecken und Vorhölzern als 10 bis 12 Fuß hoher
Strauch unter günstigen Umständen und in einem Garten= oder
Wiesenboden aber auch als ein 16 bis 20 Fuß hoher und 10
Zoll im Durchmesser starker Baum. Er liebt einen frischen und
nahrhaften Sandboden, gedeiht aber auch in anderen Erdarten
und in sehr verschiedenen Lagen.

Wo er in Forsten von selbst vorkommt, da wird er zwar als
ein ziemlich gutes Brennholz mit anderen Schlaghölzern abgetrieben,
aber die schönen Stücke werden zu Nutzholz ausgesucht. Denn das
Holz ist hart, vest, etwas röthlich und sieht im glattgearbeiteten
Zustande seidenartig geflammt aus; es läßt sich gut verarbeiten
und wird, besonders dessen Maser= und Wurzelstücke, unter dem
Namen **Haarholz** zu allerlei feinen Drechslerarbeiten und zum
Einlegen sehr geschäzt. — Man erzieht auch den **Kreuz=Wegdorn**
zu lebendigen Hecken und Zäunen.

Die **Beeren** liefern verschiedene sehr brauchbare Farben

266

auf Leder, Wolle und Seide: nämlich bei ihrer Reife das be=
kannte Saftgrün, unreif färben sie gelb und überreif braun und
roth; auch gehen ihnen die Drosseln und Krammetsvögel nach.
Das Laub ist dem Rindviehe und den Schafen heilsam, und
die Rinde wird frisch zum Gerben, trocken zum Braunfärben
und überhaupt bei Thieren als Brechmittel gebraucht; auch ist sie
ein vorzügliches und unschädliches Heilmittel der Krätze.

126.

Glatter Wegdorn.   Rhamnus Frangula.
(Faulbaum.)

Die Blätter länglich=eiförmig, stumpf zugespizt, ganzrandig
wellenförmig, am Grunde etwas verdünnt und beiderseits glatt.
Die Blüthen erscheinen vom Mai bis im Spätsommer auf
einblüthigen Stielen; sie sind grünlich=weiß und stehen zu zwei
und mehren in den Blattwinkeln.   Die Beeren rundlich, gut
erbsengroß, zwei bis dreisamig und erst grün, dann roth und bei
der Reife im September glänzend schwarz.   Die Rinde schwarz=
grau und weißpunktirt.   Die Zweige dornenlos.

Ein durch ganz Europa häufig vorkommender, 10 bis 15
Fuß hoher und öfters auch baumartiger Strauch.   Er liebt einen
nahrhaften Boden an feuchten und schattigen Stellen und wächst
dann ziemlich rasch in die Höhe.

In Buschhölzern, die auf einen 10= bis 12jährigen Umtrieb
gesezt sind und einen frischen oder feuchten Boden haben, ist die=
ser Wegdorn eine sehr schätzbare Holzart, weil sie sich durch ihren
häufigen Samen von selbst verjüngt, rasch wächst, und (außer
einem mittelmäßigen Brennholz) die beßten Kohlen zu Schießpul=
ver liefert, — daher auch Pulverholz genannt.   Uebrigens dient
das starke Holz, das fein und röthlich ist, zum Einlegen und
braun oder schwarz gebeizt zu Bilderrahmen und anderen Tisch=
lerarbeiten.

Die Rinde färbt ohne Zusatz gelb, und mit Zusätzen liefert
sie, wie auch die Beeren, verschiedene andere brauchbare Farben;
auch ist sie, in Butter gekocht und äußerlich gebraucht, ein Mittel
gegen die Raude der Hunde und Schafe, und innerlich gebraucht
hat sie, wie auch die Beeren, purgirende Kräfte.   Das Laub ist
dem Schaf= und Rindvieh ein heilsames Futter, und die Blüth=
en sind für die Bienen an Honig sehr ergiebig.

127.

Alpen=Wegdorn.   Rhamnus alpinus.

Die **Blätter** länglich=eiförmig, kurz zugespizt, am Rande
stumpf und brüsig gezähnt, beiderseits glatt, an 3 Zoll lang und
in der Jugend gefaltet. Die **Blüthen** erscheinen im Mai und
sind männliche oder weibliche, oder Zwitter mit viertheiligen Kelch=
en.   Die **Beeren** bei der Reife im Herbste schwarz, groß und
drei= bis viersamig. Die **Zweige** dornenlos.

Ein 6 bis 8 Fuß hoher, nicht dichter, sondern ausgebreiteter
Strauch, der in der Schweiz, in Tyrol, Krain und anderen ge=
birgigen Gegenden Deutschlands, namentlich auch auf den Meis=
ner bei Kassel wild wächst und ganz unwichtig ist.

Die Vermehrung der Wegdorne geschieht am sichersten da=
durch, daß man den aus den Beeren ausgewachsenen Samen
noch im Herbste an einen frischen und etwas schattigen Ort säet
und ¼ Zoll hoch mit Boden bedeckt. Dann erscheinen die Pflänz=
chen meist schon im nächsten Frühlinge; sie sind gar nicht em=
pfindlich und lassen sich schon im dritten Jahre an den Ort ihrer
Bestimmung versetzen.

Anmerk. In Süddeutschland finden sich übrigens noch als un=
wichtige Sträuche:

Färber=Wegdorn, Rhamnus infectorius. L.   Mit
lanzettförmigen Blättern, grünlichgelben Blumen und nieder=
liegenden Stämmen. Die Früchte färben gelb.

Stechdorn. Rhamnus Poliurus. L.   Mit eiförmigen,
oben glänzenden Blättern, dreigriffeligen Blüthen und behaart=
en Zweigen, die mit geraden Dornen besezt sind.

Judendorn. Rhamnus Zizyphus. L. Mit dreinervigen,
leicht gezähnten und glänzendgrünen Blättern, grünlichgelben
zweigriffeligen Blüthen und hellrothen Früchten, schwachen
Zweigen und geraden Dornen. — Bei uns dauern sie nur
an geschüzten Orten im Freien aus.

———

c) **Hollunderartige. Sambuceen.** Mit röhrigen Blum=
en und drei Narben, und mit gegenüberstehenden Blättern.
VIII. 3.

Hollunder.   Sambucus.

Der Kelch fünfzähnig. Die **Blume** radförmig und fünf=

268

theilig. Fünf Staubfäden. Die Fruchtknoten unter der Blume und mit 3 Griffeln versehen. Die Frucht eine rundliche, saftige, genabelte und dreisamige Beere. Die Blätter gegenüber. (V. 3.).

128.

Schwarz-Hollunder. Sambucus nigra.

Die Blätter ungepaart gefiedert und aus 7 eiförmigen Blättchen bestehend, die langzugespizt, feingesägt und auf den Adern mit kurzen Härchen bedeckt sind; sie haben einen widrigen Geruch, und auf dem Hauptstiele stehen öfters zwischen den Blättchen kleine pfriemenförmige Blattansätze. Die Blüthen erscheinen im Junius an den Spitzen der Zweige in einer fünftheiligen Trugbolde; sie sind gelblich-weiß und von widrigem Geruche. Die Beeren rundlich, klein und bei der Reife im September glänzend schwarzroth. Die Rinde der Stämme weißlich und aufgerissen. Die Zweige sind warzig und haben eine sehr starke Markröhre.

Dieser in Waldungen, Hecken und Dörfern, besonders an niedrigen und etwas feuchten Stellen in Deutschland überall anzutreffende Hollunder wächst sehr schnell zu einem 15 bis 20 Fuß hohen Baume oder Strauche. Er ist in forstlicher Hinsicht unwichtig, obschon sein Holz hart und zähe ist und sich zu feinen Drechsler- und Tischlerarbeiten schön verarbeiten läßt. Desto mehr Achtung und Schonung verdient er in arzneilicher Hinsicht, wo die Kräfte und der Gebrauch der Blüthen, der Früchte und der inneren Rinde allgemein bekannt sind. Auch geben die Früchte eine Lockspeise für die, Insekten fressenden Vögel ab, und man färbt auch violett und blau damit.

Eine merkwürdige und zur Zierde in Gartenanlagen gezogene Abart ist:

Petersilien-Hollunder, Sambucus laciniata. Mit doppelt gefiederten Blättern und tiefeingeschnittenen, fast zerrissenen Blättchen. — Außerdem hat man in Gärten auch Abarten mit grünen oder weißen Beeren und mit geschäckten Blättern.

129.

Trauben-Hollunder. Sambucus racemosa.

Die **Blätter** ungepaart gefiedert und gewöhnlich aus 5 oder 7 Blättchen bestehend, die lanzettförmig, langzugespitzt, grob-gesägt und glatt sind; Stiele und Adern öfters röthlich. Die **Blüthen** erscheinen Ende Aprils an den Spitzen der Zweige in einer dichten und traubenartigen Rispe; sie sind gelblich und geruchlos. Die **Beeren** länglich und bei der Reife im August schön roth. Die **Zweige** röthlich grün und punktirt.

Ein 8 bis 12 Fuß hoher Strauch, der an steinigen und trockenen Orten, besonders in hohen und rauhen Gebirgswaldung-en Deutschlands häufig wildwachsend angetroffen wird. Er ist in forstlicher Hinsicht, wegen seines geringen Wuchses und weil sein Holz so wenig Werth hat, ganz unwichtig; doch wird er gern geduldet, weil das Rothwild davon äset und auch Hirsche und Rehböcke gern daran schlagen. Hingegen für Gartenanlagen gewährt er zur Blüthe- und Reifezeit einen trefflichen Anblick.

Beide Hollunder werden entweder durch Wurzelbrut oder durch Samen vermehrt, den man, aus den Beeren ausgewaschen, alsbald im Herbste (oder nach Aufbewahrung den Winter über im Sande das nächste Frühjahr) in einen angemessenen Boden aussäet und nur wenig mit lockerer Erde bedeckt. Die Pflänz-chen wollen Anfangs feucht gehalten sein, und nach zwei Jahren verpflanzt man sie weiter.

———

Schneeball. Viburnum.

Der **Kelch** fünfzähnig und auf den Fruchtknoten stehend. Die **Blume** radförmig und fünftheilig. Fünf **Staubfäden** und drei **Griffel.** Die **Frucht** eine einsamige Steinfrucht. Die **Blätter** gegenüber. (V. 3.)

130.

Gemeiner Schneeball. Viburnum Opulus.

Die **Blätter** dreilappig, jeder Lappen zugespitzt und groß ungleich gezähnt, oben glatt, unten kurz und weich behaart und auf stark-drüsigen Stielen stehend. Die **Blüthen** erscheinen

270

im Junius an den Spitzen der Zweige in einer großen Trugdolde; sie sind weiß, und am Rande der ausgebreiteten Trugdolde stehen mehre Blüthen mit großen Blumenblättern, aber
ohne Befruchtwerkzeuge. Die Beeren länglichrund und bei der
Reife im October glänzendroth mit einem herzförmigen breitgedrückten Samen. Die Zweige gestreift und glatt, und die
Rinde am Stamme aschgrau.

Durch ganz Deutschland wächst dieser 10 bis 15 Fuß hohe
Strauch an niedrigen und feuchten Waldplätzen in allerlei Boden
und Lagen. Zwar verdient er in forstlicher Hinsicht keinen besonderen Anbau, aber wo er in Buschhölzern vorkommt, da vermehrt er durch seine vielen und schlanken Aufschässe immer das
zum Brennen gute Schlagreißig. Auch kann das starke Holz,
das bräunlich, ziemlich vest und leichtspaltig ist, zu Nutzholz und
die starken Zweige zu Pfeifenröhren verwendet werden. — Die
Beeren werden nur von den Amseln, und zwar erst beim
größten Hunger, gefressen.

Zu Lustgebüschen empfiehlt sich aber dieser Strauch sowohl
der Blüthen, als der Früchte wegen; vorzüglich schäzt man jedoch daselbst eine Abart unter dem Namen: Gefüllter
Schneeball, (P. Op. rosea), mit blos geschlechtlosen und
einen runden Ball bildenden Blüthen und kleineren Blättern.

131.

Wolliger Schneeball.   Viburnum Lantana.

Die Blätter länglich-eiförmig, kurz zugespitzt, scharf und
gleichförmig gezähnt, oben runzelig, hellgrün und schwach behaart,
unten erhaben geadert und dicht mit weißlichen Härchen bedeckt.
Die Blüthen zeigen sich schon im August an den Spitzen der
Zweige, sie blühen aber erst im Junius des folgenden Jahres in-
eine vielblüthige und behaarte Trugdolde auf. Die Beeren länglich, zusammengedrückt und bei der Reife im Oktober schwarz
mit einem gestreiften Samen. Die Zweige rothbraun, in der
Jugend mit einer gelblichen Wolle bedeckt und sehr zäh.

In Franken, Schwaben und anderen südlichen Ländern
wächst dieser 8 bis 12 Fuß hohe Strauch meist in einem fruchtbaren und frischen Kalk- oder Thon-Boden wild. Sein Wuchs
ist eigentlich langsam, aber wenn er abgeholzt wird, dann treibt

er mehre schlanke Schossen, und in diesen zwei- oder dreijährigen Schossen besteht sein wesentlichster Nutzen, indem sie unter dem Namen: Türkische Weide, allgemein zu Pfeifenröhren geschätzt sind, und auch sehr gern zu kleinen Faßreifen, zu Bügeln beim Dohnenstrich und überhaupt zum Binden genommen werden. Außerdem dienen die älteren Schossen gespalten zu guten Ladstöcken, und die stärkeren Holzstücke geben ein feines und zähes Nutzholz. So sorgfältig man ihn daher in vorkommenden Fällen benuzt, so erzieht man ihn doch eigentlich nicht in Forsten, aber desto mehr zur Zierde und zum Nutzen in Gartenanlagen und in Gebüschen. — Die Früchte werden von Vögeln nur im Nothfall gefressen.

In Gärten unterhält man auch eine Abart mit gelbgeschäckten Blättern.

Die Schneeballe vermehrt man am leichtesten durch Ableger und Wurzelbrut, und nur gezwungen durch Samen, den man an einen frischen und schattigen Ort säet und nur wenig bedeckt; dieser keimt aber erst nach 1 oder gar 2 Jahren.

---

d) Oleasterartige. Elaeagneen. Mit röhrigen und blumenartigen Kelchen und einsamigen Beeren **XIII. 2.**

Sanddorn. Hippophaë.

Männliche und weibliche Blüthen getrennt auf verschiedenen Stämmen; jene mit zweitheiligen Kelchen, keiner Blume und vier Staubfäden — diese mit röhrigen und zweispaltigen Kelchen, keiner Blume und einem Griffel. Die Frucht eine einsamige Beere. Die Blätter wechselweise. (XXII. 4.)

132.

Gemeiner Sandborn. Hippophaë rhamnoides.

Die Blätter linien-lanzettförmig, ganzrandig, oben dunkelgrün und unten von kleinen anliegenden Schuppen silberweiß. Die Blüthen erscheinen Ende Aprils; sie sind grünlich und unscheinlich, auch zuweilen männliche und weibliche auf einem Stamme. Die Beeren eiförmig, bei der Reife im September goldgelb, und bleiben einen großen Theil des Winters hängen.

272

Die Zweige runzelig graubraun und hin und wieder an den Spitzen und Seiten mit spitzigen und starken Dornen besezt. Die Rinde schwarz= oder dunkelbraun.

In Deutschland und vielen andern Ländern wächst dieser Sanddorn an sandigen Ufern des Meeres und der Flüsse als ein niedriger Strauch, der seine Wurzeln weit ausbreitet und viele Wurzelbrut treibt; in Gärten aber wird er viel höher und oft ein 10 bis 15 Fuß hohes Bäumchen. Er liebt durchaus einen sandigen, eher dürren als nassen Boden, und kommt sogar im dürrsten und magersten Sande noch fort. Daher soll er auch in forstlicher Hinsicht in so fern einen Werth haben, daß man dürre sandige Stellen, wo sonst nichts wachsen will, mit ihm bepflanzt, und diese dadurch für edlere Holzarten empfänglich macht. Auch wird so etwas leicht ausführbar, da er sich gut durch Stecklinge und Wurzelbrut vermehren läßt, aber der Samen geht, gleich im Herbste gesäet, gewöhnlich erst nach 1½ Jahren auf.

Uebrigens erzieht man ihn zur Zierde in Gartenanlagen; auch können sein gelbliches und vestes Holz zu kleinen Geräth= schaften, und Laub und Beere zum Färben benuzt werden.

---

e) **Pimpeln. Celastreen.** Mit 5zähligen Blüthen und fleisch= igen, wenigsamigen Kapseln. **XI. 4.**

Pfaffenhütchen. Evonymus.

Der Kelch flach und vier bis fünffspaltig. Die Blume vier= und fünfblätterig. Fünf Staubfäden und ein Griffel. Die Frucht eine vier bis fünfeckige, fleischige Kapsel mit eben so vielen in einer fleischigen Haut liegenden Samen. Die Blätter gegenüber. **(V. 1.)**

133.

Gemeines Pfaffenhütchen. Evonymus europacus.

Die Blätter länglich eiförmig, zugespizt, fein und drüsig gesägt, beiderseits glatt und kurzgestielt. Die Blüthen erschei= nen Ende Mai's aus den Blattwinkeln zu 3 und mehreren auf einem langen Stiele; sie sind klein, grünlichweiß, und haben

nur vier pfriemenförmige Staubfäden. Die Samenkapseln
viereckig, abgerundet und nach der Reife gegen den October
schön roth; sie zeigen beim Aufspringen eine gelbe Samenhaut.
Die Zweige grün und stumpf vierkantig. Die Rinde am
Stamme braun, unten weißgrau und rissig.

Ein durch das ganze Europa in Vorhölzern und Feldhecken
einzeln vorkommender 10 bis 12 Fuß hoher Strauch, oder 15
bis 20 Fuß hoher Baum, der zwar einen frischen Boden und
schattigen Standort liebt, aber auch fast in jeder Lage gedeiht.

Das Holz ist gelblich, fein und zähe, und läßt sich nicht
nur schön verarbeiten, sondern auch sehr leicht in feine Bretchen
spalten; daher wird es als feines Nutzholz namentlich zu Spindeln, beim Orgelbau zu Pfeifen, zu Fischernadeln, Zahnstochern
und andern kleinen Geräthschaften sehr geschäzt.

Die Früchte sind den Menschen und vielen Thieren schädlich, indem sie Erbrechen erregen, aber die Samenkapseln können
zum Gelbfärben gebraucht werden.

134.
Breitblätteriges Pfaffenhütchen. Evonymus latifolius.

Die Blätter länglich, scharf zugespizt, fein und ungleich
gesägt, glatt, kurzgestielt, und viel länger und breiter als bei
dem vorigen. Die Blüthen erscheinen Ende Mai's auf lang-
stieligen Doldentrauben mit gelblichen und außerhalb röthlichen
Kronenblättern und fünf sehr kurzen Staubfäden. Die Samenkapseln sind groß und dick und haben vier oder fünf geflügelte
Ecken. Die Zweige sind graugrün, glatt und mit großen
langen Knospen besezt.

Ein in Schlesien, Böhmen, Oesterreich, Baiern ꝛc. einzeln
wildwachsender und schlanker Baum oder Strauch von 10 bis
15 Fuß Höhe, der mit dem vorigen einerlei Standort liebt und
verträgt, und dessen gelblich weißes Holz auch eben so benuzt
werden kann.

274

135.

Warziges Pfaffenhütchen.   Evonymus verrucosus.

Die Blätter eiförmig, lang zugespizt, fein und ungleich gesägt, glatt, und sehr kurz gestielt. Die Blüthen erscheinen Ende Mai's auf fadenförmigen und dreitheiligen Stielen mit bräunlichen Blumenblättern, 4 sehr kurzen Staubfäden und sitzender Narbe. Die Samenkapseln stumpfeckig und bei der Reife im September ebenfalls roth. Die Zweige dicht mit braunen Warzen besezt.

Dieser in Oesterreich, Preußen, Ungarn u. s. w. heimische und 4 bis 6 Fuß hohe, und ebenfalls öfters baumartige Strauch liebt einen lockeren Boden und einen sonnigen Standort.

Die Pfaffenhütchen haben in forstlicher Hinsicht weiter keinen Werth, als daß sie da, wo sie in Forsten vorkommen, mit der Hauptholzart abgetrieben und die schönen Stücke allenfalls zu Nuzholz ausgesucht werden. Desto mehr aber werden sie in Gartenanlagen und Lustgebüschen theils wegen ihres nieblichen Wuchses, theils und vornehmlich zur herbstlichen Zierde wegen der gefärbten Samen und Kapseln geschäzt und zu diesem Zwecke entweder durch den Samen oder auch durch Ableger und Wurzelsprossen vermehrt.

_____

f) Pimpernußartige. Staphylaceen.   Mit 5zähligen Blüthen und Kapseln mit Nüssen. XI. 4.

Pimpernuß.   Staphylca.

Der Kelch fünftheilig und gefärbt. Die Blume fünfblätterig und am Grunde mit einem Honigbehältnisse versehen. Fünf Staubfäden und drei Griffel. Die Frucht eine häutige, aufgeblasene und breifächerige Kapsel mit 2 bis 3 Nüssen in jedem Fache. Die Blätter gegenüber. (V. 3.)

136.

Gemeine Pimpernuß.   Staphylea pinnata.

Die Blätter ungepaart gefiedert, und aus 5 oder 7 länglichen Blättchen bestehend, die kurz zugespizt, am Rande scharf gesägt, am Grunde verdünnt und beiderseits glatt sind. Die Blüthen erscheinen im Junius an den Spitzen der Zweige in einer sehr langgestielten und unterbrochenen Traube; sie sind röthlich = weiß. Die Früchte reifen im Oktober und haben harte, genabelte und hellbraune Nüsse. Die Rinde an Aesten und jungen Stämmen braun und weißgefleckt, an alten aber weißgrau.

Dieser im südlichen Europa, auch in Deutschlands Waldungen, einzeln wildwachsende Strauch erreicht eine Höhe von 10 bis 15 Fuß und liebt einen frischen und fruchtbaren Boden bei einer niedrigen und schattigen Lage. — Sein Holz ist weiß und ziemlich vest. Aus den Nüssen kann Oel gepreßt werden.

So wenig er in forstlicher Hinsicht eine Beachtung verdient, so sehr schäzt man ihn als Zierstrauch in Gärten und Anlagen; indem Blüthe und Laub einen erfreulichen Anblick gewähren. Man vermehrt ihn gewöhnlich durch Wurzelbrut, doch auch durch Samen, der aber ein Jahr bis zum Keimen liegt.

g) Ginsterartige. Genisteen. Mit Schmetterlingsblumen und verwachsenen Staubfäden, auch mit meist gedreiten Blättern. XIV. 3.

Bohnenbaum. Cytisus.

Der Kelch glockenförmig und ungleich fünfzähnig. Die Blume schmetterlingförmig und die Fahne zurückgeschlagen. Zehn in eine oder zwei Partieen verwachsene Staubfäden und ein in die Höhe steigender Griffel. Die Frucht eine einfächerige, zusammengedrückte und vielsamige Hülse. Die Blätter wechselweise. (XVII. 4.)

137.

Gemeiner Bohnenbaum. Cytisus Laburnum. Willd.

Die Blätter langgestielt und aus drei kurzgestielten Blättchen bestehend, die länglich = eiförmig, ganzrandig, an der Spitze mit einem krautartigen Stachel versehen, oben glatt und unten mit anliegenden kurzen Härchen bedeckt sind. Die Blüthen erscheinen im Junius' in einfachen hängenden Trauben; sie sind schön gelb, aber inwendig rothgestreift und stehen auf behaarten Stielen. Die Hülsen anliegend behaart, kleinen und schmalen

18 *

276

Bohnen ähnlich und mit schwarzen nierenförmigen Samen ver=
sehen; sie reifen zwar schon im August, bleiben aber bis in's
nächste Frühjahr hängen.   Die Rinde graugrün und warzen=
artig aufgesprungen.

Im südlichen Europa, namentlich in Oesterreich und der
Schweiz, wird dieser 15 bis 20 Fuß hohe und öfters baumartige
Strauch an Bergwänden unter anderen Laubhölzern wild ange=
troffen.   Er liebt einen lockeren, nahrhaften und wegen seiner
eingehenden Wurzeln tiefgründigen Boden, doch nimmt er auch
mit einem etwas mageren fürlieb und wächst überhaupt ziemlich
schnell.

Wenn auch dieser Bohnenbaum nicht zur besonderen An=
zucht in Wäldern empfohlen werden kann, wie einige Forstbota=
niker wohl thaten, weil er im eigentlichen Waldboden gar nicht
üppig wächst und überdieß noch in nördlichen Gegenden durch
harte Fröste leidet: so ist er doch für Gartenanlagen und Lust=
gebüsche schätzenswerth, und er wird in lezten, als Schlagholz be=
nuzt, gewiß seinen Plaz verzinsen.   Denn sein Holz ist schwer,
ziemlich hart, gelblich, schwärzlich geflammt und im Alter oft
ganz schwarz; es nimmt eine gute Politur an und wird auch als
treffliches Nutzholz unter den Namen falsches Ebenholz sehr
geschäzt.   Auch ist seine Vermehrung leicht und geschieht ganz so,
wie oben bei dem weißblühenden Schotendorn angegeben wurde,
nur daß die Samenpflänzchen des Bohnenbaums wegen der Pfahl=
wurzel weit früher, d. h. schon nach 1 oder 2 Jahren, einmal
weiter verpflanzt werden müssen, wenn sie nicht an den Ort ihren
Bestimmung gesäet wurden.   Wurzelbrut treibt dieser und der
folgende Bohnenbaum gar nicht.

Der Samen wird von Fasanen, Birk= und Rebhühnern ꝛc.
gefressen, eben so das Laub von vielen Thieren; und Hasen und
Kaninchen sind den Bohnenbäumen gefährliche Feinde.

In Gärten unterhält man jezt davon eine zierliche Abart:
C. L. incisus, deren Blättchen einigemal tief eingeschnitten sind.

138.

Hoher Bohnenbaum. Cytisus alpinus. Willd.

Die Blätter gedreit; die Blättchen eiförmig zugespizt, et=
was schmaler, glatter und hellgrüner als beim vorigen.   Die

Blüthen erscheinen Ende Mai's in großen hängenden Trauben mit hellgelben Blumen. Die Hülfen flach, glatt, am oberen Rande faſt häutig-geflügelt und mit dunkelbraunen Samen verſehen. Zweige und Stamm hellgrün und glatt.

Dieſer auf hohen Lagen Ungarn, Savoyens ꝛc. heimiſche Bohnenbaum iſt weniger empfindlich gegen kalte Winter als der vorige, mit dem er übrigens im Anſehen, ſo wie in Zucht und Benutzung übereinkommt. Für Gartenanlagen würde-jedoch dieſer Bohnenbaum vorzugweiſe zu empfehlen ſein, indem er auch einen größeren und ſtärkeren Schaft treibt.

139.

Schwärzlicher Bohnenbaum. Cytisus nigricans.

Die Blätter gedreit; die Blättchen länglich-eiförmig, an beiden Enden verdünnt, am Rande ganz und unten mit anliegenden Härchen bedeckt. Die Blüthen erſcheinen im Junius und Julius in einfachen aufrechten Trauben; ſie ſind gelblich, werden aber getrocknet ſchwärzlich, und unter jedem Kelche ſteht ein fadenförmiges Nebenblättchen. Die Hülſen behaart und gewöhnlich vierſamig. Die Zweige graugrün und die ältere Rinde ſchwärzlichbraun.

In Schleſien, Oeſterreich und anderen ſüdlichen Ländern, auch im Plauen'ſchen Grunde und um Tharand bei Dresden wächſt dieſer 2 bis 4 Fuß hohe Strauch an mageren und ſonnigen Orten. — Sein Laub iſt den Schafen ſehr angenehm und den Blüthen gehen die Bienen ſehr nach. Auch erzieht man ihn zur Zierde in Gartenanlagen, wo er aber etwas höher und ſtärker, und wie der gemeine vermehrt wird.

140.

Oeſterreichiſcher Bohnenbaum. Cytisus austriacus.

Die Blätter gedreit; die Blättchen lanzettförmig zugeſpizt und beiderſeits grün, aber von dicht anliegenden Seidenhaaren weißlich. Die Blüthen erſcheinen vom Julius an in einfachen vielblüthigen Dolden mit erbſengelben Kronen und behaarten Kelchen. Die Hülſen aufrecht ſtehend, behaart und vier-bis ſechsſamig. Die Zweige grünlich und mit feinen anliegenden Härchen bedeckt.

278

Ein 2 bis 3 Fuß hoher und ästiger Strauch, der in Oester=
reich, auch in Schlesien, Baiern ꝛc. auf Hügeln und Bergen
wild wächst, und der seiner häufigen, oft bis in September dau=
ernden Blüthen wegen auf die nämliche Weise, wie der vorige,
in Gartenanlagen an der Vorderseite der Strauchgruppen gezogen
und vermehrt wird.

141.

Kopfblüthiger Bohnenbaum. Cytisus capitatus.

Die Blätter gedreit, die Blättchen umgekehrt eiförmig,
wimperig, unten fast zottig.   Die Blüthen erscheinen im Au=
gust in kopfförmigen Endbolben mit zottigen Kelchen.   Die
Hülsen zusammengedrückt und zottig.

Dieser 2 Fuß hohe und dicht ästige Strauch wächst im süd=
lichen Deutschland wild und wird wie der vorige gezogen und
benuzt.

Anmerk. Die übrigen in südlichen Gegenden und auf hohen
Lagen vorkommenden Bohnenbäume sind noch kleinere Sträuche
und werden höchstens wie die drei lezten in Gärten unterhalt=
en, als:

a) Rother Bohnenbaum, C. purpureus, mit unge=
zähnten glatten Blättchen und mit röthlichen achselständigen
Blumen;

b) Zweiblüthiger B., C. biflorus, mit länglichen
schmalen Blättchen und mit gewöhnlich zu 2, doch auch zu
3 beisammenstehenden Blüthen;

c) Sichelfrüchtiger B., C. falcatus, mit verkehrt=
eiförmigen Blättchen, mit zu drei beisammenstehenden Blüthen
und mit gekrümmten und behaarten Hülsen.

Pfrieme. Spartium.

Der Kelch glockenförmig und 5zähnig.   Die Blume
schmetterlingförmig und ein aufsteigender Griffel.   Die Hülse
vielsamig.   Die Blätter wechselweise. (XVII. 4.)

142.

Besen=Pfrieme. Spartium scoparium.

Die Blätter einfach oder gedreit, kurz oder langgestielt,

stumpf oder zugespizt; hellgrün, ungezähnt und mit anliegenden
Härchen bedeckt.   Die Blüthen im Mai und Junius einzeln
aus den Blattwinkeln; sie haben schöngelbe Blumen und eine
zurückgeschlagene, inwendig gestreifte Fahne.   Die Hülsen zu=
sammengedrückt und bei der Reife im August und September
schwarzbraun, mit Geräusch aufspringend und die gelben Samen
weit ausstreuend.   Die Zweige hellgrün, glatt und 5kantig.

Dieser 2 bis 4 und mehr Fuß hohe Strauch kommt in
Deutschland auf dürren sandigen Stellen und sonst in allerlei
Boden und Lagen häufig vor.   An Orten, wo er zu üppig
wächst, erfriert er oft bis auf den Wurzelstock und wird über=
haupt nicht leicht über 12 Jahr alt. — In Forsten wird er als
Unkraut angesehen, weil er sich durch Samen sehr vermehrt, oft
ganze Stellen überzieht und dann dem Aufkommen besserer Holz=
arten hinderlich wird, oder sie doch im Wachsen beeinträchtigt.
Man vertilgt ihn durch's Abhauen im Julius und August vor
der Samenreife, worauf auch die Wurzeln, wenigstens im wieder=
holten Falle, absterben. — Doch hat man ihn auch als Vorholz
auf dürren Stellen empfohlen, um später andere Holzarten da=
selbst zu ziehen. — Durch ausgestreueten und wenig oder nicht
bedeckten Samen erhält man leicht Pflänzchen, und diese gedeihen
dann ohne weitere Pflege. — Versezte Pflänzchen müssen etwas
tiefer zu stehen kommen, wenn sie gut wachsen sollen.

Das von diesem Strauche gewonnene Reißig wird vorzug=
weise zu Besen benuzt; auch giebt es beim Verbrennen schnell
eine starke Hize wie die Heide.   Die Zweige sind vielen Thieren
ein angenehmes Futter. — In Lustgebüschen nimmt er sich gut
aus. — Die Asche von diesem Strauch wird auf den Glashütt=
en, ferner zu Lauge und Pottasche vorzugweise benuzt.   Die
Blüthen geben eine gute Malerfarbe und sind den Bienen an=
genehm.

Hecksame. Ulex.

Der Kelch zweiblätterig und bleibend.   Die Schmetter=
lingblume mit zweiblätterigem Schiffchen und fadenförmigem
Griffel.   Die Hülse länglich, rund und mit rundlichen Samen.
Die Blätter zerstreut. (XVII. 4.)

280

143.

Europäischer Hecksame. U. europaeus.

Die Blätter linienförmig, scharfzugespizt und in der Ju=
gend gelblich behaart. Die Blüthen im Frühling einzeln aus
den Blattwinkeln, schön gelb, und zeigen sich oft schon im Herbste.
Die Hülse aufgeschwollen, kurz und 3= bis 4samig. Die Zweige
grün, gefurcht und mit ästigen Dornen dicht besezt.

Ein 4 bis 5 Fuß hoher Strauch, der auf sandigen und
trockenen Stellen in verschiedenen Gegenden Deutschlands ange=
troffen wird, der wie die Besenpfrieme behandelt und benuzt
werden kann. In die von ihm gebildeten Büsche flüchten gern
verfolgte kleine Thiere, selbst Vögel, weil die stechenden Dorne
von oben Alles abhalten, was empfindlich ist. — Gesäete Pflänz=
chen auf mageren Stellen halten gut aus, aber gepflanzte und
auf fruchtbarem Boden stehende Hecksamen wachsen theilweise zu
üppig und dauern dann nicht gut aus.

***

Ginster. Genista.

Der Kelch zweilippig; die obere Lippe zwei=, die untere
dreizähnig. Die Blume schmetterlingförmig mit zurückgeschlag=
ener Fahne und längerem Schiffchen. Zehn Staubfäden,
wovon 9 verwachsen und einer frei; ein aufsteigender Griffel.
Die Frucht eine mehrsamige Hülse. Die Blätter wechselweise.
(XVII. 4.)

144.

Deutscher Ginster. Genista germanica.

Die Blätter lanzettförmig, zugespizt, kurzgestielt und beid=
erseits, vorzüglich aber am Rande, mit einzelnen abstehenden
Haaren besezt. Die Blattansätze stumpflinienförmig. Die
Blüthen erscheinen im Junius an den Spitzen der Zweige in
einfachen aufrechten und gelben Trauben; sie haben anliegend=be=
haarte Kelche, Fahnen, Schiffchen und Blüthenstiele. Die Hülse
zottig, bei der Reife im September schwarz und zwei= bis drei=
samig. Die Zweige gefurcht, behaart und mit ästigen Dornen
besezt.

In Deutschland wächst dieser 1 bis 1½ Fuß hohe und aufrechte Strauch auf sandigen und steinigen, meist etwas veröbeten Waldplätzen.

145.

Glatter Ginster. Genista anglica.

Die Blätter länglich, zugespizt und an der Spitze mit einem krautartigen Stachel versehen, kurzgestielt und beiderseits glatt. Die Blüthen erscheinen im Mai und Junius an den Spitzen der Zweige in einfachen kurzen und gelben Trauben, sie sind unbehaart und klein. Die Zweige gefurcht und glatt; die Seitenzweige endigen als spitzige Dornen.

Nicht nur in Deutschland, und namentlich in Westphalen, sondern auch in England wächst dieser 1 bis 2 Fuß hohe Strauch auf sandigen Triften, Heiden und Waldplätzen.

146.

Färbe=Ginster. Genista tinctoria.

Die Blätter lanzettförmig, an beiden Enden zugespizt, hellgrün, glatt und nur in der Jugend, besonders am Rande, einzeln behaart. Die Blüthen erscheinen im Julius traubenförmig an den Spitzen der Zweige. Die Hülsen zusammengedrückt, vier= bis fünfsamig, und bei der Reife im September schwarzbraun, fast glänzend. Die Zweige gestreift, glatt und unbewaffnet.

In ganz Deutschland wächst dieser 2 bis 3 Fuß hohe Strauch häufig auf trockenen und sandigen oder kiesigen Waldplätzen. Er wird allgemein zum Gelbfärben, und auf blauem Grund auch zum Grünfärben benuzt, und aus den Stengeln und Blättern bereitet man auch das Schüttgelb für Maler; ferner haben Samen, Blüthe und Kraut abführende Kräfte.

147.

Haariger Ginster. Genista pilosa.

Die Blätter lanzettförmig, stumpf, ganzrandig, oben hellgrün, unten seideartig behaart, sehr kurz gestielt und öfters zu 3 beisammen stehend. Die Blüthen erscheinen im Junius an

282

den Spitzen der Zweige in einfachen Trauben; Kelche und
Fahnen sind mit anliegenden Härchen bedeckt. Die Hülsen
etwas behaart, fünf- bis sechssamig und bei der Reife im September schwarz. Die Zweige knotig, gefurcht und unbewaffnet.

Ein niederliegender und nur ⅓ Fuß hoher Strauch, der
durch ganz Deutschland auf dürren sandigen oder steinigen und
wüsten Oertern wild wächst, und der den Schafen daselbst sehr
willkommen ist.

148.

Geflügelter Ginster. Genista sagittalis.

Die Blätter ei- und lanzettförmig, zugespizt, behaart und
sehr kurzgestielt. Die Blüthen erscheinen im Junius traubenförmig zu 6 bis 7 an den Enden der Zweige auf kurzen Stielchen. Die Hülsen zusammengedrückt, behaart, vier- bis sechssamig und bei der Reife im September schwarzbraun. Die
Zweige gegliedert, von zwei oder drei häutigen Streifen geflügelt, und unbewaffnet.

Ein in Deutschland heimischer und niederliegender Strauch,
der nur ⅓ Fuß hoch wird, und gewöhnlich an dürren, doch etwas schattigen Waldplätzen angetroffen wird. Er kann zum
Färben benuzt werden, und die Schafe fressen ihn gern.

Die Ginster verdienen in forstlicher Hinsicht weiter keine
Beachtung, indem sie weder besonders nützlich, noch sehr schädlich sind. Weil aber alle Arten schöne gelbe und öfters einige
Monate dauernde Blüthen haben, so nehmen sie sich in Gartenanlagen zu Einfassungen der Strauchgruppen gut aus. Auch
lassen sie sich leicht durch den Samen, wie die Besen-Pfrieme,
vermehren.

Hauhechel. Ononis.

Der Kelch glockenförmig und fünftheilig. Die Blume
schmetterlingförmig mit gestreifter Fahne. Zehn verwachsene
Staubfäden. Die Frucht eine rundliche, aufgeblasene Hülse.
Die Blätter wechselweise. (XVI. 4.)

149.

Dornige Hauhechel. Ononis spinosa.

Die Blätter kurzgestielt, und einfach oder gedreit; die Blättchen, wie die einfachen Blätter, keilförmig, gesägt, einzeln behaart und dunkelgrün. Die Blüthen erscheinen vom Junius bis August meist einzeln aus den Blattwinkeln; sie sind schön roth oder weiß, und haben behaarte Kelche. Die Hülsen fein behaart und bei der Reife im October braungelb. Die Zweige grün oder braun und die Seitenzweige endigen in scharfe Dornen.

An dürren Stellen in Vorhölzern, auf Feldern und Triften wächst diese Hauhechel in Deutschland häufig wild, und bildet einen 1½ Fuß hohen, sperrigen und dichten Busch. Sie ist in forstlicher Hinsicht ein nicht sehr nachtheiliges Unkraut, aber als Färbegewächs hat sie vorzüglichen Werth, indem sie mit Zusätzen verschiedene gelbe und grüne Farben liefert. Auch wird das Laub von den Schafen gefressen, den Blüthen gehen die Bienen nach, und vermehren läßt sie sich wie die Besen-Pfrieme.

---

h) Hülsenartige. Aquifoliaceen. Mit 4zähligen Blüthen und mit Beeren, die 1 oder 4 nußartige Samen haben.

Hülse. Ilex.

Der Kelch vierzähnig und bleibend. Die Blume radförmig und 4theilig; 4 Staubfäden und statt der Griffel 4 stumpfe Narben. Die Frucht eine rundliche 4samige Beere. Die Blätter wechselweise. (IV. 4.)

150.

Gemeine Hülse. Ilex aquifolium.
(Stechpalme.)

Die Blätter eiförmig, steif, lederartig und immergrün, am Rande wellenförmig groß gezähnt und die Zähne in spitzige Dornen ausgehend; oben dunkel- und glänzendgrün, unten blaßgrün und beiderseits glatt. Die Blüthen erscheinen Ende Mai's büschelweise aus den Blattwinkeln und sind öfters blos männlich. Die Beeren sind bei der Reife im October gelblich oder roth und bleiben den Winter über hängen. Die Zweige

284

grün, nachher braunroth und gestreift, die älteren Stämme aber
grau und feinrissig.

Dieser gewöhnlich nur 12 bis 15 Fuß Höhe erreichende
Strauch wächst häufig in Westphalen, außerdem aber auch nicht
selten in andern gemäßigten Ländern in und außer Deutschland
an schattigen Waldplätzen wild. Er verlangt zu seinem Gedeihen
durchaus einen schattigen Standort in einem mit Lehm gemischten, guten und lockeren Sandboden, und dann wird er auch
baumartig, doch so langsam wachsend, daß er erst in 80 Jahren
sein Wachsthum vollendet. Hingegen in einer freien Lage wächst
er noch langsamer, bleibt niedriger und leidet häufig vom Froste.

Um diese Hülse zu vermehren säet man den Samen gleich
im Herbste an einen schattigen, lockeren und mäßig frischen Ort,
und bedeckt ihn ½ Zoll hoch mit Erde. Dann erscheinen die
Pflänzchen nach 1½ Jahren oder noch später, und diese verpflanzt
man nach einigen Jahren sorgfältig mit Ballen an den Ort ihrer Bestimmung; denn ältere Stämmchen vertragen das Verpflanzen nicht wohl.

Zwar nicht in Forsten, aber zur Zierde in Gartenanlagen
erzieht man diesen schönen Strauch; auch giebt er, weil er den
Schnitt verträgt, sehr dichte und zierliche Verzäunungen. — Sein
Holz ist weiß, zuweilen grünlich und im Kerne braun, überaus
vest und schwer; es wird als eins der vorzüglichsten Nutzhölzer
zu feinen Tischler- und Drechslerarbeiten, und namentlich zu
mechanischen und mathematischen Instrumenten sehr geschäzt. —
Den jungen Zweigen und Knospen gehen die Schafe und das
Rothwild, den Beeren aber die Turteltauben sehr nach.

In Gärten erzieht man mehrere Abarten, theils mit weiß-
oder gelbgeschäckten, theils mit lang- oder kurzbornigen Blättern,
wovon die merkwürdigste die sogenannte Igelhülse ist, deren
Blätter auch auf der Oberfläche wie am Rande, mit steifen
Dornen besezt sind.

———————

i) **Buchsbaumartige. Buxeen.** Mit wenigen Staubfäden
in unscheinlichen Blüthen und mit dreifächerigen Früchten.
VIII. 3.

Buchsbaum. Buxus.

Männliche und weibliche Blüthen auf einem

Stamme; jene mit dreiblätterigen Kelchen, zweiblätterigen Blumen und vier Staubfäden — diese mit vierblätterigen Kelchen, dreiblätterigen Blumen und drei Griffeln. Die Frucht eine dreispitzige, dreifächerige und in jedem Fache zwei Samen enthaltende Kapsel. Die Blätter gegenüber. (XXI. 4.)

151.

Gemeiner Buchsbaum. Buxus sempervirens.

Die Blätter eiförmig, lederartig und immergrün; an der Spitze etwas ausgeschnitten, am Rande ganz und etwas umgebogen, oben dunkelgrün und glänzend, unten mattgrün und von einer starken Hauptader durchzogen. Die Blattstiele am Rande mit kurzen feinen Härchen bedeckt und an den Zweigen hinunterlaufend. Die Blüthen erscheinen im April aus den Blattwinkeln und sind gelblich. Der Samen reift im September. Die Zweige glatt und gelblich.

Im südlichen Deutschland und in andern gemäßigten Ländern wächst dieser Buchsbaum theils als Baum, theils als Strauch zu 10 bis 20 Fuß Höhe. Er liebt einen frischen, nahrhaften und etwas lehmigen Boden und einen schattigen Standort, und verlangt im nördlichen Deutschland eine geschützte Lage, wenn er nicht von harten Frösten leiden soll. Sein Holz ist gelb, sehr vest und schwer; es wird besonders zu Drechslerarbeiten und zu mathematischen und musikalischen Instrumenten geschätzt. — Man vermehrt ihn entweder aus Samen, den man aus warmen Gegenden kommen läßt und der öfters ein Jahr liegt, oder durch Ableger.

Er wird allgemein zur Zierde in Gärten und Lustgebüschen gezogen, und durch Kultur ist auch eine verkrüppelte Abart entstanden, die immer niedrig gehalten und unter dem Namen Zwerg-Buchsbaum zur Einfassung der Beeten benuzt und durch Zertheilung der bewurzelten Seitenäste vermehrt wird. Es giebt auch eine Abart mit geschäckten Blättern.

––––––––––

k) Sauerdornartige. Berberideen. Mit 4 oder 6zähligen Blüthen und mit von unten klaffenden Staubbeuteln. **X. 5.**

286

Sauerborn. Berberis.

Der Kelch sechsblätterig und gefärbt. Die Blume sechs=
blätterig und am Grunde jedes Blattes zwei Honigbehältnisse.
Sechs Staubfäden und ein Griffel. Die Frucht eine zwei=
samige Beere. Die Blätter wechselweise. (VI. 1.)

152.

Gemeiner Sauerborn. Berberis vulgaris.
(Berberitze.)

Die Blätter eiförmig, am Rande borstig gefranzt und
beiderseits glatt; sie kommen niemals einzeln, sondern zu zweien,
oder auch büschelweise um die Knospen zum Vorschein. Die
Blüthen erscheinen im Mai in einfachen Trauben; sie sind
gelb und jeder Staubfaden hat einen zweifächerigen Staubbeutel.
Die Beeren walzenförmig und bei der Reife im Oktober hoch=
roth. Die Zweige weißgrau und mit einfachen oder mehrtheil=
igen Stacheln besezt.

Nicht nur in Deutschland, sondern durch Europa, in Nord=
amerika und in dem nördlichen Asien wächst dieser Sauerborn
als ein 6 bis 12 Fuß hoher und buschiger Strauch in Wäldern
und Hecken wild; er gedeiht fast in jedem nahrhaften Boden und
in allerlei Lagen. Man vermehrt ihn theils durch Wurzelbrut,
theils durch Samen, den man gleich nach der Reife ausgewaschen
säet, und wo dann die Pflänzchen gleich im nächsten, oder auch
erst im folgenden Frühlinge erscheinen; sie lassen sich leicht ver=
pflanzen.

Das Holz ist gelb und vest und es dient zu allerlei klei=
nen Geräthschaften. — Mit der Rinde, vorzüglich aber mit der
Wurzel, kann man gelb färben, und namentlich wird der Saf=
fian damit gefärbt. — Die Beeren haben eine angenehme und
dem Citronensafte ähnliche Säure, und sie sind Menschen und
Thieren zuträglich, auch liefern sie einen sehr guten Essig.

Dieser nutzbare Strauch wird da, wo er in Buschhölzern
von selbst vorkommt, mit der vorherrschenden Holzart abgetrieben,
und theils in Gartenanlagen zur Zierde, theils in Zäunen und
zu Vermachungen gezogen, nur freilich nicht in der Nähe der
Getreidefelder, weil wie die Erfahrung lehrt, das Getreide in
seiner Nähe taub wird.

In Gärten hat man durch Kultur mehre Abarten erhalten,

287

und zwar sowol mit vielen und mehrtheiligen Stacheln, als mit
dunkelrothen, oder violetten Früchten, oder auch mit Früchten
ohne Kern, so wie mit süßer Frucht.

---

l) **Jasminartige.** Jasmineen. Mit trichterförmigen und
vierspaltigen Blumen und mit zweifächerigen Früchten. IX. 3.

Eisenbeere. Ligustrum.

Der Kelch glockenförmig und vierzähnig. Die Blume
trichterförmig und viertheilig. Zwei Staubfäden und ein
Griffel. Die Frucht eine viersamige Beere. Die Blätter
gegenüber. (II. 1.)

153.

Gemeine Eisenbeere. Ligustrum vulgare.

Die Blätter ei-lanzettförmig, kurzzugespizt, ganzrandig,
glatt, lederartig und kurzgestielt; sie bleiben an den Spitzen der
Zweige oft den Winter über grün. Die Blüthen erscheinen
im Junius und Julius an den Spitzen der Zweige in einer ästigen Rispe; sie sind weiß und wohlriechend. Die Beeren rund,
bei der Reife im October schwarz; sie bleiben den Winter über
sitzen. Die Rinde an den Zweigen braun und weißpunktirt,
am Stamme glatt und aschfarbig.

Ein 10 bis 12 Fuß hoher und ästiger Strauch, der in
deutschen Vorhölzern und Feldgebüschen hin und wieder vorkommt,
und der daselbst mit anderen Buschhölzern abgetrieben wird. Er
gedeiht fast in jedem nahrhaften Boden gut, und ohne besondere
Pflege, wenn man ihn aus Samen (der ein Jahr bis zum
Keimen liegt) oder durch Wurzelbrut vermehrt, und im Frühjahr etwas zeitig verpflanzt.

Dieser Strauch empfiehlt sich besonders zu lebendigen Hecken
und Zäunen, weil er auch unter der Scheere gehalten werden
kann und ein gutes Ansehen gewährt. Sein weißliches, hartes
und zähes Holz wird zwar nicht als Nutzholz angewandt, weil
es sich trocken schwer verarbeiten läßt, aber es ist gut zur Feuerung. — Die Zweige dienen zum Binden und zu Flechtwerk. —
Die Beeren liefern mit Zusätzen brauchbare Farben, und die
Blüthen geben den Bienen viel Honig.

288

In Gärten erzieht man auch eine Abart mit geschäckten Blättern.

––––––––––

Flieder. Syringa.

Der **Kelch** glockenförmig, vierzähnig und bleibend. Die **Blume** trichterförmig und viertheilig. Zwei in der Blumenröhre sitzende, sehr kurze **Staubfäden** und ein fadenförmiger **Griff-el.** Die **Frucht** eine zweifächerige und zweisamige Kapsel. Die **Blätter** gegenüber. (II. 1.)

154.

Gemeiner Flieder. Syringa vulgaris.

Die **Blätter** rundlich = eiförmig, langzugespizt, schwach herzförmig, ganzrandig und vollkommen glatt. Die **Blüthen** erscheinen Ende Mai's in einer ästigen Rispe; sie sind röthlich-blau und wohlriechend. Die **Früchte** reifen im Spätherbste und enthalten längliche, häutige und zusammengedrückte Samen. Die **Zweige** graubraun und glatt.

Dieser ursprünglich in Klein=Asien heimische Flieder ist jezt in allen Dörfern Deutschlands verwildert anzutreffen, indem er seiner schönen Blüthen wegen häufig gezogen wurde, und er sich dann durch seine viele Wurzelbrut von selbst stark vermehrt. Man benuzt ihn theils zu Lauben und Hecken, theils zu Zäunen in Gärten, und dann wird er unbeschnitten 12 bis 15 Fuß hoch, und manchmal auch baumartig. — Sein **Holz** ist dicht, vest, hart, gelblichweiß und an alten Stämmen rothgeflammt; es läßt sich fein verarbeiten, und wird als Nutzholz zu allerlei häuslichen und anderen Geräthschaften, namentlich aber die Wurzelstücke zu eingelegten Arbeiten geschäzt. — Auch liefern die Zweige gelbbraune Farben.

Durch Kultur sind auch Abarten theils mit **weißen,** theils mit **röthlichen** Blüthen, oder mit geschäckten Blättern ent=standen.

––––––––––

m) **Pfeifenstrauchartige. Philadelpheen.** Mit fünf=zähligen Blumen im Kelchrande, vielsamigen Kapseln und breiten Blättern. XV. 2.

289

Pfeifenstrauch. Philadelphus.

Der Kelch überständig und vier= bis fünftheilig. Die
Blume vier= bis fünfblätterig. Zwanzig und mehr dem Kelche
eingefügte Staubfäden. Ein Griffel mit 4 bis 5 Narben. Die
Frucht eine vier= bis fünffächerige vielsamige Kapsel. Die Blätter
gegenüber. XII. 1.

155.

Gemeiner Pfeifenstrauch. Ph. coronarius.
(Wilder Jasmin.)

Die Blätter elliptisch eiförmig, stumpf zugespizt, und
entfernt gezähnt. Die Blüthen erscheinen im Junius fast
traubenförmig an den Enden der Zweige; sie sind weiß und wohl=
riechend. Die Zweige graubraun und später mit loser Rinde
bekleidet.

Dieser im südlichen Europa heimische 6 bis 10 Fuß hohe
Strauch wird der Blumen wegen häufig in Gärten gezogen und
ist hier und da verwildert anzutreffen. Er treibt viele Wurzel=
brut, wodurch er sich leicht vermehren läßt. — Ph. nanus ist
eine niedrig bleibende Abart, die selten blüht.

---

n) **Johannisbeerartige. Ribesiaceen.** Mit fünfzähligen
Blüthen und die Kelche mit dem Gröps verwachsen. **XV. 2.**

Johannisbeere. Ribes.

Der Kelch über dem Fruchtknoten und fünfzähnig. Die
Blume fünfblätterig und mit den fünf Staubfäden dem
Kelche eingefügt; ein einziger Griffel. Die Frucht eine rund=
liche, genabelte und vielsamige Beere. Die Blätter wechsel=
weise. (V. 1.)

156.

Wilde Johannisbeere. Ribes alpinum.

Die Blätter drei= oder fast fünflappig und ungleich ge=
zähnt; sie sind eben so lang als breit, am Grunde abgerundet,
und besonders oben mit einzelnen anliegenden Härchen bedeckt.
Die Blattstiele drüsig behaart. Die Blüthen erscheinen

19

290

Anfang Mai's in einfachen aufrechten Trauben; sie sind grün=
lichgelb und zuweilen unvollkommene Zwitter.   Die Beeren
klein, röthlich und unschmackhaft; sie reifen im Julius.   Die
Zweige glatt und stachellos.

Ein in gebirgigen Gegenden Deutschlands, namentlich am
Harz, in Thüringen, Oesterreich c., heimischer Strauch, der 5
Fuß hoch und sehr ästig wird.   Er liebt einen etwas schattigen
Standort, und gedeiht fast in jedem nicht ganz mageren Boden.
— Man pflanzt ihn zu Hecken und Zäunen, auch zur Abwech=
selung in Strauchgruppen.

157.

Schwarze Johannisbeere.   Ribes nigrum.

Die Blätter fünflappig, und jeder Lappen spitzig zulauf=
end, am Rande grobsägeförmig gezähnt, am Grunde wenig aus=
geschnitten, oben glatt, unten mit gelben Drüsen punktirt und
auf den Adern fein behaart.   Die Blüthen erscheinen im Mai
in einfachen hängenden Trauben; sie sind glockenförmig und
schmuziggelb.   Die Beeren bei der Reife im Julius schwärzlich,
von süßlichem Geschmack und wie die Blätter von einem Katzen=
harn ähnlichen Geruche.   Die Zweige rostgrau glatt und stachellos.

In ganz Europa wächst dieser 4 bis 5 Fuß hohe Strauch
an etwas feuchten und schattigen Waldplätzen wild, und er ge=
deiht in Gärten fast in jedem Boden. — Die Beeren werden
von vielen Menschen roh gegessen, sie besitzen aber Urin treibende
Kräfte; auch geben sie ein weinartiges Getränk, und sie sind
(nach Pallas) den Bären ein Leckerbissen.

158.

Rothblühende Johannisbeere.   R. petraeum.

Die Blätter drei= und fünflappig und die Lappen kurz
zugespitzt, am Rande ungleich doppelt gesägt, am Gunde herz=
förmig, oben dunkel=, unten hellgrün und auf den Adern einzeln
behaart.   Die Blattstiele gefurcht und auf dem Rande der
Furche dünn behaart.   Die Blüthen erscheinen Anfang Mai's
in einfachen etwas behaarten Trauben; sie sind röthlich, und die
Trauben stehen anfangs aufrecht, neigen sich aber nach der Frucht=
reife hin abwärts.   Die Beeren bei der Reife im Julius dun=
kelroth und sauer.   Die Zweige graubraun und stachellos.

Ein auf hohen Lagen in Schlesien, Böhmen, Oesterreich
ꝛc. wildwachsender und daselbst 2 bis 3 Fuß hoher Strauch, der
in unsern Gärten fast in jedem nahrhaften Boden gedeiht. Seine
Beeren verlieren im kultivirten Zustande viel an ihrer ursprüng=
lichen scharfen Säure, nur sezt er deren immer nur wenige an.

159.
Gemeine Johannisbeere.   Ribes rubrum.

Die Blätter fünflappig, und die Lappen stumpf zugespizt,
am Rande groß und stumpf gezähnt, am Grunde herzförmig,
oben dunkelgrün und glatt, unten hellgrün und sehr fein behaart.
Die Blüthen erscheinen Anfang Mai's in einfachen hängenden
Trauben; sie sind grünlichgelb und ziemlich flach. Die Beeren
reifen um Johannistag und sind roth. Die Zweige aschgrau,
häutig und stachellos.

Im ganzen nördlichen Europa wächst dieser 4 bis 5 Fuß
hohe Strauch einzeln in Wäldern, und zwar meist in einem et=
was guten und frischen Boden wild. Er wird in unsern Gärten
der Früchte wegen häufig gezogen, daher auch durch Kultur meh=
re Abarten entstanden sind, die sich durch Größe, Farbe und
Güte der Früchte unterscheiden und wovon die weißbeerigen den
angenehmsten Geschmack haben.

Die Beeren werden theils frisch, theils eingemacht gegessen;
dann liefern sie mit Zucker einen, dem Champagner ähnlichen,
Wein, auch geben sie zerquetscht Brandwein und Essig. Ver=
gleiche: Ch. Fr. Thon's Vollständige Anweisung über die Ver=
fertigung des Johannis= und Stachelbeer=Weins, nebst Be=
schreibung und Anleitung zur sicheren Erziehung u. s. w. Ru=
dolstadt, 1817. — Mit den belaubten Zweigen läßt sich nuß=
braun färben und den Blüthen gehen die Bienen nach.

160.
Stachelige Johannisbeere.   R. uva crispa.
(Stachelbeere.)

Die Blätter drei= oder fünflappig und die Lappen stumpf
zugespizt, am Rande weitläufig und stumpf gezähnt, auf den
Adern schwach behaart und auf borstenhaarigen Stielen stehend.
Die Blüthen erscheinen im April auf einfachen oder zwei= bis

292

dreibüthigen Stielen; sie sind grünlich-roth und an den Kelchen und Stielen sparsam behaart. Die Beeren länglichrund, glatt, oder mit zerstreuten Härchen bedeckt und bei der Reife im Julius gelblich. Die Zweige weißgrau und mit einfachen oder dreitheiligen spitzigen und steifen Stacheln besezt.

Durch das ganze nördliche Europa wächst dieser 2 bis 4 Fuß hohe Strauch in Hecken und Wäldern in allerlei Boden und Lagen. Man benuzt ihn zu Einfassungen, Umzäunungen und Hecken. Auch ist er schon lange in Gärten häufig gezogen worden, und dadurch sind viele Abarten entstanden, die hauptsächlich nach Größe und Farbe der Beeren unterschieden werden.

Die veredelten Beeren werden frisch oder eingemacht gegessen, und zu einem weinartigen Getränke, oder zu Brandtwein benuzt.

Sämmtliche Johannisbeer-Gattungen haben in forstlicher Hinsicht weiter keinen Werth, als daß sie in vorkommenden Buschhölzern mit unter das Reißig aufgemacht werden. In Gärten und Gartenanlagen werden sie aber um so häufiger gezogen und daselbst durch Ableger, Stecklinge und Wurzelbrut (auch die edleren Abarten durch Pfropfen) vermehrt, weil die Zucht aus dem Samen zu langsam zum Ziele führt.

IV.

Schwache Sträuche.

Diese Sträuche haben meist schwache Stämme, weßhalb sie sich nur an anderen Gegenständen aufrichten oder sich nach dem Boden hin beugen.

---

a) **Geisblattartige. Caprisoliaceen.** Mit röhrigen, oben stehenden Blumen, mehrsamigen Beeren und gegenüberstehenden Blättern. **VIII. 3.**

Heckenkirsche. Lonicera.

Der Kelch fünftheilig und auf dem Fruchtknoten stehend. Die Blume zweilippig. Fünf Staubfäden und ein einziger Griffel. Die Frucht eine Beere, zu zwei auf einem Stiele stehend und oft verwachsen. Die Stämme aufrecht und steif. V. 1.

161.

Gemeine Heckenkirsche. L. Xylosteum.

Die Blätter eiförmig, kurzzugespitzt, ganzrandig und beiderseits, wie auch Blattstiele und Triebe, mit feinen Härchen bedeckt. Die Blüthen erscheinen im Mai aus den Blattwinkeln; sie haben eine gelblichweiße, behaarte kurze Blume und feinbehaarte Kelche. Die Beeren genabelt, klein und bei der Reife im August roth. Die Zweige grau und glatt.

In mehren Gegenden Deutschlands wächst dieser 6 Fuß hohe Strauch gewöhnlich in Hecken und Vorhölzern. Er gedeiht zwar in allerlei Lagen, aber am beßten in einem frischen, lockeren und guten Boden. — Sein Holz ist sehr zähe, knochenhart und unter dem Namen Beinholz vorzüglich zu Ladstöcken,

294

Weberkämmen, Schuhzwecken und dergleichen sehr geschäzt; auch giebt es bei der Feuerung starke Hitze und gute Asche. — Den Blüthen gehen die Bienen nach, aber die Beeren werden von Vögeln nicht gefressen, und von Menschen genossen, verursachen sie Erbrechen.

162.

Schwarze Heckenkirsche. Lonicera nigra.

Die Blätter länglich = eiförmig, zugespizt, sehr kurz gestielt, ganzrandig und oft etwas wellenförmig gebogen, oben glatt und dunkelgrün, unten hellgrün und in der Nähe der Hauptader mit einzelnen Härchen bedeckt. Die Blüthen erscheinen im Mai auf 1½ Zoll langen Stielen aus den Blattwinkeln; sie haben röthlichweiße, sehr kurzröhrige Blumen. Die Beeren öfters zusammengewachsen, rundlich und bei der Reife im August schwarz. Die Zweige graubraun.

In Thüringen, Baiern, Oesterreich und anderen Ländern des mittleren Europa wächst dieser 4 bis 6 Fuß hohe Strauch in gebirgigen Wäldern, und er treibt viele aufrechte und mit grauer rissiger Rinde bedeckte Aeste. Sein Holz ist zwar nicht so zähe und vest als beim vorigen, aber sein feines und schön grünes Laub empfiehlt ihn zu Pflanzungen, wo er fast in jedem, nur nicht nassen, Boden gut fortkommt.

163.

Alpen = Heckenkirsche. Lonicera alpigena.

Die Blätter ei = lanzettförmig, stark zugespizt, am Grunde etwas verdünnt, beiderseits glatt und am Rande mit kurzen Härchen gefranzt, oft auch etwas ausgeschweift, aber nicht gezähnt. Die Blüthen erscheinen im April oder Mai auf 2 Zoll langen Stielen; sie haben röthliche Blumen mit behaartem Rande und unter dem zweiblüthigen Fruchtknoten zwei lange fadenförmige Nebenblätter. Die Früchte bestehen aus je zwei zusammengewachsenen rundlichen Beeren und sind bei der Reife im August oder September schön roth. Die Zweige aschgrau und glatt.

Auf den Gebirgen in Schlesien, Baiern und Oesterreich, auf den Alpen der Schweiz ꝛc. wächst diese Heckenkirsche als ein 3 bis 4 Fuß hoher Strauch, in unsern Gärten wird er aber höher, wenn er in einen feuchten und fetten Boden und an einen etwas schattigen Ort gebracht wird.

164.

Blaue Heckenkirsche. Lonicera caerulea.

Die Blätter länglich-eiförmig, kurz und stumpf zugespizt, ganzrandig, lederartig, glatt und sehr kurz gestielt; in der Jugend sind sie mit vielen kleinen Härchen bedeckt, im Alter bleibt aber nur der Rand damit befranzt. Die Blüthen erscheinen Anfang Mai's auf ¼ Zoll langen Stielen; sie haben blaßgelbe und behaarte Blumen, und unter den zweiblüthigen Fruchtknoten zwei kurze schmale Nebenblätter. Die Früchte bestehen aus je zwei zusammengewachsenen länglichen Beeren, und sind bei der Reife im Julius blau. Die Zweige rothbraun und glatt.

Dieser 4 bis 6 Fuß hohe und dichtbuschig wachsende Strauch hat Vaterland, Boden und Standort mit dem vorigen gemein.

Diese Heckenkirschen verdienen zwar in forstlicher Hinsicht keinen besondern Anbau, aber da, wo sie in Buschhölzern von selbst vorkommen und mit der herrschenden Holzart abgetrieben werden, daselbst vermehren sie das gute Schlagreisig. — In Gartenanlagen werden sie häufig gezogen, weil sie schönes Laub und eigenthümlich gestaltete Beeren haben, auch den Schnitt gut vertragen, und zur Ausfüllung der Gruppen sich eignen, indem sie im Schatten höherer Hölzer noch gedeihen. Dann vermehrt man sie wol auch durch Samen wie Hagedorne, doch schneller durch Ableger, Stecklinge und Wurzelbrut.

Geisblatt. Caprifolium.

Der Kelch oben und fünfspaltig. Die Blume röhrig und am Rande unregelmäßig getheilt. Fünf Staubfäden und ein Griffel. Die Frucht eine vielsamige Beere. (V. 1.)

165.

Gemeines Geisblatt. Cap. Periclymenum.

Die Blätter länglich-eiförmig, an beiden Enden etwas verdünnt, ganzrandig, oben dunkelgrün, unten etwas heller und beiderſeits glatt; kein Blätterpaar wächſt am Grunde zuſammen, und das nächſte an den Blüthen ,iſt kleiner als die übrigen. Die Blüthen erſcheinen vom Junius bis in September an den Spitzen der Zweige in runden Köpfen; ſie ſind wohlriechend, langröhrig, innen gelb oder weiß, außerhalb röthlich und behaart; die Saubfäden und der Griffel ragen über die Blume hervor. Die Beeren rund und bei der Reife im September dunkelroth.

Dieſer in Wäldern und Gebüſchen nicht ſelten wildwachſende Strauch windet ſich an Bäumen oder klimmt an anderen Gegenſtänden 8 bis 15 Fuß hoch. Er wächſt ziemlich ſchnell und gedeiht faſt in jedem nahrhaften Boden. — Die Blüthen ſind den Bienen, und das Laub iſt den Schafen und Ziegen angenehm; auch kann mit der Wurzel blaues Papier hochroth gefärbt werden.

Die Blüthen dieſes Geisblattes ändern oft in der Farbe ab, auch ſind die Blätter manchmal ſchmaler oder gar mit den Zweigen behaart; doch kann nur das ſogenannte eichenblätterige Geisblatt für eine Abart gelten, das gelb und weiß ſchattirte und am Rande bogenförmig ausgeſchnittene Blätter hat.

166.
Durchwachſenes Geisblatt.   Cap. perfoliatum.

Die Blätter rundlich=eiförmig, ſtumpf, ganzrandig, oben dunkelgrün, unten graugrün und beiderſeits glatt; jedes Blätterpaar zunächſt unter den Blüthen bildet eine runde vom Stengel durchbohrte Scheibe, und die nächſtfolgenden Blätterpaare ſind auch mehr oder weniger zuſammen verwachſen. Die Blüthen erſcheinen im Junius an den Spitzen der Zweige meiſtens zu ſechs in einem Quirl, oder in zwei bis drei ſolcher Quirle über einander; ſie ſind wohlriechend, langröhrig, inwendig gelb und außen roth. Die Beeren länglichrund und rothgelb.

Dieſes Geisblatt wächſt im ſüdlichen Deutſchland und in dem übrigen ſüdlichen Europa wild, und iſt unter dem Namen Garten — je — länger — je — lieber auch im nördlichen Deutſchland häufig gezogen worden.

Beide Geisblatte empfehlen ſich als Zierſträuche durch Laub und Blüthe, und wegen ihres kletternden Wuchſes nimmt man ſie auch gewöhnlich zur Lauben, Bogengängen und Wandbekleidungen. Auch gedeihen ſie gut in jedem nur nicht zu dürren

Boden und sie lassen sich leicht durch Stecklinge, Ableger und Wurzelsprossen vermehren. Aus dem Samen (der öfter ein Jahr liegt) gezogene Pflänzchen wachsen nur langsam heran und sind auch in den ersten Jahren etwas empfindlich gegen die Witterung.

————

b) Weinstockartige. Viteen. Mit fünfzähligen Blüthen und fünfsamigen Beeren. X. 5.

Epheu. Hedera.

Der Kelch fünfzähnig und bleibend. Die Blume fünfblätterig und zurückgeschlagen. Fünf Staubfäden und ein einziger Griffel. Die Frucht eine fünfsamige und halb vom Kelch umschlossene Beere. Die Blätter wechselweise. (V. 1.)

167.

Gemeiner Epheu. Hedera Helix.

Die Blätter theils an jungen Stämmen drei- oder fünflappig, theils an alten blühenden Aesten eiförmig und zugespizt; übrigens alle lederartig, oben dunkelgrün, unten hellgrün, und beiderseits glatt und glänzend; sie stehen auf langen Stielen und bleiben den Winter über grün. Die Blüthen erscheinen im September und October an den Spitzen der Zweige in einfachen runden Dolden; sie sind grünlich und die Kelche und Blüthenstiele dicht behaart. Die Beeren erbsengroß, rundlich und bei der Reife im Mai schwärzlich. Die Zweige wurzelnd.

Durch ganz Europa wächst dieser immergrüne Strauch an schattigen und etwas feuchten Orten wild. In Wäldern, wo er sich ungehindert ausbreiten kann, kriecht er immer auf der Erde fort, ohne stark zu werden und ohne Blüthen zu treiben, und er ist da für die Holzzucht ein wahres Unkraut. Wenn er aber nicht weiter auf der Erde fortkriechen kann, und dann in die Höhe schießt, oder an Mauern, Felsen, Bäumen ꝛc. aufklettert, wo er sich mit seinen aus den Zweigen getriebenen Wurzeln festhält: so wird er im Holze weit stärker, auch oft 30 bis 40 Fuß hoch und trägt Blüthen und Früchte. Darum erzieht man ihn zur Bekleidung der Mauern und Wände, und vermehrt ihn leicht durch Ableger und Stecklinge, wenn man diese im ersten Jahre im Schatten und etwas feucht erhält. — Das Holz

298

ist hart und läßt sich gut verarbeiten, aber es ist zugleich so luft=
lückig, daß man durch kein ausgedrechselte Becher Flüssigkeiten
filtriren kann.   Der Blätterabsud wird als ein wirksames Arz=
neimittel für Thiere geachtet.

In Gärten unterhält man jetzt eine schöne Abart mit
großen und breiten Blättern.

Weinstock.   Vitis.

Der **Kelch** fünfzähnig.   Die **Blume** fünfblätterig und
meist an der Spitze zusammenhängend.   Fünf **Staubfäden**
und eine knopfförmige sitzende Narbe.   Die **Frucht** eine fünf=
samige Beere.   Die **Blätter** wechselweise.   (V. 1.)

168.

Gemeiner Weinstock.   Vitis vinifera.

Die **Blätter** rundlich und herzförmig, fünflappig, un=
gleich und groß gezähnt, oben dunkelgrün und etwas rauh, unten
hellgrün und auf den Adern behaart; sie stehen auf langen und
am Grunde dickwulstigen Stielen.   Die **Blüthen** erscheinen im
Junius in einer ästigen Traube den Blättern gegenüber aus den
Zweigen; sie sind grünlich und wohlriechend.   Die **Beeren** bei
der Reife im Herbste grün, gelb oder blau.   Die **Zweige** roth=
braun, knotig, etwas gefurcht und den Blättern gegenüber mit
gabelförmig zertheilten Ranken besetzt.

Dieser jetzt über alle gemäßigte Länder der Erde verbreitete
Strauch klettert an benachbarten Gegenständen in die Höhe und
sucht sich mit seinen Ranken fest zu halten.   Seine Vermehrung
geschieht gewöhnlich durch Ableger oder Stecklinge, und seine
Benutzung ist allgemein bekannt.

Durch Kultur sind vom gemeinen Weinstock sehr viele Ab=
arten entstanden, die sich hauptsächlich durch Größe, Farbe und
Geschmack der Früchte unterscheiden, und eine blose Abart ist
auch der Petersilienwein, der fast gefingerte Blätter und
tief eingeschnittene Blättchen hat. — Auch sucht man jetzt durch
Zucht aus dem Saamen neue und nutzbare Sorten zu gewinnen,
die wenigstens dauerhaftere Stengel haben werden, als die durch

so lange schon fortgesetzte künstliche Vermehrung fast verzärtelten Sorten.

———————

c) **Rosenartige. Rosaceen.** Mit röhrigen fünfspaltigen Kelchen und fünf Blumenblättern im Kelchrand; und mit der Zahl nach unbestimmten Schläuchen. XV. 5.

Rose. Rosa.

Der Kelch über den Fruchtknoten und fünfspaltig. Die Blume fünfblätterig. Zwanzig und mehre dem Kelche eingefügte Staubfäden und viele Griffel. Die Frucht eine vom Kelche gekrönte und fleischige Fruchthöhle mit vielen nußartigen und borstigen Samen. Die Blätter wechselweise und ungepaart gefiedert. (XII. 5.)

169.

Hecken-Rose. Rosa canina. L.

Mit fünf oder sieben länglich-eiförmigen und zugespitzten Blättchen, die am Rande ungleich und scharf-gesägt, oben dunkelgrün, unten hellgrün und beiderseits glatt sind. Die Blattstiele mit einzelnen Drüsen und auf der unteren Seite mit hakenförmigen Stacheln besetzt, am Grunde aber mit den am Rande drüsigen Blattansätzen verwachsen. Die Blüthen erscheinen im Junius einzeln, oder zu 2 bis 3 beisammen an den Spitzen der Zweige mit eiförmigen und glatten Fruchtknoten; sie haben blaßrothe Blumen, inwendig dicht behaarte und zuweilen gefiederte Kelcheinschnitte und glatte Blüthenstiele. Die Früchte eiförmig und langhalsig, glänzend glatt und bei der Reife Ende Septembers schön hochroth. Die Zweige steif, röthlichgrün, glatt und mit gekrümmten Stacheln besezt.

Ein durch ganz Europa wildwachsender und in unseren Wäldern und Hecken häufig vorkommender Strauch, der 6 bis 12 Fuß hoch und öfters beträchtlich stark wird und der im allerlei Boden und Lagen gedeiht. Sein Holz ist gelblich weiß, hart und vest, und wird zu kleinen Geräthschaften benuzt. Die Früchte werden eingemacht und getrocknet zu Speisen verbraucht.

300

170.

Hügel-Rose. Rosa collina. Jacq.

Mit 7 eiförmigen, spitzig gesägten und feinbehaarten Blättchen. Die Blattstiele ebenfalls feinhaarig, wenig stachelig und am Grunde mit den spitzig drüsigen Blattansätzen verwachsen. Die Blüthen meist zu dreien auf kurzen glatten Stielen; sie haben rothe Blumen und glatte Kelche. Die Früchte ähnlich den vorigen. Die Zweige am Grunde der Blätter mit gehäuften und krummen Stacheln besezt.

Diese Rose bildet einen dichten Busch und kommt hin und wieder mit der vorigen zugleich vor.

171.

Feld-Rose. Rosa arvensis. L.

Mit 5 oder 7 eiförmigen und kurzzugespizten Blättchen, die am Rande einfach scharf gesägt, oben dunkelgrün, oft glänzend, unten hellgrün und beiderseits glatt sind. Die Blattstiele sparsam mit Drüsen und auf der unteren Seite mit hakenförmigen Stacheln besezt, am Grunde aber mit den sehr fein und drüsig gesägten Blattansetzen verwachsen. Die Blüthen erscheinen im Julius einzeln an den Spitzen der Zweige mit eiförmigen und glatten Fruchtknoten; sie haben weiße und ausgerandete Blumenblätter und sehr lange zottige Griffel. Die Früchte eiförmig, glatt und bei der Reife im October dunkelroth und nicht vom Kelche gekränt. Die Zweige schlank, grünlich, auch röthlich glatt und einzeln mit hakenförmigen Stacheln besezt.

Dieser auf Feldern und in Hecken in verschiedenen Ländern Europa's zuweilen vorkommende Strauch wird bei einem freien Stande nicht über 6 Fuß hoch, indem seine schlanken Zweige auf der Erde hin kriechen; kann er sich aber an benachbarten Gegenständen aufrichten, so klettert er an 20 Fuß hoch und treibt in einem Jahre oft 6 bis 8 Fuß lange Wurzelsprossen. So stark an Holz, wie der vorige, wird er niemals. — Man benuzt ihn zu Wandbekleidungen.

172.

Wein=Rose. Rosa rubiginosa. L.

Mit 7 rundlichen und eiförmigen Blättchen, die sehr kurz zugespizt, doppelt gesägt, oben dunkelgrün und glatt, unten behaart und mit braunen Drüsen besezt sind; sie geben zerrieben einen weinartigen Geruch von sich. Die Blattstiele behaart, mit Drüsen und Stacheln besezt, und am Grunde mit den starkdrüsigen Blattansäzen zusammengewachsen. Die Blüthen erscheinen im Julius einzeln oder zu 2 bis 3 an den Spizen der Zweige mit glatten oder borstigen Stielen und Fruchtknoten; sie sind roth und weinartig riechend. Die Früchte eiförmig, bei der Reife im October dunkelroth, zulezt schwarz und glatt oder stachelborstig. Die Zweige glatt und mit starken gekrümmten Stacheln einzeln besezt.

Diese ebenfalls durch ganz Europa in Hecken und Vorhölzern wildwachsende Rose wird nur ein 4 bis 5 Fuß hoher Strauch.

173.

Hagebutten=Rose. Rosa villosa. L.

Mit 5 oder 7 eiförmigen Blättchen, die kurz gespizt, am Rande scharf gesägt und mit feinen Drüsen besezt, auf beiden Seiten aber, nur unten stärker, mit feinen und weichen Haaren dicht bedeckt sind. Die Blattstiele mit kurzen Härchen, gestielten Drüsen und Stacheln besezt und am Grunde mit den behaarten und drüsigen Blattansäzen zusammengewachsen. Die Blüthen erscheinen im Junius einzeln oder zu 2 bis 4 beisammen an den Spizen der Zweige; sie haben blaßrothe und ausgerandete Blumenblätter und mit drüsigen Borsten besezte Fruchtknoten und Blüthenstiele (der Fruchtknoten ist jedoch manchmal auch glatt). Die Früchte rundlich, groß, borstig (oder glatt) und bei der Reife im September (oder auch schon im August) dunkelroth. Die Zweige glatt und mit geraden oder weniggekrümmten Stacheln besezt.

Ein 6 bis 10 Fuß hoher Strauch, der, mit den vorigen untermischt, wild angetroffen, und besonders der großen Früchte wegen in Gärten gezogen wird, die man vorzugweise wie die der Hecken=Rose benuzt.

302

174.

Weiß-Rose. **Rosa alba. L.**

Mit 5 bis 7 rundlich-eiförmigen, grobgesägten und unten behaarten Blättchen. Der Blattstiel behaart, mit einzelnen gestielten Drüsen und Stacheln besezt und am Grunde mit den drüsig gezähnten Blattansätzen verwachsen. Die Blüthen erscheinen im Junius und Julius zu 1 bis 3 an den Spitzen der Zweige; sie haben weiße und ausgerandete Blumenblätter und eiförmige Fruchtknoten, die öfters, wie Kelch und Blüthenstiel, mit gestielten Drüsen besezt sind. Die Früchte länglich-eiförmig, borstig oder glatt und bei der Reife im October dunkelroth. Die Zweige glatt und einzeln mit sehr spitzigen und gekrümmten Stacheln besezt.

Diese in Oesterreich heimische Rose wird ein 6 bis 10 Fuß hoher Strauch und kommt häufig in unseren Gärten mit halb- oder ganzgefüllten Blüthen vor.

175.

Garten-Rose. **Rosa centifolia. L.**

Mit 5 oder 7 eiförmigen, doppelt gesägten, oben runzeligen und unten behaarten Blättchen. Die Blattstiele behaart, mit Stacheln und sitzenden Drüsen bedeckt, und am Grunde mit den sehr drüsigen Blattansätzen verwachsen. Die Blüthen erscheinen im Junius und Julius einzeln, oder zu 2 bis 3 beisammen an den Spitzen der Zweige; sie sind schön roth, sehr wohlriechend, und an den Kelchen, Fruchtknoten und Blüthenstielen dicht mit Drüsen und drüsigen Borsten bedeckt. Die Zweige dicht mit großen und kleinen und wenig gekrümmten Stacheln besezt.

Persien ist das Vaterland dieser 3 bis 5 Fuß hohen Rose, und ihre mehr oder weniger gefüllten Abarten werden als prächtige und sehr wohlriechende Blumen in allen Gärten gezogen; und davon ist eine merkwürdige Abart, die Mosrose, mit ästig-drüsigem Fruchtknoten.

176.

Zimmet-Rose. **Rosa cinnamomea. L.**

Mit 5 oder 7 länglich-eiförmigen, fein und scharf gesägten,

unten von sehr feinen Härchen graugrünen Blättchen. Die
Blüthen erscheinen Anfang Junius einzeln an den Spitzen der
Zweige mit runden und glatten Fruchtknoten auf glatten Stiel-
en; sie sind klein und roth, und haben einen schwachen zimmet-
artigen Geruch. Die Früchte rund, glatt und bei der Reife
im September dunkelroth. Die Zweige roth, glänzend, glatt
und unter jeder Knospe mit zwei kleinen gekrümmten Stacheln
besezt.

In Deutschland wächst diese Rose hin und wieder in Hecken
und Gebüschen wild, und sie wird ein 6 bis 8 Fuß hoher Strauch,
der sehr oft gefüllte Blumen hat.

177.

Gelbe Rose. Rosa lutea. Ait.

Mit 5, 7 oder 9 rundlich-eiförmigen, doppelt und scharf
gesägten, glatten drüsigen und fast gleichfarbigen Blättchen. Die
Blüthen erscheinen Anfang Junius einzeln oder zu zwei beisammen an den Spitzen der Zweige auf glatten Stielen; sie
haben gelbe ausgerandete Blumenblätter, runde glatte Fruchtknot-
en und drüsige inwendig wollige Kelche. Die Früchte rund,
glatt und bei der Reife im October dunkelroth. Die Zweige
braun, glatt und einzeln mit pfriemenförmigen und fast geraden
Stacheln besezt.

Diese im südlichen Deutschland hin und wieder in Hecken
und Gebüschen wildwachsende Rose wird ein 6 bis 10 Fuß hoher
Strauch. In Gärten hat man von ihr eine schöne Abart unter
dem Namen: Oesterreichische oder zweifarbige Rose
(R. punicea), deren Blumenblätter äußerlich zwar gelb, inwendig aber schön dunkelroth gefärbt sind.

178.

Zwerg-Rose. Rosa pumila. Jacq.

Mit 3, 5 oder 7 eiförmigen Blättchen, die zugespizt, spizig
und gesägt, auf den Zähnen mit Drüsen besezt, oben dunkelgrün,
unten bläulichgrün und beiderseits glatt sind. Die Blattstiele
einzeln mit kurzen Stacheln und gestielten Drüsen besezt und am
Grunde mit den schmalen und drüsigen Blattansätzen verwachsen.
Die Blüthen erscheinen im Junius einzeln auf borstigen Stiel-
en; sie haben hochrothe Blumenblätter, eiförmige und drüsig-borsti-

204

ige Fruchtknoten und drüsig-kleberige Kelche.   Die Früchte eiförmig und bei der Reife im October dunkelroth.   Die Zweige
grün und mit gekrümmten Stacheln besezt.

Dieser am Rhein, in Franken, Oesterreich 2c. auf Feldern
und an Rainen vorkommende Strauch wird nur 1 bis 2 Fuß
hoch, und ist durch seine viele Wurzelbrut, die aber öfters im
Winter wieder abstirbt, ein wahres Unkraut.   In Gärten erzieht man eine gefüllte Abart, die sich durch den kleinen niedlichen
Bau auszeichnet.

179.

Stachel-Rose. Rosa spinosissima. L.

Mit 7 oder 9 fast rundlichen, scharfgesägten, kleinen und
glatten Blättchen.   Die Blattstiele meist glatt, doch auch
drüsig, mit einigen kurzen Stacheln besezt und am Grunde mit
den sehr schmalen, kaum gesägten Blattansätzen verwachsen.   Die
Blüthen erscheinen im Junius und Julius einzeln an den
Spitzen der Zweige auf meist glatten Stielen; sie haben weiße
ausgerandete Blumenblätter und glatte kugelrunde Fruchtknoten.
Die Früchte kugelrund und bei der Reife im October schwarzroth.   Die Zweige dicht mit steifen Stacheln besezt.

In Büschen und Hecken wächst diese Rose hin und wieder
in Deutschland wild und wird nur ungefähr ein 2 bis 3 Fuß
hoher Strauch.

Alle Rosen werden in Forsten als Unkraut betrachtet, und
sie müssen bei der Forstkultur immer nützlicheren Holzarten Platz
machen.   Hingegen in Gärten und Gartenanlagen werden die
meisten angeführten und einige seltener vorkommende einheimische und noch viele ausländische Rosen sammt ihren Abarten,
wegen der schönen und oft wohlriechenden Blüthen, fleißig gezog-
en und daselbst größtentheils durch Ableger und Wurzelbrut, aber
auch durch Pfropfen vermehrt. — Die Benutzung der Rosen-
Blumenblätter zu Rosenwasser und Rosenöl ist bekannt.

Spierstrauch. Spiraea.

Der Kelch fünftheilig und bleibend.   Die Blume fünfblätterig.   Zwanzig und mehre dem Kelch eingefügte Staubfäden.   Fünf Fruchtknoten und jeder mit einem Griffel.   Die

Frucht eine einfächerige und mehrſamige Kapſel. Die Blätter
wechſelweiſe. (XII. 4.).

180.

Weidenblätteriger Spierſtrauch Spiraea salici-folia.

Die Blätter länglich, an beiden Enden verdünnt, am
Rande ungleich und ſcharf geſägt, oben meergrün, unten blaſſer,
beiderſeits glatt und kurz geſtielt.   Die Blüthen erſcheinen
vom Junius oft bis zum Herbſt an den Spitzen der Zweige in
vielblüthigen dichten Rispen; ſie ſind roth oder weiß.   Die
Früchte bei der Reife im Herbſte röthlich.   Die Zweige glatt,
braun und geſtreift.

Ein in verſchiedenen Gegenden Deutſchlands, namentlich in
Schleſien, Böhmen, Oeſterreich ꝛc. heimiſcher und noch an mehr-
en Orten verwilderter Strauch, der eine Höhe von 4 bis 6 Fuß
erreicht und der zu Pflanzungen ſehr geſchäzt wird, weil er einen
ſchönen Anblick gewährt, leicht durch ſeine häufige Wurzelbrut
zu vermehren iſt, und faſt in jedem Boden gedeiht.

Brombeere, Himbeere. Rubus.

Der Kelch fünftheilig und bleibend.   Zwanzig und mehre
dem Kelch eingefügte Staubfäden und auf einem Fruchtboden
viele eingriffelige Fruchtknoten.   Die Frucht eine zuſammengeſezte Beere. (XII. 5.)

181.

Strauchartige Brombeere. R. fruticosus.

Die Blätter gefingert oder gedreit und einfach an den
Enden der blühenden Zweige; die Blättchen länglich-eiförmig,
zugeſpizt, ungleich ſägeartig gezähnt, oben dunkelgrün und glatt,
unten fein weißfilzig.   Die Blattſtiele ſchwach behaart und bis
in die Hauptadern der Blättchen mit gekrümmten Stacheln beſezt.   Die Blüthen erſcheinen im Junius an den Spitzen der
Nebenzweige in rispenartigen Trauben; ſie haben weißliche Blumenblätter und feinbehaarte Kelche und Blüthenſtiele.   Die
Früchte bei der Reife im Auguſt und September ſchwarz.

306

Die Zweige roth, eckig und mit größeren gekrümmten Stacheln
besezt.

In Wäldern und Hecken des mittleren Deutschlands, auch
in hiesiger Gegend, wächst dieser dichtbuschige Strauch nicht selten
und beugt sich entweder mit den Spitzen der langen Schossen
zur Erde nieder, oder er richtet sich an anderen Gegenständen
auf. Durch Wurzelbrut und Samen vermehrt er sich auf frucht=
baren Bodenstellen sehr schnell, und ist deßhalb auf Schlägen ein
lästiges Unkraut. — Mit den Beeren färbt man Weine roth,
und sie lassen sich auch verspeisen bei völliger Reife.

182.

Haselblätterige Brombeere. Rubus corylifolius.

Die Blätter gefingert oder gebreit; die Blättchen rund=
lich=eiförmig, zugespizt, doppelt gezähnt, oben dunkelgrün und
mit einzelnen kurzen Härchen bedeckt, unten hellgrün und auf
den Adern fein behaart. Die Blattstiele etwas behaart, oder
von einer schwachen Rinne durchzogen, und unten bis in die
Hauptadern der Blättchen mit gekrümmten Stacheln besezt. Die
Blüthen erscheinen im Julius an den Spitzen der Zweige und
aus den obersten Blattwinkeln; sie haben röthlichweiße Blumen=
blätter und feinstachelige Blüthenstiele. Die Früchte bei der
Reife im September schwarzroth. Die Zweige roth und grün,
schwacheckig und stark mit Stacheln besezt.

Dieser im nördlichen Deutschland häufiger als im südlichen
wildwachsende Strauch kommt außer den angegebenen Unterschieden
ganz mit dem vorigen in Wachsthum, Standort und Schädlich=
keit, oder Nutzen überein.

183.

Drüsige Brombeere. Rubus glandulosus.

Die Blätter gebreit, und nur an üppigen Schößlingen
manchmal gefingert; die Blättchen rundlich=eiförmig, vorge=
zogen zugespizt, ungleich sägeförmig gezähnt, oben dunkelgrün,
unten hellgrün, und beiderseits mit einzelnen kurzen steifen Här=
chen bekleidet. Die Blüthen erscheinen im Junius und Juli=
us an den Spitzen der Nebenzweige in Doldentrauben mit dicht=
borstigen, behaarten und drüsigen Kelchen. Die Beeren bei

307

der Reife im September schwarz.. Die Zweige schwacheckig und, wie die Blattstiele, dicht mit Borsten, gestielten Drüsen und wenig gekrümmten Stacheln besetzt.

Dieser in Deutschland heimische, und zuweilen häufiger noch als die beiden vorhergehenden wildwachsende Strauch treibt 6 bis 8 Fuß lange und kletternde Schossen, die da, wo sie auf der Erde aufliegen, Wurzeln schlagen und einen neuen Stock bilden.

184.
Filzige Brombeere.   Rubus tomentosus.

Die Blätter gedreit; die Blättchen eiförmig, spitzig, ungleich gezähnt und beiderseits filzig. Die Blüthen erscheinen im Julius an den Spitzen der Zweige auf stacheligen Stielen mit filzigen Kelchen. Die Früchte bei der Reife im September schwarz. Die Zweige eckig und, wie auch die Blattstiele, mit gekrümmten Stacheln besetzt.

Ein hin und wieder in Deutschland an steinigen Orten wildwachsender und 2 bis 3 Fuß hoher Strauch.

185.
Acker=Brombeere.   Rubus caesius.

Die Blätter gedreit; die Blättchen eiförmig, zugespitzt, ungleich gezähnt, oben fast glatt, und unten sanft behaart; die zwei Seitenblättchen sind nur sehr kurz gestielt, und meist an der Seite noch einmal eingeschnitten, als wenn es fünf Blätt= chen hätten werden sollen. Die Blattstiele behaart, stachelig und von einer Furche durchzogen. Die Blüthen erscheinen im Junius und Julius in drei= bis fünfblüthigen Doldentrauben. Die Beeren bei der Reife im August und September schwarz= blau und wohlschmeckend.

Durch ganz Deutschland wächst dieser Strauch auf Feldern und in Hecken häufig wild, und er ist durch seine weit kriech= enden Aeste und durch seine schnelle Vermehrung daselbst ein schädliches Unkraut. — Die Beeren können wie die der ersten Art benuzt werden.

186.
Gemeine Himbeere.   Rubus Idaeus.

Die Blätter ungepaart gefiedert und aus 3, 5 oder 7
20*

308

eiförmigen und zugespizten Blättchen bestehend, die am Rande
ungleich groß gezähnt, und öfters einmal eingeschnitten, oben
hellgrün und glatt, unten von feinen kurzen anliegenden Härchen
silberweiß sind. Die Blattstiele, wie auch die jungen Zweige,
fein behaart und einzeln mit kurzen Stacheln besezt. Die
Blüthen erscheinen im Mai und Junius aus den Blattwin=
keln oder an den Spitzen der Zweige zu zwei= bis fünfblüthigen
Doldentrauben. Die Beeren mit einzelnen Härchen besezt und
bei der Reife im August roth und wohlriechend.

Diese in Wäldern und Hecken häufig wildwachsende Him=
beere wird der Früchte wegen auch in Gärten gezogen, und dann
durch Wurzelbrut vermehrt, auch pflanzt man daselbst eine Abart
mit weißen Beeren. — Die vielfältige Benutzung der wohl=
schmeckenden Beeren ist allgemein bekannt.

In forstlicher Hinsicht sind sämmtliche Brombeeren und
die Himbeere nur schädliche Unkräuter, indem sie sich durch
Samen, Wurzelbrut und wurzelnde Zweige außerordentlich schnell
vermehren, oft ganze Schläge überziehen, und die jungen ed=
leren Holzarten zum Theil unterdrücken. Doch werden sie da=
durch der Forstkultur weniger nachtheilig, als sie beim ersten An=
blick befürchten lassen, daß sie meistens nur im ersten Jahre aus
der Wurzel lang aufschießen, das zweite Jahr blühen und
Früchte tragen, und nach dem dritten schon wieder anfangen zu
vergehen — folglich die bisher unterdrückte bessere Holzart nun
Luft bekömmt, und sich über die etwa neuen Aufschößlinge er=
hebt. An den Stellen freilich, wo die Himbeeren und Brom=
beeren zu sehr überhand nehmen, müssen sie bei der Forstkultur
dadurch weggeschafft werden, daß man sie am beßten im Spät=
sommer, oder auch im Herbste dicht an den Wurzeln, oder zum
Theil mit diesen, aushacken läßt, worauf dann die so beschädig=
ten Wurzelstöcke durch die Herbst= und Frühlings=Witterung
zum Theil verderben. Außerdem kann man sie dadurch sicher
vertreiben, daß man in der ersten Hälfte des Sommers alle auf=
keimenden und aufsprossenden Pflänzchen immer wieder ausraufen
läßt. Das Abschneiden im Frühjahre dient eher zur Vermeh=
rung als zur Vertilgung.

d) **Waldrebenartige.** Clematideen. *Mit blumenartigen*
Kelchen und geschwänzten Samen. **X. 1.**

Waldrebe. Clematis.

Der Kelch gefärbt und 4= bis 6blätterig; viele Staubfäden
und viele Griffel. Die **Frucht** aus mehren flachgedrückten, ein=
samigen und an der Spitze geschwänzten Samen bestehend. Die
Blätter gegenüber **(XIII. 7.)**

187.

Gemeine Waldrebe. Clematis vitalba.

Die **Blätter** ungepaart gefiedert, mit 5 herz=eiförmigen
Blättchen, die mehrmals eingeschnitten oder grobgezähnt sind;
in der Nähe der Blüthen sind sie gedreit oder einfach. Die
Blattstiele gewunden und die Stelle der Ranken vertretend.
Die **Blüthen** erscheinen vom Julius an bis in den Herbst an
den Spitzen der Zweige und sind rispenartig vertheilt. Die
Samen reifen im November. Die Zweige gefurcht.

Die in Gebüschen und Zäunen häufig vorkommende Wald=
rebe klettert an benachbarten Gegenständen 10 bis 20 Fuß auf=
wärts und bildet dichte Laubmassen, daher man sie in Gärten
zu Lauben und zur Bedeckung der Mauern und Wände benuzt.
Sie liebt einen fruchtbaren und frischen Boden und kann außer
durch den Samen noch durch Ableger, Stecklinge und Wurzelsprossen
vermehrt werden. — In Forsten ist sie als Unkraut anzusehen.
— Das Holz ist im Kerne braun und wird, auf den Quer=
schnitt bearbeitet, zu eingelegten Arbeiten benuzt. Die Zweige
dienen zum Binden.

Doppelblume. Atragene.

Den Kelch gefärbt, 4= bis 5blätterig und zur Blume
übergehend in 12 schmalen Blättchen. Frucht und Blätterstand
wie bei der vorigen. **(XIII. 7.)**

188.

Alpen=Doppelblume. Atragene alpina.

Die **Blätter** zweimal dreizählig mit ei=lanzettförmigen und
gezähnten Blättchen.

Wie der vorige ein 4 bis 8 Fuß kletternder Strauch, der

310

auf den Alpen in Oesterreich, Salzburg u. s. w. wächst, der
auch einen gleichen Standort liebt, ebenso vermehrt wird, und
den man der großen violetten, auch weißen, Blumen wegen in
Gartenanlagen unterhält.

---

e) **Nachtschattenartige. Solaneen.** Mit regelmäßigen
    Blumen und 5 Staubfäden, und mit zweifächerigen Kapseln
    oder Beeren. **IX. 1.**

Nachtschatten. Solanum.

Der **Kelch** 5spaltig; die **Blume** radförmig und 5theilig.
Fünf Staubfäden mit vest verwachsenen und an der Spitze auf=
springenden Staubbeuteln. Die **Frucht** eine Beere. Die
Blätter wechselweise. **(V. 1.)**

189.

Kletternder Nachtschatten. S. **Dulcamara.**
(Bittersüß.)

Die **Blätter** herz=eiförmig, lang zugespitzt, ungezähnt und
glatt; oft sind sie am Grunde eingeschnitten, also fast dreitheilig.
Die **Blüthen** erscheinen im Junius und Julius an den Seiten
der Zweige in langgestielten Trugdolben mit blauen Blumen.
Die **Beeren** länglichrund und bei der Reife im August oder
September schön scharlachroth.

Ein in Wäldern und Hecken auf schattigen und feuchten
Stellen überall wildwachsender Strauch, der 6 bis 8 Fuß hoch
klettert, oder im freien Stande niedergebeugt ist. Ein Forstun=
kraut, das aber weiter keine Beachtung verdient. Blätter, Rinde
und Beeren können zu Arznei gebraucht werden; der Jäger be=
nutzt die frische Rinde zur Fuchs=Witterung, und der Landmann
vertreibt die Mäuse durch den widrigen Geruch der Zweige.

Vermehrung durch Samen und eingesenkte Zweige.

Anmerk. Hier könnte man auch aufführen: **Gemeiner
Bocksdorn, Licium barbarum,** mit trichterförmigen blaß=
rothen Blumen, und hellrothen länglichen Beeren; mit läng=
lich=lanzettförmigen Blättern und überhängenden wenig dorn=
igen Aesten. — Ursprünglich aus der Barbarei stammend,
aber zu Hecken und Lauben bei uns so häufig gezogen, daß
er bei seiner leichten Vermehrung durch Wurzelbrut (auch durch
Stecklinge) fast verwildert ist.

V.

Erdhölzer.

Kleine Sträuche, noch nicht mannshoch, gewöhnlich nicht viel über den Boden erhoben.

---

a) **Heideartige.** Ericeen. Blume im Kelch; Staubbeutel zweifächerig und meist mit Hörnern; Frucht eine Kapsel oder Beere mit Scheidewänden. VIII. 3.

Heide. Erica.

Der **Kelch** 4blätterig und bleibend. Die **Blume** 4spaltig; acht Staubfäden und 1 Griffel. Die **Frucht** eine 4fächerige und vielsamige Kapsel. Die **Blätter** gegenüber. (VIII. 1.)

190.

Gemeine Heide. Erica vulgaris.

Die **Blätter** pfeilförmig, stiellos und immergrün; sie sind sehr klein und stehen gegenüber so dicht beisammen, daß sie kreuzförmig fast übereinander liegen. Die **Blüthen** vom Julius bis September einzeln aus den Blattwinkeln auf kurzen Stielen; sie sind meist nach einer Seite hin geneigt und haben doppelte Kelche, glockenförmige und blaßrothe (selten weiße) Blumen und einen langen Griffel mit kopfförmiger Narbe. Die **Kapseln** sehr klein, von der gebliebenen Blume umgeben und im folgenden Sommer reifend.

Durch ganz Europa wächst diese Heide wild, und sie bildet einen niederliegenden oder aufrechten Strauch von 1 bis 3 Fuß Höhe mit tiefeindringenden und nach allen Seiten ausgebreiteten Wurzeln. Sie liebt einen trockenen, mageren, öden, unkultivir-

312

ten und der Sonne ausgesezten Sandboden, und in einem solchen, oder dem nahe kommenden, breitet sie sich durch ihren vielen und überaus feinen Samen sehr aus und wächst so dicht beisammen, daß sie die besseren Holzarten entweder nach und nach ganz ver= drängt, oder ihnen doch wenigstens großen Abbruch thut. Daher ist sie eins der schädlichsten Forstunkräuter an zu lichten, verhau= enen, oder sonst vernachläßigten Waldplätzen, und sie kann nur dadurch verdrängt werden, daß man Holzarten, die vielen Schatt= en geben, im dichten Schluß zu erziehen und in ganz geschloßen= em Bestand bei einem wo möglich langen Umtriebe zu erhalten sucht. — Denn daß diese Heide einen fruchtbaren und bearbeit= eten Boden nicht verträgt, das beweisen auch die in Gärten ge= machten Saaten und Pflanzungen, wo sie nur dann gedeiht, wenn man einen ihr angemeßenen Waldboden dahin bringt, sie darein säet, oder beßer im Frühjahr oder Herbst mit Ballen pflanzt, und dann eine solche Stelle, ohne daß sie gegraben werde, wüst liegen läßt. Zur Forstkultur müßen solche Heideplätze jed= esmal im Sommer umgehackt werden, wenn man die alten Stöcke ausrotten will für die Saat oder Pflanzung im nächsten Früh= linge. Weil aber auf solchen mit Heide überzogenen Stellen ge= wöhnlich viel Heide=Samen ausgestreut ist, der durch das Um= hacken doch theilweise zum Keimen recht zu liegen kommt, so er= scheinen nunmehr unzählige Haide=Samenpflänzchen, die aber un= seren Forstholzpflänzchen nicht sehr hinderlich werden. Zur gänz= lichen Vertilgung der Heide auf freien Plätzen ist wenigstens ein dreimaliges Umhacken des Bodens, und zwar im Sommer, im nächsten Spätfrühlinge und abermals im Sommer nothwendig. — Auf dürren und sandigen Stellen dagegen ist die Heide, bei nicht zu dichter Bewurzelung, immer willkommen für die Forst= kultur; auch hilft sie die flachliegenden Baumwurzeln beschützen; und für den Forstbetrieb ist sie in so fern wichtig, als sie einen gänzlich veröbeten Boden überzieht und ihn nach und nach für beßere Holzpflanzen empfänglich machen hilft.

Uebrigens gewährt die Heide auch manchen Nutzen, indem sie bei der Feuerung schnell und stark heizt, — beim Einstreuen einen guten Dünger auf Aecker von bindendem Boden verschafft, zu Faschinen beim Wegebau sich schickt, — zu Besen ganz vor= züglich geeignet ist, und zu Spinnhütten der Seidenraupen, zum Gerben, zur Seide= und Wollfärberei ꝛc. mit Vortheil gebraucht werden kann. Auch ist sie dem Rothwilde im Winter eine gute

Aesung, und die jungen Spitzen werden von den Schafen, dem Rindvieh, und den Hasel-, Birk- und Auerhühnern gern angenommen. Vorzüglich wichtig aber ist die Heide für die Bienenzucht, nur müssen die Bienen zur Zeit der Heideblüthe auch auf andere Blüthen fliegen können, wenn Honig und Wachs gut werden sollen.

191.

Sumpf-Heide. Erica Tetralix.

Die Blätter pfriemenförmig, gefranzt, abstehend und immergrün; sie sind kurzgestielt, sehr klein und stehen zu 4 beisammen um die Zweige. Die Blüthen erscheinen vom Junius bis September doldenartig an den Spitzen der Zweige; sie haben längliche und aufgeblasene schön blaßrothe Blumen, behaarte Kelche, eingeschlossene Staubgefäße und hervorragende Griffel.

Im nördlichen Europa wächst diese Heide an sumpfigen und feuchten Stellen als etwa 1 Fuß hoher Strauch mit niederliegendem Stamme und aufrechten Zweigen. Ihre Wurzeln machen oft einen beträchtlichen Theil der Torfschichten aus, ihre jungen Zweige werden von den Schafen gern gefressen und ihren Blüthen gehen die Bienen nach.

192.

Berg-Heide. Erica herbacea.

Die Blätter linienförmig, scharf zugespitzt, glatt, klein, immergrün und zu 4 um die Zweige stehend. Die Blüthen brechen auf vom Februar bis April aus den Blattwinkeln; sie sind alle nach einer Seite hin gerichtet und haben glockenförmige und fleischrothe Blumen, über welche Staubbeutel und Griffel hervorragen.

Diese in Oesterreich, Böhmen u. s. w. auf trockenen, sandigen Hügeln wildwachsende Heide wird selten über 1 Fuß, weil sie sich meist an der Erde ausbreitet.

Die vorige und diese Heide werden auch ihrer schönen Blüthen wegen in Gärten unterhalten, indem man sie an einen ihnen angemessenen Standort bringt und sie daselbst durch junge Sprossen oder durch Zertheilung der älteren Pflanzen vermehrt. — Die Zucht der Heiden aus Samen ist nur auf einem sogenannten Heideboden möglich, der aus Sand und Moor- oder Staub-

314

Erde gemengt ist; und in einem solchen Heideboden gedeihen auch
nur die übrigen Sippen dieser Familie wegen ihrer feinen und
zarten Wurzeln, die in einem vesteren Boden sich gar nicht auszubreiten vermögen.

Porst. Ledum.

Der Kelch klein und 5zähnig.   Die Blume 5blätterig;
10 Staubfäden und 1 Griffel.   Die Frucht eine fünffächerige
und am Grunde aufspringende Kapsel mit vielen sehr feinen
Samen.   Die Blätter wechselweise. (X. 1.)

193.

Kien-Porst.   Ledum palustre.

Die Blätter linienförmig, stumpf zugespitzt, am Rande
zurückgerollt, oben runzelig und unten mit einem gelbbraunen
Filze überzogen; sie stehen auf kurzen und, wie die jungen Triebe,
sehr braunfilzigen Stielen, und an den Enden der Zweige gehäuft
beisammen, auch sind sie immergrün.   Die Blüthen erscheinen
im Junius an den Spitzen der Zweige in vielblüthigen Doldentrauben; sie sind weiß und wohlriechend.   Die Kapseln bei
der Reife im September rostfarbig.

Ein 2 bis 4 Fuß hoher Strauch, der verschiedentlich in Deutschland auf Sümpfen und Moorbrüchen wild wächst; doch trifft man
ihn auch auf hohen schattigen und etwas feuchten, aber nicht nassen
Stellen in einem verangerten Sandboden mit der gemeinen Heidelbeere vermischt freudig wachsend und blühend an.   Er läßt sich
schwer und nur sorgfältig mit ganzen Ballen ausgehoben verpflanzen; ob er sich gleich im freien Zustande durch den Samen,
der 2 Jahre liegt, und auch durch Wurzelbrut häufig vermehrt.

Dieser Kien-Porst hat in allen seinen Theilen einen starken
betäubenden Geruch, der Wanzen und anderes Ungeziefer vertreibt; auch braut man ihn unter das Bier, das zwar dadurch
einen angenehmen Geschmack bekommt, aber Kopfweh erregt und
überhaupt der Gesundheit nachtheilig ist.   Vorzüglich wichtig ist
er aber zum Gerben, indem das damit verfertigte Leder ganz
vorzüglich gut ausfällt, und zu diesem Behufe werden die Sträuche
Anfang Mai's, vor dem Ausbruche des Laubes, mit scharfen,

315

Meſſern, um bie Wurzeln zu ſchonen, abgeſchnitten, bann an
ſchattigen Orten getrocknet und hierauf in der Lohmühle klein
geſtampft.

Hoſt. Andromeda.

Der Kelch fünftheilig, gefärbt und bleibend. Die Blume
eiförmig und am Rande mit fünf zurückgeſchlagenen Zähnen verſehen. Zehn der Blume eingefügte und nicht über dieſe hinaus-
reichende Staubfäden, und ein bleibender Griffel. Die
Frucht eine fünffächerige und an den Kanten aufſpringende
Kapſel mit vielen rundlichen Samen. Die Blätter wechſelweiſe. (X. 1.)

194.

Rosmarinblätteriger Hoſt. A. polifolia.

Die Blätter länglich-lanzettförmig, ſcharf zugeſpizt, am
Rande zurückgerollt, oben dunkelgrün, unten blauweiß und die
Hauptader ſtark erhaben; ſie ſtehen auf ſehr kurzen glatten Stiel-
en und ſind immergrün. Die Blüthen erſcheinen im Mai an
den Spizen der Zweige in einfachen Dolden; ſie ſind ſchön roth.
Die Kapſeln reifen im September.

Auf ſumpfigen und dorfigen Stellen Deutſchlands und anderer nördlichen Länder wächſt dieſer 1 Fuß hohe Strauch wild,
und vermehrt durch ſeine tiefeindringenden Wurzeln die Brenn-
barkeit des Torfs. Uebrigens hat er keinen Werth, weil er ſogar ſchwer zu erziehen und zu verpflanzen iſt, und daher nur mit
großer Mühe zur Zierde in Gärten erhalten werden kann. Man
hat zuſammenziehende Eigenſchaften an ihm bemerkt, und Blätter
und Zweige ſollen den Schafen ſehr nachtheilig ſein.

Sandbeere. Arbutus.

Der Kelch fünftheilig und gefärbt. Die Blume einblätterig, eiförmig und am Rande fünfzähnig. Zehn von der Blume
eingeſchloſſene Staubfäden und ein einziger Griffel. Die
Frucht eine fünffächerige Beere. Die Blätter zerſtreut.
(X. 1.).

316

195.

Gemeine Sandbeere.   Arbutus Uva ursi.
(Bärentraube.)

Die Blätter verkehrt eiförmig, ungezähnt, dick und steif, oben glänzenddunkelgrün, unten netzförmig geadert; sie sind kurz= gestielt, buchsbaumähnlich und immergrün.   Die Blüthen er= scheinen schon im Sommer an den Spitzen der Zweige in kurzen Trauben, blühen aber erst im nächsten Mai auf und sind blaß= roth.   Die Beeren rund, erbsengroß, bei der Reife im Sep= tember roth und gewöhnlich 5 harte Samen enthaltend.   Die Zweige braunroth und knotig und die Stämmchen häutig auf= gerissen.

Ein im nördlichen Deutschland auf dürren, sandigen und verangerten Stellen, namentlich in Kieferwaldungen und auch auf hohen Bergen nicht selten vorkommender Strauch, der sich mit seinen Aesten nicht viel über 2 Fuß weit an der Erde hin ausbreitet, und forstlich weder nützlich, noch nachtheilig ist.   Er läßt sich ebenfalls schwer aus den Samen erziehen und aus der Wildniß nur mit Ballen in die Gärten verpflanzen, wo er seine Stelle dicht überzieht.

In allen seinen Theilen verräth dieser Strauch zusammen= ziehende Eigenschaften, daher er zum Gerben, vorzüglich bei der Bereitung der Ziegen= und Kalbfelle zu Saffian in mehren nörd= lichen Ländern benuzt wird; auch giebt er, mit Vitriol gekocht, eine dunkelbraune und mit Alaun eine graue Farbe. —. Die Blätter hat man gegen Steinschmerzen empfohlen und die Beeren werden von den Vögeln, hauptsächlich aber von den Bären gern gefressen, daher der lateinische Trivialname. — An den Wurzeln findet sich Coccus Uvae ursi. L.

----

b) Heidelbeerartige. Vaccineen.   Die Blüthe oben mit kugelförmigen Blumen und einfachen Staubbeuteln; die Frucht eine Kapsel oder Beere, die Samen am Mittelsäul= chen. VIII. 3.

Heidelbeeren. Vaccinium.

Der Kelch sehr klein, auf dem Fruchtknoten stehend und

bleibend. Die Blume einblätterig und vierzähnig. Acht Staubfäden und ein pfriemenförmiger Griffel. Die Frucht eine vielsamige und genabelte Beere. Die Blätter wechselweise. (VIII. 1.)

196.

Gemeine Heidelbeere. Vac. Myrtillus.

Die Blätter eiförmig, kurz zugespizt, gesägt, glatt und sehr kurz gestielt. Die Blüthen erscheinen im Mai und Junius aus den Blattwinkeln meist einzeln auf kurzen Stielen; sie hängen abwärts und haben aufgeblasene, runde und röthlich=weiße Blumen. Die Beeren rund und bei der Reife im Julius und August schwarzblau, selten weiß. Die Zweige eckig und glatt.

Diese durch ganz Europa in Wäldern, und besonders in Gebirgswäldern, häufig vorkommende Heidelbeere wird nur 1 bis 2 Fuß hoch, indem die obersten Zweige nach einigen Jahren immer wieder absterben; aber stärker und weiter ausgebreitet sind die Wurzeln. Sie liebt einen trocknen, sandigen und nicht fetten Waldboden, und eine etwas beschattete Lage; denn in ganz dunkeln Wäldern gedeiht sie eben so wenig, als an ganz freien Orten. Wegen ihrer häufigen Verbreitung und dichten Umstock=ung ist sie in Forsten fast noch ein nachtheiligeres Unkraut, als die Heide, doch kann sie durch eine gute Waldwirthschaft eben so wie diese nach und nach wenn nicht vertrieben, doch wenigstens unschädlich gemacht werden; die Plänterwirthschaft begünstigt ihre Vermehrung recht eigentlich.

Die Beeren werden häufig frisch gegessen und zu vielen häuslichen Zwecken, so wie zum Färben, verwendet; auch sind sie vielen Vögeln angenehm. Das Laub wird ebenfalls von vielen Thieren gefressen. — Die Blüthen geben den Bienen Honig — und die belaubten Zweige sollen zum Gerben benuzt werden können.

197.

Rausch=Heidelbeere. Vac. uliginosum.

Die Blätter verkehrt=eiförmig, ungezähnt, an der Spize abgerundet, am Grunde verdünnt, oben hellgrün, unten grau=grün, und beiderseits glatt. Die Blüthen erscheinen im Mai

318

und Junius einzeln oder zu zweien an den Spitzen der Zweige; sie hängen abwärts und haben glockenförmige und blaßrothe Blumen. Die Beeren rundlich und bei der Reife im August blauschwarz. Die Zweige rund, graubraun und glatt.

Diese in Deutschland und anderen nördlichen Ländern auf hohen, sumpfigen und nassen Stellen einzeln vorkommende Heidelbeere wird ein 1 Fuß hoher Strauch, und hat mit der vorigen einige Aehnlichkeit im äußeren Ansehen. Sie hat weiter keinen Nutzen, als daß sie mit ihren langen Wurzeln die Torfschichten vermehrt. — Die Beeren sollen, häufig genossen, berauschen.

198.
Rothe Heidelbeere. Vac. vitis Idaea.
(Preußelbeere.)

Die Blätter länglich, an der Spitze etwas ausgerundet, am Grunde verdünnt, am Rande umgebogen und fast gezähnt, oben dunkelgrün und glänzendglatt, unten mattgrün und fein punktirt; sie sind lederartig, sehr kurzgestielt und immergrün. Die Blüthen erscheinen im Junius und Julius, und auch noch später, in einfachen hängenden Trauben; sie haben glockenförmige, weiße oder blaßrothe Blumen und jede Blüthe ist durch ein rundes Nebenblatt gestützt. Die Beeren rund und bei der Reife im August und September dunkelroth. Die Zweige rund und behaart.

Dieser nicht viel über ¼ Fuß hohe Strauch kommt in unseren Wäldern, besonders an trocknen und lichten Stellen und bei einer etwas hohen Lage häufig mit der gemeinen Heide und der gemeinen Heidelbeere vor; er ist wie diese ein Forstunkraut, und kann durch eine möglich lange dunkel gehaltene Stellung der Baumwaldungen in den von ihm überzogenen Flächen fast gänzlich vertrieben werden, weil er den dichten Schatten nicht wohl verträgt, und besser in etwas freien Lagen gedeiht.

Die Beeren werden wenig frisch gegessen, aber gewöhnlich zu einem sehr gesunden Salat eingemacht; auch bereitet man aus ihnen das bekannte Preußelbeerwasser und Preußelbeermuß, und mehren Vögeln sind sie angenehm. — Auch diesen Blüthen fliegen die Bienen nach, und die belaubten Sträuche, ohne die Wurzel, sollen Gerbekräfte haben.

199.

Mos=Heidelbeere. Vac. Oxycoccos.
(Moosbeere.)

Die Blätter eiförmig, zugespizt, am Rande umgebogen, oben dunkelgrün und glänzend, unten weißgrau; sie sind sehr klein und immmergrün. Die Blüthen erscheinen im Mai und Junius auf langen fadenförmigen Stielen gewöhnlich zu zweien an den Spizen der Zweige; sie haben schön dunkelrothe, tief= vierspaltige und zurückgeschlagene Blumen. Die Beeren bei der Reife im Herbste dunkelroth und größer als bei der gemeinen Heidelbeere.

Diese, in Deutschland und anderen nördlichen Ländern, auf sumpfigen und torfigen Stellen wachsende Heidelbeere kriecht mit ihren fadenförmigen Aesten über Moose und andere kleine Torf= gewächse hinweg, und ist zu klein oder kommt zu selten vor, um in forstlicher Hinsicht einen besonderen Nutzen oder Schaden zu gewähren. — Die Beeren aber können roh oder eingemacht ge= gessen werden und sind mehren Thieren angenehm.

Alle Heidelbeerarten sind schwer zu verpflanzen und noch weniger künstlich zu vermehren, daher trifft man sehr selten eine von ihnen in Gärten an, obgleich einige schöne Blüthen und Beeren haben und an manchen Orten selten wild angetroffen werden.

Rauschbeere. Empetrum.

Männliche und weibliche Blüthen getrennt auf ver= schiedenen Stämmen, beide mit 3theiligen Kelchen und 3blätter= igen Blumen; jene mit 3 langen Staubfäden, diese mit tauben Staubfäden und 9 Griffeln. Die Frucht eine 9samige Beere. Die Blätter zerstreut. (XXII. 3.)

200.

Schwarze Rauschbeere. Emp. nigrum.

Die Blätter linienförmig, stumpf und unten mit einem weißen Streif durchzogen, sie haben einen umgerollten Rand und sind immer grün. Die Blüthen erscheinen im Mai einzeln aus den Blattwinkeln; die männlichen grünlich=weiß und die

320

weiblichen schönroth. Die Beeren erbsengroß, rundlich und bei
der Reife im September schwarz.

Auf hohen Gebirgen und in Niederungen wächst dieser
niedrige Strauch auf feuchten und sumpfigen Stellen; er breitet
sich mit seinen schwachen Aesten ziemlich aus und ist ein wich=
tiger Bestandtheil des Torfs, z. B. auf der Rhön und dem Brocken.
— Er läßt sich schwer erziehen und versetzen wie die Heidelbeere.

Die Beeren werden von vielen Vögeln gern gefressen, und
man benutzt sie zum Färben; auch von Menschen können sie ohne
Nachtheil genossen werden.

---

c) Seidelbastartige. **Daphneen.** Der Kelch röhrig, unten
und blumenartig; die Frucht eine Beere (oder Pflaume).
XIII. 2.

Seidelbast. **Daphne.**

Der Kelch glockenförmig und vierspaltig. Acht in zwei
Reihen stehende Staubfäden und ein sehr kurzer Griffel,
mit kopfförmiger Narbe. Die Frucht eine einsamige Beere.
Die Blätter zerstreut. (VIII. 1.)

201.

Gemeiner Seidelbast. **Daphne Mezereum.**

Die Blätter länglich, etwas zugespitzt, am Grunde stark
verdünnt, ganzrandig, bleichgrün und glatt; sie sind kurzgestielt
und stehen an den Enden der Zweige gehäuft. Die Blüthen
erscheinen im März und April zu 2 bis 3 aus einer Knospe an
den Seiten der Zweige; sie sind mehr oder weniger roth und mit
hinfälligen häutigen Nebenblättern versehen. Die Beeren ei=
rund, und bei der Reife im Julius oder August roth. Die
Zweige hellgrau und behaart.

An verschiedenen Orten in Wäldern und Gebüschen wächst
dieser 2 bis 4 Fuß hohe Strauch nicht selten wild, und liebt
einen fruchtbaren frischen Boden und einen etwas schattigen
Standort.

Der ganze Strauch hat für Menschen und Thiere stark
und oft nachtheilig wirkende Eigenschaften, indem die Blüthen

einen betäubenden Geruch haben, die Beeren giftig (12 Stück nach Linné schon tödtlich) sind, und die Rinde, innerlich genommen, heftiges Erbrechen verursacht und, äußerlich aufgelegt, Blasen zieht.

In Forsten ist er, wie auch der folgende, weder nützlich noch besonders schädlich, aber in Gärten und Anlagen zieht man ihn häufig seiner frühen und schönen Blüthen wegen, und daselbst unterhält man auch Abarten mit weißen Blüthen, mit gelben Früchten und mit geschäckten Blättern.

202.

Immergrüner Seidelbast.   D. Laureola.

Die Blätter verkehrt eiförmig, dick und lederartig, an beiden Enden stumpf zugespizt, ganzrandig, oben glänzendgrün, unten mattgrün und beiderseits glatt; sie stehen auf kurzen Stielen und an den Spitzen der Zweige in Büscheln, und bleiben auch den Winter über grün. Die Blüthen erscheinen im April an den Blattwinkeln in fünfblüthigen Trauben; sie sind gelblichgrün und wohlriechend. Die Beeren länglichrund und bei der Reife im Julius schwarz.

In gebirgigen Gegenden Oesterreichs, Böhmens und anderer südlichen Länder wächst dieser 2 bis 3 Fuß hohe Strauch an schattigen Stellen in einem frischen und fruchtbaren Boden wild. Man erzieht ihn ebenfalls wie den vorigen zur Zierde in Gärten, aber immer zwischen dem Schutz und Schatten anderer Sträuche.

Dieser und der gemeine Seidelbast wird, außer durch Samen, durch Ableger und Stecklinge vermehrt.

---

d) Gagelartige. Myriceen. Die Blüthen in Kätzchen, und die Früchte nußartig. XIII. 2.

Gagel.   Myrica.

Männliche und weibliche Blüthen getrennt auf verschiedenen Stämmen, beide in Kätzchen mit mondförmigen Schuppen; jene unter jeder Schuppe 4 oder 6 Staubfäden — diese unter jeder Schuppe einen elförmigen Fruchtknoten mit 2 Griffeln. Die Frucht eine einsamige Steinfrucht. Die Blätter wechselweise. (XXII. 4.)

322

203.

Gemeiner Gagel. Myrica gale.

Die Blätter keilförmig, an der kurzen Spitze einigemal gesägt, aber übrigens ganzrandig, oben glatt und dunkelgrün, unten sparsam kurz behaart, und beiderseits mit durchsichtigen gelben Harzpunkten besezt. Die Blüthen zeigen sich schon im Herbste in braunen Kätzchen aus den Blattwinkeln, blühen aber erst im April auf. Die Frucht rund, erbsengroß und bei der Reife im October braun. Die Zweige dunkelbraun und etwas behaart.

Ein 2 bis 3 Fuß hoher Strauch, der einzeln in Deutschland wild wächst, und der in feuchten Niederungen einen schönen aufrechten Strauch bildet, in Sumpf= und Moorboden aber seine Wurzeln weit ausbreitet. In forstlicher Hinsicht verdient er keine Beachtung, aber in Gärten erzieht man ihn zur Zierde, und zwar gedeiht er daselbst recht gut in einem frischen und fruchtbaren Sandboden in einer nicht sonnigen Lage; auch vermehrt man ihn daselbst außer dem Samen leicht durch Zertheilung der nicht seltenen Wurzelsprossen oder durch Ableger.

Blätter und Zweige verbreiten einen balsamischen, nur etwas betäubenden Geruch, daher dienen sie zur Vertreibung der Motten und des Ungeziefers aus Kleidern und Zeuchen. Auch benuzt man ihn zum Gerben feiner Felle, so wie die Blüthen zum Gelbfärben der Wolle, und seine Heilkräfte, die er verräth, sind noch nicht gehörig gewürdigt.

───────

e) **Tamariskenartige. Tamarisceen.** Mit 5zähligen Blüthen, 3klappigen Kapseln und behaarten Samen. **XIII. 1.**

Tamarisken. Tamarix.

Der Kelch fünftheilig. Die Blume fünfblätterig. Fünf oder zehn Staubfäden und ein Fruchtknoten mit drei sitzenden Narben. Die Frucht eine einfächerige und dreiklappige Kapsel mit vielen an der Spitze wolligen Samen. Die Nadel= Blätter abwechselnd. (V. 3.)

323

204.

Deutſcher Tamariſken. Tam. germanica.

Die Nadeln linien-lanzettförmig, graugrün und glatt; ſie ſind ſehr fein und klein, und ſtehen an den jungen Neben-zweigen faſt dachziegelförmig übereinänder. Die Blüthen er-ſcheinen im Junius und Julius an den Spitzen der Zweige in einer langen einfachen Aehre; ſie ſind kurz geſtielt, auch durch ein ſchmales, weißliches Nebenblatt unterſtüzt, ſie haben röthliche Blumenblätter, und zehn meiſt unten verwachſene Staubfäden. Die Kapſeln dreieckig, zugeſpizt und bei der Reife im Herbſte bräunlich. Die Zweige dünn, braunroth und glatt.

Ein im ſüdlichen Deutſchland an Flüſſen wildwachſender Strauch, der 6 Fuß hoch wird, und im nördlichen Deutſchland einen geſchüzten Standort in einem lockeren und mäßig feuchten Boden verlangt. Man erzieht dieſen ſchönen, aber forſtlich ganz unwichtigen Strauch in Gärten und Anlagen zur Abwechſelung und Zierde, und vermehrt ihn daſelbſt, außer durch Samen, ge-wöhnlich durch Ableger oder Stecklinge.

Die Rinde iſt zuſammenziehend und beſizt Heilkräfte. Die belaubten Zweige geben mit Zuſätzen verſchiedene ſchöne und dauerhafte Farben. Aus den Zweigen gewinnt man das bekannte Tamariſken-Oel.

---

f) Sinngrünartige. Vinceen. Mit 5theiligen Blüthen, zwei Bälgen und haarloſen Samen. IX. 3.

Sinngrün. Vinca.

Die Blume röhrenförmig, 5 Staubfäden, und 2 Frucht-knoten mit einem gemeinſchaftlichen Griffel. Die Frucht eine Balgkapſel. Die Blätter gegenüber. (V. 1.)

205.

Kleines Sinngrün. Vinca minor.

Die Blätter länglich-eiförmig, ganzrandig, kahl und im-mer grün. Die Blüthen erſcheinen vom April bis zum Sep-tember einzeln aus den Blattwinkeln; ſie haben ſchöne blaue

324

Blumen. Die Balgkapſeln reifen vom Auguſt bis zum Spätherbſt. Die Zweige grün, faſt 4kantig und geſtreift.

An ſchattigen Stellen ziemlich häufig. Die Zweige dieſes Strauchs kriechen auf dem Boden hin, überziehen ganze Flächen, und nur die blühenden Aeſte ſind aufgerichtet. — In Forſten unwichtig, aber für Gärten eine wahre Zierde. — Es giebt auch Abarten mit weißen oder röthlichen Blumen und mit geſchäckten Blättern.

VI.

Schmarotzerpflanzen.

Sträuche, die auf Bäumen wachsen.

Mistel. Viscum.

Männliche und weibliche Blüthen auf verschiedenen Stämmen; jene mit vier auf dem Kelche sitzenden Staubbeuteln — diese mit einem auf dem Fruchtknoten befestigten Kelche und einer sitzenden Narbe; beide ohne Blume. Die Frucht eine einsamige Beere. Die Blätter gegenüber. (XXII. 4.)

Weißer Mistel. Viscum album.

Die Blätter länglich, an der Spitze abgerundet, am Grunde verdünnt, ganzrandig, glatt und von einigen schwachen Adern der Länge nach durchzogen; sie sind immergrün und sitzen paarweise an den Enden der einzelnen Triebe. Die Blüthen erscheinen im März an den Enden der Zweige in einer kleinen und unansehnlichen Aehre. Die Beeren rund und weiß; sie enthalten in einem schleimigen Saft einen herzförmigen Samen. Die Zweige grün, gegliedert und gabelförmig getheilt.

Man trifft diesen 1 bis 2 Fuß hohen Strauch niemals auf der Erde, sondern immer auf Bäumen wachsend an, und zwar auf Obstbäumen so wol, als auf andern Laub und NadelholzBäumen, indem er mit seinem Wurzelstock durch die Borke eindringt, und hier von den neuen Jahrringen umwachsen wird, so daß die Umwachsung immer größer erscheint, je stärker der MistelStengel wurde. Man benutzt ihn theils zu Vogelleim, theils als Winterfutter für Schafe und Rindvieh, theils (im Winter)

326

zur Anlockung der Hafen auf die Schußstelle. Die Beeren bie=
nen mehren Vögeln, namentlich die Mistelbroffel, zur Nahrung,
und dadurch, daß die unverdauten Kerne mit dem Kothe an den
Bäumen kleben bleiben, wird er felbst fortgepflanzt.

Riemenblume.   Loranthus.

Die Blüthen meist Zwitter mit 6 Staubgefäßen und ei=
ner stumpfen Narbe; statt des Kelchs doppelte Ränder, aber eine
6theilige Blume. Die Frucht eine einfamige gekrönte Beere.
Die Blätter gegenüber. (VI. 1.)

Gemeine Riemenblume.   L. europaeus.

Die Blätter länglich und etwas gebogen. Die Blüthen
im Mai traubenförmig an den Spitzen der Zweige; bei einigen
Pflanzen verkümmert die Narbe, bei andern die Staubbeutel.
Die Beeren bei der Reife im Oktober gelblich. Die Zweige
mehrblätterig.

Diefer Strauch ist dem vorigen entfernt ähnlich, wird aber
etwas größer und wächst nur auf Eichen, z. B. in Schlesien,
Böhmen und Oesterreich. Er wird für wirksam gegen Epilepsie
gehalten und giebt keinen Vogelleim.

Diefe Schmarotzer=Sträuche haben keine eigentlichen Wur=
zeln, sondern nur einen Wurzelstock, der durch die Rifse in der
Borke nach dem Splinte hin eindringt, und später von diesem
überwachsen wird. Es sind sehr genügsame Sträuche; die jung
an den Bäumen kleben wie die Flechten, und sich wol wie die=
se ernähren, daher sie keinen merklichen Einfluß auf die Bäume
äußern, an denen sie wachsen.

327

Register.

Enthaltend die deutschen und lateinischen Sippennamen der
hier aufgenommenen Holzarten.

328

Dritte Abtheilung.

Von den Forstkräutern.

331

Erster Abschnitt.
Von den Frostkräutern im Allgemeinen.

1

Außer den in der vorigen Abtheilung betrachteten Holzpflanzen giebt es noch sehr viele Gewächse, die in unseren Waldungen
theils einzeln, theils in großer Menge vorkommen, und die Kenntniß von einigen derselben kann dem Forstmanne nur in so fern
wichtig oder nützlich sein, als sie Einfluß auf Zucht, Pflege und
Benutzung der Forst-Holzarten haben. Denn wie eine Holzart nur
dadurch forstlich wichtig wird, daß sie entweder selbst in den Forstbetrieb aufgenommen zu werden verdient, oder daß sie sich dabei
nützlich oder schädlich erweiset, so können auch nur diejenigen
nichtholzigen Waldgewächse zu den Forstpflanzen gerechnet werd-
en, die auf irgend eine Weise in der Forstwirthschaft wichtig sind,
oder es werden können. Solche in der Forstwirthschaft beacht-
enswerthen Waldpflanzen habe ich bisher Forstkräuter genannt, und sie sollen wieder in den nächsten Abschnitten näher
in Betrachtung gezogen, und die wichtigeren namentlich aufgeführt, botanisch beschrieben und sonst beurtheilt werden. Alle
übrigen Waldpflanzen aber, die in forstlicher Hinsicht gleichgültig
sind und selbst bei der Benutzung der Waldprodukte keine Berücksichtigung verdienen, alle diese müssen hier übergangen werden
und dem botanischen Kenner oder Liebhaber zum Studium über-
lassen bleiben.

Da ferner der Einfluß vieler Waldgewächse bei der Zucht
und Pflege der Forstholzarten ein nachtheiliger ist, und man dieselben gewöhnlich Unkräuter nennt, so können diese am wenigsten

332

übergangen werden; vielmehr ist nachzuweisen, wie sie ihren Einfluß äußern, und wie sie etwa auf die einfachste Weise unschädlich zu machen oder gar zu vertilgen sind.

Die wichtigsten Beziehungen, in welchen die Forstkräuter mit
Forstbetriebe stehen, dürften folgende sein:

Beim Forstanbau, und zwar:

a) indem die daseienden Forstkräuter die Bodenbeschaffenheit
   mit bestimmen helfen, und also nach dieser Beschaffenheit die Art des Anbaues sich richten muß;

b) wie die Vorbereitung zur Saat und Pflanzung wegen
   der Kräuter einzurichten sei; und

c) wie selbst das Vorkommen und die Schonung gewisser
   Forstkräuter den Anbau erleichtere oder sichere.

B. Bei der Forstverjüngung, und zwar:

a) in Samen-, Licht- und Abtrieb-Schlägen des Hochwald-
   betriebes;

b) im Mittel- und Niederwald-Betriebe;

indem bei diesen Forstzuständen die Art des Vorkommens gewisser
Forstkräuter deutliche Winke für den Forstmann sind über das,
was geschehen muß oder was versehen ist.

C. Bei der Forstpflege, indem besonders die Art des Vorkommens der Kryptogamen Andeutung giebt, ob ein Bestand unter diesen Umständen zu dicht gehalten ist, welche
Holzpflanzen kümmern oder dem Absterben nahe, und welche
Gewächse zum guten Gedeihen der Bestände zu erhalten
sind.

D. Bei der Forstbenutzung, indem durch Kenntniß und
rechte Verwendung der Forstkräuter der eigentliche Wald-
ertrag immer mehr erhöht werden kann und soll; ja diese
Kenntniß, auch der Waldkräuter, wird die Benutzung selbst
dann noch befördern können von Pflanzen, die für den
Forstbetrieb gleichgültig erscheinen, auch wenn sie keinen
eigentlichen Geldertrag für die Forstkasse geben sollten.
Denn es ist menschwürdig, auch die Schätze der kleinen
Waldgewächse nicht unbenutzt liegen zu lassen.

Nach diesen Rücksichten sollen die Forstkräuter in folgenden
Abschnitten abgehandelt werden, und zwar immer zuerst im Allgemeinen, und dann mit namentlicher Aufzählung, als:

333

A. Von den Stauden und Kräutern mit zwei Samenlappen und Netzblättern (Dicotyledonen).

B. Von den Pflanzen mit einem Samenlappen und mit Streifenblättern (Monocotyledonen).

C. Von den Farn.

D. Von den Mosen.

E. Von den Flechten.

F. Von den Pilzen.

Niemand wird es hoffentlich unbillig beurtheilen, daß ich in diesen Abschnitten nur das gebe, was ich selbst als richtig und zweckmäßig erkannt habe. Nur wenige Mittheilungen sind mir geworden, und diese habe ich, wie auch mehre öffentliche Andeutungen in kritischen Blättern, dankbar benuzt. Das Anerkennen meiner Bemühungen über Forstkräuter von unseren angesehensten Forstmännern ist mir eine Aufmunterung geworden, diesem Gegenstande auch fernerhin meine Aufmerksamkeit zu widmen. Wahrscheinlich werden auch praktische Forstmänner künftig diesen Gegenstand mehr beachten, und es kann erst durch ihre allseitigen Erfahrungen und Beobachtungen der endliche Zweck, richtige Würdigung der Forstkräuter in Absicht auf den Forstbetrieb und die zweckmäßige Benutzung derselben erreicht werden. Das Studium der Forstkräuter wird auch das Interesse am Forste bei jedem Forstmanne erhöhen, und ihm seinen Beruf angenehmer machen.

Einige allgemeine Ergebnisse über Forstkräuter sind im Folgenden angedeutet:

2.

Auf vollkommen gut bestandenen Forstflächen giebt es entweder gar keine nichtholzigen Gewächse, weil dazu die gehörige Licht- und Luft-Wirkung fehlt, oder doch nur sehr genügsame Pflanzen, z. B. Mose, Flechten und Pilze. Weil nun in solchen Forstorten, wegen der Beschattung und der Bedeckung des Bodens durch Laub oder Nadeln, so wie durch Mose, die Wurzeln der Holzpflanzen sich ungewöhnlich flach im Boden verbreiten, so ist die Erhaltung einer solchen Bedeckung zum tüchtigen Wachsen der Holzpflanzen unerläßlich. Es würde daher auch sehr unklug gehandelt sein, hier die Mose vertilgen zu wollen; ja in vielen Fällen kann man, namentlich bei Nadelholz-Beständen, schließen: der Wuchs der noch nicht haubaren Orte ist gesichert, sobald die Mose, be-

334

ſonders die Aſtmoſe, die ganze Fläche leicht überzogen haben.
Flechten, Pilze und andere genügſame Pflanzen können hier ohne
Schaden für die Beſtände immer benuzt werden.

Sind dagegen die Beſtände lichter oder lückenhaft geworden,
ſo finden ſich daſelbſt noch andere, aber doch gegen den Boden
ſehr genügſame Waldpflanzen ein, die ſich mehr oder weniger
ausbreiten und den Boden, wie man ſagt, benarben. Solche
genügſame Waldpflanzen tragen das Ihrige dazu bei, den Boden
nach und nach fruchtbarer zu machen. Hier hat der Forſtmann
nicht etwa darauf zu denken, ſolche Pflanzen zu vernichten, ſondern höchſtens darauf, wie die Erzeugniſſe derſelben zu verwenden
ſeien, und zwar nützlicher, als ſie im Förſte ſelbſt ungenuzt verderben zu laſſen, um allenfalls ein Bißchen mehr Dammerde her-
vorbringen zu helfen. Freilich dürfte die Benutzung derſelben
weniger auf die Wurzeln als auf die Stengel, Blätter, Blüthen
und Früchte gerichtet ſein.

An freien Waldplätzen wird ebenſo zur allmäligen Verbeſſ-
erung des Bodens für den künftigen forſtlichen Anbau die Bodenbedeckung durch die vorhandenen Gewächſe zu erhalten, und
deren Erzeugniſſe nur werden nützlich zu verwenden ſein.

Erſt wenn gut beſtandene und fruchtbare Waldarte abgetrieben, und beſonders wenn die Stöcke gerodet ſind, dann finden
ſich auch ungenügſame Waldpflanzen ein, oft in großer Anzahl
von allerlei Arten, durch deren Vorhandenſein der Anbau nützlicher Holzarten meiſt ſehr erſchwert wird. Hier hilft nur die
Kenntniß ſolcher Pflanzen und deren Verhalten, dem Forſtmanne
Mittel anzugeben, wie ſie zeitig genug vertilgt, oder doch möglich
unſchädlich für den Anbau gemacht, und überdieß etwa noch der-
en Erzeugniſſe nützlich verwendet werden können.

Selbſt bei gelungenen forſtlichen Saaten und Pflanzungen
finden ſich auf nicht ganz unfruchtbaren Bodenſtellen noch mancherlei Forſtkräuter ein, oder die vorhandenen wachſen mit den Holzpflanzen noch längere Zeit fort, und auch hier wird Kenntniß
derſelben nöthig, um ſie ſo zu behandeln und zu benutzen, daß
ſie dem Wuchſe junger Holzpflanzen eher förderlich als hinderlich
werden.

In Saat= und Baum=Schulen endlich iſt Kenntniß und
Vertilgung, oder Verhinderung ihrer zu großen Ausbreitung eine

835

Hauptsache, um viele und kräftige Pflänzlinge in kurzer Zeit auf
kleinen Stellen zu erziehen.   In Saatschulen werden die Unkräuter ausgejätet wie in jedem andern Garten; aber nach dem
Jäten werden die Saatbeeten wieder etwas mit Boden bestreut;
jedoch gegen den September hört man damit auf, indem die neue
Bedeckung mit etwaigen kleinen Kräutern schüzt gegen das sogenannte Ziehen der Holzpflänzchen durch Frost. — Aber in den
Baumschulen wird zum Gedeihen der Holzpflanzen einer zu groß-
en Ausbreitung der Unkräuter gesteuert, entweder durch eine Bedeckung des Bodens mit Laub oder Nadeln, oder durch leichtes
Behacken und nachher mehrmaliges Ueberrechen der Fläche, wobei
die abgestorbenen Wurzeln, Stengel und Blätter als Bedeckung
um die Holzpflanzen liegen bleiben müssen.

3.

Die Art des Vorkommens der Forstkräuter ist zum Theil
bedingt durch die Weise, wie sie sich fortpflanzen.   Denn die
ein- und zweijährigen Kräuter vermehren sich bloß durch den Samen, die ausdauernden Stauden und Gräser aber überdieß noch
durch Ausbreitung und Vergrößerung des Wurzelstocks.   Wenn
nun der Boden zur Aufnahme des Samens nicht mehr geeignet
ist, so verschwinden leicht jene Kräuter von diesem Orte; dagegen
breiten sich diese Stauden und Gräser oft um so mehr durch
den Wurzelstock aus und bilden dadurch zuweilen dichte Rasen.

Durch diese Verschiedenheit in der Vermehrung der Forstkräuter ist zum Theil auch ihre Nützlichkeit oder Schädlichkeit in
den Forsten begründet.   Denn jene blos durch Samen vermehr-
baren Kräuter geben nur eine lichte und nicht anhaltende Benarbung des Bodens, indem dagegen diese ausdauernden Stauden
und Gräser nach und nach Alles überziehen und so lange jeden
anderen Pflanzenwuchs beeinträchtigen, bis sie den Boden für sich
selbst unfruchtbar gemacht haben.

Auf diese verschiedene Vermehrungweise der Forstkräuter ist
auch ihre allgemein anwendbarste Vertilgung begründet.   Denn
die Kräuter werden sicherlich in ihrer Ausbreitung an einem Orte
gehindert und überhaupt in forstlicher Hinsicht unschädlich gemacht:

wenn man sie um die Blüthezeit, oder doch vor
dem Reifen der Samen abschneidet, und solches

336

Abſchneiden auch im nächſten Jahre wiederholt.

Früher als zwiſchen Blüthezeit und Samenreife abgeſchnitten,
treibt der Wurzelſtock nochmals einen Stengel, der öfters noch
reifen Samen trägt; ſpäter hilft das Abſchneiden zur Vertilgung
nichts, indem der reife Samen ſogleich ausgeſtreut iſt. Daß
man ſolche abgeſchnittene Kräuter nach ihrer Natur zu Viehfutter oder Streu oder zu ſonſtigen Zwecken benutzen läßt, verſteht
ſich von ſelbſt, und dieſes Benutzen vergütet die Mühe des Ab-
ſchneidens gewöhnlich.

Bei den Stauden und Gräſern, die ſich auch durch den
Wurzelſtock vermehren, iſt das Abſchneiden kein Mittel ihrer Vertilgung, ſondern vielmehr eine Beförderung zur Ausbreitung des
Wurzelſtocks, ſo daß nach einem abgeſchnittenen Stengel nun
mehre neue erſcheinen. Soll alſo der Ausbreitung dieſer Gewächſe auf einer Stelle Einhalt gethan werden, ſo muß:

der Wurzelſtock hinlänglich und zu rechter Zeit
beſchädigt werden, und zwar entweder durch
Behacken, oder durch die mancherlei Arten der
Bodenbearbeitung.

Leichte Verletzungen des Wurzelſtocks führen nicht zum Verderb-
en, ſondern ſie werden geſchwind ausgeheilt. Auch ein unzeitiges
und oberflächliches Behacken des Bodens hat einen beſſeren Wuchs
dieſer Kräuter zur Folge, daher manche Vorbereitung zur forſtlichen Saat angeſehen werden müßte als eine Nachhülfe zum
beſſeren Gedeihen jener Forſtkräuter. — Die rechte Zeit dieſer
Vertilgung wird immer die ſein, in welcher das zu vertilgende
Gewächs entweder ſelbſt am geſchwächteſten iſt, alſo zwiſchen
Blüthezeit und Samenreife, oder wann die Witterungs-Zuſtände
der Gewächsvertilgung zu Hülfe kommen, alſo in der trockenen
Sommerzeit und im Spätherbſte.

Beide Arten der Vertilgung ſchädlicher Forſtkräuter ſind gewöhnlich in Vereinigung anzuwenden, weil an jedem größeren
Forſtorte dieſe Gewächſe untermengt vorkommen.

Noch iſt zu bemerken, daß dichte Raſenplätze, die es durch
Hut oder häufiges Abmähen oder Schneiden der Stauden und
Gräſer wurden, leicht weniger dicht dadurch gemacht werden, daß
man ſie einige Jahre ſchont und ſie blühen und Samen tragen
läßt; dadurch gehen nämlich viele alte Wurzelſtöcke ein.

4.

Da der Forstmann zur Erziehung der Holzpflanzen vornehm=
lich auch verstehen muß, einen Boden zu beurtheilen, so wird
ihm auch in der Bodenkunde gelehrt, die Grunderden, so wie
deren Entstehung und Mengung zu unterscheiden und nöthigen=
falls auch den Gehalt an Dammerde zu bestimmen. Kommt
daher einem solchen unterrichteten Forstmann eine zu kultivirende
Fläche vor, so wird er, theils nach augenblicklicher Ansicht, theils
nach wenigen Untersuchungen sogleich wissen können, was für ein
Sand=, oder Lehm=, oder Thon=, oder Kalk=, oder Mergel= 2c. Boden
es ist, und es würde lächerlich, auch gar nicht möglich sein, aus
den darauf befindlichen Pflanzen auf jene Grundbestandtheile des
Bodens schließen zu wollen, wie man doch so oft noch, auch in
Forstschriften, lehrt. Denn wenn auch diese oder jene Pflanze
gewöhnlich auf einem bestimmten Boden angetroffen würde, so
folgt doch keinesweges, wie man oft gesagt hat: Elymus euro-
paeus zeigt einen Kalkboden, Triticum repens einen Sand=
boden, Dactylis glomerata einen Thonboden u. s. w. an; in=
dem solche Gewächse auch auf anderen Bodenarten, wenn auch
nicht so häufig, gefunden werden.

Was man aber aus dem Wuchse der auf einem Boden be=
findlichen Pflanzen oft mit Sicherheit, und schneller als nach
anderen Untersuchungen beurtheilen kann, das ist die dermal=
ige Beschaffenheit des Bodens für das Gedeihen
der Pflanzen überhaupt und für gewisse Holz=
pflanzen insbesondere. Diese Beschaffenheit eines Bodens
zum Gedeihen der Holzpflanzen besteht theils in seiner Frucht=
barkeit oder Unfruchtbarkeit oder im Gehalt der verweslichen
Massen von Pflanzen= oder Thier=Resten, theils in seinem Feucht=
igkeitszustande, besonders im Sommer, theils im Gehalte an Ei=
sen oder Säuren, und theils in seinem Verhalten gegen Licht
und Schatten, Wärme und Kälte. Bei der Beurtheilung eines
Bodens nach diesen Rücksichten der Beschaffenheiten kann nun
auch die Kenntniß der Forstkräuter und deren Wuchs einen sich=
eren Anhalt geben.

Solche Ergebnisse aus dem Dasein und dem Wuchse der
Kräuter, Stauden und Gräser sind im Allgemeinen folgende:

a) auf sehr fetten Stellen treiben diese Gewächse

22

338

große, kräftige und viele Blätter und Stengel, doch wenige, aber
große Blüthen und wenig reifen Samen;

b) auf fruchtbaren und frischen Stellen werden
die Blätter, Stengel und Blüthen gedrungener und weniger zahlreich und der Samen wird reichlich und vollkommen ausgebildet;
und

c) auf mageren Stellen wird der Wurzelstock groß,
die Blätter, Stengel und Blüthen bleiben klein und unansehn-
lich; und von Samen werden wenige und auch diese nur klein
ausgebildet.

5.

Verlangt jedoch eine Pflanze ihrer Natur nach eigenthümliche Wachsthums-Umstände, so kann man nur in diesen auf
jene größere oder geringere Nahrhaftigkeit aus ihrem Wuchse
schließen, außerdem wird sie immer einen kümmerlichen Wuchs
zeigen. So z. B. wachsen die einen lockeren Boden liebenden
Riedgräser auch im fruchtbaren Lehmboden nur unbedeutend, und
die einen vesten Boden liebenden Trespen nur kümmerlich im
fruchtbaren Sande. Eben so verhält es sich mit denen, die
Schatten lieben, die feuchte oder nasse Orte, die hohe oder nie-
derige Lagen, die sonnige oder saure Stellen verlangen; sind
nun solche Pflanzen an diesen ihnen günstigen Stellen, dann
darf man sicher nach Obigem urtheilen.

Wenn nun auf einem bestimmten Boden und
bei sonst angemessenen Wachsthums-Umständen
gewisse Stauden, Gräser und Kräuter kräftig
wachsen, so darf man mit Recht erwarten, daß eine
Holzart, die diesem Boden und Standorte entspricht, hier erzogen ebenfalls gut wachsen werde.
Gedeihen dagegen solche Forstkräuter nur kümmerlich, so ist vorerst wenigstens rathsam, unter den diesen Wachsthums-Umständen
entsprechenden Holzarten die genügsamsten auszuwählen.

Auf einem eisenschüssigen Boden stehen gewöhnlich (im
Walde nämlich) die Stauden, Gräser und Kräuter nur kümmerlich, weil die entstehende Fruchtbarkeit immer wieder schnell sich
verflüchtigt, wenn ein solcher Ort nicht im Schatten erhalten
werden kann, und es ist also bei dem Forstanbau auch darauf
Rücksicht zu nehmen.

339

6.

Die Beschaffenheit eines Bodens in Absicht auf Feuchtigkeit-Zustände läßt sich ebenfalls aus dem Wuchse der darauf befindlichen Kräuter öfters ziemlich sicher bestimmen. Denn wenn die nachbenannten Pflanzen sich vollkommen ausbilden, so zeigen z. B. an:

a) trockene Stellen;

Aira flexuosa. Clinopodium vulgare. Euphorbia Cyparissus. Hieracium Pilosella. Melica nutans. Nardus stricta. Tormentilla erecta. Die kleineren Mose und schorfartigen Flechten.

b) frische und feuchte Stellen:

Actaea spicata. Aira cespitosa. Asclepias Vincetoxicum. Carex remota. Elymus caninus. Epilobium angustifolium. Eupatorium cannabinum. Melica coerulea. Sanicula europaea.

c) nasse und sumpfige Stellen:

Scirpus. Juncus. Carex vesicatoria. Auch größere Mose wie der große Wiberthon und das Torfmos.

7.

Noch eine Wirkung auf den Boden bringen die in Gesellschaft wachsenden Kräuter, Gräser und Stauden hervor, indem diese den Boden benarben, und solchen schützen gegen die Nachtheile einer schnellen Veränderung in der Witterung wegen Wärme und Kälte, und ihn bewahren gegen zu schnelles Austrocknen. Dadurch bleibt der Boden auch für den Wuchs besonders junger Holzpflanzen geschickter, und in so fern sind solche Forstkräuter für die Holzzucht nützlich.

Daraus folgt:

1) Soll ein lockerer oder feuchter Boden nicht leicht austrocknen, so muß die Gras- und Kräuter-Benarbung bei Saaten und Pflanzungen so viel möglich geschont werden. Dieses ist besonders wichtig bei forstlichen Staaten auf sandigen Stellen und bei der Zucht der Erlen.

2) Ein vester oder bindiger Boden bekommt beim Austocknen in der Oberfläche leicht eine veste Kruste, diese reißt auf,

22 *

340

und die Holzpflanzen verderben viel leichter an einer solchen freien als an einer von Gräsern und
Kräutern benarbten Stelle. Also auch hier ist ein nur
theilweises Wegnehmen der Bodenbenarbung zur Holzkultur
rathsam.

3) Durch wiederholtes und schnelles Frieren und Aufthauen
werden auf einem oben lockeren und unten etwas festern Boden
die Holzpflänzchen nach und nach in die Höhe gehoben und oft
gänzlich verdorben. Auch dieses sogenannte Ziehen der
Pflänzchen durch Frost ist weit weniger allgemein und minder nachtheilig im benarbten als im
frei und wund gemachten Boden.

4) Bei weitem die meisten nicht holzigen Waldgewächse tragen das Ihre dazu bei, je einen Boden entweder für edlere Gewächse empfänglicher oder doch überhaupt fruchtbarer zu machen.
Doch giebt es auch einige, die für forstliche Zwecke
jederzeit einen Waldboden, wie man sagt, verschlech-
tern, und die der Forstmann auf alle Weise zu vertilgen sucht.
Zu diesen lezten sind z. B. zu rechnen die Geschlechter:

Aira. Juncus. Echium. Poa. Scirpus und im
Allgemeinen vornehmlich solche, die große Wurzeln und sehr
kleine Blätter treiben.

8.

Jeder eigentliche Waldboden ist wol immer so fruchtbar,
daß mit Anwendung der gehörigen Mittel irgend eine unserer
Holzarten auf ihm erzogen werden kann, gesezt auch, daß der
Ertrag für den ersten Umtrieb nicht sonderlich ergiebig ausfallen
sollte. Bei rechtem Forstbetriebe und bei gehöriger Forstpflege
wird ein jeder magere Waldort nach und nach verbessert; also die
Kultur der Holzpflanzen erleichtert und ihr Ertrag erhöht. Wenigstens da, wo Waldkräuter wachsen können, daselbst lassen sich auch forstlich nützliche Holzarten
erziehen. Dahin sind auch gewöhnliche Sandschollen zu rechnen, wo man unsere gemeine Kiefer unmittelbar erziehen muß,
ohne daß es dazu einer Vorbereitung durch Zucht derjenigen
Kräuter bedürfte, die auf solchen Stellen leicht Alles überziehen,
und die nachher den Holzanbau sehr erschweren, wie z. B. Sand-
Rohr, Sand-Haargras, Sand-Riedgras u. s. w. Wollte man

jedoch solche Orte mit Kräutern benarben, so müßten es wol
solche sein, die in Absicht auf Viehfutter einen Nutzen gewähr-
ten, wie Pferde-Gras, verschiedene Schmielen, Quecken
u. s. w.

Anders ist es aber mit den Dünen an den Seeküsten; hier
müssen, um den Boden zu benarben und solchen für die Zukunft
fruchtbar zu machen, die folgenden Gewächse, einzeln oder zusammen durch Saat angebaut werden; als: Sand-Rohr (Arundo arenaria), Sand-Haargras (Elymus arenarius), Sand-
Riedgras (Carex arenaria).

9.

Wenn der Waldboden von Kräutern und Gräsern nur so
weit benarbt ist, daß der zwischen sie gesäete Holzsamen den Boden erreichen kann, und auch Hoffnung da ist, daß die Holzpflänzchen nicht unterdrückt werden; dann würde es sehr unzweck-
mäßig sein, diese Kräuter und Gräser vor der Saat vertilgen
zu wollen. Denn im eigentlichen Sandboden, so wie in einem
bindigen Boden und bei rauher und trockner Lage gedeihen die
Holzpflänzchen gewiß besser im Schutz dieser Kräuter und Gräser,
als auf solchen unvorsichtig entblöseten Stellen.
Anmerk. Daß bei Beurtheilung solcher Fälle auch die anzu-
    bauende Holzart in Betracht kommt, versteht sich, da eine
    mehr als die andere von Kräutern leidet.
Zu den in dieser Hinsicht nützlichen Forstkräutern sind zu
rechnen:

a) alle einjährigen Waldkräuter, und auch solche nicht aus-
geschlossen, die auf Schlägen und gemachten Saaten sich oft
sehr zahlreich einfinden; als z. B. die Geschlechter: Senecio.
Euphorbia. Galeopsis. Melampyrum.

b) solche Gräser, die keine dichten Rasen bilden, mit den
Wurzeln nicht tief eingehen und die schwache Halme haben; als
z. B. die Geschlechter: Festuca. Milium; und

c) solche Stauden, die im freien Stande nach und nach
gänzlich verschwinden; als z. B. die Geschlechter: Actaea. Asperula. Hepatica. Orobus. Lathyrus. Mercurialis.
Vicia. Trientalis.

Treiben solche Forstkräuter so große Stengel, daß man
fürchten müßte, die Holzpflänzchen würden entweder unterdrückt,

342

ober im Winter so von Stengeln und Blättern bedeckt, daß dieses zu ihrem Verderben beitrüge; dann werden die Stengel und
Halme im Spätsommer abgeschnitten, aber niemals ausgerupft,
indem das Ausrupfen in diesem Falle immer nachtheilig ist. Dieses Abschneiden der Kräuter, Gräser u. s. w. über den jungen
Pflänzchen ist niemals schädlich und darf ohne Aengstlichkeit geschehen, selbst wenn auf Saaten einige Holzpflänzchen dabei
zu Schaden kommen sollten, die bleibenden ersetzen diesen Ver-
lust hinlänglich durch kräftigeren Wuchs.

10.

Auch giebt es mehrere Stauden, Gläser und Farn, die
fast in jeder Hinsicht bei den forstlichen Saaten und Pflanzungen
unwillkommen sind, indem sie theils durch ihre Verbreitung
über den Boden die Holzpflänzchen verdrängen oder ihnen die
Nahrung entziehen, theils dadurch schädlich werden, daß sich ihre
Stengel und Blätter, den Winter hindurch, mehr oder weniger
über die Holzpflänzchen herlegen, wodurch diese öfters gänzlich er-
sticken, oder von den darunter sich gern einfindenden Mäusen abgefressen werden. Daß der Forstmann diese Gewächse auf jede
ihm mögliche Weise zu vertilgen oder ihren Einfluß unschädlich
zu machen suchen muß, das geht aus der Natur der Sache hervor, und die Mittel dazu sind oben in 3 angedeutet. Die hierher gehörigen Geschlechter sind vornehmlich folgende;

a) Stauden:
**Ajuga. Clinopodium. Epilobium. Caleobdolon. Hy-
pericum. Juncus. Lamium, Scirpus. Stachys;**
b) Gräser:
Carex. Aira. Agrostis. Holcus. Melica. Poa. Triticum.
und c) Farn: **Pteris.**

11.

Sind Hut- und Wiesen-Plätze dicht beraset und soll
eine kostspielige Vertilgung der darauf befindlichen Stauden und
Gräser nicht angewendet werden, so giebt es zwei Mittel, solche
Orte in Holzbestand zu bringen, nämlich durch Unterlassung des
Hütens und Mähens und durch Anwendung der Pflanzung.
Durch das Erste wird der Rasen nach und nach weniger dicht
(oben 3.), und durch das Zweite erreicht man am sichersten den

343

Zweck der Erziehung eines Bestandes. Zur Bepflanzung solcher
Stellen müssen freilich etwas größere Pflänzlinge als gewöhnlich
genommen werden. Auch darf man keine Holzart wählen, deren Wurzeln in der Oberfläche hinstreichen wollen, sondern vielmehr eine solche, deren Wurzeln etwas tief eindringen; also
überhaupt solche, die in der Jugend vom Graswuchse nicht leiden. Oefters wird freilich zu einer solchen Bepflanzung noch
eine Vorbereitung nöthig, z. B. das Trockenlegen, das strei-
fenweise Umpflügen u. s. w.

12.

Nützlich für die Forstkasse endlich können die Forstkräuter
dadurch werden, daß der Forstwirth, indem er sie für den Holzwuchs unschädlich macht, noch einigen Gewinn an Geld aus ihnen zu ziehen sucht, und dieß kann geschehen durch Verkauf derselben, zu Viehfutter, zum Brennen, zu Asche, zu Salzen,
zum Färben und Gerben u. s. w.; nur Alles zur rechten Zeit
und auf die rechte Weise für den Holzwuchs, und nicht, wie
nur zu oft noch geschieht, erst dann, wann der forstliche Schaden schon geschehen ist.

Zur rechten Benutzung der Forstprodukte muß der Forstmann auch solche Waldkräuter kennen, die in technischer
Hinsicht benuzt werden können, und auch solche sind hier im
folgenden Abschnitte beschrieben, wie z. B. Oxalis Acetosella.

Gut wäre es wol auch, wenn der Forstmann solche Pflanzen
seines Waldes kennte, die zwar in Absicht auf den Forstbetrieb
gleichgültig sind, die aber von Kräuterhändlern und anderen
Personen ihres Nutzens wegen gesucht werden, da es oft darauf ankommt, zu bestimmen, wie diese Schätze der Natur benuzt werden können. Doch sind, ter Kürze wegen, nur wenige
Gewächse dieser Art hier aufgenommen worden.

———

344

Zweiter Abschnitt.

Von den Stauden und Kräutern mit zwei Samenlappen und mit Netzblättern.

———

Diese bicotyledonischen Pflanzen sind in den wesentlichen
Gliedern wie unsere Holzpflanzen gebildet. Ihre Wurzeln ver-
zweigen sich; in ihren Stengeln sind Rinde und Bast geschieden,
ein einfacher Holzring tritt auf und das Mark ist in der Jugend
deutlich; in den Blättern werden die Drosselbildungen netzförmig
vertheilt; in der Blüthe sind Kelch und Blume geschieden, und
ihre Samen sind zweilappig. Durch den Stengel unterscheiden
sie sich aber dadurch von den Holzpflanzen, daß derselbe zwar einen holzartigen Ring aus Längenfasern und Markstrahlen bildet,
aber nicht jährlich einen neuen Holzring anzulegen vermag, und
daher die kurze Lebensdauer solcher Stengel. Denn sie werden
nur einjährige ⊙ oder zweijährige ♂, oder ausdauernde ♃ Pflanzen
(vergl. S. 8. der ersten Abthl.); wenn hier kein Zeichen beige-
sezt ist, so wird das Lezte verstanden.

Die ein- und zweijährigen Kräuter vermehren sich allein
durch ihren Samen, daher heißt die Samenbildung verhindern
so viel als, sie von der eingenommenen Stelle verdrängen. Dieß
kann in Forsten vornehmlich dadurch geschehen, daß man ihre
Stengel nach dem Blühen abschneiden läßt. Aber weil an
manchen Stellen die Samen vieler dieser Arten im Schatten
auf dem Boden lange liegen können, ohne zu keimen, so erscheinen erst bei veränderten Wachsthums-Umständen, wie auf
Schlägen und bei Forstculturen, wieder viele solcher Pflanzenarten da, wo man seit Jahren keine derselben mehr sah, und
hier muß das Verdrängen von Neuem beginnen.

Die ausdauernden Stauden vermehren sich zwar auch
durch Samen, aber viele von ihnen überdieß noch durch Um-

345

ſtockung oder durch Sproſſenbildung; daher muß bei ihrer Vertilgung auch auf dieſe Art der Vermehrung Rückſicht genommen
werden.

Wie dieſe netzblätterigen Gewächſe eine hohe Mannigfaltigkeit der Formen und Geſtalten darſtellen, ſo erzeugen ſie auch
die mannigfaltigſten Pflanzenprodukte, und was von den hier
aufgeführten Gattungen zu benutzen ſein möchte, das wird bei jeder Gattung einzeln kürzlich anzugeben ſein.

————————

A. Fruchtpflanzen.

Der Samen iſt vom häutigen oder holziggewordenen
Gröps umſchloſſen, und oft noch mit dem Kelche verwachſen.
Die Blume iſt fünfblätterig und die Zahl der Staubfäden 1
oder etliche Male 5. Die Stengel und Blätter durchlaufen alle
Stufen der Ausbildung, und die Wurzeln werden zuletzt meiſt
holzig. — Sie verlangen günſtige Wachsthumsumſtände, und ſie
liefern die nützlichſten Erzeugniſſe meiſt in der Frucht oder im
Samen.

a) Roſenartige. **Rosaceen.** (Vergleiche S. 299.).

1. Aufrechte Blutwurz. **Tormentilla erecta.**

Die Blüthen mit achtſpaltigen Kelchen, die Spalten aber
abwechſelnd kleiner, und gewöhnlich nur mit 4 Blumenblättern.
Die Samen nackt auf einem ſaftloſen Hälter. Die Blätter
ſtiellos an einem ziemlich aufrechten Stengel. Die Wurzel
holzig und im Querſchnitt einen rothen Stern zeigend. (XII. 5.)

Sie wächſt an trockenen und feuchten, aber ſchattigen Waldplätzen und blüht im Sommer. Die Wurzel dient zum Gerben
und zum Rothfärben des Leders.

2. Geisbart-Spierſtaude. **Spiraea Aruncus.**

Die Blüthen in langen ährenförmigen Riſpen, oft zwei-
häuſig, mit kleinen weißen Blumen und 5 Bälgen. Die
Blätter dreimal gefiedert mit ſcharf- und doppeltſägigen Blättchen (XII. 4.)

Gemein auf feuchten Stellen in Bergwäldern mit 3 — 6
Fuß hohen und gefurchten Stengeln. Blüht im Juni.

346

3. Gemeine Erdbeere. Fragaria vesca.

Die Blüthen mit 10spaltigen Kelchen, aber die Spalten abwechselnd kleiner, mit eirunden weißen Blumenblättern. Die Erdbeere ist ein fleischig und kugel- oder kegelförmig gewordener Fruchtboden, auf dem braune Schläuche wie nackte Samen sitzen. Die Blätter 3zählig und die Blättchen faltig. Der Stengel kurz und mit fadenförmigen langen Ausläufern. Die Wurzel voll brauner Schuppen. (XII. 5.)

Gemein auf lichten Waldplätzen mit fruchtbarem Boden bei sonniger Lage. Blüht vom Mai bis Juni. — Die gewürzhafte Frucht ist allgemein beliebt, und in Gärten unterhält man viele Abarten.

Diese drei Stauden zeigen im Forste immer fruchtbare Stellen und günstige Wachsthumsumstände an, wo unsere weit genügsameren Forsthölzer gut wachsen werden, wenn nur für mehre derselben der Boden tiefgründig genug ist, und beim Anbau verursachen sie kein sonderliches Hinderniß.

---

b) Nachtkerzenartige. Anagreen. Mit 4spaltigen Kelchen und 2 — 4fächerigen Kapseln. XV. 3.

Eberich. Epilobium.

Der Kelch kurzröhrig, 4theilig und abfallend von dem säuligen Fruchtknoten; die Blume 4blätterig; 8 Staubfäden und 1 Griffel. Die Frucht eine längliche 4klappige Kapsel mit vielen wolligen Samen. (VIII. 1.)

1. Schmalblätteriger Eberich. Ep. angustifolium.

Die Blätter schmal-lanzettförmig, unten graugrün und fast ganzrandig. Die Blüthen in aufrechten, nackten und pyramidenförmigen Trauben mit behaarten Kelchen; vor dem Aufblühen die Blüthenstiele herabgebogen.

Wächst an steinigen und frischen Orten in bergigen Waldungen mit 2 — 3 Fuß hohen Stengeln, mit kriechenden und wieder ausschlagenden Wurzeln. Blüht im Julius und August gewöhnlich blauroth.

2. Berg-Eberich. Epilobium montanum.

Die Blätter eiförmig, ungleich sägeartig gezähnt und ab-

347

wechſelnd oder gegenüberſtehen . Die Blüthen zerſtreut und feinhaarig, mit großen tiefausgeſchnittenen Blumenblättern und mit 4ſpaltiger Narbe. Die Stengel fein behaart und oben we= nig äſtig.

Wie der vorige an ähnlichen Orten, nur etwas ſparſam und blüht nur etwas ſpäter ♂.

3. Vierkantiger Eberich. Ep. tetragonum.

Die Blätter lanzig, feingezähnt und unten am Stengel, wo dieſer 4kantig, gegenüber. Die Blüthen klein, purpurroth und mit ungeſpaltenem Griffel.

Wächſt zu einem 2 Fuß hohen Stengel an ſchattigen und friſchen Waldorten und blüht im Auguſt.

Dieſe Eberiche breiten ſich durch ihren mit Haaren verſehe= nen Samen weit aus, und überziehen beſonders der ſchmalblätt= erige, auch durch Wurzelausſchlag — z. B. in der ſächſiſchen Schweiz — ganze Schläge und ausgelichtete Forſtorte und ſie beeinträchtigen ſehr den jungen Anflug und Anbau, daher ſie im Sommer ausgeſchnitten und etwa, zur Streu benuzt werden können, bis der Aufwuchs mehr herangewachſen iſt. Zur Saat müſſen ſolche Stellen im Sommer vorher eine Vorbereitung er= halten.

4. Gemeines Hexenkraut. Circaea lutetiana.
(Waldkletten.)

Die Blüthen in Endtrauben mit 2blätterigen Kelchen und Blumen. Die Frucht eine rauhe zweifächerige, aber in je= dem Fache einſamige und kugelige Kapſel, die, ohne aufzuſpringen, abfällt. Die Blätter eiförmig und gezähnt; der Stamm einfach und weichhaarig; die Wurzeln kriechend und gegliedert. (II. 1.)

Wird bis 1½ Fuß hoch und blüht im Julius mit weißröth= lichen Blumen. An ſchattigen Stellen, beſonders im Mittel= walde mit friſchem Boden, kömmt dieſe Staude häufig und in Maſſen vor, und trägt viel zur Verangerung ſolcher Orte bei. Um dahin zu pflanzen, müſſen auch ihretwegen die Pflanzlöcher zeitig im Herbſte gemacht werden; zur Saat muß ſie ebenfalls entfernt werden, ob ſie gleich an ganz frei gewordenen Stellen nach und nach verſchwindet.

348

5. Herzblätteriges Hexenkraut. C. intermedia.

Mit unten herz = eiförmigen Blättern, ästigen und wenig be=
haartem Stengel, und länglichen Früchten.

Mit dem vorigen an ähnlichen Orten und von demselben
Verhalten.

––––––––––

c) **Doldige. Umbellaten.** Die Blüthen in Dolben mit 5
Staubfäden und 2 Griffeln. Die Frucht aus 2 einsamigen
Schläuchen bestehend und so mit dem Kelche verwachsen, daß
dieser wie eine Schale erscheint, die sich bei der Reife trennt;
der Samen mit verkehrtem Keim. XV. 1.

1. Gemeiner Sanickel. Sanicula europaea.

Die Dolben 4 — 5strahlig mit doppelten Hüllen und
weißröthlichen Blumen; die Blüthen in der Mitte männliche,
die übrigen weibliche und Zwitter. Die Frucht voll Widerhaken.
Die Stockblätter langegestielt, glänzend und 5lappig; die
Lappen dreispaltig und mit borstigen Sägezähnen. Der Stengel
1¼' hoch, kahl, glänzend und gefurcht. (V. 2.)

Auf feuchten und schattigen Waldplätzen sehr häufig in Vor=
hölzern. Blüht im Juni. — Den Ziegen und Schafen ange=
nehm.

2. Breites Laserkraut. Laserpitium latifolium.

Die Dolben vielstrahlig mit zurückgeschlagenen Hüllen und
kleineren Hüllchen, und mit herzförmigen gleichen Blumenblättern.
Die Frucht etwas zusammengedrückt und die Samen mit 4
krausen Flügeln. Die unteren Blätter doppelt gefiedert mit
schief herzförmigen und stechend gezähnten Blättchen. Der
Stengel 3 — 6' hoch, kahl und gefurcht. Die Wurzel sehr
lang, bitter und gewürzhaft. (V. 2.)

Auf Bergwiesen und in Alpengegenden. Blüht im Julius
und August.

3. Gemeiner Kälberkropf. Chaerophyllum sylvestre.

Die Dolben vielstrahlig ohne Hülle, aber mit 5blätter=
igen umgeschlagenen Hüllchen; die mittleren Blüthen taub; die
Blumenblätter herzförmig und eingeschlagen. Die Früchte ke=
gelförmig und glatt. Die Blätter 3fach gefiedert, mit eiförm=
igen und fiederspaltigen Blättchen. Der Stengel 3 — 4'

hoch, hohl, gefurcht, meiſt behaart und äſtig. Die Wurzel ſpindelförmig. (V. 2.)

In Geſträuchen faſt überall. Blüht vom Mai bis Julius.

Dieſe Doldenpflanzen zeichnen ſich, wie noch viele andere, durch ſtarke und ſchleimige Wurzeln aus, und ſie ſind ſchwer zu vertilgen; doch ſind ſie glücklicherweiſe auf forſtlichen Culturen nicht häufig, weßhalb ſie, wie in Baumſchulen, nur fleißig ab= zuſchneiden ſind, wenn man ſie nicht ausſtechen laſſen kann.

---

d) Wickenartige. Vicien. Mit vielſamigen klaffenden Hülſen und mit rankend gefiederten Blättern. **XIV. 1.**

Erve. Orobus.

Der Kelch am Grunde ſtumpf und mit Zähnen, wovon die oberen tiefer eingeſchnitten und kürzer als die anderen ſind. Der Griffel ſchmal und oben zottig. Die Frucht eine rund= liche Hülſe. (XVII. 5.)

1. Wald=Erve. O. vernus.

Die Blüthen traubenförmig mit purpurfarbiger Fahne, blauen Flügeln und rothem Schiffchen. Die Blätter dreipaarig gefiedert mit eiförmigen Blättchen; die Blattanſätze halbpfeilförmig und ganzrandig. Der Stengel einfach, aufrecht und kantig.

Wächſt allenthalben in Waldungen mit 1 Fuß hohem und höherem Stengel; blüht im April und Mai und wird, wie die folgende, beim Verwelken blau.

Ihre Samen ſind den Faſanen angenehm.

2. Knollige Erve. O. tuberosus.

Die Blüthen traubenförmig mit rothgeſtreiften Flügeln und Fahnen. Die Blätter drei= bis vierpaarig gefiedert mit lanzigen Blättchen; die Blattanſätze wie bei der vorigen. Der Stengel viereckig und zweiflügelig und 1 Fuß hoch. Die Wurzel kriechend und knollig.

Wächſt allenthalben an freien und ſchattigen, doch mehr trockenen als feuchten Waldplätzen, blüht im Mai, und zeichnet ſich ſehr durch die knollige Wurzel aus, die ſüßlich vom Ge= ſchmack und auch eßbar iſt.

350

3. Schwarze Erve. O. niger.

Die Blüthen in vielblüthigen Trauben und' purpurfarbig.
Die Blätter sechspaarig gefiedert, mit eiförmigen, länglichen
und scharfgespizten Blättchen. Die Blattansäze klein und linienförmig. Der Stengel ästig und die Wurzel holzig.

Wächst an bergigen, am liebsten an etwas schattigen Waldorten, blüht im Junius und Julius und wird getrocknet (wie
die Hülsen bei der Reife) schwarz.

Auf Samenschlägen beeinträchtigen diese Erven den jungen
Aufwuchs, daher sie mit anderen Forstunkräutern abgeschnitten
werden können, und auf gemachten Saaten schadet die knollige
Erve durch ihre Wurzelverbreitung, wenn das Bearbeiten des
Bodens nicht im Spätsommer vorgenommen wurde.

Platterbse. Lathyrus.

Der Kelch mit kürzeren zwei oberen Zähnen. Die Blume
schmetterlingförmig, mit breiter verkehrt herzförmiger Fahne. Der
Griffel flach, beiderseits zottig, und am Ende breiter. Die
Frucht eine lange Hülse. Die Blattstiele rankend. (XVII. 5.)

4. Wiesen-Platterbse. Lathyrus pratensis.

Die Blüthen auf vielblüthigen Stielen fast zu 10. Die
Blattstiele zweiblätterig mit lanzigen fast stechend gespizten
Blättchen, und mit einfachen, oft zwei- und dreitheiligen Gabeln,
Die Hülsen etwas zusammengedrückt.

Wächst an rasigen und lichten Waldorten und auf Wiesen
in einem guten und frischen Boden mit einem, an 2 Fuß hohen
Stengel, und blüht im Mai und Junius gelb.

Ein gutes Futterkraut.

5. Wilde Platterbse. Lath. sylvestris.

Die Blüthen auf langen Stielen zu 5 bis 7. Die
Blattstiele häutig geflügelt; zweiblätterig mit schwertförmigen
dreirippigen Blättchen. Die Hülsen rundlich.

Wächst in bergigen Gegenden auf rasigen Waldorten und
klettert in Gebüschen oft mannhoch, mit den Gabeln sich anhaltend, in die Höhe. Blüht im Junius und Julius dunkelroth.

Die Platterbsen sind in forstlicher Hinsicht den Erven gleich
zu achten.

351

Wicke. Vicia.

Der Kelch wie bei den vorigen Arten. Die Blume mit eiförmiger Fahne. Der Griffel unter der Narbe bartig. Die Frucht eine mehrsamige Hülse. Die Blattstiele rankend. (XVII. 5.)

6. Vogel=Wicke. C. Cracca.

Die Blüthen auf vielblüthigen, langen Stielen, so daß die Blumen fast dachziegelförmig in Traubenform über einander liegen. Die Blättchen lanzig und fein behaart; die Blattansätze halbpfeilförmig und ganzrandig. Der Stengel ästig.

Wächst in Vorhölzern und Gebüschen, auf Wiesen und Aeckern und blüht im Julius violett.

7. Erbsenartige Wicke. V. pisiformis.

Die Blüthen auf verlängerten Stielen traubenförmig, mit sehr großen Blumen. Die Blättchen eiförmig, weichgespizt, und die unteren am Stengel stiellos. Blattansätze halbpfeilförmig und gezähnt.

Wächst in bergigen Waldungen mit einem ästigen und mannlangen Stengel. Blüht im Julius blaßgelb.

8. Wald=Wicke. V. sylvatica.

Die Blüthen auf längeren Stielen als die Blätter, traubenförmig, mit weißlichen, blau gestreiften und punktirten Blumen. Die Blättchen elliptisch; die Blattansätze zweitheilig, wovon der eine Theil eiförmig, der andere rundlich und vielspaltig borstenförmig ist.

Wächst mit der vorigen an ähnlichen Orten zu einem 4 bis 6 Fuß langen, ästigen und gestreckten Stengel, und blüht vom Junius bis August.

9. Zaun=Wicke. V. sepium.

Die Blüthen meist zu vier in den Blattwinkeln und fast gestielt. Die Blätter fast sechsfach mit eiförmigen, ganzrandigen und nach außen abnehmend kleineren Blättchen; die Blattansätze gefleckt. Die Hülse aufrecht und glatt.

Wächst in Wäldern und Gebüschen, auch an rasigen Waldorten und auf Wiesen, mit einem 1 bis 3 Fuß hohen Stengel.

352

Blüht vom Mai bis Julius rosenfarbig mit blau, — auch gänzlich weiß.

Diese Wicken kommen an etwas licht gewesenen Waldorten häufig vor, und sind dann beim Forstanbau ein Hinderniß, wenn man sie nicht vor der Samenreife einige Jahre zu Futter benutzen läßt, wozu sich leicht Jemand finden wird, da diese Wicken sämmtlich so gute Futterkräuter sind, daß man sie und noch einige andere Wickenarten zum eigentlichen Futterbau empfohlen hat.

------

e) Kleeartige Trifolien. Mit mehrsamigen und ebenen Hülsen und dreizähligen Blättern. XIV. 1.

Klee. Trifolium.

Der Kelch röhrig und 5zähnig; die Blumenblätter verwachsen; Kelch und Blume bleibend. Die Hülsen quer aufspringend und wenig samig. (XVII. 3.)

1. Rother Klee. Trifolium rubens.

Die Aehren länglich, winkelständig und langgestielt, mit kahlen Kelchen, deren Zähne stark behaart und mit schönrothen Blumen; die Nebenblätter schwertförmig. Die Blättchen gezähnelt, der Stengel gestreift.

Auf waldigen Bergen heimisch, wird 1½ Fuß hoch und blüht im Junius und Julius.

2. Berg=Klee. Trifolium montanum.

Die Blüthen in Köpfen und zu 2 bis 3 beisammen mit nackten Kelchen, weißen Blumen und eingebogenen Fahnen. Die Hülse kahl und einsamig. Die Blättchen schmal=lanzettförmig. Der Stengel kantig und an der Spitze getheilt.

In ganz Deutschland auf bewachsenen Anhöhen 1 bis 1½ Fuß hoch und blüht im Mai und Junius.

3. Wald=Klee. Trifolium alpestre.

Die Blüthenköpfe gepaart, dicht und mit bunkelrothen Blumen. Die Blättchen länglich, aderig gestreift und fein gesägt. Der Stengel einfach, aufrecht, steif und oben behaart.

An trockenen Anhöhen und an lichten Waldplätzen nicht selten. Blüht im Junius und Julius.

4. Gemeiner Schotenklee. · Lotus corniculatus.

Die Kelche ungleich 5theilig.   Die Blüthen in Köpfen und die Flügel oben zusammengeneigt.   Die Hülse walzig und gerade.   Die Blätter gedreit mit länglichen ganzrandigen Blättchen und mit herzförmigen Blattansätzen.   Die Stengel ästig und kahl.   Auf trockenen Stellen sehr gemein.   Blüht gelb im Junius und Julius.

Die Pflanzen dieser Familie zeigen, wenn sie gut ausgebildet auf Waldplätzen vorkommen, immer einen fruchtbaren Boden an, wo Saaten und Pflanzungen sehr gut gedeihen und wenigstens in der ersten Lebensperiode gut wachsen; auch bei der Kultur selbst können sie leicht unschädlich gemacht werden durch geringe Vorbereitungen, — später werden sie den Holzpflanzen nicht schädlich.

———————

f) Wolfsmilchartige. Euphorbiaceen.   Drei verwachsene Nüsse an einem Mittelsäulchen; die Blüthen meist mit 5blätterigen Blumen und verwachsenen Griffeln. XIII. 5.

Wolfsmilch. Euphorbia.

Der Kelch bauchig und 4= bis 5zähnig; die Blume 4= bis 5blätterig auf dem Kelche.   Eine Kapsel gestielt. (Dodecandria, trigynia).   Mit Milchsaft.

1. Gemeine Wolfsmilch. Euph. Esula.

Die Blüthen in vielspaltigen Dolden mit vielblätterigen Hüllen und fast herzförmigen Hüllchen; die Blumenblätter mehr oder weniger gehörnt; die Nebenzweige unfruchtbar.   Die Blätter zerstreut und nadelförmig.

An trockenen Orten sehr häufig, 1 Fuß hoch und blüht im Sommer gelb.

2. Cypressen=Wolfsmilch. Euph. Cyparissias.

Die Blüthen in vielspaltigen Dolden mit 2blätterigen Hüllchen und 2hörnigen Blumenblättern; die unteren Aeste unfruchtbar.   Die Blätter am Stengel linienförmig, spitzig und ganzrandig, an den Aesten schmäler.

Häufig an trockenen Hügeln, waldigen Bergen u. s. w.   Sie

354

treibt kriechende Wurzeln und aufrechte fußhohe Stengel; und
blüht gelb im Mai und Junius.

Diese und andere Wolfsmilch-Gattungen überziehen wüste
Waldorte und andere trockene Plätze mehr oder weniger, und gewähren jungen Holzpflanzen an dürren Stellen einigen Schutz,
ohne sie sehr zu beeinträchtigen. Ueberhaupt kann man schließen,
daß da, wo solche Pflanzen gut wachsen, auch unsere genügsam-
en Holzarten noch gedeihen.

3. Ausdauerndes Bingelkraut. Mercurialis pe-
rennis.

Zweihäusig; die Blüthen blattwinkelständig in Trauben mit
3theiligen Kelchen ohne Blume, 9 bis 12 Staubfäden und 2
Griffeln. Die Kapsel zweiköpfig, zweifächerig und je einsamig.
Die Blätter gegenüber, gezähnt und rauh. Die Stengel gefurcht und nach der Spitze hin dicht beblättert, die Wurzel weißlich und kriechend. (XXII. 8.)

Blüht im Mai grünlich, ist in frischen und fruchtbaren
Buchenbeständen sehr häufig, und wird auf Dunkel- und Licht-
Schlägen lästig, obgleich sie nicht geradezu verderblich für den
Nachwuchs wird. — Sie hat einen widrigen Geruch und wirkt
betäubend.

g) Nesselartige. Urticeen. (Vergleiche S. 208.)

1. Wilder Hopfen. Humulus Lupulus.

Zweihäusig; männliche Blüthen in überhängenden Rispen, weibliche in Kätzchen, beide mit Deckblättern. Die Schläuche
nußartig. Die Blätter 3- und 5lappig und rauh. Der Stengel
windend. (XXII. 5.)

Auf frischen Niederwald-Plätzen und namentlich in Erlen-
büschen wächst dieser in eigenen Gärten so häufig gebaute und
dadurch veredelte Hopfen öfters wild, und wird daselbst dadurch
nachtheilig, daß er ganze Büsche überzieht, und dabei oft die
Stangen so mit dem Stengel umschlingt, daß jene schneckenförmig
gerichtete Wulste anlegen, sehr im Wuchse zurückbleiben oder gar
abbrechen. Wiederholtes Abschneiden der Stengel im Sommer
vertilgt ihn nach und nach. Die Blüthezeit im Junius. Die
Benutzung bekannt.

355

2. Große Neſſel. Urtica dioica.

Männliche Blüthen mit 4= und 5theiligen Kelchen und eben
so vielen Staubfäden; weibliche mit 2theiligen Kelchen und pinſel-
förmiger Narbe; die Frucht ein einſamiger Schlauch im Kelch.
Die Blätter herzförmig und der Stengel oben äſtig. (XXI. 3.)

Dieſe Neſſel wächſt überall wild, beſonders auf fruchtbaren,
ſteinigen und friſchen Stellen, auch in Gebüſchen, und blüht im
Julius und Auguſt.

3. Brenn=Neſſel. Urtica urens.

Die Trauben aus männlichen und weiblichen Blüthen beſtehend mit kleinen Nebenblättern. Die Blätter elliptiſch, ſcharf
gezähnt und wie der Stengel ganz mit Brenn=Borſten überzogen,
— übrigens viel kleiner als die vorige.

Wächſt faſt überall und blüht im Julius und Auguſt. ☉.

Wo dieſe Neſſeln eine Stelle überzogen haben, vorzüglich
die erſte mit ihren kriechenden Wurzeln, da iſt zur Saat und
Pflanzung dieſelbe frei zu legen, von Stöcken zu befreien und
im Sommer wiederholt zu behacken, wenn man ſie unſchädlich
machen will.

B. Blüthenpflanzen.

Die Samen ſind vorzugweiſe ausgebildet, und zwar ein-
ſamig vom Gröps umſchloſſen, oder mehre derſelben vereinigt und
dadurch vielſamig. Die Blumen ſind einfach, oder drei=, vier-
und fünfzählig, oder dieſe Zahlen verdoppelt. Die Blattform iſt
Scheideblatt, einfaches oder getheiltes Stielblatt und ſelten gefiedert. — Sie verlangen noch günſtige Wachsthumsumſtände
und liefern mehr ſchöne als nützliche Erzeugniſſe.

a) Hartheuartige. Hypericineen. Viele Staubfäden in
mehre Bündel verwachſen. Samen am inneren Winkel.
XII. 4.

Hartheu. Hypericum.

Der Kelch 5theilig. Die Blume 5blätterig. Die Staubfäden am Grunde in 3 oder 5 Haufen verwachſen. Die Frucht
eine 3 bis 5fächerige vielſamige Kapſel. (XVII. 4.)

23*

356

1. Gemeines Hartheu. H. perforatum.

Die Blüthen 3griffelig, einzeln und in Büscheln mit gelben Blumen, die mit schwärzlichen Bläschen besezt sind. Die Blätter länglichrund und stumpf; übrigens durchsichtig getüpfelt. Auf rasigen Waldplätzen und an vielen anderen wüsten Orten mit einem 1½' hohen ästigen Stengel, und blüht im Julius und August.

Wird benuzt zum Heilen, Färben und Gerben.

2. Berg-Hartheu. Hyp. montanum.

Die Blüthen 3griffelig mit drüsiggesägten Kelchen, in doldenartigen Endrispen. Die Blätter länglich, glatt und am Rande schwarz gesleckt, aber nicht getüpfelt. Wächst an hohen und niedrigen, grasigen und waldigen Orten mit einem meist einfachen 1 bis 3 Fuß hohen Stengel, und blüht vom Junius bis August groß und gelb.

3. Haariges Hartheu. Hyp. hirsutum.

Die Blüthen dreigriffelig mit drüsiggesägten Kelchen und mit gestreiften Blumen. Die Blätter länglich, am Grunde verdünnt, durchsichtig getüpfelt und unten weichhaarig wie auch die aufrechten und runden Stengel.

Auf hochliegenden, mehr trockenen und etwas schattigen Waldplätzen. Blüht im Junius und Julius klein und gelb.

In forstlicher Hinsicht sind diese 3 Pflanzen immer als schädlich anzusehen, weil sie sich umstocken, auch durch ihren Samen sich weit ausbreiten und den jungen Holzaufwuchs unterdrücken.

————

b) **Kreuzblumen.** Siliquosen. Mit vier langen und zwei kurzen Staubfäden und 1 Griffel. Die Früchte sind echte Schoten. **XII. 2.**

1. Knoblauch-Häderich. Erysimum Alliaria.

Die Blüthen in schlaffer Endtraube mit hinfälligen Kelchen und weißen Blumen. Die Schote 4kantig, kahl und vielsamig. Die Blätter herzförmig und buchtig gezähnt; sie riechen nach Knoblauch. Die Stengel leicht gestreift und 1 bis 2 Fuß hoch.

357

In Wäldern und Hecken. Blüht im Mai und Junius. ♂.
Wird diese Pflanze da, wo sie auf Saaten vorkommt, abgeschnitten, so ist sie weiter nicht schädlich.

Schaumkraut. Cardamine.

Der Kelch etwas geöffnet; die Narbe ganz 4drüsig; die
Schote schmal und die Klappen rollen sich von unten auf; die
Samen in einer Reihe. (XV. 2.)

2. Wald-Schaumkraut. Card. sylvatica.

Die Blüthen in lockerer Endtraube mit kleinen weißen
Blumen; die Schote gerade, aufrecht und kahl. Die Blätter
behaart und stehen an der Wurzel dicht; am Stengel wechseln
sie ab, die oberen mit schmaleren, länglichen und fast ganzrandigen Blättchen. Der Stengel aufrecht und stumpf 8kantig.
In schattigen Laubwaldungen ist er heimisch und blüht im
Mai oder Junius. ⊙ und ♂.

3. Spring-Schaumkraut. C. impatiens.

Die Blüthen klein und abwechselnd in schlaffen Trauben,
mit etwas gefärbten Kelchen und sehr hinfälligen schmalen Blumenblättern. Die Blätter gefiedert mit eingeschnittenen Blättchen.
Der Stengel aufrecht, kahl und spitzkantig.
An feuchten Orten in schattigen Laubwaldungen und in
feuchten Thälern an Bächen fußhoch. Blüht im Junius.
Auf frei gewordenen und cultivirten Forstorten verlieren sich
die Schaumkräuter bald und man hat nicht nöthig, auf sie besondere Rücksicht zu nehmen; sie zeigen für Holzpflanzen fruchtbare Stellen an.

––––––––––

c) Sauerkleeartige. Oxalideen. Mit 5 Bälgen zu einer Kapsel vereinigt und 5zähligen Blüthen. X. 3.

Wald-Sauerklee. Oxalis Acetosella.

Die Blüthen einzeln auf einem Schafte, ohne Stengel,
mit 10 Staubfäden und 5 Griffeln. Die Kapsel gestreift und
mit 2samigen Fächern. Die Blätter gedreit mit verkehrt
herzförmigen Blättchen. Die Wurzel gegliedert. (X. 5.)

358

Besonders an frischen und fruchtbaren Orten in schattigen Laubwaldungen, und blüht im Frühling mit weißen und dabei rothgeaderten Blumenblättern. Die ganze Pflanze hat einen angenehm-saueren Geschmack, und in Gebirggegenden wird das sogenannte Sauerkleesalz fabrikmäßig aus ihr bereitet, das hauptsächlich zur Reinigung der Wolle verwendet wird.

---

d) Storchschnabelartige. Geranien. Mit verwachsenen Staubfäden und 5 einsamigen Bälgen. X. 1.

Wald-Storchschnabel. Ger. sylvaticum.

Die Blüthen zu zweien auf einem Stiele aus den Blattwinkeln mit 5blätterigen Blumen und Kelchen; die Kelchblätter in Grännen endigend und die Blumenblätter ausgerandet. Die Bälge mit grannenartigen Griffeln. Die Blätter lappig und eingeschnitten gezähnt. (XVI. 5.)

Wächst in allerlei Lagen in Wäldern und Gebüschen mit einem 2 Fuß hohen Stengel und blüht im Junius und Julius roth oder weißlich-roth. — Auf Kulturen unschädlich; aber einen fruchtbaren Waldboden anzeigend.

---

e) Anemonenartige. Anemoneen. Mit 3blätterigen Hüllen, 5 und mehren Blumenblättern ohne Kelch, und vielen Staubfäden. X. 1.

Leberkraut. Anemone Hepatica.

Die Blüthen einzeln auf einem Schafte mit hellblauen Blumenblättern und doppelten Staubbeuteln. Die Blätter dreilappig, ganzrandig und ausbauernd. (XIII. 6.)

Blüht im März und April; wächst in steinigen und schattigen Waldorten, ist forstlich unschädlich und zeigt einen fruchtbaren Boden an.

---

f) Nieswurzartige. Helleboreen. Mit ungespornten Blumenblättern und mehrsamigen Bälgen. X. 1.

Aehrenförmige Wolfswurz. Actaea spicata.

Die Blüthen mit 4blätterigen Kelchen und Blumen in

eiförmigen Trauben. Die Frucht eine rundliche Beere und
schwarz. Die Blätter 3zählig = vielfach zusammengesezt mit
herzförmigen und eingeschnitten=gesägten Blättchen. Der Stengel
1 bis 2 Fuß hoch und oben ästig.

Blüht im Mai und Junius weiß; wächst in bergigen Wald=
ungen an schattigen und frischen Orten. Diese Staude ist nur
in Dunkel= und Licht=Schlägen dem Aufwuchs nachtheilig, wo
sie zeitig abgeschnitten werden sollte, wenn sie sich in Menge ein=
findet.

___

C. Stammpflanzen.

Röhrenblumen (Monopetalen) sind herrschend, und entweder
mit dem Gröpse verwachsen, oder vom Kelche getragen, oder un=
ter dem Gröps stehend. Sie haben meist nur Schläuche oder
häutige Kapseln, selten wahre Früchte. Die meisten sind nur
Kräuter, selten Holzarten. Sie sind gegen den Boden die ge=
nügsamsten unter den netzblätterigen Pflanzen.

a) Schwalbenwurzartige. Asclepiaden. Mit 5 in eine
Säule verwachsenen Staubfäden und zwei Griffeln; die Sa=
men behaart. IX. 5.

Gemeine Schwalbenwurz. Asclepias Vincetoxicum.

Die Blüthen in Enddolden mit 5 hohlen gehörnten Ho=
niggefäßen. Die stumpfen und kahlen Kapseln mit langen weiß=
en Samenkronen. Die Blätter gestielt und ganzrandig. (V. 2).

Blüht im Mai und Junius weiß; die kriechenden Wurzeln
treiben einfache 1 bis 2 Fuß hohe Stengel. — Sie überzieht
an steinigen Waldorten kleine Stellen und ist nur auf Samen=
schlägen lästig.

___

Lippenblumige. Labiaten. Die Blüthen in Wirtel=
ähren mit 2 Paar ungleichen Staubfäden, 2 Narben und
4 nußartigen Samen. Meist Kräuter mit 4eckigen Stengeln.
IX. 4. (Sie gehören zu Didynamia. 2.).

___

360

Günſel. Ajuga.

Die Blüthen mit fünfſpaltigen Kelchen, mit ſehr kleiner Oberlippe an der Blume und mit über dieſe hervorragenden Staubfäden; Staubbeutel einfächerig. Die Blätter gegenüber.

1. Pyramiden=Günſel. A. pyramidalis.

Die Wurzelblätter eiförmig, ſehr groß. Der Stamm untig, zottig und mit den Blättern eine Pyramide bildend.

Blüht im Mai und Junius eigentlich blau, doch auch weiß oder blaßroth, und wächſt an trockenen Orten. ♂.

2. Kriechender Günſel. A. reptans.

Der Stengel glatt. Wurzel=Sproſſen kriechend.

Blüht im Frühling blau mit weißlichem Schlunde und wächſt an friſchen und ſchattigen Orten.

Beſonders iſt der kriechende Günſel, durch Ueberziehung des Bodens mit ſeinen Wurzelſproſſen, forſtlich gemachten Saaten nachtheilig, auf den bei der Bodenbearbeitung Rückſicht genommen werden muß, wenn er ſich häufig vor= oder einfinden ſollte.

3. Goldgelbe Waldneſſel. Galeobdolon luteum.

Die Blüthen mit gewölbten, ganzen Oberlippen, mit drei=ſpaltigen Unterlippen (ohne Zahn), wovon der mittlere Abſchnitt am längſten, und in ſechsblüthigen Quirlen ſtehend. Die Blätter eiförmig, gezähnt und geſtielt. Die Staubfäden mit geſtielten Drüſen beſezt.

Wächſt mit einem abwärts kriechenden und nach oben etwa 1 Fuß hoch aufgerichteten Stengel. Blüht im Mai und Junius gelb und ſieht einer tauben Neſſel ähnlich.

Dieſe gewöhnlich auf feuchten oder ſchattigen Waldplätzen häufig vorkommende Staude bildet ſehr leicht dichte Maſſen, und verhindert in ſolchem Falle das Aufkommen der Holzpflanzen; deßhalb vertilgt man ſie vor der eigentlichen Samenreife.

4. Breitblätteriger Hohlzahn. Galeopsis Te-trahit.

Die Blüthen in dichten Quirlen ſtehend, mit ſpizig fünf=zähnigen Kelchen und mit langen rothen (auch weißen) rachen=

361

förmigen Blumen, wovon die Unterlippe dreispaltig, gekerbt und mit zwei aufrechten hohlen Zähnen zwischen den Abschnitten versehen ist.   Die Blätter eiförmig, sägeförmig gezähnt und beiderseits steif behaart.   Die Stengel unter den Blattwinkeln verdickt und borstig.

Blüht im Julius und August; reift den Samen im September und wächst fast in ganz Deutschland auf Feldern und in Wäldern. ⊙.

Dieses Kraut erscheint auf solchen Waldorten, an welchen der Boden zum Behuf einer forstlichen Saat wund gemacht wurde, oft in großer Menge, und es ist dann, besonders an trockenen Stellen, ein wahrer Schutz für die Holzpflänzchen. — Die Samen hat man in Thüringen und Schwaben zum Oelschlagen benutzt.

5. Gefleckte Taubnessel. Lamium maculatum.

Die Blüthen quirlförmig zu 10 in den Blattwinkeln, rachenförmig mit gewölbter Ober- und ganzer zweilappiger Unterlippe, und mit einem flachen Zahn zu beiden Seiten der Unterlippe.   Die Blätter herzförmig zugespitzt, gesägt und in der Jugend und im Herbste weißgefleckt.

Wächst mit einem 1 bis 3 Fuß hohen und aufrechten Stengel in Vorhölzern und Gebüschen und auf Schlägen, wo die Nachzucht mißlungen ist, sehr häufig.

Blüht vom Mai bis August blaßroth und hat auf der Unterlippe einen dunkleren Flecken.

Sie muß vor der Samenreife abgeschnitten werden, wenn sie sich, an ihr günstigen Orten, nicht zu sehr ausbreiten, und besonders langsam wachsende Holzpflanzen, nicht unterdrücken soll.

Ziest. Stachys.

Der Kelch eckig und spitzig fünfzähnig.   Die Blume rachenförmig mit gewölbter und etwas ausgeschnittener Oberlippe, und mit dreispaltiger, an den Seiten umgebogener Unterlippe. Die Staubfäden nach dem Verblühen seitwärts gebogen.

6. Wald-Ziest. St. sylvatica.

Die Blüthen quirlförmig zu sechs stehend, und mit am

362

Grunde borstigen Staubfäden.   Die Blätter herzeiförmig, gestielt, scharf zugespizt und sägeartig gezähnt.

Wächst überall an schattigen Waldorten, und in Gebüschen
mit einem 2 bis 3 Fuß hohen Stengel, blüht im Junius purpurroth mit Weiß, und verbreitet einen stinkenden Geruch um sich.

7. Deutscher Ziest.   St. germanica.

Die Blüthen in vielblüthigen Quirlen, mit einem wenig
ausgeschnittenen mittleren Lappen der Unterlippe; der Helm der
Blume ist äußerlich ganz zottig.   Die Blätter unten am
Stengel länglich rund, herzförmig und gestielt; oben am Stengel
lanzig und ungestielt, bei allen die Sägezähne dachziegelförmig
übereinander liegend.   Der Stengel, wie fast alle Theile der
Pflanze, mit weißen Haaren bedeckt.

Wächst an steinigen und bergigen Orten, auch an solchen
lichten Waldplätzen mit einem 2 bis 3 Fuß hohen Stengel.
Blüht im Julius blaßroth.

Kommen diese beiden Arten auf den Schlägen vor, so vermehren sie sich, nach gemachter forstlicher Kultur, außerordentlich
durch den Samen, wenn die Stengel vor der Reifezeit desselben
nicht abgeschnitten werden, und beeinträchtigen dann sehr die jung-
en Holzpflänzchen; besonders aber da, wo Nachsaaten gemacht
werden müssen.   Sie zeigen einen, wenigstens in der Oberfläche
fruchtbaren Waldboden an.

8. Gemeiner Wirbeldosten.   Clinopodium vulgare.

Die Blüthen mit Quirlen von vielborstigen Hüllen umgeben, mit zweilippigen Kelchen, und mit rachenförmigen Blumen,
wo die Oberlippe flach und verkehrt herzförmig und der mittlere
Lappen der Unterlippe breit und ausgerandet ist.   Die Blätter
stumpf, eirund und gekerbt.

Wächst überall an mehr trockenen als feuchten gebirgigen
Waldplätzen, mit einem 1 bis 2 Fuß hohen Stengel, blüht röthlich im Julius und August, und kommt in forstlicher Hinsicht
mit den vorigen Ziesten überein.

9. Wald-Salbei.   Salvia sylvestris.

Die Blüthen in quirlförmigen Aehren mit gestreiften

Kelchen und unregelmäßigen, rachenförmigen, blauen Blumen, und mit gefärbten, dem Kelche fast gleich langen Deckblättern. Die Blätter herz=lanzettförmig und kerbig=gesägt. Die Stengel fein behaart. (II. 1.)

Diese vorzüglich im südlichen und mittleren Deutschland auf sonnigen und grasigen Hügeln und in lichten Waldungen nicht selten vorkommende Staude blüht im Julius und August.— Sie zeigt einen etwas mageren Boden an, und muß bei forst=lichen Saaten da, wo sie häufig erscheint, entfernt werden, weil um sie keine jungen Holzpflanzen gedeihen.

---

c) Scharfblätterige.   Asperifolien.   Mit regelmäßigen, trichter= oder glockenförmigen Blumen, und 4 nußartigen Samen.   IX. 4.

1. Gemeiner Natterkopf. Echium vulgare.

Die Blüthen in ästigen, einseitigen und zurückgebogenen Aehrchen, die eine Traube bilden, mit 5theiligen Kelchen und glockenförmigen, ungleich 5spältigen Blumen, die anfänglich schön roth und später blau sind. Die Stengel ästig, borstig und mit lanzettförmigen, ebenfalls borstigen Blättern besezt. (V. 1.)

Auf trockenen und wüsten Plätzen sehr gemein; blüht im Sommer und varirt mit weißen Blumen. ♂.

Auf wundgemachten Orten in Vorhölzern, besonders auf lehmigem Boden, findet sich dieses Kraut zuweilen in Masse ein, und unterdrückt dann die Holzpflänzchen sehr, vornehmlich durch die ausgebreiteten Wurzelblätter.   Durchs Abschneiden wird es unschädlich gemacht, und nach einigen Jahren verschwindet es wieder. — Vom Vieh wird diese Pflanze nicht angenommen.

2. Gemeines Lungenkraut. Pulmonaria offici-nalis.

Die Blüthen mit 5kantigen und 5zähnigen Kelchen, trichterförmigen und 5lappigen Blumen und kurzen Staubfäden; sie stehen in einseitigen und überhängenden Trauben. Die Stock=blätter herzförmig und gestielt; die Stengelblätter eiförmig und sitzend, beide rauh. Der Stengel einfach, rauh und fast fuß=hoch. (V. 1.)

Wächst in Vorhölzern und Gebüschen durch ganz Deutsch=

364

land; blüht im April und Mai anfangs röthlich, später bläulich und kömmt forstlich nicht sehr in Betracht und kann leicht durch Kultur unterdrückt werden.

---

d) Larvenblumige. Personaten. Mit larvenförmigen Blumen, 2 Paar Staubfäden, und zweifächerigen klaffenden Kapseln. **XI. 2.**

Fingerhut. Digitalis.

Der **Kelch** 5theilig. Die **Blume** walzig, bauchig und am Rande ungleich 4lappig. Die **Kapsel** eiförmig und spitzig. **(XIV. 2.)**

1. Rother Fingerhut. Dig. purpurea.

Die **Blüthen** zahlreich in einer einseitigen Aehre mit schön rother und inwendig braun gefleckter Blume. Die **Blätter** eilanzettförmig und gekerbt. Der Stengel feinfilzig und 2 — 3' hoch.

Wächst in gebirgigen Waldungen an trockenen und frischen Stellen; blüht vom Junius bis August. ♂ — Wirkt betäubend und wird der schönen Blumen wegen auch in Gärten unterhalten, wo sie sich leicht ausbreitet.

2. Blaßgelber Fingerhut. Dig. ambigua.

Die **Blüthen** ebenso, aber mit blaßgelben Blumen, die inwendig braun-netzartig. Die **Blätter** unten behaart. Der Stengel etwas klebrig und 2 — 3 Fuß hoch. ♂ — Kömmt wie der vorige Fingerhut vor, aber mehr an trockenen Orten und blüht im Julius und August.

Diese Fingerhüte überziehen oft ganze Schläge und lichte Plätze, und dann müssen sie wenigstens abgeschnitten werden, wenn sie junge Holzpflanzen nicht unter sich verdrängen sollen, indem in der Nähe derselben sich kaum ein- und zweijährige Holzpflanzen erhalten.

Wachtelwaizen. Melampyrum.

Der **Kelch** 2lippig und 4theilig; die Oberlippe der Blume helmförmig, ihr Rand zurückgeschlagen, und die Unterlippe 3theilig. Die **Kapsel** spitzig, 2fächerig und oben aufspringend.

3. Blauer Wachtelwaizen. M. nemorosum.

Die **Blüthen** einseitig; die Kelchzähne nackt und röthlich.

Die Blume offen, röthlich ober gelb mit einer röthlichen Röhre; die Deckblätter herz = lanzettförmig, gezähnt. Die oberen ohne Blumen und blau (oder weiß). Die Blätter lanzettförmig, ganzrandig und weich behaart. Der Stengel ästig und fußhoch ⊙.

Blüht im Sommer und wächst häufig in lichten Laubwäldern.

4. Wald = Wachtelwaizen. M. sylvaticum.

Die Blüthen ebenfalls einseitig, aber mit kurzen Kelch= zähnen und mit niedergedrückten ganz gelben Blumen bei off Mündung. Die Blätter lanzettförmig, schmal und ganzran Der Stengel wenig ästig und abwärts ziemlich rund. ⊙.

In lichten Gebirgswäldern ziemlich häufig und blüht im Julius und August.

Die Wachtelwaizen trifft man am meisten in verwahrlos= eten Beständen des Nieder = und Mittelwaldes an und sie deut= en durch ihr Vorkommen an, wie sehr daselbst die Fruchtbarkeit des Bodens im Abnehmen ist; sonst sind sie unschädlich.
Anmerk. Die noch hierher gehörigen Waldpflanzen: Schwarze Kerze (Verbascum nigrum), und Wald=Läusekraut (Pedicularis sylvatica), kommen zu einzeln in unseren Waldungen vor, als daß sie forstlichen Einfluß gewinnen könnten.

---

e) Nachtschattenartige. Solaneen. (Vergl. S. 310.)

Gemeine Tollkirsche. Atropa Belladonna.

Die Blüthe einzeln in den Blattwinkeln mit braunrother, glockenförmiger und 5spaltiger Blume. Die Frucht eine glänz= ende, zweifächerige und dunkelrothe Beere. Die Blätter ei= förmig und ganzrandig. (V. 1.)

Auf waldigen Bergen wächst dieses Kraut mit einem 3 - 6 Fuß hohen Stengel und blüht im Julius und August. — Es hat in allen seinen Theilen sehr giftige Eigenschaften, und na= mentlich soll man Jedermann warnen, die wie Kirschen aussch= enden Beeren zu essen — Gegenmittel nach dem Genuß sind zunächst Brechmittel und Essig. — Auf Saaten sehr unwillkom= men, und daselbst muß wenigstens das Kraut schon im Julius oder August abgeschnitten werden.

366

f) **Krappartige. Stellaten.** Mit 4zähnigen Kelchen, 4theil=
igen Blumen, 4 Staubfäden und 2samigen Gröpsen. Die
Blätter einfach und wirtelförmig stehend. VIII. 2.

Waldmeister. Asperula.

Die Blume oben, einblätterig und trichterförmig. Der
Kelch klein. Der Griffel zweispaltig und hinterläßt 2 kugel=
runde Nüsse. (IV. 1.)

1. Ruch=Waldmeister. Asp. odorata.

Die Blüthen in gestielten Büscheln. Die Blätter
lanzettförmig und zu 8 um dem Stengel. Die Samen rauh.
Blüht weiß im Mai und wächst an schattigen Waldplätzen.

2. Färb=Waldmeister. Asp. tinctoria.

Die Blüthen in Doldentrauben mit vielblüthigen Büsch=
eln und meist dreispaltigen Blumen. Die Blätter sehr schmal,
an einem schwachen Stengel, unten zu sechs und mitten zu vier
beisammenstehend. Die Samen kahl.
Blüht weiß im Junius und wächst in bergigen Waldungen,
besonders auf Gypsboden.
Diese Kräuter treiben kriechende Wurzeln mit einfachen
schwachen Stengeln, und beeinträchtigen durch ihre Ausbreitung
den jungen Aufwuchs; daher sie abgeschnitten werden, und dann
beide als ein Milch vermehrendes Futter (die lezte auch zum
Färben) verwendet werden können.

3. Wald=Labkraut. Galium sylvaticum.

Die Blume radförmig und weiß; die Blüthen in 3spalt=
igen Rispen. Die Samen rund. Die Blätter unten zu 8,
und oben zu 2; sie sind graugrün und am Rande scharf. Die
Stengel 4kantig, an den Gelenken verdickt und 2 — 3 Fuß
hoch. (VI. 1.)
Wächst häufig in Wäldern fast durch ganz Deutschland,
blüht im Julius und August, und hat in forstlicher Hinsicht
ein Verhalten wie die beiden vorigen.

367

g) **Glockenblumige.** Campanulaceen. Blume regelmäßig 5spaltig; 5 freie Staubfäden, Kapsel 2 — 3fächerig
und vielsamig. **VII. 4.**

1. Wald=Rapunzel. Phyteuma spicata.

Der Kelch 5zähnig; die Blume mit 5 schmalen, oben verwachsenen Lappen; die Blüthen bilden einfache längliche Aehren.
Die Blätter unten langgestielt und stumpf gezähnt, oben stiellos und ganzrandig. Der Stengel einfach, gefurcht und 1—
2 Fuß hoch. (V. 1.)

In Laubwäldern fast in ganz Deutschland, blüht gelblich,
auch weißlich oder bläulich, im Mai und Junius, und zeigt einen
frischen und fruchtbaren Boden an.

2. Berg=Jasione. Jasione montana.

Die Blüthen knopfförmig in vielblätteriger Hülle, mit 5-
theiligen Kelchen und Blumen, und mit verwachsenen Staubbeuteln.
Die Blätter schmal, lanzettförmig und wollig. Der Stengel
fußhoch. (V. 1.)

Wächst an trockenen Orten fast überall, blüht im Junius
und Julius in blauen Knöpfen, fast wie bei den Scabiosen. ☉

Glockenblume. Campanula.

Der Kelch 5theilig; die Blume glockenförmig und 5spalt-
ig; die Staubfäden endigen unten in breite Schuppen. Die
Kapsel unten mit Seitenlöchern.

3. Gemeine Glockenblume. C. Trachelium.

Die Blüthenstiele mit wenigen Blüthen, sehr behaarten
Kelchen und großen blauen oder röthlichen und inwendig behaarten
Blumen. Die Blätter herz=lanzettförmig und eingeschnitten
gesägt. Der Stengel eckig, steifborstig und etwa 2 Fuß hoch.

Diese Staude wächst in Hecken und Vorhölzern durch ganz
Deutschland; sie wird auch in Gärten unterhalten, vornehmlich
die weißblumige Abart und blüht von Junius bis August.

4. Pfirschigblätterige Glockenblume. Camp. persicifolia.

Die eckigen Blüthenstiele einzeln aus den oberen Blattwinkeln und einblüthig mit großen hellblauen Blumen und mit 2

368

Deckblättern. Die oberen Blätter ſtellos, ſehr zart gekerbt und glänzend, der Stengel eckig, kahl und über 2 Fuß hoch.

In Laubhölzern und Hecken faſt überall, in Gärten mit gefüllter Blume, und blüht im Junius bis Auguſt.

Forſtlich kommen die glockenblumigen Pflanzen nur in ſofern in Betracht, als ſie verangerte Stellen mit nicht unfruchtbarem Boden anzeigen

———

Die nächſtfolgenden Sippen gehören alle zu der ſehr zahlreichen Familie:

Scheibenblüthige. Compositae.
(Syngeniſten.)

Sie haben folgende, allgemeine Kennzeichen: ein Samen aufrecht und mit dem Keiche verſchmolzen; fünf verwachſene Staubbeutel; und einen langen Griffel mit zwei Narben. **VII.** 1, 2 und 3.

Sämmtliche nachher aufgeführte Gattungen dieſer Familie ſind dem Forſtmanne nur durch Folgendes merkwürdig. Es erzeugen nämlich dieſe Pflanzen ſehr viele Samen, die ihrer Leichtigkeit oder der Haarkrone wegen vom Winde weit verbreitet werden, ſo daß ſie oft ganze Strecken überziehen. Dieſes ſchnelle Ueberziehen tritt aber in unſeren Forſten in Licht- und kahlen Abtrieb-Schlägen ein, wenn der Boden frei von anderen Kräutern, oder durch das Stockroden oder durch's Behacken wund gemacht worden iſt. Dabei iſt aber das Gute, daß dieſe Kräuter die Holzpflänzchen nicht leicht gänzlich verdrängen oder unterdrücken, und daß ſie gewöhnlich nach einigen Jahren ſchon auf dieſer Stelle verſchwinden; ja an trockenen und dürren Orten können ſie ſogar für ein Schutzmittel gegen das Verdorren der Saatpflänzchen gelten. Nur da, wo aus anderen Urſachen und aus Mitwirkung dieſer Kräuter die erſte Anſaat ganz oder zum Theil mißlungen iſt, da werden auch ſie der Nachſaat verderblich, und dieſes wird durch Anpflanzung umgangen. Uebrigens laſſen ſie ſich durch Abſchneiden vor der Samenreife und durch's Umhacken im Sommer leicht forſtlich unſchädlich machen.

369

b) **Lactuceen.**

Habichtkraut. Hieracium.

Der Kelch geschindelt und eiförmig. Der Fruchtboden (Hälter) nackt. Die Samenkrone (das Federchen) einfach und ungestielt. (XIX. 1.)

1. Gemeines Habichtkraut. **Hier. Pilosella.**

Die Blüthen an nackten einblüthigen Stengeln mit unten roth gestreiften Blümchen. Die Blätter eiförmig, ganzrandig, unten filzig und liegen auf der Erde ausgebreitet.

Treibt kriechende Sprossen und wächst auf trockenen und verangerten sandigen und lehmigen Orten in und außer den Forsten.

Blüht vom Mai bis August schwefelgelb und außen roth.

2. Wald=Habichtkraut. **Hier. sylvaticum.**

Die Blüthen rispenförmig stehend. Die Wurzelblätter länglich, zottig, schwachgezähnt und gefleckt. Der Stengel einfach, aufrecht und mit wenigen kleineren Blättern besezt.

Wächst an freien und schattigen, aber verraseten Wald= plätzen und blüht vom Mai bis August gelb.

3. Rauhes Habichtkraut. **Hier. sabaudum.**

Die Blüthen doldentraubenförmig, mit glatten Kelchen und zelligem Fruchtboden. Die Blätter lanzig=eiförmig und gezähnt; am Stengel halbumfassend und die Wurzelblätter ge= stielt. Der Stengel einfach, aufrecht, rauhhaarig und 2 bis 3 Fuß hoch.

An ähnlichen Orten wie das vorige, und auf Waldwiesen; und blüht im Julius und August ziemlich groß und gelb.

4. Wald=Wasserdost. **Eupatorium cannabinum.**

Die Blüthen scheibenförmig mit nacktem Fruchtboden, geschindelten und länglichen Kelchen, und mit langen und halb= gespaltenen Griffeln. Die Samenkrone befiedert. Die Blätter gestielt und breitheilig, mit gesägten und lanzigen Ab= schnitten. (XIX. 1.)

Mit einem 3 bis 4 Fuß hohen, rauhen und viereckigen Stengel in feuchten Wäldern, auch an Flüssen. Blüht im Ju= lius und August röthlich, und ist wohlriechend.

24

370

i) Astereen.

5. Gemeine Goldruthe. Solidago Virgaurea.

Die Blüthen traubenförmig aufrechtstehend, mit röhrigen Zwittern und etwa 8 entfernt stehenden gestrahlten weiblichen Blüthchen und mit nacktem Fruchtboden. Der Kelch geschindelt mit geneigten Schuppen. Die Samenkrone einfach. Die Blätter lanzig und gesägt, nur unten am Stamm etwas breiter gestaltet, auch etwas gestielt und mehr gezähnt. Der Stamm aufrecht, einfach oder ästig, 2 bis 4 Fuß hoch und schwachkantig.

Wächst an rasigen oder etwas schattigen, jedoch mehr trockenen als feuchten Waldplätzen und blüht vom Julius bis September gelb. (XIX. 2.)

k) Senecioneen.

Kreuzwurz. Senecio.

Der Kelch walzenförmig, gleich und vielblätterig mit Nebenkelchen; die Schuppen an der Spitze brandig. Der Fruchtboden nackt. Die Samenkrone einfach.

6. Hain-Kreuzwurz. Sen. nemorensis.

Die Blüthen mit acht Strahlen. Die Blätter ei-lanzettförmig, gesägt und gefranzt, unten rauh und auf wolligen Stielen. Der Stengel aufrecht und ästig und 2 bis 3 Fuß hoch.

In lichten Gebirgs-Waldungen und im Julius und August blühend.

7. Edel-Kreuzwurz. Sen. saracenicus.

Die Blüthen in genäherten Doldentrauben. Die Blätter lanzettförmig, gesägt, glatt und fast stiellos. Der Stengel eckig, steif, wenig ästig, und 4 bis 5 Fuß hoch, mit kriechenden Wurzeln.

Kommt mit der vorigen an gleichen, doch auch an freien Orten vor, und blüht zu derselben Zeit.

8. Jacobs-Kreuzwurz. Sen. Jacobaea.

Die Blüthen am Ende des Stengels und die Zweige auf kürzeren und längeren Stielen unordentlich stehend. Die Blätter leierförmig, doppelt fiederartig gespalten und ausge-

371

sperrt und gezähnt und glatt. Der Stengel aufrecht, ästig, 2 bis 5 Fuß hoch, und oft ganz roth.

Man findet sie fast überall an rasigen und frischen, auch steinigen und dürren Orten in und außer den Wäldern, und sie blüht im Julius und August.

9. Senfblätterige Kreuzwurz. Sen. erucaefolius.

Die Blüthen in zweigigen Sträußen, mit scharf drei-zähnigen Strahlen und mit nach der Spitze hin breiteren Kelch-schuppen. Die Blätter fiederig gespalten gezähnt, oben behaart, und unten grau filzig. Der Stengel aufrecht und 2 bis 3 Fuß hoch.

Mit der vorigen trifft man sie eben so oft an gleichen Orten an, nur blüht sie einige Zeit früher ab.

10. Wald-Kreuzwurz. Sen. sylvaticus.

Die Blüthen doldentraubig, mit zurückgerollten Strahlen und mit sehr kurzen äußeren Kelchschuppen. Die Blätter stiellos, halbgefiedert und die Abtheilungen glatt gezahnt. Die Stengel aufrecht, wenig ästig und behaart, aber nicht klebrig.

Wächst in Waldungen, besonders auf freigewordenen oder wund gemachten Stellen sehr häufig, 1 bis 2 Fuß hoch. Blüht vom Julius bis October. ☉.

11. Gemeine Kreuzwurz. Sen. vulgaris.

Die Blüthen doldentraubig und ungestrahlt. Die Blätt-er stengelumfassend, buchtig gezähnt, halbgefiedert und vorn abge-stumpft. Die Stengel aufrecht, ästig, saftig und bis 1 Fuß hoch.

Dieses Kraut ist sehr gemein, besonders auf lockeren und fruchtbaren Stellen; häufig wird es auch in Baumschulen sehr lästig.

Es blüht vom Frühling bis im Herbst. ☉.

12. Berg-Wolverlei. Arnica montana.

Die Blüthen scheibenförmig mit großen Strahlenblüm-chen, die Staubfäden ohne Staubgefäße haben, auf einem fast zottigen Fruchtboden. Der Kelch dachziegelförmig und die Sa-

24 *

372

menkrone einfach und rauh. Die **Blätter** eiförmig, ſtumpf,
ganz und ſtark aberig; ſie ſtehen gedrängt an der Wurzel, und
gegenüber an dem 1 bis 1½ Fuß hohen rauh=behaarten Stengel.
(XIX. 2.)

In lichten Waldungen und verraſeten Waldplätzen, beſonders
in bergigen Lagen, iſt dieſes Kraut ziemlich gemein, und es iſt
vornehmlich wegen ſeiner auflöſenden und verbeſſernden Kräfte
eine, unſerer vorzüglichſten wilden Heilpflanzen — auch von den
Schafen wird es gefreſſen.

Blüht vom Junius bis Auguſt mit ungefähr 16 goldgelben
Strahlenblümchen.

Dritter Abſchnitt.
Von den Pflanzen mit einem Samenlappen und mit Streifenblättern.

Dieſe Pflanzen zeichnen ſich gegen die vorigen aus: theils durch einen Mangel an Trennung der Gewebe, indem Rinde, Holz und Mark nicht deutlich geſchieden ſind und ſie alſo nicht neue Jahrringe zwiſchen Holz und Borke anlegen und mithin niemals ſehr dick werden können; theils durch geringe Vertheil- ung der Glieder, ſo daß der Stengel gewöhnlich nur ein Schaft bleibt ohne Knospen und Aeſte, und die Blätter nur ſtreifen- artig von den Längenfaſern durchzogen erſcheinen; theils dadurch, daß bei ihnen eine gewiſſe Einſchachtelung vorherrſcht, wodurch die Glieder ſich röhrenförmig ausbilden. Betrachtet man die Glieder dieſer Pflanzen einzeln, ſo findet man den Stock zuerſt ſehr ausgebildet, ſo daß an ihm nach unten die Wurzeln ent- ſtehen und nach oben zugleich reichliche Stockblätter, die als Scheideblätter erſcheinen. Dann erhebt ſich zwiſchen dieſen Blättern der Schaft, der entweder ganz nackt bleibt, oder auch mit Scheideblättern bekleidet iſt, und der ſtatt der Aeſte öfters die Knoten ausbildet, wie beim Grashalm. Die Blüthen entſtehen aus dem Schaft ſelbſt und nur die Blüthenſtiele ver- äſteln ſich mehr oder weniger. In der Blüthe ſelbſt, die eben- falls nur von ſcheideartigen Blattbildungen umgeben iſt, ent- wickelt ſich noch kein vollkommener Gegenſatz zwiſchen Kelch und Blume, ſo daß dieſe Theile entweder blos Kelche oder die Blumen als gefärbte Kelche erſcheinen, und auch die Staubfäden aus dieſen Kelchbildungen entſpringen. Wie es dieſe Pflanzen nur zu Scheideblättern bringen, ſo iſt auch im Samen nur ein ſolcher einfacher Samenlappen, der ſich beim Keimen zum Keim-

374

blatt entwickelt. — Bei den Blüthenbildungen herrscht die Drei=
zahl vor, also 3, oder deren Verkümmerung zu 2 und 1, oder
deren Verdoppelung 2mal 3.

Diese Pflanzen verlangen meist eine große Wasserwirkung,
so daß einige zum Theil im Wasser selbst wachsen, andere aber
nur einen feuchten Boden verlangen; erst die höheren derselben
vertragen trockene Stellen und bergige Lagen.

Die höchsten Erzeugnisse dieser Gewächse sind meist vortreff=
liche Nahrmittel, besonders im Samen, für Menschen und
Thiere, außerdem liefern sie wenig ausgezeichnete Stoffe.

In forstlicher Hinsicht sind einige bei uns heimische Gatt=
ungen entweder blos lästige Unkräuter, oder sie zeigen bestimmte
Bodenzustände an, oder sie geben einen Ertrag als Viehfutter
oder als Streumittel für die Feldwirthschaft.

A.

Von den höchsten Streifenpflanzen kommen im mittleren
Deutschland auf schattigen Waldplätzen nur einzelne vor: von
den Aristolochien die

1. Gemeine Osterlugei, Aristolochia Clematis,
mit einfachen bauchigen Blumen, die gehäuft in den Blattwin=
keln stehen; mit sechsfächerigen Kapseln, rundlichen herzförmigen
Blättern und einfachen aufrechten Stengeln; (XX. 3.) und
von den Aroideen die

2. Gefleckte Natterwurz, Arum maculatum,
mit aufrechten röthlichen Kolben und scharlachrothen Beeren; mit
spießförmigen gefleckten Blättern und einfachem Schafte, den eine
tutenförmige Scheide umgiebt. (XX. 5.)

Sie zeigen frische Bodenstellen an und gewinnen in forst=
licher Hinsicht keinen merklichen Einfluß.

B.

Von den Bastpflanzen (Lilien) kommen ebenfalls nur
wenige Gattungen in unseren Forsten an feuchten oder morigen
Stellen vor, die durch ihre Bildungen, besonders in der Wurzel
und in der Blüthe, sich auszeichnen, keinen eigentlichen Schaden
verursachen und durch's Trockenlegen der freigewordenen Stellen

kalb verschwinden. Die gewöhnlichen sind folgende; a) vo den **Orchideen, V. 4.**

Knabenkraut, Orchis.

Die Staubbeutel seitwärts mit dem Griffel verwachsen, Kelch und Blume je 3blätterig; aber das obere Kelchblatt bildet mit den zwei oberen Blumenblättern einen Helm, zwei untere Kelchblätter sind vorwärts gerichtet und das untere Blumenblatt erscheint als Lippe und geht am Grunde in einen langen Sporn über. Aus dem Stocke erwachsen Knollen und getheilte Wurzeln. (XX. 1.)

* Wurzeln knollig.

1. **Salep-Knabenkraut.** Orchis mascula.

Mit dreiklappiger ungekerbter Rippe, gespaltenem Mittellappen, stumpfem Sporn und zurückgeschlagenen Kelchblättern; mit breitlanzettförmigen und wenig dunkelroth gefleckten Blättern; und mit großen ei-runden Knollen.

Blüht im Mai und Junius purpurroth und wird fußhoch. Aus diesen Knollen wird vornehmlich der bekannte Salep bereitet, doch auch noch aus denen der **O. Morio, pyramidalis, militaris, latifolia** und **maculata.**

2. **Gemeines Knabenkraut.** Orchis Morio.

Mit dreilappiger gekerbter Lippe, einem stumpfen aufsteigenden Sporn und stumpfen Kelchblättern; mit lanzettförmigen Blättern, handhohem Stengel und kugelrunden Knollen.

Blüht im Mai und Junius roth in kleinen Aehren.

3. **Kegelförmiges Knabenkraut.** Orchis pyramidalis.

Mit einfarbig purpurrothen (selten weißen) Blüthen in kegelförmigen dichten Aehren, mit sehr langen gekrümmten Spornen; mit lanzettförmigen spitzen Blättern, fußhohem Stengel und rundlichen Knollen.

Blüht vom Mai bis Julius.

4. **Zweiblätteriges Knabenkraut.** Orchis bifolia.

Mit ganzer lanzettförmiger Lippe und sehr langen borstenförmigen Spornen; mit zwei rundlichen Blättern unten, und mehren kleinen sitzenden oben; mit kantigem fußhohen Stengel und eirunden Knollen.

376

Blüht weißgrünlich im Junius und riecht Morgens und Abends sehr angenehm.

** Wurzeln handförmig.

5. **Breitblätteriges Knabenkraut.** Orchis latifolia.

Mit schwacher, dreilappiger und an den Seiten umgeschlagener Lippe, kurzen Spornen und langen Deckblättern; mit langlanzettförmigen Blättern, hohlem Schafte und schwarzen Knollen (Mohrhändlein genannt).

Blüht im Mai und Junius fleischroth in ovaler Aehre (öfters gefleckt, wie auch manchmal die Blätter).

6. Geflecktes Knabenkraut. O. maculata.

Mit dreilappiger gekerbter Lippe, offenen Seitenblättern des Kelchs und geradem stumpfen Sporne, mit lanzettförmigen scheibeförmigen und schwarz gefleckten Blättern, dichtem Schafte und sperrigen Wurzeln.

Blüht im Junius blaßroth und wird über 1 Fuß hoch.

*** Wurzeln büschelförmig.

7. **Weißliches Knabenkraut.** Orchis albida.

Mit spitziger, 3theiliger Lippe, geschlossenem Kelche und kurzem Sporne; mit lanzettförmigen Blättern, wovon die unteren stumpf und die oberen spitzig sind und mit fußhohem Stengel. Blüht im Junius und Julius gelblich in vielblüthiger dichter Aehre mit Vanillegeruch.

––––––––––

Ragwurz. Ophrys.

Von den 3 Kelchblättern das obere hohl, und die 2 unteren nach vorn gerichtet; zwei Blumenblätter nach oben gerichtet und die Lippe groß, oft gespalten; ohne Sporn. Die Wurzeln knollig. (XX. 1.)

8. Vogelnest-Ragwurz. Ophrys Nidus-avis

Die Blüthen in vielblüthigen Aehren mit zwei ausgebreiteten Lappen der Unterlippe und langen Deckblättern. Der Stengel ohne Blätter und mit Schuppen bedeckt; die Wurzel vielfaserig und diese Fasern wie in ein Nest vereinigt.

Die ganze Pflanze ist braun, findet sich in dunkeln Laub

377

holzbeständen an den Wurzeln alter Bäume und blüht im Mai
und Junius.

9. Herzblätterige Ragwurz. Ophrys cordata.

Die Blüthen in zolllangen Aehren mit abstehenden Kelch=
blättern und vierlappiger Lippe; mit zwei entgegenstehenden herz=
förmigen Blättern und kurzen Stengeln.

Blüht in Junius und Julius an moosigen Stellen unter
Kiefern und in Bergwäldern an feuchten Orten.

b) Von den Smilaceen. V. 3.

10. Vierblätterige Einbeere. Paris quadifolia.

Kelch und Blume 4blätterig. Die Frucht rundlich, 4fäch=
erig, fleischig und beerartig.   Die Blüthen einzeln und die
Blätter zu vier.   (VIII. 4.)

Sehr häufig an schattigen Waldplätzen und blüht im Mai
und Junius.   Die Beere wirkt betäubend; unreif giebt sie eine
schöne grüne Farbe; und die Blätter, vor der Blüthezeit gesamm=
elt, färben gelb.

11. Gemeine Maiblume. Convallaria majalis.

Die Blüthen 6theilig und röhrig in einfacher Traube. Die
Beere rund und zinnoberroth.   Die Blätter eirund=lanzettförmig.
(VI. 1.)

Blüht im Mai weiß, ist wohlriechend und sehr beliebt; sie
wächst in Wäldern sehr häufig und wird auch in Gärten unter=
halten wie die vielblüthige Maiblume, C. multiflora,
mit länglichen umfassenden Blättern, schlaffen Trauben und
schwarzblauen Beeren.   Sie blüht etwas später, wird 1 — 2 Fuß
hoch und wächst in Gebirgswäldern und Gesträuchen durch ganz
Deutschland.

c) Von den Alliaceen.

12. Bären=Lauch. Allium ursinum.

Die Scheide 2theilig und die Blüthen 6theilig in gleichhohen
Dolden. Die Blätter lanzettförmig und denen der Maiblume
ähnlich, der Schaft dreikantig. Die Zwiebel weiß. (VI. 1.)

Blüht im Mai weiß, und wächst an schattigen Waldplätzen.

378

C.

Die Rindenpflanzen (Rohr= und Knotenpflanzen) kommen zahlreicher in den Forsten vor, sind auch mehr von Einfluß und die wichtigsten Gattungen sind in folgenden Familien näher beschrieben.

a) Simsenartige. Junceen. Die Blüthen spelzenartig, die Kapsel ein= oder vielsamig, und der Schaft knotenlos. IV. 4.

Simse. Juncus.

Die Blüthen mit zweiblätterigen Bälgen statt des Kelchs wie bei den Gräsern, und mit sechs langen, spitzigen und bleibenden Blättchen statt der Blume, wovon drei mehr nach innen stehen und von den übrigen fast gedeckt werden. Die Frucht eine dreifächerige und dreiklapptge Kapsel. (VI. 1.)

* Der Halm nackt, nur am Grunde mit einem scheidenartigen Blättchen umgeben und die Blüthenrispen zur Seite.

1. Knopf=Simse J. conglomeratus.

Der Halm an 2 bis 3 Fuß hoch und senkrecht. Die Blüthen dreimännig und in zusammengedrängten knopfförmigen gleichstieligen Rispen.

Blüht im Junius und Julius, und wächst an feuchten und sumpfigen, auch torfhaltigen Orten.

2. Flatter=Simse. J. effusus.

Der Halm steif und aufrecht, an 2 bis 4 Fuß hoch. Die Blüthen in doppelt zusammengesezten, flatterigen Rispen.

Diese Simse ist übrigens der vorigen in Allem ähnlich, und hat auch Standort und Blüthezeit mit ihr gemein.

3. Graue Simse. J. glaucus.

Der Halm schwach, gestreift, graugrün, an der Spitze gebogen, und daselbst entweder rund oder gedrückt; an 2 Fuß und darüber hoch. Die Blüthen in aufrechten steifen Rispen mit bleibenden Griffeln.

Wächst auf nassen und sumpfigen Stellen, besonders im nördlichen Deutschland. Blüht im Junius und Julius.

379

** **Der Halm nackt und die Blüthenrispen am Ende.**

4. Sparrige Simse. J. squarrosus.

Der Halm aufrecht und rauh, mit borstenartigen, rinnenförmigen und dreiseitigen Wurzelblättern. Die Blüthen in zerstreuten Büscheln.

Wächst mehr am Rande sumpfiger Orte als in den Sümpfen selbst, und überdieß an rasigen Plätzen. Blüht im Junius und wird an 1½ Fuß hoch.

*** **Der Halm blätterig.**

5. Wald=Simse. J. sylvaticus. Willd.

Die Blätter knotig, gegliedert, rund und pfriemenförmig. Die Blüthen in dreifach zusammengesezten und ausgebreiteten Endrispen mit mehren knopfförmig beisammenstehenden Blüthen.

Wächst häufig an feuchten Waldorten mit einem 2 Fuß hohen Halme. Blüht im Junius und Julius.

Hainsimse. Luzula.

Die Blüthen wie bei den Simsen, aber die Kapsel einfächerig, dreiklappig und dreisamig. Der Stengel belaubt und die Blätter flach. (VI. 1.)

6. Größte Hainsimse. Luzula maxima.

Die Blätter flach und haarig; der Halm fast ästig. Die Blüthen in ästigen aufrechten Endrispen mit gefranzten Bälgen.

Wächst in hochliegenden waldigen Gegenden mit einem 2 Fuß hohen Halme. Blüht im April und Mai.

7. Weißliche Hainsimse. L. albida.

Die Blätter linienförmig, flach und haarig. Die Blüthen in doppelt zusammengesezten, ausgebreiteten, und kürzeren (als die Blätter) Enddoldentrauben mit fast vierblüthigen Köpfchen.

Wächst in bergigen Waldungen mit 1 bis 2 Fuß hohen Halmen. Blüht im Mai und Junius.

8. Vielblüthige Hainsimse. L. multiflora.

Der Halm dünn und aufrecht. Die Blätter einzeln,

380

schmal und lang gefranzt. Die Blüthen in Trugbolden mit ungleichgestielten gelbbraunen und länglichen Aehrchen.

Nicht selten an frischen waldigen Orten, und im Junius blühend.

9. Haarige Hainsimse. Luzula pilosa.

Die Halme einfach, fußhoch, sprossend aus faseriger Wurzel. Die Blätter linien=lanzettförmig; Rand und Scheide derselben mit weißen Haaren besezt. Die einfachen und nackten Aeste der Trugbolden nach oben 2theilig und ungleich.

Wächst überall in Wäldern und an wüsten Plätzen. Blüht im April und Mai.

Diese hier= aufgeführten Simsen und Hainsimsen sind in den Forsten immer unwillkommen, ja sie werden (freilich eine Art hier und da mehr als die andere nach dem ihr günstigen Standorte) dadurch sehr schädliche Forstkräuter, daß sie durch den Samen sich sehr weit verbreiten, daß jedes Pflänzchen, durch Ausbreitung des Wurzelstocks, einen ordentlichen Busch bilden kann, daß durch diese doppelte Verbreitung ganze Waldstücke von ihnen überzogen und verangert werden, und daß dann in ihrer Nähe die Holzpflanzen nicht recht gedeihen wollen. Die schnelle Ausbreitung der Simsen wird dadurch verhindert, daß man die Halme in oder kurz nach der Blüthezeit abschneiden und etwa als Streu benutzen oder ohne Weiteres liegen läßt. Sollen hingegen auch die vorhandenen Stöcke vertilgt werden, so ist ein wiederholtes Umhacken derselben im Spätsommer nothwendig, welches Vertilgen wenigstens durchaus da rathsam ist, wo forstlich gesäet werden soll.

---

b) Riedgräser. Cyperoiden. Die Blüthen mit schuppigen oder borstigen Spelzen, gewöhnlich mit 3 Staubfäden und einem 3spaltigen Griffel. Die Frucht nußartig. Die Blätter scheidenartig, ohne Züngelchen. IV. 3.

Binse. Scirpus.

Aehrchen aus 4 oder mehreren dachziegelförmig umlegten Bälgen zusammengesezt, wovon nur die untersten unfruchtbar.

Unterweibige Borsten 3 bis 6, kürzer als die Bälge oder fehlend. Samen dreieckig. (III. 1.)

1. Moor-Binse.   S. cespitosus.

Mit einfachen End-Aehrchen (3 — 7 blüthig), und drei Narben; mit stumpf-dreikantigen Samen und rundlichem gestreiften Halme, dessen Scheiden in ein kurzes Blatt übergehen.

Sie wird nur 6 — 10″ hoch, blüht im Mai und Junius, und wächst in dichten Massen auf Moorbrüchen, zu deren Bildung sie viel beiträgt.

2. Sumpf-Binse.   S. palustris.

Mit nackten Aehrchen am Ende des nackten rundlichen oder zusammengedrückten Halmes; spitzigen Bälgen, blattlosen Scheiden, und kriechender Wurzel.

Der Halm wird ¼ bis 3 Fuß hoch; sie breitet sich auf feuchten und unfruchtbaren Grasplätzen weit aus, und blüht im Junius und August braun.

3. Wald-Binse.   S. sylvaticus.

Mit blätteriger Blüthenrispe und vielblätteriger Hülle; mit dreiseitigem und blätterigem Halme; mit borstigen Samen, und kriechender Wurzel.

Wächst auf nassen Stellen, blüht im Junius und Julius, und treibt 1 — 2 Fuß hohe Halme.

Diese Binsen zeigen immer einen mageren Boden an, und tragen wol noch zu dessen Verschlechterung bei, daher sie bei forstlichen Saaten möglich zu entfernen sind, theils durch Trockenlegen der nassen Orte, theils durch Umhacken im Sommer.— Sie taugen nur zur Streu.

Anmerk.   Mit diesen Binsen kommt im Walde zuweilen auch das weiße Knopfgras (Schoenus albus) vor und verhält sich ebenso.

Riedgras.   Carex.

Männliche und weibliche Blüthen in kätzchenförmigen Aehren mit einklappigen Kelchen; jene ohne Blume mit drei Staubfäden, diese mit einspelzigen Blumen und 2 — 3 Griffeln. Die Frucht ein von der Spelze eingeschlossener dreieckiger Samen. (XXI. 3.)

382

* Die Aehren in halbgetrennten Geschlechtern,
mit 2 Narben.

4. Zackiges Riedgras. C. muricata.

Die Blüthen in zusammengesezten Aehren, mit an der
Spitze männlichen, unten weiblichen, eiförmigen und entfernt
stehenden (an der Zahl 4 bis 10) Aehrchen, und mit längeren
borstenförmigen Deckblättchen. Die Blätter fast eckig-rinnen-
förmig, und am Rande rauh. Der Halm scharf, dreieckig und
2 Fuß hoch, mit zaseriger Wurzel. Der Samen steif-zweispitzig.

Häufig an niedrigen und rasigen Waldorten kommt dieses
im Mai und Junius blühende Riedgras vor.

5. Entferntähriges Riedgras. C. remota.

Die Aehrchen einfach, entfernt stehend, fast sitzend und
mit sehr langen Deckblättchen versehen. Die Blätter schmal,
lang und bilden mit den schwachen Halmen einen schlaffen Rasen. Der Halm stumpfdreieckig und $\frac{1}{2}$ bis $1\frac{1}{2}$ Fuß hoch.

Ist sehr gemein an feuchten und schattigen Waldplätzen
und blüht im Mai und Junius.

6. Sand-Riedgras. C. arenaria.

Die Aehren an der Spitze männlich mit dichten glänzenden
Aehrchen. Die Frucht eine häutiggerandete und gesägte Kapsel.
Die Wurzel, weit kriechend und schuppig, treibt viele starke
Ausläufer. Der Halm 1 bis $1\frac{1}{2}$ Fuß hoch, dreiseitig, schief
und mit schmalen, rinnenförmigen, etwas rauhen Blättern besezt,
die am Grunde immer kürzer werden, und an der Wurzel blos
aus braunen scheidenförmigen Schuppen bestehen.

Dieses an sandigen Orten vorkommende Riedgras überzieht
leicht ganze Stellen und man hält es deßhalb für ein vorzügliches Mittel zur Bindung des Flugsandes. Blüht im Mai und
Junius.

** Die Aehren in ganz getrennten Geschlechtern,
und die weiblichen stiellos.

7. Fingerförmiges Riedgras. C. digitata.

Die männliche Aehre sehr kurzgestielt und nach dem Verblühen der Länge nach kürzer als die weibliche, und beide auf-

recht und gleich stark.   Der Halm aufrecht, zusammengebrückt,
fast nackt, und die Blätter an der Wurzel sind mit rothbraunen
Schuppen umgeben.

An bergigen und etwas feuchten oder schattigen Walborten
trifft man es häufig an; blüht im April und Mai.

Hier ließen sich noch anführen: das Berg-Riedgras (**Car.
montana**), das gefranzte Riedgras (**Car. ciliata**), das frühe
Riedgras (**Car. praecox**) und das Rasen-Riedgras (**Car. caes-
pitosa**), welche hier und da an verangerten Walborten vorkommen.

*****   Die Aehren in ganz getrennten Geschlechtern,
und die weiblichen gestielt.**

8. Wald-Riedgras. Car. sylvatica.

Die Aehren locker und gebogen; und zwar gewöhnlich **1** bis
2 männliche und **3** bis **5** weibliche, die schnabelförmige, zweizähn-
ige Kapseln hinterlassen.   Der Halm **2** bis **3** Fuß hoch, dreieckig und, wie die rauhen Blätter, freudig-grün.

Wächst an niedrigen und etwas schattigen Walborten und
blüht im Mai.

9. Rauhes Riedgras. Car. hirta.

Die Aehren länglich und aufrecht, und die weiblichen mit
den Blättern ähnlichen Deckblättern versehen, und borstige Kapseln hinterlassend.   Der Halm **1** bis **2** Fuß hoch, dreiseitig,
oben etwas scharf und mit flachen zugespizten, unten (und besonders an den Scheiden) haarigen Blättern besezt; die Wurzel gegliedert und kriechend.

Ist an niedrigen, besonders sandigen Orten, in und außer
den Wäldern sehr gewöhnlich, und blüht im Mai und Junius.

Außer den beiden lezten Riedgräsern könnte man hier noch
anführen:

Das Blasen-Riedgras (**C. vesicaria**) und das Strauβ-
Riedgras (**C. riparia**), beide an sumpfigen und nassen Stellen
wachsend.

Von den vielen in Deutschland heimischen Riedgräsern (man
zählt über **80** Gattungen) wachsen fast überall einige, besonders
an unfruchtbaren Stellen; sie bilden weit ausgebreitete Stöcke

384

und tragen viel zur Benarbung eines tobten Bodens bei. Wo
nun aber an Walborten die Riedgräser dicht verbreitet sind, da
kommen junge Holzpflanzen sehr schwer fort, wenn jene nicht
erst durch eine angemessene Bodenbearbeitung, wenigstens in etwas, vertilgt werden.   Sind jedoch auf dürren und sandigen
Orten die Riedgräser nur einzeln verbreitet, also ohne einen zu-
sammenhängenden Rasen auszumachen, so kann man mit Vortheil zwischen sie säen und pflanzen, weil sie im Sommer den
Holzpflänzchen einigen Schutz gewähren und im Winter wegen
ihrer mageren Halme und Blätter keine, die Holzpflänzchen ver-
dämmende Decke bilden.   Uebrigens sind die Riedgräser, ökonom-
isch betrachtet, wenig werth, weil sie nur ein schlechtes Futter
liefern und kein eigenthümlicher Nutzen von ihnen bekannt ist.

---

c) **Gräser.** Gramineen.   Aus dem Stock entwickeln sich
meist faserige Wurzeln und einfache, knotige und hohle Halme,
zuweilen auch Sprossen.   Aus den Knoten entspringen die
Blätter mit langen Scheiden; und am Ende der Scheide
sondert sich vom Blatt meist eine feine Haut ab, das Züngelchen genannt.   Die einzelnen blattartigen Bildungen der
Blüthen nennt man Spelzen, und es heißen die unteren
härteren Blätter Balgspelzen, wovon die unterste gewöhnlich eine Granne oder Borste ausbildet; von den nächstfolg-
enden Kelchspelzen ist wieder die untere größer und öfters ebenfalls begrannt; die oberen Blumenspelzen sind
sehr klein und werden oft Nectarien genannt.   Der Staubfäden sind meist drei und der Griffel zwei; eigentlich sollten
es immer 3 Staubfäden und 3 Griffel sein, aber öfters verkümmert ein Theil. Den Samen umgiebt eine einfache Hülle,
also eine Schlauchfrucht. — Stengel, Blätter und Sprossen
erzeugen schleimige, süße und nahrhafte Säfte, vorzüglich zur
Blüthezeit; und die Samen sind meist sehr mehlreich.   Sie
zerfallen in zwei große Abtheilungen: in Aehrengräser
(spicatae) und Rispengräser (paniculatae), unter
welchen hier die forstlich wichtigen Sippen zusammengestellt sind.

I. Aehrengräser.

Einfache Aehren.   Auf einer Spindel stehen die Aehren

385

dicht über einander, entweder ringsum, oder zwei-, oder einseitig. IV. 1.

1. Steifes Borstengras. Nardus stricta.

Mit aufrechter, einseitiger und zusammengesezter Aehre, mit paarweise genäherten Blüthen von violetter, rother oder grünbunter Farbe. Die Blätter steif und borstenförmig. Die Halme dünn, aufrecht und nur 3 bis 6 Zoll hoch. (III. 1.)

Auf trockenen und feuchten, aber mageren Waldplätzen wächst dieses im Junius blühende Gras in dichten und starken Rasenbüscheln, die oft ganze Strecken überziehen. Zwischen diesen Büscheln gedeiht nicht leicht ein Holzpflänzchen, daher man sie bei forstlichen Saaten durch's Umhacken möglich vertilgen muß.

Haargras. Elymus.

Die Blüthen in Aehren mit zweiklappigen, vielblüthigen und seitwärtsstehenden Kelchen; jede Blüthe mit zwei Spelzen, wovon die äußere größer und grannig. (III. 2. wie alle folgenden Gräser, außer dem lezten.)

2. Wald-Haargras. E. europaeus.

Die Aehre aufrecht, gerstenartig und die Aehrchen zweiblüthig und diese so lang als die Hülle. Die Blätter langzugespizt und scharf; die Scheiden gestreift und mit abwärts gerichteten Haaren besezt. Die Halme kahl und 2 Fuß hoch.

Blüht im Junius und Julius und wächst häufig in bergigen Waldungen in allerlei Lagen.

3. Hunds-Haargras. E. caninus. Willd.
(Triticum caninum. L.)

Die Aehre überhängend, mit ungestielten und 3- bis 5blüthigen Aehrchen und mit häutigen, kurzbegrannten, 3nervigen und scharfen Kelchspelzen; die äußere Blumenspelze endigt in eine doppelte Granne. Die Blätter flach, hellgrün und auf dem Rücken wie am Rande scharf. Der Stengel kahl und 2 bis 3 Fuß hoch.

In feuchten Bergwäldern, der Gem. Quecke sehr ähnlich, aber ohne kriechende Wurzeln; blüht im Julius und August.

Diese wie die vorige Gattung überziehen an ihnen günstigen

25

386

Orten ganze Stellen, und beide müssen dann vertilgt sein, wenn eine forstliche Saat gut gedeihen soll.

4. Sand-Haargras. E. arenarius.

Die Aehre aufrecht, gedrungen, über ½ Fuß lang und mit flaumhaarigen, meist 3blüthigen Aehrchen, die Kelchspelzen eines jeden Aehrchens sind größer als die Blumenspelzen. Die Blätter steif und graugrün wie die 2 bis 4 Fuß hohen Halme. Die Wurzeln stark und weitkriechend.

Blüht im Julius und August, und häufig an Meer- und sandigen Fluß-Ufern. Dieses Haargras hat das Eigenthümliche, daß es immer wieder ausschlägt und fortwuchert, so oft es auch vom Sande überdeckt wird, und daß es mithin sich an sandigen Ufern leicht erhält und ausbreitet.

Durch Anbau dieses Grases hat man namentlich den Gewässern große Strecken abgewonnen. — Die Wurzeln sollen zu feinem Flechtwerk verwendet werden können.

5. Gemeine Quecke. Triticum repens.

Mit zweireihigen, aufrechten und 2- bis 4zölligen Aehren, einzeln stehenden und ungestielten Aehrchen und häutigen Spelzen. Die Blätter flach und oben wie am Rande scharf, öfters zottig. Der Halm 2 Fuß hoch und höher.

Durch ganz Deutschland, besonders auf angebaueten Plätzen, durch die Wurzelausschläge sich leicht ausbreitend; blüht im Sommer. — Dieses Unkraut wird in Baumschulen auch öfters sehr lästig und es wird daselbst, wie viele schwachstengelige Unkräuter, leicht dadurch unschädlich gemacht, daß man, bald nach der Bepflanzung, die Fläche einige Zoll hoch mit Nadeln oder Laub bedecken läßt.

II. Rispengräser.

Die Blüthenstiele verzweigt, so daß der Hauptstiel an verschiedenen Stellen sich theilt und auch diese Seitenäste wieder in ungleich lange Aestchen getheilt sind. IV. 2.

6. Wald-Hirsegras. Milium effusum.

Die Blüthen in weitschweifigen flatterigen Rispen und grannenlosen Aehrchen mit zweiklappigen einblüthigen Kelchen und zweispelzigen Blüthchen. Die Halme aufrecht, 2 bis 4 Fuß hoch und mit der Spitze überhängend.

387

Dieſes auf etwas ſchattigen Stellen in Laubholz-Waldungen
ſehr häufig vorkommende Gras bildet lockere Raſen, die dem
Holz-Samenanfluge ſehr hinderlich ſind; auch bedeckt es die Holzpflänzchen zu ſehr, daher es bei der Holzzucht wenigſtens ſtellenweiſe vertilgt werden muß. — Es blüht im Mai und Junius
und wird für ein gutes Schaffutter gehalten.

Straußgras. Agrostis.

Die Blüthen mit zweiklappigen und längeren Kelchen als
das Blüthchen, mit zwei Deckſpelzen und mit federigen Narben,
in länglich eiförmigen Aehrchen.

7. Feinrispiges Straußgras. A. vulgaris.

Die Rispe ſparrig von nach allen Seiten hin gerichteten
ſchärflichen Aeſtchen, mit an der Spitze gezähnelten Spelzen und
ungleichen Klappen; die Aehrchen gewöhnlich grün, doch auch
violett gefärbt. Die Halme 1 bis 2 Fuß hoch mit ſcharfen
linienförmigen Blättern und mit kriechenden, an den Gelenken
Ausläufer und neue Halme treibenden Wurzeln. Blüht im Juli
und Auguſt.

8. Weißes Straußgras. A. alba.

Die Rispe abſtehend, länglich-kegelförmig, nach dem Verblühen zuſammengezogen und mit genäherten Aehrchen; die Halme
ſtarrer; die Blätter breiter und das Blatthäutchen länger als
bei dem vorigen.

Dieſe beiden einander ſehr ähnlichen Gräſer kommen in allerlei Boden und Lagen ſehr häufig vor und bilden an friſchen
und fetten Orten große Halme, die aber auf trockenen und mageren Orten nur ¼ bis 1 Fuß hoch werden. Dabei bilden ſie
nach und nach dichte Raſenbüſche, ſo daß da, wo dieſe Gräſer
auf Waldplätzen in Maſſen vorkommen, an ein Aufkommen der
Holzpflänzchen nicht zu denken iſt, wenn ſolche Gräſer nicht vorher wenigſtens ſtellenweiſe entfernt werden, wozu jedoch kein Abſchneiden, ſondern nur eine Bodenbearbeitung hilft. — Das Gras
giebt, ſo lange es jung iſt, ein gutes Viehfutter.

8. Rohr (Schilf). Arundo.

Die Blüthen in abſtehenden Rispen mit zwei Klappen,

25 *

388

wovon die untere länger und mit zweispelzigen Blumen, wo am
Grunde der oberen Spelze ein mit langen Haaren beseztes Stiel-
chen; und mit kahlen Fruchtknoten, kurzen Griffeln und federigen
Narben.

9. Sand=Rohr. A. arenaria.

Die walzenförmige ährige Rispe mit linienförmigen spizen
Klappen.   Die Blätter stechend=spizig und eingerollt.   Der
Halm 2 bis 3 Fuß hoch, starr und zart gestreift.   Die Wur-
zeln weit umherkriechend. — Blüht im Julius und August.

An den Seeküsten auf Dünen und sonst auf mageren sandigen Orten breitet es sich weit aus; auch geht es im Flugsande
nicht leicht zu Grunde, wenn es auf's Neue mit Sand bedeckt
wurde.   Darum benuzt man es zur Bindung des Flugsandes,
und es sind durch dessen Anbau schon manche Dünen befestigt
und dadurch große Strecken für den Holzanbau nach und nach
empfänglich gemacht worden. — Uebrigens benuzt man dieses
Rohr zum Dachdecken, und die vollen Rispen sollen zu Häcker-
ling für Pferde dienen können.

10. Wald=Rohr. A. sylvatica.
(Agrostis arundinacea. L.)

Die rauhe ästige Rispe mit zugespizten Klappen, mit Haar-
en von der Viertelslänge der Blume, und mit einer geknieten,
über den Kelch hervorragenden Granne.   Der Halm 2 bis 3
Fuß hoch und mit länglichen kurzen Blatthäutchen versehen. —
Blüht im Junius weißlich, grün und roth.

Dieses Rohr kommt auf trockenen Waldplätzen, auch auf
feuchten Triften und Blößen, häufig vor, wo es durch seine Größe
und Verbreitung eine Holzpflanze nicht leicht gedeihen läßt.   Darum muß es bei Saaten und Pflanzungen wenigstens stellenweise
vertilgt werden. — Das Gras wird, so lange es jung ist, für
ein gutes Viehfutter gehalten.

Perlgras. Melica.

Die Kelche zweiblüthig, zweiklappig, die Spelzen unbe-
wehrt, — zu einem dritten Blüthchen zeigt sich ein Ansatz zwisch-
en den zwei ausgebildeten Blüthen.

389

11. Ueberhängendes Perlgras. M. nutans.

Die Blüthen in einer einseitigen überhängenden Rispe mit Spelzen ohne Franzen. Der Halm 1 bis 2 Fuß hoch, viereckig, und mit breiten Blättern besezt. Blüht im Mai und Junius violett=weißlich.

12. Blaues Perlgras. M. coerulea.

Die Blüthen in einer zusammengezogenen Rispe mit auf=rechten, walzenförmigen Aehrchen. Der Halm 1 bis 2 Fuß hoch, am Grunde verdickt mit einem einzigen Knoten. Blüht im Julius violett.

Jenes Perlgras kommt häufig auf trockenen und dieses auf feuchten Waldplätzen vor, und beide umstocken sich leicht, wodurch sie zur Verangerung eines guten Waldbodens beitragen und der Forstkultur hinderlich werden. Als Futter zu benutzen.

Schmiele. Aira.

Die Kelche zweiblüthig und zweiklappig; die äußere Spelze meist am Grunde mit einer Granne; die Griffel gefiedert und auswärts gebogen.

13. Rasen=Schmiele. A. caespitosa.

Die Blüthen in einer abstehenden Rispe mit Spelzen, die am Grunde zottig sind und eine kurze gerade Granne haben. Die Blätter flach und oben mit fünf und schneidigen Adern versehen. Die Halme 2 bis 3 Fuß hoch.

Auf feuchten und etwas lichten Waldplätzen. Blüht im Junius und Julius.

14. Draht=Schmiele. A. flexuosa.

Die Blüthen in ausgesperrten Rispen mit drahtförmig=gebogenen Blumenstielen. Die Blätter schmal und borsten=artig. Die Halme fast nackt und an 2 Fuß hoch.

Auf steinigen, trockenen und etwas lichten Waldplätzen. Blüht im Junius und Julius.

15. Graue Schmiele. A. canescens.

Die Blüthen in abstehend zusammengezogenen Rispen

390

mit purpurfarbigen Bälgen und grünen und grauweißen Spelzen.
Die Blätter borstenförmig. Die Halme 1 Fuß hoch und in
Büscheln beisammen.

Auf sandigen, etwas hochliegenden und verangerten Wald=
plätzen. Blüht im Julius und August.

Diese Schmielen breiten sich durch ihren vielen Samen leicht
aus und bilden dichte und gedrängte Wurzelstöcke, daher sie dem
Aufwuchse junger Holzpflanzen sehr hinderlich sind. Bei Forst=
kulturen muß man auf ihre Beseitigung Bedacht nehmen, wenn
sie häufig vorkommen.

Rispengras. Poa.

Die Kelche zweiklappig und vielblüthig. Die Aehrchen
eiförmig mit spitzen unbewehrten Spelzen.

16. Hain=Rispengras. P. nemoralis.

Die Blüthen in fast einseitigen verdünnten Rispen mit
fast zweiblüthigen spitzigen rauhen Aehrchen. Der Halm rück=
wärts gebogen, schwach und fast 2 Fuß lang und die Wurzel
kriechend.

Dieses im Junius und Julius blühende Rispengras und
zuweilen einige andere Arten dieses Geschlechts, z. B. das knol=
ige (P. bulbosa) und dreiblüthige (P. trivialis), kommen an
lichten und vergraseten Orten in den Wäldern häufig vor, und
vermehren sich ungemein stark, besonders durch die Wurzeln; da=
her sie den Anflug verhindern. Uebrigens geben sie ein gutes
Viehfutter.

17. Nördliches Honiggras. Holcus borealis.
(H. odoratus. L.)

Die Rispe ausgebreitet mit dreiblüthigen Kelchen und mit
am Rande gewimperten Kelchen der beiden unteren männlichen
Blüthen. Der Halm 1 bis 2 Fuß hoch mit linienförmigen,
am Rande scharfen Blättern. Die Wurzeln kriechend.

Dieses Gras hat man unter anderen zum Anbau auf Sand=
schollen empfohlen, weil es daselbst wegen seiner kriechenden Wur=
zel sehr gut gedeiht, und weil es ein gutes Schaffutter liefert. —
Solches Gras giebt dem Heu einen angenehmen Geruch.

391

Schwingel. Festuca.

Die Blüthen in Rispen und zweiklappigen und vielblumigen Kelchen, mit zweispelzigen Blumen, und mit gestielten Aehrchen ohne Deckblatt. Die Griffel kurz; die Narben fiederig und zur Seite des Blüthchens hervortretend. Der Same gefurcht.

18. Wald-Schwingel. F. sylvatica.

Die Rispe aufrecht weitschweifig und sehr ästig; die Aehrchen 3- bis 5blüthig mit spitzen grannenlosen Blüthchen; der Halm 3 bis 4 Fuß hoch, rund, gestreift und glatt mit rohrartigen, langzugespizten, unten graugrünen und wenig scharfen Blättern. Der Wurzelstock bildet einen ziemlich großen, aber dichten Rasen.

Dieser in schattigen Gebirgswaldungen auf lockerem Boden ziemlich gemeine Schwingel breitet sich auch durch die Wurzel weit aus, und blüht im Junius und Julius.

19. Rother Schwingel. F. rubra.

Die Rispe abstehend mit meist fünfblüthigen gegrannten Aehrchen. Der Halm 1 bis 2 Fuß hoch und mit flachen oder zusammengerollten behaarten Blättern versehen; die Wurzelblätter dagegen borstlich. Die Wurzel kriechend und einen lockeren Rasen treibend.

Dieser auf verraseten Waldplätzen, sowol im trockenen als feuchten Sande, nicht selten vorkommende Schwingel blüht vom Junius bis August.

Diese beiden Gräser benarben sehr leicht einen lockeren Boden, und dürfen bei Saaten nur dann vertilgt werden, wenn sie den Boden so überziehen, daß der Samen nicht zum Boden kommen kann; außerdem sind sie für Saaten eher nützlich als schädlich zu nennen. — Sie liefern auch ein gutes Schaffutter.

20. Große Trespe. Bromus giganteus.

Die Rispe sehr schlaff und abstehend, über fußlang; die Aehrchen grün und 5- bis 7blüthig; die Kelchspelzen am Rande häutig; die äußere Blumenspelze endigt mit dünner und gebogener Granne. Die Blätter scharf und oft fußlang. Der Halm glatt, gestreift und an 5 Fuß hoch.

392

An frischen Waldplätzen sehr gemein, aber keinen dichten Rasen bildend; das Verhalten wie bei dem vorigen. — Blüht vom Junius bis August.

21. Gemeines Knaulgras.   Dactylis glomerata.

Die Rispe einseitig und knaulförmig; die Aehrchen scharf, 3‑ bis 4blüthig, grün oder röthlich‑bunt, ohne Grannen.   Die Blätter gekielt und beiderseits wie am Rande scharf.   Der Halm glatt, gestreift und 1½ bis 2′ hoch.

Unter Laub‑ und Nadelhölzern sehr gemein, besonders auf lichten Stellen, ohne sie gänzlich zu überziehen, daher beim Anbau wenig nachtheilig, wenn man es abschneiden läßt. — Blüthenzeit Junius und Julius.

22. Weiches Honiggras.   Holcus mollis.

Die Rispe vor und nach dem Blühen zusammengezogen; der Balg 2blüthig und das obere männliche Blüthchen mit einer hervorragenden und geknieten Granne.   Die Blätter feinbehaart, und der Stengel über 2′ hoch, mit haarigen Knoten und kriechender Wurzel. (XXIII. 1.)

In Wäldern, an Zäunen und Hecken ꝛc. durch ganz Deutschland, besonders in lockerem Boden, und verhält sich forstlich wie das vorige. — Blüht im Junius und Julius.

Im Allgemeinen muß man noch über die Gräser bemerken, daß man sie auf lockeren, besonders sandigen und flachgründigen Stellen nicht unvorsichtig entfernen dürfe, weil sonst der Boden leicht austrocket und nun auch die Holzpflänzchen nicht gut wachsen.   Namentlich ist dieses der Fall bei Holzarten, die tiefgehende Wurzeln treiben, indem solchen Holzpflanzen die meisten Gräser weniger schaden, wenn nicht durch öfteres Abgrasen ein dichter Rasen entstanden ist.   Da, wo ferner die Gräser einen kräftigen Wuchs zeigen, darf man mit Sicherheit auch auf ein gutes Gedeihen einer angebrachten Pflanzung, freilich nicht von Fichten, wegen ihrer flachstreichenden Wurzeln, rechnen. — In den mit Gräsern bewachsenen Waldorten halten sich die Mäuse gern im Winter auf; sie müssen daher nicht mit solchen Holzarten anbaut werden, denen die Mäuse in der Jugend gefährliche Feinde sind, oder man muß im Herbste die Gräser abschneiden und be‑

393

nuzen laſſen, wenn man ſolche nicht vertilgen kann oder mag.
— Das Vertilgen der Gräſer geſchieht nur durch Bodenbearbeit=
ung im Sommer und Herbſte.   Das oberflächliche Behacken
ſolcher mit Gräſern überzogenen Stellen im Frühjahre heißt ei=
gentlich, die Gräſer vermehren und ſie zu einem beſſeren Wach=
ſen reizen.

394

Vierter Abschnitt.

Von den forstlich wichtigen Farn und einigen anderen Drosselpflanzen.

1.

Begriff und Unterscheidung der Farn.

Farn oder Farnkräuter nennt man solche Gewächse, die einen starken, meist knolligen Wurzelstock, und an dem daraus aufschießenden Strunk immer nur ein einziges, meist vielfach ge-theiltes Blatt haben, die ferner auf der Rückseite des Blattes ihre Früchte tragen und die beim Ausschlagen schneckenförmig aufgerollt sind.

Der Wurzelstock der Farn hat einen zelligen Bau, der mit vielen trockenen Spreublättern umgeben ist, und aus dem theils die jungen Stöcke aufschießen, die mit dem alten in Ver-bindung bleiben, bis er verweset ist, theils die Wurzelfasern, die sich mit schwammigen Mützchen endigen.

Der Strunk (Stengel) der Farn ist allezeit einfach, ge-wöhnlich rinnenartig gestaltet, und nackt oder mit Spreublätt-chen bedeckt; sein Bau zeichnet sich dadurch aus, daß er inwend-ig einen oder mehre Bündel von Gefäßen hat, welche Bündel mit einer braunen und zelligen Haut umgeben sind.

Die Blätter, eigentlich nur Fortsetzungen des Strunks, sind meist einfach oder doppelt oder dreifach gefiedert, und über-dieß noch zierlich getheilt, und haben Nerven, Adern und auf der unteren Fläche Spaltdrüsen, die unfruchtbaren sind ferner mehr-fach zertheilt als die Früchte tragenden.

Der Strunk und die Blattbildung werden zusammen der Wedel genannt.

Die Früchte entstehen auf der Rückseite der Blätter an den Adern und bilden Kapseln mit vielen, bei der Reife staubartigen, braunen und rauhen Samen, oder vielmehr Keimkörnern (§. 34). Die Kapsel selbst ist entweder mit einem gegliederten Ring überzogen oder nicht, und überdieß oft noch mit einem Schleierchen versehen, das Anfangs, als Fortsatz der Oberhaut, die Fruchttheile ganz bedeckt, später aber auf verschiedene Weise aufspringt und als Hülle der Kapseln stehen bleibt.

Eigentliche Staubgefäße hat man an den Farn nicht gefunden, also auch nicht eigentliche Blüthen. Dennoch tragen alle Farn fruchtbare Samen, wie die vielfältig in feuchtem Mose aus dem Samen gezogenen Farn beweisen.

Unechte Farn heißen aber solche Gewächse, die von den wahren Farn dadurch abweichen, daß sie ihre Früchte nicht auf der Rückseite der Wedel, sondern entweder in gestielten Aehren oder an der Wurzel in besonderen Hüllen tragen; im lezten Falle zeigen sich wirklich Staubgefäße.

Anmerk. Zur genauen und sicheren Unterscheidung dieser Farn und nachher der Mose und Flechten, in Absicht auf Frucht- und Blatt-Theile sind Vergrößerunggläser nothwendig, und zwar wenigstens eine gute Doppel-Loupe, und sogar ein Mikroscop bei den Pilzbildungen.

2.

Von dem Vorkommen der Farn und ihrem Verhalten in den Forsten, nebst ihrer Vertilgung und Benutzung.

Die Farn wachsen nur in einem Boden, der entweder durch eben verwitterte Steine, nebst den darauf befindlichen Mosen und Flechten, oder überhaupt durch eben verwesete Pflanzentheile, eine gewisse Lockerheit und eigenthümliche Fruchtbarkeit erhalten hat. Solche Orte sind etwas schattige und mit Mos überzogene Waldplätze, klüftige Felsen, verangerte und wiesenartige Blößen und torfige oder morige Stellen. Nur kümmerlich gedeihen die Farn an ganz sonnigen (wie an freien Sommerwänden,) und an ganz schattigen Orten (wie in dicht geschlossenen Beständen); indem sie hier sich nicht reichlich vermehren und auch keine üppige Ausbreitung annehmen.

396

Aber in Mittel- und Niederwaldungen, in durchplänterten
Forsten und auf kleinen Blößen, bei angemessen lockerem, fruchtbarem und mit einiger Moorerde bedecktem Boden, — da ist
recht eigentlich die Pflege der Farn; hier vermehren sie sich unglaublich, sowol durch eine ungeheure Samenmenge bei allen,
als auch durch Ausbreitung des Wurzelstocks bei einigen Farn-
Arten.

Durch diese große Ausbreitung der Farn, an den ihnen günstigen Waldstellen, bei Samen- und Abtriebschlägen und beim Anbau entstandener Blößen und in zu lichten Beständen, — ferner
durch ihr Verbrauchen der, den Boden für den Holzwuchs erst
tüchtig machenden Bestandtheile in der Dammerde, woburch derselbe entkräftet wird, — und endlich durch ihre ansehnliche Ausbreitung der Wedel, welche leicht kleine Holzpflanzen unterdrücken,
— dadurch werden mehre Farn in unseren Forsten schädliche
Forstunkräuter; wenigstens tragen solche auch da, wo sie in den
Forsten nicht sehr häufig vorkommen, gewiß nichts zur Vermehrung des Holzwuchses bei, es sei denn, auf Felsen, auf Stein-
Gerölle und in todten Sandlagen, wo erst künftig ein Holzboden
entstehen wird. Auf solchen Stein- und Sandlagern haben die
Farn gewiß ihren großen Nutzen, sowol für den Naturhaushalt,
als auch für die Zubereitung eines den höheren Pflanzen-Fami-
lien angemessenen Bodens.

Wenn man einem Waldgewächse das, woburch es zum Forst-
unkraute wird, entzieht, so muß es dadurch auch seine Schädlichkeit verlieren. Die Farn werden aber an solchen Waldorten
sich sehr ausbreiten, wo die Holzarten nicht im vollen Schluß
unter sich stehen; also werden sie weniger schädlich werden, wenn
der Forstmann dunkle und ganz geschlossene Bestände erzieht, und
die erzogenen als solche so viel als möglich erhält.

Sind aber einzelne Forstorte schon mit Farn überzogen, wie
gewöhnlich auf kleinen Blößen, auf forstlich verwüsteten Orten
und auf mißlungenen Saaten u. s. w., so können solche Orte
schwer durch Saat in Holzbestand gebracht werden, aber mit mehr
Sicherheit gegen die Farn wird man die Bepflanzung mit
schon etwas erwachsenen Pflänzlingen anwenden dürfen. Endlich
ist das Abschneiden der Wedel vor der Samenreife
das allgemeine Mittel zur Verhinderung der zu großen Ausbreitung. Denn durch dieses Abschneiden der Wedel vor der Sa-

397

menreife wird nicht blos die weitere Vermehrung durch den Samen verhindert, sondern auch die vorhandenen Wurzelstöcke werden
durch das nachherige Entwickeln neuer Wedel sehr geschwächt.
Das Abschneiden der Wedel nach der Samenreife, wie es gewöhnlich zur Streubenutzung geschieht, kann aber, statt zur Vertilgung, gerade zur Ausbreitung und Vermehrung der Farn an
fernen und entlegenen Orten dienen.

Die Benutzung der Farn ist nicht mannigfach, indem sie
nur wenig den Menschen Brauchbares liefern.   Die allgemeinste
Verwendung der in unseren Wäldern vorkommenden Farn ist zu
Streu, wodurch aber nur ein magerer Dünger erzielt wird, und
dieß auch mit darum, daß man erst die abgestorbenen und nicht
die frischen Wedel vor oder längstens zur Zeit der Samenreife
sammelt, — dann geben die Farn eine beträchtliche Menge Lau-
gensalze, so daß 120 Pfd. im Junius gesammelte und gut getrocknete Farn an 33 Pfund Asche, und daraus 18 Pfund Potasche
geben sollen.   Uebrigens ist die Asche aus den Farn beim Glas-
machen sehr geschätzt und sonst vielfältig brauchbar. — Einige
Farn enthalten zusammenziehende, schleimige und meist scharfe
und bittere Säfte, daher sie als Arzneimittel gebraucht werden,
besonders bei Thieren, und zwar theils der Wurzelstock, theils
das Laub.

3
Namentliche Aufführung der forstlich schädlichen Farn.

a) Aus der Familie Wedelfarn, **Polypodiaceen**, mit Frucht-
häutchen auf der Rückseite des Laubes. III. 3.

* Mit einem Ring versehene, aber ohne Schleierchen.

Tüpfelfarn. **Polypodium**.

Die Kapseln nackt und in runden, abgesonderten kleinen
Haufen auf der Unterfläche des Wedels stehend.

1. Gemeiner Tüpfelfarn. **P. vulgare**.

Der Wedel aufrecht, glatt, halbgefiedert und mit schmalen,

398

stumpfgekerbten und nach oben kleineren Abschnitten. Die Kap=
selhäufchen erst gelb, dann rostfarbig, und sich ausbildend
vom Mai bis September. Die Wurzel knotig, ausdauernd
und mit braunen Schuppen dicht bedeckt.

Wächst an steinigen Waldorten fast überall. Die Wurzel
ist mehlig, süß vom Geschmack, und hat schleimauflösende Kräfte.

2. Buchen=Tüpfelfarn. P. Phegopteris.

Der Wedel 1 Fuß hoch, fast doppelt gefiedert, unten be=
haart und mit Spreublättchen besetzt; die Abschnitte stumpflanzig
und gefranzt, und die untersten 2 Fieder abwärts gebogen. Die
Samenhäufchen einzeln am Rande stehend.

An frischen Waldorten, besonders in Buchen=Beständen ist
dieser schwächliche Farn ziemlich gemein, und ändert mit wage=
rechten Fiedern ab.

3. Eichen=Tüpfelfarn. P. Dryopteris.

Der Wedel dreifach gefiedert (und abstehend niedergebogen),
mit stumpfen, fast glattrandigen Abschnitten. Die Samen=
häufchen am Rande stehend. Die Wurzel fadenförmig,
schuppig und kriechend.

Meist in Eichenwaldungen, doch auch überhaupt an stein=
igen Waldorten.

Diese Tüpfelfarn sind immer ein Hinderniß beim Forstan=
bau, daher man sie vorher oder zugleich mit dem Anbau durch
Abscheidung der Wedel vor der Samenreife und durch Ver=
letzung des Wurzelstocks unschädlich zu machen suchen muß; wie
das aber mit dem geringsten Kostenaufwande und dem jedesmal=
igen Forstzwecke gemäß, bei diesen und allen folgenden Farn=
Arten auszuführen sei, das hat die Lehre vom Forstanbau zu
bestimmen.

** Mit einem Ring versehene und geschleierte.

Schildfarn. Aspidium.

Die Kapseln in zerstreuten, runden Häufchen mit einem
runden Schleierchen, das in der Mitte festsitzt und ringsum ge=
franzt ist.

399

4. Männlicher Schildfarn. A. Felix mas.

Der Wedel doppelt gefiedert; die Fieder abwechselnd, fast herzförmig und länglich; die Fiederchen länglich, stumpf, gekerbt und an der Spitze gesägt. Die Fruchthäufchen nach der Mittelrippe hin zweireihig stehend. Der Strunk mit braunen Schuppen dicht besezt. Die Wurzel länglich, dick, und mit großen, braunen Schuppen bedeckt.

In allerlei Lagen und Boden häufig vorkommend und gewöhnlich 2 Fuß hohe, dichte Büsche bildend.

5. Spitziger Schildfarn. A. spinulosum.

Der Wedel doppelt gefiedert und flatterig; die Fieder herablaufend und zusammenfließend; die Fiederchen stachelig krumm gesägt. Die Fruchthäufchen mit drüsigen Schleierchen. Der Strunk sparsam mit braungelben Schuppen besezt.

An steinigen und schattigen Waldorten nicht selten vorkommend, und zwar 1¼ Fuß hoch.

6. Sumpf-Schildfarn. A. Thelypteris.

Der Wedel fast doppelt gefiedert; die Fieder halbgefiedert, schmal lanzettförmig, am Grunde abgesondert und abwechselnd stehend; die am Grunde vereinigten Lappen ziemlich ganzrandig und umgebogen. Die Fruchthäufchen braun und zulezt beinahe zusammenfließend.

In feuchten Waldungen und in Torfmooren oft sehr häufig, und zwar 1½ bis 2 Fuß hoch mit kriechenden Wurzeln.

Diese Schildfarn kommen in unsern Waldungen sehr häufig vor, bilden große und ausgebreitete Wurzelstöcke, und sind dem Holzwuchse immer sehr hinderlich, wenn man ihre allzugroße Ausbreitung nicht zu verhindern sucht. — Die Asche aus den Wedeln kann in Seifensiedereien gebraucht werden, und die Wurzel des männlichen Schildfarn hat Arzneikräfte. Auch äset im Frühjahr, bei Mangel an sonstiger Aesung, das Wildpret die jungen Sprossen dieser Farn, wodurch es aber verstopft und krank wird.

Blasenfarn. Athyrium.

Die Kapseln in zerstreuten runden Häuschen, mit einem seitwärts sich öffnenden und länglichen Schleierchen.

400

7. Weiblicher Blasenfarn. Ath. Filix foemina.

Der Wedel doppelt gefiedert; der Fieder doppelt halbgefiedert; die Fiederchen lanzig und mit an der Spitze 2 bis 3zähnigen Abschnitten. Die Fruchthäufchen länglich und gerade. Der Strunk mit Spreublättchen mehr oder weniger besezt. Die Wurzel ausdauernd.

Dieser Blasenfarn ändert in der Wedelbildung sehr ab, und zwar z. B.

a) mit eiförmigen, zugespizten Fiederchen und mit tief gespaltenen, stumpfen Abschnitten;

b) mit lanzigen, sehr lang zugespizten Fiederchen und mit scharfgesägten Abschnitten;

c) mit länglichen, tiefeingeschnittenen Fiederchen und mit langen, schmalen an der Spitze 2= bis 3zähnigen Abschnitten 2c.

An feuchten und niedrigen Waldplätzen, so wie an Gräben und Flüssen in großen und 1 bis 3 Fuß hohen Büschen ziemlich häufig. Im Nutzen und in der forstlichen Schädlichkeit kommt dieser Blasenfarn mit dem männlichen Schildfarn überein.

Saumfarn. Pteris.

Die Kapseln in fortlaufenden Linien am Rande des Wedels; die Schleierchen sich nach innen öffnend.

8. Adler=Saumfarn. Pt. aquilina.

Der Wedel breitheilig und jeder Theil doppelt gefiedert; die Fieder lanzig, oben ganz und unten halbgefiedert; die Abschnitte länglich, stumpf und am Rande umgebogen. Der Strunk eckig, glatt, und etwas spröde. Der Wurzelstock ausdauernd und zeigt im schiefen Durchschnitte das ungefähre Bild eines Adlers, daher nennt man ihn gemeinhin Adlerfarn.

Dieser Adler=Saumfarn ist in vielen deutschen Waldungen, namentlich in der sächsischen Schweiz, sehr gemein, und durch seine Größe (oft mannhoch und höher) und bei seiner wuchernden Ausbreitung durch Samen, besonders an durchplänterten, und an jungen, nicht ganz geschlossenen Forstorten ein sehr schädliches Forstunkraut, daß man in alle Weise forstlich zu vertilgen suchen muß. Uebrigens gewährt es, zur rechten Zeit gesammelt, mancherlei Nutzen, als: die Wedel zu Streu, zu brauchbarer Asche und zum Gerben feiner Häute; die Wurzel dient theils als

401

Wurmmittel, theils mit den jungen Schößlingen zur Nahrung für Schweine.

Anmerk. Die noch aus dieser Ordnung in den Wäldern vor=
kommenden Streiffarn (Asplenium), die ihre Kapseln
streifenartig von der Mitte des Blattes nach dem Rande hin
haben, und die in Felsritzen oder an sehr steinigen Orten
wachsen, — dürften wol als forstlich=schädliche Gewächse keine
Beachtung verdienen.

b) Aus der Familie: Traubenfarn, Osmundaceen, mit
Früchten in Traubenform.

9. Königs=Traubenfarn. Osmunda regalis.

Der Wedel doppelt gefiedert; die Fieder ungleich gefiedert
und beträchtlich groß; die Abschnitte länglich=lanzettförmig, abge=
stumpft, fast ganzrandig und sehr fein gestreift — am Ende
stehen die braunen Kapseln in einer dreifach zusammengesezten
und öfters fast einen Fuß hohen Traube. Die Wurzel treibt
mehrere, 3 bis 6 Fuß hohe Wedel.

Dieser schöne Farn kommt in feuchten Gebüschen und an
halbschattigen Waldorten vor, ist aber wol nicht so ausgebreitet,
daß er in forstlicher Hinsicht besondere Aufmerksamkeit verdiente,
und kann wie der vorige benuzt werden.

––––––––––

4.

Schaftfarn.

a) Bärlappenartige. Lycopodiaceen. Die Früchte bil=
den sich zu Kapseln mit feinem Pulver aus. — Sie kommen
einzeln an trockenen Orten vor. III. 2.

1. Gemeine Bärlappe. Lycopodium clavatum.

Der Stengel lang, kriechend, wurzelnd und mit den
Aesten aufsteigend. Die Blätter zerstreut um den Stengel,
gekrümmt und mit borstiger Spitze. Die Aehren walzig auf
dichtschuppigem Hauptstiele.

In Wäldern zwischen Mos ziemlich allgemein. Die Kap=
seln reifen im Herbste, und ihr feiner Samen ist das sogenannte
Hexenmehl.

402

2. Flache Bärlappe. Lycop. complanatum.

Der Stengel aufrecht, zweitheilig ästig. Die Blätter zweireihig, verwachsen. Die Aehren walzig und zu vier.

In Nadelwäldern, fußhoch und sehr ästig.

Beide zeigen in Forsten trockene oder morige Stellen an.

b) Schachtelhalme. Equisetaceen. Mit zapfenartigen gegliederten Stengeln und zweifelhaften Staubbeuteln. III. 2.

3. Wald=Schachtelhalm. Equisetum sylvaticum.

Die frucht= und unfruchtbaren Stengel zweimal verästelt; die Aeste rauh, niedergebogen und 4eckig; die Zweige 3eckig. Die Samenkörner so fein wie Blüthenstaub, aber grün.

An feuchten Waldorten oft in Menge beisammen, fußhoch, und blüht im Mai.

Alle drei Arten werden dem Forstanbau nicht verderblich, aber auch nicht nützlich und sie können immer zur Benutzung frei gegeben werden.

5.

Die Lebermose, Hepaticae, haben einen flechten= oder mosartigen Stock mit einzelnen meist 4klappigen Kapseln und darin Spuren von Drosseln. — Sie haben mit Mosen und Flechten gleichen Standort, indem sie, ohne besondere Wurzeln, flach ausgebreitet auf dem Boden oder auf Baumwurzeln oder unten auf alten Stämmen liegen. Ob nun gleich einige von ihnen, namentlich Jungermannien, sehr häufig, wie Junger-mannia lanceolata auf dem Boden und J. complanata an Baumrinden, vorkommen, so sind sie doch zu unbedeutend, um in forstlicher Hinsicht einen merklichen Einfluß zu gewinnen.

Fünfter Abschnitt.
Von den Laubmosen.

1.
Begriff und Unterscheidung derselben.

Laubmose, oder Mose schlechthin, heißen solche grüne Pflanzen, die es zu fadenförmigen Wurzelbildungen bringen, die belaubte Stengel haben, und die eine eigenthümliche Frucht, die Moskapsel, erzeugen. Sie sind von rein-zelligem Bau, ohne Drosseln und ohne Spaltdrüsen. Die Moskapsel enthält viele staubartige Samenkörner (Keimpulver), ist mit einem Deckel geschlossen und springt niemals in Klappen auf wie bei den vorigen Lebermosen.

Da den Mosen die Drosseln gänzlich fehlen, und alle ihre Theile aus verschieden gebildeten, oft gestreckten Zellen erwachsen, so entstehen im vertrockneten Zustande Lücken zwischen diesen Zellen, durch welche Feuchtigkeiten unverändert eindringen können. Dadurch behalten auch abgestorbene Mose noch die Eigenschaft des leichten Aufschwellens durch Wasser, gleichsam als wären sie noch belebt.

Die Wurzeln der vollkommneren Mose bilden immer einen faserigen, bald einfachen, bald zusammmengesezten Wurzelstock, der sich wagerecht oder schief einwärts ausbreitet, und der oft selbst wieder neue Sprossen treibt. Bei manchen Mosarten erscheinen auch neue Wurzeln überall am Stengel oder zwischen den Blatt= winkeln, wodurch sie sich weiter ausbreiten oder vermehren können.

Der Stamm der Mose ist entweder einfach oder getheilt, ästig oder gabelförmig, baum= oder strauchartig u. f. w. und in Absicht auf die Blätter heißt er ein Wedel, wenn sie zweireihig in einer Fläche stehen.

26*

404

Die **Blätter** sind ein Haupttheil der Mose, indem hier die meiste Lebenthätigkeit stattfindet, ob sie gleich sehr einfach gebildet, niemals gestielt, und selten mit einem Ueberzuge, aber öfters mit einer oder zwei Rippen versehen sind. Diese Rippen dehnen sich bei reichlicher Nahrung öfters, und in gegliederte Saftfäden aus. Man unterscheidet die Blätter der Mose wie die anderer Gewächse und außerdem noch theils als Stock-, Stamm-, Ast- und Blüthen-Blätter, theils als sternförmige (wenn sie dicht am Ende des Stengels oder Astes nach allen Seiten ausgebreitet stehen), gewundene, flügelförmige, ein- oder zweirippige oder rippenlose, bleibende, gefärbte u. s. w.

Die **Blüthen** der Mose enthalten in einem mehrblätterigen Umschlage:

a) entweder staubgefäßartige Gebilde und zwischen diesen öfters gegliederte Saftfäden; und dann heißen sie **männliche Blüthen**;

b) oder weibliche Theile mit Fruchtknoten, Griffeln und Narbe, und dabei öfters gegliederte Saftfäden, **weibliche Blüthen**;

c) oder jene beiden Theile der männlichen und weiblichen Blüthen vereinigt, **Zwitterblüthen**. Die Blüthen erscheinen am Grunde oder am Ende, oder an der Seite des Stengels.

Die **Frucht** der Laubmose ist eine einfächerige und durch einen Deckel geschlossene Kapsel, welcher Deckel früher reift und abspringt. Der an den Kapselwänden hängende staubartige Samen ist wirklich zur Fortpflanzung der Mose geeignet, indem man daraus junge Mospflanzen erziehen kann, die zuerst als gegliederte Fäden erscheinen und aus denen dann später das Stengelchen hervorschießt.

Von der Frucht werden für die Unterscheidung der Sippen und Gattungen der Mose die sichersten Merkmale hergenommen, und man betrachtet

a) den **Fruchtstiel**; ob er da ist oder fehlt; wo er erscheint und wie er beschaffen ist;

b) die **Kapsel** selbst; und zwar wie sie gestaltet und beschaffen ist;

c) die **Büchse**, als denjenigen Theil der Kapsel, der nach dem Abfall der Haube und des Deckels auf dem Frucht-

405

stiele zu sehen ist; und zwar nach ihrer Gestalt, Richtung, Oberfläche und Bekleidung;

d) die Mündung, als ben oberen Rand der (nach dem Abfalle des Deckels) offenen Büchse; so daß diese Mündung nackt, oder gezähnt, oder gewimpert ꝛc. sein kann; und dieser Besatz (Peristom) der Mündung zeichnet sich durch zierliche Gestaltungen aus, wenn man ihn mit bewaffneten Augen betrachtet;

e) den Deckel, als denjenigen Theil der Kapsel, der die Mündung der Büchse verschließt, und der theils nach seiner Gestalt, theils nach seinem Zusammenhang mit der Büchse beurtheilt wird;

f) den Ring, der bei manchen Mosen zwischen dem Deckel und der Büchse befindlich ist und der bei der Reife zum Abfall des Deckels beiträgt durch seine Spannkraft;

g) die Haube, als eine Fruchthülle, die früher als Saftfäden mit dem Scheidchen des Fruchtstiels zusammenhing, aber durch die aufschwellende und sich erhebende Frucht losgerissen ist, und mit dem obersten Theile der Kapsel noch verbunden, entweder kappenmützen=, kegel=, kugel=, ꝛc. förmig, oder gerade oder schief, oder haarig, filzig, eben, glatt ꝛc. erscheint; und

h) das Säulchen, als eine durch Querfäden mit den Wänden der Büchse verbundene und oft über die Büchse hervorragende Achse der Büchse.

────────

2.

Von dem Vorkommmen der Mose und ihrem Verhalten in den Forsten, nebst ihrer Vertilgung und Benutzung im Allgemeinen.

In unseren Forsten kommen die Mose so wol an ganz freien, als an schattigen Stellen überall vor, wachsen aber um so freudiger, je feinkrumiger und frischer der Boden ist; selbst auf ganz flachgründigen Stellen, auf verwitternden Felsen, und verwesenden Pflanzentheilen kommen sie noch fort, wenn sie nur der Feuchtigkeit nicht gänzlich entbehren. Hohe und tiefe Lagen, besonders aber die nördlichen oder schattigen, sind den Mosen günstig, und sie breiten sich überall und weit aus, bis sie von

406

anderen Pflanzengattungen beeinträchtigt oder gänzlich verdrängt werden. Ein großer Nutzen der Mose besteht für das Pflanzenwachsthum überhaupt darin, daß sie sich auf unfruchtbaren Stellen durch ihren leichten und vielen Samen einzeln einfinden, sich dann meist in dichten Rasen ausbreiten, unter sich die Daumerde vermehren, die schnelle oder gänzliche Austrocknung des Bodens verhindern, und so den Boden für andere Pflanzenarten empfänglich machen, und dazu sind die ganz kleinen Mose am geschicktesten, indem sie auch die unfruchtbarste Stelle benarben. — Auch keimen viele feine und empfindliche Samen allein leicht und sicher unter und zwischen dem Mose, und sehr viele zärtliche, junge Pflänzchen sind gesichert und geborgen zwischen demselben. — Ebenso geben die Mose gar mancherlei Insecten eine schickliche Aufenthaltstätte. — Endlich sind es hauptsächlich die Mose, die vertiefte und nasse Stellen durch Bildung des Torfs ausfüllen.

Das Pflanzenleben zeigt sich bei den Mosen in jeder Jahreszeit sehr thätig; besonders aber im Winter zeichnen sie sich durch lebhaftes Grün vor anderen Gewächsen aus, und nur bei ganz trockener Witterung scheinen sie so lange zu ruhen, bis ein feuchter Zeitpunkt sie schnell wieder in Thätigkeit ruft. Allgemein blühen sie im Herbste oder Frühling und reifen ihre Früchte meist im Sommer, doch auch im Winter.

In Absicht auf die Forste und auf die Forstwirthschaft können die Mose nützlich oder schädlich genannt werden, je nachdem sie den Forstzweck fördern oder hindern, und beides kann zu verschiedenen Zeiten, an einem und demselben Orte der Fall sein — nur sind die Mose von den Forstleuten noch lange nicht genug gekannt und gewürdigt, um dahin zu wirken bei den verschiedenen forstwirthschaftlichen Unternehmungen, daß der Nutzen der Mose auch benutzt oder gar erhöht, und ihr Schaden wirklich und zweckgemäß vermindert würde. Nur im Allgemeinen läßt sich Folgendes über deren forstlichen Nutzen und Schaden hier andeuten.

Nützlich sind die Mose im Forste:

a) wenn der Boden mild und frisch erhalten werden soll, entweder zum Keimen des Holzsamens, oder zur besseren Nahrung junger oder erwachsener Holzpflanzen, z. B. auf Saaten und Samenschlägen, in lichten oder einzelnen Beständen, und an Bergwänden;

b) wenn zum befferen Gedeihen, oder zum Schuße junger Holzpflanzen theils Hiße und Froft, theils nachtheilige Einwirkung rauher Winde gemildert werden follen; alfo gegen das fogenannte „Froft = Ausziehen der Pflänzchen," gegen das Vertrocknen im Sommer u. f. w.

c) wenn Schatten liebenden Holzpflanzen diefer Schatten fonft nicht wol zu verfchaffen ift; z. B. bei Saaten und Pflanz= ungen an Sommerwänden;

d) für Holzarten mit flachftreichenden Wurzeln, und allge= mein für jede Holzart in einem flachgründigen und fehr lockeren Boden, um das Vertrocknen der Saugwurzeln im Sommer zu verhindern; und

e) wenn fich Mofe an Baumftämmen, unten an der Erde oder auf der nördlichen Seite deffelben in kalten Lagen einfinden; dann können fie in gewiffer Hinficht als Schuß= mittel für den Baum gegen fchnelle Abwechfelung der Zu= ftände angefehen werden — wenigftens werden die Mofe im erften Falle mehr nüßen als fchaden, und im zweiten Falle werden fie nur bei zu großer Ausbreitung nachtheilig fein.

Zu folchen forftlich nüßlichen Mofen laffen fich im Allge= meinen diejenigen rechnen, die vieltheilige Aefte und eine reich= liche Blattbildung haben, und die daher keine fehr dichten Rafen, fondern nur eine lockere und lofe Schicht bilden, wodurch theils Luft und Waffer, theils Samen und Wurzeln der Holzpflanzen leicht durchdringen können; z. B. die meiften Aftmofe (Hyp-num).

In allen diefen Fällen find die Mofe von großem Nußen für das Wachfen und Gedeihen der Beftände, und auf keine Weife dürfen fie vertilgt, und eben fo wenig dürfen fie hier als Streu gefammelt werden.

Hingegen fchädlich find die Mofe im Forfte:

a) wenn fie fich zu fehr ausbreiten, fo daß fie entweder Alles überziehen oder unter fich fo hohe Lagen bilden, daß das Waffer nicht gehörig verdampfen oder abfließen, die Luft nicht genug auf das Wachsthum der Holzpflanzen ein= wirken, oder der Samen den Boden mit dem Keime nicht erreichen kann; z. B. an naffen, oder folchen Orten, die zu verfumpfen anfangen;

408

b) wenn Forstorte nicht mit den angemessenen Holzarten bestanden sind, oder wenn angemessene Holzarten forstlich
unrichtig behandelt, oder auch überständig wurden, dann
kränkeln diese Holzarten, die Mose (doch mehr noch die
Flechten) breiten sich ungewöhnlich stark aus, und vermehren dadurch das Forstübel;

c) wenn Insekten forstlich gefährlich werden, die im Mose
zu gewissen Jahreszeiten einen sicheren Aufenthalt suchen
und finden; und

d) wenn in trockenen Sommertagen ein Waldbrand entsteht,
dann ist Mos ein sicherer Leiter des Feuers durch die
Forste.

Für solche schädliche Mose sind im Allgemeinen diejenigen
zu halten, die durch ihre schwachen Wurzeln und ihre (meist einfachen) Stämme so dichte Massen, wie Rasen, bilden, daß die
Wurzeln anderer Gewächse und ihre Samen-Keime eben so wenig durchbringen können, als das Wasser gehörig zu verdampfen
und die Luft einzuwirken vermag; z. B. die Widerthon-Arten
(Polytrichum).

Alle diese Fälle erinnern den Forstmann, auf Mittel zu
denken, das Mos unschädlich zu machen, und hier ist auch das
Streusammeln als ein solches Mittel willkommen.

Allgemein werden die größeren und sehr ausgebreiteten Mose
an einem Orte vertilgt, oder wenigstens auf längere Zeit von
ihm abgehalten, oder zeigen nur einen spärlichen Wuchs, wenn
man die feine Bodenkrume wegnimmt, oder wenn man den
Boden stürzt durch Ackern oder Umhacken, und zwar am besten
in Frühlings- oder Sommer-Monaten. An nassen Orten verschwinden die schädlichen Mose von selbst, wenn jene trocken gelegt oder wenigstens hinlänglich entwässert werden.

Obgleich die Mose keine Nahr- und Reizmittel liefern, so
werden sie doch von den Menschen zu gar mancherlei Zwecken
benuzt, als z. B. zum Ausstopfen in gar vielen Fällen, zum
Einpacken, zu Matten, zur Streu und zu Asche.

409

3.

Namentliche Aufführung einiger forstlich wichtigen Mose.

I. Forstlich mehr schädliche als nützliche.

a) **Widerthonige. Polytrichoiden.** Zweihäusig, und die Moskapsel mit doppeltem Besatz.

Widerthon. Polytrichum.

Die Frucht eine eckige, auf einen Ansatze ruhende Kapsel, die mit einem Deckel versehen, und die an der Mündung mit 64 Zähnen besezt und deren Zähne durch eine Haut verbunden. Die Haube abwärts haarig. Die männlichen Blüthen auf besonderen Stämmen an der Spitze, zwischen rosenartig gestellten Blättchen.

1. Wald=Widerthon. P. commune.

Die Kapsel länglich=viereckig und zulezt überhängend, auf 2 bis 4 Zoll langen Fruchtstielen, und in der Jugend mit gelblich-haariger Haube bedeckt; der Deckel flach und kurz zugespizt. Der Stamm aufrecht, einfach, 6 bis 8 Zoll lang und mit dunkelgrünen, schmal=lanzigen, am Rande und am Rücken gesägten Blättern dicht besezt.

Dieses Mos ist in unseren Waldungen allgemein verbreitet, wächst in dichten Haufen beisammen, besonders an schattigen und feuchten Stellen, und wird durch seine große Ausbreitung und durch die von ihm gebildeten Moslagen dem Holzwuchse, besonders beim Anbau sehr nachtheilig.

2. Langer Widerthon. P. longisetum.

Die Kapsel undeutlich sechseckig, auf einem sehr kleinen Ansatze mit gewölbtem und geschnabelten Deckel auf einem 3 bis 5 Zoll langen Fruchtstiele. Der Stamm aufrecht, sehr lang und fadenförmig, fast einfach und mit schmalpfriemigen Blättern besezt.

Uebrigens kommt dieses Mos mit dem vorigen völlig überein, nur daß es noch mehr sumpfige Orte liebt und sogar den Torf bilden hilft.

410

3. Wachholderartiger Widerthon. P. juniperinum.

Die Kapfel eiförmig=viereckig, etwas aufrecht auf einem
entfernten Anfaße und einem 2 Zoll langen aufrechten Frucht=
ftiele, mit oben brauner Haube. Der Deckel flach und kurz ge=
fchnabelt. Der Stamm aufrecht, faft einfach, gewöhnlich 2
Zoll lang, und mit linienförmigen, am Rande eingebogenen und
am Rücken gezähnten Blättern befezt.

Wächft mehr auf trockenen und unfruchtbaren Orten, be=
fonders auf verangerten Waldplätzen, und dient dann, einen
todten Boden zu überziehen. An fruchtbaren Forftorten bildet es
große Maffen, und ift vor der forftlichen Anfaat jederzeit zu
entfernen, indem nicht leicht ein Holzpflänzchen zwifchen ihm gut
wachfen kann.

Sämmtliche Widerthone dauern mehre Jahre aus, reifen
ihre Kapfeln im Sommer, und können zu Streu benuzt werden.
Es finden fich zwar in unferen Forften noch mehre Widerthon-
arten, fie find aber fehr klein und wol forftlich unfchädlich.

Haarmos. Pogonatum.

Die Frucht eine rundliche und ohne Anfaß auf dem
Fruchtftiele ruhende Kapfel, die an der Mündung mit 32 Zäh-
nen befezt, und deren Zähne durch eine Haut verbunden. Die
Haube haarig. Die männlichen Blüthen auf befonderen
Stämmen an der Spitze.

4. Krugförmiges Haarmos. P. urnigerum.

Die Kapfel walzenförmig und nur unter der Mündung
etwas verengt, mit gefchnabeltem Deckel, und auf 1 bis 2 Zoll
langen Fruchtftielen. Der Stamm aufrecht, äftig, 2 Zoll
lang und mit fteifen, linienförmigen, gefägten und zugefpizten
Blättern befezt.

Auf heidigen, trockenen und bergigen Walborten wächft die=
fes Mos in dichten Maffen beifammen, fo daß es den unfruchtbaren Boden benarbt, aber nachher auch, wegen feiner eindring-
enden Wurzeln, anderen Pflanzen das Fortkommen erfchwert.

5. Aloeförmiges Haarmos. P. aloides.

Die Kapfel walzenförmig, etwas aufrecht, und auf 1
Zoll langen Fruchtftielen. Der Stamm faft einfach und höch=

411

ſtens 1 Zoll lang und mit ſteifen, an der Spitze gezähnten Blättern beſezt.

Uebrigens hat dieſes Mos das äußere Anſehen, den Stand-ort, und das forſtliche Verhalten mit den vorigen gemein.

Dieſe, und noch einige kleinere Haarmosarten dauern aus, reifen ihre Kapſeln im Sommer und müſſen bei forſtlichen An-ſaaten immer erſt vertilgt werden, wenn die jungen Holzpflänz-chen freudig wachſen ſollen.

---

b) Gabelzähnige. Dicranoiden. Die Moskapſel mit ein-fachem Beſatz und geſpaltenen Zähnen.

Borſtenmos. Trichostomum.

Die **Frucht** eine längliche Kapſel, die an der einfach be-ſezten Mündung mit 16 tief geſpaltenen Zähnen verſehen iſt. Die Haube ſtumpf-kegelförmig und 5 bis 8 ſpaltig. Getrenntes Geſchlecht.

1. Wolliges Borſtenmos. Tr. lanuginosum.

Die **Kapſel** faſt eiförmig und klein, mit einem langen kegelförmigen Deckel, auf einem ¼ Zoll langen Fruchtſtiele. Der **Stamm** liegend, ſehr äſtig, 3 bis 7 Zoll lang und mit pfriemen-artigen, gekrümmten, einſeitigen und graugeſpizten Blättern beſezt.

2. Graues Borſtenmos. Tr. canescens.

Die **Kapſel** länglich-eiförmig, mit einem langen pfriemen-förmigen Deckel auf 1 Zoll langem Fruchtſtiele. Der **Stamm** aufrecht, äſtig, 2 Zoll lang, und mit gelblichgrünen, ei-lanzett-förmigen, gekrümmten und in eine graue durchſichtige und ge-zähnte Spitze auslaufenden Blättern beſezt.

3. Heibeartiges Borſtenmos. Tr. ericoides.

Die **Kapſel** wie bei der vorigen, auf 1 bis 1½ Zoll lang-en, aufrechten Fruchtſtielen. Der **Stamm** aufrecht, wenig äſtig, 2 bis 5 Zoll lang und mit lanzig-pfriemenförmigen, ab-ſtehend-zurückgeſchlagenen, und in eine kurze Spitze auslaufenden Blättern beſezt.

Dieſe Borſtenmoſe wachſen an dürren, trockenen und un-

412

fruchtbaren Orten und an Baumwurzeln sehr häufig in weiten Rasen, so daß sie zur Benarbung des Bodens sehr nützlich sind. Sollen solche Orte aber forstlich angebaut werden, so muß man sie vorher, wenigstens stellenweise, erst entfernen. Sie blühen zeitig im Frühling und reifen, obgleich sparsam, im Sommer ihre Früchte.

Gabelzahn. Dicranum.

Die Frucht eine längliche Kapsel, die an der einfachbesezten Mündung mit 16 bis zur Hälfte gespaltenen und einwärts gekrümmten Zähnen versehen ist. Die Haube bedeckt die Kapsel halb.

4. Besenförmiger Gabelzahn. D. scoparium.

Die Kapsel walzenförmig, gebogen, mit einem kegelförmigen, in eine lange pfriemenförmige Spitze auslaufenden Deckel, und auf einem 1 bis 2 Zoll langen und einzeln stehenden Fruchtstiele. Der Stamm aufsteigend, nach obenhin ästig, 4 Zoll lang, und mit langen linien-lanzettförmigen, borstig-gespizten, sichelförmigen und einseitigen Blättern dicht besezt.

Dieses Mos ist eins der gemeinsten auf unseren verangerten Waldplätzen, besonders unter lichten Nadelhölzern, und wächst in dichten polsterähnlichen Rasen, so daß es beim forstlichen Anbau entfernt werden muß, wenn man mit Sicherheit auf ein gutes Gedeihen rechnen soll. Es blüht meist im Herbste und hat im Frühlinge reife Früchte.

5. Vielstieliger Gabelzahn. D. polysetum.

Die Kapsel walzenförmig, gebogen, mit gewölbt-pfriemigem Deckel und auf $1\frac{1}{2}$ bis 2 Zoll langem, aber gewöhnlich zu drei beisammen aus einer Hülle entsprungenen Fruchtstiele. Der Stamm aufsteigend, ästig, 3 bis 6 Zoll lang, und mit lanzigen, langzugespizten, sichelförmigen und fast einseitigen Blättern besezt.

Kommt häufig in unsern Waldungen, aber mehr an steinigen und etwas schattigen Orten vor, und bildet nicht so dichte Rasen, wie der vorige, daher er auch dem Holzwuchse weniger nachtheilig wird.

413

6. Unechter Gabelzahn. D. spurium.

Die Kapsel eiähnlich, gebogen, mit kegelartig = pfriemigem Deckel, und auf einem 1 Zoll langen Fruchtstiele. Der Stamm getheilt, 2 bis 3 Zoll lang, und am Ende mit bü=schelförmig krausen Blättern besezt.

Wächst an lichten und mit kiesigem Boden bedeckten Wald=orten in weitverbreiteten Rasen, und ist dadurch ebenfalls ein Hinderniß bei Forstkulturen.

7. Graugrüner Gabelzahn. D. glaucum.

Die Kapsel länglich = eiförmig gebogen, am Grunde mit einem Wulste, und an der Spize mit einem sehr spizigen und krummgeschnabelten Deckel versehen. Der Stamm ästig aufrecht, zerbrechlich, 2 bis 6 Zoll hoch und mit eilanzigen, geraden, ab=stehenden grünen Blättern besezt.

Man trifft es ebenfalls an lichten Waldorten in weiten Ra=sen an, und es verhält sich forstlich, wie das vorige Mos.

Anmerk. Vielleicht könnte man noch die Apfelmose, Bartra=mia pomiformis und B. crispa, wegen ihres dicht = pol=sterartigen Wuchses, durch welchen kein Holzsamen keimt, anführen.

II. Forstlich mehr nützliche als schädliche.

c) Astmosige. Hypnoiden. Die Moskapsel seitenständig und mit doppeltem Besatz.

Astmos. Hypnum.

Die Frucht eine längliche Kapsel, die mit einem Deckel versehen, und an der Mündung außen mit 16 Zähnen und in=nen mit ungleichförmigen Wimpern, beide am Grunde verbunden, besezt. Die Fruchtstiele aus einem schuppigen Moskelche an der Seite, und niemals an der Spize des Stengels oder der Aeste.

* Die Blätter mehr oder weniger zweireihig.

1. Wald=Astmos. H. sylvaticum.

Die Kapsel walzenförmig, gebogen aufgerichtet, mit einem kegelförmigen und spizigen Deckel auf 1 Zoll langem Fruchtstiele.

414

Der Stamm fast einfach, 1 Zoll lang, fast liegend und mit schief lanzigen und zugespizten Blättern besezt.

Wächst an feuchten und schattigen Waldorten, auch an Bäumen nach der Erde hin, in polsterartigen Haufen beisammen und blüht im Frühling.

2. Wellenblätteriges Astmos. H. undulatum.

Die Kapsel fast walzenförmig, gebogen, mit kurzgeschnabeltem Deckel und auf 1½ Zoll langem Fruchtstiele. Der Stamm kriechend, an 4 bis 5 Zoll lang, zu beiden Seiten mit einzelnen ungleichen Aesten versehen, und zweiseitig mit wogig=gefalteten und eiförmigen Blättern besezt.

Mit dem vorigen auf ähnliche Weise an gleichen Orten wachsend.

3. Durchscheinendes Astmos. H. lucens.

Die Kapsel eiförmig, überhängend, mit geschnabeltem Deckel und auf 1 Zoll langem Fruchtstiele. Der Stamm 2 bis 3 Zoll lang, liegend, mit ungleichförmigen und nach zwei Seiten gerichteten Aesten, mit schief=eiförmigen, fast getüpfelten und durchscheinenden Blättern besezt.

Wächst an feuchten Waldorten an der Erde und an Baumwurzeln in lockeren Polstern und blüht im Frühling.

** **Die Blätter mehr oder weniger einseitig.**

4. Zypressenartiges Astmos. H. cupressiforme.

Die Kapsel walzenförmig, gekrümmt, rothbraun, mit gewölbtem und langgeschnabeltem Deckel und auf 1 bis 1½ Zoll langem Fruchtstiele, der mehr nach dem Grunde des Stammes hin entspringt. Der Stamm niedergestreckt, oft 4 Zoll lang, gewöhnlich kürzer, mit vielen verworrenen und etwas gekrümmten Aesten versehen, und mit ei=lanzettförmigen, zugespizten, einwärts gekrümmten und gelbgrünen Blättern besezt.

Dieses in unseren Waldungen sehr häufig vorkommende Mos wächst theils auf Erde und Steinen, theils an Bäumen und Wurzeln und bildet gewöhnlich einen lockeren, öfters aber sehr großen Polster. Es blühet im Herbste und hat im Frühling reife Kapseln.

415

5. Gekrümmtes Aſtmos. H. incurvatum.

Die Kapſel verkehrt eiförmig, gebogen, mit einem kegel=
förmigen geſpizten Deckel verſehen und auf 1 Zoll langen Stiele.
Der Stamm vier Zoll lang, wenig getheilt und liegend, die
Aeſte fein gefiedert, an der Spitze gekrümmt und mit pfriemen=
förmigen gebogenen Blättern beſezt.

Dieſes ſchöne Mos wächſt an nicht ganz dunkelen Wald=
orten auf ſteinigem Boden, auf Felſen und verfaulenden Holz=
ſtücken.

6. Federbuſch=Aſtmos. H. Crista castrensis.

Die Kapſel länglich, gebogen und auf ½ Zoll langen Stiel=
en. Der Stamm liegend, mit gefiederten Aeſten, mit gedrängt
ſtehenden, immer kleiner werdenden und an der Spitze zurückge=
krümmten Zweigen, und mit pfriemigen Blättern verſehen.

Iſt in ſteinigen und bergigen Waldungen gemein, und bildet
nicht lockere Polſter, wie das ſchöne Aſtmos (H. pulchellum)
mit aufrechten und büſchelförmigen Aeſten, und das riemenförmige
Aſtmos (H. loreum) mit kriechenden und zerſtreueten Aeſten.

*** Die Blätter dachziegelförmig.

a) Der Strauch gefiedert.

7. Dreiſeitiges Aſtmos. H. triquetrum.

Die Kapſel eiförmig, rothbraun, wagrecht ſtehend, und auf
hochrothen, an 2 Zoll langen Stielen. Der Stamm aufge=
richtet, ſehr äſtig und 6 bis 8 Zoll lang; die Aeſte an der
Spitze verdickt, die Seitenzweige aber verdünnt und herabgebogen;
die Blätter ſtehen ſparrig, ſind dreiſeitig und lang geſpizt.

Dieſes in den Wäldern wol am häufigſten vorkommende
Mos zeichnet ſich durch ſeine hellgrüne und glänzende Farbe aus,
und bildet große und weitverbreitete Polſter.

8. Sproſſendes Aſtmos. H. proliferum.

Die Kapſel eiförmig, gebogen und mit geſchnabeltem Deck=
el; die Fruchtſtiele 1½ Zoll lang und gehäuft beiſammenſtehend.
Der Stamm faſt getheilt, doppelt und flach gefiedert, aus Jahr=
trieben, die von unten faſt aſtlos ſind, zuſammengeſezt, und mit
lang zugeſpizten und glänzenden Blättern verſehen.

416

Ueberzieht in unseren Forsten weite Strecken mit polsterart=
igen Lagen, und blüht vom December bis April und sezt auch
häufig Früchte an.

9. Tamarindenförmiges Astmos. H. tamaris-cinum.

Die Kapsel ähnlich der vorigen und auf ähnlichem Frucht=
stiele. Der Stamm dreifach und flach gefiedert, an der Spize
sprossend, getheilt, liegend und 3 bis 4 Zoll lang, und mit glanz=
losen und auf der Rückseite warzigen Blättern besezt.

Wächst mit dem vorigen Astmose an gleichen Orten, aber
nicht so häufig, obgleich in dichteren Polstern.

10. Tannen=Astmos. H. abietinum.

Die Kapsel länglich, gebogen, mit einem kegelförmigen
Deckel und auf einem 1 bis 1½ Zoll langen glatten Fruchtstiele.
Der Stamm liegend, 3 bis 4 Zoll lang, mit weitläufigen, ein=
fach gefiederten, spizigen und zerbrechlichen Aesten und mit ab=
stehenden, glanzlosen, am Rande faltenförmig zurückgeschlagenen
und auf der Rückseite warzigen Blättern.

Wächst an trockenen Orten, besonders in Nadelwäldern,
ebenfalls polsterartig beisammen, und blüht vom Herbste bis in
den Frühling, sezt aber selten Früchte an.

b) Der Strauch zerstreut=ästig.

11. Krückenförmiges Astmos. H. rutabulum.

Die Kapsel eiförmig, wagerecht stehend, etwas gekrümmt,
mit einem kurzen, kegelförmigen Deckel versehen, und auf einem
1½ Zoll langen rauhen Fruchtstiele stehend. Der Stamm nie=
derliegend, 4 bis 6 Zoll lang, mit fast einfachen, umherschweif=
enden und gespizten Aesten, und wie diese mit sehr abstehenden,
eiförmigen, zugespizten, ausgehöhlten, feingesägten und glänzenden
Blättern versehen, die an Farbe sehr abwechseln und gelb= oder
hell= oder dunkelgrün sind.

Dieses schwache Astmos wächst sehr häufig in Wäldern an
der Erde und an Bäumen in größeren und kleineren dichten
Polstern, und hat im Mai und Junius reife Kapseln.

417

12. Langes Astmos. H. praelongum.

Die Kapsel länglich, gebogen und mit geschnabeltem Deckel, auf einem 1 Zoll langen rauhen Fruchtstiele. Der Stamm
sehr lang (an 6 Zoll und länger), liegend und fast unregelmäßig
gefiedert, mit schlaffen, entfernt stehenden Aesten; die Blätter abstehend, gespizt, gesägt und an Farbe sehr verschieden vorkommend.

Dieses ebenfalls in den Waldungen gemeine Mos bildet
nur lockere Pölster, und ändert auch in der Gestalt sehr ab.

13. Sparriges Astmos. H. squarrosum.

Die Kapsel rundlich = eiförmig, gebogen, mit kurzem kegelförmigen Deckel und auf einem 1½ Zoll langen Fruchtstiele.
Der Stamm aufsteigend, 4 Zoll lang und mit aufrechten, etwas krummen Aesten; die Blätter pfriemenförmig, zurückgekrümmt,
schlaff und fein gesägt.

Dieses in den Wäldern, besonders auf frischem Boden, häufig vorkommende Mos hat fast immer blühende Fruchtstiele.

Diese sämmtlichen Astmose tragen in unseren Waldungen
durch ihre polsterartige Ausbreitung sehr viel bei theils zur Benarbung des Bodens, theils zur schnellen Annahme und zum
allmähligen Verdampfen des Regenwassers und des Thaues, wodurch der Holzwuchs überhaupt sehr befördert wird, indem junge
Pflänzchen und die Saugwurzeln der Bäume sich durch sie ge-
nährt und geschüzt finden. Nur wenn sie sehr hohe und dichtere
Lagen gebildet haben, müssen sie bei Saaten und Pflanzungen
stellenweise entfernt werden. Auch finden sich noch viele solcher
Astmose hin und wieder in unseren Forsten, welche aber alle einzeln
aufzuzählen zu weit führen würde. Doch dürfte noch anzuführen
sein, daß diese Astmose bei forstlichen Saaten (auch wol Pflanzungen) an sehr sonnigen, oder rauhen, oder leicht austrocknenden
Orten für die Pflänzchen sehr nützlich gebraucht werden, wenn
man sie unmittelbar über den Boden hin, nach gemachter Saat,
streut. Vielfältige Versuche mit solchen (zuweilen für feinere
Samen etwas zerhackten) Astmosen haben mich von der Nützlichkeit dieses Gebrauchs zum besseren Gedeihen und hauptsächlich
zum Erhalten der Pflänzchen und zum Abhalten des Graswuchses, überzeugt.

Endlich benuzt man überhaupt und vornehmlich diese Ast-

27

418

mose zum Ausstopfen, zum Einpacken zerbrechlicher Sachen und zur Streu.

Strauchmos. Leskea.

Die Moskapsel walzig mit 16 inneren freien und 16 äußeren unten vereinigten Zähnen. Ein= und zweihäusig, die männliche Blüthe knospenförmig in den Achseln.

14. Flaches Strauchmos. L. complanata.

Der Stengel liegend und flachästig. Die Blätter zweireihig, schmal und mit kurzer Spitze. Die Kapsel aufrecht und der Deckel mit schiefem Schnabel.

An schattigen Orten auf dem Boden und an Stämmen. Blüht im Frühling.

15. Farnartiges Strauchmos. L. trichomanoides.

Wie voriges, aber die Blätter verkehrt eirund und an der Spitze gezähnt, und die Kapsel etwas überhängend.

Mehr in Niederungen und im Herbst blühend.

Beide verhalten sich wie die Astmose.

─────────

III. Torf bildende und Sumpf anzeigende.

d) Torfmosige. Sphagneen. Die Moskapsel mit abfallendem Deckel und ohne Besatz.

Torfmos. Sphagnum.

Die Frucht eine rundliche Kapsel, die, mit einem Deckel versehen, an der Mündung kahl, d. h. ohne zahnartigen Besatz, ist, und auf einem tellerförmigen Ansatze ruht. Der Fruchtstiel sehr kurz und am Ende des Zweiges; die Haube in die Queere abreißend.

1. Stumpfblätteriges Torfmos. S. obtusifolium.

Die Kapsel fast kugelförmig, braun und mit einem flachgewölbten und in eine scharfe Spitze auslaufenden Deckel versehen. Der Stamm röthlich=weiß, oft 1 Fuß lang und länger, mit vielen kurzen, büschelförmig nebeneinander stehenden und herabgebogenen Aesten versehen, und mit eiförmigen, ausgehöhlten und stumpfen Blättern besezt.

Dieses, wie das folgende Torfmos wächst in großen, weichen Rasen, auf torfigen und sumpfigen Stellen und reift die Früchte im Sommer.

2. Spitzblätteriges Torfmos. S. acutifolium.

Die Kapsel eiförmig und etwas länger gestielt als bei dem vorigen.   Der Stamm schwächer, die Aeste herabhängend und schlanker, die Blätter schmaler und dieses Alles zarter im Bau und röthlicher von Farbe als bei der vorigen Art.

3. Sparriges Torfmos. S squarrosum.

Die Kapsel kugelrund mit einem gewölbten Deckel.   Der Stamm mit sparrig abstehenden, langen und zugespitzten Aesten, und mit schmalen, vierzähnigen und Stamm und Aeste dicht umgebenden Blättern, — das Ganze mehr von grünlicher Farbe.

Dieses, wie das folgende Torfmos wächst an nassen Stellen, mehr in bergigen Gegenden, doch auch in dichten Rasen, und hat im Sommer reife Früchte.

4. Gespiztes Torfmos. S. cuspitatum.

Die Kapsel eiförmig, auf ziemlich langen Fruchtstielen. Der Stamm schlank, mit niedergebogenen, spitzigen Aesten und mit langen, schmalen, zugespitzten Blättern.

Sämmtliche Torfmose haben große Aehnlichkeit unter einander, und sind vielleicht nicht wesentlich und ständig als besondere Arten verschieden.

Diese Mose, besonders die erste Art, tragen sehr viel zur Bildung des Torfs bei, und wenn sie sich auf den Forsten zahlreich einfinden, dann ist es Zeit, darauf zu denken, diese Orte trocken zu legen, wenn sie nicht nach und nach versumpfen und also forstlich unbrauchbar werden sollen.

e) Schirmmosige. Splachnoiden.   Die Maskapsel endständig und mit paarig genäherten Zähnen.

Flaschenförmiges Schirmmos.   Splachnum ampullaceum.

Die Kapsel walzenförmig, mit freien Zähnen an der Mündung, mit gewölbtem Deckel, und auf einem weiteren flaschenförmigen Ansatze ruhend.   Der Stamm aufrecht, fast ge-

27 *

420

theilt, 2 Zoll lang und mit ei=lanzettförmigen, zugespizten Blätt=
ern besezt.

Wächst in Sümpfen und Torfmooren, vornehmlich auch in
Nadelholzwaldungen.

f) Apfelmosige. Bartramineen. Die Moskapsel endständ=
ig und mit doppeltem Besatz.

1. Sparriges Knotenmos. Bryum squarrosum.

Die Kapsel länglich, gebogen, an der Mündung außen
mit 16 Zähnen und innen mit ungleichförmiger Wimper besezt,
und auf 2 bis 3 Zoll langem Fruchtstiele am Ende stehend.
Die männlichen Blüthen knospenförmig.   Der Stamm
aufrecht, etwas ästig, 2 bis 4 Zoll lang, mit einem braunen,
rostfarbigen Filz bedeckt, und mit gesägten zugespizten, gekrümmt=
en und sparrig abstehenden Blättern besezt.

Auf sumpfigen und torfhaltigen Orten wächst dieses Mos
in dichten, schwam:nigen Polstern, so daß nicht leicht Pflanzen
mit ihm gedeihen.   An Forstorten, wo es häufig steht, dürfte es
nur durch Abwässerung dieser Orte unschädlich zu machen sein.
Uebrigens hilft es den Torf erzeugen und reift seine Frucht im
Spätherbste.

2. Sumpf=Sternmos. Mnium palustre.

Die Kapsel länglich=eiförmig, gebogen und gefurcht, und
übrigens wie beim vorigen Mose.   Die männlichen Blüthen
sternförmig.   Der Stamm aufrecht, unten einfach, oben ästig,
an und über 3 Zoll lang, dicht mit braunem Filze bedeckt und
mit pfriemenförmigen, gerinnten, abstehenden, fast einseitigen und
gelbgrünen Blättern besezt.

Auf sumpfigen und nassen Stellen breitet sich dieses Mos
zuweilen in weite Polster aus und trägt in Gesellschaft der
Torfmose Einiges zur Bildung des Torfs bei.   In forstlicher
Hinsicht verhält es sich wie das vorige und reift auch wie das=
selbe seine Kapseln.

Wo sich diese Torf bildenden Mose eingefunden und eine
große Strecke so überzogen haben, daß sie gewissermaßen einen
neuen, torfartigen Grund bilden, da finden sich noch viele andere
Mose, und auch sumpfliebende Kräuter und Sträuche zwischen
ihnen ein; dahin gehören z. B.

421

1) an Mosen, außer dem langen Widerthon, die Aſtmoſe: Hypnum aduncum — scorpioides — cuspidatum; das Bruchmos: Maesia uliginosa; das Birnmos: Webera nutans; die Gabelzahne: Dicranum undulatum und D. glaucum; endlich einige Lebermoſe, als: Jungermannia Sphagni — bicuspidata — undulata u. ſ. w.

2) an Kräutern hauptſächlich einige Sonnenthaue (Drosera), Binſen (Scirpus), Moorſeide (Eriophorum), Riedgräſer (Carex), Simſen (Juncus u. ſ. w. und

3) an Sträuchen: Krähenbeere, Hoſt, Kienporſt, Rauſch- und Moosheidelbeere, Sumpfheide ꝛc. und zugleich mit dieſen Sträuchen finden ſich auch einige Farnkräuter ein.

422

Sechster Abschnitt.

Von den Flechten.

1.

Flechten nennt man solche Gewächse, die einen rinden-, laub- oder strauch-förmigen Stock (Laub, **Thallus**) bilden, der überall zur Fortpflanzung geeignete Keimkörner erzeugt, der überdieß öfters noch anders gefärbte, scheinbare Samenbehältnisse und Keimhöckerchen hat und der auf der Unterfläche manchmal mit haarförmigen Wurzeln versehen ist. Jener Stock ist auf gar mannigfache Weise gebildet, so daß er bald pulverartig, bald krustenartig, bald dünnhäutig und bald völlig laubartig erscheint, und meist gar verschieden getheilt und gefärbt, aber doch Stengel, Blatt und Fruchtbehälter zugleich ist. Eigentliche Blüthen haben die Flechten nicht, aber ihre Scheinfrüchte (Apothecia) erscheinen gewöhnlich auf der Oberfläche des Stocks, entweder als ein Schildchen, oder als eine Warze, oder als ein Schüsselchen, die zusammen öfters wieder anders gefärbt sind und ein feines Pulver enthalten.

Der Bau der Flechten ist rein-zellig, so daß die krustenartigen Flechten blos runde Bläschen von verschiedener Größe enthalten, hingegen die höheren, blattartigen, ein filzartiges Zellengewebe darstellen, wo dann das Keimpulver dazwischen liegt.

Das Bestandwesen der Flechten liefert nutzbarere Erzeugnisse als die Mose, indem einige derselben dauerhafte Farben liefern, andere zum Gerben dienen; mehre solche mehl- und gallertartige Stoffe geben, die als Nahr- und Heilmittel gebraucht werden, und viele kann man als Streu zu Düngmitteln verwenden.

Das Wachsthum der Flechten wird gar sehr durch eine

423

feuchte Witterung begünstigt, daher zeigen sie sich auch gewöhn=
lich im Herbste, Winter und Frühjahre am schönsten, ob sie gleich
auch den Sommer hindurch noch fortleben.   Ihre gewöhnlichen
Standorte sind auf verwitternden Steinen, auf für andere Pflanz=
en zu mageren oder von diesen nicht bedeckten Erdflächen und auf
der Oberfläche der Stämme und Aeste unserer Holzarten, beson=
ders in gebirgigen oder etwas sumpfigen Gegenden.

2.

In forstlicher Hinsicht muß man die Flechten in der dop=
pelten Rücksicht betrachten, einmal ob sie auf dem Boden, dann
ob sie auf den Stämmen und Aesten wachsen; im ersten Falle
sind sie jederzeit forstlich mehr nützlich als schädlich, und im zwei=
ten vermehren sie nur ein bestehendes Forstübel.   Denn im Na=
turhaushalte scheinen die Flechten dazu bestimmt zu sein, nackte
Felsen und solche Erdflächen, die für andere Gewächse noch un=
empfänglich sind, als erster Pflanzenanfang zu überziehen, um
solche Stellen als Niederschläge aus ihnen und durch sie, so weit
fruchtbar zu machen, daß andere Pflanzengattungen hier Wurzel
fassen und so den Boden nach und nach verbessern können. Dar=
um, und weil die Flechten keine jungen Holzpflanzen vom Bo=
den verdrängen können, sondern vielmehr von diesen unter=
drückt werden, darum sind Flechten für den Waldboden nütz=
lich zu nennen, aber beim Forstbetrieb, sowohl beim Forstanbau
als auch bei der Forstpflege, kommen diese Erdflechten weder als
ein Hinderniß, noch als ein merkliches Förderniß in Betrachtung.
Auch auf hohen Gebirgen sind die Flechten, wo solche nämlich
oft große Strecken überzogen haben, nicht Ursache, daß kein An=
flug von Holzpflanzen aufkommt, sondern durch verkehrte Wirth=
schaft sind diese Flächen verödet, und Folge dieser Verödung ist
Ausbreitung der Flechten. Bleiben solche Stellen sich selbst über=
lassen, so finden sich nach und nach wieder Mose und Kräuter
ein, und nach und zwischen diesen können auch Holzpflänzchen
wieder gedeihen.

Anders ist es mit den auf Stämmen und Aesten wachsend=
en Flechten; diese sind allzeit dem Baumwuchse mehr für schäd=
lich als nützlich zu halten.   Denn obgleich die Flechten sich nur
auf zum Theil vertrockneten oder abgestorbenen Schichten der
Borke einfinden, so überziehen sie doch von hier aus auch die noch

424

in Lebenthätigkeit begriffenen Rindelagen, und verhindern dadurch das freie Thätigsein dieser Rindenlagen an Bäumen und Sträuchen, halten bei feuchtem Wetter die Stämme zu lange naß und dienen schädlichen kleinen Thieren zur Aufenthaltstätte; dadurch werden die Flechten, im Ganzen genommen, dem Wuchse der Holzarten nachtheilig, und je größer und weitverbreiter dieser Ueberzug, desto größer auch der Nachtheil für die überzogene Holzpflanze. Der Nutzen aber, der den Bäumen und Sträuchen durch die Flechten= (auch Mos=) Bedeckung gegen heftige und unzeitige Kälte und Hitze entstehen soll, dürfte sehr gering sein, indem Kälte und Hitze den Holzarten allermeist auf der Seite gegen Mittag hin, wegen der schnellen Abwechselung, nachtheilig werden, und gerade auf dieser Seite jene Bedeckung immer gering gefunden wird. Am nachtheiligsten aber wird jene Flechtenbedeckung an solchen Stämmen, die außerdem schon auf irgend eine Weise in ihrem vollen Wachsthume gestört oder gar krank geworden sind, indem hier die Flechtenbedeckung erst recht allgemein wird und das Uebel des gestörten Wachsthums vergrößern hilft. Solche Fälle nun, wo in unseren Forsten ein gestörtes Wachsthum der Holzpflanzen und gewöhnlich damit eine starke Bedeckung von Flechten und zuweilen auch von Mosen verbunden zu sein pflegt, sind hauptsächlich folgende:

1) wenn die Holzpflanzen von Jugend auf unter sich zu dicht stehen, so daß weit mehr Pflanzen auf einer Fläche sich befinden, als zum Waldschluß in diesem Alter nothwendig wäre, wie z. B. auf manchen Saaten, indem der freie Luftzug und mithin das Austrocknen verhindert ist; oder wenn jüngere Pflänzchen unter dem Druck der alten kümmerlich erwachsen sind und dann frei gestellt einen Wald bilden sollen;

2) wenn Holzarten auf einem Boden oder in einer Lage erzogen und erhalten wurden, die ihrer Natur nicht angemessen ist, wie z. B. besonders an zu nassen oder versumpfenden Waldorten; und

3) wenn entweder durch unzeitiges oder fehlerhaftes Verpflanzen, oder durch Beschädigung oder sonstige falsche Behandlung, oder durch hohes Alter, oder durch andere ungünstige Einwirkungen die Bestände schwächlich oder gar krank wurden.

425

Dann aber hat der Forſtwirth nicht etwa, wie der Gärtner, darauf zu denken, wie er dieſe Mos = und Flechtenbedeckung von den einzelnen Stämmen entferne, ſondern er muß jene Urſachen dieſer Erſcheinung zu entfernen, oder künftig zu vermeiden ſuchen. Denn wenn der Gärtner mit Vortheil ſeine mit Flechten über= zogenen Obſtbäume durch Abwaſchen bei naſſer Witterung rein= igen kann, ſo dürfte ſolches ſchwerlich im Forſte jemals anwend= bar gefunden werden.

3.

Die Flechten aber, welche gewöhnlich unter obigen Umſtänd= en die Stämme und Aeſte in den Forſten überziehen, alle hier namentlich aufzuführen und zu beſchreiben, — das dürfte ein unnöthiges Beginnen ſein; indeß wären einige ſehr gemeine und faſt allgemein verbreitete unter folgende Ueberſicht zu bringen:

a) **Schorfflechten. Verrucarineen.** Der Stock kruſten= artig und in der Kruſte die Früchte zerſtreut und bedeckt.

Tüpfelflechte. Arthonia. Ach.

Mit einfachen ſchwarzen und mit Knorpelhaut überzogenen Früchten.

1) **Runzelige Tüpfelflechte. A. gyrosa.** Mit runzel= igen Früchten.

2) **Sternförmige Tüpfelflechte. A. radiata.** Mit ſternförmigen Früchten.

3) **Glanzloſe Tüpfelflechte. A. obscura.** Mit grünem Laube und mit kleinen, ſchwarzen, länglichen oder nieren= förmigen Früchten.

Dieſe wachſen auf den Rinden der Buche, des Ahorns, der der Eſche, der Birke und des Hornbaums.

Warzenflechte Verrucaria. Ach.

Mit rundlichen, eingeſenkten und zweihäutigen Früchten; die äußere Bedeckung knorpelig, ſchwarz und oben durchbohrt; die in= nere dünnhäutig und einen Kern umſchließend, der zellige Schläuche enthält.

4) **Getüpfelte Warzenflechte. V. punctiformis.** Der Stock ſehr dünn und braun bis weiß, mit ſehr kleinen, rundlichen, ſchwarzen Früchten und weißem Kerne.

426

Auf Obſtbäumen, Eichen, Buchen u. ſ. w.

5) **Hohle Warzenflechte. V. cavata.** Der Stock dünn
und grau=weiß; die Früchte halbkugelig und innen hohl.
Auf Fichtenrinden.

6) **Knospige Warzenflechte. V. gemmata.** Der
Stock dünn und weiß mit mattſchwarzen kugeligen Frücht=
en und ſchwärzlichem Kern.
Auf Kieferrinden.

———————

b) **Schriftflechtenartige. Graphideen.** Der Stock
eine häutige Kruſte mit gerandeten und eingeſenkten Früchten.

Schriftflechte. Graphis.

Der Stock gleichartig, weiß; die Frucht länglich, mit
einer ſchwarzen Haut gerandet; die Schläuche walzig und viel=
ringelig.

1. Gemeine Schriftflechte. Gr. scripta.

Der Stock dünnhäutig, die Früchte hervorragend gebogen;
die Scheibe ſpaltförmig mit häutigem Rande eingefaßt.
Auf glatten Baumrinden, beſonders der Buchen, ſehr häufig.

2. Geſchlängelte Schriftflechte. Gr. serpentina.

Der Stock runzelig; die Früchte gedrängt, gebogen und
bläulich beſchlagen; die Scheibe zulezt flach mit dickem Laub=
rande.
Häufig auf allerlei Bäumen.

Zeichenflechte. Opegrapha. Ach.

Der Stock grau und ſchorfartig; die Früchte rillenförmig
und der Länge nach gerandet und überall mit ſchwarzer Haut
bedeckt.

3. Fleckige Zeichenflechte. Op. macularis.

Geſtalt beſtimmt, erſt weißlich, dann braunroth; die Früchte
rundlich und klein; die Scheibe ſpaltförmig.
Gemein auf Aeſten der Eichen, Buche ꝛc.

427

4. Gemeine Zeichenflechte.   Op. vulgata.

Der Stock grünlich = weiß, meist pulverig; die Scheibe fast glänzend mit schmaler Ritze.

Auf Nadelholzstämmen häufig.

---

c) **Kopfflechtenartige.   Lecideen.** Der Stock krusten= oder laubartig und mit runden oder tellerartigen Schein= früchten.

Kopfflechte.   Lecidea.   Ach.

Die Scheinfrüchte scheiben= oder tellerförmig, stiellos und mit gefärbter Haut überzogen, inwendig gleichartig; die Schläuche klein und wenig ringelig.

1. Weiße Kopfflechte.   Lec. alba.

Der Stock krustenartig, weißlich und zuletzt mit grünlich grauem Pulver bestreut. Die Früchte klein und flach.

Auf Baumstämmen.

2. Getüpfelte Kopfflechte.   Lec. parasema.

Der Stock häutig, graulich und schwarzgesäumt. Die Früchte flach, geadert und inwendig schwärzlich.

Auf Baumrinden sehr häufig und selten auf Steinen.

3. Treppen=Kopfflechten.   Lec. scalaris.

Der Stock laubartig. Die Früchte grau=grün, platt und schwarz gerandet.

Gemein auf Kieferstämmen.

Die übrigen dieser zahlreichen Sippe wachsen meist auf Felsen, Steinen und altem Holze, auch auf dem Boden.

4. Geweihartige Knopfflechte.   Cenomyce rangiferina.   Ach.

Der Stock unbedeutend; die Stiele blaßgrün, sehr ästig, aufrecht, gleichhoch, umgebogen und die Winkel durchlöchert. Die Früchte in braunen und kugeligen Köpfchen.

In trockenen Nadelwäldern sehr häufig auf dem Boden, bildet große rasige Massen und ist das sogenannte Rennthier= Mos, das auch in Farbe und Form sehr abändert.

428

d) **Schüsselflechten.** Parmeliaceen. Der Stock krusten-, haut- oder besenartig. Die Früchte gesammelt in selbstständigen Warzen; und zwar:

1. **Auf der Rückseite des lederartigen und breitlappigen Stockes stehend.**

   a) **Lungen-Grubenflechte,** Sticta pulmonacea, mit knorpelhäutigem und geschlizten Laube; und

   b) **Wald-Grubenflechte,** St. sylvatica, mit häutigem und gelappten Laube — beide auf allerlei Bäumen und Baumwurzeln, meist unter und mit den Mosen.

2. **In der Mitte auf dem gelappten Laube befestigt, kaum gerandet und vertieft;**

   a) **Durchbohrte Schüsselflechte,** Parmelia perforata, mit durchbohrter Scheibe und ganzem Rande — auf allerlei Baumstämmen wachsend.

   b) **Wand-Schüsselflechte,** P. parietina — mit gelbem, kreisrunden und flach gelappten, am Rande gekerbten Laube — eine der gemeinsten Flechten auf Baumrinden und Steinen.

   c) **Faltige Schüsselflechte,** P. corrugata — mit ähnlichem, häutigen, größeren und graugrünen Laube und gefalteten Lappen, gewöhnlich auf Eschen, Ahornen, Buchen, Birken ꝛc.

   d) **Bestäubte Schüsselflechte,** P. pulverulenta, mit sternförmigem und vielfältig eingeschnittenen Laube — gemein auf Linden und Pappeln, und auch auf anderen Stämmen.

3. **Becherähnlich und gestielt; das Laub gefranzt und unten rinnenförmig;**

   Gewimperte Franzenflechte, Borrera ciliaris — mit graugrünem, rasenförmigen Laube — auf Bäumen und Sträuchen häufig.

4. **Auf der Scheibe vertieft und auf einem schön gefärbten, rasenförmigen Laube stehend;**

   a) **Ausgesperrte Astflechte,** Evernia divaricata —

420

mit blaffen, gelbgrünen Laubabſchnitten und kleinen roth=
en Scheiben — auf Fichten wachſend.

b) **Pflaumen=Aſtflechte, Ev. prunastri** — mit weiß=
en, flachen und grubigen Laubabſchnitten und braunen
Schüſſelchen — zwar auf der Schlehen=Pflaume, doch
eben ſo im Walde auf allerlei Bäumen ſehr häufig vor=
kommend.

**5. mit freien, ſtiellofen Schüſſelchen, auf faden=
förmigen Zweigen des Stocks.**

Lange Mähnenflechte, **Alectoria jubata** — mit
langen, hängenden Zweigen von grauer, brauner oder ſchwarzer
Farbe — auf Stämmen und Aeſten gemein.

**6. mit faſt geſtielten Schüſſelchen, auf mehr breit=
en als runden Zweigen.**

a) **Eſchen=Strauchflechte, Ramalina fraxinea,** mit
runzelig=grubigen und weiß=aſchfarbigen Aeſten — in
den Waldungen ſehr gemein, und nicht bloß auf Eſchen,
ſondern auch auf Buchen, Eichen, Birken u. ſ. w.

b) **Mehl=Strauchflechte, R. farinacea,** mit breitge=
drückten, etwas grubigen, ſpröden und viel ſchmäleren
Aeſten, als bei der vorigen, und mit kleinen, mehligen
Wärzchen — wächſt wie die vorige häufig an Stämmen
und Aeſten in den Waldungen und ändert in Größe und
Farbe ſehr ab.

**7. mit kreisförmigen, am Rande meiſt faſt ſtrahl=
enförmig getheilten Schüſſelchen und
rundlich fadenförmigen Aeſten.**

a) **Verwickelte Haarflechte, Usnea plicata,** mit
dünnen, hängenden, grünlich=aſchfarbigen und verwickelten
Aeſten, die öfters ½ Fuß lang und meiſt aufgerichtet ſind
— ſehr häufig auf Kiefern, Buchen und Birken.

b) **Bärtige Haarflechte, U. barbata,** mit ſpannen=
langen, hängenden, glatten, an der Spitze haarförmigen
und unten gegliederten Aeſten — an den Aeſten der Laub=
und Nadelhölzer; und

c) **Lange Haarflechte, U. longissima,** mit hängenden,

430

rauhen, zusammengedrückten, ziemlich einfachen, faserigen
und bis an 2 Fuß langen Aesten — an den Aesten
kranker oder alter Stämme.

Der Nutzen der Flechten für die Forstkasse dürfte nicht
in Anschlag gebracht werden können, aber desto wichtiger sind sie
als Nahr=, Heil=, Färbe= und Gerbemittel. Denn mehrere
Thiere nehmen verschiedene Flechten als Nahrmittel an, obgleich
nur im Winter, oder aus Mangel besserer und süßerer Ge=
wächse — selbst für den Menschen können einige Gattungen eß=
bar gemacht werden, und dieses wird wol immer mehr geschehen,
da man jezt verschiedentlich darauf zu achten angefangen hat;
nur müssen sie vor solch einem Gebrauche sehr sorgfältig gereinigt
werden.

Wichtiger schon sind die Flechten als Heilmittel für Menschen
und Thiere; dahin gehört z. B. als bekanntes Brustmittel, die
Isländische Flechte, Cetraria islandica (auch Isländ=
isches Mos genannt), die besonders in Gebirgen und unter Na=
delhölzern in großen Büscheln wächst.

Am wichtigsten aber sind die Flechten als Färbemittel, in=
dem man aus ihnen mehrere dauerhafte und sehr brauchbare
Farben gewinnt; z. B. aus den Schüsselflechten, Parme=
lia saxatilis, P. parietina, P. olivacea u. s. w., die
ziemlich häufig auch auf Baumrinden wachsen.

Anmerk. Die auf die Flechten folgenden, und diesen im Zel=
lenbau und Bestandwesen ziemlich ähnlichen Wasserge=
wächse (Algen, Algae) kommen forstlich wol nicht, oder
doch nur insofern in Betrachtung, als einige Conferven
und die Froschlaiche, in Gestalt von röhrenartigen Fäden
mit Fruchtkörnern an den innern Wänden, im stehenden
Wasser zur Bildung des Schlammes und Moders beitragen,
und so gewissermaßen die erste Grundlage des Torfs begrün=
den helfen. Die übrigen Wassergewächse verdienen gewiß
hier eben so wenig eine Berücksichtigung, als die in salzigen
Wassern lebenden Tange.

431

Siebenter Abschnitt.

Von den Pilzen.

1.

Die erſten Anfänge der Pflanzengebilde, die ſich aus ver=
weſenden Pflanzen= und Thier=Stoffen entwickeln, heißen Pilze.
Ihr Bau iſt rein zellig, aber noch nicht, wie bei höheren Pflan=
zen, entwickelt, ſondern nur zellen= und bläschenartig zuſammen=
gedrängt, und zwar ſtaub=, faden= und knollenförmig. Sie er=
zeugen gar keine Blüthen, wol aber einen ſtaubartigen Samen
(§. 34.), aus dem ſich bei gehöriger Feuchtigkeit und unter ſonſt
günſtigen Umſtänden ein ähnlicher Pilz entwickeln kann.

In Abſicht auf Form und Geſtalt laſſen ſich die Pilze in
drei Haufen zuſammenſtellen, indem ſie entweder ſind:

1) blos Samen, und zwar ſtaubartig oder fadenförmig,
   wie die Staubpilze, Brande, Roſte u. ſ. w., und die
   Staubfadenpilze, Schimmel u. ſ. w.

2) eine bloße Blaſe, die in ſich viele feine Sa=
   men einſchließt, wie Boviſte und Trüffel;

3) eine Blaſe oder ein Hut mit einem Stiel oder
   Strunk; bei ſolchen ſitzen die Samen in kleinen
   Schläuchen an der Blaſe oder dem Hute; wie bei den
   größeren Pilzen und eigentlichen Schwämmen.

Die Farbe der Pilze iſt niemals grün, ſondern gewöhnlich
mißfarbig und gelb, doch auch roth.

Dem Beſtandweſen nach erſcheinen die Pilze theils gallert=
artig und fleiſchig, theils leberartig, korkartig oder wie holzig,
und ſolches enthält gar verſchiedenartige, als: ſchleimige, gummi=
artige, harzige und wallrathartige Stoffe, auch verſchiedene Säu=

482

ren und Salze. Durch diese Stoffe können die Pilze vielen größeren und kleineren Thieren zur Nahrung dienen. Da ferner die Pilze sich gleichsam aus geronnenen Pflanzensäften entwickeln, so haben viele derselben etwas Gemüßartiges, und sind dann selbst für den Menschen genießbar. Solche eßbare Pilze müssen einen angenehmen Geruch und Geschmack haben, sonst sind sie verdorben, und wirken nach dem Genusse wie Gift; so wie viele andere Pilze durch einen harzigen Stoff immer giftig oder wenigstens verdächtig sind, wenn sie im dichten Schatten erwuchsen, wenn sie bitter schmecken oder übel riechen, oder wenn sie blaß-gelb, dunkel, oder roth aussehen.

Die Pilze wachsen entweder auf und in dem Boden, oder auf kranken und abgestorbenen Pflanzentheilen. Ihr Wuchs wird durch eine feuchte und nasse Witterung, durch eine schatt-ige Lage, und durch eine abgeschlossene Luft gar sehr begünstiget. Die meisten Pilze erscheinen vom Julius bis in den Herbst; ihr Leben ist gewöhnlich nur auf wenige Tage beschränkt, obgleich auch einige Wochen, und wenige noch länger dauern können.

2.

Für den Forstmann sind die Pilze in so fern wichtig, als ihr häufiges Dasein gewisse Zustände an lebenden und abgestor-benen Holzpflanzen anzeigt, und er nach solchen Erscheinungen gewisse Dinge hindern oder begünstigen, oder bei gewissen Ge-schäften danach sich richten muß. Dahin gehört:

1) Sind Pilze an den Wurzeln, dann kann diese nichts vor dem Absterben schützen; solche müssen bei Setz-lingen abgeschnitten werden. Man verwechsele aber damit nicht den Schimmel des Bodens in der Nähe der Wurzeln.

2) Zeigen sich Pilze an noch lebenden Stämmen und Aesten, dann ist auf dieser Stelle die Börke abge-storben und das darunter befindliche Holz geht in Fäulniß über. — Solche mit Pilzen behaftete Stämme müssen so bald wie möglich zur Benutzung kommen; besonders sterben die Harzhölzer, wenigstens um den Stamm auf dieser Stelle, leicht ab, nachdem sich die Pilze an ihnen ein-gefunden.

3) Wenn häufig Pilze auf den Blättern entstehen,

433

dann zeigt dieses an, daß die damit befallenen Holzpflanzen
einen ungünstigen Standort haben. Ein zu nahrhafter
wie ein zu trockener Boden oder zu wenige Blätter, wie
z. B. bei zu stark beschnittenen Stämmen, bringen diese
Erscheinung hervor, wo nämlich die Säfte gleichsam aus=
arten und nun diese krankhaften Auswüchse sich bilden.

4) Früchte, mit Pilzen versehen, werden nicht leicht
vollkommen, wenigstens haben die damit befallenen Zapfen
nicht leicht keimfähigen Samen.

5) Wenn Pilze am Holze wachsen, sei es verarbeitet
oder nicht, dann geht es schneller als ohne Pilze dem
Verderben entgegen.

Bei allen diesen Erscheinungen kömmt es in forstlicher Hin=
sicht nicht darauf an, die Pilze zu vertilgen, sondern die Be=
mühung des Forstmannes muß dahin gerichtet sein, die Ursachen
möglich zu entfernen, welche die Entstehung der Pilze zur Folge
haben, und die Mittel dazu sind zu suchen in der zweckmäßigen
Erziehung und Pflege der Holzarten, so wie in der gehörigen
Gewinnung und Behandlung des Holzes.

Ueberhaupt muß man im Forste nicht übersehen, daß die
Pilze an Bäumen und Sträuchen nicht Ursache, sondern nur
Folge eines gestörten Pflanzenwuchses sind. Denn bei vollwüch=
sigen, kräftigen und ganz gesunden Holzpflanzen finden sich nur
einzelne, kleine und unbedeutende Pilze auf der Oberhaut; hin=
gegen bei gestörtem und unvollkommenen Wachsthume derselben
und bei sonst den Pilzen günstigen Umständen nehmen auch diese
überhand, überziehen und durchdringen die Gewächse, und
vermehren sehr die üblen Folgen jenes zerstörten Wachsthums.

Für die Forstkasse werfen nur einige Löcherschwämme etwas
Weniges ab.

3.

Von den Pilzen, welche an unseren Forsthölzern gewöhnlich
vorkommen, seien die wichtigsten hier namentlich aufgeführt, so
wie auch die für den Jäger wichtigen Trüffeln.

A. Hutpilze. Hymenini.

Die Samenhaut (das Hymenium) ist selbstständig ausge=
bildet und enthält viele kleine Schläuche in sich, aus denen staub=
artige Samen ausgestreut werden.

28

434

a) **Blätterpilze. Agaricinen.** Die Samenhaut unter dem Hut in regelmäßigen ganz von einander getrennten Blättern.

1. Reisch (Blätterschwamm). Agaricus.

Die Blätter strahlig, einfach und meist mit kürzeren dazwischen; jede Seite der Blätter voll Samenschläuche. Der Strunk (Stiel) meist knollig und bald mit, bald ohne Ring oder Wulst oder Franzen.

a) Stumpen-R. A. caudicinus.

Mit beschupptem Stiel und Hut, trockenen Blättern, und mit kleinem zurückgebogenen vergänglichen Ringe. — Etwa 2 Zoll hoch, roth-gelb, im Herbste auf faulen Baumstumpen; eßbar.

b) Herber R. A. stypticus.

Mit aufrechtem braungelben Hute, dünnen hellbraunen Blättern, oben breitem Stiele und ohne Ring. — Wächst im Herbste besonders in Stockwerken über einander auf Eichen, und schmeckt herbe.

c) Erlen-R. A. alneus.

Mit fecherförmigem lappigen Hute, rothen Blättern, die sich spalten und rollen, und mit mehligen Gürteln ohne Ring. — Häufig beisammen auf Erlen.

d) Hohl-R. A. vulgaris.

Mit gewölbtem, dann flachem und grauem Hute, mit weißen Blättern; saftig und ohne Wulst. — Auf faulem Holz im Herbste.

e) Ziegelrother R. A. lateritius.

Der Hut gewölbt, fleischig und ziegelroth, der Rand gelb, der Ring schwärzlich und hinfällig, und ohne Wulst. — An faulen Bäumen im Sommer und Herbste sehr häufig.

Diese und andere Pilze dieser sehr zahlreichen Sippe zeigen immer einen faulenden Zustand des Holzes an, wie z. B. noch: A. cinnamomeus, A. clarus, A. dasypus, A. ulmarius u. s. w. — Sehr viele solcher Pilze wachsen auch auf dem Boden in den Wäldern; mehrere sind eßbar und werden häufig gesammelt, wie z. B.: Brach-R. A. campestris et edulis

435

(Drüschling und **Champignon** genannt); Gold=R. A. lac-
tifluus (Brätling genannt). Dagegen ist giftig: Knollen=R.
A. **bulbosus**; Fliegen=R. A. **muscarius**.

b) **Löcherpilze. Polyporen.** Die Samenschläuche in Löch=
ern oder Röhren.

2. Pfifferling. Merulius.
(Aberschwamm.)

Der **Hut** fleischig und häutig, die **Blätter** aderig gefal=
tet; meist unförmig und stiellos.

a) Zimmer=Pf. M. destruens.

Ein weit ausgebreiteter gelbrother Schwammkörper, der mit
großen buchtigen Falten und mit einem weißlich=filzigen Rande
versehen ist, und aus dem wässerige Tropfen ausschwitzen.

b) Verwüstender Pf. M. vastator.

Ein kreisförmiger, weit ausgebreiteter und strunkloser
Schwammkörper, der mit krausen und gegen den Mittelpunkt
in Falten übergehenden Adern versehen und mit vielen weißen
Höckerchen bedeckt ist. Wenn er trocken war und wieder feucht
wird, verbreitet er einen sehr widrigen Geruch um sich.

Diese beiden Pilze wachsen in solchem Holze, das bei abge=
schlossener und feuchter Luft in einen Zustand übergehen will, den
man das Verstocken nennt, und sie werden besonders dem Holze
in Gebäuden dadurch nachtheilig, daß sie solches durchwachsen
und dann dessen gänzliches Verderben in kurzer Zeit bewirken.
Das sicherste Mittel, dem Weiterverbreiten dieser Pilze Einhalt
zu thun, ist das Wegnehmen der angegriffenen Stücke; doch em=
pfiehlt man auch das wiederholte Bestreichen mit verdünnter
Schwefelsäure. — Die erste Ursache dieser Pilze ist das Ver=
bauen eines nicht hinlänglich ausgetrockneten Holzes, das beson=
ders im Sommer gefället, und alsbald ausgeästet wurde.

Anmerk. Die Anfänge dieser Schwämme wie die des Zim=
mer=Holz und anderer, sind fadenartige Ausbreitungen in
den Lücken des Holzes, und man darf diese Bildungen nicht
verwechseln mit den Faserpilzen, die fadenförmig anfan=
gen und auch so bleiben, obgleich diese durch die Menge der
Fäden große Lappen darstellen können.

28*

436

3. Bolz (Löcherschwamm). Boletus.

Der Hut regelmäßig und fleischig; unten ist derselbe mit einer trennbaren Masse versehen, die voll Röhren ist, worin die Samenschläuche sind; er steht auf einem Strunk.

a) Zunder-B. B. fomentarius.

Spannengroß und größer, hart und ringförmig gestreift; Löcher klein, grau, später rostig. — Gewöhnlich an Buchen, die an der Weißfäule leiden. — Dieser Pilz giebt den besten Feuerschwamm, und für die Erlaubniß, solchen im Forste sammeln zu dürfen, wird an einigen Orten etwas bezahlt.

b) Feuer-B. B. igniarius.

Hart, stumpf-keilig, glatt, grau oder rostfarbig; Löcher sehr klein und fast zimmetbraun — An Weiden und anderen Bäumen. Wegen seiner Härte giebt er einen etwas weniger geachteten Feuerschwamm.

c) Riesen-B. B. giganteus.

Der Hut braun, weich, gewunden und faserig-schuppig; der Strunk kurz, dick und seitwärts; die Löcher lederfarbig und ungleich durch Druck. Fußgroß und gewöhnlich viel beisammen; dachziegelförmig. — Im Herbst am Schafte alter Stämme.

d) Tannen-B. B. abietinus.

Lederartig zähe und dünn; meist halbrund seitwärts angewachsen, und weiß; die Löcher unregelmäßig und braun; 1 bis 2 Zoll groß. — Hin und wieder an Harzhölzern, besonders an Tannen und Fichten.

e) Lärchen-B. B. purgans.

Korkartig, gepolstert und strunklos; oben mit buckeligen Erhabenheiten und wagerechten Furchen. — Wächst auf Lärchenbäumen und ist officinell.

f) Gelber B. B. citrinus.

Strunklos, der Hut halb, groß, fleischig, schuppig und röthlich-gelb. — Gewöhnlich stehen mehre beisammen und dann über 6 Zoll breit; auf Eichen und Vogelkirschen.

g) Weißer B. B. betulinus.

Der Hut halb und ganz weiß; auf sehr kurzem Stiele. Wächst an Birken.

Diese und andere Bolze finden sich an solchen älteren Stämmen ein, an denen das Holz in Gährung oder Fäulniß übergehen mag. Solche kranke Stellen sind nicht mehr auszu= heilen, und diese Pilze sind daher immer ein sicheres Zeichen, daß es die höchste Zeit ist, einen solchen Baum abzutreiben, wenn dessen Holz als Werk= oder Nutz= oder Bauholz benuzt werden soll. Sehr oft zeigen sich diese Pilze auch an solchen Stämmen, die schon kernfaul sind, wie z. B. häufig bei Weiden und Obstbäumen.

h) Zimmer=B. B. destructor.

Ein weißlich=faseriger und weit ausgebreiteter Pilz mit ei= nem ungleichen wellenförmigen und runzeligen Hut, und mit runblichen entfernten Löchern. An jungen Pilzen ist der Rand voll Zasern und Wassertropfen. — In Häusern und an anderem morschen Holze, und schädlich wie der Zimmer=Pfifferling. Man vertilgt ihn mit heißer Asche.

5. Wirrschwamm. Daedalea.

Der Hut seitwärts angewachsen und korkartig; der Ueber= zug unten hat Löcher und Blätter zugleich; ein Strunk ist selten vorhanden.

a) Eichen=W. D. quercina.

Ein grauer, mehre Zoll dicker, harter und spannengroßer Pilz, der da, wo er aufsitzt, runzelig und sonst glatt ist, und dessen Blätter hin und her gewunden sind; von heller Holzfarbe. — Nicht selten auf Laubhölzern, besonders auf Eichen, und gewöhnlich mehre beisammen; man benuzt ihn zu Fuerschwamm.

b) Weiden=W. D. suaveolens.

Ein mehre Zoll breiter, dicker und keilförmiger Pilz, der oben glatt und weiß ist, später aber gelbbraun und rauh wird; unten mit weiten breiten Löchern versehen, von denen einige her= vorragen. — Er riecht angenehm und wächst im Herbst auf Weidenstämmen.

438

Diese Pilze erscheinen und verhalten sich an den Stämmen wie die meisten vorigen Bolze.

c) **Stachelpilze. Hydneen.** Die Samen oder Schläuche auf der oberen Fläche, oder auf Warzen, Stacheln.

5. Röhling (Stachelschwamm). Hydnum.

Der Hut trennt sich nach unten in Stacheln, in welchen die Samenschläuche liegen; mit und ohne Strunk.

a) Mehl-R. H. farinaceum.

Lappenartig ausgebreitet, ohne Strunk, wie mit Mehl weiß bestreut, und mit sehr kurzen und gedrängten Stacheln. — Sehr gewöhnlich in hohlen Weiden.

b) Eichen-R. H. quercinum.

Ausgebreitet, glatt, weißlich und später gelblich, und mit unregelmäßigen dicken und weißen Stacheln versehen. — Auf Eichen.

Diese Röhlinge überziehen krustenartig das Holz, wenn solches in schon verdorbenem Zustande ist.

6. Warzenträger. Thelephora.

Der Hut unförmlich, meist lappig und ästig, gestielt oder stiellos, voll Warzen von den vorragenden Samenschläuchen, und zuweilen auch borstig.

a) Eichen-W. Th. quercina.

Häutig, lederartig, 1 Zoll hoch, oben roth, unten schwarzbraun und am Rande eingerollt. — Bedeckt große Flächen an Eichen-Aesten.

b) Hasel-W. Th corylea.

Uneben ausgehöhlt, gelb-roth, sammetartig, weich, wenig warzig, und ziemlich dick. — Wächst gesellschaftlich auch vereinigt an Haseln, Erlen u. s. w.

c) Purpurner W. Th. purpurea.

Mehre dachziegelförmig, gallert-lederartig, oben weißlich und wollig, unten purpurn und eben. — An Tannen- und Kiefern-Wurzeln.

439

d) Behaarter W.   Th. hirsuta.

Lederhäutig, filzig behaart, mit Kreisen durchzogen, angewachsen oder zum Theil aufgerichtet; der Fruchtboden glatt und
wenig warzig; hellröthlich oder rothgelb. — Ist sehr gemein an
Baumrinden und Aesten der Safthölzer.

Diese und noch mehre andere Warzenträger zeigen nur ein-
en geringen Grad des Verdorbenseins der damit befallenen Holzpflanzen an, so daß solche kranke Stellen sich nicht weit verbreiten.

B.   Morchelpilze.   Morchellinen.

Fleischige Pilze in Keulenform; die Schläuche auswendig
auf der Keule in der Samenhaut.

7.   Schüsselpilz.   Peziza.

Die Blase ist nicht geplazt, sondern als Hut schüssel- oder
becherförmig gestaltet; die Samenbläschen im Boden der Schüssel,
und enthalten je acht Samen.

a) Schöner Sch.   P. pulchella.

Fast gestielt, sehr klein und meist mit geschlossenem Schüsselchen, das auswendig weiß und flaumig, und innen gelbroth.
— Auf dürren Zweigen sehr häufig, besonders auf Eichen.

b) Gelber Sch.   P. citrina.

In dichten kleinen Haufen wachsend, schön gelb und etwas fleischig, fast gewölbt ohne Rand, auf einem kurzen oben
dickeren Stiele. — Auf trockenen Laubholz-Aesten.

c) Abfärbender Sch.   P. inquinans.

Anfangs gallertartig, nachher vertrocknet gewölbt, runzelig,
braun und schwarz, und die ausgestreuten Körner abfärbend. —
Er wird an zwei Zoll dick und erscheint im Herbste besonders
häufig an zur unrechten Zeit gefällten Eichen reihenweise in den
Borkenspalten.

d) Fleischiger Sch.   P. sarcoides.

Linienbreit und breiter in gestielten Haufen, rundlich und

440

fleifchroth; ändert mit platter Schüffel, mit gekerbtem Rande, oder glatt, auch braun. — Sehr gemein an Baumstämmen.

c) Fichten-Sch. P. pinea.

Haufenweife hervorbrechend und klein; anfangs grün und die Schüffel mit einer Haut verfchloffen, dann fchwärzlich glatt und am Rande eingebogen. — Sehr gemein an Fichtenzweigen.

Diefe und mehre andere Schüffelpilze wachfen immer auf abgehauenen oder fonft verwelkten Stämmen und Aeften, daher ihr Erfcheinen ein ficheres Zeichen vom Abgeftorbenfein der damit befallenen Stämme oder Zweige ift.

C. Schlauchpilze. Sphaeriaceen.

Wenige Schläuche in einer oben etwas geöffneten Blafe.

8. Rimpel. Xyloma.

Eine knorpelartige, meift fchwarze, Maffe mit vefthängenden Samenfchläuchen, die auf noch lebenden Blättern oder Stengeln hervorwachfen. Z. B.

a) Ahorn-R. X. acerinum.

Im Herbfte in dünnen fchwarzen Flecken auf den Ahorn- blättern.

b) Buchen-R. X. fagineum.

Einzeln, klein und glänzendfchwarz, etwas runzelig auf Blättern der Roth-Buche.

9. Kugelpilz. Sphaeria. Hall.

Die Bälge rund, oben durchlöchert, einzeln oder unten durch einen Träger vereinigt, und mit einem zerfließlichen Kerne, der vertrocknet ausgeworfen wird; auch die Schläuche zerfließ- lich und mit Fäden untermengt; die Samen geringelt.

a. Punktförmiger Kugelpilz. Sph. punctiformis.

Eine einfache Blafe umfchließt die Schläuche mit ringförm- iger Mündung; zerftreut ftehend und die punktförmigen Bälge glatt und fchwarz. — Auf den Blättern der Eichen und Buchen häufig.

441

b) Flecken=Kugelpilz. Sph. maculaeformis.

Wie voriger, aber die schwarzen punktförmigen Bälge in Flecken zusammengehäuft. — Im Frühjahre häufig auf der Unterseite der Blätter vieler Laubhölzer.

c) Fichten=Kugelpilz. Sph. strobilina.

Die Bälge rundlich, schwarzbraun und von strahligen Haaren rauh. — Auf abgefallenen Fichten=Zapfen sehr häufig.

d) Hochrother Kugelpilz. Sph. coccinea.

Mehre Bälge auf grumiger Unterlage, hellroth und mit warziger Mündung; sie sind umschlossen vom Träger. — Auf den Rinden der Laubhölzer und der Fichte sehr gewöhnlich im Winter und Frühjahr.

e) Kiefer=Kugelpilz. Sph. pini.

Die Bälge sehr klein und vom gelblichen Träger bedeckt, die Mündung rundlich und hervorragend. — Auf der Rinde der gemeinen Kiefer sehr häufig fast das ganze Jahr hindurch.

Außer diesen findet man noch viele Kugelpilze auf unseren Holzarten einzeln, und häufiger noch andere auf trockenen Blättern und fauligem Holze.

D. Bauchpilze. Lycoperdaceen.

Eine häutige, meist doppelte Blase mit Samen ohne gegliederten Stiel und selten in Schläuchen.

10.

Gemeine Trüffel. Tuber cibarium.

Außen rauh, warzig und schwärzlich; innen weißlich, feinzellig und aderig, und rundliche Schläuche mit Stielen an den Adern.

Von Gestalt rundlich, und groß oder größer wie eine Wallnuß. — Wächst hin und wieder ½ bis 1 Fuß tief in sehr fruchtbarem sandigen Lehmboden unter geschlossenen Eichen= und Buchen=Beständen, reift im Herbste und wird zum Verspeisen auf bekannte Weise (durch Trüffeljagd) aufgesucht.

29

442

11.

Hirſch-Buff. Scleroderma cervinum. P.

Die Samenblaſe rundlich; die äußere Haut mit der inneren
verwachſen, hart und warzig; ſie enthält die ſchwärzlichen oder
braunen Körner haufenweiſe zwiſchen dem Haargeflechte. — In
Nadelholzwäldern wächſt er im Boden nuß- bis apfelgroß. Wird
vom Wild ausgeſcharrt.

E. Knorpelpilze. Sclerotiaceen.

Der Balg fleiſchig und dicht ausgefüllt, aber die Samen
undeutlich. Kleine ſchmarotzende Pilze.

12. Keimling. Sclerotium. T.

Knollige oder rundlich-fleiſchige dünnhäutige Maſſen, die
entweder unter der Oberhaut der Pflanzen liegen oder aus ihr
hervorbrechen oder auf ihr angewachſen ſind.

a) Pappel-Keimling. Scl. populinum.

Rundlich oder eckig, flach und eingewachſen; Anfangs hellroth, dann ſchwärzlich. — Auf Pappelblättern ſehr gemein vom
Herbſt bis Frühling.

b) Eichen-Keimling. Scl. quercinum.

Halbkugelig und matt braunſchwarz. — Auf Eichenblättern
im Winter.

13.

Gemeiner Mehlthau. Albigo communis. Ehrh.
(Mucor erysiphe. L.)

Eine feine fadenförmige und ſchimmelartige Schicht entwickelt ſich anfänglich auf grünen Blättern oder Stengeln, dann bild-
en ſich darauf rindenartige ſchwarzbraune Bläschen mit ſtrahligen
Haaren beſezt, und in manchen dieſer Bläschen befinden ſich Samen mit Schleim.

Die Veranlaſſung zu dieſer Pilzbildung ſind im Sommer
heiße Tage und kühle Nächte, wodurch Pflanzenſchleim, der ſogenannte Honigthau, ausgeſchieden wird, aus dem ſich ſpäter die
fabige Unterlage entwickelt. Die damit befallenen Pflanzen kränk-

443

eln um so mehr, je weniger sie kräftig erwachsen sind; an Holzpflanzen wird diese Folge um so sichtbarer, je mehr sie durch's
Einstutzen, Beschneiden, Köpfen u. s. w. verhindert wurden, viele
und gesunde Blätter auszubilden.

F. Schimmelpilze.   Mucedineen.

Einfache, fadenförmig ausgebildete Bläschen mit anderen
Körnern oder Bläschen in oder an sich.

14.
Gemeiner Kopffaden.   Mucor Mucedo.

Kleine Flocken mit schlankem Stiel und runder Blase; anfänglich weiß und hell, später schwärzlich und trübe. — Entsteht
auf Früchten und sonst auf der Gährung unterworfenen organischen Massen, so z. B. auch im Brode.

G. Faserpilze (Fadenpilze).   Byssaceen.

Einfache und meist nicht zerfließende Fasern, zuweilen mit
Knöpfchen am Ende. — Sie entstehen aus geronnenen Säften
der Pflanzen, besonders der Blätter, doch auch am Holze, an
Steinen und im Boden da, wo an feuchten Stellen wenig Luft-
wechsel ist.

15. Zellenpilz   Erineum.   P.

Kurze und verwickelte Fäden in Rasen beisammen. — Sie
finden sich am häufigsten auf Kätzchenbäumen, Rosen, Ahornen
und Linden. Z. B.

a) Grauer Zellenpilz.   Er. griseum.

Röthlichgrau in großen Rasen auf der unteren Seite der
Eichenblätter.

b) Buchen-Zellenpilz.   Er. fagineum.

Rundliche, dünne Flecken von keulenförmigen Flocken; anfänglich weiß, dann braun. — Auf der unteren Seite der Buch-
enblätter; sie werden jedoch roth auf den Blättern der Blut-
buche.

444

c) Ahorn-Zellenpilz.   Er. acerinum.

Breite, erst graue, dann braune Häufchen von verwirrten und zuletzt krummen Flocken. — Häufig im Herbste auf der unteren Blattseite unserer Ahorne.

16.

Tannen-Faserpilz.   Antennaria pinophila. Lk.

Auf einer harten gallertartigen Masse stehen oder liegen ästige und gegliederte Faden mit perlschnurartigen Samen. Sie bilden polsterige und braunschwarze Rasen, überziehen die Zweige der Tannen, und selbst die Nadeln an älteren Aesten. Dieser Pilz bildet sich an unserer Weißtanne eben so, wie der Mehlthau an den Laubhölzern, weil auch sie sogenannten Honigthau ausscheidet.

17.

Gemeiner Flockenpilz.   Byssus floccosa. Lk.

Weiße, zarte, flockige und ungegliederte Fäden (ohne Körner), die in Bündel zusammengedrängt sind. — Am Holze in feuchten verschlossenen Stellen, besonders in Stollen der Bergwerke. (Eben so an Steinen Bussus muralis.)

18.

Gemeiner Lappenpilz.   Himantia domestica. P.

Sehr ästige, strahlige und ungegliederte Fäden bilden kriechende Lappen. — In Häusern zwischen moderigem Holzwerk; wirkt schädlich wie der Zimmer-Bolz.

19.

Gemeiner Wurzelpilz.   Rhizomorpha subcorticalis. Roth.

Braunschwarze, zusammengedrückte Aeste und Fäden. — Sie wachsen wurzelartig zwischen Holz und Borke, auch bei alten Stämmen im Kerne, vorzüglich an Eichen, und ohne deutliche Fruchtbildung.

20.

Leberpilze.   Xylostroma. P.

Sehr feine und größere, mehr oder weniger durchscheinende Fäden, zuweilen mit Keimkörnern am Ende, bilden zusammen-

445

hängende Maſſen. — Sie wachſen im Inneren des Holzes an
noch lebenden Stämmen.

a) Gemeiner Lederpilz. Xyl. giganteum.

Die in der Größe nicht ſehr verſchiedenen Fäden verwach=
ſen zu einem dichten, kork= oder lederartigen Gewebe, das meiſt
weißlichgelb, ſehr breit, oft über fußlang und ſehr biegſam wird.
— Beſonders groß in Eichen= und Buchen=Stämmen, die kern=
ſchälig geworden, oder mit ſogenannten alten und wieder über=
wachſenen Froſtriſſen behaftet ſind.

b) Zunder=Lederpilz. Xyl. fomentarium.

Sehr ungleiche braune Fäden bilden ein lockeres zartes Ge=
webe, das ſich im Inneren des Stammes, beſonders unter alten
Aſtlöchern, immer weiter ausbreitet, wie die Holzlagen theilweiſe
oder gänzlich verſchwinden. — An Roth=Buchen ſehr häufig, und
man verwendet ihn trocken, ohne weitere Vorbereitung, unter dem
Namen Knips gemeinhin wie Zunder zum Feueranſchlagen.

Dieſe beiden Lederpilze ſind ſelbſtändig und nichts weniger
als Anfänge höherer Arten, etwa der Thelephoren, weil ſie nicht
in freier Luft wachſen. Will man ſie recht deutlich (unter dem
Mikroſcop) ſehen, ſo muß man ein von ihnen durchwachſenes
friſches Holzſtück auf ein Bret, das mit einem feuchten Lappen
bedeckt iſt, legen, und ſie hier einige Wochen fortwachſen laſſen.

H. Brandpilze. Uredineen.

Die Bläschen einfach und ſo klein, daß ſie wie Staub er=
ſcheinen, entweder loſe nebeneinander oder durch einen Stock ver=
bunden. — Sie wachſen nur an Pflanzen, indem ſie unter der
Oberhaut entſtehen, dieſe allmälig erheben und, nachdem dieſe,
wie gewöhnlich berſtet, den Samen ausſtreuen. Z. B.

21.

Sauerdorn=Kelchbrand. Aecidium Berberidis. Pers.

Gelbrothe und längliche Staubhäufchen mit walzig erhöhter
Oberhaut. Häufig auf dem gemeinen Sauerdorn; er ſollte den
Roſt auf dem nahe ſtehenden Getraide verurſachen.

446

22.

Gemeiner Gitterbrand. Roestelia cancellata. Lk.

Erst gelbe Flecken des Blattes, woraus sich später gelbbraune Höcker bilden, aus deren Vertiefung braune Samenhäufchen hervorkommen; von der zerplatzten Hülle bleiben gitterförmige Fasern stehen. — In Menge beisammen im Sommer und Herbst auf den Birnblättern.

23.

Kiefern=Hautbrand. Peridermium pini. Nees.

Röhrig=rundliche, dünnhäutige Afterbälge, die gelbroth zerstreut und am Rande wie umschnitten sind und hochgelbe Samen enthalten. — Sie erscheinen auf jungen Kiefern an Aesten und Nadeln, wenn sie auf feuchten Stellen oder auf Sandfelsen mit wenig Boden stehen; oberhalb dieser Pilzbildung stirbt der Ast, auch oft der junge Stamm gänzlich ab.

Aehnliche Brandpilze finden sich auf vielen Holzarten, und sie zeigen immer ungünstige Wachsthumsumstände für die damit befallene Pflanze an.

Register,

enthaltend die Sippennamen der hier aufgeführten Kräuter, Stauden, Gräser, Farn, Mose, Flechten und Pilze.

447

448

Dresden, gedruckt bei Carl Ramming.

Literatur

1. Hasel, Karl u. Ekkehard Schwartz: Forstgeschichte. Ein Grundriss für Studium und Praxis, 2. Aufl., Verlag Kessel, Remagen 2002.
1a. Milnik, Albrecht (Hrsg.): Brandenburgische Lebensbilder. Im Dienst am Wald. Lebenswege und Leistungen brandenburgischer Forstleute. 145 Biographien aus drei Jahrhunderten, Verlag Kessel, Remagen 2006.
2. Heß, Richard: Hans Carl von Carlowitz, in: Allgemeine Deutsche Biographie (ADB) 3, 791f, Duncker & Humblot, Leipzig 1876.
3. Jahn, Ilse: Johann Gottlieb Gleditsch, in: Neue Deutsche Biographie (NDB) 6, 442f, Duncker & Humblot, Berlin 1964.
4. Heß, Richard: Friedrich August Ludwig von Burgsdorff, in: Allgemeine Deutsche Biographie 3, 613–615, Duncker & Humblot, Leipzig 1876.
5. Hartig, Theodora, Karl Hasel, Wilhelm Mantel (Hrsg.): Georg Ludwig Hartig im Kreise seiner Familie. Kurze Lebens- und Familiengeschichte des Staatsrats und Oberlandforstmeisters Georg Ludwig Hartig, Göttingen 1976.
6. Richter, Albert: Heinrich Cotta. Leben und Werk eines deutschen Forstmannes, Verlag Neumann, Radebeul/Berlin 1950.
7. Mägdefrau, Karl: Geschichte der Botanik. Leben und Leistung großer Forscher, Springer Spektrum, 2. Aufl., Heidelberg 1999.
8. Spehr Friedrich: Johann Philipp Du Roi, in: Allgemeine Deutsche Biographie (ADB), 5, 488, Duncker & Humblot, Leipzig 1877.
9. Zimmermann, Annette: Franz von Paula Schrank 1747-1835. Naturforscher zwischen Aufklärung und Romantik, Verlag Fritsch, München 1981.
10. Schwedt, Georg: Forstbotanik. Vom Baum zum Holz, Springer Spektrum, Heidelberg 2021
10a. Ziegenspeck, Hermann: Moritz Heinrich Wilhelm Albert Emil Büsgen, in: Neue Deutsche Biographie (NDB) 3, S. 4, Duncker & Humblot, Berlin 1957.
11. Meyers Großes Konversations-Lexikon 6, 728–734, Leipzig 1906.
12. Bechstein, Ludwig: Dr. Johann Matthäus Bechstein und die Forstacademie Dreißigacker, Brückner & Renner, Meiningen 1855.
12a. Mey, Eberhard: Johann Matthäus Bechstein (1757–1822), Naturhistorische Schriften 11, Rudolstadt 2003.
12b. Pfauch, Wolfgang: J. M. Bechstein…, in: Zur Würdigung der wissenschaftlichen Leistungen vo Johann Matthäus Bechstein. Tagungsbericht zum wissenschaftlichen Kolloquium am 19. November 1988 in Dreißigacker bei Meiningen, Suhl 1990.

© Der/die Herausgeber bzw. der/die Autor(en), exklusiv lizenziert durch Springer-Verlag GmbH, DE, ein Teil von Springer Nature 2022
G. Schwedt (Hrsg.), *Johann Adam Reum,* Klassische Texte der Wissenschaft,
https://doi.org/10.1007/978-3-662-64471-3

13. ¹Schuster, Erhard: Chronik der Tharandter forstlichen Lehr- und Forschungsstätte 1811–2011 Forstwiss. Beiträge Tharandt, Beiheft 15 (März 2013)
14. Linsbauer, Karl: N. J. Carl Müller, in: Biographisches Jahrbuch und Deutscher Nekrolog 7, 365–366 Reimers, Berlin 1902.
15. Roloff, Andreas und Ulrich Pietzarka: Der Forstbotanische Garten Tharandt. Ein Gartenführer, 2. Aufl. Tharandt 2006 (228 S.).